新世纪高等学校教材·环境科学与工程系列

土壤环境科学与工程

关联气-水-生-地-人的枢纽

SOIL ENVIRONMENTAL SCIENCE AND ENGINEERING
THE NEXUS ACROSS AIR–WATER–BIOMASS–LAND–HUMAN

赵　烨◎编著

扫码查看资源
（激活码：xiB58Lvv）

北京师范大学出版集团
BEIJING NORMAL UNIVERSITY PUBLISHING GROUP
北京师范大学出版社

图书在版编目(CIP)数据

土壤环境科学与工程：关联气-水-生-地-人的枢纽/赵烨编著.—2版.—北京：北京师范大学出版社，2023.5
(新世纪高等学校教材·环境科学与工程系列)
ISBN 978-7-303-25580-1

Ⅰ.①土⋯ Ⅱ.①赵⋯ Ⅲ.①土壤环境—高等学校—教材 Ⅳ.①X21

中国版本图书馆 CIP 数据核字(2020)第 016067 号

图书意见反馈：gaozhifk@bnupg.com 010-58805079
营销中心电话：010-58802181 58805532

TURANG HUANJING KEXUE YU GONGCHENG：
GUANLIAN QI-SHUI-SHENG-DI-REN DE SHUNIU

出版发行：北京师范大学出版社 www.bnupg.com
　　　　　北京市西城区新街口外大街 12-3 号
　　　　　邮政编码：100088
印　　刷：北京天泽润科贸有限公司
经　　销：全国新华书店
开　　本：787 mm×1092 mm　1/16
印　　张：25.25
字　　数：597 千字
版　　次：2023 年 5 月第 2 版
印　　次：2023 年 5 月第 1 次印刷
定　　价：79.80 元

策划编辑：刘凤娟　　　　　责任编辑：刘凤娟
美术编辑：李向昕　　　　　装帧设计：李向昕
责任校对：陈　民　　　　　责任印制：赵　龙

编 委 会（排名不分先后）

序

　　土壤是覆盖在陆地表面能够生长植物的疏松层，也是陆地生态系统的重要基质，更是人类社会生存发展过程中不可或缺的自然资源和环境要素。土壤学作为自然科学中的一门独立的学科，经过上百年的发展已形成了较为完善的学科体系。但在 20 世纪 80 年代，国际性土壤科学与教育经济投入停滞，土壤学研究与教学队伍流失或转行，随后便出现了丹尼斯·格陵兰(Dennis Greenland)教授所述的"Soil scientists have also been frustrated as their advice has gone apparently unheeded"（"土壤科学家因其建议未得到重视而深感沮丧"）的窘境。近些年，在全球性资源环境压力与可持续发展需求的推动下，人们不仅关注土壤在食品、饲料、纤维和生物质燃料生产中的核心作用，还更加关注土壤在全球变化、环境自净与物质循环、生态服务功能和水资源调节中的机能，并使土壤科学走向全面复兴的新时代。

　　北京师范大学环境学院赵烨教授在学习与继承前辈们土壤地理学和环境地学思想的基础上，结合长期教学、科学研究的实践与经验，组织相关老师编著了《土壤环境科学与工程》。本书阐述了土壤环境科学的基础理论；阐明了土壤环境中主要污染物迁移转化规律，以及人类活动驱动下土壤退化的机理；结合研究实例分析了土壤环境污染修复、土壤退化防治、土壤整治与培肥的工程技术措施，以及土壤环境调查技术方法。本教材在内容设计上充分吸收国内外最新研究成果，从土壤环境修复-土壤资源管护方面，系统地介绍了土壤环境系统中物质能量的交换规律；采用陆地生态系统类型与土壤系统分类单元——土纲相衔接的方式，阐述了主要土壤类型的物质组成、诊断特性及其空间分布规律，展示了作者扎实的学术功底，体现了教材的创新之处。

　　《土壤环境科学与工程》的出版，对推动我国土壤环境科学与工程治理的教学、科研与实践具有重要作用。当然，我国的土壤环境科学与工程治理还面临许多重大问题而需要深入研究和应对。我们期望有更多的同仁和学者关注、研究土壤环境科学与工程中的科技问题，为保护好我国宝贵的土地资源作出重要贡献。

中国工程院院士
中国环境监测总站研究员　魏复盛

第 2 版前言

《土壤环境科学与工程》(第 1 版)作为国家精品课程、国家精品视频公开课、国家一流在线课程和北京市课程思政示范课程的辅助教材,已被广泛应用于教学、科研、科普宣传工作中,并得到李天杰教授、龚子同教授、胡存智教授、杨志峰院士等众多同行专家的热情指导,在线学习者也提供了许多建议。在生态文明建设的新时代,倡导人与自然是生命共同体的理念,这要求课程内容与教学方法应运用新教育规律、新思政要素和现代信息技术平台,向大学生及社会公众传授有关自然及其时空变化的规律,为营造"人类必须尊重自然、认知自然、顺应自然、保护自然"的社会氛围做出应有的贡献。

本次修订内容包括:根据当今高等教育教学的实际情况,在保留第 1 版特色的基础上,对课程内容进行了精减,增添了相关数字化课程内容;从流域内山水林田湖草沙-工矿-聚落-人群复合系统的角度,将土壤作为地球陆地表层自然资源与自然环境要素的集合体,倡导土壤不仅是绿色植物生长发育的基地,还是地球上最大的滤水膜-储水器和地表碳源-碳汇机制的重要调节器,更是关联食品-淡水-能源-生态的枢纽;重点阐释土壤物质组成、诊断特性、土壤动态过程及其时空变化规律等,从人类-地球环境系统的整体性、持续性、公平性方面来探究合理利用土壤资源和修复土壤环境的技术与方法,以服务于区域土壤资源管护与土壤环境整治、保障全球粮食安全与缓解全球气候变化等。其知识板块有:①基础理论板块,阐释土壤及其在生存环境中的地位与功能,介绍土壤环境科学与工程。②基础知识板块,讲述土壤物质组成、诊断特性及其与成土环境的相互作用机理。③土壤剖析板块,在讲授国内外主要土壤分类系统及其参比基础、主要土壤类型及其空间分布规律的基础上,阐释城市土壤特性及其管护工程、土壤退化及其防治工程。④土壤环境及其工程板块,阐述土壤污染特征及其主要污染物、土壤中主要污染物转化及其风险评价,土壤污染修复技术与方法。⑤土壤环境调查板块,在阐释气-水-土-地-生-人之间物质循环过程的基础上,介绍了土壤调查方法、土壤环境信息数据库及数字化土壤制图技术。

《土壤环境科学与工程》是高等院校环境科学与工程、生态科学、地理科学、土地资源管理和地球系统科学专业的本科基础课程教材,也可供从事土地整治、资源科学、生态建设与环境保护、水土保持及荒漠化防治、环境教育与国情教育等方面的研究者与管理者,作为研究与管理工作的参考书。

由于编者水平所限,对书中的不妥之处,诚恳地希望广大教师和读者批评指正。zhaoye@bnu.edu.cn。

赵烨

2023 年 1 月 22 日

目　录

第1章 绪 论

【学习目标】

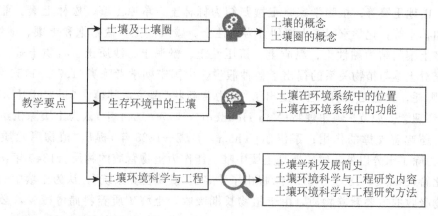

1.1 土壤的基本概念

1.1.1 对土壤认识的历史回顾

土壤是自然环境系统的基本组成要素和人类生存发展的重要自然资源，人类对土壤的认识与剖析、利用与管护的历史悠久。古代中外哲人在对世界万物构成本质的探讨过程中，均将土（土壤）作为物质世界的基本组成成分之一，如形成于商周之际的中国古代物质观——"五行学说"认为金、木、水、火、土构成了宇宙中万事万物，并阐释了土有生长、承载、化生、孕育的特征；古印度遮缚伽派学说认为，世界上一切生物和非生物都是由地、水、风、火四大元素构成的；古希腊的泰勒斯（Thales，前 640—前 546 年）提出了"万物始源于水"的一元论；恩培多克勒（Empedocles，前 490—前 435 年）在融合各派主张的基础上，提出了"世界万物是由水、火、土、气四种元素按不同比例组合而成的"多元论。

在有关土壤认识与改造利用方面，战国时代的《尚书·禹贡》根据土壤肥力、颜色、质地、水分与植物生长状况将九州范围内的土壤划分为白壤、黑坟、赤埴坟、涂泥、青黎、黄壤、白坟、垆、埴九种，并提出了供土、用土和改土的建议，这是世界上有关土壤分类和肥力评价的最早记载；在《周礼》中已有"万物出生焉则曰土，以人所耕而树艺焉则曰壤"，即土是指自然土壤，壤是指农业土壤，这也是中国古代对土壤概念最早的朴素的解释。在古希腊狄奥弗拉斯图（Theophrastos，前 371—前 286 年）给予了土壤名词（edaphos），其希腊语意为土地泥土，并将土壤与作为宇宙体的地（earth or terrae）区别开来，即土壤是一个层状系统，包含富含腐殖质的表层（surface stratum）、为灌丛与牧草供给养分的心土层（subsoil layer）、为树木根系提供溶液的底土层（substratum），其下则为暗色的冥府（tartarus）范围。

1.1.2　近代土壤学

随着近代地质学、地理学、生物学、化学和物理学等的发展，至19世纪许多学科专家从各自学科背景与兴趣的角度，提出了不同学科起源的土壤名词，如地质学家提出了花岗岩土、石灰岩土、页岩土等；地貌学家将地表土壤归结为高地土壤、河谷冲积土、崩积土、山地土壤等；植物学家将土壤归结为栎林土、草原土壤、松林土壤、荒漠灌丛土、泰加林土等；化学家则将土壤划分为碱性土、碳酸盐土、盐基饱和土壤、酸性土等；公众则将土壤归结为黏性土、泥质土、挤压性土、淤泥土、沙质土、石质土等。不同学科的专家对土壤与植物关系的提出了各种假说。中国宋朝学者陈旉(1076—1156年)针对"地久耕则耗，力已乏"的问题，提出了"地力常新状"理论，其蕴含"得之于土，还之于土"的循环理念。如范·海尔蒙特(Van Helmont，1577—1644年)认为土壤除供给植物水分之外，还起着支撑的作用；泰伊尔(Thaer，1752—1828年)提出"植物腐殖质营养系统"，认为除了水分以外，腐殖质是土壤中唯一能作为植物营养的物质。1840年，德国化学家李比希(Liebig，1803—1873年)提出了著名的"矿质营养系统"，认为土壤中的矿质养料是植物吸收的主要营养物质，由于植物长期吸收，土壤矿质养料储量减少，必须通过施用化学肥料，以保持土壤肥力的永续不变。德国地质学家法鲁(Fallow，1794—1877年)等在19世纪下半叶用地质学观点来研究土壤和定义土壤，将土壤形成过程看作岩石风化过程，认为土壤是岩石经过风化而形成的地表疏松层，土壤类型取决于岩石的风化类型。至此，在欧洲形成了以李比希为代表的农业化学土壤学派和以法鲁为代表的农业地质土壤学派，但尚未形成普遍公认的土壤概念及其识别方法。随后俄国圣彼得堡大学地质学家道库恰耶夫(Dokuchaev，1846—1903年)对黑钙土进行地质学-地理学调查，在调查工作报告中道库恰耶夫指出：土壤通常被看作为一个具有特殊结构的有机质-矿物集合体，它位于地球陆地表面，并不断与所在地活的或死的生物体、母岩、气候、地形等相互作用，土壤作为一个独立存在的自然体具有独特的起源和独有的性质。1882年，俄国诺夫哥罗德州邀请道库恰耶夫指导并开展地质学和土壤调查，随后道库恰耶夫发表了土壤学经典名著《俄罗斯黑钙土》(*Russian Chernozem*)。依据道库恰耶夫的观点，土壤学(pedology)的主要研究目的是探究实际土壤的发生规律、土壤与成土因素之间的相互关系及其地理分布规律。这将许多有关土壤的概念整合起来，重新构建成一套综合性的因果关系，并为作为一个独立学科的土壤学提供了研究与学习的框架。

1.1.3　土壤发生学

自19世纪末期以来，土壤发生学(genetic soil science)逐渐被学术界所接受，有关土壤层次、土体层、土壤剖面和风化层的土壤学概念及术语已经被引入并运用于科学研究与社会管理等领域。道库恰耶夫将土壤作为一个自然体，提出了土壤的基本概念，即土壤是一个独立的具有外部形态和内部特征的历史自然体。土壤形成的过程是由岩石风化过程和成土过程所推动的，影响土壤形成发育的因素有母质、气候、生物、地形及时间，通称五大成土因素。道库恰耶夫构建了土壤发生发育与五大成土因素之间相互关系的概念模型，建立了土壤地理分布地带性学说和土壤地理综合比较研究法，这些成果奠定了

现代土壤地理学的理论基础，即

$$S = f(Cl, O, P, R, T),$$

式中：S 代表土壤及其性状；Cl 代表气候；O 代表生物；P 代表母质；R 代表地形；T 代表时间；f 代表相关方程式（Osman，2013）。道库恰耶夫的土壤学范式——"成土因素→成土过程→土壤性状"有以下几个重要的土壤概念，即土壤剖面（soil profile）、土壤发生层（soil genetic horizon）和母质层（parent material horizon）。

土壤剖面是指从地面垂直向下至母质的土壤纵断面。其中与地面大致平行、土壤物质及性状相对均匀的一层土壤，称为土壤发生层，简称土层（soil horizon）。土壤发生层是土壤剖面的基本组成单元，如图 1-1 所示。欧洲土壤科学奠基人库比纳（Kubiena，1879—1970 年）1953 年提出了 A、B、Bh、B/C、C 和 G 土壤发生层，根据这些土层的组合将土壤划分为（A）-C、A-C、A-(B)-C、A-B-C、B/A-B-C 型 5 种土壤，并构成了土壤形态发生学的基础。

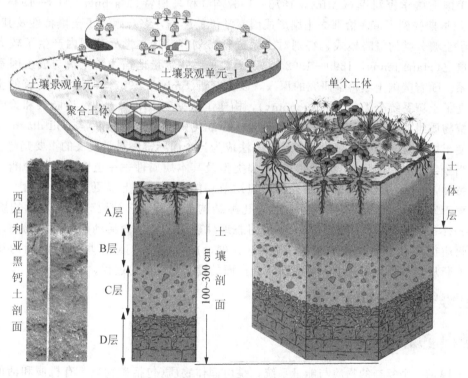

图 1-1 土壤剖面、土壤发生层与单个土体图解

（据 Brady，2000 年资料）

在土壤剖面之中土层的数目、排列组合形式和厚度，统称为土壤剖面构造或土体构型（profile construction），它是土壤重要的形态特征。依据土壤剖面中物质迁移转化和累积的特点，一个发育完整的土壤剖面厚度通常为 100～300 cm，其由地表向下依次可划分三个基本的土壤发生层，即 A、B、C 层，其中 A 层（表土层，surface soil layer）是有机质的积聚层和物质淋溶层；B 层（心土层，subsoil layer）是由 A 层下淋物质所形成的淀积层或聚积层，其淀积物质随气候和地形条件的不同而异。A 层和 B 层合称为土体层(solum)。土体层的下面则逐渐过渡到轻微风化的地质沉积层或基岩层，土壤学上称之为母质层(即 C 层)或母岩层(D 层，parent rock horizon)。

由于土壤在时间和空间上均是呈连续状存在的，故土壤科学研究与学习总是首先从土壤剖面观察、采样及化验分析入手，以了解土壤物质组成、性状及其与成土环境的关系。土壤剖面的立体化就构成了单个土体(pedon)，如图 1-1 所示。单个土体是土壤的最小体积单位，其形状大致为六面柱状体，根据土壤剖面变异程度，单个土体水平面积一般为 $1 \sim 10 \ m^2$。多个在空间上相邻、物质组成和性状上相近的单个土体便组成聚合土体(polypedon)，或称为土壤个体，聚合土体相当于土壤系统分类中基层单元中的土系，是一个具体的土壤景观单位，它经常被作为土壤野外调查、观察、制图及其研究的重要对象。

1.1.4　土壤诊断学

美国土壤学家科菲(Coffey，1875—1967 年)和马伯特(Marbut，1863—1935 年)于 20 世纪早期受到了道库恰耶夫土壤形成因素学说的影响，综合阐述了土壤特性及其分异，提出了土壤分类的概略模式，特别对土系进行了划分，这在世界范围内产生了较大的影响。詹尼(Hans Jenny，1899—1992 年)以函数关系式定量地描述了土壤与成土因素之间的关系。随着美国土壤科学研究的深入，以史密斯(Smith，1907—1981 年)为首的土壤学家建立了土壤系统分类(Soil Taxonomy)，构建了依据三维单个土体、诊断层和诊断特性对土壤物质组成、形态和属性进行定量化、标准化研究的土壤诊断学(soil diagnostics)，从而使土壤系统分类及土壤诊断学研究方法成为当今国际土壤科学发展的重要趋势。

当今学术界和国际社会不仅关注土壤类型及其本质属性——土壤肥力、诊断土层与诊断特性，还关注土壤的生态服务与环境调节功能，并给予土壤更为广泛的含义：土壤是发育于地球陆地表面具有生物活性和孔隙结构的介质，它是地球陆地表面的脆弱薄层(Garrison Sposito，1992)；或土壤是固态地球表面具有生命活动、处于生物与环境间进行物质循环和能量交换的疏松表层(赵其国，1996)。人们对土壤概念内涵的认识是一个不断从定性到量化、由不全面到较为全面的提高和发展的过程。

1.2　生命共同体的根基——土壤

1.2.1　土壤在环境系统中的位置

土壤是一个复杂的物质与能量系统，是由固体物质(包括矿物质、有机质和活的有机体)、液体(水分和溶液)、气体(空气)等多相物质和多土层结构组成的复杂并具有"活性"的物质与结构系统。在系统范围内多相物质、各土层之间不断地进行着物质与能量的迁移、转化与交换，这是推动土壤发育与变化的内因和动力。土壤是一个复杂的开放系统，与大气圈、水圈、岩石圈、生物圈和智慧圈之间不断地进行物质迁移转化与能量交换，这是推动土壤形成和演变的外驱动力。同时，土壤也是影响环境系统变化的重要原因。土壤是一个生态系统，土壤生态系统是指土壤与其他成土环境因子(包括生物因子和非生物因子)构成的复合整体系统。作为陆地生态系统中最活跃的生命层，土壤生态系统是相对独立的子系统，其中的物质与能量迁移转化过程，特别是生物地球化学过程，在全球物质与能量循环过程中占据着十分重要的位置。适宜于植物生长的典型壤质土壤的体积组成大致为：土壤固体物质和土壤孔隙各占 50%，其中孔隙内含水分和空气，且水分与空气比例大约各占一半；土壤固体中矿物质占 45%～49%，有机质占 1%～5%；土壤生物体均生活在土壤孔隙之中，如图 1-2 所示。

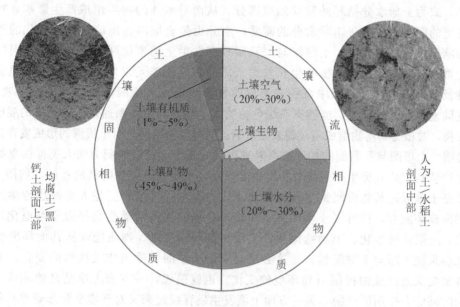

图 1-2　适宜植物生长壤质土壤表土的体积组成

地球陆地表面和浅水域底部的土壤所构成的一种连续体或覆盖层，即土壤圈（pedosphere），是地球表层系统的组成部分，处于智慧圈、大气圈、水圈、生物圈和岩石圈的界面与相互作用交叉带，是联系有机界与无机界的中心环节，也是联系环境各组成要素的纽带，如图 1-3 所示。

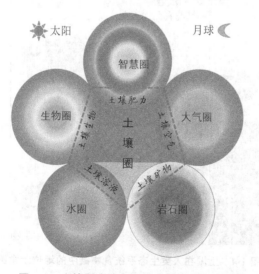

图 1-3　土壤圈在我们环境中的位置示意图

土壤圈与大气圈在近地表层进行着频繁的水分、热量、气态物质的迁移转化，土壤不仅因其疏松多孔而能接收大气降水及其沉降物质以供应生命之需，还能向大气释放 CO_2、CH_4、N_2O 等气体，参与碳、氢、硫、磷等元素的全球循环，并对全球气候变化产生重要的影响。土壤圈与水圈的关系表现为：大气降水通过土壤过滤、吸持与渗透进入水圈，成为全球水分循环的重要组成部分，从而对水体的物质组成产生影响，在改善生态环境的同时供应生命体对水分的需要；水分也是土壤圈物质能量迁移转化的重要载体和影响土壤性质的介质。土壤圈与岩石圈具有发生上的密切联系，岩石圈表层的风化物是土壤形成的物质基础，植物生长发育所需的矿质营养元素均来源于岩石的风化，土壤侵蚀及其堆积也是岩石圈中沉积岩形成的重要物源。土壤圈与生物圈的关系表现为：土壤是陆地生物圈的载体，能够支撑绿色植物，土壤圈与生物圈通过养分元素的吸收、迁移与交换，对植物凋落物组成与演替发生影响；同时生物活动又对土壤圈的形成发育具有深刻的影响。土壤圈与智慧圈的相互关系表现为：一是土壤通过其肥力向人类提供食物、纤维和生产资料，从人类生态系统食物链角度来看，土壤是人类食物链的首端，如图 1-4 所示；二是土壤通过其物质能量过程不断地净化人类生存环境；三是人类通过劳动加速了土壤的形成和发育，提升了土壤质量；四是不合理的人类活动也会导致土壤退化，如水土流失、土壤风蚀沙化、土壤盐碱化、土壤污染等。总之，物质能量从其他环境要素和人类社会系统不断向土壤圈输入，这必然会引起土壤圈物质组成及性状的变化，土壤圈的这种改变又通过反馈机制引起环境的变化。也就是说，一方面土壤是自然环境、人类活动和时间综合作用的产物，另一方面土壤发生发育反过来又对环境变化起着推动作用。

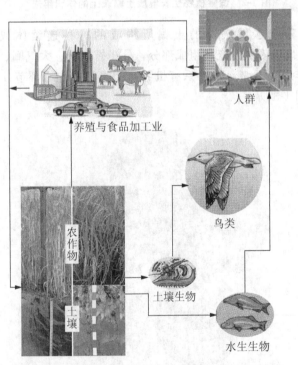

图 1-4　土壤在人类生态系统食物链中的地位示意图

土壤是地表成土因素综合作用的产物，它具有记录和保存环境状态信息的机制（Targulian等，2019）。土壤是反映区域环境的一个信息系统，土壤空间构型、诊断土层、形态特征、物质组成及其理化性状，都记录着环境变迁的历史，它们能提供不同时空尺度的环境要素和人类活动的信息。土壤圈作为环境变化的记录体具有以下特性：①广泛性和相对稳定性，即土壤广泛分布于地球陆地表层而易于发现和采集，一般来说在土壤形成发育过程中的物质空间运动范围较地质地貌过程小，故区域性较强。②综合性和聚集性，即土壤是成土因素综合作用的产物，一种土壤记录不能专一地反映某一种环境变化现象，它反映的是成土环境的综合作用，因而土壤记录的环境信息具有综合性。反之，一种环境要素的变化不可能仅引起特定土壤记录体发生变化，还会引起多种土壤记录体的变化，这构成了土壤记录信息的聚集性。因此，可从多方面对土壤进行解剖，以得到更多更综合的信息。③滞后性，即土壤各相（固、液、气、生物）对环境变化的反应具有不同的速率，可用特征反应时间（characteristic reaction time，CRT），即某个土壤性状达到与环境条件准平衡所需要的时间来表示。一般来讲，气相为 $10^{-3} \sim 10^{-1}$ 年；液相为 $10^{-2} \sim 10^0$ 年；土壤生物为 $10^{-2} \sim 10^{-1}$ 年；固相为 $10^0 \sim 10^6$ 年，其中土壤固相是重要的环境记录体。将土壤性状信息解译成环境变化信息将是土壤地理学家和环境学家的共同任务。

1.2.2 土壤在环境系统中的功能

作为人类生存环境的重要组成要素和人类社会发展的基本自然资源，土壤具有以下重要的生产能力、生态服务与环境调节等功能：①土壤肥力及土壤生产能力。即土壤在保持生物活性、多样性和生产性方面的功能，如土壤为人类社会生产食品（food）、饲料（feed）、纤维（fiber）、生物质燃料（fuel）、中草药（Chinese herbal medicine）和原材料（raw material），即4F+2M。②土壤调节水体和溶质流动的能力。③土壤维护生物多样性和栖息地。土壤支持农作物、植物及微生物的生长，可增强生物群的抵抗力和恢复力；有助于维持遗传多样性，支持孕育野生物种并降低其灭绝率。④土壤优化水文状况。土壤能缓解地表水土流失，增进降水对溪流和池塘的补给，增强水对植物和动物的有效性；缓解洪水的发生与河道的淤积，增进地下水的再补给；土壤也是构建海绵城市的物质基础。⑤土壤的过滤与缓冲性能。土壤有助于将盐分、金属和微量养分元素质量分数维持在动植物的生态幅之内，土壤作为陆地环境系统中巨大且相对稳定的碳库，可减缓区域环境温度与湿度的变化幅度。另外，土壤还是人类建筑的重要材料，土壤在保护历史文物、开展科教等方面也具有重要的作用，如图1-5所示。由此可见，土壤的本质属性是具有肥力和自净能力。

（1）土壤肥力

土壤肥力是指土壤为植物正常生长发育提供并协调营养物质和环境条件的能力。它是土壤的综合属性和基本功能，它不仅反映了土壤系统本身的物质成分、结构和土体构型以及土壤各种过程和性质，同时也反映了与土壤系统相联系的外界环境条件。在土壤肥力的形成与发展演化的过程中，随着主导因素的不同，可以将其分为自然肥力和人为肥力：自然肥力是在五大自然成土因素（生物、气候、母质、地形和时间）综合作用下的自然成土过程的产物；人为肥力则是在自然因素的基础上，人类通过土壤改良、施肥、耕作等措施在促使土壤熟化的过程中形成的。中国宋朝学者陈旉提出了维持土壤肥力的

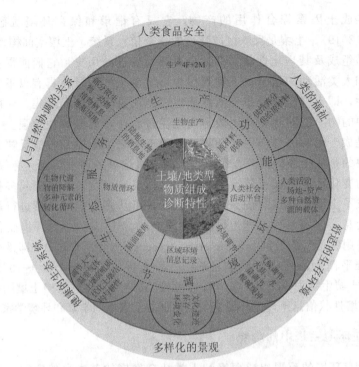

图 1-5　土壤在人类生态系统中的功能示意图

"地力常新状"理论与具体方法。1840 年德国农业化学家李比希指出，土壤矿质元素是土壤肥力的核心；西欧土壤学家则把土壤肥力理解为土壤中所含有的植物营养元素的数量及其有效程度，进一步的研究表明，土壤含有作物生长所需要的营养元素至少 16 种之多，它们是碳、氢、氧、氮、磷、钾、硫、钙、镁、铁、铜、锌、硼、锰、钼、氯等。前 10 种元素是植物需要量较多的营养元素，统称为大量元素，其中氮、磷、钾尤为重要，是作物营养三要素；植物对后 6 种元素的需要量极微，但它们是非常重要且不能缺少的营养元素，统称为微量元素。土壤养分存在的形态主要有 2 种：一种是存在于土壤有机质和矿物质中，非经分解转化不能为植物吸收利用的所谓难溶性养分，也称为迟效性养分；另一种是可溶于水，大多以离子态存在于土壤溶液中，能为植物直接吸收利用的有效性或速效性养分。著名土壤学家威廉斯将土壤肥力定义为"土壤在植物生长的全过程中同时、不断地供应植物以最大数量的有效养料和水分的能力"，并指出土壤肥力的组成要素是养料和水分。美国土壤学会(1978)将土壤肥力概括为"土壤供应植物所需要养料的能力及与这种能力有关的各种土壤性质与状态"。土壤学家熊毅等 1990 年指出："土壤肥力是土壤从营养条件和环境条件方面供应和协调作物生长的能力。"土壤肥力是土壤的物理、化学、生物学等性质的综合反映，土壤组成与性质都能直接或者间接地影响作物生长。

（2）土壤对污染物的净化与养分循环能力

土壤在调节区域水资源的同时对水流还起着机械过滤的作用，从而对水体成分产生影响。土壤还具有巨大的缓冲性能，土壤的缓冲性能就是土壤系统自我协调机能的重要一环，它对于抵抗土壤的酸化、碱化、污染，稳定植物的生长环境（特别是化学环境），维持土壤的正常功能等都有非常重要的作用。如在自然陆地生态系统中生产者、各级消费者的代谢产物主要位于土壤上层，这些生物代谢产物在土壤微生物的作用下，被逐级分解，释放其中所包含的生物养分，同时部分分解产物又被微生物合成为土壤腐殖质、形成土壤有机-无机复合体，这样生物养分又被吸附保持在土壤之中，满足植物生长发育对养分的需求，构成植物养分的生物小循环过程；在人类农业生态系统中，土壤不仅是人类基本的生产资料(人类劳动的对象)，还是人类生产和生活的场所。人类活动可以使来自外界的大量物质快速地、集中地投入土壤之中。由于土壤是一个非均质、多相、分散的多孔体系，它可以通过挥发、溶解与沉淀、分解、氧化还原、吸附与解吸、螯合与络合等过程，使土壤中污染物的浓度降低、毒性降低或消失。土壤对进入土体污染物的净化作用包括：物理净化，如冲淡、扩散与稀释、过滤、吸附与固化、气化与挥发等；化学净化，如溶解与沉淀、分解与合成、氧化与还原、吸附与解吸、络合与螯合等；生物净化，如生物化学氧化过程等。应该指出，土壤对进入土体污染物的净化能力是有限的。

（3）土壤调节水体和溶质流动的能力

区域地表水资源(河流、湖泊、水库及地下水)总量与水质，不仅是区域社会经济发展的重要物质资源，还是维持区域生态系统平衡的基本条件。人们已经认识到，区域几乎所有的水资源(如河水、湖泊水、水库水、地下水)都是经过土壤的调节或者从土壤表面流过。可以设想大气降水的雨滴降落在流域的坡面上，土壤被浸湿并将保持部分降水供应植物生长之需求；部分降水将缓慢地渗透土壤层而汇入地下水之中；或者因降水强度过大而形成地表径流，从土壤表面流过，这些水分最终必将进入区域地表水和地下水系统之中。在上述过程中，土壤通过其渗透率再加地表坡度可以调节大气降水的分配状况，并缓解区域水资源的时间变化过程。特别是在中国东部季风区流域内"土壤水库"的调蓄作用，对缓解区域季节性旱情、水土流失及所在流域洪灾均具有十分重要的作用。有专家估算中国长江上游面积约 105.6 万 km^2，其森林土壤层平均厚度按 80 cm、土壤层及枯枝落叶层孔隙度按 50%计算，长江上游区土壤层总孔隙可蓄水量之和则为 4 226 亿 m^3，相当于长江宜昌站多年平均径流量 4 509.7 亿 m^3 的 93.7%。这足以显示土壤对区域水资源的调节作用。

（4）土壤是重要的生物栖息地

土壤不是一堆由破碎岩石碎屑物和死亡的生物残骸组成的混合物，土壤是具有生命活力的有机体，少量的土壤之中也许生活着上千种、数百万生物个体，包括肉食动物、被掠食者、生产者、消费者和寄生虫等(Brady，2000)。因此，土壤是重要的生物栖息地。在土壤中某些充满水的孔隙中有蛔虫、硅藻属、轮虫等微生物浮游生活；而在一些充满湿空气的较大孔隙中则有微小昆虫、螨虫生活。在土壤中生物生活条件差异巨大，如好氧条件可在几个毫米范围内变化为厌氧条件；土壤中某些微域可能是强酸性，而另一些微域则为碱性；土壤中的温度也具有较大的空间变幅，这些均为各种类型的微生物生存提供了适宜的条件。因此，土壤生态系统呈现出生物基因多样性。土壤与大气、水体一样是大型生态系统的重要组成部分，在保护生态与环境质量的今天，土壤质量或土壤健康状况也必将与大气质量、水体质量一样受到人们的关注。

（5）土壤是重要的建设基质

我们经常将土壤看作结实的固体、一种可用于修筑道路与建筑物的很好基质，实际上绝大多数建筑物搁置于土壤之上，许多建筑项目需要挖掘土壤以修筑坚固的地基(Brady，2000)。各类土壤的结持性、胀缩性、紧实性、可塑性等具有较大的差异，这

些都影响土壤对上层建筑物的承载力及稳定性。所以，建筑工程师在接受建筑设计任务之后，必须了解修建道路、建筑物区域的土壤性状，掌握土壤层次及其理化性质，如结持性、紧实度、胀缩性、透水性、导水性、酸碱性、有机质质量分数、次生黏土矿物质量分数及其类型、含盐量，以及土壤是否含对建筑物具有腐蚀作用的物质（如硫酸盐、硫化物、碳酸钠等），作为建筑设计的参考资料。

　　总之，从土壤在环境系统中的地位与功能来看，土壤环境科学与工程是研究土壤质量或者土壤健康、生态系统持续性、人为土壤及生态环境质量演化的基础，也是实施国土整治、被污染土壤修复和生态系统恢复的技术手段。美国学者曾在监测新泽西州一个小流域过去 30 年的生态环境变化后指出，所有的生态环境问题事实上都是土地利用与土地规划问题，开展土壤环境科学与工程研究与教学，可以从整体上改善区域环境质量。

1.3　土壤环境科学与工程

　　环境科学是研究人类-环境系统的发生和发展、调节与控制、改造和利用的科学，它是在现代社会经济与科学发展过程中为了解决环境问题而诞生的一门介于自然科学、社会科学和技术科学之间的边缘科学。刘培桐教授在 1982 年划分出的环境科学分支学科体系，如图 1-6 所示。环境科学仍然处于不断发展与完善之中，随着环境科学研究的深入和解决实际环境问题的需要，环境科学及其分支学科的界限及其侧重点也将处于不断的发

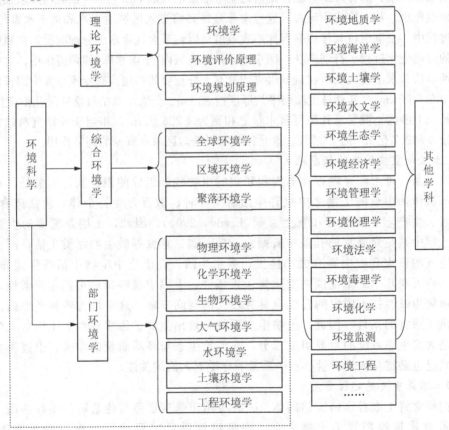

图 1-6　环境科学分支学科体系示意图

展优化之中，并且还将出现新的分支学科。另外，还有从其他学科角度发展人类-环境系统研究的学科：从自然科学方面有环境地学、环境生物学、环境化学、环境物理学、环境医学、环境毒理学；从社会科学方面有环境管理学、环境经济学、环境法学、环境伦理学、环境教育学；从工程技术方面有环境工程学和环境监测技术等。

1.3.1 土壤环境科学及其研究内容

土壤科学是研究土壤中的物质运动规律及其与环境间关系的科学，也是介于地球科学与生命科学之间的一门独立的学科，除主要服务于农业外，又可服务于水利、工业、矿业、交通、医药卫生和国防事业等。传统土壤科学的分支学科包括：土壤地理学、土壤物理学、土壤化学、土壤生物化学、土壤植物营养学、土壤制图学、土壤技术和土壤矿物学等。当今世界面临着人口、资源、环境与发展问题，也对土壤科学提出了新的挑战，要求它对环境保护、资源利用、持续农业、全球变化及国土整治等重大问题作出自己的贡献。1990 年，在日本召开的第 14 届国际土壤学大会的主题确定为"人类与环境"，会上新增设了土壤环境学分支，自此土壤与环境问题成为国际土壤科学研究的重要议题；1994 年，在墨西哥召开的第 15 届国际土壤学大会新增设了土壤环境学分支；1995 年，李天杰教授组织相关专家编辑出版了《土壤环境学——土壤环境污染防治与土壤生态保护》；1998 年，在法国召开的第 16 届国际土壤学大会上则有 8 个学科讨论土壤与环境问题；2002 年，在泰国召开的第 17 届国际土壤学大会正式提出了土壤学科新的组织结构调整方案，即将全球土壤科学集成为土壤时空变化、土壤性质与过程、土壤的利用与管理、土壤在社会发展与环境中的作用，其中前两个方向为土壤科学的基础研究领域，后两个方向为土壤科学的应用研究领域；2018 年，第 21 届世界土壤学大会的主题是"土壤科学：超越食物和燃料"；2022 年，第 22 届国际土壤学大会的主题是"土壤学-跨界融通，改变社会"，同年的世界土壤日主题是"土壤——食物之源"。由此可见，土壤作为关联大气-淡水-食物-能源和人类健康的枢纽成为现代国际土壤科学发展的重要方向。

土壤环境科学（soil environmental sciences）是运用环境科学理论与方法，研究在人类土地利用驱动下土壤物质与性状变化以及污染物在土壤中的迁移、转化规律的科学，它属于环境科学的分支学科，是环境科学与土壤科学交叉渗透的重要分支领域，也是现代科学服务于 21 世纪的人口、资源、环境与可持续发展的前沿学科。许多著名大学设立了植物与土壤环境学系（department of crop and soil environmental science），如我国台湾的中兴大学 1995 年在整合土壤学与农业化学学科的基础上成立了土壤环境科学系。纵观国内外土壤环境科学研究现状及其发展趋势，土壤环境科学的主要研究内容可归结为：①从环境系统角度研究人类土地利用过程中土壤物质、性状变化过程，以阐明土壤生态环境功能的演变规律。②运用环境污染源调查评价方法研究区域土壤中主要污染物类型、土壤污染类型及其特征，创建土壤污染诊断与评价的方法体系。③研究土壤-植物系统污染物迁移转化规律及其生物有效性，探索不同土壤环境中主要污染物的基线（baseline）和土壤污染修复的原理、技术与方法，为土壤健康与人类健康风险评价提供科学依据。④研究在人类活动驱动下土壤圈物质循环及其与全球环境变化的响应与反馈作用。

环境土壤学（environmental soil sciences）主要研究人类活动中所产生或释放的各种物质在土壤系统中引起的一系列物理、化学、生物变化，是研究能量交换、转化和物质迁

移转化规律及其相互作用的科学，它既是环境地学的重要分支学科，也是土壤环境科学的姐妹学科，如图1-7所示。其研究的主要目的是保护土壤资源，提高土壤生态系统的生产能力，重点是研究土壤污染及其防治（黄瑞农，1987）。环境土壤学也是当今国内外土壤科学机构重要的研究领域之一。

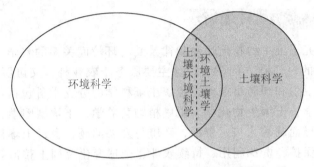

图1-7　土壤环境科学与环境土壤学相互关系示意图

土壤环境科学与工程（soil environmental science and engineering）是运用环境科学理论与环境工程方法，研究在人类土地利用驱动下土壤物质与性状变化以及污染物在土壤中系统的迁移、转化规律，以及监测-评价-修复-管护区域土壤质量/健康变化的技术方法。它属于环境科学与工程的分支学科，是环境科学与土壤科学交叉渗透的重要分支领域，也是现代科学中服务于21世纪的人口、资源、环境与可持续发展的前沿学科。

1.3.2　土壤环境科学与工程的研究内容

工程活动是具有科学内涵和技术内容的，是创造满足人类所需要的新存在物的社会实践活动的统称，它是一个包含科学试验、技术发明、工程设计、工程模拟、工程建造等多个环节的复杂过程。工程科学是指通过整合现代科学与工程技术而形成的一个独立学科体系，它是科学和技术在产业中应用的产物。根据科学和技术应用的领域差异，工程科学常被划分为地矿、材料、机械、仪器仪表、能源动力、电气信息、土建、水利、测绘、环境与安全、化工与制药、交通运输、海洋工程、轻工纺织食品、航空航天、武器、工程力学、生物工程、农业工程、林业工程、公安技术21个工程类别，其中与土壤环境密切相关的有环境与安全、地矿、材料、土建、水利、测绘、交通运输、工程力学、轻工纺织食品、生物工程、农业工程、林业工程12个工程类别，这表明土壤环境学在工程科学中所具有的基础地位和重要作用。

环境工程学（environmental engineering science，EES）是环境科学类的重要分支，是一门工程性、针对性、应用性很强的学科。其狭义的定义是指运用工程技术和基础学科、环境科学的理论与方法，研究控制和预防各种环境污染的工程技术措施的学科；根据2008年修订的《环境科学大辞典》中的定义，环境工程学是指运用工程技术和基础学科的原理和方法，研究防治环境污染、合理利用自然资源、保护和改善环境质量，使人类生产、生活与生态环境达到协调的措施及方法的学科，这应该是对环境工程学广义的理解。从国内外环境科学研究与教学来看，目前环境工程的分支领域主要有大气污染防治工程、水体污染防治工程、固体废弃物污染控制及其资源化技术、噪声污染控制工程、其他污染控制工程。土壤作为一个重要的环境要素和一种重要的自然资源，尚未有土壤污染防治工程，而有关土壤污染防治与土壤资源合理利用的工程技术常常被分散至水体污染控制与固体废弃物污染防治工程之中。土壤污染的复杂性、隐蔽性及其危害的滞后性，使得土壤成为人类生产生活的最后的"垃圾桶"。越来越多的调查研究表明：一方面，土壤污染已经严重地威胁生物多样性的保持和生态系统健康，也威胁到食品的安全和人类的健康；另一方面，绝大多数的水污染、大气污染也与土壤环境密切相关。因此，开展土壤污染防治与合理利用土壤资源工程措施的研究，已经成为环境工程研究的前沿领域，也是从源头控制环境污染的重要手段。从环境工程学的形成和发展来看，当今环境工程学的主要研究内容有水污染防治、大气污染防治、固体废物处理处置和资源化、物理污染防治、土壤污染（污染现场）修复工程等。

环境工程作为学科诞生于 20 世纪中后期，但人类的土壤环境工程活动则是久远的，如在明朝时期，陕北黄土高原地区的人们在修建窑洞时，就运用热对流-虹吸原理设计了专门为排出窑洞内部烟气、改善空气质量的窑洞哨眼系统，如图 1-8 所示；在新疆山麓干旱地区，古代劳动人民为了防止长距离地表引水造成的水量损失和水质恶化（水体矿化度增高）而设计了坎儿井系统，如图 1-9 所示。

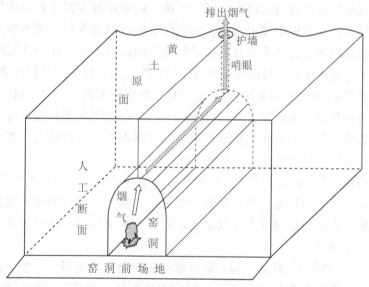

图 1-8　陕北黄土高原窑洞及其排除烟气的哨眼结构示意图

在 19 世纪中期，工业化使英国伦敦出现了严重的环境污染，并引起了重大公害事件，夺去了上万人的生命，环境污染及其控制成为人们关心的问题。公共卫生学家埃德温·查德威克（Edwin Chadwick，1800—1890 年）在综合分析了霍乱流行与供水排水相互关系的基础上，提出了"雨水汇聚至河道，污水扩散于土壤（the rain to the river and the sewage to the soil）"的理念，促使英国于 1848 年制定《公共卫生法案》，并逐步建立了城市污雨独立排水系统、污水处理厂。这些措施均有力地推动了环境工程在土木工程、公共卫生工程及相关工业技术等研究领域中的诞生与发展。随后，人们运用基础学科理论、

工程技术的原理与方法形成了以解决废气、废水、固体废物、噪声污染为主要内容的单项治理技术以及大气与水体污染治理的工艺系统。

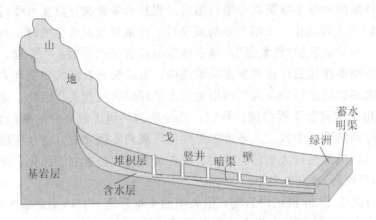

图 1-9　新疆山麓地区长距离引水的坎儿井结构示意图　　　　扫码看彩图

　　在 20 世纪 70 年代初期，国内外许多知名大学纷纷在给水排水工程、化学工程、冶金工程等本科专业中开设了与环境保护相关的课程或设置了废水、废气治理专业方向，研究以局部环境污染防治和末端治理为特征，环境工程专业基本都设在市政与环境工程专业之下，其研究方向主要集中在水污染、大气污染防治以及噪声与固体废弃物控制等方面，而土壤污染防治还未被列为相对独立的研究方向，常被包含在固体废弃物控制研究之中。随着环境污染问题日益突出和影响范围的不断扩大，再加上环境科学的快速发展，环境工程研究表现出向着整体(系统)化、专业化、生态化发展的趋势，以土壤污染修复、生态系统恢复为特色的土壤环境工程(含生态工法)日益受到学术界与政府界的关注，已经成为环境工程研究和社会关注的热点领域。纵观国内外土壤环境工程的研究现状及其发展趋势，土壤环境工程的主要研究内容包括：

　　①土壤污染防治与食品安全工程，即以改善土壤环境质量、保障农产品质量与安全、建设良好人居环境为总体目标，综合研究控制农田土壤污水灌溉的技术措施，探索有效控制农药、化肥、农膜及废弃物对土壤危害的产生，建立区域土壤健康监测、评价指标体系及其管护信息系统。

　　②场地污染(土壤污染)修复工程，即依据环境科学和土壤科学原理，运用物理、化学、物理化学、生物化学的技术与方法，研究在确保区域生态环境质量的条件下去除、固化、钝化、无害化(污灌区农田和污染场地)土壤中污染物的有效措施。土壤污染修复有异位(ex situ)修复和原位(in situ)修复两种形式，其中异位修复是将被污染土壤挖出聚集后采用物理/化学方法清洗、焚烧、热处理及生物反应器等多种方法去除其中的污染物，属于早期常用的土壤污染修复方法，对土壤环境扰动强烈且投资大、易引起二次污染；原位修复是指在不扰动土壤剖面的前提下，去除其中污染物或降低土壤中污染物危害的产生，学术界较为普遍的土壤污染原位修复技术有生物修复、物理修复、化学修复等，其常用的方法有非食源性植物萃取法、覆盖与围封恢复法、土壤冲洗法、微生物降

解法、固化及玻璃化法、曝气与抽气法、热解吸附与微波热解法、电动力学法等。

③土壤水蚀与水体污染防治工程，即研究在降雨、融雪水和灌溉条件下，土壤物质流失所导致的土壤质量退化、地表水体污染和湿地退化过程及其防治措施。土壤加速侵蚀首先是造成土壤水分、养分、有机质等物质的流失，引起土壤层次变薄、结构变差、肥力衰竭和土壤质量恶化；其次是携带土壤中的大量的养分、化肥、农药、城市污泥等随地表水进入江河湖泊，加速水体富营养化和水体淤积，增大水体浊度，致使相关水环境质量恶化与水利工程设施老化；最后是直接造成被侵蚀区陆地生态系统和堆积区水体生态系统退化。国内外众多调查研究均表明，土壤侵蚀已经成为当今的头等生态环境问题；人类不合理的土地利用方式，包括毁林毁草、滥垦滥伐、开垦扩种、顺坡耕种、大水漫灌、开矿修路、弃土弃渣等活动是造成土壤加速侵蚀的重要因素。因此，运用土壤环境科学理论与环境工程措施防治土壤侵蚀，也是从源头上维持土壤健康、防治水体污染的重要途径。

④土壤风蚀沙化与大气污染防治工程，即研究在风力作用下，干燥裸露的土壤物质流失所导致的土壤质量退化、区域大气颗粒物污染过程及其防治措施。土壤风蚀沙化的直接危害：一是造成干燥表土层中的养分、有机质、黏粒、粉粒快速损失，致使土壤表层的砂砾质量分数快速增加和土壤肥力快速衰竭；二是驱使大量源于干燥表土层中微颗粒物（粒径$\leqslant$0.02 mm）进入并悬浮于大气层中，导致被风蚀区域及其下风向地区大气中颗粒物质量分数急剧增高，造成严重的大气污染并危害人群健康；三是直接造成被风蚀区生态系统及其景观退化。已有的调查研究表明，盲目开垦、粗放耕作、过度放牧、过度樵采、水资源匮乏与干旱大风天气的耦合是引起土壤风蚀沙化的根本原因。因此，运用土壤环境科学理论与环境工程措施防治土壤风蚀沙化，也是从源头上维持土壤健康、防治大气污染的重要途径。

1.3.3 土壤环境科学与工程的研究方法

作为环境科学与工程一级学科的重要研究领域，土壤环境科学与工程研究具有涉及要素众多、物质能量过程复杂多变、时空差异性显著、问题导向性强等特征。针对如此复杂开放的环境系统尚未形成从微观到宏观的系统理论，其有效的研究方法则是从定性到定量的综合集成法（meta-synthesis），该方法基于多学科跨学科的理论和多种现代技术体系，在调查观察、解析诊断、测试分析、模拟实验、防治调控特定区域人类-土壤环境系统的过程中，综合运用传统的科学研究方法，即历史研究法（文献法）、观察法、实验法、调查法及模拟法，以阐明人类-土壤环境系统演化规律及其有效调控措施。

土壤环境科学与工程研究中的综合集成法，实质上是将多学科理论（专家群集体研讨）、多维土壤环境数据信息（多种测试技术实施）与3S技术（多媒体技术应用）结合起来，以达到从空间的整体性、时间的持续性和阶层的公平性上调控人类-土壤环境系统的目的。从实践论观点来看，人们认识客观事物总是遵循从实践到理论、从感性和经验到理性和科学的提升。综合集成方法就是遵循这样的认知规律探索事物复杂性的研究方法，一般认为在土壤环境科学与工程研究中的综合集成方法包括以下步骤：

①土壤环境特征的定性综合集成，即针对区域土壤环境，经过土壤环境调查诊断与专家群分析，提出土壤环境问题，形成定性判断和经验型假设。这个研究过程需要不同学科、不同领域专家比较研究与集体研讨，并经过多学科的理论、多领域的经验、多专家的智慧的相互结合、磨合和融合，以便从不同层次（自然的、社会的、人文的）、不同方面和不同角度对特定土壤环境问题达成共识，明确土壤环境系统的结构、物质能量流过程、生产能力与生态环境功能的变化特征以及调控对策。由于土壤是陆地生态系统的基础、农业生产的基本资料、环境系统中物质迁移转化的枢纽、人类社会可持续发展的必备支撑条件，因此，在定性综合集成及形成土壤环境问题的定性判断和经验假设的过程中，不仅要确保土壤健康，还应该确保土壤-生物系统、土壤-水系统、土壤-大气系统、人类-土壤系统的完整性和物质能量的良性循环。

②定性定量相结合的综合集成，即针对已经形成的土壤环境问题、定性判断和经验性假设，依据土壤诊断调查与观察的技术规范、土壤环境背景值、土壤环境质量标准及环境质量标准等，进一步证明或验证其判断与假设的正确性与可行性，这就需要将定性描述提升到对土壤环境系统整体的定量描述。这种定量描述大致包含以下4个方面：一是从观察区域土壤环境的组成和结构中获得其"属性指标"；二是监测区域土壤环境中的物质能量过程及机理，结合相关标准建立研究区的土壤环境"指标体系和标准"；三是通过综合比较分析揭示区域土壤环境的功能变化特征，建立土壤环境变化的"阈值"，以达到从整体上把握区域土壤环境与人类活动相互作用的规律；四是利用现代跟踪技术（同位素跟踪、人造标志物跟踪技术）监测化学元素、污染物在土壤环境系统中的迁移与转化、驻留与富集、活化与分散的动态过程及其规律性，为协调人类活动与土壤环境的关系提供科学依据。这些定性定量相结合综合集成的土壤环境研究成果，为进行土壤环境动态变化的建模、仿真、实验及调控奠定了必要的科学基础，但区域土壤环境系统变化的模拟及其土壤环境整治的仿真试验，既需要土壤环境科学的理论方法，又需要土壤调查观察的经验知识，还需要以往区域土壤环境的统计数据和有关信息资料。

③从定性到定量的综合集成，即定性综合集成所形成的土壤环境问题的经验性假设与判断的定性描述，经过定性定量相结合综合集成并获得定量描述。在多专家多次实地调查采样分析过程中，由于不断有新的土壤环境信息注入，专家群研讨也可能从定量描述中获得证明或验证经验性假设和判断正确性的定量结论，于是完成了一次从定性到定量的综合集成。在实际土壤环境工程研究过程中，由于受时空条件、土壤环境演化、人类活动等诸多因素的影响，上述从定性到定量的综合集成通常不是一次能完成且无一成不变的演绎模式，需要反复多次的实践与修正。如果定量描述还不足以支持证明和验证经验性假设和判断的正确性，就需要充实土壤环境调查资料并经集体研讨，以形成新的修正意见和实验方案，并获得科学性的定量结论，如图1-10所示。通过这种多学科研讨、多技术指导、多层次调查和系统性实验与研讨而获得的定量结论，已经不再是经验性假设和判断，而是经过严谨论证的科学结论，这个结论就是现阶段我们对复杂多变的土壤环境系统较为科学的认识。

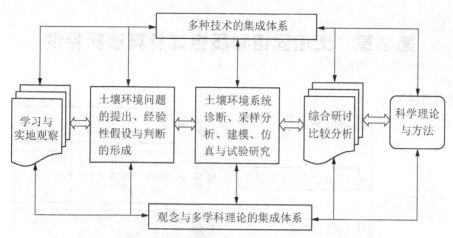

图 1-10 土壤环境工程研究中的综合集成方法流程图

【思考题】

1. 什么是土壤和土壤圈？分析土壤及土壤圈在陆地生态系统中的地位和作用。

2. 土壤的功能有哪些？结合自身的观察谈谈土壤与人类生产和生活的关系。

3. 结合社会调查与野外观察，举例说明常见的土壤环境工程措施。

4. 观察校园绿地或者附近农田林地，选择一个具体的单个土体，运用所学的知识阐述土壤是一个开放系统，并说明该土壤开放系统中的主导物质能量迁移转化过程。

5. 土壤圈处于智慧圈、大气圈、水圈、生物圈和岩石圈的界面与相互作用交叉带，试勾画出你日常生活与土壤相互联系的框架图。

6. 有人认为"没有人进食或饮用土壤，故土壤污染对人们健康影响不大"。谈谈你对此观点的看法。

第2章　土壤固相物质组成及其诊断特性

【学习目标】

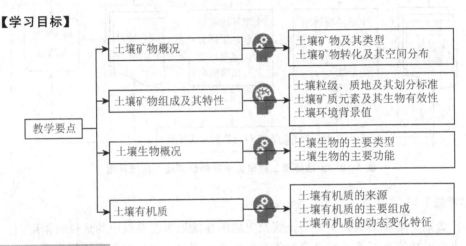

2.1　土壤矿物组成

矿物是指由地质作用所形成的天然单质或化合物，它们一般具有固定的理化性质和结晶特征，在一定的地质条件下是相对稳定的，但当外界条件改变时原有矿物也会发生变化。矿物是组成岩石、矿石和土壤的基本单元。已知的矿物约有4 145种，常见的矿物则有50～60种，而构成岩石和土壤主要成分的矿物只有20～30种。土壤矿物是土壤中各种无机固态矿物的总称。在岩石风化过程和成土过程中土壤矿物会逐渐向地表环境中更稳定的矿物种类转变，并向环境中释放出一些元素。因此，土壤矿物的起源可归结为3种：一是直接继承母岩或母质中的矿物；二是由母岩或母质中的矿物转变而成；三是从岩石风化液或土壤溶液中新生。土壤矿物构成了土壤的"骨骼"，它对土壤的矿质元素质量分数、性质、结构和功能影响甚大。按照发生类型可将土壤矿物划分为原生矿物、次生矿物（含易溶盐类）两大类。

2.1.1　原生矿物

土壤原生矿物（primary mineral）直接来源于母岩，特别是岩浆岩，它只受到不同程度的物理风化作用，而其化学成分和结晶构造并未改变。土壤中原生矿物的种类和质量分数因母岩类型、风化强度和成土过程的不同而有所差异。随着土壤年龄的增长，土壤中原生矿物在有机体、气候因子和水溶液作用下逐渐被分解，仅有微量极稳定矿物会残留于土壤中，因此土壤原生矿物的质量分数和种类则逐渐减少。戈尔迪奇（Goldich，1938）提出了主要原生矿物的稳定性由小到大的顺序依次为：橄榄石＜镁质辉石＜钙镁质辉石＜闪石＜黑云母＜钾长石＜白云母＜石英。这个顺序也是衡量地表岩石被风化及土壤形成过程强弱的重要标志。在风化与成土过程中原生矿物供给土壤水分以可溶性成分，并为植物生长发育提供矿质营养元素，如磷、钾、硫、钙、镁和其他微量元素。土壤原生矿物主要包括硅酸盐和铝硅酸盐类、氧化物类、硫化物类、磷酸盐类和某些特别稳定的原生矿物，如表2-1所示。

表 2-1 土壤中常见的矿物

土壤矿物类型	中文名称	英文名称	化学分子式	土壤中的表现特征					
				矿物类别	颗粒	比表面积/(m²/g)	CEC/(cmol/kg)	稳定性	常存的主要土壤类型
原生矿物	石英	quartz	SiO_2	硅石类	砂，粉粒	~0	~0	极稳定	所有土壤
	正长石	orthoclase	$KAlSi_3O_8$	长石类	粉粒，砂	~0	~0	稳定性差	多种土壤
	钠长石	albite	$NaAlSi_3O_8$	长石类	粉粒，砂	~0	~0	稳定性差	多种土壤
	钙长石	anorthite	$CaAl_2Si_2O_8$	长石类	粉粒，砂	~0	~0	稳定性差	多种土壤
	微斜长石	microcline	$KAlSi_3O_8$	长石类	粉粒，砂	~0	~0	稳定性差	多种土壤
	斜发沸石	clinoptilolite	$Na_3K_3(Al_6Si_{30}O_{72}) \cdot 24H_2O$	沸石类	粉粒，砂	1~800	100~300	不稳定	碱性土壤
	方沸石	analcime	$Na_{16}Al_{16}Si_{32}O_{96} \cdot 16H_2O$	沸石类	粉粒，砂	—	—	不稳定	碱性土壤
	白云母	muscovite	$KAl_2(AlSi_3O_{10})(OH, F)_2$	云母类	粉粒，砂	~0	低	极稳定	多种土壤
	黑云母	biotite	$K(Mg, Fe^{II})_3(Al, Si_3)O_{10}(OH, F)_2$	云母类	粉粒，砂	~0	低	不稳定	弱发育土壤
	绿泥石	chlorite	$(Mg, Fe^{II})_{10}Al_2(Si, Al)_8O_{20}(OH, F)_{16}$	绿泥石类	粉粒，砂	~0	低	不稳定	弱发育土壤
	角闪石	hornblende	$NaCa_2(Mg, Fe^{II})_4(Al, Fe^{III})(Si, Al)_8O_{22}(OH, F)_2$	闪石类	砂，粉粒	~0	~0	较稳定	多种土壤
	锆石	zircon	$ZrSiO_4$	硅酸盐类	砂	~0	~0	极稳定	多种土壤
	磷灰石	apatite	$Ca_5(OH, F, Cl)(PO_4)_3$	磷酸盐类	黏粒	~0	~0	不稳定	弱发育土壤
	钛铁矿	ilmenite	$FeTiO_3$	氧化物类	砂，粉粒	~0	~0	不稳定	多种土壤
	金红石	rutile	TiO_2	氧化物类	黏粒	~0	~0	极稳定	多种土壤
	方解石	calcite	$CaCO_3$	碳酸盐类	砂，粉，黏粒	~0	~0	极稳定	碱性土壤

续表

土壤矿物类型	中文名称	英文名称	化学分子式	矿物类别	颗粒	土壤中的表现特征			
						比表面积/(m^2/g)	CEC/$(cmol/kg)$	稳定性	常存的主要土壤类型
次生矿物	高岭石	kaolinite	$Al_2Si_2O_5(OH)_4$	高岭石类	黏粒	6~40	0~8	极稳定	多种土壤
	埃洛石	halloysite	$Al_2Si_2O_5(OH)_4 \cdot 2H_2O$	高岭石类	黏粒	20~60	5~10	较稳定	多种土壤
	伊利石	illite	$K_6(Ca,Na)Al_{20}Si_{34}Fe_{10}^{III}Mg_2O_{100}(OH)_{20}$	云母类	黏粒	55~195	10~40	较稳定	多种土壤
	蒙脱石	montmorillonite	$M^{II}/M_2^{I}Si_{16}Al_6Mg_2O_{40}(OH)_8$	蒙脱石类	黏粒	15~160	45~160	不稳定	多种土壤
	贝得石	beidellite	$M_{0.25}^{II}/M_{0.5}^{I}Si_{3.5}Al_{2.5}O_{10}(OH)_2$	蒙脱石类	黏粒	1~800	—	不稳定	酸性淋溶土层
	坡缕石	palygorskite	$Mg_5Si_8O_{20}(OH)_2 \cdot 4H_2O$	碳酸盐类	黏粒	140~190	3~30	不稳定	干旱土壤
	水铝英石	allophane	多变的 $Al(OH)_3$	氧化物类	黏粒	145~660	随 pH 变化	稳定	火山灰土
	勃姆石	boehmite	$AlOOH$	氧化物类	黏粒	可能较高	随 pH 变化	稳定	强风化土壤
	三水铝矿	gibbsite	$Al(OH)_3$	氧化物类	黏粒	—	随 pH 变化	极稳定	强发育土壤
	水合铁矿	ferrihydrite	$Fe_5HO_8 \cdot 4H_2O$	氧化物类	黏粒	200~500	随 pH 变化	稳定	多种土壤
	针铁矿	goethite	$\alpha\text{-}FeOOH$	氧化物类	黏粒	14~77	随 pH 变化	稳定	多种土壤
	赤铁矿	hematite	$\alpha\text{-}Fe_2O_3$	氧化物类	黏粒	35~45	随 pH 变化	稳定	热带土壤
	水铁矿	ferrihydrite	$Fe_5HO_8 \cdot 4H_2O$	氧化物类	黏粒	200~500	随 pH 变化	稳定	各种土壤
	石膏	gypsum	$CaSO_4 \cdot 2H_2O$	易溶盐类	砂、粉粒	—	—	不稳定	干旱土壤
	食盐	halite	$NaCl$	易溶盐类	砂、粉粒	—	—	极不稳定	滨海土壤
	黄铁矿	pyrite	FeS_2	硫化物类	粉粒	—	—	极不稳定	干旱土壤

注：CEC 表示阳离子交换量（cation exchange capacity），—表示无数据。

2.1.2　次生矿物

原生矿物在风化和成土过程中新形成的矿物称为次生矿物(secondary mineral)，包括各种简单盐类、次生氧化物和铝硅酸盐类矿物。次生矿物是土壤矿物中最细小的部分(粒径小于 0.002 mm)，与原生矿物不同，许多次生矿物具有活动的晶格，呈现高度分散性，并具有强烈的吸附代换性能，能吸收水分和膨胀，因而具有明显的胶体特性，所以又称之为黏土矿物。黏土矿物影响土壤的许多理化性状，如土壤吸附性、胀缩性、黏着性及土壤结构等，同时也对进入土壤的各种污染物具有复杂的吸收保持作用，因而在土壤环境学研究及农业生产上均具有重要的意义。

(1)次生矿物的类型

易溶盐类　易溶盐类由原生矿物脱盐基或土壤溶液中易溶盐离子析出而形成，其主要包括碳酸盐(如 Na_2CO_3)、重碳酸盐[如 $NaHCO_3$、$Ca(HCO_3)_2$]、硫酸盐($CaSO_4$、Na_2SO_4、$MgSO_4$)、氯化物($NaCl$)，常见于干旱、半干旱地区和大陆性季风气候区的土壤中，在许多滨海地区的土壤中也会大量出现。土壤中易溶盐类过多会引起植物根系的原生质体脱水收缩，危害植物正常生长发育。

次生氧化物类　次生氧化物类主要由原生矿物脱盐基、水解和脱硅而形成，包括二氧化硅、氧化铝、氧化铁及氧化锰等。二氧化硅主要由土壤溶液中溶解的 SiO_2 在酸性介质中发生聚合凝胶而形成，以氧化硅凝胶和蛋白石($SiO_2 \cdot nH_2O$)为主。氧化铝是铝硅酸盐在高湿高温条件下高度风化的产物，是土壤中极为稳定的矿物，三水铝石($Al_2O_3 \cdot 3H_2O$)多见于热带地区的土壤中。氧化铁是原生矿物在高湿高温条件下高度风化或者在潜水条件下氧化还原过程中的产物，是土壤中重要的染色矿物，主要包括赫红色赤铁矿(Fe_2O_3)、黄棕色针铁矿($Fe_2O_3 \cdot H_2O$)、棕褐色褐铁矿($Fe_2O_3 \cdot H_2O \cdot nH_2O$)，土壤中氧化铁不断水化就形成了黄色的水化氧化铁。氧化锰是原生矿物在高湿高温条件下高度风化或在潜水条件下氧化还原过程中的产物，也是土壤中重要的染色矿物，常以棕色、黑色胶膜或结核状态存在于土壤颗粒表面。

次生铝硅酸盐　次生铝硅酸盐是原生矿物化学风化过程中的重要产物，也是土壤中化学元素组成和结晶构造极为复杂的次生黏土矿物。根据每个硅原子所结合的氧原子个数可以将其划分为：架状硅酸盐、层状硅酸盐、链状硅酸盐和岛状硅酸盐。几乎所有的次生铝硅酸盐都属于层状铝硅酸盐，它们的结构状况如图 2-1 所示。表 2-3 为已鉴别出的土壤主要铝硅酸盐中微弱的化学键，这些化学键的分裂可引起矿物类型的变化。根据次生铝硅酸盐矿物晶体内所含硅氧四面体层(硅氧片)和铝氧八面体层(水铝片)的数目及排列方式，可以将其划分为 1:1 型和 2:1 型两大类，其中 1:1 型矿物主要有高岭石类矿物，2:1 型矿物主要有蒙皂石类、水云母类和蛭石类矿物。

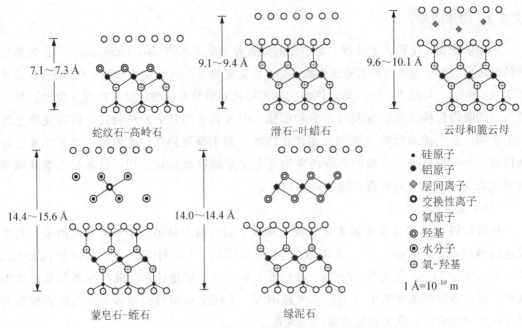

图 2-1　土壤中主要次生铝硅酸盐结构示意图

表 2-3　土壤主要次生铝硅酸盐矿物中化学键特征

矿物类型	结构类型	化学分子式	氧硅摩尔比	最弱化学键	举例
架状硅酸盐	构架结构	SiO_2，有铝置换	4	K^+、Na^+、Ca^{2+}	长石
		SiO_2	4	Si-O 键	石英
层状硅酸盐	片状结构	$Si_2O_5^{2-}$，有铝置换，层间夹有铝、铁、镁和羟基化八面体	3	通过层间阳离子，通常为 K^+	云母
链状硅酸盐	单链结构	SiO_3^{2-}，有铝置换	2.5	通过二价和其他阳离子	辉石
	双链结构	$Si_4O_{11}^{6-}$，有铝置换	2	通过二价和其他阳离子	闪石
岛状硅酸盐	隔离四面体	SiO_4^{2-}	0	通过二价阳离子	橄榄石

（2）次生矿物的形成过程

一些矿物在特殊环境条件下极不稳定，如在酸性环境中方解石、白云石和坡缕石易被溶解，在氧化环境中黄铁矿则易被氧化分解，在还原环境中氧化铁则易被还原溶解，在不同环境中即使相同矿物其稳定性也有差异。土壤中常见矿物变化过程有物理粉碎（physical comminution）、盐分积聚（salt accumulation）、转化（transformation）、新生（neoformation）、分解（decomposition）、继承（inheritance）、缔合作用（association）。土壤次生矿物的形成与转换如图 2-2 所示。

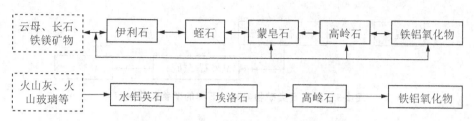

图 2-2　土壤次生矿物的形成与转换模式

物理粉碎　在寒漠和干旱荒漠环境中，由于缺乏有效水分，原生矿物组成成分很少发生改变，但频繁的冻融-冰劈作用和剧烈的温度变化-涨缩作用，会加速地表原生矿物的粉碎，并形成细小的伊利石和绿泥石颗粒，为土壤形成奠定了物质基础。

盐分积聚　在寒漠和干旱寒漠环境的土壤中，常有碳酸钠、重碳酸盐、氯化物、硫酸盐等易溶盐分的积聚，其形成与地表岩石的被溶解及蒸发过程有关。在半干旱及半湿润的环境中，季节性干旱也能够引起某些易溶盐分在土壤剖面中聚集。

转化作用　在寒冷湿润的针叶林条件下，随着有机质在土壤剖面上部的不断积累，土壤也逐渐被酸化，这样在酸性淋溶的作用下土壤中典型的矿物转化过程如图 2-3 所示。

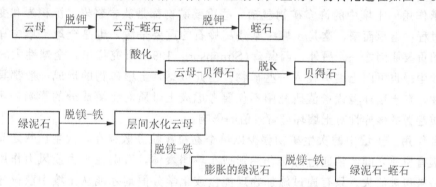

图 2-3　在酸性淋溶的作用下土壤中典型的矿物转化过程

新生作用　新生作用是指从原生矿物或次生矿物溶解出来的成分被重新自然合成为固相矿物的过程，新生作用所形成的矿物与原生矿物、次生矿物在组成成分、结构类型上均有差异。在深度发育的土壤剖面中，虽然在土壤剖面上部多水高岭石和水铝石比较少见，但通常具有下列矿物转化过程，如图 2-4 所示。

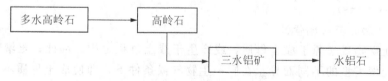

图 2-4　在深度发育的土壤剖面中的矿物转化过程

在干旱环境中，石灰质成土母质通过新生作用可以形成坡缕石；在年均降水量超过300 mm 的地区，上述物质也可形成蒙脱石类矿物。伊利石通常被认为是由细小的原生云母颗粒水化脱钾而形成的矿物，但在干旱和半干旱环境中，土壤中的新生作用也可以形成一些颗粒微小的伊利石。随着环境条件的变化，土壤中的蒙脱石类矿物通过新生作用向高岭石类矿物转化，其转化过程如图 2-5 所示。

图 2-5　蒙脱石类矿物向高岭石类的矿物转化过程

分解作用　虽然次生矿物经常通过原生矿物被酸化而形成，但在季节性干湿交替及土壤剖面中氧化与还原交替作用下也可使原生矿物崩解。土壤剖面季节性的还原条件会使铝硅酸盐层释放出 Fe^{2+}；在随后的季节性氧化条件下，Fe^{2+} 被氧化成为 Fe_2O_3 并释放出 H^+。这个过程被布林克曼(Brinkman，1970)称为土壤的铁解过程。因此，在所有的岩石化学风化阶段，针铁矿是广泛分布的铁氧化物，在热带及亚热带土壤中常有赤铁矿与针铁矿结合在一起。土壤中氧化锰的存在也预示氧化过程的发生，原生矿物崩解释放出的 Mn^{II} 通常会被氧化为 Mn^{IV}。酸化作用也可以分解土壤矿物中的硫化物矿物，特别是黄铁矿在好氧条件下被氧化可释放出硫酸，硫酸与土壤矿物反应通常产生黄钾铁矾、碱化黄钾铁矾和石膏。人类活动引起的环境酸化也可通过上述反应分解土壤矿物。

继承作用　土壤中的许多矿物包括一些重要矿物都是从岩浆岩、沉积岩和变质岩被风化的过程中继承而来，这是土壤中某些高岭石的重要来源，也是全球土壤中高岭石广泛分布的重要原因之一。另外，西蒙森(Simonson，1995)研究指出，全球性大气降尘与区域性沙尘暴也可向土壤中输入一些矿物。由此可见，土壤矿物的形成一般都具有复杂的多源性，在土壤环境背景值研究中不仅要考虑成土母质对土壤成分的影响，还要考虑土壤物质起源的多样性对土壤环境背景值的影响。

缔合作用　土壤中的次生矿物很少以单个黏粒颗粒分散存在，次生矿物之间以及它们与土壤有机质之间经常通过缔合作用形成土壤团聚体，否则在水力或风力作用下土壤物质极易被侵蚀流失。只有通过施加物理能量或化学分散剂才能从土壤中获得分散的黏粒颗粒。土壤中次生矿物晶体一般具有巨大的比表面积和电位势能，故次生矿物颗粒之间以及其与有机质之间可通过缔合作用形成土壤矿物-有机复合体或团聚体。电子显微镜观察也显示土壤中的黏土矿物与有机质相互包裹在一起，构成了土壤结构稳定性的物质基础。伦加萨米等(Rengasamy et al.，1998)将土壤中由不同黏粒结构与有机质、生物高聚物(biopolymers)紧密缔合而形成的复杂多样共生体(intergrowths)称为土壤黏粒系统(soil clay systems)。

（3）次生矿物分布的地带性

土壤黏土矿物或来源于成土母质，或产生于成土过程之中。因此，土壤黏土矿物的类型组合随土壤类型的不同而异，在同一生物气候条件下，即使成土母质不同，土壤中的主要黏土矿物类型仍然大体相同，而伴随矿物会有所不同。但是在一个土壤剖面内各个发生土层的主要黏土矿物会有明显差异，如在底土层中黏土矿物种类组合与成土母质关系密切，其矿物结晶度高；心土层中黏土矿物不仅在数量上比底土层高，还在组成上也有明显的变化，这是成土母质向土壤转变、土壤淋溶-淀积过程综合作用的结果；表土层中的黏土矿物则是各种成土过程综合作用的结果，代表该土壤所在的生物气候条件下比较稳定的黏土矿物组合，具有明显的地带性分异规律。中国土壤黏土矿物分布地带可以划归为以水云母为主、以水云母-蒙脱石为主、以水云母-蛭石为主、以水云母-蛭石-高岭石为主、以高岭石-水云母为主、以高岭石为主的地带以及高山土壤矿物区等。

以水云母为主的地带 在新疆、甘肃西部、青海西部、宁夏局部和内蒙古西部的荒漠与半荒漠地区，由于气候干燥，土壤矿物风化过程处于初级阶段，其土壤表层中黏土矿物以水云母为主，并含有少量绿泥石、蒙脱石和长石类矿物等。在这些表土中黏粒的硅铝率大于 3.50，黏粒中 K_2O 质量分数可高达 4%，表土层土壤阳离子交换量小于 30 cmol/kg 土。表明土壤矿物风化还处于脱盐基阶段的初期，故土壤矿物风化以物理风化过程占优势。

以水云母-蒙脱石为主的地带 在内蒙古中部、黄土高原北部和东北西部等半干旱草原地区，土壤黏土矿物组合随着湿润度增加发生了显著变化，即蒙脱石质量分数明显增加，且土壤中蒙脱石的结晶度也较高，其伴随矿物有绿泥石和少量高岭石。在这些表土中黏粒的硅铝率为 3.0～3.8，黏粒中 K_2O 质量分数为 1.0%～3.0%，表土层土壤阳离子交换量一般为 35～55 cmol/kg。土壤矿物中碱金属元素大多数已被淋失殆尽，而且碱土金属元素也发生了明显的淋溶-淀积过程，土壤表层中的部分黏粒被淋溶-淀积于心土层中，使心土层形成了质地相对黏重紧实的钙层土壤。

以水云母-蛭石为主的地带 在黄土高原东南部、华北平原和东北平原大部分半湿润地区，发育在黄土性母质上的土壤黏土矿物组成与母质差异较小，即以水云母、蛭石和蒙脱石为主；而发育在花岗岩、变质岩和页岩风化物上的土壤黏土矿物则以水云母和蛭石为主，在这些表土中黏粒的硅铝率为 2.6～3.4，黏粒中 K_2O 质量分数为 1.8%～3.3%，表土层土壤阳离子交换量一般为 40～60 cmol/kg。土壤矿物中碱金属元素绝大多数已经被淋失殆尽，且碱土金属元素发生了明显的淋溶-淀积过程，淀积深度明显加大，淀积量减少，土壤表层中黏粒淋溶-淀积过程明显加强，使心土层质地黏重紧实形成了黏化土壤。

以水云母-蛭石-高岭石为主的地带 中国北亚热带湿润地区多属于江淮平原或低缓丘陵区，其气候、植被和土壤都具有明显的亚热带向暖温带过渡的特点。故其土壤表层的黏土矿物以水云母、蛭石、高岭石为主，在这些表土中黏粒的硅铝率为 2.5～3.8，黏粒中 K_2O 质量分数小于 2.5%，表土层土壤阳离子交换量为 30 cmol/kg 左右。土壤矿物中碱金属和碱土金属元素绝大多数已经被淋失殆尽，矿物风化过程进一步加强，在局部土壤中已有少量三水铝石矿物。

以高岭石-水云母为主的地带 在江南丘陵、四川盆地及云贵高原北部的中亚热带湿润区，广泛分布有第四纪红色黏土，这类成土母质的特征是富含高岭石、赤铁矿和水云母，故其土壤剖面中黏土矿物的组成相当一致，其伴随矿物有蛭石、蒙脱混层矿物。在这些表土中黏粒的硅铝率为 2.5 左右，黏粒中 K_2O 质量分数小于 2.0%，表土层土壤阳离子交换量为 25 cmol/kg 左右。土壤矿物中碱金属和碱土金属元素绝大多数已经被淋失殆尽，二氧化硅开始大量淋失，铁铝氧化物逐渐积累。

以高岭石为主的地带 在华南、云南南部、台湾省、海南省等广大南亚热带、热带湿润区，土壤表层的黏土矿物均以结晶良好的高岭石类矿物为主，其伴随矿物有水云母、蛭石和三水铝石矿物等。在这些表土中黏粒的硅铝率小于 2.0，黏粒中 K_2O 质量分数小于 1.0%，表土层土壤阳离子交换量一般不足 15 cmol/kg。可见随着水热作用的加强，在

土壤表层高岭石类矿物已经代替了水云母矿物取得了主导地位，次生铝硅酸盐矿物中的二氧化硅已经大量淋失，而铁铝氧化物大量积累，形成了质地黏重的土壤。另外，中国是一个多高山的大国，山地土壤中黏土矿物组成受海拔高度、坡向、气候植被、成土母岩、侵蚀与堆积过程影响明显，也表现出明显的垂直地带性分异规律。一般来说山地土壤中矿物风化程度较平地土壤低，土壤黏粒中 K_2O 质量分数则较高。

2.1.3 土壤矿物形成与转化

（1）土壤矿物的风化过程

物理风化（physical weathering）是指矿物发生机械破碎，而没有化学成分及结晶构造变化的作用。矿物发生机械破碎主要是由温度变化及由此而产生的水分冻结与融化等作用引起的，矿物的机械破碎会引起矿物颗粒物理性质的变化，如裂隙、孔隙和比表面积的变化。因此，物理风化使原来不具有通透性的大岩块变为碎屑堆积物，为空气、水分及生物的侵入与蓄存创造了条件，从而加速了化学风化的进程。

化学风化（chemical weathering）是指矿物在水分、氧气、二氧化碳等作用下发生的化学分解作用。化学风化不仅使矿物的成分、结晶构造、性质等发生改变，还会产生新的矿物。矿物化学风化作用表现最突出的是溶解、水化和水解。矿物溶解作用（solution of minerals）是指在极性水分子作用下，矿物颗粒表面阴阳离子解离进入水体形成水合离子的过程。如食盐晶体溶解过程的化学方程式为：

$$NaCl（固）+H_2O \Longrightarrow Na^+ + Cl^- + H_2O$$

土壤矿物溶解程度的大小主要与矿物组成、结晶构造、水溶液温度、pH 及 Eh 有关。衡量矿物溶解程度的定量指标有溶解度和溶度积。溶解度是指在一定温度下，矿物在 100 g 溶剂中达到饱和状态时所溶解的克数，通常在室温（20 ℃）下矿物溶解度在 10 g/100 g 以上称为易溶矿物，1～10 g/100 g 称为可溶矿物，0.01～1 g/100 g 称为微溶矿物，小于 0.01 g/100 g 称为难溶矿物，如表 2-2 所示。溶度积是指在一定条件下饱和溶液中各离子摩尔浓度（或活度）的乘积，用 K_{sp} 表示，其一般通式为：

$$A_nB_m（固）\Longrightarrow nA^{m+} + mB^{n-}$$

$$\cdots\cdots\cdots\cdots\cdots\cdots\cdots\cdots\cdots\cdots\cdots\cdots \quad (2-1)$$

$$K_{sp} = [A^{m+}]^n \cdot [B^{n-}]^m$$

表 2-2　一些土壤矿物的溶解度与溶度积（20 ℃）

矿物名称	分子式	溶解度/(g/100 g)	溶度积
方解石	$CaCO_3$	0.006	3.8×10^{-9}
石膏	$CaSO_4$	0.204	2.4×10^{-5}
辉铜矿	Cu_2S	1.530×10^{-13}	3.0×10^{-48}
方铅矿	PbS	1.309×10^{-10}	3.0×10^{-27}
闪锌矿	ZnS	1.227×10^{-10}	1.6×10^{-24}
辰砂	HgS	1.474×10^{-23}	4.0×10^{-53}
铜蓝	CuS	2.354×10^{-15}	6.0×10^{-36}

水化作用是指矿物晶体表面离子与水化合形成结构不同、易碎散的矿物，加速矿物进一步分解。如：

$$2Fe_2O_3(赤铁矿)+3H_2O \Longrightarrow 2Fe_2O_3 \cdot 3H_2O(褐铁矿)$$

水解作用是指水电解离出的 H^+ 对矿物的分解作用，它是化学分解的主要过程，可使矿物彻底分解。根据矿物在水解过程中的分解顺序可划分为：脱盐基阶段，即 H^+ 交换出矿物中的盐基离子形成可溶盐而被淋溶的过程；脱硅阶段，即矿物中硅以游离硅酸形式被析出，并开始淋溶的过程；富铝化阶段，即矿物被彻底分解，硅酸继续淋溶而氢氧化铝相对富集的过程。以正长石的水解为例：

脱盐基阶段：$K_2Al_2Si_6O_{16}(正长石)+HOH \Longrightarrow KHAl_2Si_6O_{16}(酸性铝硅酸盐)+KOH$

$$KHAl_2Si_6O_{16}+HOH \Longrightarrow H_2Al_2Si_6O_{16}(游离铝硅酸盐)+KOH$$

脱硅阶段：$H_2Al_2Si_6O_{16}+5HOH \Longrightarrow H_2Al_2Si_2O_8 \cdot H_2O(高岭石)+4H_2SiO_3$

富铝化阶段：$H_2Al_2Si_2O_8+4HOH \Longrightarrow 2Al(OH)_3+4H_2SiO_3$

土壤矿物的风化过程不仅在时间上具有明显的阶段性，在空间上也表现出一定的地带性，如在极端寒冷的南极大陆寒漠区土壤矿物风化以物理风化为主，地表以饱和硅铝型风化物为主；在温带、亚热带干旱荒漠地区土壤矿物风化以物理风化、溶解过程为主，地表以碳酸盐、石膏等风化壳为主；在温暖湿润温带地区土壤矿物风化以水化、脱盐基过程为主，地表以碎屑状硅铝风化壳为主；在湿热热带、亚热带地区土壤矿物风化则以脱硅、富铝化过程为主，地表则以硅铁质硅铝质风化壳为主。故土壤矿物风化过程在空间和时间上都是相互紧密联系在一起。

生物风化(biological weathering)是指生物在生命活动和死亡后的残体分解物对岩石、矿物的分解作用。如植物根系在生长发育过程中会对岩石或矿物产生机械压力，促使岩石或矿物破碎裂解；再如穴居动物也会对岩石矿物产生各种各样的机械破坏作用。另外，生物呼吸作用产生的 CO_2 气体、生物生理代谢过程及生物残体分解过程产生的多种有机酸，可以加速岩石矿物的分解作用。生物风化作用也是土壤矿物风化的重要过程之一，有关生物风化细节将在土壤生物部分做详细介绍。

(2)影响土壤矿物风化的因素

土壤矿物的组成、结晶构造及其理化性质是影响其风化过程和程度的内在因素。一般来说，化学成分复杂(如含盐基离子较多)的矿物，较易于物理风化，化学分解也比较复杂；原生矿物自熔岩依温度的冷却而渐次结晶析出，最先结晶的矿物越易被风化。在地理环境中，水分和温度以及环境介质的 pH 和 Eh 是影响矿物风化过程的主要外在因素。一般随着温度、湿度和酸度的增加，矿物的化学风化程度亦随之增强，如在高温高湿、强酸性热带雨林地区的矿物风化过程最为强烈，其表土中原生矿物已被风化殆尽。环境介质的 Eh 主要影响含有变价元素矿物的风化过程，如铁、锰氧化物在 Eh 较高的氧化条件下呈惰性，而在 Eh 较低的还原条件下则是可溶性化合物。另外生物因素对矿物风化也有极为重要的影响，其对矿物风化的影响方式可归结为：植物根系的穿插可加速矿物的机械破碎；生物体所分泌的有机酸可极大地促进矿物的溶解、水解过程。

(3)土壤矿物风化强度指数

一般来说，土壤矿物的脱盐基、脱硅、富铁铝化的程度，可以用土壤矿物类型及其

组成来表示。在土壤学中采用土体中某些化学元素被淋溶的程度来定量土壤矿物的风化强度，常用的有硅铝铁率、迁移系数和风化指数等。硅铝铁率即土体或土壤黏粒中所含氧化铁和氧化铝的摩尔数与二氧化硅摩尔数之比。将土体和母质的硅铝铁率加以比较，如土体硅铝铁率明显小于母质，则说明该土壤具有较强的脱硅富铝铁化过程。黏粒硅铝铁率也可用来推断黏土矿物的类型。格夫利留克创建了反映元素在土壤剖面中淋溶迁移程度的定量指标——迁移系数（K_m）：

$$K_m^x = (任一土层或风化层的\ x/Al_2O_3)/(母质层或母岩中\ x/Al_2O_3) \qquad (2-2)$$

式中：x 为土壤矿物中所求的化学元素，一般多指盐基离子如钾、钙、钠、镁、铁等。K_m^x 小于 1 表示元素 x 在该土层或风化层中有淋溶，如 K_m^x 大于 1 则表示该土层或风化层中有富集现象（如土壤盐碱化）。迁移系数之所以以 Al_2O_3 为标准，是因为 Al_2O_3 在土壤或风化壳中是极稳定的化合物之一。但在强碱或强酸环境中也要考虑 Al_2O_3 的迁移问题。在研究土壤中微量元素淋溶迁移状况时，可用金红石（TiO_2）代替 Al_2O_3 作标准。另外也有学者将地球化学和生物地球化学的理论运用于土壤矿物研究之中，如将克拉克值较高而又在一定环境中强烈迁移和富集的主要元素称为标型元素，以此作为土壤地球化学过程特征及其强度的标志。钙、钠、镁、钾是土壤中活性最强的主要盐基成分，在化学理论上的元素迁移序列为：钾＞钠＞钙＞镁；但在自然环境中，化学元素的迁移顺序不仅取决于该元素的物理化学性质，还取决于其环境因素，特别是有机体的生命活动，最终使地理环境中化学元素的迁移序列表现为：钙＞钠＞镁＞钾＞……的迁移次序，这是土壤地球化学的风化壳学说的核心。

2.2 土壤质地

土壤质地不仅是土壤分类的重要诊断指标，还是影响土壤水、肥、气、热、物质迁移转化及土壤退化过程的重要因素，又是土壤地理研究、与农业生产相关的土壤改良、土建工程和区域水分循环过程等研究的重要内容。

2.2.1 土壤粒级及其性状

(1)粒级的概念

土壤矿物质由岩石风化与成土过程中形成的不同大小矿物颗粒组成，其直径相差巨大（$10^{-2} \sim 10^{-9}$ m），不同大小土粒化学组成、理化性质有很大差异。据此可将粒径大小相近、性质相似的土粒归为一类，称为粒级。世界各国对土壤颗粒分级均采用砂粒、粉和黏粒三大类别，但每个类别的划分标准有所不同，目前国际土壤学界广泛应用美国制或国际制划分标准。国际制将土壤颗粒划分为 4 级，粗砂（2.0～0.2 mm）、细砂（0.2～0.02 mm）、粉砂粒（0.02～0.002 mm）和黏粒（≤0.002 mm）；美国（农部）制将土壤颗粒划分为 7 级：极粗砂（2.0～1.0 mm）、粗砂（1.0～0.5 mm）、中砂（0.5～0.25 mm）、细砂（0.25～0.1 mm）、极细砂（0.1～0.05 mm）、粉粒（0.05～0.002 mm）和黏粒（≤0.002 mm）；俄罗斯威廉-卡庆斯基制将土壤颗粒划分为 6 级：粗砂（1.0～0.25 mm）、细砂（0.25～0.05 mm）、粗粉粒（0.05～0.01 mm）、中粉粒（0.01～0.005 mm）、细粉粒（0.005～0.001 mm）和黏粒（≤0.001 mm），中国在 1950—1980 年多采用此分级制；中国（1975）拟

定的粒级划分标准：粗砂(1.0～0.25 mm)、细砂(0.25～0.05 mm)、粗粉粒(0.05～0.01 mm)、细粉粒(0.01～0.005 mm)、粗黏粒(0.005～0.001 mm)和黏粒(≤0.001 mm)，20世纪70年代后期及80年代中国土壤学文献一般采用此标准，如图2-6所示。

土壤中的纳米颗粒与土壤胶体的关系。纳米颗粒(nanoparticles)是指由具有纳米量级(1～100 nm)的晶态或非晶态超微粒构成的固体物质，故从土壤中物质颗粒大小来看，土壤中存在纳米颗粒。伯德·沃马克等(Bernd Nowack et al.，2007)将纳米颗粒划分为自然、人造纳米颗粒两大类，其中自然纳米颗粒包括土壤中的氧化物微颗粒(如磁铁矿、氧化铁)、黏土矿物微颗粒(如铝英石)、盐分微颗粒(如 NaCl)、金属微颗粒(如银、金、铁)、碳质微颗粒、有机体(如病毒)和有机胶体(如胡敏酸、富利酸)。巴佛(Buffle，2006)指出胶体是指自然水体(含土壤水)中粒径为1 nm～1 μm 的颗粒物、高分子化合物和多分子聚合物，可见胶体颗粒包含着纳米颗粒。土壤环境中胶体包括无机胶体(铁、铝、硅等含水氧化物类黏土矿物、层状硅酸盐类黏土矿物)、腐殖质(胡敏素、胡敏酸、富利酸)、大的生物聚合物和有机-无机复合胶体(主要由无机胶体与有机胶体通过离子键、配位键、氢键等连接而成)四大类。已有研究表明，土壤环境中的纳米颗粒和胶体通常具有特殊的力学、磁学、光学、电学、化学和接触反应特性，并在土壤环境污染防治与修复、土壤环境工程中有广泛的应用前景，但有关土壤纳米颗粒的精确功能、组成成分及其对生物的环境效应还有待深入的研究(Bernd Nowack，2007)。

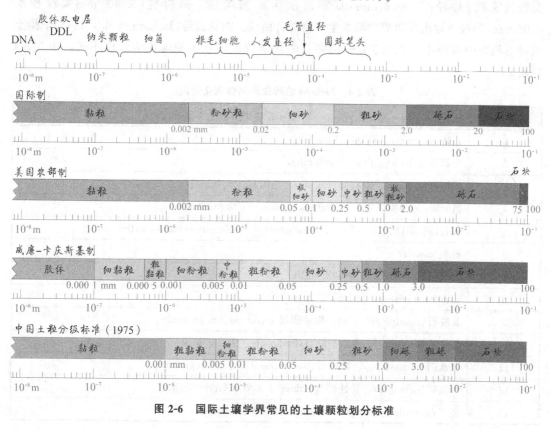

图2-6 国际土壤学界常见的土壤颗粒划分标准

（2）土壤粒级的矿物组成和性质

地表石块、砾石和土壤中砂粒几乎全部由原生矿物组成，粉粒的绝大多数也是由抗风化能力较强的石英组成，黏粒主要是由次生矿物组成。一般来说，土粒越细，SiO_2 质量分数越少，而 Al_2O_3、Fe_2O_3、CaO、MgO、P_2O_5、K_2O 等质量分数越多。如在海南岛土壤的砂粒中 SiO_2、Al_2O_3、Fe_2O_3 质量分数分别为 77.73%、6.86%、11.57%，而在其黏粒中 SiO_2、Al_2O_3、Fe_2O_3 质量分数分别为 27.10%、32.38%、22.64%。当然土壤颗粒的化学组成也会因成土母质及其风化程度而异。随着土壤颗粒变细和比表面积的增加，这不仅改变了土壤颗粒表面吸附、离子交换等物理化学性质，还改变了土壤的物理性质。一般来说，随着粒级的减小，土壤颗粒的孔隙度、吸湿量、持水量、毛管含水量、比表面积、膨胀潜能、吸附性能、塑性和黏结性将增加，而土壤的通气性、透水性、土壤密度将降低。实验观测表明，土壤吸水速度以砂粒、粉粒（0.005～1 mm）的颗粒为最快，而黏粒则非常缓慢。在农业生产与水土保持研究中：既要土壤保水，又能通气；既能吸水，又能供水；既要有较强的渗透能力，又不能漏水漏肥；既容易耕作，又不能散成单粒或形成大块。因此，必须考虑各种土壤粒级的合理搭配。威廉·布莱姆（William Bleam，2017）研究指出，物理风化及其磨损作用形成了仍然保持岩石矿物学特征的细砂粒和粉粒，在地表常温条件下化学风化将这些原生矿物转化并与水分结合形成次生矿物；通常黏粒级颗粒（粒径＜0.002 mm）基本由次生矿物构成，而粉粒（0.002 mm＜粒径＜0.05 mm）颗粒通常由原生矿物与次生矿物混合而成。杰克逊等（Jackson et al.，1948）依据土壤和沉积物中粒径小于 0.005 mm 细颗粒的科学特征建立了地球化学风化序列，如表 2-4 所示。

表 2-4 Jackson 的粉粒和黏粒风化阶段

风化阶段	粉粒和黏粒组分的主要矿物
1	石膏（gypsum）、石盐（halite）
2	方解石（calcite）、白云石（dolomite）
3	橄榄石（olivine）、辉石（pyroxene）、角闪石（amphibole）
4	黑云母[云母类矿物，biotite(mica group)]、绿泥石（chlorite）
5	长石（斜-微斜长石、正长石）/feldspars（plagioclase-microcline，orthoclase）
6	石英（quartz）
7	白云母（muscovite）、伊利石（illite）
8	蛭石（vermiculite，黏土颗粒）
9	蒙脱石（montmorillonite）、铝基膨润土（Aluminum bentonite）
10	高岭石（kaolinite）、多水高岭石（halloysite，黏土矿物类）
11	硬水铝石（diaspore）、勃姆石（boehmite）、三水铝石（gibbsite）
12	赤铁矿（hematite）、针铁矿（goethite）、水铁矿（ferrihydrite）
13	金红石（rutile）、锐钛矿（anatase）、钛铁矿（ilmenite）

（据 William Bleam，2017 年资料）

2.2.2 土壤质地的划分

自然土壤的矿物质都是由大小不同的土粒组成的，各个粒级在土壤中所占的相对比例或质量分数，称为土壤质地（soil texture），也称为土壤的机械组成。

土壤质地的分类和划分标准与土壤粒级标准类似，世界各国也不统一，国际上应用较为广泛且中国曾经采用过的有国际制、威廉斯-卡庆斯基制和美国制。国际制和美国制（如图 2-7）相似，均按砂粒、粉粒和黏粒的质量分数，将土壤划分为砂土、壤土、黏壤土和黏土 4 类 12 级。威廉斯-卡庆斯基制则采用双级分类制，即按物理性砂粒（＞0.01 mm）和物理性黏粒（＜0.01 mm）的质量分数划分为砂土、壤土和黏土 3 类 9 级。中国（1978）拟定的土壤质地分类方案是按砂粒、粉粒和黏粒的质量分数划分出砂土、壤土和黏土 3 类 11 级，如表 2-5 所示。目前随着国际学术交流的增多，中国土壤质地分类也采用了美国制分类标准。

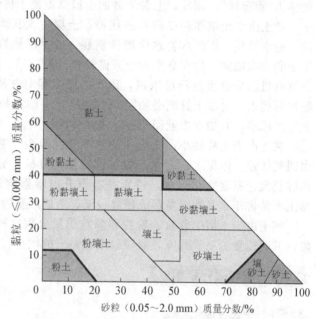

图 2-7 美国制土壤质地分类标准
（据 Malcolm E. Sumner，2000 年资料）

表 2-5 中国土壤质地的分类标准（暂拟方案，1978）

质地组	质地名称	土壤颗粒粒级组成（%）		
		砂粒(1～0.05 mm)	粗粉粒(0.05～0.01 mm)	黏粒(≤0.001 mm)
砂土组	粗砂土	＞70	—	＜30
	细砂土	60～70		
	面砂土	50～60		
壤土组	砂粉土	＞20	＞40	
	粉土	＜20		
	粉壤土	＞20	＜40	
	黏壤土	＜20		
	砂黏土	＞50	—	＞30
黏土组	粉黏土	—		30～35
	壤黏土			35～40
	黏土			＞40

注：—表示无数据。

土壤质地和土壤剖面中质地层次的排列组合（土壤质地构型），一方面反映了母岩风化、地表堆积（侵蚀）过程以及成土过程的特征；另一方面又是影响土壤性质的重要因素。它与区域地表水分循环、农业生产有关密切的关系。另外，土壤质地构型对于农业生产、水土保持也具有重要影响。一般来说，上砂下黏的土壤有利于耕作、发苗，又托水保肥，被称为"蒙金地"；相反，上黏下砂的土壤既不便于耕作，又漏水漏肥。

砂土由于土壤颗粒以砂粒占优势，土壤中大孔隙多而毛管孔隙少。因此砂土的通气性、透水性强，而保水蓄水保肥性能弱。砂土的热容量小，故土壤温度变化剧烈，易受干旱和寒冻威胁。但在春季砂土升温较快、发苗早，故称为暖性土。由于砂土通气良好，土壤有机质分解快且不易积累，砂土的肥力相对贫瘠。但它又有易耕作、适宜性强、供肥快等优点。对砂土施肥必须"少吃多餐"，多施有机肥，以免造成过多养分流失增加农业生产成本，并加重农业面源对地表水体的污染。

黏土由于土粒微小，土壤中的非毛管孔隙少、毛管孔隙多，毛管作用力强，土壤透水通气性差。但保水、蓄水及保肥性能强，有机质分解缓慢，故土壤养分丰富。黏土的热容量大、温度变化迟缓，特别是春季升温慢影响幼苗生长，有"冷性土"之称。同时，黏土不易耕作，其地表易形成超渗径流，造成严重的水土流失。

壤土由于土壤中砂粒、粉粒和黏粒质量分数比较适中，既具有一定数量的非毛管孔隙，又有适量的毛管孔隙，兼顾砂土和黏土的优点。

2.3 土壤矿质元素组成

2.3.1 土壤矿质元素

母岩和母质是形成土壤的物质基础，土壤的化学组成与岩石的化学组成之间有着发生学上的联系，在类型上较为相近。由于矿物的化学元素组成、抵抗风化的能力以及它们风化过程中所释放离子在土壤中活性的不同，使土壤化学元素组成有所不同，如在易风化的暗色矿物较多的土壤中重金属元素（钴、铜、锰、镍、铅、钒、锌）的质量分数较高，而在抗风化能力较强的淡色矿物较多的土壤中，重金属元素的质量分数较小。土壤是一个开放的动态系统，也是一个非均质的历史自然体，土壤与岩石圈、大气圈、水圈、生物圈、智慧圈之间，以及土壤剖面内部各土层、各结构体之间，不断进行多种多样的化学元素迁移和交换。1990 年联合国粮农组织（FAO）、国际原子能机构（IAEA）和世界卫生组织（WHO）的联合专家委员会审定，在人体组织中质量分数小于 250 mg/kg 的元素为微量元素。据此氧、碳、氢、氮、钙、磷、钾、硫、钠、氯、镁、硅 12 种元素在人体中质量分数均超过 250 mg/kg，属于人体必需的宏量元素（或大量元素）；铁、氟、锌、铜、铬、钴、碘、硒、钼、锰、镍、硼、钒、钛等为人体必需的微量元素；铅、镉、汞、砷、锂、锡等是具有潜在毒性的微量元素；钌、锑、铍、铋、镓、铟、钛、碲等为非必需和未确定的微量元素。总之环境中及人体中的各种化学元素对于生命体的有益、有害、无害与摄入量及元素的形态有密切关系，有害元素常在低浓度下就能对生命体造成伤害。从标准人-生物圈-土壤圈-地壳中部分化学元素质量分数（如表 2-6）来看，土壤中的碳、氮、氢元素因生物选择性吸收和积累，比地壳中的质量分数高；而土壤中的钠、钙、镁、钾、铁等元素因淋溶和流失，比地壳中的质量分数明显偏低；不同区域生物气候条件不同、地表淋溶-流失-堆积状况各异，也使不同区域土壤中钙、镁质量分数差异巨大。

表 2-6 标准人-生物圈-土壤圈-地壳中部分化学元素质量分数

化学元素		质量分数/(mg/kg)			
		标准人	生物圈	土壤圈	地壳
人体必需的宏量元素	氧	610 000	700 000	490 000	494 000
	碳	230 000	180 000	20 000	320
	氢	100 000	80 000	10 000	1 500
	氮	26 000	5 000	1 000	46
	钙	14 000	5 000	13 700	35 000
	磷	10 000	7 000	800	800
	硫	2 000	2 000	500	500
	钾	2 000	2 000	13 600	25 000
	钠	1 400	500	6 300	26 000
	氯	1 200	1 000	380	130
	镁	270	700	6 000	20 000
	硅	260	500	330 000	276 000
人体必需或未定的微量元素	铁	60	200	38 000	50 000
	氟	37	10	264	625
	锌	33	55	62	70
	铷	4.6	10	50	90
	锶	4.6	10	147	375
	溴	2.9	3	10.5	2
	铅	1.7	5	25	16
	铜	1	200	14	55
	铝	0.9	200	71 200	85 000
	镉	0.7	1	1	50
	硼	0.7	1.5	46	12
	钒	0.3	0.3	60	135
	碘	0.3	0.8	2.4	0.5
	钡	0.3	1	400	362
	钛	0.2	1	4 600	6 000
	硒	0.2	0.3	6	0.05
	锰	0.2	10	418	900
	镍	0.1	0.5	18	100
	砷	0.1	0.3	4.7	4.8
	钼	0.1	4	3	15
	铬	0.09	0.1	190	200
	铯	0.02	0.3	8	3.7
	钴	0.02	0.01	6.9	10
	铀	0.01	0.1	3.8	2.5

（据 Kabata-Pendias 等，2000；朱万森，2013；William Bleam，2017 年资料）

2.3.2 土壤环境背景值

土壤环境背景值是指在未受或少受人类活动影响下，未受或少受污染和破坏的土壤中元素的质量分数，也称之为土壤本底值(background value of soil environment)。由于人类活动对全球土壤影响的长期性和广泛性，故土壤环境背景值实际上是一个相对概念。美国、日本等国于20世纪后期开展了土壤的表土层和底土层中的8种重金属元素的调查研究，建立了各自国家的土壤背景值体系。中国20世纪中后期也开始了土壤背景值的调查研究，并于1994年出版了《中国土壤元素背景值》，构建了以土壤类型与省级行政区为基础的土壤环境背景值体系，为区域土壤环境质量评价与环境管理提供了重要的科学依据。

土壤环境背景值的表示方法学术界尚未有统一的规定，中国土壤元素背景值常用土壤样品平均值加减一个或两个标准偏差来表示，如对于区域土壤中元素测定值呈现正态分布或近似正态分布的元素，用某个元素测定值的算术平均值(A)表示土壤中该元素分布的集中趋势，用其算术平均值标准偏差(S)表示土壤中该元素的分散度，用($A\pm S$)表示95%置信度数据的范围值，即该区域土壤元素背景值；对于区域土壤中元素测定值呈现对数正态分布或近似对数正态分布的元素，用某个元素测定值的几何平均值(M)表示土壤中该元素分布的集中趋势，用其几何标准偏差(D)表示土壤中该元素的分散度，用($M\pm 2D$)表示95%置信度数据的范围值，即该区域土壤元素背景值。中国土壤环境背景值展现以下特征：①中国各类土壤砷、铜、铅、锌背景值具有整体一致性，并与全球土壤背景值相当，但中国各类土壤的镉背景值明显低于全球土壤背景值；②中国土壤环境(砷、镉、铜、铅、锌)背景值具有明显的自然地带性，如表2-7所示。

表2-7 中国部分土壤中砷、镉、铜、铅、锌的背景值比较

土壤景观	土壤类型	pH	OMC/(g/kg)	土壤环境背景值/(mg/kg)				
				砷	镉	铜	铅	锌
森林土壤	砖红壤	5.3	22.3	2.4~9.6	0.024~0.080	6.0~14.9	23.9~43.8	≤34.7
	赤红壤	4.9	25.1	3.5~6.2	0.016~0.080	6.0~36.7	10.0~300.0	≤67.3
	红壤	4.8	25.4	3.5~20.2	0.024~0.190	8.8~25.0	23.9~300.0	34.7~142
	黄棕壤	6.2	31.6	6.2~20.2	0.024~0.120	20.7~36.7	18.5~43.8	50.9~117
	棕壤	6.6	32.9	6.2~20.2	0.024~0.190	14.9~14.9	≤43.8	50.9~117
	暗棕壤	6.2	78.0	≤9.6	0.046~0.190	8.8~27.3	13.5~31.1	50.9~88.5
草原荒漠土壤	黑土	6.8	48.7	3.5~13.7	0.046~0.120	20.7~27.3	18.5~31.1	50.9~88.5
	黑钙土	7.6	51.5	3.5~9.6	0.046~0.120	14.9~27.3	13.5~31.1	50.9~88.5
	栗钙土	8.1	23.6	6.2~9.6	≤0.120	6.0~20.7	≤31.1	≤67.3
	棕钙土	8.3	7.6	3.5~9.6	≤0.120	14.9~20.7	10.0~23.9	≤67.3
	灰漠土	8.3	6.5	3.5~9.6	0.016~0.120	6.0~27.3	≤23.9	25.0~67.3
	棕漠土	8.4	4.1	3.5~13.7	0.024~0.190	14.9~36.7	13.5~23.9	50.9~117

续表

土壤景观	土壤类型	pH	OMC/(g/kg)	土壤环境背景值/(mg/kg)				
				砷	镉	铜	铅	锌
农业土壤	水稻土	6.3	30.7	3.5~20.2	0.024~0.029	14.9~27.3	18.5~56.0	50.9~88.5
	潮土	8.4	12.9	6.2~13.7	0.046~0.190	14.9~27.3	13.5~23.9	50.9~88.5
	塿土	8.4	18.1	6.2~13.7	0.046~0.190	14.9~36.7	13.5~23.9	50.9~67.3
	黄绵土	8.5	9.6	6.2~13.7	0.046~0.190	20.7~27.3	18.5~23.9	50.9~88.5
	黑垆土	8.5	17.5	6.2~13.7	0.080~0.190	20.7~27.3	18.5~23.9	67.3~88.5
	绿洲土	8.4	11.9	6.2~13.7	0.024~0.190	14.9~27.3	23.9~31.1	50.9~67.3
土壤圈	土壤中元素质量分数均值区间			0.4~10.5	0.06~1.1	20~30	25	10~300

注：OMC 表示有机质的质量分数。

（据中国环境监测总站，1994；Kabata-Pendias 等，2007 年资料）

从土壤发生学理论来看，影响土壤环境背景值的主要因素有：①母岩与母质因素不仅与土壤具有密切的发生联系，还是土壤中矿质化学元素的主要来源，如图 2-8 所示。在早期的土壤地球化学研究过程中，人们常将克拉克值，即各种元素在地壳中的平均质量分数，作为土壤中矿质元素质量分数评价的重要依据；21 世纪以来中国实施的"全国地球化学基准计划"，已经建立了覆盖全国的地球化学基准网，提供了全国土壤的 81 个指标地球化学基准值数据。②生物气候因素不仅是驱动成土母质中矿物风化、地表物质迁移过程的重要因素，还是土壤剖面中物质迁移转化的主要驱动力；区域大气干沉降或湿沉降

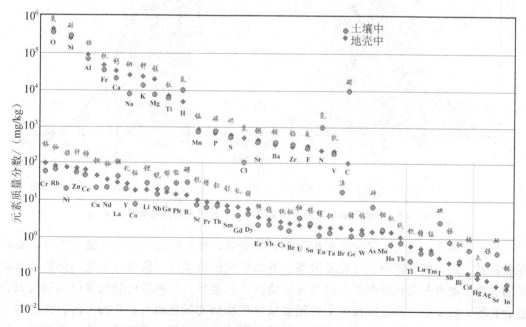

图 2-8　地壳与土壤圈中化学元素质量分数的比较图式

对土壤环境背景值亦有重要的影响。③地形因素主要是通过支配地表物质能量的再分配过程影响土壤环境背景值；新构造运动、成土年龄亦对区域土壤环境背景值有重要影响。应该在综合分析各个自然成土因素的基础上，以土壤类型为基本单元开展土壤环境背景值、土壤环境质量调查评价。

2.3.3 土壤矿质元素的生物有效性

植物在生长发育过程中，需要不断地从土壤中吸取大量的矿质元素。植物生长发育需要的元素种类很多，有硼、磷、钙、氯、钴、铬、铜、氟、铁、氢、碘、钾、镁、锰、钼、氮、氧、磷、硫、硒、硅、锡、钒、锌等20多种。这些元素都是植物生命活动和正常生长发育所必需的，除了碳主要来自空气中的 CO_2，氧和氢来自水以外，其他元素都来自土壤、成土母质及地下水。所以，土壤矿质元素质量分数及其存在状态与植物根系营养具有十分密切的关系。已知在地壳中有90多种元素，但它们的质量分数相差很大，其中氧、硅、铝、铁、钙、钠、钾、镁8种元素占98%左右，其他元素总共不到2%。这90多种元素几乎都在植物体中发现过，但并不是所有的元素都是植物生长所必需的，只有其中的一些元素为植物生长所必需，包括需要量大的大量元素（如氮、磷、钾、硫、钙、镁、铁）及需要量小的微量元素（如锰、锌、铜、钼、硼、氯），许多植物对这些元素的需要量常有一个适宜范围，如图2-9所示。另外，还有许多化学元素是生物生长发育非必需的，它们常常会对生物产生各种毒害的作用，有关各个元素对生物的作用至今尚未完全确定。

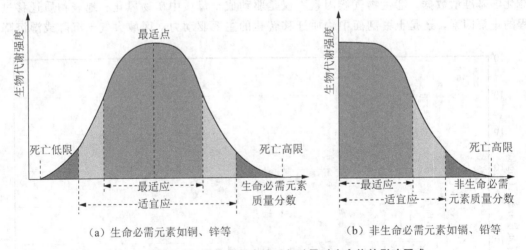

（a）生命必需元素如铜、锌等 （b）非生命必需元素如镉、铅等

图 2-9　必需元素、非必需元素缺乏与过量对生命体的影响图式

此外，还有一些元素仅为某些植物类群所必需，如豆科植物及其共生物需钴、藜科植物需钠、蕨类植物需铝、硅藻需硅等。各元素在植物体内的质量分数是不同的，且随植物种类、器官和发育时期的不同以及环境条件的差异，植物体内的元素组成和质量分数会有较大的变动。植物所需的无机元素来自矿物质的风化和有机质的分解。在土壤中将近98%的养分呈束缚态，存在于矿物中或结合于有机碎屑、腐殖质或较难溶解的无机

物中，它们构成了养分的储备源，通过风化和腐殖质的矿质化作用，缓慢地变为可利用态。溶解态的养分只占很小一部分，存在于土壤溶液中和被吸附在土壤胶体表面。

植物根系从土壤中吸收营养元素的主要途径有 3 种：一是从土壤溶液中吸收养分离子。植物所需的营养元素，主要是以离子状态通过土壤液相而进入根系的，因此，土壤溶液中的离子质量分数与植物根系营养的关系很密切。但土壤溶液中离子质量分数一般很低，如 NO_3^-、SO_4^{2-}、Ca^{2+}、Mg^{2+} 质量分数常低于 1 000 mg/kg，K^+ 低于 mg/kg，PO_4^{2-} 低于 1 mg/kg。当离子被植物吸收后，土壤溶液又不断从土壤固相中吸取离子或者依靠溶液中离子浓度扩散来补充其离子质量分数。二是通过根系和土壤固相的直接接触交换作用，吸收被吸附在黏土颗粒和腐殖质胶粒上的养分离子。黏土矿物和腐殖质胶粒都带有负电荷，因而它们主要是吸附阳离子；在某些带正电的部位也吸附阴离子，不过吸附的阳离子总是比阴离子多。三是通过 H^+ 和有机酸游离储存的结合态养分，把固定于化合物中的养分元素释放出来，形成中间络合物，使根系容易吸收。植物对土壤中矿质元素吸收的多少，与根系的生长情况及土壤中其他因子(如温度、水分、空气、孔隙度等)也有关系。此外，某些植物对土壤养分还具有选择吸收和富集的能力，选择吸收的元素种类和富集能力的大小，因植物种类不同而异。例如，豆科、景天科的许多植物体内有大量的钙；石竹科、报春花科、茄科植物能富集钾；许多生长在盐土上的植物，能在体内富集 NaCl 和 Na_2SO_4 等。植物对矿质元素的这种选择性吸收和富集能力，在生产实践上可以用来作为指示植物，或用来提取工业、医药原料等，如海带有选择性吸收富集碘的能力，可用于提取药物，治疗因缺乏碘而引起的地方性甲状腺肿症。植物灰分的组成常常反映了植物生长环境的地球化学特点，如酸性土壤上的植物，其铁、镁、铝质量分数较高，石灰性土壤上的植物钙质量分数较高，生长于蛇纹石母质上的土壤或靠近矿石沉积区的植物，其重/类金属的质量分数也异常高。近年来，国内外学术界纷纷探索利用那些具有特殊吸收富集性能的植物进行土壤重/类金属污染的修复技术研究，并取得了显著进展。如利纳等(Lena et al.，2001)研究表明，欧洲蕨不仅能够在砷质量分数高达 1 500 mg/kg 的土壤上正常生长，还能够在短时间内将土壤中大量砷吸收并积累到其复叶中，其复叶中砷质量分数在两周内从 29.4 mg/kg 增加到 15 861 mg/kg，而其根系中砷质量分数则只有 300 mg/kg 左右。可见欧洲蕨能够有效地吸取土壤中的砷，并能快速地将砷迁移至其地上生物体中，从而成为修复砷污染土壤的利器。

2.4 土壤生物

土壤生物是指生活在土壤之中、体积介于 $10^{-7} \sim 10^{-3}$ m^3 的活有机体，包括土壤微生物(micro-organisms)和土壤动物(fauna)两类。土壤生物始终参与地表岩石风化、土壤形成发育过程和地表化学元素的循环过程，它们对土壤肥力和环境自净能力的形成和演变，以及高等植物营养供应状况有重要作用。土壤生物多度和活性受环境条件和人类活动的影响，在一般情况下，生物量单位活性(biomass-specific activity)随着生物体积的增加而降低，相对能量需求及其对复合转化的贡献率则随着生物多度的增大而增加，故土壤生物的体积与其相对多度、总生物量具有负相关性。

2.4.1 土壤微生物

土壤微生物是一群形体微小(微米级)、构造简单的单细胞或多细胞原核生物或真核生物，有的甚至没有细菌结构。土壤微生物的特点是体积小、种类多、繁殖快、适应环境能力强、具有多种多样的生命活动类型。它们在土壤中的数量巨大，可达每克土 $10^6 \sim 10^7$ 个，能扩散到土体中的各个部分，它们能够分解与合成土壤有机质，故在土壤圈物质转化和循环中起着重要的作用。迪利等(Dilly et al.，2005)对德国北部 Bornhoved 湖区相邻的农业生态系统和森林生态系统的观测研究表明，农业土壤和森林土壤 A 层的有机碳质量分数分别为 12 g/kg 和 24 g/kg；与森林土壤相比较，农业土壤的总有机碳中生物质碳所占比重较大且土壤动物较少，农业土壤和森林土壤中动物生物量比重分别为 0.6％和 6.6％，如图 2-10 所示。由此可见，环境条件和人类活动已经对土壤生物及微生物组成构成了显著的影响。

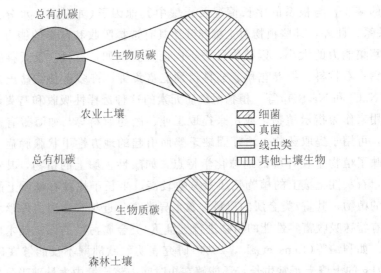

图 2-10　德国 Bornhoved 湖区农业土壤和森林土壤中有机碳及其组成比较

(据 Dilly，2005 年资料)

根据土壤微生物对营养和能源的需求方式，也可以将土壤微生物划分为自养型微生物、异养型微生物两大类。根据土壤微生物生活过程中对氧气需求的不同，还可以将其划分为好氧微生物、兼性微生物、厌氧微生物。好氧微生物，即在有氧环境中才能正常生活的微生物，它们以 O_2 为呼吸基质氧化时的最终电子受体，多在通气状况良好的旱地土壤中生存；兼性微生物在有氧和无氧的土壤环境中均能进行呼吸，在各类土壤中均有生存；厌氧微生物在嫌气条件下也能进行无氧呼吸，以土壤中的无机氧化物作为最终电子受体，通过脱氧酶将氢传递给其他的有机或无机化合物，并使之还原。按照土壤微生物有机体的组织及其生理特性可分为细菌、真菌、放线菌、藻类和原生动物 5 大类群，其中以细菌、放线菌和真菌最为常见、数量也多，它们形态特征如表 2-8 所示。

表 2-8　土壤微生物(细菌、放线菌和真菌)的形态特征

特征	细菌	放线菌	真菌
个体形态	单细胞，椭圆形或球形；圆柱形或杆形；弧形或螺旋形。细胞成对、成串、成链或成丝状排列	单细胞，呈分枝状菌丝体但不分隔，分气生和基内菌丝体，气生菌丝体顶端形成孢子丝	多数为多细胞分枝状菌丝体，有隔或少数无隔。营养菌丝体穿入基质获取营养，繁殖菌丝在基质表面形成孢子
菌体大小	菌体直径通常为 0.5～2.0 μm，长度因种而异	菌丝体直径一般 0.5～0.8 μm	菌丝体直径为 5～10 μm
细胞核	核构造不完善，无核膜，核质散在细胞质内	核构造不完善，无核膜，核质散在细胞质内	有完善的细胞核，核质被包在核膜内
细胞壁	主要成分为肽葡聚糖	主要成分为肽葡聚糖	含纤维素、几丁质、聚氨基葡萄糖
菌落特征	圆形或呈不规则铺展，表面光滑或褶皱，湿润或干燥，有光泽，半透明或不透明，菌体与培养基结合不紧，易分离	圆形，表面干燥，有不同颜色的粉末状孢子，菌丝紧贴培养基，基内菌丝产生不同色素	表面疏松呈绒毛状或棉絮状，具有不同颜色的孢子或不同类型的产孢器官
繁殖方式	一般以分裂方式进行无性繁殖	以孢子丝断裂形成孢子的方式进行无性繁殖	以分生孢子或孢囊孢子进行无性繁殖，有性繁殖也有多种方式，因种类而不同，进行减数分裂
营养方式	异养型或自养型	异养型	异养型

　　细菌是单细胞或多细胞的微小原核生物，其大小仅 0.5～2.0 μm，呈球形、杆形、弧形、螺形或长丝形，它们均以两等分分裂繁殖为主，据记载土壤中的细菌有近 50 属 250 种。依据其营养生活方式可归结为自养型细菌和异养型细菌，其中自养型细菌可直接吸收 CO_2 和 H_2O，依靠光能或化学能而生活，如光能细菌、化能自养细菌都是原始有机质的创造者；异养型细菌所需要的营养元素和能量都是通过分解现成的有机质而获得。土壤中绝大多数细菌属于异养型细菌，因此，它们是土壤有机质转化及其养分循环过程中的重要分解者。在土壤学研究中常按异养型细菌对氧气的需要程度，将细菌划分为好氧性细菌、厌氧性细菌和兼性细菌。此外，土壤中还有自生固氮细菌、豆科植物根际的共生固氮细菌(根瘤菌)等，它们能直接从大气圈吸收利用氮素，这对增加土壤中氮素、促进土壤氮素循环均具有重要的作用。

　　土壤放线菌是原核生物中的一个类群，由于其在形态上分化有菌丝和孢子，被认为是介于细菌和真菌之间的物种，它同真菌的主要区别是原核而不是真核，常从一个中心向周围辐射生长。放线菌的菌丝表现为直径 0.5～0.8 μm 且呈分枝状。放线菌是好氧性异养微生物，比较耐干旱和高温，对土壤 pH 最适应范围为 6.5～8.0。它能有效地分解

纤维素、半纤维素、蛋白质以及木质素，在亚热带及温带干旱半干旱地区土壤有机质转化中有重要作用。

真菌是生活在土壤枯枝落叶层或腐殖质层的单细胞或多细胞异养腐生微生物，其菌体为单细胞或由菌丝组成。土壤中真菌的种类繁多，已鉴别出的有170属690种。根据其营养体的形态和生殖方式的不同，可将它们归结为藻状菌纲、子囊菌纲、担子菌纲和半知菌纲。在土壤中真菌的繁殖方式主要有营养繁殖、无性繁殖和有性繁殖。其中营养繁殖是指菌丝体的再生力很强，断裂后在适宜条件下都可长成新个体，人们培养真菌时常利用这一特性来繁殖与扩大菌种；真菌的无性繁殖功能极其发达，能形成各种孢子，不产生孢子的真菌是极少数的；真菌的有性繁殖是通过不同性细胞结合后产生一定形态的有性孢子来实现的。真菌属于好氧性耐酸能力强的微生物，是土壤有机质（特别是木质素）的有效分解者，在森林土壤的有机质转化中起着重要的作用，北京市松山棕壤枯枝落叶层的真菌如图 2-11 所示。

图 2-11　北京市延庆区松山棕壤枯枝落叶层的真菌

藻类是含有叶绿素和其他辅助色素的低等自养植物，其躯体一般构造简单，为单细胞、群体或多细胞，无根茎叶的分化。在土壤中常见的藻类有蓝绿藻和绿藻，它们多分布于湿润清洁的表土中，其中水稻土尤多，藻类对于改善水稻土氧的供应状况、氮素固定都具有重要意义。藻类对于寸草不生的荒漠土、南极裸岩区、浅水区新成土的发育有明显的促进作用，特别是藻类与地衣共生对于南极大陆无冰区原始土壤的有机质积累起着决定性作用。

2.4.2　土壤动物

土壤动物是在土壤中和枯枝落叶下生存着的各种动物的总称。常见的有蚯蚓、蚂蚁、鼹鼠、变形虫、轮虫、线虫、壁虱、蜘蛛、潮虫、千足虫等，它们与处在分解者地位的土壤微生物一起，对堆积在地表的枯枝落叶、倒地的树木、动物尸体及粪便等进行分解。土壤动物种类数以千计，但按其形态和食性可分为：大型食草动物（如鼠类、弹尾虫、蜈蚣、蚂蚁、甲虫、螨虫等）、大型食肉动物（如鼹鼠、蜘蛛、假蝎以及某些昆虫等）、微型动物（个体大小不足 0.2 mm，如原生动物、线虫等），如图 2-12 所示。土壤动物是有机质

的消费者和分解者，在土壤中有搅动、粉碎和吞食有机质的功能，故它们在土壤有机质（含有机污染物）转化以及土壤结构体的形成等方面具有重要作用。

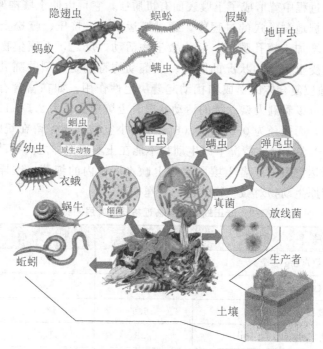

图 2-12 土壤生态系统组分-主要土壤生物图式

（据 G. T. Miller，1996 年资料）

土壤生态系统是指自然界特定地域的土壤与生活在其中的生物群落之间相互作用、相互制约、不断演变，并逐步趋向动态平衡的综合体。土壤生物主要是指土壤中的植物、动物和微生物以及地上部分的动植物，它们以最紧密的方式和各种生物的生命活动联系在一起。土壤生态系统是一个开放系统，土壤生物与其生存环境之间以及不同种群生物之间不断地进行着物质能量迁移与转化，即绿色植物是主要的初级生产者，地面动物是主要的消费者，土壤生物则扮演着消费者与分解者的双重角色，通过食物链或食物网将生产者、消费者和分解者联系起来。

2.4.3 土壤生物的作用

土壤生物群落对多糖、蛋白质、脂肪、氨基酸等具有分解作用、酚转化作用、固氮作用、氨化作用、硝化作用、有机磷转化作用，对矿质营养元素具有吸收与富集作用，这些均是构成土壤肥力和生态环境功能的基本要素。欧盟 2002 年的相关研究亦表明，土壤生物及其新陈代谢对于缓解土壤侵蚀、土壤污染和土壤有机质的流失均具有重要的作用，土壤生物则通过以下途径发挥它们的作用。

土壤矿质组分、腐殖质和生物活动产物之间的相互作用决定着土壤结构体的稳定性，即土壤生物通过产生各种有机聚合物如碳水化合物、单宁酸及其衍生物，能够增强土壤团聚体的稳定性。例如，自养型蓝藻菌在土壤表面的居殖，一方面增强了土壤表层的水

分渗透率，另一方面减轻了土壤侵蚀过程。因此，在湿润地区，土壤生物量高且生物活动强烈常常被认为是土壤稳定的重要标志；在生物与腐殖质组分、落叶、果实、根系和木质物相互作用的过程中就形成了土壤表面有机质层，它可以使土壤构架稳固。

土壤动物在挖掘地洞巢穴的过程中，通过搬运混合、挤压、疏松土壤物质等物理过程调节土壤结构，增加土壤孔隙度，活化微生物活动。反之，土壤生物群落特征如个体生物量和适应性也受土壤结构状况的影响。土壤动物特别是大型的哺乳类动物、蚯蚓对土壤中矿物质-腐殖质复合体的形成和扰动起着决定性作用。如在富含有机质且有季节性干旱的黑钙土中就可以看到大型动物的活动状况，土壤中孔径为 2.5～11 mm 的大空隙常与蚯蚓洞穴相联系，而孔径为 0.003～0.06 mm 的小空隙常被保留在蚯蚓粪便颗粒之中，如表 2-9 所示。由于在干燥的情况下原生动物不能在土壤团聚体之间移动，原生动物就不能吞噬位于不可抵达空隙中或者土壤团聚体上缺水区域内的细菌，这样土壤团聚体及其水分含量则决定着原生动物对微生物群落的吞噬作用。

表 2-9　陆正蚓粪便与临近枯枝落叶层的特征

项目	陆正蚓粪便	枯枝落叶层	t
碳质量分数/(mg/g 土)	113	78	*** 49.8
氮质量分数/(mg/g 土)	6.8	5.8	* 8.2
碳氧质量比	16.6	13.6	*** 26.8
微生物生物量/(mg C_{mic}/g soil)	2.3	1.4	*** 53.0
基部呼吸速率/($\mu g CO_2$-C/g soil)	10.5	4.9	*** 47.0
比呼吸速率/(mgO_2/g C_{mic})	4.5	3.3	* 9.2
革螨群/(个/m² 表土层)	1 859	1 070	* 8.5
尾足螨/(个/m² 表土层)	1 160	100	* 5.4
跳虫/(个/m² 表土层)	52 481	32 174	* 5.9
甲螨/(个/m² 表土层)	6 344	6 953	0.3
线虫/(个/g 土)	26.4	20.3	3.2
线虫/(μg/g 土)	5.9	2.0	* 8.3

注：* 表示显著差异，*** 表示极显著差异。

（据 Giacomo Certini，2006 年资料）

经过初期的生物化学腐败和土壤动物机械分解的新鲜植物残落物，在好氧条件下，土壤微生物群落中的非自养型和腐生生物几乎能够完全分解这些植物残落物，只有少部分残落物通过自然保护被吸附在黏土矿物表面并被转化为土壤腐殖质，在上述好氧分解过程中，土壤中的 O_2 作为最终的氧化剂被不断消耗，而 CO_2 则进入土壤或大气层，如图 2-13 所示。在土壤有机物被矿质化的过程中，有机物中的氮以 NH_4^+ 及被硝化的产物 NO_3^- 的形式得以释放；而有机物中的硫和磷则分别被氧化为 SO_4^{2-}、$H_2PO_4^-$ 和 HPO_4^{2-}；同时，有机物中的其他营养元素（如钾、钙和镁）也被释放，从土壤中淋溶流失，被土壤黏土颗粒或者腐殖质所吸附保持。

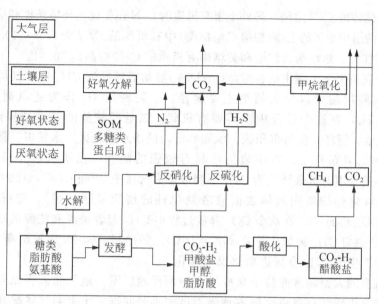

图 2-13　在土壤微生物作用下有机质转化过程示意图

土壤水分及通气状况、温度、质子质量分数和养分供应状况是决定土壤有机物分解速率的重要因素，土壤有机质的碳氮质量比（C/N）则是衡量基质质量和有机物分解速率的指数，当 C/N＞25∶1 时表示土壤中生物活性较低，当 C/N＜10∶1 时表示土壤中生物活性较高。但在有充足的有机物及其 C/N 相同情况下，新鲜多汁的有机物比干枯的有机物更容易被微生物所分解。植物残体的 C/N 巨大，其比值与植物种类、组织类型、生长时期和土壤养分状况有关，如豆科植物残体及幼叶的 C/N 为（10～30）∶1，小麦秸秆的 C/N 约为 80∶1，玉米茎的 C/N 约为 57∶1，而云杉躯干木质部的 C/N 可高达 600∶1，一般的城市淤泥的 C/N 可高达 7∶1。一般来说，在植物成熟阶段组织中蛋白质和氨基酸的质量分数会下降，而木质素和纤维素的比例会增加，故其 C/N 也会增加。与植物躯体相比较，土壤微生物躯体的 C/N 则低得多，其值为（5～10）∶1，平均为 8∶1，其中细菌中蛋白质质量分数高于真菌，故细菌体的 C/N 更低。在土壤微生物的生长繁殖过程中，微生物每吸收 1 份氮大约需要 8 份碳，但在土壤微生物活动过程中所吸收的碳只有 1/3 能够进入微生物细胞构成其躯体，其余的碳则以 CO_2 的形式释放。由此可见，植物枯枝落叶层进入土壤之后，因其氮质量分数过低而 C/N 过高，这样不能使土壤微生物将这些有机物中的碳转化为自身的组成。为了满足微生物分解植物残体对氮的需要，土壤微生物就必须从土壤中吸收矿质态的氮（如 NH_4^+、NO_3^- 等），从而导致土壤微生物与农作物之间形成竞争土壤矿质氮的格局。为了保障农作物生长发育对氮的需要，在农作物秸秆归田的初期应该同时适当补施速效氮肥。随着土壤有机物的分解和 CO_2 的释放，土壤有机质的 C/N 也逐渐降低，土壤微生物对矿质氮的需要也逐渐减少，当土壤有机质的 C/N 降至 25∶1 以下时，土壤微生物就不再利用土壤中的矿质氮，相反因土壤有机质被分解而释放出的矿质氮进入土壤，使土壤中有效氮质量分数有所增加。总之，无论植物枯枝落叶物的 C/N 大小如何，当它们进入土壤之中并经过土壤微生物的分解过程之后，其 C/N 将会达到一个相对稳定的数值。一般耕作土壤表土层有机质的 C/N 为（8～15）∶1，处于植物

残体与微生物躯体的 C/N 之间。另外土壤有机质的 C/N 还受成土环境条件和成土过程的控制，如在湿润的温带地区的土壤(棕壤或暗棕壤)中有机质的 C/N 为(10~11)∶1，而在热带亚热带的砖红壤、赤红壤、红壤和黄壤中有机质的 C/N 则高达 20∶1。

在重度厌氧条件下土壤中的古细菌(archaea)活动能够导致 CH_4 向大气层释放，土壤中古细菌的新陈代谢可以分为两个主要途径：一是利用 H_2 作为还原剂将土壤中的 CO_2 还原为 CH_4，在这个过程中不需要有机碳；二是醋酸盐的发酵过程产生 CH_4 和 CO_2。在泥炭地、沼泽、滨海沉积区、滨湖和沿河的淡水沉积区、水稻田、极地苔原区域等水成土壤的厌氧条件下，古细菌仍然具有较强的活性，在淡水沼泽地它们能够将 $1.1\%~2.4\%$ 的土壤有机碳转化为 CH_4 而释放至大气层中(Wagner 等，1999)。在好氧的土壤层中(如氧化性的微团聚体表面或者氧化性的植物根际区域)，变形菌则能够将 CH_4 氧化为 CO_2 和 H_2O，在这个 CO_2 释放过程中 CH_4 起着碳源和能源的双重作用。土壤中 CH_4 的产生与 CH_4 被氧化的差异决定着 CH_4 的净释放速率，Khalil 等 1998 年研究指出，土壤中产生的 CH_4 有高达 90% 又被氧化。

土壤有机质的大型储藏库位于寒冷湿润的沼泽地、泥炭地和北极苔原等生态系统之中，其中土壤有机碳储存量也会随着地表温度、水分状况、土壤通气状况和植物生长状况的改变而变化，如春季湿润而秋季干燥的气候条件，有利于有机碳在土壤中的积累。自然生物扰动作用和人类耕作扰动能够促进土壤有机质的退化，土壤通气状况的改善能够促进微生物的新陈代谢过程，将草地或森林开垦成为耕地会引起土壤腐殖质的退化，人类耕作的初期土壤腐殖质质量分数快速下降。自然环境的变化(如温度升高)和适宜的水分可供应量也能够引起土壤腐殖质退化，并向大气层释放 CO_2、CH_4 和含氮化合物。

2.5　土壤有机质的来源

有机物质通常是含碳的化合物，但是不包括碳的氧化物和硫化物、碳酸、碳酸盐、氰化物、硫氰化物、氰酸盐、碳化物、碳硼烷等物质。由于早期人们接触的有机物都是从动植物有机生命体中获取的，故称之为有机物。自 19 世纪初期以来，科学家开始运用化学原理和化工方法，人工合成了许多有机化合物，如尿素、醋酸、脂肪等，目前人类已知的有机物超过 8000 万种，其数量远远超过无机物。有机物化合物根据组成可分为烃和烃的衍生物两大类；根据有机物分子中所含官能团的不同，又分为烷、烯、炔、芳香烃和醇、醛、羧酸、酯等；根据有机物分子的碳架结构，可分为开链化合物、碳环化合物和杂环化合物 3 类。现代环境系统中存在的有机化合物主要有：烃类化合物、烃类的衍生物、糖类化合物、氨基酸类化合物、高分子化合物、有机硅化合物、胶黏剂与涂料。在自然条件下土壤中的有机物均来源于生物生理代谢过程，包括土壤微生物和土壤动物及其分泌物，土体中植物残体和植物分泌物。从自然生物体代谢并输入土壤有机物的种类、数量、聚集状况来看，自然生物代谢过程是土壤中物质循环过程的核心环节，这对促进土壤形成和发育具有重要的作用：一是有机质在土壤中的迁移转化与集聚既是土壤形成发育的重要标志，也是土壤剖面分异的重要机制；二是有机质的转化与分解是植物养分的重要源泉；三是土壤有机质与黏土矿物结合形成了稳定性土壤团聚体，改善了土壤的结构、通透性和抗蚀能力；四是提高了土壤的吸附性能、缓冲性能和保肥性能；五是有机质也是土壤微生物活动的重要能量来源。

从质量上看有机质属于土壤的次要组分，它仅占土壤总质量的 0.1%～10%，即使有机土也只有 40% 的有机质，但在全球物质循环、生物生产和环境缓冲性等方面土壤有机质却发挥着极为重要的作用。克莱尔（Claire，2006）估计全球土壤碳储量约为 2 500 Pg（1 Pg＝10^{15} g），其中土壤有机碳（SOC）储量为 1 550 Pg，土壤无机碳（SIC）储量为 950 Pg。全球土壤碳储量是大气圈碳储量（760 Pg）的 3.3 倍，是生物圈碳储量（560 Pg）的 4.5 倍，因此，调控土壤碳储量将是维持农业生产能力、实现碳达峰和碳中和、缓解温室效应引起的全球变化的重要研究内容。从土壤的本质属性（土壤肥力和环境自净能力）来看，土壤有机质则是土壤中最重要的组成成分之一，是土壤肥力的物质基础，也是土壤形成发育的主要标志。土壤有机质可分为两大类：非特异性土壤有机质和土壤腐殖质，前者是有机化学中已知的普遍有机化合物，主要来源于动植物和土壤微生物的残体，主要是绿色植物的根、茎、叶的残体及其分解产物和代谢产物，人类通过施用有机肥也会增加非特异性土壤有机质的数量；后者属于土壤所特有的、结构极为复杂的高分子有机化合物。

2.5.1　植物性供给的有机物

土壤有机质的原始来源是植物组织。在自然条件下，树木、灌丛、草类、苔藓、地衣和藻类（即生产者）的躯体都可为土壤提供大量有机残体。在耕作条件下农作物的大部分被人们从耕作土壤上移走，但作物的某些地上部分和根部仍残留于土壤中。土壤动物如蚂蚁、蚯蚓、蜈蚣、鼠类等（消费者）和土壤微生物（分解者）的代谢产物是土壤有机质的第二个来源，它们分解各种原始植物组织，为土壤提供排泄物和死亡后的尸体。在现代人类活动的影响下，土壤中有机质的来源也更加多样化，如人类生活代谢物、异地生物质、各种有机化合物的注入，已对土壤环境产生了重要的影响。

植物残体（鲜）的水分质量分数为 60%～90%，因植物种类及其生境而异，但绝大多数植物的水分质量分数为 75%。以质量为基础，则干物质中最多的是碳素和氧素，其次是氢，它们占干物质总质量的 90% 以上。其他元素（如氮、硫、磷、钾、钙、镁、铁、硅、钠等）虽然质量分数较低，但对于植物、动物和微生物的正常生长发育都起着不可替代的作用。一般来说，从低等植物地衣、草本植物、阔叶树到针叶树，植物体灰分质量分数依次降低，如表 2-10 所示。

表 2-10　各种植物凋落物的矿质元素质量分数顺序

植被类型	灰分/(g/kg)	灰分中矿质成分质量分数顺序
荒漠植被	400～550	$Na_2O>Cl>SO_3>SiO_2>P_2O_5>MgO$
半荒漠植被	200～300	$Na_2O>Cl>SO_3>P_2O_5>MgO$（猪毛菜）
干草原植被	120～200	$Na_2O≈Cl≈K_2O≈CaO≈SO_3>P_2O_5>MgO$
草甸草原	20～120	$SiO_2>K_2O>CaO>SO_3>P_2O_5>MgO>Al_2O_3>Fe_2O_3$
冷杉云杉	58	$SiO_2>CaO>Al_2O_3>Fe_2O_3>MgO>K_2O$
常绿阔叶林	55.7	$SiO_2>CaO>MgO>Al_2O_3>K_2O>Fe_2O_3>Na_2O$
针阔混交林	33.0	$CaO>SiO_2>K_2O>MgO>Al_2O_3>Fe_2O_3>Na_2O$
草甸植被	20～40	$CaO>K_2O>SO_3>P_2O_5>MgO>SiO_2>Fe_2O_3$

在不同自然环境中生长的植物体内灰分质量分数差异巨大，在冰沼地生长的植物灰分质量分数仅为 $1.5\%\sim2.5\%$，在温带草原区生长的植物灰分质量分数为 $2.5\%\sim5.0\%$，在亚热带荒漠区生长的旱生植物灰分质量分数可高达 10%，在盐碱土及滨海盐土上生长的盐生植物灰分质量分数可高达 30%。植物组织中所含的化合物主要有碳水化合物、蛋白质、木质素、脂肪、蜡质、鞣酸、嘧啶、树脂、色素等。其中碳水化合物主要由碳、氧、氢构成，包括有单糖、双糖和多糖（如淀粉、纤维素和半纤维素），它们占土壤有机质的 $15\%\sim27\%$，是非特异性有机质的主要组成部分。碳水化合物在土壤中极易被微生物分解，也是土壤微生物活动的主要能源物质。木质素多存在于较老的植物组织中，如茎和其他木质组织，其主要成分也是碳、氧、氢等。木质素是一类极为复杂并带有苯环结构的高分子化合物，故在土壤中很难被分解。蛋白质是植物组织中结构复杂的化合物，其元素组成中有碳、氧、氢、氮、硫、磷等，也是土壤中容易被微生物分解的有机化合物，其分解产物氨基酸类化合物是土壤腐殖质的重要组成物。上述植物组织在土壤微生物的作用下也会形成许多有机酸，再加植物根系分泌的有机酸，对土壤矿物的风化、养分的释放及土壤理化性质均有重要的影响。

2.5.2　动物与微生物供给的有机物

土壤中的动物和异养型微生物一般不能利用环境中的无机物来合成有机物，它们只能以土壤中存在的有机物为食料，并对这些有机物进行复杂的摄食、消化、吸收、呼吸、循环、排泄等新陈代谢过程，同时碳、氢、氧、氮、硫、磷、铁、锰、钾、钙等元素都是组成生物体的必需化学元素，生物也只有不断地从环境中获取这些元素才能生长、发育和繁殖。土壤动物活动和异养型微生物活动并不能增加土壤中有机物的总质量，但它们却是土壤中有机物迁移转化过程的主要推动者。

土壤动物和微生物对有机物质的作用可以归结为生物固定和生物释放这两个相互对立的转化过程。前者是指动物和微生物将土壤中有机物吞噬、吸收至生物体内，组成各种细胞物质，即碳水化合物在细胞内被进一步转化并结合氮、磷、硫等其他元素，合成生物体的各种有机组分；后者则是生物体将部分有机物质分解并转化为无机物质，同时还释放各种细胞组分。动物和有机营养型微生物则以植物和微生物为食，从中获得生活所需的能量和组成机体的物质成分，其生命活动的净结果是导致积累于土壤中的生物物质的分解和消失，即生物释放各种化学元素。在生物物质的释放中，微生物所分解的物质种群、数量和程度都远远超过其他生物。根据土壤动物和微生物吞噬吸收的有机物种类不同，其物质转化过程中及其向土壤释放的产物可以归结为三大类型。

第一，土壤动物和微生物对土壤中的糖类有机物的代谢作用。糖类（主要是淀粉和纤维素类有机物）是动物和人生命活动的主要能源，糖类经过动物的消化被分解为葡萄糖，被吸收并输送到生物体全身各个器官和组织中。糖类在生物体内的转化主要有氧化分解、合成糖原、转变成脂肪等。在土壤通气状况不好时，葡萄糖通过酵解生成乳酸；在充分供给氧气的条件下，葡萄糖经过三核酸循环和呼吸链等途径被彻底分解成 CO_2 和 H_2O，这也是细胞内产生能量的主要方式，它比无氧酵解过程释放的能量多，但后者为组织细胞在氧气供应不足时提供机体急需的能量。动物体内多余的葡萄糖在肝脏或肌肉等组织细胞中被合成为糖原储备起来，动物肝糖原是能量的暂时储备，当血糖浓度降低时，又

可以分解成葡萄糖释放到血糖中，使血糖浓度得以维持在相对稳定的水平。经上述变化后动物体内还有多余的葡萄糖，这部分葡萄糖则可以转变成脂肪，作为能源物质储备在生物体之中。另外，葡萄糖代谢的中间产物如丙酮酸、α-酮戊二酸、草酰乙酸经过转氨作用可产生相应的丙氨酸、谷氨酸、天冬氨酸。

第二，土壤动物和微生物对脂类的代谢作用。土壤有机物中的脂类物质有脂肪、磷脂和胆固醇等。脂肪消化的产物是甘油和脂肪酸，它们被吸收到小肠上皮细胞以后，大部分重新合成脂肪并被运送储存到脂肪组织中。脂肪也可以水解成甘油和脂肪酸，甘油经转化后，通过酵解途径进入三羧酸循环而彻底氧化；脂肪酸经 β-氧化作用逐步氧化，释放出的乙酰辅酶 A 通过三核酸循环彻底氧化。磷脂主要参与构成机体的组织，也可以被氧化分解，释放能量，或转变成脂肪。胆固醇主要是构成机体的组织，也可以转变成一些重要的化合物，如某些类固醇激素和胆汁酸等。

第三，土壤动物和微生物对蛋白质的代谢作用。土壤有机物中的蛋白质在消化道内被消化分解成氨基酸，氨基酸被吸收、输送到全身各器官组织，在这个过程中主要有 4 种不同类型的变化：合成各种组织蛋白质，如血红蛋白、肌球蛋白、肌动蛋白等；合成具有一定生理功能的特殊蛋白质，如蛋白质类激素等；氨基转换作用；脱氨基作用。

由此可见，经过土壤动物和微生物对糖类的持续作用，一方面使土壤有机物中糖类质量分数和总有机质质量分数降低，但它们的代谢作用却向土壤中添加了糖原、脂肪类、氨基酸类、脂类等有机物质，使土壤中有机物的种类更加丰富。另一方面土壤中的某些特殊微生物如根瘤菌、氨化细菌、硝化细菌、亚硝化细菌、反硫磺弧菌以及各种酶类也会使土壤中有机物的转化更加复杂多样，例如，在甲基酶的作用下，土壤中的汞、砷、镉、铅等都可以被甲基化并形成相应的甲基化合物，这样也使其毒性和危害性进一步增强。

2.5.3 人为供给的有机物

土壤是人类生产与生活的场所、农业生产劳动的对象，也是陆地环境系统的核心介质，因此，人类活动对土壤有机物的质量分数、种类及其分布均有主要影响。人类活动对土壤有机物的影响可以归结为 3 类：一是人类在生产生活过程中，减少区域土壤中碳水化合物、蛋白质、氨基酸以及脂肪等天然有机物质的输入量及其储藏量，也有向局部土壤中添加异域的碳水化合物、蛋白质、氨基酸以及脂肪等天然有机物质。二是人类在进行农业生产的过程中，向土壤中施加了各种有机类的化学农药物质，如有机氯杀虫剂(艾氏剂、氯丹、狄氏剂、异狄氏剂、七氯、灭蚁灵、毒杀芬、滴滴涕等)、有机磷类杀虫剂(磷酸酯、一硫代磷酸酯、二硫代磷酸酯、磷酰胺、硫代磷酰胺、焦磷酸酯等)、氨基甲酸酯类杀虫剂(n-甲基氨基甲酸酯类、二甲基氨基甲酸酯等)、有机氮类杀虫剂(脒类、沙蚕毒类、脲类等)、拟除虫菊酯类杀虫剂(光不稳定性拟除虫菊酯、光稳定性拟除虫菊酯等)等；另外还在农业生产过程中大量使用地膜覆盖，向土壤中加入了大量的聚苯乙烯、聚丙烯、聚氯乙烯等高分子化合物。三是伴随着污水灌溉农田和环境污染，多种有机污染物进入土壤之中，如酚类、氰化物、石油、合成洗涤剂、二噁英类物质以及一些有害微生物等。

当人类活动向土壤中添加的各种持久性有机污染物的速率和总量超过土壤的自净能力时，不仅会引起土壤的组成、结构和功能发生变化，还会抑制土壤微生物正常的生理活动，影响土壤中正常的有机物转化过程，使有害物质或其分解产物在土壤中逐渐积累，并通过"土壤→农作物→人体"或通过"土壤→水体→人体"间接被人体吸收，达到危害人体健康的程度。

2.6　土壤有机质的组成

2.6.1　土壤有机质的分馏方法

由于进入土壤中有机物质的种类十分复杂多样，且土壤中这些有机物质还时刻不停地进行物理化学和生物化学反应，从而致使土壤有机物质的组成相当复杂多变。面对如此复杂多变的土壤有机质，在土壤科学上一般将其作为混合物开展研究，这种混合物包括：易辨认的植物残体物质及其分解产物、腐殖质、与土壤矿物结合的暗色物质和视觉上无法辨认的物质。运用传统的生物化学分馏法可以将土壤有机质分离为木质素、碳水化合物和蛋白质，但是许多研究已经表明，该方法并不能鉴别绝大部分的土壤有机质，这是因为土壤中具体固定组成的有机质分子通常来源于多种不同的植物和微生物残体。由于土壤有机质与矿物的结合，在生物化学实验分析过程中难以对土壤有机质进行萃取和鉴定。自18世纪以来，人们一直采用化学分馏法从土壤中提取土壤腐殖质，这种传统的分馏土壤腐殖质的方法步骤如下：①运用碱溶液分散腐殖质胶体，即向土壤中加入适量的 NaOH 溶液，混合之后过滤，得到的沉淀物为胡敏素(humin)；②对上一步萃取液进行酸化，即向上述滤液中加入适量的 HCl 溶液，混合之后过滤，得到的溶液则为富里酸(fulvic acids，FA)溶液；③对上一步的沉淀物用酒精萃取，即用酒精冲洗沉淀物，得到的残余物为胡敏酸(humic acids，HA)，得到的溶液则为棕腐酸(ulmic acid)溶液，如图 2-14 所示。

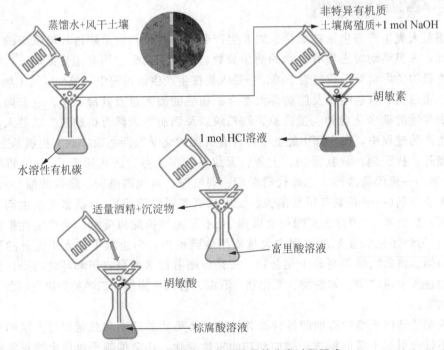

图 2-14　土壤腐殖质的组分及其分离过程图式

20 世纪 80 年代以来运用物理分馏法，在不改变土壤有机物化学组成的条件下，可以将土壤有机物分离为与土壤中组成相一致的组分。在对土壤物质进行适当分散的基础上，通过粒级分馏法和密度分馏法可以将土壤物质分离为单纯的矿物组分（如粗粒与高密度组分）、单纯的有机质组分[微粒状有机物（particulate organic matter，POM）、大的有机物或低密度组分]、有机矿物组分（粉粒及黏粒组分）。土壤中不同大小的颗粒状有机物的分解速率差异巨大，Balesdent 1996 年研究发现，在温带耕作土壤中，粒径 >2.0 mm 的 POM 在土壤中的平均滞留时间（mean residence times，MRT）是 1 a；粒径为 2.0～0.2 mm 的 POM 的 MRT 则是 3 a；粒径为 0.2～0.05 mm 的 POM 的 MRT 则是 10 a；黏粒级的 POM 的 MRT 可达上百年。

2.6.2　土壤有机质的主要组成

POM 通过粒级分馏法（如粒径 >50 μm 或 >200 μm 的大有机物）、密度分馏法（颗粒密度 <1.6 g/cm^3 的轻质组分）可以将分解态的植物残骸从土壤基质中分离出来，即土壤经过分散、过筛、浮式离心等过程就可以分离出 POM。相对分解程度较低的植物残骸通常容易从土壤基质中分离出来，而腐殖化程度较高的物质则交结成为土壤团聚体。在多数土壤之中 POM 占土壤总有机质的 10%～25%，POM 也是土壤有机物中对土壤耕作及管理措施极为敏感的组分，因此，POM 常被作为反映土壤有机质状态的简易指标。就其功能而言，POM 预示土壤中可供微生物和动物利用的且不稳定的碳源和氮源，可见 POM 具有生物活性功能和短期养分储藏库的功能；另外，POM 具有特殊理化活性和对临近污染物的吸附性能，还具有极高的容纳土壤中化学农药和重金属元素的效能（Besnard 等，2001）。

活的有机体是土壤有机物中不可缺少的组成部分，可以运用多种方法测定土壤微生物的量，在典型的土壤中微生物总量占土壤有机碳总量的 1%～3%、占土壤有机氮总量的 2%～6%，土壤微生物群落不仅是土壤养分、有机质转化与循环的代理者，还是土壤自身有机质的一个不稳定汇，故土壤微生物群落通常被作为土壤氮矿质化、土壤有机质状况变化及其土壤污染的预警性指示器（Gregorich 等，1995）。土壤中活的有机体包括植物根系、细菌、放线菌、真菌及其分泌物，虽然土壤中这些分泌物总量仅占土壤有机体量的千分之几到百分之几，但分泌物中的酶类和水解多糖具有特殊的重要功能，如土壤中的胞外聚合水解多糖通过吸附并链接黏土矿物颗粒从而在土壤团聚体形成过程中发挥着突出的作用。

水溶性有机物　在土壤中只有少部分的有机物以水态分子存在，在典型土壤中它们仅占土壤有机碳总量的 1%～5%，并可用孔径为 0.45 μm 的滤膜将其分离出来。土壤中水溶态有机物包括植物残体和微生物组织的分解产物，以及微生物和植物根系的分泌物，如有机酸类、酚类、碳水化合物类、氨基酸类、蛋白质类和富里酸类物质，它们是水溶态有机物中具有重要功能的动态组分。土壤中水溶态有机物所含有的有机碳和有机氮均是微生物可以吸收利用的，这些活性物质对土壤矿物风化和灰化也有促进作用。另外土壤中水溶态有机物对重/类金属元素、有机污染物和矿物表面具有重要的反应活性，并能够增强土壤中的溶滤作用。

腐殖酸类物质　腐殖质形成过程或腐殖质化是指植物、动物、微生物的残体在微生物作用下，通过化学和生物化学作用而形成的淡棕色至暗灰色的天然高分子化合物。腐殖酸类物质构成了土壤有机质总碳量的 60%～80%，是土壤有机质的重要组成部分。腐殖酸类物质是土壤中的一类随机-无固定形状的有机高分子化合物，它是通过多环芳香族(PAH)、酯类、乙醚与有机碳链的相互链接而形成的，从而使腐殖酸物质含有不同比例的羟基、羟氢氧基、氨基和其他亲水的有机官能团。土壤腐殖酸类物质的本质属性在于其含有极端分子的多样性和特殊化学反应性，由于还未能发现令人信服的两个完全相同的腐殖酸分子，故难以确定这种极端分子多样性的腐殖酸的分子结构，但是在不同土壤中及其不同土地利用情况下，土壤腐殖酸类物质的总特性还具有显著的一致性。一般认为土壤腐殖酸物质是由一类与生物分子不同的自然产物所组成的，但这一直是一项有待讨论的议题，土壤腐殖酸物质的巨分子特征也一直存在质疑。已有研究表明，土壤腐殖酸物质是由来源于死的生物物质在降解过程中所产生的小分子化合物借助微弱的化学力而形成的超分子聚合物，而并非大的巨分子化合物。基于化学特性的分流过程来看，土壤腐殖酸物质是具有特殊化学与物理化学特性的物质实体，如在模拟土壤中重/类金属定量的分布模型也需要考虑土壤腐殖酸物质的质量分数与特性。

土壤腐殖质(soil humus)　土壤腐殖质是土壤特异有机质，也是土壤有机质的主要组成部分，占有机质总量的 50%～65%。腐殖质是一种分子结构复杂、抗分解性强的棕色或暗棕色无定形胶体状有机化合物。根据土壤腐殖质在不同溶剂中的溶解性，可将其分离为胡敏酸、富里酸、棕腐酸和胡敏素。土壤腐殖质主要由碳、氢、氧、氮、硫、磷等营养元素组成，从化学元素的质量分数来看，胡敏酸含碳、氮、硫较富里酸高，而氧则较富里酸低。在土壤腐殖质中的含氮组分的主要形态有蛋白质-N、肽-N、氨基酸-N、氨基糖-N、NH_3-N 以及嘌呤、嘧啶、杂环结构上的氮，而且在不同地理环境条件下土壤腐殖质的含氮组成也有明显差异，在热带土壤中有较多的酸性氨基酸，相反在北极土壤中这类氨基酸质量分数则较低，热带土壤所含碱性氨基酸较其他土壤少。实验观察表明，自然土壤中氨基酸的组成与细菌产生的氨基酸非常相似，这表明自然土壤氨基酸、肽和蛋白质起源于微生物。另外，土壤腐殖质表面还吸附了大量的阳离子，如 Ca^{2+}、H^+、Mg^{2+}、K^+、Na^+、NH_4^+ 等。可见，土壤腐殖质是土壤中植物营养元素的重要载体。

土壤腐殖质主要由胡敏酸和富里酸组成，而构成胡敏酸和富里酸的结构单元主要有碳水化合物、氨基酸、芳香族化合物以及多种官能团(如羟基、醇羟基、酚羟基、醌基、酮基和甲氧基等)，且这些结构单元在胡敏酸与富里酸中所占比例有明显的差异。土壤腐殖质不像通常严格定义的有机化合物那样具有特定的物理及化学性质，它的分子结构及相对分子质量迄今仍在研究之中。近年来，借助电子显微镜、核磁共振技术、色谱和质谱分析方法进行土壤腐殖质的分析结果表明，在稀溶液中土壤腐殖质分子的基本组成单元为直径 9～12 nm 的球体，这些球体又相互聚合形成扁平、伸展、多支的细丝状或线状纤维束的聚合体，其直径为 20～100 nm。但土壤腐殖质中的胡敏酸与富里酸在结构、形态、相对分子质量及其物理化学性质等方面也有明显差异。由于影响土壤有机质转化的因素在空间上具有明显的地理规律性，这就在一定程度上决定了土壤有机质的地理分异规律，具体表现为在中等温度(中温带)、中等湿度(半湿润)地区，也就是温带草甸草原地区土壤剖面中有机质质量分数最高，且土壤腐殖质的组成比例，即胡敏酸(HA)与富里酸(FA)的质量比(HA/FA)最大可达 2.5 以上，表明土壤腐殖质以胡敏酸为主；由温带半湿润草甸草原向温带干旱荒漠区过度，土壤有机质质量分数逐渐降低，同时土壤腐殖质中的 HA/FA 也依次下降到 0.6 左右，表明土壤腐殖质以富里酸为主；由温带半湿润草甸草原向高温高湿的热带雨林气候区过度，土壤有机质质量分数逐渐降低，同时土壤腐殖质中的 HA/FA 也依次下降到 0.5 以下；由温带半湿润草甸草原向寒温带泰加林气候区过度，土壤有机质质量分数变化不明显，但土壤腐殖质中的 HA/FA 急剧下降到 0.5 以下。

胡敏酸是溶解于碱、不溶于酸和酒精的一类高分子有机化合物，具有胶体特性。其分子结构明显芳香化，故芳香结构体是胡敏酸的结构基础。这些芳香结构体的核部具有疏水性，外围则有各种官能团，多数官能团具有亲水性，官能团中的羟基、酚羟基可在水溶液中解离出 H^+，从而使胡敏酸具有弱酸性、吸附性、弱溶性和阳离子交换性。胡敏酸的一价盐均溶于水，而二价和三价盐则不溶于水，因此土壤腐殖质中的胡敏酸对土壤结构体、保水保肥性能的形成起着重要的作用。富里酸是溶解于碱和酸的高分子有机化合物，从化学组成上看富里酸的 C/N 比胡敏酸低，表明富里酸分子结构中芳香结构体聚合程度较低，其外围的官能团中羟基、醇羟基明显增多，故富里酸在水溶液中可解离出更多的 H^+，表现出较强的酸性。富里酸也具有相对较弱的吸附性和阳离子交换性能，其一价、二价和三价盐均溶于水，因此，对促进土壤矿物风化和矿质养分的释放都有重要作用。胡敏酸和富里酸在土壤中可以游离态的腐殖酸或腐殖酸盐状态存在，亦可与铁、铝结合成凝胶状态存在，它们多数与次生黏土矿物紧密结合，形成有机-无机复合体，构成良好的土壤结构体，对土壤肥力的形成起着极为重要的作用。此外，土壤腐殖质还可以与重/类金属元素、有毒有机物结合形成非水溶性络合物，降低对生物的危害，这就是土壤自净能力的物理化学基础。

2.6.3 土壤有机-矿质缔合物

土壤有机质的突出特征就是与矿物质的缔合作用，在土壤中 40%～80% 的土壤有机碳与矿物缔合并存在于黏粒级的颗粒中，土壤-矿质缔合物对土壤矿物的特性及其与有机官能团的动力学具有重要的影响。土壤有机-矿质缔合物(organo-mineral association, OMA)是指由有机物与矿物颗粒相互松散链接而形成的土粒，以及它们相互紧密连接(如蛋白质与蒙脱石黏粒之间吸附作用)而成的土壤复合体。有机-矿质缔合物的体积差异巨大，从纳米级的蛋白质-黏粒复合体(protein-clay complex)到厘米级的土壤自然结构体(soil ped)。原生有机-矿质缔合物主要由有机质与单个矿物颗粒缔合而成，如蛋白质-蒙脱石复合体或沙粒表面的有机覆盖膜。次生有机-矿质缔合物也称为团聚体，它是由土壤中的多种颗粒物与原生有机-矿质缔合物分组结合而成的，次生有机-矿质缔合物可以借助部分分散即(湿法筛分)加以分离。但是从极小空间尺度上难以将原生、次生有机-矿质缔合物区分开来，对土壤黏粒颗粒的观察表明：土壤中许多黏粒状颗粒物实际上是微团聚体，土壤中原生、次生有机-矿质缔合物的形态特征如图 2-15 所示。

（a）由粉粒表面吸附
有机物而成的原生OMA

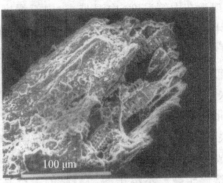
（b）由矿物包裹微粒状
有机物而成的次生OMA

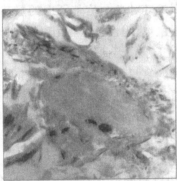

黏粒

有机物

（c）无定形有机物与黏土矿物形成的微团聚体（次生OMA）

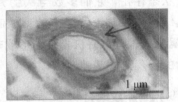

（d）由黏土矿物表面吸附
多糖形成的原生OMA

（e）由黏土矿物颗粒及其表面
黏着的细菌残体形成的次生OMA

图 2-15　土壤中的原生、次生有机-矿质缔合物的形态特征图

（据 Giacomo Certini，2006 年资料）

　　从分子尺度上看，物理化学反应是有规律的，有机化合物能够通过静电引力、配位键到微弱的氢键和范德华力等机制与矿物发生反应，有机化合物-矿物官能团和矿物表面之间的化学键类型将决定土壤有机-矿质缔合物的内部凝聚力。上述反应过程能够发生在水溶性有机化合物与矿物之间（吸附作用，adsorption）或固态有机颗粒物（如细菌或微粒状有机物）与矿物之间（黏附作用，adhesion）。由于黏土矿物具有巨大的比表面积和高的电荷密度，黏土矿物特别容易参与到土壤有机质与矿物缔合反应之中。经过众多学者的持续研究，已经逐渐建立了一个涉及土壤有机物动力学和土壤团聚体形成、稳固化及减稳作用的概念模型（Golchin，1994；Angers 等，1997；Six 等，2000），该模型的图式表现为：首先，进入土壤中的新鲜有机物通过增强微生物活动促进土壤团聚体的形成；其次，微生物通过分泌生物黏合剂以灌注并团聚其外围的黏土矿物颗粒，真菌直接缠络这些颗粒物，这样黏土矿物颗粒被镶嵌在植物碎片表面，使新的土壤团聚体得以形成，植物碎片则是土壤团聚体的核心。在土壤团聚体分解过程中，随着微生物活性的减弱，新形成的团聚体最终也丧失稳定性。随着土壤中宏观团聚体（粒径＞200 μm）趋于稳定，小的团聚体也开始趋于稳定。另外，外力撞击（如耕作活动）一方面会影响土壤团聚体的持续稳定性，另一方面也会影响微团聚体中土壤有机质被分解的速率。

土壤有机物与矿物颗粒之间的黏着力直接影响矿物的阳离子交换量和可湿性等特性，随着该黏着力的增加，土壤的水分保持力、空隙度、颗粒之间的凝聚力也会增加。此外，土壤有机物与矿物的链接可以降低有机物分解的速率。土壤矿物表面对有机质分子的吸附作用也会减小有机质对微生物的可供性，该过程被称为物理化学保护或化学保护。而土壤团聚体中的有机物被保护、免于被分解的过程则称为物理保护。微团聚体对有机质的截留作用一方面减弱了微生物对有机质的物理可及性，另一方面也减少了对微生物分解过程中的氧气供应量（Baldock 等，2000）。

2.6.4 土壤有机质的动态

土壤有机质质量分数取决于土壤有机物的输入量与矿质化消耗量、淋溶流失量的动态平衡。土壤有机物中某个化学元素的周转更新状况通常采用该元素的平均残留时间（mean residence time，MRT）来表示，即在稳定状态下特定有机质中该元素的平均残留时间。土壤有机物转化过程通常遵循一级动力学方程，即土壤有机物被分解的速率与有机质总量成正比。土壤有机质的 MRT 可以运用土壤有机质中碳和氮的一级动力学模拟、^{14}C 测年和 ^{13}C 自然丰度测量等多种方法来测定。此外，^{14}C、^{13}C 和 ^{15}N 示踪技术也可以用来测量进入土壤中有机物腐解的速率，相对于磷、硫而言，学术界更加关注土壤中碳、氮动态变化，如赵烨等（1999）运用 ^{14}C 测年法测定亚南极海洋性气候区苔藓泥炭（沼泽土壤）层的堆积速率，揭示了近 4 300 年来西南极乔治王岛菲尔德斯半岛的环境变化特征。运用多种方法观测的土壤总有机碳的 MRT 变化范围介于 $10\sim10^3$ a，MRT 一般随着土壤形成的气候条件、土壤类型和土地利用状况的不同而变化。由于土壤有机物具有非均匀性，这就需要运用不同的汇来描述土壤有机碳的动态状况，即土壤有机物中不同的概念子集，具有特定的 MRT。例如，罗桑斯特模型（Rothamsted model）将土壤有机碳划归为5 个汇：可分解的植物残体（其半衰期为 2 个月），耐久的植物残体（其半衰期为 2.3 a），土壤生物质（其半衰期为 1.7 a），物理固化的有机物（slow C，其半衰期为 50 a），长期化学固化的有机物（inert pool，其半衰期约为 2000 年）。有关这些具有可测量有机质组分的动态汇之间或功能性汇之间的相关性还难以建立，不同的颗粒状有机物具有截然不同的更新速率，在罗桑斯特模型中一般常用总颗粒状有机物作为耐久的植物残体的替代者，然而那些具有惰性的碳汇（如 slow pool 和 inert pool）则是预测土壤碳储量变化的关键因素，目前还没有掌握关于这些碳汇中可测量组分之间的相关性。

进入土壤中有机物的速率，以及这些有机物的生物化学特性、动态过程决定着土壤有机物的增加程度与保持状况；而土壤微生物的分解活动和土壤侵蚀过程则决定着土壤中有机物的损失速率。这两者均受成土的气候条件（气温、降水量、蒸散量、风力）、土壤孔隙度及通气状况、土壤矿物类型、土壤 pH 和土壤经营管理（如施肥与耕作）状况等成

土环境条件和土壤性状的影响。在土壤有机质动态方面更加重视以下议题的研究：多种耦合过程，包括碳、氮和磷的动态过程，以及与碳、氮和磷动态过程相关的地表径流的研究；土壤有机质中稳定碳的鉴别。目前已经有了一个新的假设，即土壤中有机碳的稳定化不仅由单个过程如化学顽抗（chemical recalcitrance）、借助吸附作用的物理化学保护、借助有机分子与金属元素反应的化学保护、与土壤结构相关的物理保护而引起，还与这些过程中的整合作用密切相关。

2.6.5　土壤有机质的矿质化

土壤动植物残体及土壤腐殖质在微生物作用下，分解成简单有机化合物，最终被彻底分解为 CH_4 及其他无机化合物，如 CO_2、CO、H_2O、NO_2、NH_3、N_2、H_2S 等，这样的过程称为土壤有机质矿质化过程。由于土壤有机质的种类和组成不同、土壤环境条件及微生物种群的不同，土壤有机质矿质化的速度、产物都有较大的差异。

碳水化合物的分解　土壤中的碳水化合物（如多糖类）在细菌、真菌和放线菌的作用下，首先被分解为单糖，单糖在土壤通气良好的状况下，由好氧性微生物进行生物化学氧化，最终分解成为 CO_2 和 H_2O，并释放大量热能，其反应式如下：

微生物的水解过程：$(C_6H_{10}O_5)_n$（多糖）$+nH_2O \Longrightarrow nC_6H_{12}O_6$（单糖）$+$热能

厌氧酵母菌的分解：$C_6H_{12}O_6$（单糖）$\Longrightarrow 2C_2H_5OH$（乙醇）$+2CO_2\uparrow+$热能

C_2H_5OH（乙醇）$+O_2 \Longrightarrow CH_3COOH$（乙酸）$+H_2O+$热能

CH_3COOH（乙酸）$+2O_2 \Longrightarrow 2CO_2\uparrow+2H_2O+$热能

好氧性细菌的分解：$C_6H_{12}O_6$（单糖）$+3O_2 \Longrightarrow 3CO_2\uparrow+6H_2O+$热能

厌氧性细菌的分解：$C_6H_{12}O_6$（单糖）$+H_2O \Longrightarrow 2CO_2\uparrow+2CH_4\uparrow+3H_2O+$热能

上述反应式表明碳水化合物矿质化的结果：在好氧条件下产生 CO_2 和 H_2O，在厌氧条件下产生 CO_2、CH_4、H_2O，这些 CO_2 是植物光合作用的重要碳源。在排水不良的土壤如沼泽土、水稻土中就可看到 CH_4 逸出。故土壤中碳水化合物的矿质化对大气圈中温室气体有一定程度的贡献。

含氮有机物的分解　土壤中含氮有机物主要为蛋白质、腐殖质、生物碱等，它们大多数在土壤中呈非挥发性、水溶性或胶体状态。在测定土壤中不同形态的氮时，一般按 Bremner 法分为残渣氮、氨态氮、氨基酸态氮、氨基糖态氮和酸解未鉴定氮等。在各种含氮有机物中，结合态氨基酸、氨基糖是土壤中已知的主要含氮有机化合物。土壤中含氮有机物转化主要有三个相连而又各异的过程，即氨化、硝化和反硝化过程。

氨化作用：$RCHNH_2$（蛋白质）$+H_2O+$水解酶$\Longrightarrow RCHNH_2COOH$（氨基酸）

$RCHNH_2COOH+H_2O+$水解酶$\Longrightarrow RCHOHCOOH$（脂肪酸）$+NH_3\uparrow$

$RCHNH_2+O_2+$氧化酶$\Longrightarrow RCOOH$（氨基酸）$+CO_2\uparrow+NH_3\uparrow$

$RCHNH_2$（蛋白质）$+H_2+$还原酶$\Longrightarrow RCH_2OOH$（氨基酸）$+NH_3\uparrow$

上述反应式表明，土壤中含氮有机物无论通过水解、氧化或还原，都可以使氨基酸分解而产生氨。因此，包括好氧性和厌氧性的多种氨化细菌都可以在上述转化中起作用。

土壤中产生的氨在亚硝化细菌和硝化细菌的作用下，被氧化成亚硝酸和硝酸，其硝化过程发生的条件是土壤 pH$=6\sim9$、通气良好、且土壤有机质 C/N 小于 20，在酸性土壤中施用适量石灰有利于硝化作用的进行，其反应式：

$$2NH_3+3O_2+亚硝化细菌 \!=\!\!= 2HNO_2+2H_2O+158\ cal①$$
$$2HNO_2+O_2+硝化细菌 \!=\!\!= 2HNO_3+42\ cal$$

当土壤的通气状况不良，如土壤淹水或土体紧实而透气较差时，则发生反硝化过程，如果土壤的 pH 较高且 C/N 过大，则易于进行反硝化过程：

$$5C_6H_{12}O_6（单糖）+24KNO_3+反硝化细菌 \!=\!\!= 24KHCO_3+12NO_2\uparrow+18H_2O$$

土壤有机质及其转化对土壤中的污染物也均有显著的影响，特别是土壤腐殖质对化学农药具有缓释增效、加速农药矿化分解和降低农药毒性的作用，同时土壤腐殖质对化学农药具有强烈的吸附作用，这可以缓解农药进入农作物、水体和大气的概率，对减缓化学农药扩散有一定的作用；土壤腐殖质能大量吸附重/类金属离子，金属通过螯合作用而稳定地被留在土壤腐殖质中，从而使重/类金属元素不易迁移到植物体或水体中，减轻了重/类金属的危害，但是如果在土壤中特殊微生物的作用下，某些重/类金属元素与有机质相互作用，也可形成毒性更强的甲基化重/类金属化合物。

【思考题】

1. 什么是土壤矿物？试分析不同地域土壤矿物的组成特征。

2. 分析土壤原生矿物与次生矿物的相互联系，并列举土壤中常见的五种原生矿物和五种次生矿物名称。

3. 什么是土壤质地？试比较分析土壤质地对土壤形成、土壤肥力状况、植物生长及微生物活动的主要影响。

4. 什么是土壤环境背景值？试分析克拉克值与土壤环境背景值的关系。

5. 什么是土壤生物？试分析土壤生物群落的组成特点。

6. 什么是土壤有机质？试简述不同土壤中有机质的来源及其分布特征。

7. 土壤有机质对土壤肥力和作物生长的主要作用是什么？

8. 分析土壤有机质转化及其对全球碳循环、碳达峰和碳中和的潜在影响。

---

① 1 cal≈4.2 J。

第 3 章　土壤流体物质组成及其诊断特性

【学习目标】

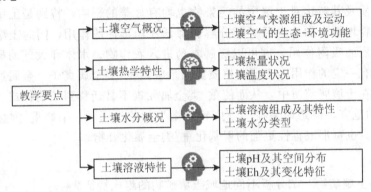

3.1　土壤空气及其运动

　　土壤空气是土壤的重要组成成分之一，它是由气体、蒸气组成的混合物。土壤空气和土壤水分共同存在于土壤孔隙之中，土壤空气与土壤水分、矿物、有机质、生物、近地层大气之间具有复杂的相互作用，这是土壤肥力与土壤自净能力的要素之一。

3.1.1　土壤空气的来源和组成

　　在自然条件下，土壤空气来源于近地大气层并经过土壤微生物的改造，即土壤空气某些组成的形成、转化和迁移均受土壤中的生物物理和生物化学(如微生物呼吸)过程的控制，由于强烈的土壤生物活动，使土壤空气与近地大气虽然有近似之处，但更存在明显的差异。据观测资料，表土层中土壤空气中的 CO_2 体积分数一般为 $0.20\%\sim4.5\%$，并不是很高，但已高出近地大气层中 CO_2 体积分数的 $6\sim300$ 倍；此外，随着土壤层次深度的增大，土壤空气中 CO_2 体积分数急剧增加，而 O_2 体积分数急剧减少，如表 3-1 所示。而在人类活动的影响下的土壤空气则包含上述自然成分和某些污染物，即无机气体(如 N_2、O_2、CO_2、CO、H_2S 等)、CH_4、蒸气(如 H_2O、NH_3 等)、挥发性有机成分(碳水化合物、有机酸、乙醇、石油、杀虫剂等)。

表 3-1　不同深度土壤空气与大气的成分比较

土壤剖面深度/cm	冬季体积分数(%)		夏季体积分数(%)	
	CO_2	O_2	CO_2	O_2
30	1.2	19.4	2.0	19.8
61	2.4	11.6	3.1	19.1
91	6.6	3.5	5.2	17.5

续表

土壤剖面深度/cm	冬季体积分数（%）		夏季体积分数（%）	
	CO_2	O_2	CO_2	O_2
122	9.6	0.7	9.1	14.5
152	10.4	2.4	11.7	12.4
近地大气层	0.03	20.97	（N_2）：79.00	

（据 H. Don Scott，2000 年资料）

此外，土壤空气中水汽经常处于饱和状态，在土壤有机质分解过程中也可产生微量的 CH_4、H_2S、CH_3—CH_2OH、NH_3 等。土壤空气的成分在很大程度上取决于土壤有效孔隙的数量、土体中生物化学反应速度和气体交换速率。土壤有效孔隙的数量与土壤体积密度、结构、质地和有机质质量分数有关。向土壤施入大量有机肥，特别是在水热条件适宜时，将使土壤空气的成分发生很大的变化。实际上土壤中并不是全部孔隙被土壤空气所充满，其中许多微孔隙被水分所占据。因此土壤空气的组成也随着时间和空间的不同不断地变化。

土壤空气的成分对生物活动具有明显的影响。首先，土壤通气状况不良对土壤微生物活动影响强烈，只有厌氧性和兼性微生物能在通气不良的条件下正常活动，它们能够利用化合态的氧，最终会在土壤中产生 Fe^{2+}、Mn^{2+}、H_2S、CH_4 等，这些物质对高等植物常常是有毒的；其次，土壤通气不良会对高等植物活动带来许多危害，如制约植物特别是植物根系的生长、阻碍植物根系对水分和养分的吸收等。例如，观测研究发现苹果树根在土壤空气中 O_2 体积分数为 3% 以上时才能生存，O_2 体积分数为 5%～12% 时才可满足其根系生长的需要，且新根的生长要求土壤空气中 O_2 体积分数至少为 12%。

3.1.2 土壤气体交换过程

土壤中不断进行的动植物呼吸作用和微生物对有机物质的生物化学分解作用，使得土壤空气中 O_2 不断消耗，CO_2 不断累积，其结果是土壤空气中 O_2、CO_2 体积分数与近地层大气中 O_2、CO_2 体积分数之间差异扩大，这样必然引起 O_2、CO_2 气体分子扩散的发生。分子扩散是由分子的随机运动（布朗运动）所引起的质点分散现象，气体分子扩散运动过程服从菲克（Fick）第一定律，即分子扩散运动的质量通量与环境介质中扩散物质的质量分数梯度成正比，即

$$I_x = -E_m(dc/dx) \tag{3-1}$$

式中：I_x 是 x 方向上扩散气体分子推移迁移质量通量；E_m 是气体分子在环境介质中的扩散系数；c 是气体分子在环境介质中的浓度。分子扩散运动是各向同性的，式中负号表示扩散运动方向与浓度梯度方向是相反的。土壤与近地大气之间 O_2、CO_2 扩散过程也称为土壤呼吸作用，如图 3-1 所示。

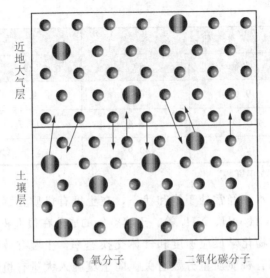

● 氧分子　　◐ 二氧化碳分子

图 3-1　土壤与近地大气之间 O_2 和 CO_2 扩散过程示意图

另外，近地大气层空气的湍流运动也会引起土壤与大气之间的气体交换，这种气体交换只发生在土壤表土层之内，而对土壤心土层和底土层的气体交换影响不大，显然相对于土壤与近地大气层之间的气体扩散过程而言，空气交换的重要性较小。由此可见，土壤与近地大气层之间气体交换应具备两个基本条件：一是土壤固相物质部分有足够的孔隙，容许气体的进出；二是必须具备促使气体进出这些孔隙的原动力（即土壤空气与近地大气层之间不同气体的浓度梯度、近地大气层空气的湍流运动）。因而凡是影响上述条件的因素会对土壤气体交换过程产生影响，这些因素可归结为：①近地大气层的气压、风速、温度和土壤温度的变化，这些因素对土壤气体交换的原动力构成影响，因而成为影响土壤空气交换的主要因素；②土壤质地和结构影响土壤孔隙状况，也成为影响土壤空气运动和交换的重要因素；③土壤水分状况直接影响土壤中容许空气进出孔隙的多少，影响土壤与近地大气层间气体交换的速度；④土壤有机质质量分数及施用有机肥状况，会直接消耗土体内 O_2 的总量，增加土体内 CO_2 的总量，引起土壤与近地大气层之间 O_2 浓度梯度和 CO_2 质量浓度的增大，从而加速土壤空气交换过程。

土壤气体交换速率直接反映土壤通气状况，度量土壤气体交换速率的定量指标主要是土壤中氧扩散速率。土壤中氧扩散速率（oxygen diffusion rates of soil，ODR）是指每分钟由近地大气层扩散进入每平方厘米土壤中 O_2 的微克数，其单位是 $\mu g/(cm^2 \cdot min)$。氧扩散速率随着土壤深度的增加而降低，如实际观测表明，当表土层土壤空气中氧气体积分数为 14.8% 时，10 cm 深处土层的氧扩散速率（ODR）约为 0.60 $\mu g/(cm^2 \cdot min)$，50 cm 深处的 ODR 约为 0.40 $\mu g/(cm^2 \cdot min)$，90 cm 深处的 ODR 已在 0.20 $\mu g/(cm^2 \cdot min)$ 以下。当土层的 ODR 不足 0.20 $\mu g/(cm^2 \cdot min)$ 时，该土层中的多数植物根系便会停止生长；当土层的 ODR 为 0.30～0.40 $\mu g/(cm^2 \cdot min)$ 时，在该土层中的多数植物根系将生长良好。因而对土壤空气调控的基本原则就是设法促进土壤的 O_2 供应量，并排出土层中过多的 CO_2 及其他有毒有害气体。

3.1.3 土壤气体源与汇机制

(1)土壤气体的储量及其动态

土壤空气的消耗与产生取决于土壤之中的生物活动和物理化学过程,在无机过程中的溶解与吸附作用则强烈地影响土壤空气组成及其存在状态。土壤中某种气体在土壤固相、液相、气相之间的分布可以用简单的热力学方法来估算:

$$C_1 = \alpha_s \cdot C_g \tag{3-2}$$

$$C_s = K_h \cdot C_g \tag{3-3}$$

式中:C_g、C_1、C_s 分别对应土壤气相、液相、固相中气体的质量浓度;α_s 是比溶解度;K_h 是吸附气体的亨利常数,干燥的矿质土壤 $1 < K_h < 5$,有机土(如富含腐殖质或者泥炭的土壤)$10 < K_h < 60$。某些气体(如 SO_2、NH_3、H_2S、Cl_2、CO_2 等)在土壤水中的溶解度大,而多数气体(如 O_2、N_2、CH_4、CO、NO、H_2 等)在土壤水中的溶解度较小。专业物理化学手册中已经罗列了许多气体在去离子水中的溶解度及其随温度变化的方程,但是,在土壤环境系统中,土壤溶液的组成却对气体的溶解度具有重要影响,例如 CO_2 的溶解度随土壤 pH 的变化方程式为:

$$\alpha_s = \alpha_t \cdot (1 + K_1 + 10^{pH} + K_1 \cdot K_2 / 10^{2 \cdot pH}) \tag{3-4}$$

式中:α_t 是气体在去离子水中的比溶解度;K_1 和 K_2 分别为 H_2CO_3 和 HCO_3^- 在去离子水中的电解常数。依据上述方程,当土壤 pH=5 时,对于 CO_2 气体,$\alpha_s = \alpha_t$;当在碱性土壤(pH=8~9)中时,α_s 将是 α_t 的数倍。例如,在 pH=6.5、T=20 ℃时,CO_2 气体在去离子水中的溶解度为 0.88 g/m^3;而在 pH=8、T=20 ℃时,CO_2 的溶解度则增加到 38 g/m^3。

直接利用式(3-2)~式(3-4)计算得出的气体溶解度通常小于气体在土壤溶液中的实际溶解度,因此,需要建立土壤中气体溶解和吸附的复杂模型:

$$C_{(t)} = C_e + (C_0 - C_e)\exp(-k \cdot t) \tag{3-5}$$

式中:$C_{(t)}$ 是气体在 t 时刻在土壤液相或固相中体积分数;C_e 是其平衡常数;k 是动力学常数。实验观察表明:在土壤液相及湿润的土壤中,k=0.15~0.35 h^{-1};在干燥矿质、等孔隙度的土壤中,k=2~5 h^{-1};在泥炭土壤中,k=10 h^{-1}。例如,设定 CO_2 在新鲜雨水中(C_0=0.03%=0.54 g/m^3,水汽作用 2 h),土壤空气中 CO_2 的 C_g=20 g/m^3,T=15 ℃,k=0.2 h^{-1}。利用式(3-2)~式(3-4)计算土壤溶液中 CO_2 处于平衡时的质量浓度:$C_e = \alpha_s \cdot C_g$=44.2 g/m^3;而利用式(3-5)计算得出的 $C_{(t)}$=14.9 g/m^3,其值仅为前者数值的 1/3 左右。

(2)土壤气体的生物消耗与产生

土壤生物活动对气体的消耗与产生作用通常要强于物理机制(吸附、凝聚、溶解等)和物理化学机制(化学吸附与化学反应)。实际上对土壤进行的灭菌活动会急剧降低土壤与其他介质之间的气体交换,但是忽视土壤非生物过程,也会导致在解释有关土壤气体物质的吸附、积聚、释放潜能的实验数据时出现严重的偏差。在实验室中,气体释放的比率(U)是通过观测空域舱中气体净的质量浓度变化量(ΔC_g)而得到的:

$$U = \Delta C_{\mathrm{g}} / (\Delta t \cdot m_{\mathrm{s}}) \tag{3-6}$$

式中：m_{s} 是风干土壤的质量。在实验观察期间土壤样品所产生的气体，一部分被溶解在土壤溶液之中，一部分被土壤固相物质吸附，因此，土壤实际净释放的气体量（U^{real}）要高于具体测量的数值。相反，由于有部分被土壤吸附或溶解的气体进入空域舱之中，田间观测的 CO_2 生产量也可能会偏高，如表 3-2 所示。特别需要指出的是，作为植物光合作用的基本原料和土壤微生物活动的主要产物，土壤中的 CO_2 体积分数具有显著的时空变化特征，同时土壤性状通过影响土壤呼吸作用、土壤微生物活动也对土壤中 CO_2 体积分数具有显著的影响，如图 3-2 所示。

表 3-2　俄罗斯莫斯科地区四种土壤释放 CO_2 的测量值（U）和实际值（U^{real}）的比较

土壤类型	土壤层次/cm	$U/[\mathrm{mg}/(\mathrm{kg \cdot h})]$	$U^{\mathrm{real}}/[\mathrm{mg}/(\mathrm{kg \cdot h})]$
生草灰化森林土 （soddy-podzolic forest soil） （实验室观测）	0～10	1.30±0.28	2.21±0.43
	10～20	0.75±0.17	0.86±0.25
	20～30	0.31±0.05	0.49±0.08
	30～40	0.27±0.05	0.35±0.05
	40～50	0.23±0.09	0.31±0.11
生草灰化耕作土 （soddy-podzolic arable soil） （田间观测）	0～10	3.12±0.59	2.35±0.55
	10～20	1.33±0.41	0.61±0.21
	20～40	1.27±0.22	0.52±0.16
	40～60	0.41±0.07	0.20±0.03
	60～100	0.20±0.04	0.15±0.04
冲积沼泽粉壤质 泥炭-灰色森林土 （alluvial-bog silty-peaty-gley forest soil） （田间观测）	0～10	32.33±8.93	8.30±2.39
	10～20	30.04±9.12	3.95±1.20
	20～40	24.21±6.57	3.79±1.25
	40～60	14.13±4.28	3.57±1.02
	60～100	9.51±2.87	1.32±0.41
富营养化腐殖质 泥炭耕作土 （eutrophic humus peat arable soil） （实验室观测）	土壤表面	4.80±0.37	10.60±0.49
	0～5	1.06±0.15	4.86±1.15
	5～10	2.26±0.15	7.00±0.25
	10～20	1.31±0.06	3.68±0.35
	20～30	1.46±0.37	4.13±0.68
	40～50	0.56±0.38	2.46±0.73
	60～70	0.17±0.05	0.63±0.35

（据 Smagin，2000 年资料）

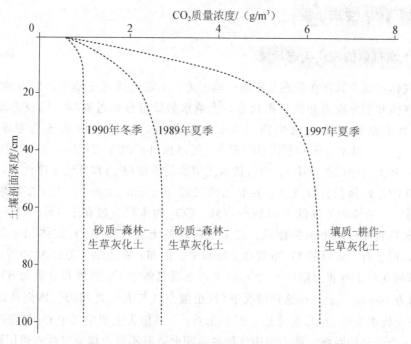

图 3-2 俄罗斯莫斯科地区土壤中 CO_2 质量浓度分布趋势图

(据 Andrey V. Smagin, 2006 年资料)

土壤中气体消耗和产生的生物过程主要受控于土壤温度(T)、土壤水分质量分数(W)等热力学因子,在土壤微生物群适宜的温度($T=25\sim30\ ℃$)、适宜的湿度[$W_m=(0.6\sim0.8)W_s$,其中 W_s 为土壤水分饱和时的水分质量分数]下,土壤气体的交换量(U_{max})最大,由此可得出土壤有机质分解和 CO_2 释放的模拟方程式:

$$U_{(T,W)}=f_{(T)} \cdot f_{(W)} \cdot U_{max},$$

$$f_{(T)}=Q_{10}^{0.1 \cdot (T-T_m)}, \quad f_{(W)}=(W/W_m)^a \cdot \{(1-W)/(1-W_m)\}^b \tag{3-7}$$

式中:W_m 是土壤微生物活动强度最大(U_{max})时的土壤水分质量分数;a 和 b 是经验常数;$Q_{10} \approx 2$ 是温度系数(即土壤温度每增加 $10\ ℃$ 所引起的分解速率的变化量)。

土壤中气体的生物消耗量与生产量的模拟模型还应该包含相关生物物理过程和生物化学过程的动力学机制,即从简单的线性动力学模型到非线性的米氏方程(Michaelis-Menten equation)均对物质质量分数、发酵速率和微生物生长具有明显的依赖性。另外,预测土壤的气体释放量也需要土壤中有机物转化的动力学模型。例如,在泥炭堆肥过程中有机物分解的动力学常数 $k=0.5\ a^{-1}$,最初的土壤有机碳储量为 $C_0=5\ kg/m^2$,那么,运用著名的土壤中有机物腐解的线性模型,即 $C_{(t)}=C_0 \cdot \exp(-k \cdot t)$,依据该模型及其相关参数就能估算出土壤的年均 CO_2 释放量为 $(C_0-C_{(t)}) \times 44/12=[5-5 \times \exp(-0.5 \times 1)]44/12=7.2\ kg\ CO_2/(m^2 \cdot a)$,(44 和 12 分别是 CO_2 和 C 的摩尔质量)。值得注意的是在莫斯科地区估算的土壤 CO_2 释放量($10^8\ kg/10^5\ ha$ 或 $0.1\ kg/m^2$)大致是城市汽车排放 CO_2 总量的 70 倍。

3.2 土壤气体的生态功能

3.2.1 土壤气体的农业生态功能

土壤气体组成及其存在状态是影响土壤肥力、土壤健康和土壤生产能力的重要因素，土壤中的气体和水分应当处于平衡状态，土壤水的质量分数过高即土壤缺乏通气性会抑制多数陆地植物和好氧性微生物的生长发育过程。掌握土壤充气孔隙度（air-filled porosity，ε_a）、土壤水分饱和程度（W/W_s）、气体相对扩散率（D/D_0，D 和 D_0 分别是气体在土壤中和大气中的扩散率）、空气进入土壤水的潜能（P_e）和其他土壤性质，是了解土壤中 O_2 和 CO_2 的体积分数及其存在状态的关键（Smagin，2003）。对于多数农作物，当土壤气体中 O_2 的体积分数低于 15%～17%、CO_2 的体积分数高于 3%～4% 时，农作物将会出现氧饥荒和根系中毒的症状。在某些湿地的土壤气体中 O_2 的体积分数可能低于 3%～6%，但也有一定量的 O_2 溶解在土壤水中。例如，在土壤孔隙度为 90%、充气孔隙度 $\varepsilon_a=5\%$ 的泥炭土壤表土层（0～10 cm）中，土壤气体中 O_2 的体积分数为 6%，土壤的 O_2 储量约为 400 mg/m²；在这种情况下（且土壤空气与大气之间的气体交换处于平衡状态）溶解在土壤水中的 O_2 总量可达 1 200 mg/m²，其值为土壤空气中 O_2 储量的 3 倍。由于土壤是一个开放的系统，故土壤中气体的体积分数并不是土壤通气性的通用标准，即使在土壤中 O_2 的体积分数较低且从大气层传输到土壤的 O_2 速率与其消耗速率相等的情况下，农作物根系和微生物仍然能够正常生长发育。对许多农作物而言，当 D/D_0 低于 0.06 时，则预示着土壤 O_2 缺乏症状开始出现；当 D/D_0 低于 0.02 时，则表示土壤处于厌氧状态，农作物根系将受到伤害且生长也将受限；当 D/D_0 在 0.02～0.06 时，其对应的土壤充气孔隙度 ε_a 为 6%～10%。假定土壤充气孔隙度（ε_a）、土壤水分质量分数（W）、土壤体积密度（ρ_b）、土壤颗粒密度（ρ_s）和水的密度（ρ_1）具有如下关系：

$$\varepsilon_a=1-\rho_b/\rho_s-W\cdot\rho_b/\rho_1 \tag{3-8}$$

利用式（3-8）就容易计算得出，在土壤体积密度处于 $1.0<\rho_b<1.6$ mg/m³、土壤水分饱和程度（W/W_s）为 0.85～0.90 时，对于耕作而言土壤已处于厌氧状态。对莫斯科的一些壤质城市土壤水分状况的分析表明，土壤厌氧状态持续的时间约占生长期（5 月至 10 月）总时间的 10%～25%，特别是临近道路、运动场、公共草坪的高体积密度的土壤尤为突出，这些土壤就需要运用耕作、排水、土壤结构改良和其他管理措施，以确保为植物和微生物呼吸提供适当的 O_2。总之，土壤通气状况和土壤中气体的交换更新控制着土壤中生物的呼吸作用以及土壤向大气的痕量气体释放，这些过程也是土壤在全球气体循环中重要作用的体现。

3.2.2 土壤气体释放及其全球生态功能

土壤气体的释放量（Q）是指从土壤表面进入大气层的气体流量，可以用单位时间（t）内穿过单位土壤表面积（S）的气体质量（m）来表示，即 $Q=m/(S\cdot t)$。它的具体测量方法可以分为室方法（chamber methods）和微气象方法（micrometeorological methods），其中室方法又分为密闭溢流道和开放溢流道两种测量方法，它们均是将装置放置在土壤表面（$\Delta t=10\sim20$ min），让气体聚积在室内，然后测量密闭室内气体质量浓度的增量（ΔC_g）或者通过开放室抽取气体的增量（ΔC_g），这样土壤气体释放量就可以计算得出：

$$Q = \Delta C_g \cdot V/(S \cdot \Delta t) = \Delta C_g \cdot H/\Delta t \quad (\text{密闭室，closed chamber}) \tag{3-9a}$$

$$Q = f \cdot \Delta C_g/S \quad (\text{开放室，open chamber}) \tag{3-9b}$$

式中：V、S、H 是土壤气体观测室参数（室体积、底面面积和高度）；f 是空气的质量流量（mol/s）。对于长时间间隔内从密闭室中通过扩散流失的气体量应该给予考虑，因此，上述结果（Q）可能明显偏小。运用密闭室法会低估 Q 的另一个原因是该方法中简单地使用像碱石灰的化学俘获剂，而没有使用 CO_2 分析仪器；实际观测表明，利用化学俘获剂的方法测量的土壤表面 CO_2 流通量比实际低 10%～100%。

　　微气象方法可以在景观尺度上（区域面积可达 10 000 m²）综合评价源于土壤的气体流量，但是这需要昂贵的高灵敏度的分析仪器设备。土壤释放气体的质量浓度（C_1，C_2，C_3，…）需要在不同大气层高度（Z_1，Z_2，Z_3，…）进行测量，各种气体的流量可以通过一个简单的气体迁移涡流模型计算得出，即 $Q = D_T \cdot \Delta C_g/\Delta Z$，式中 D_T 是涡流扩散常数，其值大小与气象参数（如风速、气温、水蒸气梯度）有关。所谓的涡流相关法就是一种广泛使用的微气象方法，运用该方法可以依据实验观测数据，考虑风速（U'）、距土壤表面 100～200 cm 处的气体质量浓度（C_g'）的同时波动并直接计算出气体的释放量，即 $Q = \rho_a \cdot U' \cdot C_g'$，式中 ρ_a 是大气的密度。通过比较不同方法测量的土壤 CO_2 释放量发现，这些方法之间未见较好的一致性，造成这些差异的原因有土壤气体释放过程的尺度效应和空间不规则显性。

　　学术界已经对土壤呼吸（CO_2 的释放与 O_2 的消耗）过程进行了细致的研究，但有关土壤痕量气体和有机挥发物的通量目前还知之甚少。由于植物和微生物的呼吸作用，土壤会不断释放 CO_2，通常在自然通气良好的土壤中，微生物摄取 O_2 和产生 CO_2 的速率是植物根系的 2 倍。在许多森林生态系统中，植物根系自给营养的呼吸、土壤微生物的异氧型呼吸与土壤表面年均 CO_2 释放量具有显著的相关性（Bond-Lamberty，2004），但土壤中自给营养的呼吸与异氧型呼吸产生 CO_2 释放量的比例随生长期的变化而变化，其比例还取决于土壤中不稳定的有机物如新鲜的植物残体与动物粪便的供应量。此外，在实际观测中也难以将根系呼吸与利用根系代谢物的根际微生物的呼吸区分开来。

　　土壤圈在调节全球大气圈成分方面具有重要的作用，据估计土壤圈储存的有机碳总量为 1 550 Pg，这表明土壤圈是地球环境系统中仅次于岩石圈、水圈（海洋）的第三重要碳源，并且土壤圈碳储量比全球植物生物量中碳储量的 2～3 倍还高。有机碳在土壤圈中的平均滞留时间（MRT）一般较长，其时间范围从枯枝落叶层的数年至土壤中极稳定的腐殖质组分的数百、数千年不等。在人类活动的驱动下，土壤-生物系统稳定性的丧失将会导致土壤圈中过去数百年所积聚的腐殖质发生灾难性的快速矿质化，许多耕地土壤中或被开垦沼泽地土壤中的有机碳动态观测也证明了这一点。在全球尺度上，过去 130 年中土壤圈有机碳流失量的估计值为 40 Pg，这对同时期大气圈中碳的质量浓度增长的贡献超过了 25%（Smagin，2000）。当前全球土壤圈年释放 CO_2 总量的估计值为（55±14）Pg，已接近全球总排放量的 30%，是智慧圈排放量的 10 倍。

　　在土壤的微量和痕量气体之中，CH_4 气体对温室效应的影响最强，CH_4 吸收地面长波辐射的效益也高于 CO_2 气体。在排水不畅的水成土壤和湿地土壤中均有 CH_4 生成，全球每年向大气层释放的 CH_4 总量为 515～560 Tg（1 Tg = 10^{12} g），其中 70% 来源于生物源，全球水成土壤和水稻田释放的 CH_4 总量分别为 115、60 Tg/a，两者之和占全球总释放量的 30% 以上，超过工业和交通业排放量（115 Tg/a）的 1.5 倍，如表 3-3 所示。土壤圈释放 CH_4 的量具有显著的空间-时间差异性，多数为 $0.02 \sim 200$ mg/（$m^2 \cdot d$），在适宜的温度（约 30 ℃）和有过量土壤有机物的条件下，其峰值可达 1 000 mg/（$m^2 \cdot d$）。

表 3-3　大气层中 CH_4 的主要的源和汇

源/汇（sources/sinks）		平均流量（mean flux）/（Tg/a）
自然源 （natural sources）	湿地（wetlands）	115±60
	白蚁穴（termitaries）	20±10
	海洋与淡水（ocean and fresh water）	20±10
	人为源（anthropogenic sources）	
	工业和交通业（industry, transport）	110±50
	水稻土（rice growing）	60±40
	反刍动物发酵（ruminant fermentation）	80±20
	动物与人类代谢物（animal and human waste）	50±10
	垃圾场（refuse dumps）	30±20
	生物质与农作物秸秆燃烧 （biomass and agricultural waste combustion）	45±15
汇（sinks）	大气氧化（atmospheric oxidation）	470±50
	土壤吸收（absorption by soils）	30±15
	大气层中增量（increase in the atmosphere）	30±5

（据 Smagin，2000 年资料）

水稻土和湿地土壤释放 CH_4 的量一般为 $1 \sim 50$ mg/（$m^2 \cdot h$），在 221 个发表文献中所列举数值的对数常态分布之中中位数值为（3±1）mg/（$m^2 \cdot h$），而在温带地区大雨之后的周期性湿润土壤中，其值为（$0.8 \sim 26.73 \pm 1$）mg/（$m^2 \cdot h$）。在土壤中微生物将 CH_4 氧化成为 CO_2 的生物化学反应比较微弱，仅占全球 CH_4 总汇份额的 3.5%～10%。但一些西伯利亚沼泽地的稳定同位素（$^{13}C/^{12}C$）分析结果表明，由于在当地水分未饱和土壤中有甲烷生成和大量 O_2（$60 \sim 100$ g/m^3）存在，CH_4 在由甲烷生成土层（methanogenetic horizons）向土壤表层迁移的过程中，则有 30%～80% 的 CH_4 被氧化成 CO_2。土壤吸收 CO 气体的潜能为 $2 \sim 100$ mg/（$m^2 \cdot h$），据估计，与全球自然和人为源排放的 CO 总量（约 600 Tg/a）相对应，全球土壤圈消耗的 CO 总量则不少于 450 Tg/a。故土壤被认为是这种大气中有害污染物——CO 的一个有效的调节器。

土壤中的氮固定、氨化、硝化和反硝化等反应过程可以产生多数含氮的气体，如 N_2、NO、NO_2、N_2O、NH_3 等，从整体上看这些反应速率被估计为 $0.1 \sim 10$ mg/（$m^2 \cdot h$），远远低于正常土壤的呼吸速率。在土壤氮循环的产物之中，N_2O 具有最大的环境危害，据估计全球 N_2O 的排放量为 $10 \sim 20$ Tg/a（以 N 计），其中 50%～60% 来源于土壤（如果考虑化肥使用，其比例可达 70%～80%）；在人为排放的 N_2O 总量中有超过 80% 来自耕地土壤。田间观测的结果表明，土壤释放 N_2O 的速率为 $0.003\sim10$ mg/$(m^2\cdot h)$，在强降雨和施用新鲜肥料之后以及春季土壤融化的过程中，会有大量的土壤氮(超过 30%)快速流失，故应该给予土壤 N_2O 释放的季节性动态变化必要的重视，目前人们对土壤中 N_2O、含氮气体的释放量及其影响因素还知之甚少，依据每年含 N 77 Tg 的化肥被矿质化，简单地推算出土壤中释放到大气圈中的含氮气体的总量为 $50\sim60$ Tg/a(以 N 计)。

在地表硫循环过程中主要的气体是生物起源的 H_2S 和人为源的 SO_2，而土壤则以 $20\sim60$ mg/$(m^2\cdot h)$ 的速率消耗 SO_2，或者全球人为排放的这个污染物总量($50\sim55$ Tg/a)中约有 80% 的份额被土壤圈所消耗。据估计，在湿的土壤中 H_2S 的释放速率可达 $60\sim100$ mg/$(m^2\cdot h)$，有学者认为虽然土壤中的有机硫化物气体如二甲基硫(CH_3SCH_3)、羰硫化物(COS)、二硫化碳(CS_2)和六氟化硫(SF_6)的流通量远远低于 H_2S 和 SO_2，但它们却在土壤 H_2S 释放过程中起着重要的作用。从土壤中释放的杀虫剂和熏蒸剂的速率大致为 $10\sim100$ μg/$(m^2\cdot h)$，这仅占化学农药施用总量的 40%~60%，一些数学模型已经提出了有关土壤中挥发性污染物的行为及其释放进入环境的可靠性预测。

3.3 土壤热量状况

土壤热量状况直接影响土壤水分、空气及近地大气层空气的运动，影响土壤中的物质迁移转化及土壤生物的生理活动过程。如冷性土壤中的上述物质转化与生物活动过程缓慢，从而限制了土壤中氮、磷、硫、钙、钾等养分元素的生物利用的有效性。因此土壤热量状况是影响土壤发生过程、土壤性状的重要因素，合理地调节土壤热量状况也是提高土壤肥力和自净能力的重要手段。野外土壤的热量状况直接或间接地取决于以下 4 个因素：①土壤所吸收的净热量；②使土壤温度产生一定幅度变化所需的热量；③土壤中水分相态转化及其扩散过程所需要的热量；④伴随土壤物质迁移转化过程所消耗或释放的热量。这些就构成了土壤的能量系统。

3.3.1 土壤热量来源与热平衡

土壤热量来源于太阳辐射、地热、土壤物质转化过程所释放的化学能以及人们在耕作过程中所施加的化学能等。对自然土壤而言，太阳辐射能是土壤热量的最主要来源，其余途径提供的能源对土壤热量贡献作用很小。

在此借用气象学中的地球表层能量平衡模式(如图 3-3)来分析土壤热量来源及其热平衡。首先假定达到大气层顶的太阳短波辐射为 100 个单位，其中有 30 个单位的短波辐射被大气层、云层和地面反射回外层空间，有 20 个单位的短波辐射被大气及云层吸收，有 50 个单位的短波辐射到达地面。地面长波辐射有 6 个单位进入外层空间，地面又以长波辐射、传导、对流及蒸发形式向大气层输送 139 个单位辐射；大气层及云层以大气逆辐射形式向地面输送长波辐射 95 个单位辐射，大气层及云层同时向外层空间以长波形式发送 70 个单位辐射。这样地球各部分的能量收支都是平衡的。对土壤热量分析而言这些估算是很粗略的，它仅为我们提供了一个地球表层系统中能量收支及土壤热量来源的梗概。但在土壤热量观测中应该考虑土壤水分含量、土壤颜色及土壤表面坡度的影响。据观测，在每年 6 月 21 日太阳直射北回归线时，地处北纬 42° 的河北省围场地区一个 20° 的南坡、一个平地、一个 20°的北坡，它们接受的太阳辐射能的比例是 106∶100∶81。可见这些因素对土壤热量状况及其温度变化也有重要的影响。

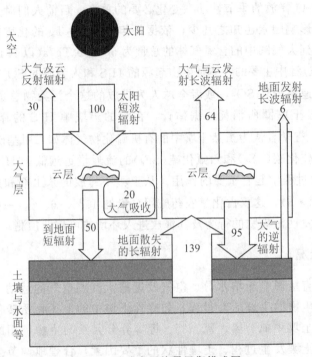

图 3-3 地球表层能量平衡模式图

土壤表面在获得太阳短波辐射和大气逆辐射的过程中，土壤温度开始上升，但土壤表面接受的这些热量也会以长波辐射的形式、土壤水分蒸发以及土壤与大气的湍流交换而损失，只有小部分为生物所消耗，极小部分通过热传导进入土壤底部。如果将土壤吸收和发散热量的表面称为"活动面"，则它就是近地大气层和土壤温度变化的源地。它既是热量转化与交换的界面，也是土壤水分形态变化的场所，在土壤水分形态变化的过程中伴随有大量的热量吸收与释放。因此活动面的热量平衡和水分平衡是决定土壤热量状况及其温度变化的主要因素。

3.3.2 土壤热学性质

(1)土壤热容量

土壤热容量(soil heat capacity)包括质量热容量(gravimetric heat capacity)和容积热容量(volumetric heat capacity)。土壤质量热容量是指单位质量的土壤温度每升高或降低 1 K 所吸收或释放的热量，常用 C_g 表示，其国际单位制(SI)的单位是 J/(kg·K)；土壤容积热容量则是指单位体积的原状土壤的温度每升高或降低 1 K 所吸收或释放的热量，用 C_v 表示，其 SI 单位是 J/(m³·K)。土壤热容量是定量描述土壤温度变化速度及幅度的物理量。土壤质量热容量与土壤容积热容量可以通过土壤体积密度(ρ_b)进行相互换算，其换算关系式为：

$$C_g = C_v \times \rho_b$$

(3-10)

在自然土壤的组成成分中，土壤水的质量热容量最大，即 $C_g = 4.186 \times 10^3$ J/(kg·K)；土壤腐殖质的质量热容量也较大，其值为 $C_g = 1.667 \times 10^3$ J/(kg·K)；土壤空气质量热容量较小，其值为 $C_g = 1.045 \times 10^3$ J/(kg·K)；土壤 Fe_2O_3 的质量热容量最小，其值为 $C_g = 0.628 \times 10^3$ J/(kg·K)。因此土壤水分含量、腐殖质含量是决定土壤质量热容量的主要因素，观测表明干燥的矿质土壤的质量热容量为 0.837×10^3 J/(kg·K)；土壤水分含量为 20% 的矿质土壤的质量热容量为 1.381×10^3 J/(kg·K)；当土壤含水量增加到 30% 时，该矿质土壤的质量热容量将上升至 1.591×10^3 J/(kg·K)。由此可见干燥的砂质土壤温度变化剧烈，故称之为"暖性土"；而水分含量高的泥炭土及黏土温度升降相对缓慢，称之为"冷性土"。因此在农业生产过程中针对春季过湿的土壤常采用排水、耕作散墒的方法以降低土壤质量热容量，尽快提高土壤温度。

（2）土壤热导率

土壤热导率（thermal conductivity）是指在单位截面、垂直截面的单位距离土壤温度相差 1 K、单位时间内所传导的热量，常用 κ 表示，其 SI 单位是 J/(m·s·K) 或 W/(m·K)。它是衡量土壤物质（分子）传导热量快慢的物理量，即土壤表层吸收热量而增温之后，将热量传导给心土层和底土层的性能。土壤三相组分的热导率差异巨大，如土壤水的热导率为 0.586 J/(m·s·K)，土壤空气的热导率仅为 0.021 J/(m·s·K)，土壤矿物质的热导率较高，多在 1.674~10.465 J/(m·s·K)。影响土壤热导率的主要因素有土壤紧实度、孔隙状况和水分含量。土壤越紧实、孔隙度越小、水分含量越高其热导率越高。

（3）土壤热扩散率

土壤热扩散率（thermal diffusivity）是指给特定土壤施加一定的热量，并通过扩散形式传送热量至土壤其他部分，所引起的土壤温度随时间的变化速率，常用 α 表示，其 SI 单位是 m^2/s。土壤热扩散率 α 与土壤热导率 κ、土壤容积热容量 C_v 的相互关系式为：

$$\alpha = \kappa(J/m·s·K)/C_v(J/m^3·K) = \kappa/C_v \ (m^2/s) \tag{3-11}$$

因此，土壤三相组分的热扩散率相差亦很大，如表 3-4 所示。实际调查发现，对于干燥的土壤，当其水分含量开始增加时，土壤热扩散率因其热导率增高而变大；当土壤水分含量增加到一定程度后，虽然土壤热导率可能还在增高，但这时土壤容积热容量亦急剧增大，其结果导致土壤热扩散率降低。故农业生产过程中，应该通过灌溉增加土壤水分含量或者耕作散墒以排出多余的土壤水分，使土壤水分含量达到适中，这样就有利于土壤温度的提高。

表 3-4 土壤主要组分的热学特性（20 ℃、1 个大气压条件下）

土壤组分	密度 $\rho/(\times 10^{-6}$ g/m$^3)$	质量热容量 $C_g/[kJ/(kg·K)]$	体积热容量 $C_v/[kJ/(m^3·K)]$	热导率 $\kappa/[J/(m·s·K)]$	热扩散率 $\alpha/(m^2/s)$
石英	2.65	0.732	1.92	8.368	43×10^{-4}
其他矿物	2.65	0.732	1.92	2.930	15×10^{-4}
有机质	1.30	1.925	2.51	0.251	1×10^{-4}
土壤水	1.00	4.186	4.19	0.594	1.4×10^{-4}
土壤空气	0.0012	1.004	0.00121	0.026	2.1×10^{-5}

（据 H. Don Scott，2000 年资料）

3.3.3 土壤温度状况

土壤热量基本上来源于太阳辐射，故随着太阳辐射的周期性变化，土壤温度亦具有日变化和季节性变化规律。当白天土壤表面接受太阳辐射及大气逆辐射的总速率超过土表向大气发送长波辐射速率之后，土表将出现热量的净增加，这样表土层的热量将通过热传导、热扩散等方式向心土层和底土层传送；如果黑夜土壤表面接受的大气逆辐射速率小于土表向大气发送长波辐射的速率，土表将出现热亏损，这样心土层和底土层将有热量向表土层输送。这就引起了不同深度土壤层次土壤温度的日变化。土温日变化与气温、土壤水分含量、质地、孔隙状况等密切相关。另外，土温日变化的极端值一般滞后于气温日变化的极端值。土壤温度与气温一样也具有明显的季节性变化，一般来说0～15 cm表土层的年均温度高于年均气温值。与同时期的气温相比较，心土层和底土层温度在秋冬季高于气温，而在春夏季低于气温。

土壤温度状况不仅决定着土壤中物质迁移转化过程、土壤肥力特征，还对于区域水分循环过程具有重要的影响。自然界土壤温度状况存在空间上的差异，即从南北极地区土壤终年冻结（permafrost）、到温带地区土壤季节性冻结与融化并存、再到热带地区裸露土壤表面的温度很少低于10 ℃。为此美国土壤系统分类中首先根据土表下50 cm深度处或深度小于50 cm的石质或准石质接触面处的土壤温度，并考虑到土壤温度的生物学意义，将全球陆地表面土壤的温度状况划分为6种类型，如表3-5所示。这种土壤温度状况划分方案已经被世界许多国家的土壤分类与土壤科学研究所采用。中国土壤学家根据中国季风性气候的特征，参照美国对土壤温度状况的划分标准，也制定了适合中国土壤特征的土壤温度状况体系，如表3-6所示。

表3-5 美国土壤系统中土壤温度状况划分标准

土壤温度状况（temperature regime，TR）	年均土壤温度 T/℃	暖季与冷季均土温之差/℃
永冻温度状况（pergelic TR）	$T<0$	—
冷冻温度状况（cryic TR）	$0<T<8$	—
寒冷温度状况（frigid TR）	$T<8$	>5
中温温度状况（mesic TR）	$8<T<15$	>5
高温温度状况（thermic TR）	$15<T<22$	>5
超高温温度状况（hyperthermic TR）	$T>22$	>5

（据 Soil Survey Staff，U. S. A. Soil Taxonomy，1975，1992 年资料）

表3-6 中国土壤系统中土壤温度状况划分标准

土壤温度状况（temperature regime，TR）	年均土壤温度 T/℃	备注
永冻土壤温度状况（pergelic TR）	$T\leqslant0$	包括湿冻和干冻
寒冻土壤温度状况（telic TR）	$T\leqslant0$	冻结时有湿冻和干冻
寒性土壤温度状况（cryic TR）	$0<T<8$	
冷性土壤温度状况（frigid TR）	$T<8$	但夏季土壤温度较高

续表

土壤温度状况（temperature regime，TR）	年均土壤温度 T/℃	备注
温性土壤温度状况（mesic TR）	$8\leqslant T<15$	
热性土壤温度状况（thermic TR）	$15\leqslant T<22$	
高热土壤温度状况（hyper thermic TR）	$22\leqslant T$	

（据龚子同，1999 年资料）

　　在通常情况下作物生长发育通过忍耐或农业耕作措施的改进以适应土壤温度状况，一些作物种子发芽与生长需要的土壤温度：小麦与豌豆为 4～10 ℃，玉米和谷物为 10～29 ℃，马铃薯为 16～21 ℃，高粱为 27 ℃以上。其他作物生长要求的适宜土壤温度：甘蓝和菠菜为 8～11 ℃，甜菜和花椰菜为 11～18 ℃，芦笋、胡萝卜、芹菜、萝卜和番茄为 18～25 ℃。要克服上述土壤温度的限制，只有通过高投入的措施才能缓解土壤温度对作物生长的限制作用，例如，在寒冷地区或寒冷季节常利用清洁的塑料薄膜覆盖作物及其土壤，以增加土壤温度确保作物正常生长。

3.3.4 土壤-植物-大气界面能量平衡方程

　　由于土壤-植物-大气界面没有能量储存能力，故这些界面能量流的总量为零。对于特定地域的土壤能量平衡方程可由以下几个土壤物理量来表达：植物冠层蒸散潜能分量（ET）、裸露土壤表面的蒸发分量、春季土壤增温速率、植物残体及土壤有机质分解释放的化学潜能分量和其他方式的能量。土壤-植物-大气界面的水分平衡也包括在能量平衡方程之中，而且土壤水分平衡方程是与能量平衡相关的不同形式，有关土壤水分平衡方程将在下节详细阐述。近些年，计算机模拟已经成为地球表层系统中能量与水分平衡理论估算的重要工具，也是预测能量与水分循环及其环境影响的主要途径。这里仅介绍土壤科学界有关地表能量循环过程的基本规律，并简要列举一些重要的计算机模型。

　　土壤-植物-大气界面的能量平衡方程式为：

$$R_n = G + LE + H \tag{3-12}$$

式中：R_n 是土壤-植物-大气界面接受的净辐射总量；G 是土壤热通量；LE 是潜热通量（由土壤与大气之间的水分蒸发量与水的蒸发潜热计算）；H 是感热通量（当热量流向土壤表层时的感热通量取正值，单位 W/m²）。上述感热分量所代表的土壤物理学过程如图 3-4 所示。其中净辐射总量 R_n 包括两部分，一是到达土壤表层的太阳短波辐射量 R_{si} 减去表土因反射而损失的短波辐射量 αR_{si}，二是土壤接受的大气（长波）逆辐射量 $L\downarrow$ 减去土壤表层所释放的长波辐射量 $L\uparrow$。土壤热通量不仅包括大气与土壤之间的热扩散 G，也包括其间的热对流 G_{jw}。潜热通量 LE 包括从土壤表面和植物冠层因水分蒸散所散失的热量。感热通量 H 包括土壤与大气、植物与大气之间的热传递。

　　土壤-植物-大气界面的能量平衡方程式中的各个分量具有明显的日变化和季节变化，区域对流则是地球表层区域大气之间能量传输的主要过程，而且它能在很大程度上改变能量平衡，如在美国德克萨斯州的小麦田（35°11′N，102°06′W）3月上旬的观测结果表明，$R_{si} = 26.4 \times 10^{-6}$ J/(m²·d)，其数值接近于此时刻该纬度区晴天到达地面的最大太阳短波辐射量[28.6×10^{-6} J/(m²·d)]，但观察发现干热的西南风（风速 5 m/s）导致强烈的表土增温（较

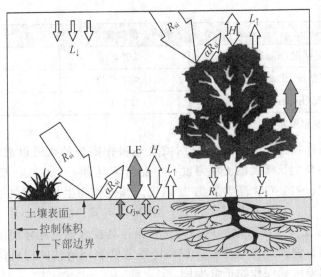

图 3-4　土壤-植物-大气界面能量平衡过程

（据 Evett S. R.，2000 年资料）

大正感热通量 H），并促使土壤总的潜热通量 LE 达到$-32.8×10^{-6}$ J/(m^2·d），其数值已经远远大于该地区实际接受的太阳辐射总量。但是次日由于多云天气而缺乏区域对流过程，其土壤总的潜热通量 LE 降低了 39%。现列举一组观测数据，$R_n=9.0×10^{-6}$ J/(m^2·d），$H=1.2×10^{-6}$ J/(m^2·d），$G=-0.4×10^{-6}$ J/(m^2·d），根据能量平衡方程求蒸散潜热 ET，蒸散潜热所占比重及蒸散总量。

即 LE$=R_n+G-H=(9.0-1.2-0.4)×10^{-6}$J/($m^2$·d）$=7.4×10^{-6}$ J/(m^2·d），

$\quad$ LE/$R_n=7.4/9.0=0.82$，

$\quad$ ET$=$LE/$L_{pw}=7.4×10^{-6}$ J/(m^2·d）/($2.45×10^{-6}$ J/kg$×1\ 000$ kg/m^3）

$\quad\quad =0.3$ cm/d

$$\tag{3-13}$$

3.4　土壤溶液及其特性

土壤溶液（soil solution）是土壤水分及其所含气体、溶质的总称，水分则是土壤重要的组成部分之一，也是自然环境系统中重要的搬运营力、物质迁移的载体和化学溶剂，土壤水分含量多少及其存在形式对土壤形成发育过程及肥力水平高低都有重要的影响作用。

3.4.1　土壤溶液的组成

土壤溶液是一种多相分散系的混合液，其包含的物质主要有以下几类：①无机盐类，如碳酸盐、重碳酸盐、硫酸盐、氯化物、硝酸盐、磷酸盐、氟化物等，如表 3-7 所示。②简单有机化合物，如乙酸、乙醇、草酸、单糖及二糖类等。③溶解性气体，如 O_2、NH_3、CO_2、N_2、H_2S、CH_4 等。在不同土壤、不同土壤层次、不同季节里上述物质在土壤溶液中的组成及其质量分数是不同的。如在干旱、半干旱区盐土溶液组成主要是易溶性盐类，如碳酸钠、碳酸氢钠等，土壤溶液呈现强碱性；在湿润地区土壤溶液则以简单有机化合物和少量盐基离子为主，溶液一般呈酸性。土壤溶液的质量分数以湿润地区的最低，在 $0.3\sim1.0$ g/kg，半干旱草原区在 $1.0\sim3.0$ g/kg，盐土溶液可达 6.0 g/kg 以上。

表 3-7　土壤溶液的无机盐类和有机化合物成分

种类		主要成分 $[10^{-4}\sim10^{-2}/(\mathrm{mol\cdot L^{-1}})]$	次要成分 $[10^{-6}\sim10^{-4}/(\mathrm{mol\cdot L^{-1}})]$	其他*
无机盐类	阳离子	Ca^{2+}、Mg^{2+}、Na^+、K^+	Fe^{2+}、Mn^{2+}、Zn^{2+}、Cu^{2+}、NH_4^+、Al^{3+}	Cr^{3+}、Ni^{2+}、Cd^{2+}、Pb^{2+}、Hg^{2+}
	阴离子	HCO_3^-、Cl^-、SO_4^{2-}	$H_2PO_4^-$、F^-、HS^-	CrO_4^{2-}、$HMoO_4^+$
	中性物	$Si(OH)_4^0$	$B(OH)_3^0$	
有机化合物	自然物	羟基酸类、氨基酸类、简单糖类	糖类、酚醛类、蛋白质、乙醇等	
	人造物		除草剂、杀菌剂、杀虫剂、PCBs、PAHs、石油烷烃类、表面活性剂、溶剂等	

注：* 在未被污染的土壤中其质量分数通常不足 10^{-6} mol·L^{-1}（PCBs：多氯联苯，PAHs：多环芳烃）。
（据 M.E.Sumner，2000 年资料）

土壤溶液中溶质主要来源于矿物风化、成土过程的产物和人类活动所产生的废弃物等。因此，许多自然环境因素通过影响矿物风化、成土过程对土壤溶液施加影响，如气候因素所决定的降水、蒸发直接影响土壤溶液的成分和质量分数；土壤生物的生理代谢过程不仅能影响土壤溶液的组分，还能影响土壤溶液的性质；再如地下水特别是浅层地下水与土壤溶液之间的物质交换更为密切。近些年来随着人类活动影响的不断强化，人类活动产生的各种污染物通过大气干沉降、湿沉降、污水灌溉等多种途径进入土壤，使得土壤溶液成分日益复杂化，并带来了土壤环境污染与食品安全等问题。

影响和控制土壤溶液组分和质量分数的土壤内部过程有（如图 3-5）：①土壤固相组分与液相组分之间的物质溶解与沉淀过程。②土壤溶液与胶体之间的离子吸附与解析过程。③土壤液相与气相之间的气体溶解与溢散过程。④土壤溶液与土壤生物之间的选择性吸收、被动吸收与代谢过程。⑤土壤溶液的稀释与浓缩过程（沉降与蒸散）。⑥土壤表面的毛管蒸发与地下水的逸出等。由上述可知，土壤溶液的组分及其质量分数，是随着土壤所处的环境和季节的变化而不同，并且区域内人类开发利用土壤资源的措施对土壤溶液亦有重要的影响。土壤溶液质量分数在同一土壤剖面或者同一土壤发生层的内部各处也是不均匀的。近年来植物根际养分元素质量分数梯度变化、根际土壤溶液理化性质及其对植物吸收的影响、根际重/类金属元素的化学行为等研究，已成为土壤学与环境科学研究中最为活跃的领域之一。

土壤溶液组成及其动态变化是现代土壤生态系统中所有生物地球化学过程的综合反映，由于土壤固相组成的特性通常整合了土壤形成发育历史中所有的土壤物质过程，仅仅基于土壤固相组成分析，难以清晰地解释现代土壤生态系统中的生物地球化学过程。

同理，由于景观尺度上土壤组成和性状存在空间变异性，通过观测土壤固相中大量元素汇的细微差异，也难以阐明土壤生态系统扰动的机制及其影响。由此可见，土壤溶液研究将是监测、评价、解释土壤过程和生态系统扰动的更为敏感和有效的措施（Ugolini，2005）。然而在土壤溶液组成的化验分析和研究过程中，还面临以下技术和方法上的挑战：如何收集具有代表性的、未发生化学变化的土壤溶液；如何克服土壤性状的空间异质性；如何考虑土壤内部随时变化的水分径流状况；如何解决在土壤水分含量较少时（旱地土壤）溶液收集的困难。

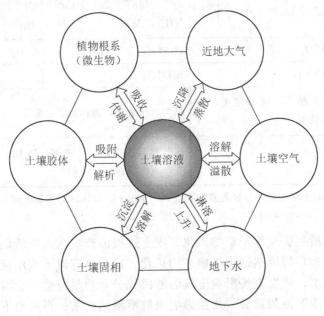

图 3-5　土壤溶液及其影响因素相互作用

3.4.2　土壤水分平衡与全球水循环

（1）土壤水分在全球水分循环中的作用

全球水分循环的一般模式为：在太阳辐射能的作用下，水从海陆表面蒸散，上升到大气层中成为大气的一部分；水汽随着大气运动而转移，并在一定的热力条件下凝结，因受重力作用降落形成降水；一部分降水被植物拦截或被植物从土壤层中吸收，在植物代谢过程中再被蒸散；到达土壤表面的降水一部分通过入渗进入土壤层形成壤中流和地下潜流，其中有部分土壤水通过物理蒸发而回归大气层，未入渗的降水形成地表径流进入江河湖泊，部分通过蒸发再回归大气层，其余则通过地表地下径流方式回归海洋，如图 3-6 所示。由此可见，土壤圈在全球水分循环中起着重要的作用：第一，土壤组成和性状决定着土壤表层水分蒸发 E_s；第二，土壤通过影响植物来影响植物蒸散 E_t；第三，土壤通过入渗过程调节地表径流 R_s、壤中流和地下潜流 R_g；第四，土壤组成、性状及其利用状况对地表水的水质也具有巨大影响。因此土壤水分无论在农业生产、水文控制与水资源管理、水体环境保护等研究中均具有重要的意义。

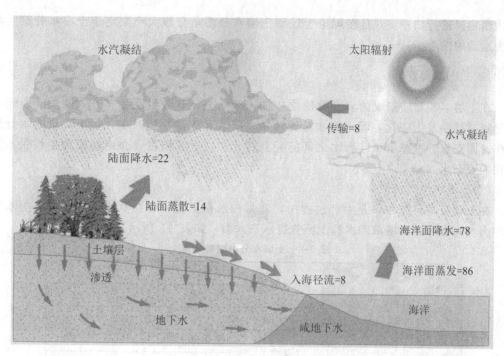

图 3-6　全球水分循环示意图

（2）土壤水分平衡

处于大气圈、生物圈和岩石圈交界面的土壤圈，它通过蒸发与渗透作用，将大气降水、地表径流和地下潜流三者紧紧地联系在一起。因此在农业生产、水资源管理、陆地水文循环调控和区域水环境研究过程中，一般是通过调节土壤水分平衡要素来调控土壤水分状况。土壤层水量平衡方程为：

$$\Delta M = P + I_g + I_s + C_m - R_s - E_s - E_g - F_g - O_s \tag{3-14}$$

式中：ΔM 为时段 Δt 内土壤含水量的变化量；P 为大气降水量；I_g 为地下水通过毛管上升进入土壤层的水量；I_s 为土壤中水平方向的入流水量；C_m 为土壤空隙中凝结水量；R_s 为从土壤表层径流出去的水量；E_s 为土壤蒸散量（包含植物蒸散量 T）；E_g 为潜水蒸发量；F_g 为土壤水分向下补给地下水的水量；O_s 为土壤中水平方向出流的水量。

在上述土壤水分平衡方程式中有较多的水量平衡项，对于平原地区土壤层水量平衡的主要项是蒸散和地下水的交换，其他项在水量上所占比重很小，从长时间尺度来看，I_s 最终供给蒸发，将各种形式的蒸发合并为总蒸散量 E，土壤层水分平衡方程可简化为：

$$\Delta M = P + C_m - R_s - E - F_g \tag{3-15}$$

式中：$P + C_m - R_s$ 为大气以降水方式供给土壤包气带的水量，并令 $M = P + C_m - R_s$，则

$$\Delta M = M - E - F_g \tag{3-16}$$

对于多年时间段区域土壤的水分平衡而言，其 $\Delta M = 0$，则其土壤层水分平衡方程又简化为：

$$M = E + F_g \tag{3-17}$$

由此可见，土壤层中的水分主要通过 E 与上面大气层进行交换，通过 F_g 与地下水进行交换，表明在平原地区土壤水分运动是以垂直方向为主的。土壤水分的垂直运动可以

用达西定律进行估算，并且在理论上证明土壤水分质量分数大小决定于土壤水分蒸发与渗透运动的性质。

3.4.3 土壤水类型

在土壤多相物质组成的多孔介质之中的土壤水分，其数量及存在方式随季节及天气状况随时都在发生变化，即土壤水分因蒸散、降水和下渗在随时变化，土壤中的水分还存在着固态水、液态水和气态水之间的相互转化。这里我们主要介绍和植物生长联系最密切的液态水。

（1）土壤水类型的划分

在土壤科学研究和农业生产过程中，通常按水在土壤中存在状态，可以将土壤水划分为土壤固态水、土壤液态水和土壤气态水三大类，如表3-8所示。

表3-8 土壤水分类型划分表

土壤水	固态水	化学结合水	结晶水	
			组构水	
		冰		
	液态水	束缚水	紧束缚水	
			松束缚水	
		自由水	毛管水（部分自由水）	悬着毛管水
				支持毛管水
			重力水	渗透重力水
				停滞重力水
			地下水	
	气态水	水汽		

土壤固态水包括化学结合水和冰，而化学结合水又包括结晶水和组构水。结晶水是指存在于多种矿物之中的水，如 $CaSO_4 \cdot 2H_2O$、$MgCl_2 \cdot 6H_2O$，它们在高温下可释放出来，但并不破坏矿物的晶体构造；组构水是指土壤矿物表面包含的—H_3O 或—OH，而不是以水分子存在，矿物在风化或高温条件下可将其释放出来。冰则存在于寒冷地区的永冻土及非永冻土的冻土层中。土壤固态水一般不参与土壤中的生物化学过程，故在计算土壤水分质量分数时不把它们考虑在内。土壤气态水是指存在于土壤孔隙中的水汽，其移动取决于土壤剖面中的温度梯度和水汽压梯度，也是影响土壤水分状况和植物生长发育的重要因子。

土壤液态水是土壤中数量最多的水。土壤液态水可细分为束缚水、毛管水、重力水。

束缚水 束缚水是因土壤颗粒表面各种作用力对水分的吸附而附着在矿物表面的膜状水。由于土壤颗粒和水分子之间存在强大的表面力，吸湿水没有自由水的性质，故称为束缚水，亦称为吸附水。土壤束缚水的溶解能力很弱、密度较大（密度大于 1.3 g/cm^3）、介电常数较大、移动速率很小，它们只能化为水汽而扩散，不能迁移营养物质和盐类，植物根系一般不能吸收利用，故属于无效水。

毛管水 毛管水是指在土壤毛管力作用下保持和移动的液态水。它是土壤中移动较快且易为植物根系吸收的水分，是输送土壤养分至植物根际的主要载体，土壤中的各种理化、生化过程几乎都离不开它。所以在农田土壤水分管理过程中，人们主要通过调控土壤毛管水库容、增加毛管水储量，创造适合于作物生长的土壤环境。在土壤固相、液相和气相的界面上，由于土壤颗粒-水分子之间及水分子-水分子之间的范德华力、静电引力可以导致水分移动或保持。土壤具有十分复杂多样的毛管体系，故在地下水较深的情况下，降水或灌溉水等地面水进入土壤，借助毛管力保持在土壤上层的毛管孔隙中，与来自地下水上升的毛管水并不相连，好像悬挂在上层土壤中一样，称为毛管悬着水。毛管悬着水是地势较高处植物吸收水分的主要来源。土壤中毛管悬着水的最大含量称为田间持水量。当土体中水分储量达到田间持水量时，随着土壤表面蒸发和作物蒸腾的损失，这时土壤含水量开始下降，当土壤含水量降低到一定程度时，土壤中较粗毛管中悬着水的连续状态出现断裂，但细毛管中仍然充满水，蒸发速率明显降低，此时土壤含水量称为毛管断裂量。借助于毛管力由地下水上升进入土壤中的水称为毛管上升水，从地下水面到毛管上升水所能到达的相对高度叫作毛管水上升高度。毛管水上升的高度和速度与土壤孔径的粗细有关。毛管水上升的高度对农业生产有重要意义。如果它能达到根系活动层，则对作物利用地下水提供了有利条件。但是如果地下水的矿化度较高，盐分随水上升至根层或地表，也容易引起土壤的次生盐渍化，危害作物，因此必须加以防治。

重力水 在重力作用下能在土壤的非毛管孔隙中移动或沿坡向侧渗的水称为重力水。重力水具有很强的淋溶作用，能够以溶液状态使盐分和胶体随之迁移。它的出现标志着土壤孔隙全部为水所充满，土壤通气状况变差，属于土壤不良的特征。

（2）土壤水分的有效性

土壤水类型不同，其被植物利用的难易程度也不同。土壤中不能被植物吸收利用的水称为无效水，能被植物吸收利用的水称为有效水。植物发生永久凋萎时的土壤含水量称为凋萎系数（wilting water content），这是土壤有效水的下限，当低于凋萎系数的水分时，作物无法吸收利用，属于无效水。凋萎系数因土壤质地、盐分含量、作物和气候等不同而不同。一般土壤质地越黏重，凋萎系数越大。通常把田间持水量视为土壤有效水分的上限。所以田间持水量与凋萎系数之间的差值是土壤有效水最大含量。土壤水的有效性取决于土壤水吸力和植物根系吸力的对比，如图3-7所示。

土壤有效含水量一般是指田间持水量至凋萎系数之间的含水量，即田间持水量减凋萎系数。田间持水量和凋萎系数受土壤质地、腐殖质含量、盐分含量和土壤结构等因素制约。以土壤质地来说，砂质土壤的凋萎系数和田间持水量均较低，土壤有效含水量较低；黏质土壤的田间持水量虽然较大，但其凋萎系数亦较高，其土壤有效含水量也不高；唯有壤质土壤的有效含水量最高，如图3-8所示。

（3）土壤水的表示方法及测定

土壤水分含量（θ）是表示土壤水分状况的一个指标，表示方法很多，一般可以分为质量含水量、容积含水量以及土壤储水量等。质量含水量是指土壤中水分质量与烘干土质量的比值，又称重量含水量，无量纲。常用符号 θ_m 表示。质量含水量可由以下公式计算：质量含水量＝土壤水质量/烘干土质量。即

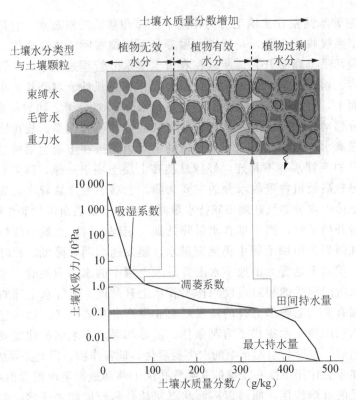

图 3-7　土壤水分有效性综合示意图

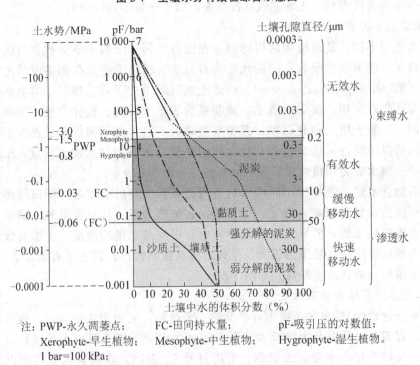

注：PWP-永久凋萎点；　　　　FC-田间持水量；　　　　pF-吸引压的对数值；
Xerophyte-旱生植物；　Mesophyte-中生植物；　　Hygrophyte-湿生植物；
1 bar＝100 kPa；

图 3-8　不同质地土壤的有效水分含量图

（据 Giacomo 等，2006 年资料）

$$\theta_m = (W_1 - W_2)/W_2 \tag{3-18}$$

式中：θ_m 为土壤质量含水量；W_1 为湿土质量；W_2 为烘干（105 ℃）土壤质量；$W_1 - W_2$ 为土壤水质量。容积含水量是指土壤水分容积与土壤总容积之比，它表明土壤水填充土壤孔隙的程度，无量纲。常用符号 θ_v 表示，可以由以下公式计算：容积含水量＝土壤水容积/土壤总容积。容积含水量计算的基础是土壤的总容积。由于水的密度可以近似等于 1 g/cm³，可以推知 θ_v 和 θ_m 的换算公式：

$$\theta_v = \theta_m \cdot \rho \tag{3-19}$$

式中：ρ 为土壤容重。土壤水分的测定方法可以归结为 3 大类：质量分析法、核技术法和电磁技术法。

3.4.5 土水势

土壤系统中水分的保持、迁移、水分相态转化等过程，均伴随着能量的转化过程。在物理学中将机械能细分为动能、势能，在土壤系统中由于水分的运动速度极为缓慢，其动能可以忽略不计，故势能是决定土壤水能态的主要因素。土壤中的水分因受重力、范德华力、毛管力、溶质水化力、电磁力的作用而具有不同形式的势能，向自然界所有物体运动一样，土壤中的水分也是从势能较高的位置向势能较低的位置运动。为了运用土壤水的能量状态定量的研究土壤水分运移规律，白金汉（Buckingham，1907）提出了毛管势的概念，随后加德纳（Gardner）将土壤水的质量分数与能量联系起来，并逐渐形成了土水势的概念。土水势（soil water potential）是指单位水量从一个平衡的土-水系统移动到与它温度相同而处于参比状态的水池时所做的功。1963 年国际土壤学会土壤物理名词委员会对土水势的定义是：把单位质量纯水可逆地等温地以无限小量从标准大气压下规定水平的水池移至土壤中某一点而成为土壤水所做的有用功。土壤水总是从土水势高的位置向土水势较低位置迁移，在同一土壤系统中，土壤湿度越大，土壤水分所具有的土水势也越高，故土壤水便从湿度大的区域向湿度小的区域移动；但在不同的土壤系统中由于土壤物质组成、性状的差异，土壤水受到的作用力也各不相同，这就需要运用土水势来确定土壤水分的运移方向，如在含水量为 15% 的黏质土壤中，其土壤水所具有的土水势一般低于含水量只有 10% 的砂质土壤水的土水势，故当这两种土壤相互接触时，水分将从含水量较少而土水势较高的砂质土壤流向含水量较高而土水势较低的黏质土壤。因此，土水势为研究土壤水分能态及其运移规律提供了统一的标准体系，在研究土壤-作物-大气系统中水分运移规律的过程中，运用土水势、根水势、叶水势等定量指标，就可以正确的判断水分在该系统中的运移方向、速度和土壤水分的有效性，为精确测量土壤水分提供了技术基础。

通常把假想的在一个大气压力下，与土壤水温度相同，以及在固定高度的储水池中纯自由水的势能，作为土水势的标准参照状态即势能零点。与此标准参照状态相比较而确定的土水势不是绝对数值，而是相对数值。由于土壤水是在土壤中各种力的作用下，其势能的变化主要是降低，所以其土水势一般为负值。根据土壤水的受力状况，可将土水势细分为以下几个分势能。

基质势（matrix potential） 基质势是指单位水量从一个平衡的土-水系统移到没有基质的而其他条件都相同的另一个系统中所做的功。它是由于土壤颗粒（基质）通过吸附力、

毛管力作用于土壤水分的结果。非饱和土壤的基质势为负值，而饱和土壤的基质势最大，即为零。

压力势(pressure potential)　压力势是指单位水量从一个平衡的土-水系统移到除压力不等于参比压力，而其他条件都相同的另一个系统时所做的功。它是由压力场中的压力差引起的。为了方便起见，基准气压一般都选择标准大气压。美国土壤学会(1997)定义的压力势如下：在一定海拔和一个大气压下，从土壤溶液池中把特定质量纯水中的一小部分可逆的、等温的输送到海拔在某个高度、外部气压为某个值的土壤水中(在水位线以下)，所需要做的功。在标准大气压下，在地下水位下的单位质量土壤水受到静水压产生的压力势为正值。在自由水面下的水压力势是正值。自由水面的压力势是零。在这种情况下，压力势都应用于水位或暂时水位下的饱和土壤水。在不饱和的土壤孔隙中都充满水，并连续成水柱。在土表的土壤水与大气接触，仅受大气压力，压力势为零。而在土体内部的土壤水除承受大气压力外，还要承受其上部水柱的静水压力，压力势为正值。在饱和土壤越深层的土壤水，所受的压力越高，正值越大。对于水分饱和的土壤，在水面以下深度为 h 处，体积为 V 的土壤水的压力势 ψ_p 为：

$$\psi_p = \rho_w ghV \tag{3-20}$$

式中：ρ_w 为水的密度；g 为重力加速度。

渗透势(osmotic potential)　渗透势是指单位水量从一个平衡的土-水系统移到没有溶质的而其他条件都相同的另一个系统中所做的功，也称为溶质势。土壤溶液中的溶质对水分有吸引力，水分移动时必须克服这种吸持作用对土壤水做功，因此渗透势也是负值。土壤中无半透膜存在，如果土壤中含盐量较低，溶质势不会引起水分运移，也没什么重要性；然而在含盐量高的土壤里，渗透势可控制水从土壤到植物根系和微生物的移动。对植物来说吸收水分养分必须通过植物根系细胞的半透膜，溶质势就显得重要。

重力势(gravitational potential)　重力势是指单位水量从一个处于任何位置平衡的土-水系统移到处于参比位置上而其他条件都相同的另一个系统中所做的功。它是由地球引力场所引起的，所有土壤水都受重力作用，与基准的高度相比，高于基准面的土壤水，其所受重力大于基准面，故重力势为正值。高度越高则重力势的正值越大，反之亦然。基准面的高度一般根据研究需要而定，可设在地表或地下水面。在基准面上取原点，选定垂直坐标 z，质量为 M 的土壤水分所具有的重力势为：

$$\psi_g = \pm Mgz \tag{3-21}$$

当 z 坐标向上为正时，取正号，否则取负号。

总水势(soil water potential)　总水势是指土壤中任一点的单位质量土壤水分的自由能和标准参比状态下自由能的差值，即为该点的总土水势。它包括因系统压力变化引起的自由能增加量的压力势，由于温度改变引起的自由能增加量的温度势，溶液浓度变化引起的溶质势，土壤基质吸力引起的基质势以及位置变化引起的重力势。在这五项分势能之中，由于温度势观测较为困难，在实际调查研究中，一般不考虑它。这样其余四项分势之和就是总土水势：

$$\psi_t = \psi_g + \psi_m + \psi_p + \psi_o \tag{3-22}$$

式中：ψ_t 是总土水势；ψ_g 是重力势；ψ_m 是基质势；ψ_p 是压力势；ψ_o 是渗透势。

在不同的土壤含水状态下，决定土水势大小的分势也不同。如：在土壤水饱和状态下，若不考虑半透膜的存在，则总水势等于压力势和重力势之和；在土壤水不饱和状态下，总水势等于基质势和重力势之和；在考察根系吸水时，一般可以忽略重力势，根吸水表皮细胞存在半透膜性质，总水势等于基质势和渗透势之和；若土壤含水量达到饱和状态，则总水势等于渗透势。在根据各分势计算总水势时，必须分析土壤含水状况，且应该注意基准面及各分势的正负号。从水分能量的观点看，植物吸水是由植物细胞内水势所决定的。植物细胞内水势可分为叶水势、茎水势、根水势等。植物细胞内水势决定了细胞内的渗透势、基质势(原生质中亲水胶体的胀吸力等)，其中以渗透势最为重要，它是植物吸水的主要驱动力。由此可见，植物吸水是一个被动过程，即植物需要吸收水分以弥补因蒸腾所消耗的大量水分，其过程是：当水分从植物叶面蒸腾进入大气层后，叶面水势降低，水分依次从水势较高的茎、根系到水势低的叶面，继而茎水势、根水势随之降低，然后植物根际土壤中的水分再进入根系，土壤中的水分在水势驱动下，再向植物根际土壤运动，构成了土壤-植物-大气的水分运移动态系统(soil-plant-atmosphere continuum，SPAC)，如图 3-9 所示。

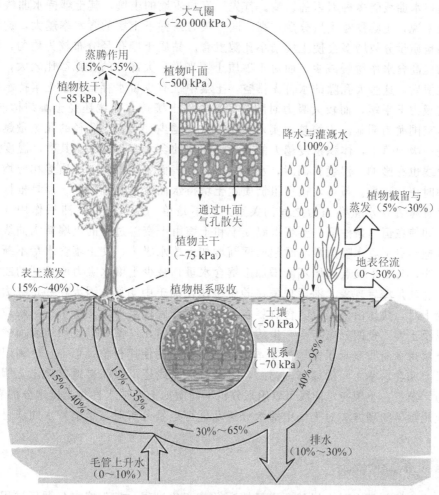

图 3-9 SPAC 系统中水分运移过程图示

(据 Brady，2000 年资料)

3.4.6 土壤持水曲线

土壤水质量分数和基质势之间的关系是重要的土壤物理特性，土壤水的基质势是随土壤含水量而变化的，将其关系做成相关的曲线就是土壤持水曲线。它是研究土壤水分的保持和运动所用到的反映土壤水分基本特征的曲线。在同一高度饱和土壤中自由水面呈平衡状态，压力为大气压，故基质势为零。如果一个压力空间饱和土壤中有一个微小压力差，当超过某一个临界压力时水才会流出。这时最大的孔隙开始变空，于是土壤开始排水，相应的含水率开始减少。这个临界的基质势被称作进气值，在这种基质势下空气开始出现在土壤大孔隙中。对于粗糙质地的土壤，临界压力接近饱和，对于黏性质地的土壤，可接近 10 kPa。也就是说，粗质地砂性土壤或结构良好的土壤其进气值小，而细质地的黏性土壤其进气值相对较大。土壤水分的基质势与含水率的关系，目前尚不能根据土壤的基本性质从理论上分析得出，因此，土壤持水曲线只能用实验方法来测定。

土壤持水曲线受多种因素的影响。首先，不同质地的土壤，其土壤持水曲线各不相同。一般来说，土壤黏粒质量分数越高，同一吸力条件下土壤的含水率越大，这是因为土壤中黏粒质量分数增多会使土壤细小孔隙发育。黏质土壤孔径分布较为均匀，所以随着吸力的提高含水率缓慢减少。而对于砂质土壤来说，大部分的孔隙都比较大，当吸力达到一定值后，这些大孔隙的水首先排空，土壤中仅有少量水存留，故土壤持水曲线呈现出一定吸力下平缓，而较大吸力时陡直的特点。土壤持水曲线还受土壤结构的影响，在低吸力范围尤为明显。土壤越密实，大孔隙数量越少，而中小孔径的孔隙量越多。因此，在同一吸力值下，体积密度越大的土壤，相应的含水率也越大。其次，温度对于土壤持水曲线也有影响。温度升高时，水的黏滞性和表面张力下降，基质势相应增大，在低含水率时更为明显。最后，很多粗糙质地土壤持水曲线不是唯一的，而是根据干湿变化的。这意味着含水量和压力之间的关系通常不是单一值，它服从滞后作用。对于同一土壤，即使在恒温条件下，土壤由湿变干和土壤由干变湿过程的土壤持水曲线也是不同的。从饱和点土壤水吸力最小时起始逐渐增加土壤水吸力，使土壤含水量不断减少所得到的曲线，与由干燥点起始不断增加土壤含水量，减少土壤水吸力所得到的曲线是不重合的，这就是滞后现象。滞后现象在砂土中比在黏土中明显，因为在一定吸力下，砂土由湿变干时，要比由干变湿时含有更多的水分。滞后现象可能是由于土壤颗粒的膨胀收缩性以及土壤孔径的分布特点产生的，如单个孔径的几何差异以及颗粒表面的粗糙程度等。土壤持水曲线表示了土壤的基本特征，有重要的使用价值。第一，可利用它进行土壤水吸力和含水率之间的换算。第二，土壤持水曲线还可以间接地反映出土壤孔隙大小的分布。第三，土壤持水曲线可以用来分析不同质地土壤持水性和土壤水分的有效性。第四，应用数学物理方法对土壤中的水分运动进行定量分析时，土壤持水曲线是重要的参数。

3.4.7 土壤水分状况

周年内土壤剖面上下土层的含水量情况及其变化过程，是土壤水分循环过程的集中体现，也是土壤水量平衡和土壤水文过程共同作用的结果，称之为土壤水分状况（soil moisture regimes）。土壤水分状况不仅影响土壤中物质与能量的迁移转化过程，还影响着土壤形成发育的方向和性质。因此，土壤水分状况是土壤地理调查研究的重要内容，同时也是进行土壤分类的诊断特性指标。

在土壤地理发生分类的过程中，一般按照土壤形成的气候条件、水文地质状况将土壤水分状况划分为以下类型。①淋溶型与周期淋溶型，其土壤水分状况的主要特征是年降水量大于或者接近于年蒸发量，在土壤剖面中水分以下行水流为主，造成土壤中水溶性物质的淋失，森林土壤或酸性土壤常具有此水分状况类型。②非淋溶型，在年降水量小于年蒸发量的地区，大气降水因土壤蒸发和植物蒸腾而大量损耗，降水在土壤剖面中淋溶深度较小，故常有难溶性盐类如石灰、石膏在土壤剖面中下部淀积，干旱半干旱地区的草原土壤和荒漠土壤常具有非淋溶型水分状况。③渗出型，在干旱半干旱地区的地形低洼处，在地下水位较浅的条件下，因强烈的土壤蒸发，地下水便在毛管力的作用下上升到达地表，同时将土体中的盐分和地下水中的盐分积聚于土壤表层，引起土壤盐碱化，盐化草甸土、盐碱土具有此水分状况。④停滞型，在气候湿润地区，由于地表排水不良，造成水分在土壤中长时间滞留，引起土壤通气状况不良、大量泥炭物质在土壤表层堆积，沼泽土具有此水分状况。⑤冻结型，在高纬度和高海拔地区，土壤温度经常低于 0 ℃，土壤中往往形成永久冻土层，冰沼土具有此水分状况。

在美国土壤系统分类的诊断特性中，土壤水分状况是依照土壤控制层段内的地下水位和小于 1 500 kPa 张力所吸持水分的季节性有无来确定，由于大多数中生植物无法吸收利用土壤中大于 1 500 kPa 张力的水分。由此可设想在不灌溉的情况下，根据土壤自然供水能力可能生长的作物、牧草或自然植被，来确定土壤水分状况的类别。在美国土壤系统分类中将土壤水分状况划分为 5 种类型：潮湿水分状况（aquic moisture regime）、湿润水分状况（udic moisture regime）、半干润水分状况（ustic moisture regime）、夏旱水分状况（xeric moisture regime）、干旱和干热水分状况（aridic ＆ terric moisture regime）。其划分具体指标详见 Soil Taxonomy Soil Survey Staff（U. S. A. ，1992 年）。

在中国由于受季风气候和人类活动的影响，土壤水分状况具有显著的特殊性。故在参照美国土壤系统分类所划分的土壤水分状况类别的基础上，建立了适合于中国土壤特点的土壤水分状况划分体系，并增添了人为滞水水分状况。在中国土壤系统分类中将土壤水分状况划分为以下 7 种类型：干旱土壤水分状况（aridic moisture regime）、半干润土壤水分状况（ustic moisture regime）、湿润土壤水分状况（udic moisture regime）、常湿润土壤水分状况（perudic moisture regime）、滞水土壤水分状况（stagnic moisture regime）、人为滞水土壤水分状况（anthrostagnic moisture regime）、潮湿土壤水分状况（aquic moisture regime）。

3.5 土壤分散系及其特征

3.5.1 土壤分散系的概念及其分类

土壤是由多相态物质如固相物质、液相物质、气相物质及生命体构成的复杂综合体。在复杂综合体的科学研究上，常选取复杂综合体的一部分作为研究的对象，称之为体系。如果某个体系中物理性质和化学性质完全相同的任何均匀部分，且同其他部分有一定的界面分隔开来的叫作一个相，只含有一个相体系称为均匀体系或单相体系。在自然土壤中常包含两个或多个相，且相与相之间都有界面分开，这种体系叫作不均匀体系或多相体系。当某种土壤物质微粒子分布在土壤液态水中，就构成了土壤分散系，其中被分散的土壤微粒子称为分散质，起分散作用的土壤液态水称为分散剂。

　　按照土壤分散系中分散质颗粒的大小，可以将土壤分散系分为土壤溶液、土壤胶体和浊液3大类。①土壤溶液中分散质的微颗粒由单个分子、离子或高分子构成，其微颗粒的直径一般小于10^{-9} m，土壤溶液属于单相分散系。在土壤溶液中虽然分散质是以单个分子或离子的状态存在，但土壤中的单分子化合物所包含的原子数目相差悬殊，一些化合物分子中仅有几个原子构成，如H_2CO_3、H_2S、NH_3、CH_3CH_2OH等，其分子量较小通常在1 000以下，这些分子一般称为低分子，由低分子构成的溶液称为低分子物质溶液，或简称溶液；另一些高分子化合物如纤维素$[(C_6H_{10}O_5)_n]$、多糖类$[(C_6H_{10}O_5)_n]$、蛋白质($RCHNH_2COOH$)等，其所形成的溶液称为高分子物质溶液。②土壤胶体中分散质粒子较大，其直径在$10^{-9}\sim10^{-7}$ m，一般由多分子聚集而成，这些粒子以一定的界面与周围的介质分开，成为一个不连续的相，而分散剂如土壤水则是一个连续的相，故土壤胶体属于多相分散系。③浊液中分散质粒子直径大于10^{-7} m，不但用普通显微镜能看出，有时甚至用肉眼也可看到，体系是浑浊的。按浊液分散质的物质状态继续可将其划分为悬浊液和乳浊液，前者分散质为固体，如泥水就是悬浊液，后者分散质属于液体。

3.5.2　土壤胶体

　　土壤胶体按其分散质的性质可以分为3种类型。①土壤矿质胶体，其分散质颗粒有次生黏土矿物(如蒙脱石、蛭石、伊利石、高岭石)和简单氧化物(如铁、铝氧化物和二氧化硅)等。②有机胶体，其分散质有土壤腐殖质、有机酸、蛋白质及其衍生物等高分子有机化合物。③有机-无机复合胶体，土壤中的矿质胶体与有机胶体往往通过氢键、库仑引力、表面引力相互结合，形成有机-无机复合胶体。在不同的地理环境条件下土壤中胶体的种类与数量差异较大，如在温带半湿润地区，其土壤胶体以有机胶体、蒙脱石胶体，以及它们通过钙离子桥结合而形成的有机-无机复合胶体为主，且土壤中胶体数量巨大；而在热带亚热带地区，其土壤胶体则以高岭石、铁铝氧化物胶体及其与活性较强的腐殖质形成的有机-无机复合胶体为主。

　　土壤胶体是土壤中极为活跃的组成成分之一，它们对土壤中营养元素、污染物的迁移转化有重要的影响，这种作用与土壤胶体下列性质密切相关。①土壤胶体具有巨大的比表面积和表面能，土壤比表面积是指单位质量土壤颗粒所有表面积的总和，土壤颗粒越细小，其比表面积越大。土壤胶体颗粒表面的分子与其内部的分子所处的条件是不相同的，胶体内部的分子在各方向上都与它相同的分子相接触，受到的吸引力各方向相等；而处于土壤胶体表面的分子所受到内部相同分子的引力，与其受到介质(分散剂)分子的引力不相同，从而使胶体表面分子具有一定的自由能，即表面能。如土壤颗粒越小其表面能就越大。②土壤胶体具有电性，土壤胶体微粒具有双电层，微粒内部称为微粒核或胶核，一般带有负电荷，形成一个负离子层(即决定电位离子层)，故在库仑引力作用下形成一个正离子层(又称反离子层，包括非活性离子层和扩散层)。土壤胶体的决定电位层与分散剂液体分子之间的电位差通常称为热力电位，以ε表示。ε在特定土壤胶体系统中是不变的。在非活性离子层与液态分子之间的电位差叫作电动电位，以ξ表示。ξ的大小随扩散层厚度的增大而增加。而扩散层厚度又决定于补偿离子的性质、电荷数量等，如水化程度较大的补偿离子 Na^+ 形成的扩散层较厚。③土壤胶体的凝聚-分散性，因土壤胶体比表面积和表面能均较大，胶体微粒之间就有相互吸引、凝聚的趋势，这就是土壤胶体的凝聚性。但是在土壤溶液中，胶体微粒常常带有负电荷，即具有负的电动电位 ξ，故胶体微粒之间又因带相同的电荷而相互排斥，电动电位越高，其间相互排斥力也越强，这样胶体微粒的分散性也就越强。影响土壤胶体凝聚-分散性主要因素是胶体电动电位 ξ、扩散层厚度。土壤介质中阳离子浓度越高，土壤胶体表面负电荷越易被中和，从而强化了胶体凝聚。另外土壤中阳离子对胶体的凝聚能力顺序为：$Na^+ > K^+ > NH_4^+ > H^+ > Mg^{2+} > Ca^{2+} > Al^{3+} > Fe^{3+}$。

　　土壤胶体微粒表面电荷主要通过以下物理化学过程而形成。土壤矿质胶体微粒，即次生黏土矿物晶体内离子同晶置换作用，即低价态离子同晶置换高价态离子使微粒带负电荷，如 Al^{3+} 置换硅氧四面体中的 Si^{4+}，Mg^{2+} 置换铝氧八面体中 Al^{3+} 均可使矿质胶体带负电荷。胶体微粒向介质解离离子而带电，土壤胶体微粒表面的羟基（—COOH）、酚羟基（—OH），或矿质胶体晶层之间的羟基（—OH）、水铝英石的 $\equiv Si—OH$ 等都可向溶液中解离出 H^+，而使胶体微粒本身带负电荷。相反，如果胶体微粒从介质溶液中吸收 H^+ 或向介质中解离 OH^-，就可使其带正电荷。有的矿质胶体在不同 pH 介质溶液中会表现两种不同解离与吸附特性，并表现出不同带电性，这种胶体称为两性胶体，如 $Al(OH)_3$ 胶体。

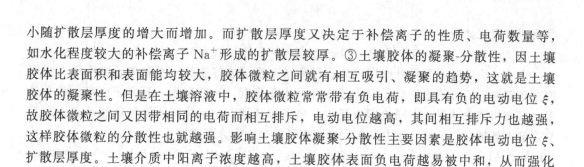

　　随着土壤 pH 的变化，土壤中两性胶体所带电荷量及正负性也会变化，当土壤 pH 变至某一固定值时，两性胶体微粒向介质解离的 H^+ 和 OH^- 数量相等，此时胶体既不带正电荷也不带负电荷，呈电中性。这时溶液的 pH 即为该两性胶体的等电点。一般来说当介质的 pH 大于两性胶体的等电点时，胶体微粒带负电荷，pH 小于两性胶体的等电点时，胶体微粒带正电荷。土壤中的胶体大部分为两性胶体，但它们的等电点不同。例如：$Al(OH)_3$ 胶体的等电点 pH = 4.8～5.2；Fe_2O_3 胶体的等电点 pH = 3.2；蛋白质胶体的等电点 pH = 4.7～5.2；等等。由于介质的 pH 决定胶体表面分子的解离与吸附，由此引起胶体微粒表面负电荷的变化，这种负电荷称为可变负电荷，一般可变负电荷随介质 pH 的增高而增大。

　　黏土矿物晶格断键，次生黏土矿物胶体微粒（即晶格）的边缘或棱角面上，因原有的共价键断开，可引起胶体微粒带电，如硅氧层边缘相邻硅氧四面体 $\equiv Si—O—Si \equiv$ 断裂成 $\equiv Si—O—$ 与 $—Si \equiv$、铝氧层边缘相邻铝氧八面体 $= Al—O—Al =$ 断裂成 $= Al—O—$ 与 $—Al =$，从而使胶体微粒带有负电荷或正电荷。这种断键现象与土壤物理机械破碎程度、土壤颗粒大小密切相关。

　　在土壤胶体双电层的扩散层中，补偿离子可以和介质溶液中相同电荷的离子以离子价为依据进行等价交换，称为离子交换（或代换）。离子交换作用包括阳离子交换吸附作用和阴离子交换吸附作用。土壤胶体阳离子交换吸附过程以离子价为依据进行等价交换，其反应方程式如下：

$$Na-胶体-Na+Ca^{2+}\rightleftharpoons 胶体-Ca+2Na^+$$

上述交换反应还受质量作用定律、阳离子交换能力等制约，而阳离子交换能力强弱取决于阳离子所带的电荷数、阳离子半径及水化程度，一般来说，阳离子所带电荷数越多，其交换能力越强；在同价阳离子中，离子半径越大，水化离子半径就越小，因而其交换能力就越强。土壤溶液中一些常见阳离子的交换能力顺序如下：

$$Fe^{3+}>Al^{3+}>H^+>Ba^{2+}>Sr^{2+}>Ca^{2+}>Mg^{2+}>Cs^+>Rb^+>NH_4^+>K^+>Na^+>Li^+$$

土壤阳离子交换量（cation exchange capacity，CEC）是指土壤胶体所能吸附各种阳离子的总量，其数值以每千克土壤的厘摩尔数表示，单位是 cmol/kg。不同土壤的阳离子交换量不同，其主要影响因素有以下几个。①土壤胶体类型，不同类型的土壤胶体其阳离子交换量差异较大，土壤胶体的阳离子交换量顺序为：有机胶体＞蒙脱石＞水化云母＞高岭石＞含水氧化铁、铝。②土壤质地越细，其阳离子交换量越高。③土壤黏土矿物的硅铝铁率越高，表明土壤以 2∶1 性矿物如蒙脱石、水化云母为主，其交换量也越大；当土壤黏土矿物的硅铝铁率小于 2.0 时，表明土壤以 1∶1 性矿物如高岭石和含水氧化铁、铝为主，其交换量就越小。④土壤溶液 pH，当介质 pH 降低时，土壤胶体微粒表面所带负电荷也减少，其阳离子交换量也降低；反之，交换量增大。土壤阳离子交换量反映了土壤缓冲性能的高低，也是评价土壤保肥能力、改良土壤和合理施肥的重要依据。

土壤胶体微粒表面上的交换性阳离子有两类：一类是酸性阳离子，包括 H^+ 和 Al^{3+}；另一类是盐基离子，主要包括 Ca^{2+}、Mg^{2+}、NH_4^+、K^+、Na^+ 等。当土壤胶体微粒表面吸附的阳离子全部为盐基离子时，该土壤称为盐基饱和土壤；当土壤胶体微粒表面吸附的阳离子有一部分为致酸离子时，则这种土壤称为盐基不饱和土壤。在土壤全部交换性阳离子总量中盐基离子所占的百分数称为土壤盐基饱和度（base saturation percent，BSP），其计算式为：

$$BSP(\%)=交换性盐基离子总量(cmol/kg)\times100/阳离子交换量(cmol/kg) \quad (3-23)$$

土壤阳离子交换量（CEC）和盐基饱和度（BSP）是土壤重要性状指标和土壤分类的诊断特性，成土环境、土壤发育程度和成土母质是它们重要的影响因素，如温带半湿润地区的土壤表层 CEC 可达 35 cmol/kg 以上，且 BSP＞90%；热带湿润区土壤表层 CEC 多数不足 25 cmol/kg，且 BSP＜30%；温带荒漠区土壤表层 CEC 多数不足 10 cmol/kg，且 BSP 高达 100%。

土壤中阴离子交换吸附是指带正电荷的胶体微粒表面所吸附的阴离子与介质中阴离子的交换作用。土壤中许多重要的营养元素如氮、磷、硫、硼、钼等，以及砷、碘、氟等人为污染元素在土壤多呈阴离子形式存在。土壤阴离子的交换吸附比较复杂，但从吸附与交换机制上可分为阴离子的非专性吸附和专性吸附。

土壤胶体微粒表面带正电荷时，依靠库仑引力吸附介质中阴离子的过程称为非专性吸附，如胶体—$Al-OH_2^{0.5+}+Cl^-\rightleftharpoons$ 胶体—$Al-OH_2Cl^{0.5-}$。

土壤非专性吸附过程也服从质量作用定律和离子交换的等价规则。土壤胶体微粒表面非专性吸附的阴离子均位于双电层的外层，可以和介质中的阴离子进行交换。非专性吸附量与胶体类型、介质 pH 和阴离子本身特性密切相关，如在热带亚热带土壤中黏土矿物以铁铝氧化物、高岭石为主，其非专性吸附量较大，在温带土壤中黏土矿物以 2∶1 型

为主，其非专性吸附量较小；土壤非专性吸附阴离子的量一般随着介质 pH 降低而增高，对于两性胶体只有当介质 pH 低于其等电点时，两性胶体才能吸附阴离子；土壤胶体非专性吸附阴离子顺序为：$OH^->PO_4^{3-}>SiO_3^{2-}>SO_4^{2-}>Cl^->NO_3^-$。

土壤胶体微粒的分散与絮凝是处于动态平衡之中，而影响该平衡的主要因素是土壤介质中阳离子的种类及数量，它又与土壤中物质的聚积和淋溶过程密切相关。土壤胶体絮凝能够使物质聚积，可促使土壤结构体的形成、使养分元素免于流失，但降低了养分元素的有效性，同时也降低了某些污染元素的毒性；而土壤胶体的分散，可造成土壤结构退化，增加有效养分，但易引起养分流失，同时会增加某些污染元素毒性和活性，危害农产品的质量和人群健康，在湿润地区还会引起面源扩散，污染地表水系统和地下水。因此在实际生产和科学研究过程中应充分调控土壤胶体的分散与絮凝，以获得更优化的效益。

3.5.3 土壤溶液的酸碱性

在科学研究中定量反映水溶液酸碱度的化学指标(pH)来源于法语(pouvoir hydrogene)，其含义是水溶液中[H^+]活度的负对数，即 $pH=-lg[H^+]$。

纯水电解方程式：$H_2O \rightleftharpoons H^+ + OH^-$。其电解常数 $K_w=[H^+]\cdot[OH^-]/[H_2O]=10^{-14}$。式中水的活度[$H_2O$]=1，故[$H^+$]·[$OH^-$]=$10^{-14}$；从纯水的电解方程式可以看出，[$H^+$]=[$OH^-$]=$10^{-7}$。故纯水属于中性，其 pH 等于 7。

土壤溶液的 pH 是反映土壤酸碱性的化学指标，在自然环境中常见土壤的 pH 变化处于 pH=4(极强酸性)至 pH=10(极强碱性)，在土壤调查研究中常按其 pH 高低将土壤划分为极端酸性、极强酸性、强酸性、中等酸性、弱酸性、中性、弱碱性、强碱性和极强碱性土壤，如图 3-10 所示。大多数作物生长发育适宜的土壤 pH 为 5.5～8.5。在强酸性的土壤溶液中可溶性铝质量分数能达到对生物有毒害的程度，并导致土壤微生物活动急剧减弱，如图 3-11 所示；在强碱性土壤中除了硼、氯化物和钼之外，其他微量营养元素的活性会降低，并且铁、锌、铜、锰和大量磷的有效性也会降低。当土壤 pH 大于 9.5 时，除了某些盐生植物之外，多数植物将停止生长以至死亡。

在大多数情况下，土壤的形成过程是物质的淋溶过程，在这个过程中土壤及母质的易溶性盐基离子首先被淋失，代之的是 H^+。在土壤中 H^+ 的来源途径多样，其中以矿物风化过程中水分子的离解、生物风化过程所产生的有机酸的水解为主。

根据现代土壤化学的理论，土壤酸性反应是由于土壤溶液中 H^+、交换性 H^+ 和交换性 Al^{3+} 的存在引起的。故按土壤中 H^+ 和 Al^{3+} 的存在形式和测定方法的不同，可将土壤酸度分为活性酸度和潜在酸度两类。土壤活性酸度是指土壤溶液中所含 H^+ 引起的酸度，亦称为土壤有效酸度，常用 pH 表示。活性酸度是按一定的水土比例，以去 CO_2 蒸馏水浸提后，再测定浸提液中 H^+ 的浓度。在实际土壤调查与研究过程中，土壤酸碱性就是按土壤活性酸度来划分。土壤潜在酸度是指由土壤胶体或吸收性复合体表面吸收的交换性 H^+ 和 Al^{3+} 所引起的酸度，只有当这些交换性 H^+ 和 Al^{3+} 被其他阳离子交换而转入土壤溶液之后才显示其酸度。潜在酸度一般用每 100 g 土中 H^+ 的毫克当量数表示，有时也用 $pH_{(KCl)}$ 表示，土壤潜在酸度还可细分为代换性酸度和水解性酸度。

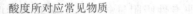

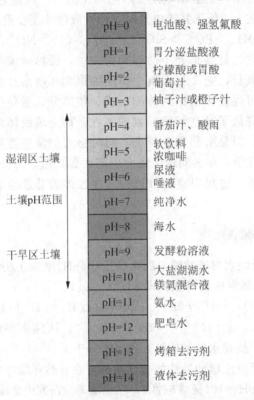

图 3-10 土壤酸碱状况、形成及其对植物的影响图式

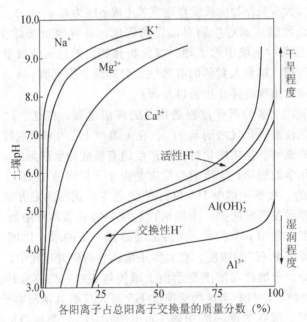

图 3-11 不同 pH 土壤中酸根离子及阳离子组成图式

（据 R. W. Miller，2001 年资料）

土壤代换性酸度是指用中性盐如 1 mol/L KCl 溶液与土壤相互作用，所测定的酸度。用稀碱溶液进行中和滴定，就可求出代换性 H^+ 和 Al^{3+} 的毫克当量数，其代换反应方程式为：

$$胶体-H+K^++Cl^- \rightleftharpoons 胶体-K+H^++Cl^-$$
$$胶体-Al+3K^++3Cl^- \rightleftharpoons 胶体-3K+Al^{3+}+3Cl^-$$

土壤水解酸度是指用强酸弱碱盐(NaAc)溶液与土壤相互作用，所测定土壤中交换性 H^+ 和 Al^{3+} 的最大可能数量。其水解反应方程式为：

$$胶体-H+Na^++Ac^- \longrightarrow 胶体-Na+HAc$$
$$胶体-Al+6Na^++6Ac^-+3H_2O \longrightarrow 2 胶体-3Na+6HAc+2Al(OH)_3$$

由于上述水解反应方程式右侧均为弱电解质 HAc、$Al(OH)_3$，故上述反应方程式将向右侧进行，即土壤胶体或复合体表面所有能够被代换的 H^+ 和 Al^{3+} 都将被代换出来。

在实际土壤化验分析的过程中，测定土壤代换性酸度时包括了土壤活性酸度，而在测定土壤水解酸度时均包括了土壤活性酸度、代换酸度。因此土壤的水解酸度＞代换酸度＞活性酸度。只有酸性土壤才具有代换酸度和水解酸度。另外由于土壤中存在复杂多变的离子交换过程，土壤溶液与胶体上的阳离子是处于动态过程之中，因此土壤活性酸度和潜在酸度也经常处于动态平衡状态。

实验观测表明，土壤酸性本身对植物无直接的不良影响，如阿尔农(Arnon)用水培栽种作物，在作物所需营养元素供应充分的情况下，将水培液的 pH 调低至 4.0，作物仍然生长良好。可见土壤酸性对作物的不良影响是间接的，即土壤酸碱性一方面影响着土壤矿物风化、土壤生物活性及有机质转化，另一方面决定土壤中化合物的溶解与沉淀、离子交换与吸收。其综合作用决定着土壤中植物营养元素的有效性及污染元素的活性。这些间接影响可归结为：①铝和锰的毒害，实验观测表明当土壤溶液中$[Al^{3+}]$＞1 mg/kg、$[Mn^{2+}]$＞4 mg/kg 时，对作物有显著的毒害，当土壤 pH 降至 5.0 以下时，土壤中$[Al^{3+}]$和$[Mn^{2+}]$明显增加。②土壤中有效态氮、磷、钙的缺乏，如在强酸土壤中，土壤微生物活动受到抑制，妨碍有机质的分解、硝化作用及其固氮作用的进行，如图 3-12 土壤腐殖质所示；强酸性土壤中大量的 Fe^{3+}、Al^{3+} 会导致 P 的固定；酸性土壤中缺乏交换性 Ca^{2+}。③对土壤中许多微量元素的有效性和毒性有影响，铁、锌、铜、钼等微量营养元素，在 pH 过低的情况下，溶解度会增加造成毒害。另外土壤过酸或过碱性均导致土壤其他物理化学性状的恶化，因此在实际生产与研究中，需要采取适当的措施加以改良，如对过酸土壤采取施用适量石灰的办法以中和其酸性，对过碱的土壤采取多施用硫酸铵、硫酸铁等强酸弱碱肥的办法中和其过量的碱性。

土壤对酸碱的缓冲性能是指土壤所具有的抵抗在外界化学因子作用下酸碱反应剧烈变化的性能，即当减少或增加土壤溶液中H^+的浓度时，其 pH 并不随之相应地上升或降低。土壤对酸碱的缓冲性能有赖于多种物理化学过程，它们共同组成了土壤的缓冲系统，这些物理化学过程如下。

土壤胶体具有缓冲作用。土壤胶体微粒表面的离子交换过程是土壤缓冲性能形成的重要基础，其缓冲作用模式如下：

对酸的缓冲作用式　胶体$=Ca+2HCl \longrightarrow H-胶体-H+Ca^{2+}+2Cl^-$

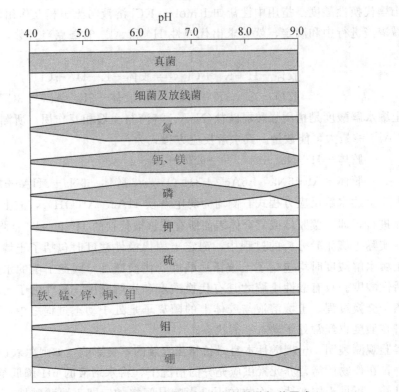

图 3-12　土壤 pH 与微生物及营养元素有效性的相关图式

对碱的缓冲作用式　H-胶体-H＋2NaOH ───→ Na-胶体-Na＋2H$_2$O

上述反应式表明土壤胶体的缓冲性能，一般随着阴离子交换量的增加而增大，如土壤腐殖质、蒙脱石、次生二氧化硅等较丰富的土壤，对酸碱的缓冲性能较大；土壤盐基饱和度对缓冲性能也有重要影响，如土壤对酸的缓冲性能随盐基饱和度的增高而增大，对碱的缓冲性能随盐基饱和度的减小而增大。另外土壤中的酸碱两性化合物如 Al(OH)$_3$ 相互转化也是土壤缓冲性能形成的重要方面，其缓冲作用模式如下：

对酸的缓冲作用式　Al(OH)$_3$＋H$^+$ ───→ Al(OH)$_2^-$＋H$_2$O

对碱的缓冲作用式　Al(OH)$_3$＋OH$^-$ ───→ H$_2$AlO$_3^-$＋H$_2$O

美国学者斯科费尔德研究发现，酸性土壤中的水化 Al^{3+} 对碱也具有明显的缓冲性能，其缓冲机理：2 Al(H$_2$O)$_6^{3+}$＋2OH$^-$ ───→ [Al$_2$(HO)$_2$(H$_2$O)$_8$]$^{4+}$＋4H$_2$O。

土壤中的弱酸强碱盐或强酸弱碱盐类物质也会表现出一定的缓冲性能。土壤中的有机-无机复合体、可溶性氨基酸、胡敏酸微粒本身就含有羟基和氨基等官能团，在酸或碱的作用下这些官能团就会发生相应地解离或转化，并表现出一定的缓冲性能。

土壤的缓冲性能为植物生活维持了比较稳定的环境，是影响土壤肥力的重要性质。但是任何土壤的缓冲性能都是有限的，过度地利用会导致土壤缓冲系统的彻底崩溃。如在西北欧、东北美、东南亚及中国西南、江南等酸雨多发地区，许多土壤对酸的缓冲性能已经退化，并已出现了不同程度的土壤酸化问题。

3.5.4 土壤的氧化-还原反应

母质风化、土壤形成发育的过程，进行着多种多样的物理、化学和生物学过程，其中氧化还原过程占有重要的地位。在矿物风化过程中，参与氧化还原反应的元素主要有氧、硫、铁、锰、磷、铬、镍、铜、钛等，在陆地表层的风化过程中它们均趋向以氧化态存在；而在生物参与的成土过程之中，上述元素再加碳、氢、氮、水及各种有机化合物等的参与，使得还原反应得以加强，从而构成在土壤形成发育过程中的氧化-还原反应的交替进行，它对土壤肥力的形成以及物质的迁移转化起着重要的作用。土壤 Eh 通称氧化还原电位，是氧化还原反应强度的指标。土壤中有许多氧化还原体系，如氧体系、铁体系、锰体系、氮体系、硫体系及有机体系等。在一定条件下，每种土壤都有其 Eh。Eh 的高低受氧体系的支配，即受土壤通气性好坏的控制，在通气良好时，土壤的 Eh 较高，呈氧化状态，而在嫌气或通气不良时，土壤 Eh 较低，还原作用较强。故土壤 Eh 又是反映土壤通气性状况的一个定量指标。

(1)土壤氧化-还原反应体系

土壤空气和土壤水中溶解氧、土壤有机质、矿物及其中可变价态元素，以及植物根系和土壤微生物均是参与和决定土壤中氧化还原反应的重要的物质基础。它们在作用过程中失去电子的物质(即电子给予体)为还原剂，而得到电子的物质(即电子接受体)为氧化剂，其反应模式为：

$$还原剂(Red)=氧化剂(Ox)+ne^-$$

例如：

$$Fe^{2+}=Fe^{3+}+e^-$$

氧化还原反应也遵守电量守恒定律，即在同一氧化还原体系中还原剂失去电子的数目必然等于氧化剂得到电子的数目，其定量可以用氧化还原当量即氧化剂和还原剂之间获得—失去电子的摩尔数来表示。在实际研究中常用氧化还原电位 Eh 来表示氧化还原反应的程度，根据奈斯特(Nernst)公式：

$$Eh=E_0+(RT/nF)\ln([Ox]/[Red]) \tag{3-24a}$$

简化式为：

$$Eh=E_0+(0.059/n)\log([Ox]/[Red]) \tag{3-24b}$$

式中：Eh 表示氧化还原电位；E_0 为体系的标准电位(即在 25 ℃ 1 个大气压条件下，氧化剂和还原剂离子浓度/活度均为 1 mol 时测得的 Eh)；[Ox]和[Red]分别为氧化剂和还原剂的浓度或活度；T 为体系的绝对温度；F 为法拉第常数(9 650 C)；R 为气体常数(8.313 J/K·mol)；n 为反应中转移的电子数。土壤中主要的氧化还原体系及其标准电位如表 3-9 所示。

表 3-9　土壤中主要的氧化还原反应体系

氧化还原反应体系	氧化态	还原态	$E_0(pH=0.0)$/V
氧体系	氧	H_2O	1.23
氢体系	氢	H_2	0.00
碳体系	CO_2	CO 或 C	−0.12
氮体系	NO_3^-	NO_2^- N_2O N_2 NH_3	0.94

氧化还原反应体系	氧化态	还原态	$E_0(pH=0.0)/V$
硫体系	SO_4^{2-}	SO_3^{2-}	0.17
	SO_3^{2-}	H_2S	0.61V
磷体系	PO_4^{3-}	PO_3^{3-}	−0.28
铁体系	Fe^{III}	Fe^{II}	−0.12
锰体系	Mn^{IV}	Mn^{II}	1.23
铜体系	Cu^{II}	Cu^{I}	0.17

（据常文保等，1983 年资料）

氧化还原体系的标准电位表示氧化剂或还原剂的强弱，E_0（正值）越大，其电对中氧化剂的氧化能力越强；E_0（负值）越小，其电对中还原剂的还原能力越强。如金属元素铂的标准电位越大，其稳定性越大，这种金属难以被氧化成金属离子，相反，标准电位较低的金属如铁、锌等易被氧化成金属离子。在自然环境中最强的还原剂为 Li，最强的氧化剂应是 F_2。

（2）影响土壤氧化还原状况的因素

影响土壤氧化还原状况的因素主要有：土壤通气状况、土壤有机质状况、土壤中可变价态物质的状况、植物根系和微生物活动状况。

土壤通气状况决定土壤与大气之间的气体交换，在通气良好时土壤空气中氧气分压较大，如一般旱地土壤的 Eh 多在 300 mV 以上，高者可达 700 mV 以上，此时土壤中的铁和锰多呈高价态，故土壤颜色为红、黄棕、褐等鲜亮的色调；当土壤通气状况不好时如水稻土，土壤的 Eh 多在 200 mV 以下，此时土壤中的铁和锰多呈低价态，而土壤呈灰白或灰色，且土壤中大量还原态物质也对作物生长发育有强烈的毒害或抑制作用。土壤中有机质丰富，微生物易发生生物化学氧化作用，会消耗土壤中的大量氧，导致土壤产生大量还原性物质，其氧化还原电位急剧下降。另外植物根系及根际微生物具有分泌特殊有机物的功能，会造成根际氧化还原状况的改变，如水稻根系的分泌氧功能能够使根际土壤的氧化还原电位高出外围土壤数十毫伏，从而为水稻的正常生长发育创造有利条件。在实际农业生产过程中，人们通过改良土壤质地构型、结构、排出土壤中多余水分、翻耙土壤以加强土壤的通气性，来改善并调节土壤氧化还原状况。

（3）土壤水气热体系

土壤水分、通气和热量状况之间关系密切，其中土壤含水量及其有效性是重要的决定因素，但同时许多土壤性状如土体构型、土壤结构、与质地相联系的土壤孔隙状况又是调节土壤本身水分运移及其有效性的关键，土壤水分运移模型如图 3-13 所示。土壤通气性，虽然亦受外界环境因素（气温、气压和风）的影响，但主要受土

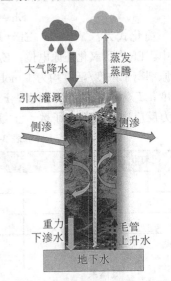

图 3-13 土壤系统的水分运移模型

壤本身通气系统的影响。特别地，土壤的总孔隙度和非毛管孔隙度与土壤通气好坏呈正相关。此外，土壤通气系统还受水分含量变化的影响，甚至是决定性的影响。在土壤的热量系统中起决定作用的是太阳辐射平衡和土壤热量平衡，但土壤本身的热量调节系统和热学性质亦起很重要的作用。因此，可通过改变土壤小气候的环境条件，以及土壤本身的物质组成、结构、土体构型和固、液、气三相的比例来调节土壤的热量系统。

【思考题】

1. 什么是土壤空气？试比较土壤空气与大气圈近地层空气的异同。

2. 简述土壤呼吸过程的机制，并指出土壤呼吸与生物呼吸的差异。

3. 简述土壤空气对农作物生长发育、土壤中物质转化的主要影响。

4. 简述土壤温度状况及其主要影响因素。

5. 分析土壤空气及其变化在全球温室效应中的主要作用。

6. 什么是土壤溶液？试分析土壤溶液的主要化学组成。

7. 简述土壤水分类型及重要水分常数的意义。

8. 分析土壤阳离子交换量和盐基饱和度对土壤供肥、保肥、稳肥、自净性能的主要影响。

9. 简述土壤氧化还原反应发生的原因及其意义，并讨论渍水过程的性质及其对土壤的重要性。

第4章　土壤形成过程与土体分异

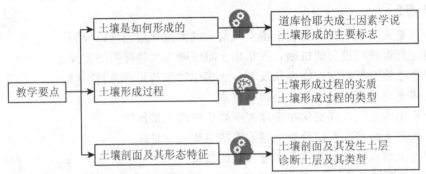

4.1　影响土壤形成的自然环境因素

4.1.1　道库恰耶夫成土因素学说

现代土壤地理学的奠基人和成土因素学说的创始人——俄国科学家道库恰耶夫(Vasiliy Vasilyevich Dokuchayev, 1846—1903 年)在广泛科学调查的基础上，将广阔地域的土壤研究与土壤周围的自然条件联系起来，创立了野外土壤调查与制图的方法，即土壤地理比较法。该研究法强调土壤调查要阐明土壤特性，以及土壤与成土环境之间的相互关系；土壤调查要以土壤剖面为实物依据，在一定地表断面上或系列小区内布设若干土壤剖面，以观测随着断面上成土因素的变化而产生的土壤特性变化。

道库恰耶夫(1881)指出："土壤总是有它自己本身的起源，始终是母岩、活的和死的有机体、气候、陆地年龄和地形综合作用的结果"，并创立了 $\Pi = f(K，O，\Gamma，Б)$ 的函数关系式，以表示土壤与成土因素之间的发生关系。式中 Π 表示土壤，K、O、Γ、$Б$ 分别表示气候、生物、母岩和时间，依此奠定了成土因素学说的理论基础。由于道库恰耶夫认为地形因素只对"隐域土"有重要意义，而上述关系主要阐述地带性土壤的发生关系，故未将地形因子列入。道库恰耶夫成土因素学说认为：土壤是一个独立的自然体，这样土壤作为独立的发生形成物终于从岩石中分化出来，成为现代土壤科学及土壤地理学的独特研究对象。19 世纪末期，成土因素学说的形成以及在西欧的传播，促使了农业地质土壤学与成土因素学说的结合，如德国土壤学家施特勒梅广泛吸收成土因素学说的理论，并将其与土壤学中的矿物-岩石观点结合起来，提出了以成土过程引起的母岩组成变化程度和特征为指标的土壤分类体系。从当今地球系统科学理论的角度来看，道库恰耶夫这种综合地研究土壤的观点仍然具有鲜明的科学意义和实践价值。

成土因素学说认为：所有的成土因素始终是同时地、不可分割地影响着土壤的发生和发育，它们同等重要地和不可替代地参与了土壤的形成过程。各个因素的"同等性"绝不意味着每一个因素始终处处都在同样地影响着土壤形成过程。但在所有因素固定而必然的作用下，其中每一个在土壤形成中所表现的特点或个别因素的相对作用则有本质上的差别。寻找在土壤形成过程中哪一个因素起着最重要的作用是无益的，因为对每一个单独因素来说都是同样的重要。成土因素学说还认为土壤是永远发展变化的，即随着成土因素的变化土壤在不断变化，有时进化有时退化以至消亡，这取决于成土因素的变化特征，随着时间与空间的不同，成土因素及其组合方式也会有所改变，故土壤也跟着不断地形成和变化。这样就肯定了土壤是一个动态的有生有灭的自然体。土壤系统包含复杂的、多种多样的物理过程、化学过程和生物学过程，这就使得土壤系统本身永远处于一个动态的平衡状态。

现代科学研究表明，土壤所处的环境千差万别，故土壤组成和性状也各有特点。作为研究土壤与环境、人类相互作用的学科，土壤发生学认为土壤处于岩石圈、水圈、大气圈、生物圈和智慧圈相互作用的交接地带，是连接地表各环境要素的枢纽，因此土壤与环境、人类活动之间具有十分密切的关系，可用复合函数关系式表示：

$$S = f(E; t)$$

式中：S 为聚合土体特征，即 $S = |s_{ij}|$；s_{ij} 为该聚合土体的第 i 个发生层的第 j 个性状；E 为成土环境状态即 $E = |e_{ij}|$，e_{ij} 为该环境中第 i 个要素（如气候、生物、母质、地形、人类活动等）的第 j 个性状；t 为成土年龄。

可见土壤以自身物质组成、特性和土层组合，形成了一面反映环境特征及其发展历史的独特镜子，这面镜子反映出环境条件现代和过去的变化。土壤与环境间的规律性联系，不仅能够预示特定环境中特定土壤的存在（土壤地理发生学），还能回溯过去的环境状态及其演变过程（土壤历史发生学）。土壤地理发生学和土壤历史发生学（土壤发生统一理论）的发展，对全球变化研究和土壤环境变化研究具有重要意义。亚阿隆（Yaalon，1971）深入研究了土壤动态变化的模式，他认为许多土壤发生学性状可以用土壤动力学系统稳定状态的概念来解释，当这个系统达到或已处于平衡状态时，土壤系统与成土环境之间的物质能量交换过程即土壤发育过程也处于动态平衡之中，这期间土壤发生学特性处于相对稳定状态；当成土环境的某个或某些因素发生变化后，土壤动力学系统将会发生响应的变化并逐渐地向另一个稳定状态进化，同时某些土壤发生学性状会被保持下来，特别是当土壤层被后来的沉积物埋藏之后一些土壤性状会被长期稳定地保存下来。

4.1.2 影响土壤组成及性状的气候因素

土壤与大气之间经常进行着水分和热量的交换，气候直接影响着土壤的水热状况，影响着土壤中矿物质、有机质的迁移转化过程，并决定着母岩风化与土壤形成过程的方向和强度。在气候要素中，气温和降水量对土壤的形成具有最普遍的意义。

土壤表面获得太阳短波辐射和大气逆辐射，这是土壤增温的重要热源；与此同时土壤表面时刻不停地以长波辐射、土壤水分蒸发以及土壤与大气的湍流交换而向近地大气层传送热能；只有小部分为生物所消耗，极小部分通过热传导进入土壤底部。可见土壤与近地大气层之间存在着频繁的热量交换过程，土壤温度状况与近地大气层温度状况存在直接的依赖关系，如图 4-1 所示。

气温及其变化对土壤矿物体的物理崩解，土壤有机物、无机物和人为污染物的化学反应速率变化具有明显的作用。气温及其变化对土壤水分的蒸散、矿物的溶解与沉淀、

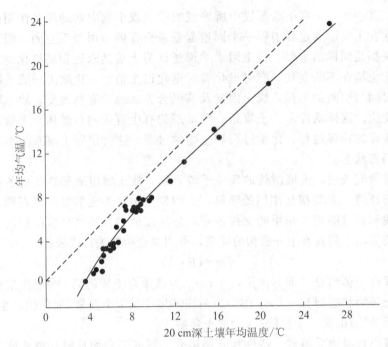

图 4-1 土壤温度与大气温度的相关分析图式

（据沃洛布耶夫，1958 年资料）

有机质的分解与腐殖质的合成都有重要的影响，从而制约土壤中元素迁移转化的能力和方式。温度的快速剧烈变化导致母岩中不同矿物晶体热胀冷缩的差异，并使它们彼此分离，另外温度在冰点附近频繁变化也会引起母岩裂隙中水-冰相互转化，冰劈作用加速母岩的崩解，使母岩转化为碎屑状成土母质。温度对土壤化学反应的影响可用凡特-霍夫（Van't-Hoff）法则予以说明，即化学反应体系的温度每升高 10 ℃，其化学反应速率将增加 2～3 倍。如珍妮等（Jenny et al.，1983）对热带雨林、暖温带草原和温带山地土壤中苜蓿碎屑物分解速率进行了实验模拟，结果表明在不同温度条件下，苜蓿分解速率差异巨大，尽管在热带雨林区高温高湿有抑制微生物活动的现象，其苜蓿分解速率还是明显高于其他地区，如图 4-2 所示。

E. 拉曼（1911）研究认为水的解离度在矿物风化及成土过程中具有重要的意义，水解离度又与温度密切相关，即在 0 ℃时，假定水相解离度 $J=1$，那么在 10 ℃时，$J=1.7$；18 ℃时，$J=2.4$；34 ℃时，$J=4.5$；50 ℃时，$J=8.0$。在研究成土过程时不仅要注意土壤的平均温度，还要注意风化期在一年中所占的时间，即成土过程处于冰点以上的时间。土壤矿物的风化与温度也密切相关，如在中国青藏高原及外围山地高寒区，土壤表层砾石质量分数在 10%、砂粒质量分数超过 50%，土壤矿物风化处于物理风化和脱盐基阶段，其土壤表层以原生矿物和易溶盐类为主；在华北平原及长江中下游地区，土壤表层中粉粒和黏粒质量分数在 40% 以上，其土壤矿物风化处于饱和硅铝阶段，土壤表层以蛭石、伊利石和高岭石为主；在中国华南中亚热带和南亚热带地区，土壤表层粉粒和黏粒质量分数超过 60%，土壤矿物风化处于脱硅富铝化即彻底分解的阶段，土壤表层以高岭石、三水铝石等为主。由此可见，从亚极地带、苔原带、寒温带、温带、亚热带至热

带，土壤矿物风化强度逐渐增强，其表现是风化层厚度在增加、风化产物也依次变化，如图 4-3 所示。

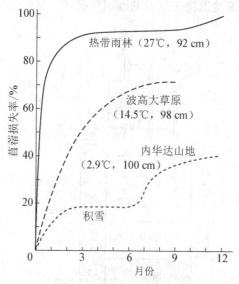

图 4-2　不同地带土壤中苜蓿碎屑分解速率的实验模拟

（据 Jenny，1983 年资料）

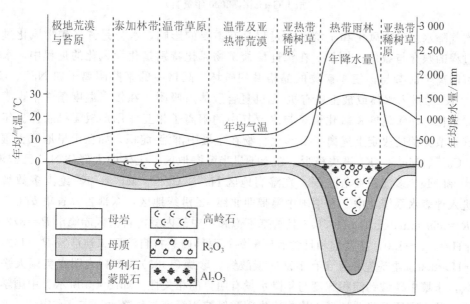

图 4-3　不同温度带地表风化壳分异规律图式

（据 J. Gerrard，2000 年资料）

对正地形表面的土壤而言，土壤水分的收入项是大气降水，其水分的支出项是土表蒸发与蒸腾，以及向地下水的补给，如图 4-4 所示。气候湿润状况决定着大气降水量、土表蒸发量及植物蒸腾量，因此，气候湿润状况是决定土壤水分状况的重要外部因子。按照美国土壤系统分类的标准，土壤水分状况划分为潮湿、湿润、干润、夏干、干旱5个基本类型，除了潮湿的土壤水分状况与负地形，特别是湿润气候区的负地形发生关系密切之外，其他的土壤水分状况均取决于气候的湿润状况。

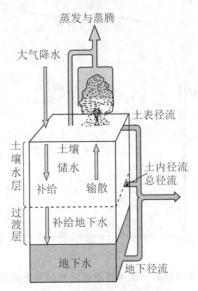

图 4-4　土壤水量平衡图式

（据 J. Gerrard，2000 年资料）

　　大气降水对矿物风化和土壤形成过程具有重要的影响，水分是许多矿物风化过程与成土过程的媒介与载体。例如，在铝硅酸盐矿物风化特别是化学风化的过程中，水及其中溶解阳离子的参与，使原矿物的晶格遭到破坏、晶格中的某些阴离子如 Na^+、Ca^{2+}、Mg^{2+}、K^+ 等进入水体或被土壤有机-无机复合胶体所吸附。在较高温度条件下，矿物表面的二氧化硅、氧化铁和氧化铝等与水及其中的阳离子相互作用形成无机胶体。年降水量及其季节分配还决定上述离子及其化合物在土壤中淋溶-淀积，如在干旱地区土壤中的 Na^+、Ca^{2+}、Mg^{2+}、K^+ 淋失极少，在半干旱半湿润地区，土体中大部分 Na^+ 已被淋失，而 Ca^{2+} 和 Mg^{2+} 多淀积在心土层，在湿润地区 Na^+、Ca^{2+}、Mg^{2+}、K^+ 绝大多数被淋出土体进入地表水系统之中。在中国中温带即北纬 42°沿线地区：东部吉林省集安市年均降水量 $R=589$ mm，土壤 pH$<$6.5 且盐基不饱和；中部内蒙古自治区赤峰市 $R=372$ mm，土壤 pH$=7.5\sim8.0$，盐基饱和且含有碳酸钙；西部内蒙古自治区二连浩特 $R=142$ mm，土壤 pH$>$8.0，盐基饱和且含有丰富的碳酸钙。珍妮（1983）的资料表明在美国大平原中部地区，土壤中碳酸钙淀积深度与年降水量有明显的相关性，如图 4-5 所示。中国学者研究指出在黄土高原及华北地区土壤中次生碳酸钙淀积深度与年降水量亦存在密切关系。

　　水分是生物体及其生理代谢过程的主要成分，植物根系吸收、体内传输以及生态系统食物链中各种营养元素的介质和载体均是水分，另外土壤水分状况还通过影响土壤通气状况来制约土壤有机质转化的强度与方向。一般情况下，土壤中有机质的累积过程强度随着区域降水量的增加而加强，但当降水量增加到一定程度时，土壤水分过量导致土壤通气状况变差，土壤有机质积累特别是腐殖化过程明显受到抑制，故土壤表层（0～

20 cm)有机碳质量分数与年均降水量之间是非线性的关系，如图 4-6 所示。

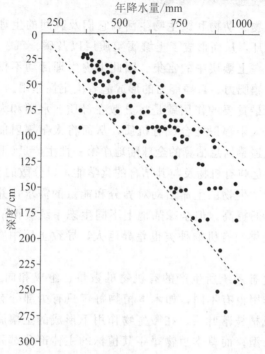

图 4-5　美国大平原中部地区土壤碳酸钙积深度与年降水量关系图

（据 Jenny，1983 年资料）

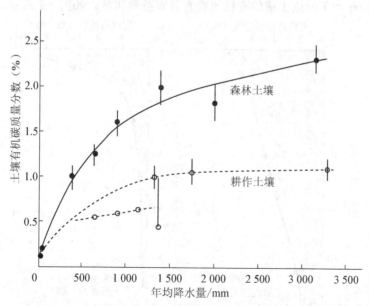

图 4-6　印度 24 ℃等温沿线区土壤表层有机碳质量分数与年降水量关系图

（据 Jenny，1983 年资料）

4.1.3　影响土壤组成及性状的生物因素

在土壤中有多种植物、动物和微生物生活，它们及其间的生理活动过程就构成了地表营养元素的生物小循环，从而形成了土壤腐殖质层以及碳、氧、氢、氮、磷、硫、钾、钙、镁及微量营养元素在土壤层中的富集。因此生物生理活动不仅对土壤物理化学性质具有重要影响，还对土壤肥力、自净能力的形成起着决定性作用。

植物在成土过程中最重要的作用就是将分散在母质、水圈和大气圈中的营养元素选择性地吸收起来，利用太阳辐射能合成有机质，从而将太阳辐射能转变为化学潜能并引入成土过程之中。根据遥感信息估算的全球陆地净第一性生产量（干物质）总计达 117.5×10^9 t/a，故每年有数十亿吨有机物及与其结合的化学能，以分散的有机残体的形式供给土壤，以满足土壤动物和微生物的生命活动对养分和能量的需求，并促使土壤腐殖质的合成、促进土壤肥力的不断提高。但全球陆地上不同生态系统类型的第一性生产量差异巨大，不同植被向土壤提供的有机物种类也差异巨大，导致土壤中腐殖质质量分数、理化特性不同。

由于不同类型的生态系统所生产的有机物的数量、组成和向土壤归还方式的不同，它们在成土过程中的作用也有不同，如木本植物每年只有少部分有机物以枯枝落叶方式归还于土壤表层，形成枯枝落叶层，在微生物作用下形成的土壤腐殖质随深度锐减，即土壤腐殖质的表聚分布型；而草本植物每年其植株的主体部分都死亡归还于土壤，其中以死亡根系为主，这些根系多集中在 0～30 cm 或 50 cm 的土体上部，这样在微生物的作用下形成的土壤腐殖质随深度逐渐递减，即土壤腐殖质的舌状分布型。中国东北地区在草本、木本植物作用下形成土壤的有机质垂直分布差异明显，如图 4-7 所示。

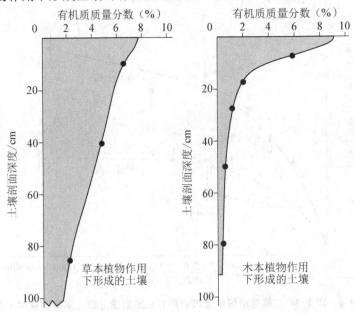

图 4-7　中国东北地区在草本、木本植物作用下形成土壤的有机质垂直分布比较

（据熊毅，1990 年资料）

植物将分散在母质、水圈和大气圈中的营养元素选择性地吸收起来，利用太阳辐射能合成有机质以建造植物体。而植物在新陈代谢过程中及死亡之后，植物躯体代谢产物和残体又归还土壤，在土壤微生物的作用下这些有机物中所包含的矿质营养元素得到释放，造成土壤中矿质营养元素的相对富集和土壤性状的改善。但是不同类型植物残体所含的矿质营养元素差异较大，一般在湿润地区的森林、草甸、针叶林植物的灰分质量分数较低，为 1.5%～2.5%；在湿润区的阔叶林，高山亚高山草甸，半干旱区草原、灌木及热带稀树草原植物的灰分质量分数中等，其值为 2.5%～5.0%；在极端干旱荒漠区的灌木、极地荒漠中的地衣以及热带滨海红树林植物的灰分质量分数较高，一般为 5.0%～15.0%；在半干旱半湿润区的盐生植物的灰分质量分数可高达 20.0%～50.0%，如表 4-1 所示。

表 4-1　常见植物灰分质量分数及其成分特征

类别	灰分(%)	灰分中氧化物质量分数顺序
针叶植物	3.0～7.0	$SiO_2 > CaO > P_2O_5 > MgO > K_2O$
阔叶植物	9.0～10.0	$CaO > K_2O \approx SiO_2 > MgO > P_2O_5 > Al_2O_3 \approx Na_2O$
针叶树干	1.0～2.0	$CaO > K_2O > P_2O_5 > MgO > SiO_2$
阔叶树干	1.0～2.0	$CaO > K_2O > P_2O_5 > Al_2O_3 > SiO_2$
草甸植物	2.0～4.0	$CaO > K_2O > SO_2 > P_2O_5 > MgO > SiO_2 > R_2O_3$
草甸草原植物	2.0～12.0	$SiO_2 > K_2O > CaO > SO_2 > P_2O_5 > MgO > R_2O_3$
干草原	12.0～20.0	$Na_2O \approx Cl \approx K_2O \approx CaO \approx SO_2 > SiO_2 > P_2O_5 > MgO$
半荒漠猪毛菜属	20.0～30.0	$Na_2O > Cl > SiO_2 > P_2O_5 > MgO$
荒漠肉质猪毛菜属	40.0～55.0	$Na_2O > Cl > SO_2 > SiO_2 > P_2O_5 > MgO$

（据 B. A. 柯夫达，1981 年资料改编）

　　动物特别是食草类动物，如蚯蚓、啮齿类动物、蚂蚁或其他昆虫等的生命活动对土壤形成发育也具有重要的意义。在成土过程中动物参与了土壤中有机质和能量的转化过程，动物通过生理活动吞食粗大的有机质，在动物体内消化之后的代谢物质再由微生物进行分解并合成土壤腐殖质。如啮齿类动物可以粉碎和混合土壤物质，促使土壤团粒结构的形成，并将土壤有机质挟带至较深的土层中。据调查，在温带和热带地区，每公顷土壤里生活的蚯蚓数目在 10^5～10^6 条，它们平均每年吞食 36 t 的土壤（干重）。大量的土壤通过蚯蚓体，其中的有机质可作为它们的食料，而某些矿物质成分也受到蚯蚓体研磨和消化酶的作用，使土壤中细菌数量，有机质质量分数，全氮质量分数，交换性钙、镁离子质量分数，有效态磷、钾质量分数，盐基饱和度等明显增高。这不仅加速了土壤中物质转化的速度、促进了有机质的积累、提高了养分的有效性，还改善了土壤结构、增加了土壤通透性、增强了土壤保水保肥的能力。

　　土壤微生物对成土过程的作用是多方面的，其过程非常复杂。微生物是地球上最古老的生命体，早在距今约 35 亿年前太古代细菌、蓝细菌就已在地球出现并繁衍，它们对地球环境的演化和土壤发生发育均起着重要的作用。微生物对成土过程的主要作用可以归结为以下几方面。①分解复杂有机质促使其矿质化及营养元素的释放，使养分投入地表生物地球化学循环过程之中。如土壤中的真菌在分解纤维素、淀粉、树胶、木质素和蛋白质等复杂有机物的过程中，能将较多部分的碳素和氮素转化为自身的机体，只释放较少量的 CO_2 和 NH_3。②合成土壤腐殖质。如实验观察表明，复杂有机物在微生物的作用下，其碳链的侧链变短、甲氧基消失、苯环被氧化酶分裂开，使得有机化合物更趋亲水。同时，氨基酸和蛋白质中的氮素被结合在上述有机物中，并聚合成深色的土壤腐殖质。③加速无机物的转化。如土壤中的豆科植物根瘤菌和其他自氧性固氮细菌，可以直接吸收大气和土壤空气中的氮气，合成含氮有机化合物以组建自身躯体，待它们死亡后再经腐解形成可供植物利用的氮素。另外土壤微生物还能加速土壤中碳酸钙的溶解淋溶及 Fe、Mn 转化速度。总之，陆地生物群落与土壤之间处于相互依赖、相互作用之中，这种依赖和作用从根本上改变了成土母质的组成与性状，使"死"的母质转变为"活"的土壤，并与生物构成陆地生态系统的核心部分——土壤生物系统，如图 4-8 所示。

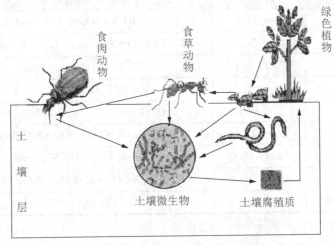

图 4-8 生物群落及其对成土过程的作用图式

4.1.4 影响土壤组成及性状的母质因素

人们通常把与土壤形成发育有关且保持原有产状或构造的岩石称为母岩（parent rock），将与土壤有直接发生联系的母岩风化残积物或堆积物称为成土母质（parent material）。母质是形成土壤的物质基础，在生物气候的作用下，成土母质表面逐渐转变成土壤。但母质在土壤形成过程中并不仅仅是被改造的材料，也有一定的积极作用，这种作用越是在土壤形成过程的初期越显著，某些土壤性状特别是年轻土壤的性状主要是继承母质的。成土母质的主要类型包括风力搬运风积物、火山喷发堆积物、基岩风化残积物、重力搬运崩积物与坡积物、水力搬运冲积物-洪积物-湖积物-海积物、冰水搬运沉积物、冰川搬运冰碛物、生物代谢堆积物、古文化层堆积物等。

成土母质对土壤形成发育和土壤特性的影响，是随着风化过程对成土过程施加的，可见母质对成土过程的影响属于钝性的。伯克兰（Birkeland，1984）强调母岩与母质影响的程度在成土过程初期阶段与干旱区最大。而随着时间因素的增加，其他成土因素（如气候、生物）的影响将超越母质的影响，如在自然界中可以发现，不同成土母质在其他因素

相同的条件下可以形成相同或相近的土壤。母质对成土过程的主要影响可归纳为以下 3 个方面。

首先，母质的机械组成直接影响到土壤的机械组成、矿物组成及其化学成分，从而影响土壤的物理化学特性，物质与能量的迁移转化过程。在华北山区某些花岗岩、片麻岩或正长岩分布区，由于这些岩石矿物组成复杂抗风化能力弱，常形成平缓的坡地和相对深厚的风化层，且风化层疏松通透性能好，有利于形成土层深厚、质地为壤质的肥沃土壤。而在某些石英砂岩、砾岩、片岩分布区，因岩性差异较大，风化产物为岩屑、岩块和砾石，再加上该地区岩石节理层理发育，保持水肥性能较差，对土壤形成发育不利，其形成的土壤土层薄、土壤质地粗骨性强。

其次，非均质母质对土壤形成和特性的影响较均质母质更为复杂，它不仅直接影响土体的机械组成和化学组成的不均一性，还造成地表水分运行状况与物质能量迁移不均一。如果成土母质质地属于上轻下黏型，就下行水来说，在两个不同质地土层的界面造成水分聚积和物质的堆积，如果土层界面具有一定的倾斜度，则在界面处则形成土内径流，从而形成物质淋溶作用较强的淋溶层；相反的，如果成土母质质地属于上黏下轻型，则大气降水不易向下渗透常形成较强的地表径流，导致土壤侵蚀的发生，当少部分下渗水流到达砂质层时，水分又往往下渗强烈不易保持在土体之中；含有黏土或砂土夹层的母质土体的水分运行就更为复杂了。非均一母质土体中水分运行的这种复杂性，就必然会影响土壤中物质的淋溶与淀积过程，从而影响土壤形成与发育方向。

最后，母岩种类、母质矿物与化学元素组成，不仅直接影响土壤的矿物、元素组成和物理化学特性，还对土壤形成发育的方向和速率发生重要的甚至是决定性的作用。也就是说，在极端的情况下，某些母岩和母质在很大程度上控制着土壤发育演变的方向和速率。例如灰化作用一般都发生在盐基贫乏的砂质结晶岩或酸性母质上。在中国境内成土母质(风化壳)可归结为以下 5 种主要类型和空间分布规律。①碎屑状成土母质，主要分布在青藏高原和其他高山地区。②富含易溶盐的成土母质，集中分布在新疆、甘肃、柴达木盆地、内蒙古西部等干旱地区。③富含碳酸盐的成土母质，多分布于华北及西北丘陵山区，与黄土、次生黄土、石灰岩、石灰质灰岩等碳酸盐类岩石分布区一致。④硅铝酸岩成土母质，主要分布在东北、华北的山区，这些成土母质中的易溶盐和碳酸盐已经基本淋失。⑤富铁铝成土母质，集中分布在华南广大地区，这类母质中可溶盐、碱金属和碱土金属元素比较缺乏，而富含铁铝氧化物，在少遭受侵蚀的情况下，这些成土母质一般质地细腻层次深厚。

在富含碳酸盐的母质上发育的土壤，因其盐基质量分数丰富从而保持较高的土壤 pH，以阻抑土壤中 Fe、Al 的迁移转化从而抑制灰化作用的进行。在热带、亚热带石灰岩上形成具有石灰性、中性和酸性的红色石灰土；在紫色砂页岩上形成紫色土；在火山沉降物火山灰上形成发育的土壤拥有它们自身特有的土纲，即火山灰土纲。即使在全球风化程度最深、成土时间最长的土壤如氧化土纲(砖红壤)，母质对土壤组成与物理化学特性仍有深刻的影响，如以花岗岩为代表的酸性岩与以玄武岩为代表的基性岩上形成的同类土壤比较，在花岗岩母岩上发育的土壤，其砂粒质量分数高而黏粒质量分数偏低，土壤交换性盐基质量分数较低、土壤次生黏土矿物以蛭石和石英相对较多；而玄武岩母岩上发育的土壤，其黏粒质量分数高而质地黏重，土壤交换性盐基质量分数较高、土壤次生黏土矿物以三水铝石相对较多，足见母岩和母质在土壤形成中的重要而突出的作用。

4.1.5 影响土壤组成及性状的地形因素

地形作为土壤形成发育的一个空间条件，地形因素与土壤之间并未有物质与能量的交换，地形对成土过程的影响是通过其他因素来实现的，即地形只是引起地表物质与能量的再分配过程，从而影响土壤形成发育的方向和过程强度；地形演变过程更是影响土壤发生发育的重要因素。毫无疑问地形与土壤之间相互作用的界面，是土壤发生过程的一个重要"地带"。地形的作用主要表现在大、中、小不同的地形及高度、坡向、坡长、位置和地形形态与地形演变对土壤发育的影响。

受地形坡度、形态和位置的综合作用，地形支配着地表径流、土内径流、排水情况，因而在不同的地形部位(上部、中部和较低处)有着不同的土壤水分状况类型。它不仅控制着近地表的土壤过程(侵蚀与堆积过程)，还影响着成土作用(如淋溶作用)的强度和土壤特性，以及成土过程的方向(自型土、半自型土)和土链(catenae)的形成与发育。地形影响地表水、热条件的再分配，进而也影响着地表物质组成和地球化学分异过程。一般来说，正地形是物质与能量的分散地，负地形是物质与能量的聚集地。这样就在正地形(高地)和负地形(低地)之间使土壤形成过程具有了共轭性，在中等地形范围内形成了发生上有相互联系的土壤组合系列。另外，由于地形高度、坡向(向阳坡、阴坡，以及迎风坡和背风坡)、坡度和位置等不同引起的地表接受的太阳辐射量、蒸发与蒸腾、大气水分与温度变化，导致土壤剖面中水热条件的垂直分异。从而影响土壤形成发育过程和土壤性状的垂直分异。地形发育对于土壤演变也造成了极为深刻的影响，由于地壳的上升和下降，或由于局部侵蚀基准面的变化，不仅影响土壤的侵蚀与堆积过程，还会引起地表年龄、水文状况及植物等的一系列变化，从而使土壤形成过程逐渐转向，使土壤类型依次发生演变。例如，从山前冲积扇到平原滨湖地带，由于不同地形区域的成土母质的差异，土壤的质地、化学元素组成均发生较大的变异。再如，随着河谷地形的演化，在不同地形部位上可构成水成土壤(河漫滩，潜水位较高)→半水成土壤(低阶地土壤仍受潜水的一定影响)→地带性土壤(高阶地，不受潜水影响)发生系列，随着河谷的继续发展，土壤也随之发生演替，假设河漫滩变为高阶地，土壤也相应地由水成土壤经半水成土壤演化为地带性土壤，如图4-9所示。地球表层系统中陆地地表形态分异的一般模式如图4-10所示。

总之，由于地形制约着地表物质和能量的再分配，地形的发育支配着土壤的演替，所以，在不同的地形形态上，就形成不同土壤类型。换句话说，在一定的气候范围内，在同一类型和同一年龄的地形形态上，则形成同一的土壤类型。

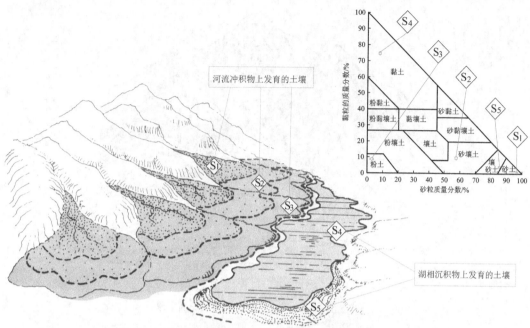

河流冲积物上发育的土壤

湖相沉积物上发育的土壤

图4-9 不同地形区域成土母质及其土壤质地变异示意图

4.1.6 影响土壤组成及性状的水文因素

在高寒地带或者温带季风气候区，气温变化常使地表母岩裂隙中及土壤孔隙中的水分在一日或者一年之内发生冻融现象，水分在冻结成冰的过程中其体积会膨胀9%左右，因而会对成土母岩裂隙壁施加巨大压力，使成土母岩破碎；当冰融化时，水分在重力作用下进一步渗入母岩内部，并再次被冻结成冰。这样不断地冻融交替使得成土母岩不断破碎分解形成具有较好通透性的成土母质。如果成土母岩富含易溶盐分，母岩裂隙中的水分会溶解大量盐分，一旦水分被蒸发，盐分便再次结晶，使体积增大，也会对母岩裂隙壁产生膨胀压力，促使母岩崩裂。

在高寒平原区，当矿物颗粒大小混杂的粗骨土壤层次饱含水分时，在土壤上部冻结的过程中，地表面和土壤层次中的砾石被抬起，在砾石底部出现孔隙的同时就会被尚未冻结的疏松土壤物质所填塞；在夏季融化时，地表面下陷，但砾石因底部空隙已被填充，不能再回到原来的位置。在水平方向上由于地表具有网状裂隙，且含水较多的细土常集中在裂隙网眼附近，所以在冻结时产生不均匀的膨胀挤压力，使砾石与细土在水平方向上发生分离。这样长期不断的冻融交替便形成细粒土集中在中心、粗砾在外缘的石环，从而使土壤发生发育过程在小空间尺度发生明显分异。

水分是自然环境中物质迁移转化的重要介质，以水分为介质或载体的物质迁移转化过程是土壤发生发育的重要内容。从土壤发生发育的共性来看，土壤形成过程可归结为3类不同过程。①物质消耗过程，包括溶解、分解与水解、淋溶等，其中成土母质及土壤中的易溶盐的消耗过程，在土壤剖面中的重新分配以及新矿物的形成均是以水分为介质的，而且水分也直接参与了上述许多物质转化过程。如夏威夷的土壤母质均为基性熔岩，所形成土壤中的黏土矿物，随着年降水量的增加，从出现大量蒙皂石到以高岭石为主，

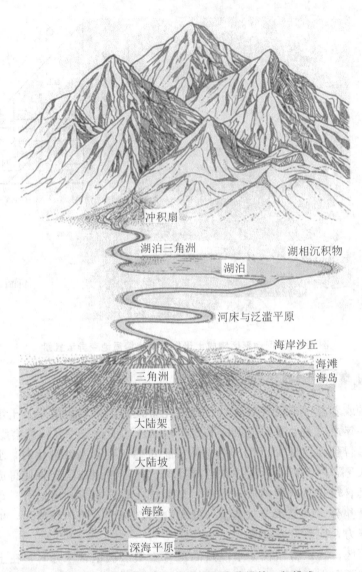

冲积扇

湖泊三角洲　　　　　　　　　　湖相沉积物

湖泊

河床与泛滥平原

海岸沙丘

三角洲　　　　　　　　　　　　海滩　海岛

大陆架

大陆坡

海隆

深海平原

图 4-10　地球表层系统中地表形态分异的一般模式

进而以三水铝石为主。这清楚地反映了水分在土壤矿物转化中的重要作用。②营养物质的循环过程，包括植物对土壤、地下水、母质和大气中营养元素的选择性吸收和积累、生物代谢产物被土壤微生物的分解与合成过程，水分不仅是生物营养的重要组成部分，还是其他营养元素循环的介质或者载体。③无机物质在土壤剖面中的迁移过程，包括物质分离与混合、淋移与淀积等，如土壤黏土矿物、碳酸盐在土体中淋移与淀积均以水分为介质在重力作用下进行，并形成了不同形态的土壤。水分具有液态、气态和固态相互转化的特点，使土体中易溶盐分的迁移过程复杂化。另外在水分运动驱动下的土壤物质剥离、迁移与淀积过程将在有关土壤侵蚀章节作进一步分析。

　　水文因素对成土过程的影响绝对不是单向的，地表水文过程与土壤形成过程总是相互作用、相互影响。例如，在中国东南沿海湿润地区，土壤及其成土母质因遭受强烈的淋溶过程，土壤中矿质元素大量流失，土壤呈现酸性或强酸性，同时其地表水中的矿质元素质量分数也很少，河水矿化度值低于 56 mg/L；而在中国西北干旱区，因干旱少雨土壤及成土母质未遭受明显的淋溶过程，故在土壤及其母质中有大量易溶盐积累，土壤呈现碱性甚至转变为盐碱土，同时其仅有的少量地表水中也富含易溶盐分，在荒漠区的下游河水的矿化度可在 1 000 mg/L 以上。

4.1.7　时间因素对土壤形成的影响

　　时间和空间是一切事物存在的基本形式。前述气候、生物、母质、水文和地形都是土壤形成发育的空间因素（或条件）。而时间作为一个重要的成土因素则是阐明土壤形成发展的历史动态过程。土壤是母质、气候、生物、水文和地形等综合因素的产物，其对土壤形成的综合作用的效果是随着时间的增长而加强的。不同年龄、不同发生历史的土壤，在其他因素相同条件下，也可能属于不同类型的土壤。

　　关于土壤形成的时间因素，威廉斯曾经提出土壤绝对年龄和相对年龄的概念。所谓土壤年龄即指土壤发生发育的时间长短。对具体的土壤而言，它的绝对年龄应该从该土壤在当地新风化层或新母质上开始发育的时刻算起。而土壤相对年龄则可由个体土壤发育的程度或发育阶段来确定，而不是由土壤发育的实际年龄来决定。最年轻的冲积土或发育在新鲜露头母岩上的土壤，其绝对年龄是用若干年来计算的。一些最古老的土壤，可能在古近纪和新近纪就已存在，它们的绝对年龄可达上千万年。不同地区、不同地形上发育的不同土壤，其形成发育的时间有很大差异。阿尔杜等（Arduino et al.，1986）对意大利北部土壤年龄进行了研究，发现发育较为典型的淋溶土的成土时间在 3 000～7 300 a；始成土形成年龄在 1 300～3 000 a；新成土年龄不足 1 300 a。布萨卡（Busacca，1997）对美国加州土壤年龄的研究表明：新成土的年龄小于 3 000 a；软土的年龄为 3 000～29 000 a；老成土的年龄可达 50 万～320 万 a，如图 4-11 所示。再如亚欧大陆受第四纪冰川影响的高纬度地区土壤发育年龄一般仅数千年；未受第四纪冰川侵袭中纬度地区的土壤年龄则较长；未受冰川影响的低纬度地区土壤年龄可达数十万年以至数百万年。

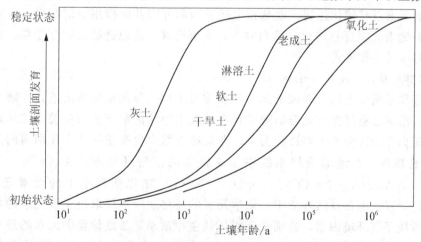

图 4-11　不同地带土壤剖面发育与成土年龄相关示意图

（据 Gerrard，2000 年资料）

土壤的相对年龄，即土壤的发育程度或发育阶段。可分为幼年、成熟与老年 3 个阶段，一般用土壤剖面分异程度加以确定，即从 A-C 型到 A-(B)-C 型到 A-B-C 型。土壤剖面中各发生层次明显和层次厚度较大的，说明土壤发育程度较高；反之，剖面分异不明显和厚度较薄的，则理解为土壤发育程度较低。总的来说，土壤的绝对年龄越大，相对年龄也越大。然而，由于不同类型或土壤形成速率不同，且土壤形成的空间因素经常有很大的变动，绝对年龄虽然相同，但土壤相对年龄会有很大变化。所以，只有把空间和时间因素结合起来研究，才能正确揭示土壤发生发展的本质，说明土壤类型性质和形态的多样性。

4.2 土壤与环境的相互作用——土壤形成过程

4.2.1 土壤形成过程的实质

(1)环境地球系统中物质迁移转化规律

环境地球系统中的物质永远处于运动状态，地表岩石风化过程和成土过程同属表生作用，这是环境地球系统中主要的物质运动过程之一，是岩石圈与大气圈、生物圈、水圈相互之间复杂的物理、化学和生物过程的综合。太阳辐射能是驱动表生作用的主要原动力，它决定着地表的温度及其时空分异，造成大气圈和水圈中的物质运动，决定着生物有机体的活动方式与强度，从而支配着地球表层系统中物质迁移与富集。

地球表层系统中化学元素迁移转化的内在因素是原子结构及其化合物的性质，如元素的迁移能力取决于其构成化合物的化学键类型、分子结构或晶体结构、负电性、离子价态与半径等地球化学参数。如果某个元素的主要化合物愈加稳定，该元素在地表的迁移能力就愈弱，反之迁移能力就愈强。如 TiO_2(金红石)是红色或黄色晶体，它既不溶解于水，也不溶解于稀酸溶液及稀碱溶液，故二氧化钛成为地表最为稳定的化合物之一。环境条件如气候条件、水文地质条件、土壤有机质质量分数、地表水系统的物质组成及其介质的 pH、Eh、电导率等也对地表元素迁移转化过程具有重要影响。与土壤形成发育密切相关的元素迁移转化过程，就是在上述内因和外因共同作用下的结果。可将与成土过程相关的地表元素迁移转化过程归并为：溶解迁移、还原迁移、配合迁移、悬浮迁移和生物迁移 5 种主要形式。

(2)溶解迁移(lixiviation transport)

溶解迁移是指地表风化壳或土体中的物质与水相互作用形成真溶液，并随水溶液迁移的过程。溶解迁移过程与化合物或矿物在地表水中的溶解度密切相关，其元素迁移方向主要受重力作用以向下淋溶迁移为主，在某些土壤中也有受毛管力作用而向上层表土聚积迁移的现象。在地球表层系统中常见盐类的溶解迁移顺序是 $CaCl_2 > MgCl_2 > NaCl > KCl > MgSO_4 > Na_2CO_3 > CaSO_4 > CaCO_3$。在化学理论上的元素迁移系列：钾＞钠＞钙＞镁；但在自然环境中，化学元素的迁移顺序不仅取决于该元素的物理化学性质，还取决于其环境因素，特别是有机体的生命活动，最终使化学元素的迁移序列表现为：钙＞钠＞镁＞钾，这是土壤地球化学中风化壳学说的核心。苏联学者波雷诺夫(1937)据火成岩和河流中溶解物的分析结果，列出一些土壤成分的相对活性序列：他

设定 Cl^- 活性为 100，则 $SO_4^{2-}=57$，$Ca^{2+}=3.0$，$Na^+=2.4$，$Mg^{2+}=1.30$，$K^+=1.25$，$SiO_2=0.20$，$Fe_2O_3=0.04$，$Al_2O_3=0.02$。土壤矿物中的这些成分一般是以上述次序被淋出土体。如中国南极长城站区土壤黏粒钙的质量分数与同土层粉粒钙的质量分数的平均比值为 0.185，可见在原生矿物被风化成次生矿物的过程中，原生矿物中 81.5% 的钙已经以溶解迁移方式被淋失。

波雷诺夫对地表元素的溶解迁移能力进行了综合研究，并提出了水迁移系数的概念，水迁移系数经过彼列尔曼修正后的计算公式为：

$$K_x = 100 \cdot M_x / a \cdot N_x \tag{4-1}$$

式中：K_x 为化学元素 X 的水迁移系数（无量纲）；M_x 为化学元素 X 在地表水中的质量浓度（mg/L）；a 为地表水中矿质残渣质量浓度（mg/L）；N_x 为元素 X 在岩石风化壳中的质量分数（%）。而后波雷诺夫对化学元素在地表的迁移能力进行了系统分析，提出了四个风化时期的概念，即第一时期，风化物丧失氯化物和硫化物；第二时期，风化物丧失碱金属和碱土金属盐基，这个时期又可细分为两个阶段，一是钙和钠被溶解淋失的阶段，二是镁、钾被溶解淋失的阶段；第三时期，是残积黏土时期（即硅铝化时期），风化物中二氧化硅开始大量淋失；第四时期，是富铝化时期，因盐基离子已经淋失殆尽，且二氧化硅也大量淋失，导致氧化铁、氧化铝大量聚积。并总结出地表化学元素迁移的 5 个系列，如表 4-2 所示。

表 4-2　地表化学元素及化合物迁移系列

元素迁移系列	迁移系列成分	迁移量等级指标
最易迁移的元素	氯、溴、碘、硫	$2n \times 10$
容易迁移的元素	钙、钠、镁、钾	n
可以移动的元素	SiO_2（硅酸盐）和磷、锰	$n \times 10^{-1}$
惰性（略可移动）的元素	铁、铝、钛	$n \times 10^{-2}$
几乎不移动的元素	SiO_2（石英）	$n \times 10^{-\infty}$

（据波雷诺夫，1948 年资料）

（3）还原迁移（reduction transport）

还原迁移是指在地表渍水的情况下，风化壳及土壤与大气之间的气体交换受阻，微生物活动又不断消耗地表水中的溶解氧而形成还原条件，致使某些可变价态元素被还原而随水迁移的形式。地表水分状况、有机质质量分数及其微生物活动均是影响氧化还原反应的重要因素，地表氧化还原状况一般用 Eh 来表示，如地表水体系的 $Eh=-500\ mV$ 为极端还原状况，$Eh=-200\ mV$ 为强还原状况，$Eh=100\ mV$ 为通气不良状况，$Eh=300\ mV$ 为中度氧化状况，$Eh=500\ mV$ 为强氧化状况。如在氧化条件下，即使对于土壤溶液的 pH=4～4.5 的强酸性土壤，其溶液中三价铁离子和四价锰离子的浓度也低到可以忽略不计。但在 $Eh<100\ mV$ 的还原条件下，土壤溶液中二价铁离子、二价锰离子的数量可以达到与盐基离子浓度同一数量级的程度，故铁、锰还原迁移也是地球表层系统中重要的物质迁移转化形式。在滞水的还原条件下，常见化学元素的迁移（包含溶解迁移和还原迁移）顺序：$Ca>Mn>Mg>Na>P>K>Fe>SiO_2>Al$。

（4）配合迁移（coordination transport）

配合迁移是指金属离子与电子给予体的离子或分子相互发生的配位键合反应，形成的配合物随水迁移的过程。如：金属离子与无机配位体（OH^-、Cl^-、CO_3^{2-}、HCO_3^-、F^-、S^{2-} 等）形成的络合物也称为络合物；金属离子与某些具有环状结构的有机配位体如氨基酸、腐殖质等形成的复杂配合物也称为螯合物，螯合物比简单的络合物具有更大的稳定性。在地球表层系统中至今还难以区分络合物与螯合物，所以常将它们合称为配合物。故配合迁移是地表特别是生物参与的成土过程中金属元素迁移的重要形式之一。

在地表母岩及其矿物风化过程中，氧化铁与氧化铝的溶解度是很低的，故它们在土壤剖面中的溶解迁移是可以忽略的。但在腐殖质、有机酸的参与下，氧化铁和氧化铝的移动性会大大增加，如在寒温带针叶林地带的灰土（灰化土）区，铁离子和铝离子可以与腐殖质发生配合反应，形成移动性较强的铁铝配合物而向心土层迁移，如图 4-12 所示。科学研究表明，许多重/类金属元素在天然水体中主要以腐殖质的配合物形式存在，Matson 等指出镉、铅和铜在北美洲五大湖水体中不存在游离态离子，而是以腐殖质配合物形式存在。矿物风化过程产生的重/类金属或人类活动排放的重/类金属，进入地表水体后与腐殖质所形成的配合物的稳定性，因水体腐殖质来源和组分不同而有差别。配合物在溶液中的稳定性是指配合物在溶液中离解成中心离子（原子）和配位体，当离解达到平衡时的离解程度，这是配合物特有的重要性质。因此，在土壤中的配合迁移过程中，由于配合物所处的介质性状会发生较大变化，被迁移的配合物最终都将成为不活动性或不溶性的配合物而淀积于土体下层。此外因季节性干湿变化，某些配合物老化而产生聚缩作用，在这种聚缩作用中配合物逐渐失去电荷，并导致金属阳离子与配合体的分离。

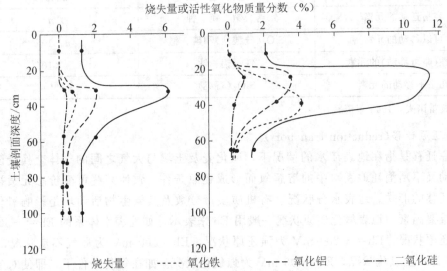

图 4-12　灰土（灰化土）剖面中烧失量和活性的铁、铝、硅氧化物质量分数分布图

（据于天仁等，1990 年资料）

（5）悬浮迁移（suspended transport）

悬浮迁移是指矿物风化或成土过程中形成的次生铝硅酸盐黏粒分散于水体中，所形成的悬浮液随渗漏水下移或侧流。由于次生铝硅酸盐黏粒表面一般带有负电荷，相互排斥，故易于分散而不易凝聚，而一般氧化物不易被悬浮迁移。在降水量丰富的地区，悬浮迁移的发展可造成土壤上层的"黏粒贫竭""粉砂化"。悬浮迁移与还原迁移、配合迁移不同，悬浮迁移主要是细黏粒的移动，还原迁移则主要是铁、锰的转化与移动，配合迁移则是一些金属元素与腐殖质的转化与移动。因此在悬浮迁移过程中由于黏粒的硅铁铝率比较固定，不会导致土壤剖面中黏粒硅铁铝率值的变化，如图 4-13 所示。土壤剖面中黏粒悬浮迁移过程受以下 3 个因素影响，一是土壤酸碱性；二是 Fe^{3+}、Al^{3+} 离子浓度；三是活性有机阴离子。如在石灰性土壤中由于钙离子对黏粒悬浮液的电性中和作用，黏粒被凝聚为稳定的微团聚体，故在石灰性土壤中一般不发生悬浮迁移；当经过土壤脱钙过程之后，土壤中的部分细黏粒可随水迁移，而大多数黏粒则受 Fe^{3+}、Ca^{2+} 离子的凝聚而难于迁移，它们常与 Fe^{3+} 结合形成褐色的黏土膜，从而构成了黏化层。观测研究表明土壤剖面中黏粒悬浮迁移的深度一般只能达到地表以下 100 cm 至 150 cm 处，这是因为土壤剖面下部常存在黏粒凝聚的条件，如脱水作用、电性中和，以及底土层空隙的孔径较小。因此黏粒悬浮迁移多发生于土壤发育的初期，以后随着土壤中黏粒的增加，黏粒迁移的深度也逐渐减小，直至迁移作用完全停止。

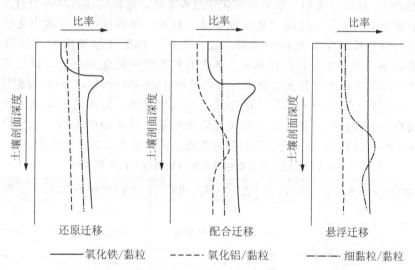

图 4-13 不同迁移方式所引起的土壤剖面物质分布示意图

（据于天仁等，1990 年资料）

（6）生物迁移（biological transport）

生物迁移是指化学元素被生物有机体吸收，不断向有机体集中并形成复杂有机化合物在地表迁移，以及有机物被微生物分解并重新返回地理环境的过程。在地球表层系统中植物利用太阳能，通过从无生命物质到有生命物质的连续循环传递化学元素。生物对化学元素及其化合物的吸收、分解、转化过程驱动着地球表层系统中的物质流和能量流，构成地表整体化学元素迁移的一个重要组成部分。生物迁移是地表（土壤、风化壳及地下水等）中化学元素向上运动的主要形式，如果说化学元素的溶解迁移、还原迁移、配合迁移和悬浮迁移过程主要是元素淋失分散过程的话，那么生物迁移则是地表化学元素的富集过程。

大多数生物的生理代谢过程，需要大约 20 种必需的且需要量较大的化学元素，另外需要有大约 10 种化学元素，虽然需要量很小，但对某些生物来说也是不可缺少的。前者被称为大量元素，后者被称为微量元素。生物体所必需的大量元素包括在生物体中质量分数超过 1.0% 的碳、氧、氢、氮、磷，也包括在生物体内质量分数在 0.2%～1.0% 的硫、氯、钾、钙、镁、铁、铜等元素；微量元素在生物体内质量分数一般不超过 250 mg/kg，而且并不是在所有生物体内都存在，包括铝、硼、溴、铬、钴、氟、镓、碘、锰、钼、硒、硅、锶、锡、锑、钒、锌等，它们在生命过程中也是不可缺少的。大量元素和微量元素共同参与的生物迁移对土壤形成发育具有重要影响。地球陆地表面每年约形成 550 亿 t 的植物有机体，其中 10% 转化为中间有机物、腐殖质和矿质盐类。据调查在森林草原地带，植物每年迁移的矿物质为每平方千米 50 t 左右，这些有机物和矿物质最终会归还于土壤表层，是微生物形成土壤腐殖质和土壤矿质养分的基础。

总之，岩石风化过程和土壤形成过程，在空间和时间上都是相互紧密联系在一起的。如果说在风化过程中起主导作用的是无机因素，其作用是化学元素的释放与分散；那么在土壤形成过程中则主要是生物因素，它同高等、低等植物、动物和微生物有机体的生命活动相联系，其作用是生物体所必需元素的活化、保持与富集（B. A. 柯夫达，1973；Gerrard，2000）。从风化壳和土壤形成的化学过程来看，地球陆地表层各个自然地带的风化壳及其上覆土壤之间发生过程的基本规律是一致的，即均经历了矿物中化学元素的活化及随之进行的物质转化和迁移的过程，成土过程中物质迁移转化的一般模式如图 4-14 所示。但因各个地带的水热条件不一，各个自然地带的风化和成土过程处于不同的阶段，形成了不同的风化产物及土壤物质。杰克逊等（Jackson et al.，1948）根据结晶化学的原理和对许多类型土壤的研究结果，阐述了不同风化及成土阶段的土壤或沉积物中黏粒部分矿物组成的变异规律，并提出了各风化阶段中稳定性矿物的系列，或称为风化阶段系列。表 4-3 中列举了 13 个风化系列的稳定性指示矿物及相关的土壤类型。

表 4-3　土壤和沉积物中黏粒部分矿物组成的风化序列

风化序列	黏粒中稳定性矿物	土壤矿物类型	风化速率	土壤所处风化阶段	土壤类型举例
1	石膏	大量原生矿物	存在	非风化层	棕色荒漠土
2	石灰石		可溶盐	次生沉积层	灰色荒漠土
3	橄榄石			幼年土	灰钙土
4	黑云母		易于	风化度	—
5	钠长石		风化	低的土	栗钙土
6	石英			层中大量存在	—
7	伊利石	大量次生矿物	风	正常土壤	—
8	水云母		化	中黏粒	灰化土
9	蒙脱石		缓	矿物的	棕壤
10	高岭石		慢	主要组分	—
11	三水铝石			砖红壤等	赤红壤
12	赤铁矿		风化	老年土中	砖红壤
13	锐铁矿		极缓	大量存在	—

注：—为无数据（据 Jackson et al.，1948 年资料）。

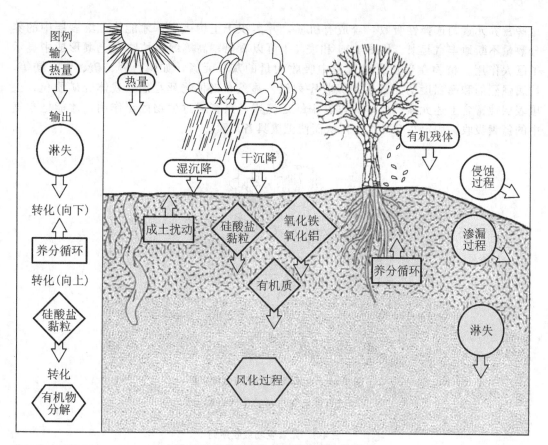

图 4-14 成土过程中物质迁移转化图式

（据 Gerrard，2000 年资料）

4.2.2 土壤形成过程

　　土壤的本质特征是具有肥力和自净能力。因而，从土壤发生学的理论和总体上看，土壤的形成过程实质上是生物积累过程和地球化学过程的对立和统一。母质与生物之间的物质交换，规定和影响着土壤中的有机质累积的强度和性质；成土母质与气候因素（水分、热量）之间的交换，决定了土壤地球化学过程的进程。它们在土壤中的对立与统一，便构成了推动土壤发生和发展的基本矛盾。土壤形成有两个重要标志：一是含腐殖质的结构层的出现；二是土体中的有机-无机复合体的形成。正是这两个特征的出现，才决定了土壤具有活力的机能-土壤肥力。因此，可以认为，在土壤形成过程的总体中，由母质与生物之间的物质交换所引起的土壤有机质累积乃是上述基本矛盾的主导方面。

　　成土母质与气候因素之间的物质与能量交换过程的结果，使坚硬块状的母岩转变为初具营养条件、疏松多孔的成土母质。成土母质中的矿质黏粒，已具有胶体行为，对分散于母质中的无机营养元素也有一定的吸收保蓄作用，但这种吸收保蓄作用是非选择性的和暂时性的。被吸收的营养元素可能再被淋失，无机黏粒的吸收作用，并不能将分散的营养元素集中到土壤表层，使养分丰富起来。只有通过植物，特别是高等绿色植物对这些营养元素的选择性吸收，合成有机质，并累积于土壤表层，才能使土壤表层中的养分数量不断地丰富起来。从图 4-15 和表 4-4 可以看出，高等绿色植物在土壤形成中显示了巨大作用。植物在生长发育过程中吸收大量的灰分元素，如磷、钾、硫、钙、镁等，均属强烈的和高强度的元素生物吸收序列级。显然，当植物死亡后，残体经矿质化，土壤表层便富含上述元素。此外，母岩中缺乏氮素，只有通过生物固定作用，才能把空气中的氮素吸收并固定在有机质中，从而使土壤具备氮素。

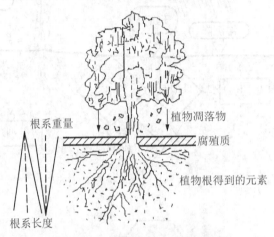

图 4-15　土壤表层元素的生物累积

（据 A. H. 彼列日曼，1975 年资料）

表 4-4　元素生物吸收序列

元素的特性	生物吸收	生物吸收系数					
		$100 \times n$	$10 \times n$	n	$0.n$	$0.0n$	$0.00n$
生物聚积的元素	强烈的	磷、硫、氯					
	强度的		钙、钾、镁、钠、锶、硼、锌、砷、钼、氟				
生物摄取的元素	中度的			硅、铁、钡、锎、铁、锗、镍、钴、锂、钇、铯、镭、硒、汞			
生物摄取的元素	微度的				铝、钛、钒、铬、铅、锡、铀		
	极微的						钪、锆、铌、钽、钌、锗、钯、锇、铱、铂、铪、钨

（据 A. H. 彼列日曼，1975 年资料）

　　土壤微生物在分解有机残体的同时，产生腐殖质，并与无机黏粒相结合，在土壤中便出现了有机-无机复合体。有机-无机复合体，除自身具有类似生物胶体的功能，即能够随温度变化进行有规律的养分吸收或释放，保证植物营养的要求外，还具有胶结作用，使土壤形成团粒结构，从而改善土壤中的水、肥、气、热状况。由此可见，物质（能

量)的生物迁移、转化,也是有机质的累积过程,是土壤及其肥力得以发生发展的主导过程。当然,土壤有机质的形成累积过程,是依赖并建立在母质和土壤元素的地球化学过程基础上的,但两者的总方向又是相反的。自从地球上出现生物,土壤的有机质累积和地球化学两个基本过程就同时并存,相互联系,并以不同的强度相互作用着。它们的对立统一状况,在很大程度上决定土体内部的物质能量迁移与转化状况,规定着土壤组成和性状,特别是它的肥力状况。这总体上可用图4-16予以说明。其中,成土母质与生物之间的物质和能量交换是这一过程总体的主导过程;母质与气候之间辐射能和水分之间的交换是这一过程总体的基本动力;成土因素与土体之间以及土体内部物质和能量的迁移、转化则是土壤形成过程的实在内容。

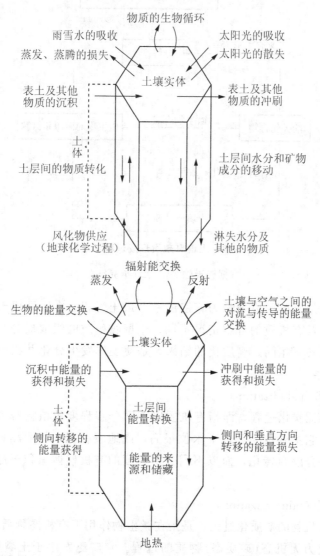

注:土层间能量转换包括:1. 传导,2. 对流,3. 凝结,4. 蒸发,5. 渗透,6. 土壤不饱和水的流动;能量的来源和储藏包括:1. 矿物质的转化,2. 有机质的转化,3. 生物活动,4. 阻力,5. 干与湿,6. 冻与融。

图 4-16 土壤能量转换示意图

4.2.3 土壤有机物质合成、分解与转化过程

(1) 腐殖质化过程(humification)

土壤形成中的腐殖质化过程，是指各种动植物残体在微生物作用下，通过一系列的生物和化学作用变为腐殖质，并且这些腐殖质能够在土体表层积累的过程。它包括两过程，一是动植物和微生物细胞内部的各种高分子和低分子成分，以及它们代谢产物的分解过程；二是土壤微生物利用上述代谢产物合成腐殖质的过程，如图4-17所示。

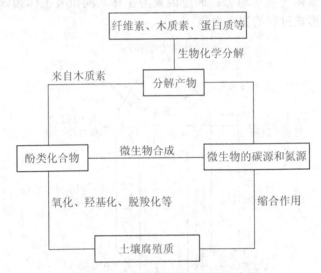

图 4-17 土壤腐殖质形成过程示意图

(据于天仁等，1990 年资料)

腐殖质化过程是土壤形成中最为普遍的一个成土过程。在不同成土环境之中，因植被类型、覆盖度以及有机质的分解情况不同，土壤腐殖质的组成成分、性状及其在土壤剖面中的分布状况各不相同。腐质化的结果，是使土体发生分化并在土体上部形成一暗色的腐殖质层(A 层)。

(2) 泥炭化过程(paludization)

土壤形成中的泥炭化过程，即指有机质以不同分解程度的植物残体形式在土壤上层不断累积的过程。它主要发生于地下水位很高，或地表有积水的沼泽地段，湿生植物因厌氧环境不能彻底分解与转化，而以不同分解程度的有机残体累积于地表，形成一个泥炭层(有机层 H)。

(3) 矿质化过程(mineralization)

土壤形成中有机物的矿质化过程，是指在微生物作用下有机态物质及其中的碳、氮、磷、硫等元素转变为无机态(矿质态)物质的过程。它广泛发生于土壤好氧环境条件下，是与有机质累积过程作用相反的土壤形成过程，也是土壤持续发展、营养元素物质循环与再利用不可缺少的一环。

4.2.4 土壤矿物迁移与转化过程

以土壤矿物体的物质迁移与转化为特征的土壤形成作用是成土过程的主体，是影响土体分异、剖面构型和土壤类型多样化的主要因素。其主要类型包括：在土壤中比较普遍存在的形成作用，如淋溶作用、淀积作用；具有一定专属性的形成作用，如灰化作用、富铝化作用；以土壤矿物质转化为主要特征的过程，如铁铝化作用；土体中矿物的分解与迁移为主要特征的形成作用，如脱盐基作用、脱硅作用；土壤中以可溶盐类的迁移与聚积为特征的形成作用，如盐化与脱盐化作用、碱化与脱碱化作用、钙化作用。但土壤的形成过程一般不是单一的，更多的是紧密相连的，如迁移与转化、淋溶与淀积两种形成作用的复合过程，以及黏化作用。

（1）淋滤作用（eluviation）

土壤的淋滤作用，指土壤物质随水流由上部土层向下部位或侧向移动的过程，亦称淋溶作用。它是土壤中比较普遍存在的过程，由于淋滤作用而使上部土层某些物质不断减少而产生的土层，称淋溶层（A2 或 E）。淋滤作用按其迁移方式，可细分为：①以易溶性盐类、有机和无机物质随溶液向下移动的作用，称为淋溶作用（soluviation）；②以可溶性络合物或螯合物向下移动的作用，称为螯合淋溶作用（cheluviation）；③易溶性物质从土体层洗出而淋失的作用，称为淋洗作用（leaching）。

（2）淀积作用（illuviation）

土壤形成中的淀积作用，指土壤中物质的移动并在土壤某部位相对集聚的过程。淀积过程形成的土层，称淀积层（B），也是土壤中比较普遍存在的过程。因移动机制不同，其移动方向和淀积层一般位于淋溶层的下部，如碳酸盐与石膏的淀积；黏粒淀积、腐殖质淀积、灰化淀积和碱化淀积；铁锰氧化物因氧化还原作用而产生移动与淀积过程，该过程因土壤氧化还原条件状况变化，可随水向下、向上或倒向移动和淀积；可溶性盐类则随土壤毛管水主要向土壤表层聚积，亦可随下行水和侧向水流移动、聚积。

（3）灰化过程（podzolization）

土壤形成的灰化过程，是指在土体表层（特别是亚表层）SiO_2 残留，R_2O_3 及腐殖质淋溶、淀积的过程。灰化过程主要发生在寒湿、郁闭的针叶林植被下，由于有机酸（主要是富里酸）溶液下渗，上部土体中的碱金属和碱土金属淋失，土壤矿物中的硅铝铁发生分离，铁铝胶体遭到淋失，并淀积于下部，而二氧化硅则残留在土体上部，从而在表层形成一个灰白色淋溶层次，称灰化层（A2 或 E 层），在土壤剖面下部形成一褐色或红褐色灰化、淋移、淋溶与淀积层（Blr、Bir、Bhir）。

（4）黏化过程（clayification）

土壤形成中的黏化过程，是指土体中黏土矿物的生成和聚积过程，尤其在温带和暖温带的生物气候条件下，一般在土体内部（20～50 cm）发生较强烈的原生矿物分解和黏土矿物的形成，或表层黏粒向下机械地淋溶和淀积。因此，一般在土体心部黏粒有明显聚集，形成一个相对较黏重的层次，称为黏化层（Bt）。

（5）富铝化过程（alitization）

土壤中的富铝化过程，即在土体中脱硅、富铝铁氧化物的过程。在热带、亚热带高

温多雨并有一定干湿季节的条件下，由于土壤矿物被高度风化，硅酸盐发生了强烈的水解，释出盐基物质，使风化液呈中性或碱性环境，使盐基离子和硅酸大量淋失，而铝、铁和锰等元素却在碱性风化液中发生沉积，滞留于原来的土层中，造成铝、铁（锰）氧化物在土体中残留或富集，而使土体呈鲜红色，由富铝化过程形成的土层称为铁铝层（Bs）。

（6）钙化过程（calcification）和脱钙过程（decalcification）

土壤形成中的钙化过程，主要是指碳酸盐在土体中淋溶、淀积的过程。在半干旱气候或者半湿润季风气候条件下，土壤剖面上部遭受季节性淋溶作用，这样，矿物风化过程中释放出的易溶性盐类大部分被淋失，硅铁铝等氧化物在土体中基本上不发生移动，而相对活跃的元素钙（镁）的碳酸盐则在土体中发生淋溶、淀积，并在土体的中、下层形成一个碳酸钙和碳酸镁相对富集的钙积层（Bck）。在干旱或者极端干旱地区，因缺乏淋溶过程难以使土壤剖面中的碳酸钙向下层淋移，故钙化过程较弱；而湿润气候条件下，强烈的淋溶过程使得碳酸钙难以在土壤剖面中、下层淀积，故无钙化过程。

脱钙作用，系指碳酸钙从一个或更多的土层中被溶解淋失的过程。是与钙化相反的过程，多发生于淋溶作用较强、气候相对湿润或者气候变化趋于湿润的地区。

（7）盐化过程（salinization）和脱盐化过程（desalinization）

盐化过程是指土体易溶性盐类随水向表层移动与聚积过程。除滨海地区外，盐化过程多发生于干旱或半干旱地区。地下水和成土母质中的易溶性盐类，在干旱条件下，使盐分随水分向土体表层集聚，形成盐化层（Az）。

脱盐化作用，即盐化土或盐土中的易溶性盐类被大气降水或灌溉水溶解，随土壤下渗水流淋出土体的过程。它可以是季节性的，或是持续性脱盐过程。

（8）碱化过程（solonization）和脱碱化过程（solodization）

碱化过程是指土壤中强碱弱酸盐碳酸钠或者碳酸氢钠相对富集，导致土壤溶液中的 Na^+ 进入土壤胶体交换出一定量 Ca^{2+}、Mg^{2+} 和 NH_4^+ 等，使土壤呈强碱性反应，并形成了土壤物理性质恶化的碱化层（Btn）的过程。碱化过程往往与脱盐化过程相伴发生。

脱碱化作用，指碱土在淋盐、水解作用下导致吸附性 Na^+ 被交换，硅酸盐矿物被破坏，二氧化硅粉末在上层聚集过程。

（9）潜育化过程（gleyization）

土壤形成中的潜育化过程，即指在土体水饱和的强烈厌氧条件下发生的还原过程。在整个土体或土体下层，因长期被水浸润，空气缺乏，几乎完全处于闭气状态，Eh 一般低于 250 mV，有的甚至为负值。有机质在分解过程中产生较多的还原性物质，高价态铁锰转化为低价态铁锰，从而形成一个颜色呈蓝灰或者青灰的还原层次，称为潜育层（G）。

（10）潴育化过程（redoxing）

土壤形成中的潴育化过程，即指土壤形成中的氧化还原过程，有的称假潜育化作用（pseudogleyization）。主要发生在直接受到地下水周期性浸润的土层中。由于地下水在雨季升高，旱季下降，该土层干湿交替，引起铁、锰化合物发生移动或局部沉淀，形成一显有锈纹、锈斑以及含有铁锰结核的土层，称为潴育层（Bg）。

（11）白浆化过程（albicbleaching）

土壤形成中的白浆化过程，是指表土层由于土壤上层滞水而发生的潜育漂洗过程。白浆化过程多发生在较冷凉的湿润地区，由于某些原因（如质地黏重、冻层顶托等），大

气降水或融冻水常阻滞于表土层，从而引起铁、锰氧化物被还原为可溶性低价态铁锰离子。当水分过多时，一部分低价态铁、锰离子以侧渗方式流出土表之外，另一部分则于干季在土层中聚积形成铁、锰结核，导致土壤表层中有色矿物如氧化铁、氧化锰逐渐减少，该土层逐渐脱色形成一白色土层，称为白浆层(E)。

4.2.5 土壤熟化过程（anthropogenic mellowing of soil）

土壤的熟化过程，即人为培养土壤的过程。通过耕作、灌溉、施肥和改良等方法，在土壤上部形成人为表层或称耕作层(Ap)，并不断改变原有土壤的某些过程和性状，使土壤向有利于作物高产方向发育。土壤的熟化一般可分为以下 3 个阶段。①改造不利的自然成土因素阶段，如果自然土壤具有潜育化、灰化、白浆化、富铝化、盐渍化、侵蚀等过程以及不良的土壤性状，那么在开垦熟化初期阶段，人们通过改造成土条件、兴建农田水利工程、农田建设和化学措施，以调整和改变其不利的成土过程和土壤性状。②培肥熟化土壤阶段，在消除了土壤障碍因素以后，土壤熟化过程便由改造阶段进入培肥阶段，即增施有机肥、增加土壤通透性，将自然表土层培育成肥沃耕作层的阶段。③高肥阶段，使土壤具有深厚肥沃的耕作层、良好的剖面构型，能协调水、热、气、肥的矛盾关系，使肥力稳长，保证高产稳产。根据熟化过程中人为调节土壤的水分状况，可以将土壤熟化过程划分为水耕熟化作用和旱耕熟化作用。

（1）水耕熟化过程(hydraulic tillage maturation process)

水耕熟化过程是在种植水稻或水旱轮作交替条件下的土壤熟化过程。其主要特点是：①土壤表层氧化还原作用交替进行，水稻淹水时是滞水水分状况，土壤上部以还原作用为主，旱作排水时，氧化作用占优势，形成灰色糊泥化的水耕表层(Ap1)；同时，耕作以及水耕土壤表层物质随灌溉水向下渗透过程中会发生机械性、溶解性、还原性和络合性等一系列淋溶作用，在水耕表层下部沉淀形成犁底层(Ap2)；②表层有机质积累和矿质化交替进行，但以有机质积累过程占优势。③泥垫熟化过程，包括堆垫和培肥两个过程，同时土壤还具有潜化作用。处于亚热带地区的长江三角洲、珠江三角洲等热性温度状况和潮湿土壤水分条件下，成土母质多是三角洲或江湖沉积物，水耕泥垫熟化过程以种植水稻为主，故其形成的水耕土(水稻土)也不同于一般旱地耕作土泥垫表层。

（2）旱耕熟化过程(dry tillage maturation process)

旱耕熟化过程是指在长期种植旱作农作物促使土壤熟化的过程。中国中原地区已经有数千年的人为旱耕熟化的历史。根据旱耕熟化过程中人们采取的措施及其对土壤的影响，可以将旱耕熟化过程细分为：①灌淤熟化过程，是指在人为控制下，长期交替进行灌溉淤积、淋溶和耕种培肥过程，从而形成一定厚度质地疏松、养分丰富的灌淤表层。②土垫熟化过程，是指在人们旱耕过程中，将黄土与人粪尿、家畜粪便、杂草或者草木灰相互混合进行沤肥，之后再将这些沤肥施加在旱地土壤表层，这样年复一年就逐渐形成了土壤性状良好、肥力水平较高的土垫表层。这种土垫表层具有复钙、双重淋溶和土垫培肥等作用。如陕西关中原区数千年的土垫熟化过程形成的塿土，其表层就有厚度超过 50 cm 的土垫层，土垫熟化过程中土壤发育阶段序列如图 4-18 所示。席承翻(1986)研究指出中国华北南部和西北东部地区分布的深厚土垫层，不仅是人们长期施加堆肥的结果，还是历史时期沙尘暴所携带的风尘沉积作用的结果。③肥熟化过程，是

在耕作熟化土壤基础上，因长期栽种蔬菜，持续大量施用有机肥形成深厚腐殖质而富含磷素的肥熟表层过程。

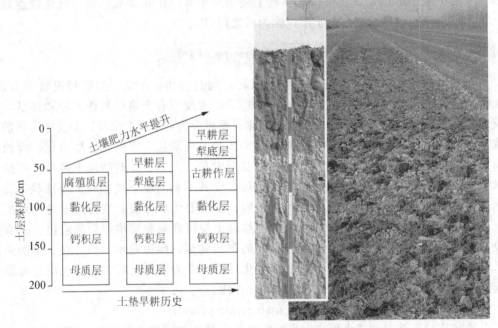

图 4-18　陕西关中平原北部人为土垫旱耕过程示意图

4.3　土壤剖面及其土层形态特征

4.3.1　土壤剖面形态特征

　　土壤剖面，即地表至母质（母岩）的土壤垂直断面，包括整个土体和母质层（母岩层）在内。土壤剖面形态特征是由发生上有内在联系的不同土层垂直序列组合构成的，简称土壤剖面构型。它清楚地显示了土壤发生过程和土壤类型的特征。土体构型与土壤剖面构型相当，但前者不包括"非土壤"的母质层和母岩层。土壤剖面构型及其所可能包含的土壤发生层组合的基本图式可由图 4-19 予以综合说明。土壤发生层是指由成土作用形成的平行于地表具有发生学特征的土层，简称土层。1881 年达尔文在研究蚯蚓对土壤中矿物风化、腐殖质形成的影响的过程中，首先使用 A-B-C-D 来表示土壤的不同层次。随后俄国土壤学家道库恰耶夫将把土壤剖面分为 3 个发生层：A 层即腐殖质聚积表层；B 层即过渡层；C 层即母质层。1967 年国际土壤学会建立了土壤发生层划分方案，1998 年中国《土壤学名词》划分出了基本发生层（O 层即有机层、A 层即腐殖质层、E 层即淋溶层、B 层即淀积层、C 层即母质层、R 层即母岩）。

　　表土层一般都出现在土体的表层，包括有机质层和矿物质风积层。前者是土壤的重要发生学层次，依据有机质的聚集状态可分出腐殖质层、泥炭层和凋落物层，参考传统的土层代号和国际土壤学会（以下简称国际的）拟定和讨论的土层名称，将上述 3 个有机质层分别用字母 A、H、O 表示；后者多出现在干旱区由风力搬运堆积的砂质或壤质矿物质

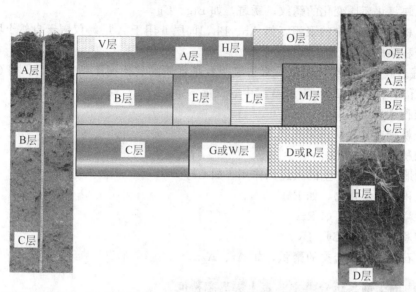

注：A层-腐殖质层；O层-枯枝落叶层；V层-矿物质风积层；H层-有机层；B层-淀积层；E层-淋溶层；L层-湖泊堆积物；M层-人为扰动添加物层；C层-母质层；D或R层-母岩层；G或W-潜育层。

图4-19　土壤剖面中基本土层的概念化构型示意图

组成，常用V表示。

心土层包括淋溶层和淀积层，淋溶层是由于淋溶作用使得物质迁移和损失的土层（如灰化层、白浆层）。传统的代号为A2，国际的为字母E，本教材采用E。在正常情况下，E层区别于A层的主要标志为前者有机质质量分数较低，色泽较淡；淀积层是有机物质积累的层次，该层次往往和淋溶层对立存在，即上部为淋溶层，下部为淀积层。淀积层的代号以字母B表示，但因淀积的土壤物质成分不同，常需用词尾（小写字母）加以限制，指明淀积层具体淀积的土壤物质。如果淀积的是腐殖质用Bh表示，如果淀积的是氧化铁类物质用Bs表示，如果淀积的是氧化铁、氧化锰构成的锈纹、锈斑则用Bg表示，如果淀积的是碳酸钙类物质用Bk表示，如果淀积的是黏土矿物则用Bt表示等。

底土层包括母质层、母岩层和潜育层，严格地讲，它们不属于土壤发生层，因为它们的特性并非由土壤形成所产生。但它是土壤形成发育的原始物质基础，对土壤发生过程具有重要的影响。因此，它也是土壤发生发展过程中不可分割的组成部分，故也应作为一个土壤剖面的重要成分列出。较疏松的母质层用C表示，坚硬的母岩层以D或R表示，受地下水浸润的层次常用G或W表示。

兼有两种主要的发生层特性的土层，称为过渡层。其代号用两个大写字母联合表示，如AE、EB、BA等，第一个字母标志占优势的主要土层。此外，为了使主要土层名称更为确切，可在大写字母之后附加组合小写字母。词尾字母的组合是反映同一主要土层内同时发生的特性（Anz、Btg）。但一般不应超过两个词尾。适用于主要土层的常用词尾字母，附录如下。

b：埋藏或重叠土层，如Btb。

c：结核状聚积，此词尾常与其他表明结核化学性质的词尾结合应用，如Bck、Ccs。

g：反映氧化还原变化的锈纹、锈斑，如 Btg、Cg。

h：有机质在矿质中的聚积，如 Ah、Bh，词尾 h 用于 A 层，仅限于自然土壤。

k：聚积碳酸钙。

m：强烈胶结、固结、硬结，常与表明胶结物质的其他词尾结合应用。如 Cmk 表示 C 层中的石灰结盘层，Bms 表示 B 层中的铁盘。

n：聚积钠质，如 Btn。

p：经耕翻或其他耕作措施扰动，如 Ap。

q：聚积硅质，如 Eq。

r：由地下水影响产生的强还原作用，如 Cr。

s：聚积三二氧化物，如 Bs。

t：黏粒淀积聚积，如 Rt。

y：聚积石膏，如 Cy、By。

z：比石膏更易溶盐类的聚积，如 Az、Azn。

4.3.2 中国土壤系统分类中的表土层形态特征

多数表土层由有机物和矿物质积聚而成，在美国土壤系统分类中称表土层为诊断表育层或表土层（epipedons）。土壤有机物是由植物从土壤、大气、水体、沉积物中吸收 CO_2、H_2O 和其他养分并通过光合作用合成有机物，其中部分有机物又被动物食用，植物或动物将其代谢物归还到土壤表层时，土壤微生物又对这些有机物进行分解和转化，这就形成了土壤有机物。其结果是将生命所必需的无机营养元素和有机物在土壤表土层中聚积。土壤中的有机碳化合物又可以被土壤微生物氧化成为 CO_2，排放至大气层中，故土壤有机碳的质量分数是特定时期土壤有机物增加量与有机物被分解量之间的稳定状态的具体反映。中国土壤系统分类共设 4 大类、11 个诊断表层，即有机物质表层类（organic epipedons）、腐殖质表层类（humic epipedons）、人为表层类（anthropic epipedons）和结皮表层类（crusitic epipedons）。

（1）有机物质表层类

有机物质表层类是由含高量有机碳的有机土壤物质组成的诊断表层，包括有机表层和草毡表层。

有机表层（histic epipedon）：矿质土壤中经常被水饱和、具高量有机碳的泥炭质有机土壤物质表层，或被水分饱和的时间很短、具极高量有机碳的枯枝落叶质有机土壤物质表层。

草毡表层（mattic epipedon）：高寒草甸植被下具高量有机碳有机土壤物质、活根与死根根系交织缠结的草毡状表层。

（2）腐殖质表层类

腐殖质表层类是在腐殖质积累作用下形成的诊断表层，包括暗沃表层、暗瘠表层和淡薄表层。主要用于鉴别土类、亚类一级，但暗沃表层加均腐殖质特性则是鉴别均腐土纲的依据。"暗沃""暗瘠"除反映其腐殖质质量分数较高，且土壤颜色的明度和彩度值较低外，还说明盐基的饱和与贫瘠状况。"淡薄"表示该种土层腐殖质质量分数较低，且明度和彩度值较高，或厚度较薄。

暗沃表层（mollic epipedon）：有机碳质量分数高或较高、盐基饱和、结构良好的暗色腐殖质表层。

暗瘠表层（umbric epipedon）：有机碳质量分数高或较高、盐基不饱和的暗色腐殖质表层。除盐基饱和度＜50％和土壤结构的发育比暗沃表层稍差外，其余均同暗沃表层。

淡薄表层（ochric epipedon）：发育程度较差的淡色或较薄的腐殖质表层。

（3）人为表层类

人为表层类是在人类长期耕作施肥等影响下形成的诊断表层，包括灌淤表层、堆垫表层、肥熟表层和水耕表层，分别是浑水灌溉形成的灌淤土壤、人为堆垫作用形成的堆垫土壤、长期种植蔬菜的高度熟化菜园土壤和长期种植水稻并具有特定发生层分异的水田土壤的诊断依据。

灌淤表层（irragric epipedon）：长期引用富含泥沙的浑水灌溉（siltigation），水中泥沙逐渐淤积，并经施肥、耕作等交迭作用影响，失去淤积层理而形成的由灌淤物质组成的人为表层。

堆垫表层（terric epipedon）：长期施用大量土粪、土杂肥或河塘淤泥等并经耕作熟化而形成的人为表层。

肥熟表层（fimic epipedon）：长期种植蔬菜，大量施用人畜粪尿、厩肥、有机垃圾和土杂肥等，精耕细作，频繁灌溉而形成的高度熟化人为表层。

水耕表层（hydragric epipedon）：在淹水耕作条件下形成的人为表层（包括耕作层和犁底层）。

（4）结皮表层类

在中国土壤系统分类中干旱土纲的建立曾与 ST 制一样采用干旱土壤水分状况作为诊断依据，具体包括干旱表层和盐结壳。

干旱表层（aridic epipedon）：在干旱水分状况条件下形成的具特定形态分异（特有的孔泡结皮层和片状层）的表层。干旱表层就其腐殖质积累特征来看，相当于腐殖质表层中的淡薄表层。

盐结壳（salic crust）：由大量易溶性盐胶结成的灰白色或灰黑色表层结壳。

4.3.3　美国土壤系统分类中的表土层

美国土壤系统分类体系（soil taxonomy）划分的表土层（surface horizons or epipedons）如下。

松软表土层（mollic epipedons）　一个厚层的（一般大于 25 cm；如表土层为壤质或黏质者厚度也要大于 18 cm）、松散的暗色表土层。其有机质的质量分数高于 10 g/kg，在土壤 pH＝7.0 时，运用醋酸铵（NH_4OAc）法测量该层土壤的盐基饱和度≥50％。松软表土层一般是富钙的矿物质在草本植物作用下形成的，纤维状草本植物根系易被季节性分解，但土壤表面的短期极端高温不会导致有机化合物被快速分解。

暗色表土层（umbric epipedons）　表土层有机质的质量分数与松软表土层相同，但在土壤 pH＝7.0 时，运用醋酸铵（NH_4OAc）法测量该层土壤的盐基饱和度则低于 50％。暗色表土层一般是酸性岩风化母质在多种植被作用下形成的，土壤不遭受高温会进一步增加土壤中有机质质量分数的稳定性。寒冷的气候条件和阴性的地形部位使土壤表面免于太阳直射，这也有利于暗色表土层的形成。暗色表土层经常出现在排水状况不良的土壤中，由于水分具有极高的热容量，对水分含量丰富的土壤，土壤温度日最高值会较低，这样土壤中有机物被分解的速率也低于相应的干燥土壤。

有机表土层（histic epipedons） 有机表土层是指土壤有机质质量分数大于 $200\sim300$ g/kg 的表土层，在一年的大部分时间内其土壤几乎全体被水分所饱和，这种水分饱和状态使土壤中分解性微生物丧失其分解有机物需要的氧气，从而导致有机物在土壤表层的聚积；另外因热容量极高的水分缓解了土壤日最高的温度，这也进一步抑制了土壤表面的微生物分解过程。

厚熟表土层（plaggen epipedons） 厚熟表土层是人类持续-强度地向土壤添加肥料和有机残留物而不断形成的有机质质量分数高的厚层（$\geqslant 50$ cm）表土层。在美国土壤系统分类体系中厚熟表土层与人为表土层（anthropic epipedons）的显著区别在于，后者属于在短时期人类活动影响下形成的土壤层次。

另外在世界土壤资源参比基础（world reference base for soil resources，WRB）中也鉴别出一些特殊性的人为表土层。人为土层（anthric）是指在人为长期耕作、施用石灰和施用肥料等作用下形成的土层；灌淤土层（irragric）是指在人类长期运用富含泥沙的水进行灌溉所形成的表土层；园艺层（hortic）是指在强度施用肥料和粪便的同时并实施超常深耕所形成的土层；人为耕作层（anthraquic）是在洪水泛滥的平原上经人类种植农作物（多为水稻）形成的黏闭（puddled）-可渗透性的犁地盘，并在该盘之上形成的土层。

4.3.4 中国土壤系统分类中的亚表层

诊断表下层（diagnostic subsurface horizons）是由物质的淋溶、迁移、淀积或就地富集作用在土壤表层之下所形成的具诊断意义的土层。包括发生层中的 B 层（例如黏化层）和 E 层（例如漂白层）。在土壤遭受剥蚀的情况下，可以暴露于地表。中国土壤系统分类共设 20 个诊断表下层。

漂白层（albic horizon） 由黏粒和/或游离氧化铁淋失而成，有时伴有氧化铁的就地分凝，形成颜色主要取决于砂粒和粉粒的漂白物质所构成的土层。

舌状层（glossic horizon） 由呈现舌状淋溶延伸的漂白物质和原土层残余所构成的土层。

雏形层（cambic horizon） 岩石风化-成土过程中形成的，无或基本上无物质淀积，未发生明显黏化，带棕、红棕、红、黄或紫等颜色，且有土壤结构发育的 B 层。

铁铝层（ferralic horizon） 由高度富铁铝化作用形成的土层。

低活性富铁层（LAC-ferric horizon） 由中度富铁铝化作用形成的具低活性黏粒和富含游离铁的土层，其全称为低活性黏粒-富铁层。

聚铁网纹层（plinthic horizon） 由铁、黏粒与石英等混合并分凝成多角状或网状红色或暗红色的富铁、贫腐殖质聚铁网纹体（plinthite）组成的土层。

灰化淀积层（spodic horizon） 由螯合淋溶作用形成的一种淀积层。

耕作淀积层（agric horizon） 旱地土壤中受耕种影响而形成的一种淀积层。位于紧接耕作层之下，其前身一般是其他诊断表下层。

水耕氧化还原层（hydragric horizon） 在水耕条件下铁锰自水耕表层或兼有自其下垫

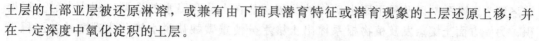

土层的上部亚层被还原淋溶，或兼有由下面具潜育特征或潜育现象的土层还原上移；并在一定深度中氧化淀积的土层。

黏化层（argic horizon） 黏粒质量分数明显高于上覆土层的表下层。其质地分异可以是由表层黏粒分散后随悬浮液向下迁移并淀积于一定深度中而形成的黏粒淀积层，也可以是原土层中原生矿物发生土内风化作用就地形成黏粒并聚集而形成的次生黏化层（secondary clayific horizon）。若表层遭受侵蚀，此层可位于地表或接近地表。

黏磐（claypan） 一种黏粒质量分数与表层或上覆土层差异悬殊的黏重、紧实土层，其黏粒主要继承母质，但也有一部分由上层黏粒在此淀积所致。

碱积层（alkalic horizon） 交换性钠质量分数高的特殊淀积黏化层。

超盐积层（hypersalic horizon） 含高量易溶性盐，但未胶结的土层。

盐磐（salipan） 以 NaCl 为主的易溶性盐胶结或硬结，形成连续或不连续的磐状土层。

石膏层（gypsic horizon） 富含次生石膏的未胶结或未硬结土层。

超石膏层（hypergypsic horizon） 土壤发生或地质沉积的富含大量石膏但未胶结的土层。

钙积层（calcic horizon） 富含次生碳酸盐的未胶结或未硬结土层。

超钙积层（hypercalcic horizon） 未胶结或未硬结的高量碳酸盐聚积层。

钙磐（calcipan） 由碳酸盐胶结或硬结，形成连续或不连续的磐状土层。

磷磐（phosphipan） 由磷酸盐和碳酸钙胶结或硬结，水平方向连续或不连续的磐状土层。

4.3.5 美国土壤系统分类中的亚表层

多数土壤亚表层是由土壤剖面矿物质的流失、聚积和迁移转化所形成的，其中水分及其运动则是这些过程的驱动力。美国土壤系统分类体系划分的亚表层（subsurface horizons）有 11 种。

淀积黏化层（argillic horizons or argic horizons） 由黏粒淀积形成的黏粒质量分数高于其上土层 1.2 倍的亚表层，即在重力和土壤毛管力的作用下使 P 水分由大孔隙向小孔隙迁移，并淀积其携带的黏粒或在土壤颗粒表面形成黏粒胶膜，其中土壤颗粒表面的黏粒胶膜（clay skins）的形成被认为是淋移作用（lessivage），当土壤中不断有新的黏粒形成时，这个过程才极为活跃。土壤存在的黏粒经常被氧化铁长时间包裹，这也缓解了黏粒的淀积作用。

高岭层（kandic horizons） 又称为铁铝层（ferralic horizons），是与淀积黏化层相似的亚表层，但高岭层含有的黏土矿物主要为高岭石黏粒，在土壤 pH＝7.0 时表现为阳离子交换量低于 16 cmol/kg。土壤高岭层由于缺少可被风化的原生矿物及新形成的黏粒，以及被氧化铁包裹黏粒的悬浮性较低，土壤淋洗过程较为缓慢。

漂白层（albic horizons） 处于暗色表土层与其他暗色心土层或低土层之间的淡色土层，漂白层通常被描述为淋溶层（eluvial horizons）。漂白层是在土壤中的渗漏水悬浮黏粒和有机物颗粒并将它们搬运至深部层次的过程中形成的，通常是在森林植被条和亚表层极度缺乏有机物的情况下形成的。

钙积层（calcic horizons） 土壤中碳酸钙积聚的土层。一方面土壤表土层中的碳酸盐

被溶解为重碳酸盐以及源于原生矿物的重碳酸盐在水分和降水的渗漏过程中向心土层聚积；另一方面土壤蒸发及植物根系榨出土壤水分使重碳酸盐脱水转化为碳酸盐并淀积于心土层。土壤钙积层通常在半干旱和半湿润的气候条件下，由较弱淋溶过程作用于富含碳酸盐的成土母质(含大气降尘)形成。土壤中一些坚硬的钙积层中通常含有更多的硅元素，这种钙积层也被称为石化钙积层(petrocalcic horizons)。

灰化淀积层(spodic horizons)　随着土壤枯枝落叶层(O 层)、腐殖质层(A 层)和淋溶层(E 层)中的铝、铁被淋溶，以及端程序复合体中的铝、铁与有机物或某些情况下与 SiO_2 的固定化便形成了灰化淀积层。土壤表面的植物残体分解所形成的有机酸是灰化淀积层形成的主要催化剂。乌戈利尼等(Ugolini et al.，1977)在研究土体内有机物颗粒(粒径为 $0.5\sim1.5~\mu m$)和矿物颗粒(粒径为 $2\sim22~\mu m$)的渗流过程中发现了直接的证据，即当向土壤中加入铝和铁时，土体中的一价阳离子和多数 Ca^{2+}、Mg^{2+} 就会随着 SiO_2 被淋洗到下部土层甚至地下水之中，这种 SiO_2 迁移也提供了灰化淀积层中铝水石英或铝英石的形成机理，也正是铝英石的出现使灰化淀积层具有了吸附可溶性有机质的能力。

雏形层(cambic horizons)　成土母质中原生矿物已经发生一定程度的变化或者成土母质的原始结构已经被土壤发生结构所替代的土层。成土母质中出现了铁、碳酸盐、石膏的迁移将是鉴别雏形层的重要标准，雏形层中可以出现轻度的黏粒、铁或有机物的聚积，但这些淀积积累在数量上还不能成为淀积黏化层或灰化淀积层。

石膏聚积层(gypsic horizons)　植物从土壤亚表层榨出水分致使渗漏水中溶解原生矿物石膏所形成的溶液重新结晶而形成的石膏质量分数 $\geqslant50~g/kg$ 的土层。那些含有不能消化物质的密集石膏层常被称为石化石膏层(petrogypsic horizons)。

钠质层(natric horizons)　土壤中钠质量分数大于 $150~g/kg$ 或在阳离子交换量中 Na^+ 与 Mg^{2+} 之和多于 Ca^{2+} 的土层，它是由 Na_2CO_3 在土壤中聚积或土壤中钠质矿物水解所形成的。

氧化层(oxic horizons)　土壤质地为砂壤质或比砂壤更细、具有低阳离子交换量和低质量分数的可风化矿物的表下土层。在氧化层中 SiO_2 已开始大量流失，在土壤黏粒组分中 1：1 型黏土矿物(高岭石)和三水铝石占优势，在土壤 pH=7.0 时的表观阳离子交换量低于 16 cmol/kg。在氧化层沙粒颗粒状含有不足 100 g/kg 的原生矿物，它们可被风化并为新黏土矿物形成提供离子。在含有黏质表土层和氧化层的土体中机械淋移作用和黏粒胶膜形成均比较微弱，又由于缺少黏粒淀积作用，氧化层黏粒质量分数与其上层相近。多数氧化层土壤具有强度的细粒状结构，铁氧化物被认为使粒状结构更趋稳定。

盐积层(salic horizons)　在少有或没有淋滤作用的干旱、半干旱和半湿润气候条件下，易溶性盐分在土壤表层聚积形成的土层。多数盐积层形成于地下水位比较高或有地表径流水聚积并强烈蒸发的低洼地景观区，另外运用咸水灌溉也会频繁形成盐积层。

含硫层(sulfuric horizons)　是随着被咸淡水饱和的土层中硫酸盐积累过程的进行而形成的，又称为酸性硫酸盐层(thionic horizons)。

总之，土壤层次是土壤科学、环境科学、土地科学、农业科学、地理科学等学科研究的基本单位，通常我们所分析和讨论的土壤物质组成、土壤性状也均是针对某种土壤的某个具体土层而言的。在实际土壤调查研究工作中通常采用 3 种不同的土壤分层分析法：一是土壤发生层，它是由专业人员在综合分析土壤形成发育的生物气候、母质、地

形等因素和成土过程的基础上，依据土壤剖面中土壤物质组成、性状及其分异状况所划分的土层，在同一土壤剖面中的不同土壤发生层在物质组成和性状方面均有显著的差异，但这种差异仍然是相对的和经验性的，在同一土壤剖面中相邻的不同土壤发生层在位置上不会重叠，它们之间可以有过渡性层次，如图 4-20 所示。二是土壤诊断层，它是现代土壤系统分类的核心之一，是严格依据标准化的土壤诊断性状及其指标按照固定程序划分的土壤层次，故土壤诊断层具有定量化和标准化特征，土壤系统分类及其土壤诊断层次已被世界上近百个国家所采用。同一土壤剖面中的不同土壤诊断层在土壤物质组成、性状上具有数字化的差异，但同一土壤剖面中不同土壤诊断层在位置上可以部分重叠，这也客观地反映了土壤的复杂多变性。现已建立的中国土壤系统分类是以诊断层和诊断特性为基础，以土壤形态发生和土壤历史发生相结合为依据，面向世界与国际接轨，并充分体现了我国土壤特色，还设有一个完整的谱系式检索系统。三是机械-数值土层，如 $0 \sim 5$ cm、$0 \sim 20$ cm、$20 \sim 40$ cm 土层等尚无学术上规范的标准，在同一土壤剖面之中，$0 \sim 20$ cm 与 $20 \sim 40$ cm 土层之间不具有固定的土壤物质组成、性状差异模式。

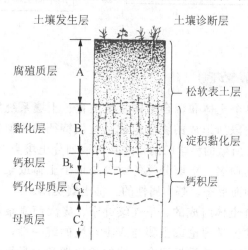

图 4-20 土壤发生层与土壤诊断层的相关关系示意图

【思考题】

1. 什么是土壤形成因素？简述主要成土因素对土壤物质迁移转化的作用。

2. 简述道库恰耶夫的土壤发生学的主要观点。

3. 什么是土壤剖面？典型的土壤剖面包括哪些主要层次？

4. 什么是土壤发生层和土壤诊断层？比较两者的异同。

5. 简述土壤形成过程的实质，并说明土壤形成过程在地表物质转化过程的主要作用。

6. 从耕作土壤形态入手分析人类耕作培肥活动对土壤的影响。

7. 通过亲自观察分析一个城市土壤（或校园土壤）的物质组成与形态，说明城市人类活动对土壤的主要影响。

第5章　土壤分类与世界土壤资源参比基础

【学习目标】

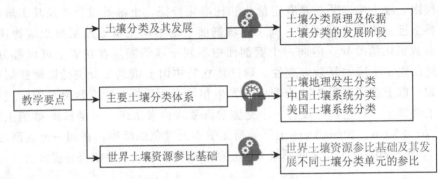

5.1　土壤分类概述

5.1.1　土壤分类的一般原理

土壤分类是在掌握单个土体和聚合土体发生发育、土壤系统发育与演替规律的基础上，根据土壤不同发育阶段所形成的物质组成、性状特征的相似性与差异性，对土壤圈中各单个土体或聚合土体所做的科学归纳，并系统地划分土壤类型及其相应的分类级别，再对土壤类型进行恰当的命名。土壤分类的对象是单个土体或聚合土体，它们是自然界中具有特定位置、土壤剖面形态、基本属性的三维土壤实体。

土壤圈是由无数聚合土体组成的、呈连续分布、庞大而复杂的群体系统。土壤分类的目标，就是依据土壤发生学理论或土壤与成土环境的统一性，构建一个具有严密逻辑的多等级的谱系式分类系统，并根据聚合土体的相似性和差异性进行归纳与划分，形成土壤分类等级。各土壤分类等级不仅构成了纵向的发生关系，同一分类等级还构成了横向的对比关系，这使它们既能够反映聚合土体之间的区别，又能够反映它们及其与环境之间的发生关系；土壤分类系统不仅包容了已知和未知的所有土壤，还确定了任一聚合土体在系统中所占据的位置。应该指出聚合土体不像生物个体那样具有清楚的边界，不同聚合土体之间是逐渐过渡的，这就要求划分的土壤类型不仅需要有中心概念，即对某一土壤类型的典型代表具有明确的、定量化的定义和发生学特性描述，还要具有边界概念，即对向另一类型过渡边界的限定。

土壤分类是土壤科学及土壤地理学研究水平高低的重要标志，是区域土壤调查与制图的基础，也是发展农业生产、实施区域土壤改良、土壤资源与土地评价、土地整治与土壤环境质量评价等的基础依据，是开展国内外土壤学术交流的媒介。在社会经济特别是农业生产的发展、资源环境研究与生态建设需求驱使下，土壤调查观测不断深入、土壤科学研究快速发展，土壤分类由定性分类到定量分类经历了以下3个发展阶段。①古代朴素的土壤分类阶段。②近代土壤发生分类即道库恰耶夫土壤地理发生分类阶段。③现代定量化的土壤系统分类(或诊断分类)阶段,如美国土壤系统分类、中国土壤系统分类和世界土壤资源参比基础(world reference base for soil resources,WRB)。

5.1.2 土壤分类的发展

早在公元前3—前2世纪,《禹贡》《管子·地员篇》就阐释了中国古代土壤分类状况,其中《禹贡》是根据土色、质地和水文等划分九州土壤,并简要描述了区域的山脉、河流、植被、土壤、物产、贡赋、少数民族、交通等自然和人文地理现象;《管子·地员篇》不仅阐述了土壤分类,同时还采用不同方式对区域地形、土壤、水文、植被进行了分类,阐述了不同地形、水文、植被、土壤之间有某种联系的启蒙思想。这些朴素唯物主义的土壤分类,有些至今仍有现实意义。西欧的地质学家在19世纪中期,才按土壤的质地粗细、地质成因类型和地表风化、搬运等情况划分了土壤类型。

近代土壤分类自19世纪末道库恰耶夫创立土壤地理发生分类起始,到20世纪中期发展达到顶峰,形成以苏联为代表的土壤地理发生学派、以西欧为代表的土壤形态发生学派,以及土壤历史发生学派的鼎立局面。自道库恰耶夫和格林卡以来,土壤分类体系及其分类单元(土纲、土类、土属、土系等)命名系统一直在发展变化之中,但所有土壤分类的科学基础均是相同的,即总是依据土壤特性、土层序列和土层所具有的土壤性状来确定土壤名称。中国20世纪中后期也创立了相应的土壤地理发生分类体系,土壤地理发生学分类奠定了现代土壤分类的基础。

现代定量化土壤分类的研究起始于20世纪中期,以1975年发表的美国《土壤系统分类》(soil taxonomy)为代表,它在全球掀起了一场土壤分类的重大变革,其影响迅速扩大,成为当今国际土壤分类发展的新潮流,当前世界上已有数十个国家直接采用这一分类体系,近百个国家将美国土壤系统分类作为第一分类或第二分类。许多国家的土壤地理发生分类也受其影响,或采用诊断层或诊断特性概念作为分类依据,或进行土壤类型划分、命名。目前国际上主要土壤分类体系有美国土壤系统分类(soil taxonomy,ST)和中国土壤系统分类(Chinese soil taxonomy,CST)、世界土壤资源参比基础(WRB),以及以俄罗斯为代表的土壤地理发生分类等多种土壤分类体系。摆在土壤分类学及其有关土壤学者面前的一个重要使命,就是探索如何制定出一个既符合现代科学发展趋势的又能为世界各国普遍接受的统一土壤分类体系,来适应当今知识经济和信息时代发展、满足现代土壤科学本身发展的需要,以及解决多种土壤分类并存带来的土壤信息交流的障碍问题。

5.2 中国土壤分类

5.2.1 土壤地理发生分类

中国地域辽阔,自然条件复杂,农业历史悠久,拥有种类繁多的土壤。《禹贡》根据土色、质地和水文等,将九州土壤分为白壤、黑坟、赤植、涂泥、青黎、黄壤和海滨广斥等,还将土壤分类同地形、植被、土地利用联系起来,它显然是世界上土壤分类的最早尝试;《管子·地员篇》根据土色、质地、结构、孔隙、结聚、有机质、盐碱性等肥力因素,密切结合地形、水文、自然植被等自然条件,将九州土壤分为18类,每类又分为

5级，即所谓"九州之土凡九十物"。尽管中国古代土壤分类命名各有不同，但都是从土壤利用、发展农业生产的角度出发，以"土宜"为基础，以土壤肥力、形态特性和成土条件为主要依据。

中国近代土壤分类研究工作起步较欧美等西方国家晚。从20世纪30年代开始，在美国土壤学家梭颇（Thorp，1896—1984年）的帮助下中国开展了土壤调查分类制图工作，并引进了美国的马伯特土壤分类方法，划分出显域土、隐域土和泛域土3个土纲，建立了2 000多个土系。著名学者宋达泉1950年在全国土壤肥料会议上提出的《中国土壤分类标准的商榷》，其土壤分类仍属马伯特土壤分类，即以土类为基本单元，以土系为基层单元，共划分显域、隐域和泛域土3个土纲，包括钙层土、淋溶土、水成土、盐成土、钙成土、高山土和幼年土7个亚纲、18个土类。其中棕壤、砂姜黑土和水稻土等土类名称至今仍被沿用。土壤地理发生分类对中国土壤分类的影响深远，根据其发展特点大致可分为如下时期。

1954—1957年，在学习苏联土壤科学体系的基础上，创建和发展中国土壤科学体系时期。1954年，全国土壤学会代表大会上所拟订的土壤分类，以苏联土壤地理发生分类为基础，以成土条件和成土过程为依据，以土类为基本单元，采用了土类、亚类、土属、土种和变种5级分类制。随着土壤研究工作的深入和扩展，陆续提出了一些新研究的土壤类型，如草甸土、褐土、黄棕壤、棕色泰加林土、黑土、白浆土、黑垆土、灰棕荒漠土、龟裂土、砖红壤、砖红壤性土与山地草甸土等；应用土壤地理发生分类强化了土壤地带性理论，阐明了中国土壤地理分布的规律性，编制了中、小比例尺土壤图、土壤区划图、土壤资源图等。

1958—1977年，在全国范围内开展了第一次土壤普查，在总结农民群众经验基础上，强调需对耕种土壤分类和命名方面进行研究；拟订了全国农业土壤分类系统，强调自然土壤与耕种土壤（或农业土壤）两者之间既有联系又有区别，应将耕种土壤类型置于统一的土壤分类系统中的不同级别上。中国土壤分类系统中除水稻土外，潮土、荒漠土、绿洲土和垆土等类型被肯定和引用。1978年中国土壤学会在江苏江宁召开了第一次土壤分类会议，建立了中国统一的土壤分类系统——《中国土壤分类暂行草案》，并把土壤地理发生分类与中国实际结合起来；充实了水稻土分类，明确了潮土、灌淤土和垆土为独立土类；同时丰富了高山土壤的分类，增加了磷质石灰土等新类型。

1978—1992年，中国开始了第二次全国土壤普查，随着中国改革开放与国际交往的增加，美国土壤分类系统和联合国世界土壤图图例单元逐渐进入中国，对中国土壤地理发生分类系统产生了一定程度的影响。第二次全国土壤普查办公室在1978年土壤分类方案基础上，主持首拟了《中国土壤分类系统》，经过不断总结、改进、提高和完善，汲取和采用了诊断分类的一些土纲、亚纲和土类的概念和命名，经修订后于1992年正式确立了《中国土壤分类系统》，这是迄今仍为中国使用的土壤分类系统之一。其土壤分类的基本原则包括：①土壤分类的发生学原则。土壤是客观存在的历史自然体，土壤分类必须严格贯彻发生学原则，即把成土因素、成土过程和土壤属性（土壤剖面形态和理化性质）3者结合起来考虑，但应以属性作为土壤分类的基础。因为土壤属性是在一定成土条件下，经历一定成土过程的结果，故在土壤分类工作中，必须重视土壤属性。只有充分掌握土壤属性的变化，才有可能进行定量分类。②土壤分类的统一性原则。土壤既是历

史自然综合体，又是人类劳动的产物。自然土壤与耕种土壤有着发生上的联系，耕种土壤是在自然土壤的基础上通过耕垦、改良、熟化而形成的，二者的关系既有历史发生上的联系性或统一性，又有发育阶段上的差异性或特殊性。故进行土壤分类时，把耕种土壤和自然土壤作为统一的整体来考虑，分析自然因素和人为因素对土壤的影响，揭示自然土壤与耕种土壤的发生联系及其演变规律。《中国土壤分类系统》(1992)从上至下共设土纲、亚纲、土类、亚类、土属、土种和亚种 7 级分类单元，如表 5-1 所示。其中土纲、亚纲、土类和亚类为高级分类单元，土属属中级分类单元，土种为基层基本分类单元。

表 5-1　中国土壤分类系统(1992)

土纲	亚纲	土类
铁铝土	湿热铁铝土	砖红壤、赤红壤、红壤
	湿暖铁铝土	黄壤
淋溶土	湿暖淋溶土	黄棕壤、黄褐土
	湿暖温淋溶土	棕壤
	湿温淋溶土	暗棕壤、白浆土
	湿寒温淋溶土	棕色针叶林土、漂灰土、灰化土
半淋溶土	半湿热半淋溶土	燥红土
	半湿暖温半淋溶	褐土
	半湿温半淋溶土	灰褐土、黑土、灰色森林土
钙层土	半湿暖温钙层土	黑钙土
	半干温钙层土	栗钙土
	半干暖温钙层土	黑垆土、栗褐土
干旱土	干旱温钙层土	棕钙土
	干旱暖钙层土	灰钙土
漠土	干旱温漠土	灰漠土、灰棕漠土
	干旱暖温漠土	棕漠土
初育土	土质初育土	黄绵土、红黏土、新积土、龟裂土、风沙土、粗骨土
	石质初育土	石灰土、火山灰土、紫色土、磷质石灰土、石质土
半水成土	暗淡水成土	草甸土
	淡半水成土	潮土、砂浆黑土、林灌草甸土、山地草甸土
水成土	矿质水成土	沼泽土
	有机水成土	泥炭土、冰沼土
盐碱土	盐土	草甸盐土、滨海盐土、酸性硫酸盐土、漠境盐土、寒原盐土
	碱土	碱土
人为土	人为水成土	水稻土
	灌耕土	灌淤土、灌漠土

续表

土纲	亚纲	土类
高山土	湿寒高山土	草毡土(高山草甸土)、黑毡土(亚高山草甸土)
	半湿寒高山土	寒钙土(高山草原土)、冷钙土(亚高山草原土)、冷棕钙土(山地灌丛草原土)
	干寒高山土	寒漠土(高山漠土)、冷漠土(亚高山漠土)
	寒冻高山土	寒冻土(高山寒漠土)

(1)土纲与亚纲

土纲是对某些有共性土类的归纳与概括，反映了土壤不同发育阶段，土壤物质迁移、转化与累积过程引起的重大属性差异。如铁铝土纲，是在湿热气候条件下，在脱硅富铁铝化过程中产生的黏土矿物，以1∶1型高岭石和铁铝氧化物为主的土壤(如砖红壤、赤红壤、红壤和黄壤)。该分类系统将中国土壤共划分为铁铝土、淋溶土、半淋溶土、钙层土、干旱土、漠土、初育土、半水成土、水成土、盐碱土、人为土和高山土12个土纲。亚纲是在土纲范围内的续分，根据土壤形成的水热条件或岩性和盐碱属性的重大差异划分，反映控制现代土壤形成过程方向的成土条件。如铁铝土纲划分为湿热铁铝土和湿暖铁铝土两个亚纲，两者差别在于热量条件；盐碱土纲划分为盐土和碱土两个亚纲，两者的差别主要在土壤属性。12个土纲可细分为28个亚纲。

(2)土类与亚类

土类是高级分类的基本单元。其划分原则和依据在发生学分类体系中一直是比较稳定的。即在划分土类时，强调成土条件、成土过程和土壤属性的3者统一和综合。同一土类是在同一生物、气候、母质、水文、耕作制度等自然和社会条件下形成的，具有独特的形成过程和土体构型。土类与土类之间在性质上有质的差异。如砖红壤，代表热带雨林下高度化学风化，富含游离铁、铝的酸性土壤；黑土代表温带湿润草原下大量有机质累积的土壤；水稻土是在水耕熟化条件下形成的，具有特定土体构型的土壤等。这些土壤均有相对稳定的性态特征可资鉴别。并具有大致相同的利用与改良方向与措施。28个亚纲可细分为61个土类。亚类是土类的续分。亚类既有代表土类中心概念的亚类，即在该土类特定的成土条件下和主导成土过程中形成的典型亚类，也有由一个土类向另一个土类过渡的边界亚类，它根据主导成土过程以外的附加或次要的成土过程划分。如果土类的主导成土过程是腐殖质累积过程，则其中心概念的亚类是(典型)黑土；当地势平坦，地下水增高参与成土过程，在心土或底土呈现潴育化过程是次要的或附加的成土过程，据此划分的草甸黑土亚类，就是黑土向草甸土过渡性的"边界亚类"。61个土类可细分为233个亚类。

(3)土属是具有承上启下意义的分类单元

土属主要是根据母质、成因类型、岩性和区域水文等地方性因素来划分。如红壤根据母质影响而划分为铁质红壤、铁铝质红壤、硅铁质红壤等土属，而盐土的土属则是根据盐分组成划分的。土属主要由土种归纳命名。

(4)土种与亚种

土种是土壤分类的基层单元，根据土体构型和土壤发育程度或熟化程度来划分。土

种的特性具有相对稳定性，如山区土壤根据有机质质量分数、土层厚度、夹砾情况划分；盐碱土根据盐化和碱化程度划分；水稻土根据水耕熟化程度划分。亚种（或变种）是土种范围内的变化，一般以表层或耕作层的某些变化来划分。

　　由上可知，该分类系统高级分类单元主要反映土壤发生学上质的分异，土壤地带性空间分布规律，用以指导小比例尺土壤调查与制图，反映土壤合理利用、土壤改良、土地规划与管理和农业发展方向与途径；低级分类单元划分则反映土壤形成过程的量和地区性的差异，用来指导大、中比例尺土壤调查和制图，以及土壤合理利用、改良和土地整理的具体措施服务。《中国土壤分类系统》采用了连续命名与分段命名相结合的方法，土纲和亚纲为一段，以土纲命名为基本词根，加形容词或副词前缀构成亚纲名称，即亚纲名称为连续命名。如淋溶土纲中湿暖淋溶土亚纲名称，即由土纲和亚纲连续命名构成。土类和亚类为以下又一段，以土类名称为基本词根，加形容词或副词前缀构成亚类。

　　总之，土壤发生学理论和土壤发生分类学在中国土壤分类史上占据着重要地位，持续时间较长，影响甚远，对推动中国土壤科学的发展，指导农业生产实践都曾起着极其重要的作用，在代表性著作如《中国土壤》(1978)、《中国农业百科全书》(土壤卷 1996)、《中国农业土壤概论》(1988)以及编制的 1∶400 万中国土壤图中均采用该分类体系。但随着科学的进步与生产实践的发展，土壤发生分类也逐渐暴露其不足之处：土壤发生分类是建立在成土条件、成土过程和土壤属性相统一的理论推理基础上，因对上述重要环节的认识不同，会出现对同一种土壤有不同的分类归属的情况；分类过分强调生物、气候等"地带性"因素的作用，而忽视时间因素或母质及地表侵蚀与堆积过程对土壤形成过程中的作用，将已经发生的成土过程和即将发生的过程、顶级土壤和始成土相混淆；该分类强调土类中心概念，但土类与土类之间边界往往模糊；该分类缺乏明确的定量化指标，难以进行分类的自动检索。此外在土壤命名上也互不统一，难以进行类型之间的参比。

5.2.2 中国土壤系统分类

　　自 1985 年开始中国土壤科学界为了满足国内经济和科技发展的需要，适应国际土壤分类发展的趋势，以及与国际接轨加强对外沟通，中国科学院南京土壤研究所与 30 多个科研机构合作，进行了中国土壤系统分类研究。经过持续不断地研讨、修订和补充，1995 年构建了《中国土壤系统分类》修订方案，2001 年出版了《中国土壤系统分类检索（第三版）》。中国土壤系统分类已在国内外产生重要影响，在国内它已应用于科研、教学和生产实践诸方面，1996 年中国土壤学会将此分类推荐为标准土壤分类加以应用，中国土壤系统分类方案已被翻译成英文和日文，国际土壤学会土壤分类委员会主席埃斯瓦兰(Eswaran)认为此方案可作为亚洲土壤分类的基础，人为土纲的建立是其一个重要创新之处。中国土壤系统分类是以诊断层和诊断特性为基础的系统化、定量化土壤分类，通过研究并建立了一系列诊断层和诊断特性，作为鉴别土壤、进行分类的依据。

　　诊断层是指用于鉴别土壤类别(taxon)、在性质上有一系列定量化规定的特定土层。土壤诊断层和发生层是密切相关而又相互平行的体系。土壤发生层则是用于研究土壤的发生和了解土壤的基本性质，当然土壤基本性质也是土壤诊断层的内涵内容，即土壤诊断层是对土壤发生层及其基本属性的定量化和指标化。有许多土壤诊断层与发生层相近或同名，如盐积层、石膏层、钙积层、盐磐和黏磐等；有些诊断层相当于某一发生层但

名称不同，如雏形层相当于风化 B 层；有的诊断层则是两个发生层归并而成，如水耕表层为水耕层加犁底层；诊断层按其在单个土体出现的部位，可细分为诊断表层和诊断表下层。

诊断表层（diagnostic surface horizons）是指位于单个土体最上部的诊断层。这种表层用 epipedon 表示，表明是单个土体的上部层段，它并非土壤发生层中 A 层同义语，而是广义的"表层"。它既包含狭义的 A 层，也包括 A 层向 B 层过渡的 AB 层。CST 分类中共设置 4 大类 11 个诊断表层。

诊断表下层（diagnostic subsurface horizons）是在土壤表层之下，由物质的淋溶、迁移、淀积或就地富集作用形成的具有诊断意义的土层，它包括发生层中的 B 层和 E 层。在土壤遭受严重侵蚀的情况下，可裸露于地表。CST 分类中共设置了 20 个诊断表下层：漂白层、舌状层、雏形层、铁铝层、低活性富铁层、聚铁网纹层、灰化淀积层、耕作淀积层、水耕氧化还原层、黏化层、黏盘、碱积层、超盐积层、盐磐、石膏层、超石膏层、钙积层、超钙积层、钙磐、磷磐。

诊断特性是用于鉴别土壤类别具有定量规定的土壤性质（形态的、物理的和化学的）。它与诊断土层的不同在于并非一定为某一土层，而是可出现于单个土体的任何部位，常是泛土层的或非土层的。CST 共设置 25 个诊断特性：有机土壤物质、岩性特征、石质接触面、准石质接触面、人为淤积物质、变性物质、人为扰动层次、土壤水分状况、潜育特征、氧化还原特征、土壤温度状况、永冻层次、冻融特征、n 值、均腐殖质特性、腐殖质特性、火山灰特性、铁质特性、富铝特性、铝质特性、富磷特性、钠质特性、石灰性、盐基饱和度和硫化物物质。此外中国土壤系统分类还把在性质上已发生明显变化，不能完全满足诊断层或诊断特性规定的条件，但在土壤分类上具有重要意义的土壤性状，作为划分土壤类别的依据称为诊断现象。

CST 也是构筑于土壤发生学理论的基础上，它不同于土壤发生分类之处主要在于依据单个土体本身所具有的诊断层和诊断特性进行土壤类别的鉴定，以给定深度范围内的垂直切面为控制层段（control section）作为土壤分类的基础。矿质土控制层段一般从矿质表土层到 C 层或 IIC 层上部界限以下 25 cm，或最大到 200 cm。若从矿质表土到 C 层或 IIC 层上界的深度＜75 cm，则控制层段可延伸到 100 cm；若基岩出现深度＜100 cm，则控制层段可延伸到石质接触面。有机土控制层段为自土表向下到 160 cm，或到石质接触面。有机控制层段可细分为 3 个层，即表层（从土表向下到 60 cm 或 30 cm），表下层（通常厚 60 cm 或出现石质接触面、水层或永冻层时则止于较浅深度）和底层（厚 40 cm 或出现石质接触面、水层或永冻层时止于较浅处）。

CST 为多级分类制，共六级，即土纲、亚纲、土类、亚类、土族和土系。前四级为较高分类级别，主要供中、小尺度比例尺土壤调查与制图确定制图单元用；后两级为基层分类级别，主要供大比例尺土壤图确定制图单元用。

土纲为最高土壤分类级别，根据主要成土过程产生的性质或影响主要成土过程的性质划分。在 14 个土纲中（表 5-2），除火山灰土纲和变性土纲是根据影响主要成土过程的性质划分外，其他土纲均是根据主要成土过程产生的性质划分（新成土纲除外）。CST 中土纲的划分原则与 ST 基本上是一致的，两者都是根据诊断层或诊断特性确定类别。ST 现设 12 个土纲（含冻土土纲），CST 共设 14 个土纲，它们的土纲具体指标及土纲名称不同。在 CST 中人为土纲、潜育土纲和盐成土纲不同于 ST，人为土在许多土壤分类系统中都有反映，但 CST 根据其诊断层和诊断特性划分人为土纲尚属首次。亚纲是土纲辅助级别。主要根据影响现代成土过程控制因素所反映的性质(如水分状况、温度状况和岩性特征)划分出 39 个亚纲(表 5-3)。这须视各土纲所处的成土条件、主要成土过程的性质而定。如按水分状况划分的亚纲：人为土纲中的水耕人为土和旱耕人为土；湿润火山土；湿润铁铝土；潮湿、干旱和湿润变性土；干旱和湿润均腐土、淋溶土；干旱、湿润和常湿富铁土；滞水潜育土和正常(地下水)潜育土。按温度状况划分的亚纲：寒性干旱土和正常(温暖)干旱土；酸性火山灰土；冷冻淋溶土；寒冻雏形土；永冻有机土和正常有机土等。按岩性特征划分的亚纲如岩性均腐土、玻璃质火山灰土、砾质新成土等。还有由于影响现代成土过程的控制因素差异不大，按成土过程的发育阶段划分的亚纲：腐殖质土和正常灰土、碱积盐成土和正常(盐积)盐成土。

表 5-2　中国土壤系统分类土纲划分依据

土纲名称	主要成土过程产生的性质或影响主要成土过程的性质	主要诊断层、诊断特性
(1)有机土(Histosols)	泥炭化过程	有机表层
(2)人为土(Anthrosols)	水耕或旱耕人为过程	水耕表层、耕作淀积层和水耕氧化还原层或灌淤表层、堆垫表层、泥垫表层、肥熟表层
(3)灰土(Spodosols)	灰化过程	灰化淀积层
(4)火山灰土(Andosols)	影响成土过程的火山灰物质	火山灰特性
(5)铁铝土(Ferralosols)	高度铁铝化过程	铁铝层
(6)变性土(Verlosols)	土壤扰动过程	变性特征
(7)干旱土(Aridosols)	干旱水分状况下，弱腐殖化过程，以及钙化、石膏化、盐化过程	干旱表层、钙积层、石膏层、盐积层
(8)盐成土(Haloslos)	盐渍化过程	盐积层、碱积层
(9)潜育土(Gleyosols)	潜育化过程	潜育特征
(10)均腐土(Isohumoslos)	腐殖化过程	暗沃表层、均腐殖质特性
(11)富铁土(Ferroslos)	富铁铝化过程	富铁层
(12)淋溶土(Argosols)	黏化过程	黏化层
(13)雏形土(Cambosols)	矿物蚀变过程	雏形层
(14)新成土(Primoslos)	无明显发育	淡薄表层

表 5-3　中国土壤系统分类(土纲、亚纲、土类)

土纲	亚纲	土类
有机土	永冻有机土	落叶永冻有机土、纤维永冻有机土、半腐永冻有机土
	正常有机土	落叶正常有机土、纤维正常有机土、半腐正常有机土、高腐正常有机土

续表

土纲	亚纲	土类
人为土	水耕人为土	潜育水耕人为土、铁渗水耕人为土、铁聚水耕人为土、简育水耕人为土
	旱耕人为土	肥熟旱耕人为土、灌淤旱耕人为土、泥垫旱耕人为土、土垫旱耕人为土
灰土	腐殖灰土	简育腐殖灰土
	正常灰土	简育正常灰土
火山灰土	寒冻火山灰土	简育寒冻火山灰土
	玻璃火山灰土	干润玻璃火山灰土、湿润玻璃火山灰土
	湿润火山灰土	腐殖湿润火山灰土、简育湿润火山灰土
铁铝土	湿润铁铝土	暗红湿润铁铝土、简育湿润铁铝土
变性土	潮湿变性土	盐积潮湿变性土、钠质潮湿变性土、钙积潮湿变性土、简育潮湿变性土
	干润变性土	腐殖干润变性土、钙质干润变性土、简育干润变性土
	湿润变性土	腐殖湿润变性土、钙积湿润变性土、简育湿润变性土
干旱土	寒性干旱土	钙积寒性干旱土、石膏寒性干旱土、黏化寒性干旱土、简育寒性干旱土
	正常干旱土	钙积正常干旱土、石膏正常干旱土、盐积正常干旱土、黏化正常干旱土、简育正常干旱土
盐成土	碱积盐成土	龟裂碱积盐成土、潮湿碱积盐成土、简育碱积盐成土
	正常盐成土	干旱正常盐成土、潮湿正常盐成土
潜育土	寒冻潜育土	有机寒冻简育土、简育寒冻潜育土
	滞水潜育土	有机滞水潜育土、简育滞水潜育土
	正常潜育土	含硫正常潜育土、有机正常潜育土、表锈正常潜育土、暗沃正常潜育土、简育正常潜育土
均腐土	岩性均腐土	富磷岩性均腐土、黑色岩性均腐土
	干润均腐土	寒性干润均腐土、黏化干润均腐土、钙积干润均腐土、简育干润均腐土
	湿润均腐土	滞水湿润均腐土、黏化湿润均腐土、简育湿润均腐土
富铁土	干润富铁土	钙质干润富铁土、黏化干润富铁土、简育干润富铁土
	常湿富铁土	富铝常湿富铁土、黏化常湿富铁土、简育常湿富铁土
	湿润富铁土	钙质湿润富铁土、强育湿润富铁土、富铝湿润富铁土、黏化湿润富铁土、简育湿润富铁土
淋溶土	冷凉淋溶土	漂白冷凉淋溶土、暗沃冷凉淋溶土、简育冷凉淋溶土
	干润淋溶土	钙质干润淋溶土、钙积干润淋溶土、铁质干润淋溶土、简育干润淋溶土
	常湿淋溶土	钙质常湿淋溶土、铝质常湿淋溶土、铁质常湿淋溶土
	湿润淋溶土	漂白湿润淋溶土、钙质湿润淋溶土、黏磐湿润淋溶土、铝质湿润淋溶土、铁质湿润淋溶土、简育湿润淋溶土

续表

土纲	亚纲	土类
雏形土	寒冻雏形土	永冻寒冻雏形土、潮湿寒冻雏形土、草毡寒冻雏形土、暗沃寒冻雏形土、暗瘠寒冻雏形土、简育寒冻雏形土
	潮湿雏形土	潜育潮湿雏形土、砂姜潮湿雏形土、暗色潮湿雏形土、淡色潮湿雏形土
	干润雏形土	灌淤干润雏形土、铁质干润雏形土、斑纹干润雏形土、石灰干润雏形土、简育干润雏形土
	常湿雏形土	冷凉常湿雏形土、钙质常湿雏形土、铝质常湿雏形土、酸性常湿雏形土、简育常湿雏形土
	湿润雏形土	钙质湿润雏形土、紫色湿润雏形土、铝质湿润雏形土、铁质湿润雏形土、酸性湿润雏形土、暗沃湿润雏形土、斑纹湿润雏形土、简育湿润雏形土
新成土	人为新成土	扰动人为新成土、淤积人为新成土
	砂质新成土	寒冻砂质新成土、干旱砂质新成土、暖热砂质新成土、干润砂质新成土、湿润砂质新成土
	冲积新成土	寒冻冲积新成土、干旱冲积新成土、暖热冲积新成土、干旱冲积新成土、湿润冲积新成土
	正常新成土	黄土正常新成土、紫色正常新成土、红色正常新成土、寒冻正常新成土、干旱正常新成土、暖热正常新成土、干湿正常新成土、湿润正常新成土

土类是亚纲的续分，根据反映主要成土过程强度或次要成土过程或次要控制因素的表现性质划分。根据主要成土过程强度的表现性质划分的如：高腐正常有机土、丰腐正常有机土和纤维正常有机土；根据次要成土过程的表现性质划分的如钙积、石膏、盐积、黏化和简育正常干旱土；根据次要控制因素的表现性质划分的，反映母质岩性特征的如钙质干润淋溶土、富磷岩性均腐土等；反映气候控制因素的寒冻冲积新成土、干旱、干润和湿润冲积新成土等。亚类是土类的辅助级别，根据偏离中心概念，是否有附加过程特性和具有母质残留的特性划分。具有附加过程亚类为过渡性亚类，如灰化、漂白、黏化、龟裂、潜育、斑纹、表蚀、耕淀、堆垫、肥熟等；具有母质残留特性亚类为继承亚类，如石灰性、酸性、含硫等。

土族(families)是土壤系统分类的基层分类单元，它是在亚类范围内，主要反映与土壤利用管理有关的土壤理化性质发生明显分异的续分单元，是地域性成土因素引起的土壤性质分异的具体体现。土族分类选用的主要指标是土壤剖面控制层级的粒级组成、不同粒级的矿物组成、土壤温度状况、酸碱度、盐碱特性、污染特性，以及人为活动产生的其他特性等。

土系(series)是中国系统分类最低级别的基层分类单元，它是由性态特征相似的单个土体组成的聚合土体所构成的。同一土系的成土母质，所处地形部位及水热状况均相似，在一定的垂直深度内，土壤特征土层的种类、性态、排列层序和层位，以及土壤生产利用的适宜性能大体一致。

CST 单元名称以土纲为基础，其前叠加反映亚纲、土类和亚类性状的术语，就分别构成了亚纲、土类和亚类名称。土壤性状术语尽量简化，限制为两个汉字，土纲名称一般为三个汉字，亚纲为五个、土类为七个、亚类为九个汉字。各级类别名称均选用反映诊断层或诊断特性的名称，部分或选用有发生意义的性质或诊断现象名称。复合亚类在两个亚类形容词之间加连接号"-"，如石膏-磐状盐积正常干旱土；土纲名称中有机土、灰土、火山灰土、变性土、干旱土和新成土等均直接引自美国 ST 制；铁铝土、淋溶土、雏形土、潜育土和人为土参照联合国世界土壤图图例单元而来；均腐土取自法国土壤分类名称；盐土和碱土合称盐成土，人为土和富铁土是中国自己提出的。命名中亚纲、土类和亚类一级中有代表性的类型，分别称为正常、简育和普通以区别。"简育"一词原词是 haplie，即指构成这一土类应具备的最起码的诊断层和诊断特性，而无其他附加过程。土族命名采用土壤亚类名称前冠以土族主要分异特性连续名。土系命名可选用该土系代表性剖面点位或首次描述该土系的所在地的标准地名直接定名，或以地名加上控制土层优势质地定名。土壤检索系统既要包括各级类别的鉴别特性，又要包括它们检索顺序。土壤系统分类用于高级类别的鉴别特性是由成土过程产生的，或影响成土过程的、可量度的土壤性质。土纲类别一般采用关键或主要的鉴别性质确定，土纲以下各级类别多采用次要或附加的鉴别性质确定。

检索顺序就是土壤类别在检索系统中的检出先后次序。按规定先检出的土壤必然包括具有某诊断层或诊断特性的全部土壤，后检出的土壤就不允许再现这些性质。一种土壤的优势过程和产生的性质可能是另一类土壤的次要过程和性质；或相反，一类土壤的次要过程与性质都为另一类土壤的优势过程和性质。如果没有一个科学的合理的检索顺序，这些鉴别性质相同，但优势过程不同的土壤就可能并入同一类别。中国土壤系统分类的检索系统的检索顺序制定的原则如下：最先检出有独特鉴别性质的土壤；若某种土壤的次要鉴别性质与另一种土壤的主要鉴别性质相同，则先检出前一种土壤，以便根据它们的主要鉴别性质把两者分开；若两种或更多土壤的主要鉴别性质相同，则（或）按主要鉴别性质发生的强度或对农业生产的限制强度检索；土纲类别的检索应严格依照本方案规定的顺序进行；各土类下属普通亚类在资料充分的情况下，尚可细分更多的亚类。由上述可知检索顺序不完全等同于发生顺序。为把具有相似发生和鉴别性质的土壤留在同一类别，需要对发生顺序做出适当调整、全新排列，中国土壤系统分类土纲检索如表 5-4 所示。

表 5-4　中国土壤系统分类 14 个土纲检索简表

序号	诊断层和/或诊断特性	土纲
1	有下列之一有机土壤物质：土壤有机碳质量分数≥180 g/kg 或≥[120 g/kg＋（黏粒质量分数×0.1）]	有机土
2	其他土壤中有水耕层和水耕氧化还原层；或肥熟表层和磷质耕作沉积淀积层；或灌淤表层；或堆垫表层	人为土
3	其他土壤在土表下 100 cm 范围内有灰化淀积层	灰土
4	其他土壤在土表至 60 cm 或至更浅石质接触面范围内 60% 或更厚土层有火山灰特性*	火山灰土

序号	诊断层和/或诊断特性	土纲
5	其他土壤中有上界在土表至 150 cm 范围内的铁铝层	铁铝土
6	其他土壤中土表至 50 cm 范围内黏粒≥30％，且无石质接触面，土壤干燥时有宽度＞0.5 cm 的裂隙，和土壤至 100 cm 范围内有滑擦面或自吞特征	变性土
7	其他土壤有干旱表层和上界在土表至 100 cm 范围内的下列任一诊断层：盐积层、超盐积层、盐磐、石膏层、超石膏层、钙积层、超钙积层、钙磐、黏化层或雏形层	干旱土
8	其他土壤中土表至 30 cm 范围内有盐积层，或土表至 75 cm 范围内有碱积层	盐成土
9	其他土壤中土表至 50 cm 范围内有一土层厚度≥10 cm 有潜育特征	潜育土
10	其他土壤中有暗沃表层和均腐殖质特性，且矿质土表下 180 cm 或至更浅的石质接触面范围内盐基饱和度≥50％	均腐土
11	其他土壤中有上界在土表至 125 cm 范围内的低活性富铁层	富铁土
12	其他土壤中有上界在土表至 125 cm 范围内的黏化层或黏磐	淋溶土
13	其他土壤中有雏形层；或矿质土表至 100 cm 范围内有如下任一诊断层：漂白层、钙积层、超钙积层、钙磐、石膏层、超石膏层；或矿质土表下 20～50 cm 范围内一土层（≥10 cm 厚）的 n 值＜0.7；或黏粒质量分数＜80 g/kg，并有机表层；或暗沃表层；或暗瘠表层；或有永冻和矿质土表至 50 cm 范围内有滞水土壤水分状况	雏形土
14	其他土壤	新成土

注：* 覆于火山物质之上和/或填充其间，且石质或准石质接触面直接位于火山物质之下；或土表至 50 cm 范围内，其总厚度≥40 cm（含火山物质）；或其厚度≥2/3 的土表至石质接触面总厚度，且矿质土层总厚度≤10 cm；或经常被水饱和，且上界在土表至 40 cm 范围内，厚度≥40 cm（高腐或半腐物质，或苔藓纤维＜3/4）或≥60 cm（苔藓纤维≥3/4）。

5.2.3　中国土壤地理发生分类和系统分类的土壤参比

当前国内定量的系统分类和定性为主的发生分类并存，国内已有的大量土壤资料是在长期应用地理发生分类体系下积累起来的。在中国地理发生分类发展长达半个世纪的历史中，以第二次全国土壤普查为基础拟订的《中国土壤分类暂行草案(1978)》，不但丰富了地理发生土壤分类，而且吸收了系统分类的一些内容。因此，对这两个分类系统的参比具有现实意义。因为两个土壤分类的依据不同，从严格意义上对该两个分类系统很难作简单的比较，只能作近似的参比。且须注意下列几点：一是把握特点，中国土壤系统分类高级分类单元包括土纲、亚纲、土类和亚类，但重点是土纲；中国土壤地理发生分类中高级基本单元则是土类。两者参比时，主要以发生分类的土类和系统分类的亚纲或土类的比较。二是占有资料，尽管两个分类系统的分类原则和方法有很大不同，但只要占有充分的资料，就可进行参比，资料越充足，参比就越具体和确切。如果只有名称而无具体资料，只能抽象参比。三是要着眼典型土壤，中国土壤发生分类中心概念虽较明确，但边界模糊。有些未成熟的幼年亚类与典型亚类在性质上相差甚远。从系统分类

观点看，这种差异可能是土纲级别。故两个系统在土类水平上参比时，只能以反映中心概念进行参比，不然涉及范围太广而无从下手。在具体参比时，仍应根据诊断层和诊断特性，按次序检索。附录1列了两个分类系统中常见土类的参比，可供参考。

2022年我国开始了第三次全国土壤普查工作，即以第二次全国土壤普查形成的分类成果为基础，通过实地踏勘、剖面观察、采样分析等方式核实与补充完善土壤类型，并将构建全国土壤信息数据库、编绘全国土壤类型图、建立土壤地理发生分类类型与中国土壤系统分类类型的参比关系，以揭示全国土壤质量状况及其空间分布特征。

5.3 国际土壤分类的发展

5.3.1 俄罗斯土壤发生分类

19世纪末，现代土壤地理学的奠基人道库恰耶夫创立了土壤地理发生分类体系，并对世界土壤分类的发展作出了杰出贡献，至20世纪中期俄罗斯土壤发生分类已发展成为土壤地理发生分类和土壤历史发生分类两个学派。

以格拉西莫夫、伊凡诺娃等为代表的土壤地理发生学派，其主张以土壤发生学为基础，土壤形成过程和属性相结合进行分类，共分土类、亚类、土属、亚属、土种、亚种、变种和土相等分类单元，并把土壤分类与土壤分区相结合；土类之上归并为生物气候省，将苏联全部土壤类型归为9个生物气候省：极地带冰沼和极地土省、北方带冻结泰加林土省、北方带泰加林土省、亚北方带棕色森林土省、亚北方带草原土省、亚北方带半荒漠或荒漠土省、亚热带和热带半荒漠灰钙土省、亚热带半干旱褐土省、亚热带湿润土省。在每个生物气候省之内，按自型土、半成土、水成土和冲积土的顺序归纳各有关土类。土类是发生于一定的生物气候和水文条件下，并具有基本一致的有机质积聚、腐殖质类型、矿物的分解与合成，土壤物质的移动特点和相似的土体构型。亚类是土类单元的续分。在土壤形成的主要或附加过程上有质的差异，包括土类之间的过渡阶级，同时反映亚热带和自然条件的相应差异。土属为亚类的续分，主要取决于地方性条件和成土过程的残遗特征的综合影响。土种是土属的续分，按主要成土过程的发育程度划分。变种按土种特征的数量划分；变种按土壤的机械组成特性划分；土相按水蚀、风蚀以及坡积影响划分。

以波雷诺夫、柯夫达为代表的土壤历史发生学派，其土壤分类又称为进化发生土壤分类，以土壤的历史发生发育作为土壤分类的基础。其土壤分类的特点是根据风化壳特点和风化程度将全世界土壤划归以下9个土壤地球化学群系：酸性富铝土群、酸性富铝高岭化土群、酸性高岭化土群、酸性硅铝质土群、中性弱碱性硅铝质土群、中性弱碱性蒙脱质土群、碱性和盐渍土群、耕种土壤群，还有火山灰、岩石露头和其他非土壤形土群、成物；按水成型土到自成型土的发育阶段和成土物质的淋溶与累积，在土壤群之中细分为9个土壤阶段组：浅水、潜水、水陆更迭水成沉积物、水成土、半水成土、古水成土、远古水成土、原始自型土-古自型土、山地侵蚀土。土壤阶段组之下，再划分土类，共划分出200多个土类。20世纪后期，受土壤系统分类的影响，II. II. 希索夫1988年在借鉴国际土壤系统分类经验的基础上，拟订了土壤分类的26个诊断层；Б. Г. 罗赞诺夫(1990)拟订的土纲也采用了WRB中的20个土类；尤乌斯盖亚(Urusevskaya)等2015年阐

释了土壤地理区划是科学发展的方向和合理利用土地的基础。1∶250 万俄罗斯土壤生态带图及土壤地理数据库等工作也体现出俄罗斯土壤分类在向定量化、国际化方向发展。

5.3.2 美国土壤系统分类

近代美国的土壤分类是在马伯特（Marbut，1935）拟订的美国土壤分类系统基础上，经众多专家的修改完善而建立的。美国早期土壤分类只有中心概念而无明确的边界，缺乏定量指标，属于土壤发生学分类的范畴。20 世纪 50 年代，在史密斯主持下，世界各国上千位土壤学家付出智慧与辛苦，于 1961 年提出了依据土壤本身发育的性状，即以诊断层和诊断特性的定量化、标准化的土壤系统分类，1975 年出版了《土壤系统分类》(*soil taxonomy*)。随后在国际土壤分类委员会协助下，土壤系统分类得以不断完善和发展，这些成果促进了世界各国土壤分类的发展，已有近百个国家将其作为本国土壤分类。ST 检索系统共设 8 个诊断表层、20 个诊断表层下层、21 个诊断特性如质地突变、n 值、永冻层、聚铁网纹体、滑擦面、土壤水分状况、土壤湿度状况、可风化矿物、灰化物质等。ST 共分土纲、亚纲、大土类、亚类、土族和土系等 6 级，土系还可细分土相。韦尔（Weil）等 2017 年运用土壤发生学理论及野外现场可见的术语阐释了诊断表层、诊断表下层的主要特征，建立了其与土壤发生层的对应关系，如表 5-5 所示。

表 5-5 美国土壤系统分类中诊断表层、诊断表下层的主要特征比较

诊断层及对应的发生土层	主要特性
诊断表层(epipedons)=表土层(surface horizons)	
人为松软表层[anthropic(A)]	人为添加或改良材料，如富磷制品或富含养分泥潭状态(稻田耕作层)
叶垫表层[folistic(O)]	在正常年份有机层处于水分饱和状态时间少于 30 d
有机表层[histic(O)]*	有机物质量分数很高，在一年中某些时候是湿的
黑色表层[melanic(A)]*	黑色厚且富含高有机质(76%有机碳)的层次，常见于火山灰土壤
松软表层[mollic(A)]*	深暗色厚且高盐基饱和度、结构发育良好的层次
淡薄表层[ochric(A)]*	浅淡色且少含有机物或土层太薄且硬化；干燥时可能变硬块状
堆垫表层[plaggen(A)]	经长期人工耕作施肥灌淤形成类似草皮层次，常有人工遗物迹
暗瘠表层[umbric(A)]*	深暗色厚且低盐基饱和度、结构发育良好的层次
亚表层(subsurface horizons)	
耕作淀积层[agric(A 或 B)]	由人们长期耕作形成且位于耕作层下方有机质与黏粒积聚层
漂白层[albic(E)]	铁和铝氧化物大部分被淋失而形成的浅色黏质层
硬石膏层[anhydritic(By)]	硬石膏($CaSO_4$)聚积层
淀积黏化层[argillic(Bt)]	次生硅酸盐黏粒积聚层
钙积层[calcic(Bk)]	碳酸钙—碳酸镁积聚层
雏形层[cambic(Bw, Bg)]	因土壤物质机械运动—结构变异或化学反应且并非淋溶形成的土层
硬磐[duripan(Bqm)]	由二氧化硅强烈胶结形成硬磐层
脆磐[fragipan(Bx)]	具有壤质-致密-粗糙棱柱状易碎的脆磐层
舌状延伸层[glossic(E)]	舌状延伸至淀积黏化层的灰白色残积层

续表

诊断层及对应的发生土层	主要特性
石膏层[gypsic(By)]	生石膏($CaSO_4 \cdot 2H_2O$)结晶物聚积层
高岭层[kandic(Bt)]	低活性黏粒积聚层
钠质层[natric(Btn)]	富含钠离子的柱状或棱柱状结构的泥质层
氧化层[oxic(Bo)]	深度风化成的铁、铝氧化物和非黏性硅酸盐碎屑的混合积聚层
石化钙积层[petrocalcic(Ckm)]	由碳酸钙($CaCO_3$)胶结形成致密硬化层
石化石膏层[petrogypsic(Cym)]	由生石膏($CaSO_4 \cdot 2H_2O$)胶结形成致密硬化层
薄铁磐层[placic(Csm)]	由铁氧化物或锰氧化物和有机质胶结形成薄层硬化层
积盐层[salic(Bz)]	易溶盐积聚层
腐殖质淀积层[sombric(Bh)]	土壤有机质被淋溶-积聚层
灰化层[spodic(Bh，Bs)]	有机质与铁铝氧化物的积聚层
含硫层[sulfuric(Cj)]	强酸性有黄褐斑状硫化物积聚层

注：* 表示该发生土层存在于广阔区域的 5 个诊断层之中。

（据 Weil 等，2017 资料）

　　土纲（soil order）是反映了主导成土过程，及其产生的诊断层和诊断特性划分。共划分出 11 个土纲：有机土（Histosols）、灰土（Spodosols）、火山灰土（Andisols）、氧化土（Oxisols）、变性土（Vertisols）、干旱土（Aridisols）、老成土（Ultisols）、软土（Mollisols）、淋溶土（Alfisols）、始成土（Inceptisols）和新成土（Entisols）。这些土纲的划分实质上也体现了土壤的发生学特征，如 Bockheim 2015 年研究指出美国土壤系统分类中的 11 个土纲再加冻土（Gelisols），也较好地反映了母岩风化与土壤发育程度，如图 5-1 所示。

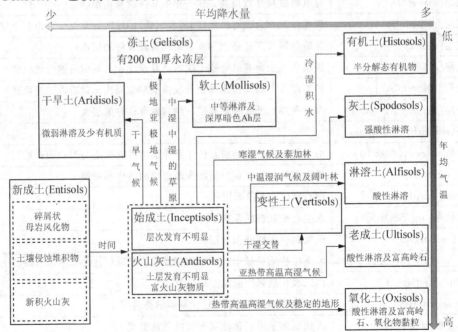

图 5-1　美国土壤系统分类土纲与母岩风化、土壤发育相互关系图

美国土壤系统分类是一个检索性分类或排除性分类，避免了由于某具体土壤包括多种诊断层或诊断特性时，难于确定其土壤类型的问题。因此，在检索土壤时也必须按照土纲的序号进行。如检索某一土壤时，首先看它能否满足有机土纲的要求，若满足，则为有机土；若不能满足，看它是否满足灰土纲的要求，这样依次采用排除法类推。若都不能满足前11个土纲的要求，则最后归入新成土纲，如图5-2所示。美国土壤系统分类中土壤分类单元的命名，采用了拉丁文及希腊文词根拼缀法。这实际是一种连续命名法，即以土纲名称为词根，累加形容词或副词，分别依次构成亚纲、大土类、亚类、土族的名称。

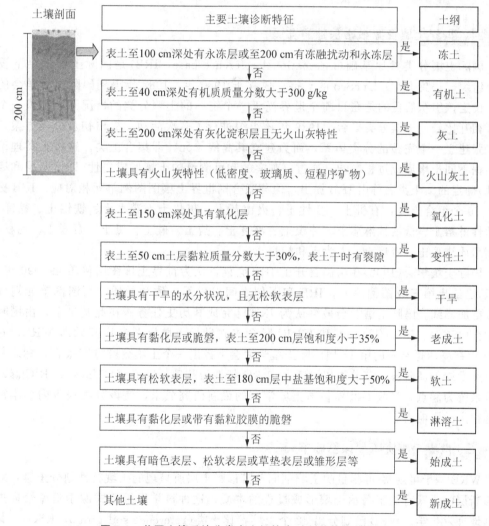

图5-2 美国土壤系统分类中土纲检索过程的简化模式图

亚纲（suborder）反映了控制现代成土过程的成土因素，一般根据土壤水分状况划分，或据土壤温度状况、人为影响、成土过程等划分。大土类（great group）综合反映了在成土条件作用下，成土过程组合的作用结果。根据诊断层的种类、排列及其诊断特性划分。

亚类(subgroup)主要反映次要的或附加的成土过程。亚类的划分可以是代表土类中心概念的"典型"亚类(typic)，或向其他土纲、亚纲或土类过渡的过渡性亚类。还有一种亚类，即非土类的典型特征，又非向其他土类过渡的过渡性亚类，如在坡麓地带发育的一个软土，因不断接受新沉积物，从而发育过厚的松软表层，定义为堆积亚类。土族(families)是一个亚类中具有类似物理、化学性质土壤的归并。主要根据剖面控制层次内的颗粒大小级别、矿物学特性、土壤温度状况等划分。土系(series)是土族内和土壤利用关系更为密切的土壤物理、化学性质，如质地、结构、结持性、pH等。

5.4 世界土壤资源参比基础

5.4.1 世界土壤资源参比基础的发展

国际土壤分类参比基础(international reference base，IRB)是国际土壤学会下设的一个组织，得到FAO/UneSco的支持，成立于1980年，1982年得到国际土壤学会的确认。设定该组织的目的是在目前全世界尚无一个统一的土壤分类的情况下，提供一个国际可相互比较的土壤分类平台。1989年该组织进行了多次活动，提出初步分类方案。它不主张建立一个完整的分类体系，而只建立其高级单元，即集合土类。这些土类理论上是根据不同土壤形成过程影响，通过可观察的和可测量的土壤形成属性(即诊断层和诊断特性)确定的。土类名称由IRB提出，但与联合国世界土壤图图例单元相对应。IRB提出以下20个组合土类：有机土、变性土、火山灰土、灰化土、滞水土、铁铝土、黏绨土、高活性淋溶土、低活性淋溶土、冲积土、潜育土、盐土、碱土、黑土、石膏土、钙积土、高腐殖质雏形土、雏形土、人为土和初育土。

国际土壤学会(1992)在法国召开了IRB会议，认为世界土壤图图例单元1990年(修订版)已给出第三级图例单元。IRB和图例之间出现不一致和矛盾，而图例单元划分较IRB更加详细。国际土壤学会最终认为IRB已完成其历史任务。在此基础上，由国际土壤学会(ISSS)、FAO/Unesco和ISRIC联合成立世界土壤资源参比基础即WRB，并于1994年在墨西哥召开的第15届国际土壤学大会上提出一个土壤分类方案报告，标志着土壤分类发展的新阶段。该分类以诊断层和诊断特性为基础，以FAO/Unesco/IRIC修改的图例系统为起点，吸收了世界各国土壤学家的最新研究成果，使该分类报告内容丰富且具有很大的影响力。

5.4.2 世界土壤资源参比基础单元

WRB基于可观察-可测量的土壤剖面及其诊断土层所呈现的土壤特性划分土壤，对这些诊断层的观察有助于揭示土壤形成过程的本质，这种科学思维范式源于道库恰耶夫的土壤地理发生学。WRB已划分出32个土壤参比土类(reference soil group，RSG)，其命名法保留了传统的土壤学术语与当今多种语言常用的术语，其低级土壤类型单元的命名则采用了添加与辅助土壤形成过程相关的、有完全定义的前缀或后缀的方式(Miroslav Kutílek et al，2015)。依据土壤形成发育过程中形成是可观察-可测量的土壤剖面及其诊断土层与特性，可将32个RSG归并为10个土壤类群，如表5-6所示。

表 5-6 世界土壤资源参比基础(WRB)的 10 个 RSG 类群比较

类群	主要特征	参比土类(RSG)
1	在不同程度腐殖质化中以有机物占主导地位的土壤,丰富有机物质造成土壤具有与矿质土壤不同的特殊属性	有机土(Histosols)
2	WRB 将人类活动作为成土因素,将人类活动占主导地位并支配其他成土因素区域的土壤划分出一个特殊的类群,在此参比土类群中一些自然成土因素甚至没有机会发挥次要的从属作用	人为土(Anthrosols) 技术土(Technosols)
3	那些具有强烈限制植物根系生长发育的土壤	寒冻土(Cryosols) 薄层土(Leptosols)
4	多个方面受水强烈影响的土壤,如在干湿交替条件下,土壤遭受频繁的膨胀和收缩作用;土壤周期性遭受洪水侵袭;土壤遭受波动性高地下水的影响;通过土壤水分流于蒸发作用致使可溶性盐在土壤表层不断积聚等	变性土(Vertisols) 冲积土(Fluvisols) 潜育土(Gleysols) 盐土(Solonchaks) 碱土(Solonetz)
5	在成土过程中化学元素铁和(或)铝起着主要作用的土壤	火山灰土(Andosols) 灰壤(Podzols) 聚铁网纹土(Plinthosols) 黏绨土(Nitisols) 铁铝土(Ferralsols)
6	在成土过程中内涝中起主要作用的土壤	黏磐土(Planosols) 滞水表潜土(Stagnosols)
7	形成发育于草原地区具有深厚腐殖质层、富含盐基离子且盐基饱和、垂直向下逐渐向母质过度的土壤	黑钙土(Chernozems) 栗钙土(Kastanozems) 黑土(Phaeozems)
8	在干旱区域由于特定物质积聚所形成的土壤,如积聚的物质可能是石膏、二氧化硅、石灰	石膏土(Gypsisols) 硅胶结土(Durisols) 钙积土(Calcisols)
9	在湿润地区由于淋溶作用形成的心土层富含黏粒的土壤	漂白淋溶土(Albeluvisols) 高活性强酸土(Alisols) 低活性强酸土(Acrisols) 高活性淋溶土(Luvisols) 低活性淋溶土(Lixisols)
10	那些发育微弱或还未有土壤剖面发育的相对年轻土壤	暗色土(Umbrisols) 砂性土(Arenosols) 雏形土(Cambisols) 疏松岩性土(Regosols)

5.4.3 世界土壤资源参比基础与美国和中国土壤系统分类参比

WRB 与 ST、CST 都是以诊断层和诊断特性为基础的土壤分类，即它们均将待分类的土壤剖面作为客观物质实体，以土壤本身物质组成和性状特征作为分类的主要依据，这是它们的共同点。WRB 的对象是世界所有土壤，在一级单元划分过程中也运用了对土壤利用有重要影响的某些土壤形态及理化性状，如聚铁网纹层、质地突变层、黏绨层、结核层和强酸性等，在宏观上将世界土壤划归为 32 个一级单元和 200 余个二级单元，表现出高度的概括性。ST 和 CST 则基于本国土壤调查及其化验分析成果，依据标准化和定量化的土壤诊断层、诊断特性进行土壤分类，两者均属于多级（即土纲、亚纲、土类、亚类、土族和土系）谱系式分类。

WRB 与 ST 制的参比：①在美国土壤系统分类的高级分类单元——亚纲划分中运用了反应宏观气候条件的土壤温度状况和土壤水分状况的等定量化指标，例如将淋溶土纲(Alfisolfs)细分为潮湿淋溶土(Aqualfs)、冷凉淋溶土(Boralfs)、湿润淋溶土(Udalfs)、半干润淋溶土(Ustalfs)、夏旱淋溶土(Xeralfs)等亚纲。WRB 方案中未采用与气候条件密切相关的土壤性状指标。②在 WRB 方案的土壤分类级别仅有两级，一级单元共有 32 个类型，二级单元也仅有 200 个类型；美国 ST 制则采用六级分类单元，其中土纲的概括性强于 WRB 的一级单元，如在 ST 中的松软土(Molisols)土纲就涵盖了 WRB 中的黑钙土，栗钙土和黑土 3 个一级单元。③WRB 比 ST 制用了更多的诊断层、诊断特性和诊断物质，特别是运用了反应土壤形态、土壤物质形成条件等方面的诊断层和诊断特性指标，需要指出的是在 WRB 和 ST 之中，即使它们的某些诊断层、诊断特性和土壤类型名称相同，但它们之间的土壤学含义也是有区别的。

WRB 与 CST 制的参比：①两者有些一级单元的名称相同，如有机土、人为土、变性土、灰土、铁铝土、潜育土和雏形土等，其中许多土壤类型单元具有对应关系：如 WRB 中的盐土与 CST 中的正常盐成土；碱土与碱积盐成土；冲积土与冲积新成土；砂性土与砂质新成土；石膏土与石膏正常干旱土；钙积土与钙积正常干旱土等。②在人为土的划分上 WRB 和 CST 大体是一致的，但某些具体划分指标和内涵上并非完全一样，如两者在水耕表层和水耕氧化还原层的鉴定指标并不相同，故要进行严格的参比，只有根据土壤的具体性质来确定。③WRB 中一级单元的许多土壤名称与中国土壤地理发生分类的名称相同，这也便于中国学者的应用。

总之，当今国际学术界还没有形成统一的土壤分类及其命名系统，但倡导诊断层、诊断特性、土壤地理发生学基础在土壤分类中的作用，已成为国际土壤分类发展的共同趋势。不同土壤分类系统之间的参比研究还有待深入，针对国际上比较流行的 ST、WRB 与 CST，众多专家已构建了它们分类单元之间相近似的参比表，如表 5-7 和附录二所示。

表 5-7　WRB 土类与 ST 土纲的参比表

WRB	ST											
	Alfisols 淋溶土	Andisols 火山灰土	Aridisols 干旱土	Entisols 新成土	Gelisols 冻土	Histosols 有机土	Inceptisols 始成土	Mollisols 软土	Spodosols 灰土	Oxisols 氧化土	Ultisols 老成土	Vertisols 变性土
Acrisols 低活性强酸土	≈									≈	=	
Albeluvisols 漂白淋溶土	=							≈			≈	
Alisols 高活性强酸土	≈										=	
Andosols 火山灰土		=										
Anthrosols 人为土		≈	≈	=	≈		≈			≈		
Arenosols 砂性土					=							
Calcisols 钙积土	≈		=				≈					
Cambisols 雏形土			≈				=					
Chernozems 黑钙土								=				
Cryosols 寒冻土					=							
Durisols 硅胶结土	≈		=				≈				≈	
Ferralsols 铁铝土	≈									=	≈	
Fluvisols 冲积土				=								
Gleysols 潜育土	≈	≈			≈		≈	≈		≈	≈	
Gypsisols 石膏土	≈		=				≈					≈

续表

WRB	ST											
	Alfisols 淋溶土	Andisols 火山灰土	Aridisols 干旱土	Entisols 新成土	Gelisols 冻土	Histosols 有机土	Inceptisols 始成土	Mollisols 软土	Spodosols 灰土	Oxisols 氧化土	Ultisols 老成土	Vertisols 变性土
Histosols 有机土					≈	=						
Kastanozems 栗钙土								=				
Leptosols 薄层土			≈	=		≈		≈				
Lixisols 低活性淋溶土	=										≈	
Luvisols 高活性淋溶土	=										≈	
Nitisols 黏绨土	≈									≈	=	
Phaeozems 黑土								=				
Planosols 黏磐土	≈						≈	≈			≈	
Plinthosols 聚铁网纹土	≈									≈	≈	
Podzols 灰土									=			
Regosols 疏松岩性土				=								
Solonchaks 盐土			=				≈					
Solonetz 碱土	≈		≈									
Stagnosols 滞水表潜土	≈			≈			≈	≈			≈	
Technosols 技术土		≈	≈	=	≈		≈					≈

续表

WRB	ST											
	Alfisols 淋溶土	Andisols 火山灰土	Aridisols 干旱土	Entisols 新成土	Gelisols 冻土	Histosols 有机土	Inceptisols 始成土	Mollisols 软土	Spodosols 灰土	Oxisols 氧化土	Ultisols 老成土	Vertisols 变性土
Umbrisols 暗色土							=					
Vertisols 变性土												=

注：＝表示 WRB 中所示单元全部或几乎全部与 ST 中的所示土纲类型相互对应；
　　≈表示 WRB 中所示单元有一些与 ST 中的所示土纲类型相互对应。

（据 Giacomo Certini，2006 年资料）

【思考题】

1. 任选一个主要的土壤分类方案，检验其在实际应用中的主要问题。

2. 为什么说无层次结构的土壤分类比有层级系统的土壤分类更为可取？

3. 举例说明诊断土层与发生土层的异同。

4. 简要分析世界土壤资源参比基础、美国系统土壤分类和中国土壤系统分类的区别。

5. 简要分析世界土壤资源参比基础、美国土壤系统分类、中国土壤系统分类与土壤地理发生学分类，在田间土壤调查应用中的优缺点。

6. 试比较土壤发生分类和土壤系统分类。

第6章 土壤类型及其空间分布

【学习目标】

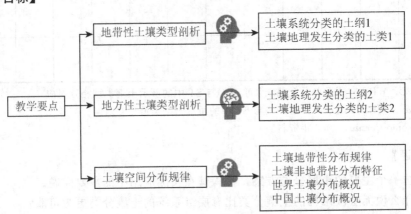

美国土壤系统分类共设立12个土纲单元，美国农业部国家土壤调查中心（national soil survey centers-USDA）还估算了这12个土纲在全球约$131×10^6$ km² 陆地表面的分布状况。分析发现12个土纲在土壤形成发育上具有明显联系，且与环境的相关性密切。由于受土壤组成性状的复杂多变性和土壤调查研究区域性的影响，目前现有的土壤分类系统均未包含世界上所有的土壤类型，如ST就没有包含人为土这个类型，CST和WRB中虽然设有人为土这个类型，但没有将与人类生存环境密切相关的城市土壤包含在内，城市土壤还游离在各种土壤分类体系之外。为了便于土壤环境科学研究、教学和学术交流，本章以中国土壤系统分类为基础，综合分析中国土壤系统分类各单元与美国土壤系统分类单元、WRB土类、传统土壤地理发生分类单元的参比联系。另外，以有地带性特征土纲类群、非地带性土纲类群和人为影响性土纲及土壤类群为空间单位，在剖析各种生态系统与土壤类型之间密切关系的同时，分析各种土壤类型（主要土纲）的主要物质组成和性状特征。

6.1 地带性土壤类型剖析

6.1.1 热带雨林季雨林-铁铝土

铁铝土是处于高级风化成土阶段的一个土纲。它是由高度富铁铝化作用形成的，上界在矿质土表至150 cm范围内的铁铝层，且在铁铝层之上无火山灰特性，无灰化淀积层的土壤。铁铝层是铁铝土纲的主要诊断层，而且是铁铝土纲特有的一个诊断层。铁铝层必须同时符合下列各条鉴别标准：①厚度≥30 cm；②具有砂壤或更细的质地，黏粒质量分数≥80 g/kg；③表现阳离子交换量（CEC_7）<16 cmol/kg黏粒和表现实际阳离子交换量（ECEC）<12 cmol/kg；④50～200 μm 粒级中可风化矿物<10%，或细土全钾质量分数<8 g/kg（K_2O<10 g/kg）；⑤保持岩石构造的体积<5%，或在含可风化矿物的岩屑上有

R_2O_3 包膜；⑥无火山灰特性。铁铝土相当于 ST 中的氧化土；相当于 WRB 中的铁铝土、聚铁网纹土；相当于土壤地理发生分类中的砖红壤和部分赤红壤等。

(1)铁铝土形成的环境特征

铁铝土广泛分布于世界热带雨林气候区、热带季雨林气候区和热带海洋性气候区，包括南美洲的亚马孙河流域、非洲的刚果河流域、亚洲的东南部和南部广大地区以及澳大利亚东北部沿海地区。中国铁铝土分布于海南、广东、广西、福建、台湾及云南诸省（区）的部分地方，它与富铁土、雏形土及人为土等土纲并存于热带和部分南亚热带地区。其环境特征表现为在气候上终年高温多雨，非常有利于成土物质的彻底风化淋溶作用，年均气温在 19.8～24.9 ℃，年降雨量在 1 000～2 500 mm，湿热的气候条件有利于植物繁茂生长，铁铝土原有植被为热带雨林或热带及亚热带季雨林，从地形部位来看，一般分布于地势略呈起伏、坡度平缓、地表相对稳定的地丘阶地地形上，其成土母质为各类母岩强度风化、短距离搬运的身后沉积物，并包括第四纪红土和浅海沉积物。

(2)主导成土过程

土壤矿物的高度风化分解 铁铝土的细土部分富含黏粒，其 B 层的黏粒（<2 μm）质量分数除少数受母质影响外，大部分都在 400～600 g/kg，一些玄武岩风化沉积物形成的达 800 g/kg 左右。铁铝土剖面中几乎完全不含可风化矿物，即可作为养分给源的母岩碎屑，其 B 层的粉粒和砂粒部分除石英外极少有长石和云母类矿物存在，绝大多数原生矿物和 2∶1 型的次生矿物被风化分解为氧化铁和氧化铝。铁铝土 B 层机械颗粒组成、可风化矿物状况均可说明其土壤物质的风化作用已达到高级阶段。

盐基离子强烈淋失 铁铝土在其风化成土过程中盐基元素遭受强烈淋失，B 层土壤的 pH 在 4.2～5.3，阳离子代换量较低，盐基饱和度也很少超过 40%。在交换性阳离子组成中铝占优势，交换性铝饱和度多在 40%～80%，这可能是其高质量分数的游离氧化铁铝，并有大量正电荷所致。一些统计表明铁铝土细土部分盐基元素（钙、镁、钾、钠）总储量（交换态＋矿物结合态）均不足 40 cmol/kg。

硅酸强烈淋失与氧化铁、氧化铝相对富集 铁铝土成土物质在风化过程中释放的硅酸也被强烈排脱、淋失，而致铁、铝氧化物产生极明显的相对富集。铁铝土 B 层的游离氧化铁质量分数虽因母质种类不同而变化很大，特别是由玄武岩风化沉积物形成的铁铝土，其游离 Fe_2O_3 质量分数可高达 180 g/kg。部分铁铝土，特别是由玄武岩风化沉积物形成的，由于铁、铝氧化物的极明显富集，产生了大量正电荷，交换性铝饱和度仅 20% 左右。由于受氧化铁、铝的胶结作用，野外观察常见铁铝土 B 层黏粒呈微团聚的假粉粒状态，实验室测定表明几乎不存在水可分散黏粒。

强烈的生物富集过程 在铁铝土区热带雨林或热带季雨林密集的植物种群终年旺势生长，并将大量凋落物归还土壤表层。调查资料表明，在热带雨林植被下，每年有 11 550 kg/ha 凋落物（干物质）输入铁铝土的表层，微生物终年分解这些巨量凋落物，可以为铁铝土上层补给大量的矿质营养元素，供植物根系再次吸收利用。其结果导致铁铝土表土 pH 高于心土层，盐基饱和度和代换性阳离子量也明显偏高。

黏粒活性显著降低 高度富铁铝化作用的结果表现为土壤净负电荷量大为减少，黏粒活性显著降低。铁铝土 B 层表观阳离子交换量（CEC_7）和表观实际阳离子交换量（ECEC）分别为 16 cmol/kg 和 <12 cmol/kg 黏粒。因此，黏粒在剖面中随水分向下淋溶移动及淀积作用

受到明显阻滞，特别是在缺少有机质的情况下更为严重。铁铝土黏粒的剖面分布主要受母质沉积层理或先前成土周期中黏粒在剖面中移动淀积作用的残留特征影响。

（3）土壤剖面特征及理化性质

铁铝土土壤剖面构型为 Ah-Bms-BC-C。其中 Ah 层厚度一般 15～35 cm，土壤颜色呈暗赫红色（2.5 YR）；Bms 层厚度在 50～200 cm，最厚可达 200 cm 以上，呈棕红色、紧实黏重、块状结构，土壤结构体表面常有棕红色胶膜或者铁锰结核；土壤剖面底部多为红色富含铁锰结核的网纹层。铁铝土因成土风化过程强烈，土壤矿物已遭受彻底风化分解，故其土壤中原生矿物很少，土壤质地黏重，其土体中部黏粒质量分数可达 50％以上，黏粒的硅铝率在 1.5～1.8，黏土矿物成分以高岭石为主，并含有大量的三水铝石和氧化铁；由于土壤微生物终年强烈分解有机物，故富铁土有机质质量分数较低，一般不足 2％，在腐殖质中胡敏酸与富里酸之比小于 1，且胡敏酸的分子结构也较简单，分散性强；铁铝土一般呈现强酸性发应，土壤 pH 在 4.5～5.0，且因强烈的生物富集作用，pH 由剖面上部向下逐渐变小，同时土壤还具有较强的潜在酸性。

6.1.2　亚热带常绿阔叶林——富铁土

富铁土是中度富铁铝化作用形成的、上界在矿质土表至 125 cm 内低活性的富铁层，但无铁铝层的土壤。相当于美国土壤系统分类中老成土；相当于 WRB 中低活性强酸土、低活性淋溶土、黏绨土、聚铁网纹土；相当于土壤地理发生分类中的红壤、黄壤、部分石灰土、部分燥红土等。

（1）富铁土形成的环境特征

富铁土广泛分布于世界亚热带湿润区，如亚洲东部、北美洲东南部、南美洲的中南部、非洲南部、澳大利亚东南部和欧洲地中海沿岸。在中国，富铁土则广泛分布于东南部、华南及西南部分地区，包括江苏、江西、浙江、安徽、湖南、湖北、四川、福建大部分地区，以及广东、广西、海南、台湾、贵州、云南、西藏部分地区。富铁土形成于温热气候条件下，其自然植被以常绿林为主，所占据的地形主要为丘陵低山，但在中亚热带仅限于低丘陵及山地外围的高丘陵地上，在南亚热带及热带地区多出现在高丘陵及低山上，在东部地区其分布的海拔高度上限自北向南逐渐增高，如在江西多出现在海拔500 m 以下，广东、海南则可分布至 800～900 m。其成土母岩母质种类繁多，但在中亚热带地区主要为第四纪红土及其他母岩的老风化物或易受风化的基性火成岩（玄武岩）风化物，在南亚热带及热带地区多为风化不彻底的各种母岩的风化物。

（2）主导成土过程

中度风化作用　富铁土 B 层的黏粒质量分数除少数受特殊母岩母质的影响外，大部分都在 30％～50％，且其细粉粒与黏粒质量分数的比率多集中在 0.3～0.6。从一些矿物鉴定结果也发现富铁土 B 层的细粉和粗粉粒组成矿物中除石英外，尚有长石或云母存在。上述 B 层机械颗粒组成、矿物组成及全钾质量分数状况均说明富铁土的矿物风化作用虽已相当强烈，但仍处在中度风化阶段。

单、双硅铝化矿物分解合成作用　据矿物鉴定结果，在湿润土壤水分状况下，由花岗岩形成的富铁土，其 B 层的黏土矿物组成以高岭石为主，并有部分三水铝矿以及少量水云母、蛭石类黏土矿物；由砂页岩及变质岩形成的富铁土，其 B 层的黏土矿物组成以

高岭石与水云母并存，伴有少量蛭石，或以水云母占优势，伴有少量高岭石；在常湿润或偏向常湿润的湿润土壤水分状况下，由花岗岩或砂页岩形成的富铁土，其 B 层的黏粒矿物组成除高岭石与水云母并存外，还有相当多的三水铝矿或铝蛭石。结果表明，富铁土中矿物质是以部分水解，单、双硅铝化作用兼有或以有限度酸性络合分解，铝质单、双硅铝化作用兼有的方式进行合成分解。他们既不同于以完全水解、单硅铝化作用为主要方式的铁铝土，又不同于以部分水解、双硅铝化作用为主要方式的淋溶土或雏形土。

强烈盐基淋失作用 在风化过程中盐基的淋失是富铁铝化作用的前提，富铁土中盐基离子已被强烈淋失，土壤盐基离子质量分数明显降低，富铁土 B 层的水浸提 pH 多在 4.0～5.0，交换性盐基饱和度大多在 30％以下。同时，在交换性阳离子组成中，交换性铝占了优势，铝饱和度多在 60％～90％；KCl 浸提 pH 多在 3.0～4.0，表现强酸性反应，但水浸提 pH 均比 KCl 浸提的大，且其差值在 0.5～1.5，大部分接近 1，这也说明富铁土的富铁铝化作用并未达到非常强烈的阶段。

明显脱硅和铁铝氧化物富集作用 某些富铁土在常湿润或偏向常湿润的湿润土壤水分状况下，风化过程中盐基离子与硅酸被迅速淋失，矿物分解释放出来的铝离子除部分直接与 $Si(OH)_4$ 结合成 1∶1 型黏土矿物外，其大部分则以羟基铝聚合体及三水铝矿，或形成铝质 2∶1 型黏土矿物留存在土层中，从而使铝的富集作用更为明显，因此，其 B 层三酸消化分解的硅铝铁率＜2，或热碱浸提的硅铝铁率＜1。富铁土在脱硅铝化的同时，矿物分解释放出的大部分铁经水解作用形成氢氧化铁凝胶及水铁矿。氢氧化铁凝胶及水铁矿脱水老化，在有明显干湿季节变化的湿润土壤水分状况下，多转为赤铁矿，使土壤呈 5YR 或更红的色调。富铁土 B 层硅铝铁率，及游离铁占全铁的百分比可充分地说明，富铁土在形成过程中进行着明显的脱硅和铁、铝氧化物富集作用。

低活性黏粒累积作用 野外调查观察表明，某些具有稳定地表的富铁土，其 B 层的结构面上或孔隙壁上会有明显的黏粒胶膜。土壤微形态研究也表明，一些富铁土 B 层存在有明显的黏粒淋移淀积迹象。这种情况表明富铁土形成过程中存在着明显的黏粒累积作用，但随着富铁铝化作用的加强，黏粒活性相应降低，其在剖面中向下移动淀积的可能性也渐趋减弱，或因地形坡度或母质再沉积的影响，并非所有富铁土的 B 层都呈现明显的黏粒累积作用。当然有些富铁土虽然有明显的黏粒累积作用，但因表土层或淋溶层被侵蚀移走，留下的剖面中并不呈现明显的黏粒累积。上述的成土特点说明，富铁土是以中度富铁铝化作用为主要过程，并有低活性黏粒累积作用的土壤。它既不同于以高活性黏粒累积作用为主要过程的淋溶土，又有别于具有高度富铁铝化作用的铁铝土。从土壤形成发育阶段看，它是属于上述两者之间的一个土纲。

（3）主要诊断层和诊断特征

富铁土剖面构型为 Ah-Bs-C。其中 Ah 层厚度一般 20～40 cm，土壤颜色呈暗棕红色（5YR）；Bs 层厚度在 50～200 cm，呈棕红色、紧实黏重、块状结构，土壤结构体表面常有棕红色胶膜。富铁土的成土过程是富铁铝化，而黏粒沿剖面向下移动淀积作用已退居次要，且其黏化层的存在又受多方面影响，情况相当复杂，因此，选用与中度富铁铝化作用相联系的低活性黏粒特性和有利于氧化铁富集特性相结合的低活性富铁层作为富铁土纲的主要诊断层，而黏化层作为其下属土类或亚类划分的诊断层。调查资料表明，中国富铁土 B 层盐基饱和度常因成土母质性状、生物富集过程、人工施肥等的不同而有

所差异。

富铁土成土风化过程强烈，土壤矿物已彻底风化分解，故其土壤中原生矿物很少，土壤质地黏重，其土体中黏粒质量分数可达50％以上，黏粒的硅铝铁率在2.0～2.4，黏土矿物成分以高岭石为主；由于土壤微生物终年强烈分解有机物，故富铁土有机质质量分数较低，一般不足2％，在腐殖质中胡敏酸与富里酸之比小于1，且胡敏酸的分子结构也较简单，分散性强；富铁土一般呈现酸性至强酸性反应，土壤pH在5.0～5.5，且因强烈的生物富集作用，pH由剖面上部向下逐渐变小，同时土壤还具有较强的潜在酸性。因此，富铁土的结构较差，多呈块状结构，土壤结构的水稳性差，干时坚硬，湿时黏糊。

6.1.3 温带夏绿阔叶林——淋溶土

淋溶土作为一个土纲名称，在土壤发生分类和土壤系统分类中都应用过，但各自的含义不同，前者强调土壤地带性，不一定要有黏化层；后者却以有黏化层为必备条件，否则便划归雏形土，甚至划归新成土。同为土壤系统分类，中国和美国的土壤系统分类也不尽相同。虽然二者都要有黏化层，但前者还要求盐基饱和度≥50％，后者要求表观阳离子交换量≥24 cmol/kg黏粒。故淋溶土相当于WRB中的高活性淋溶土、高活性强酸土、灰化淋溶土和黏磐土；相当于土壤地理发生分类中的暗棕壤、白浆土、棕壤、黄棕壤、部分褐土、部分黄壤、部分石灰土等。

（1）淋溶土形成的环境特征

全球淋溶土的分布范围十分广泛，从北美洲和欧亚大陆北纬60°向南跨越赤道，一直至南美洲的南端、非洲的南端、澳洲的南端及新西兰岛，都有广泛分布。淋溶土约占全球陆地面积的14.7％，其分布横跨几个气候带。中国淋溶土从寒温带、温带、暖温带到北亚热带甚至中亚热带均有分布，约占陆地面积的13％，据不完全统计，淋溶土区面积约12.5万km²，其主要分布区为中国东部、中部及西部某些山地的垂直带。中国淋溶土分布区的气候条件和自然植被具有如下特点。①年均气温在−1～17 ℃，气温年较差高达18 ℃；②年均降水量在600～1 800 mm；③年干燥度多数在0.5～1.0，部分高达1.5或<0.5；④土壤冻结层深度最深的达250 cm，最浅的<15 cm，甚至终年无冻层；⑤自然植被多为不同类型的森林或森林灌丛植被。淋溶土纲中的不同亚纲，在其分布区的气候条件和自然植被显著不同。淋溶土分布区的地形主要为山地（低山为主，中山次之）、丘陵和黄土岗地，其成土母质以片麻岩、花岗岩、砂岩、页岩等酸性母岩风化物和不同类型的黄土为主，其次为石灰岩的残积风化物。

（2）主导成土过程

黏化层在土壤剖面中部的存在是淋溶土的必备条件，黏化作用是形成淋溶土的重要成土作用。不同黏化作用的发生导致土壤性质的差异，是鉴别土壤类型并进行土壤分类的重要指标。淋溶土具有淀积黏化作用和次生黏化作用，相应地具有淀积黏化层和次生黏化层，二者统称为黏化层（Bt层）。但并非具有黏化层的土壤都属于淋溶土，同时必须具有较大的盐基离子交换量，即≥24 cmol/kg黏粒。南方富铁土（红壤）也可能具有黏化层，但其离子交换量<24 cmol/kg黏粒。北方的碱质盐成土（碱土）也具有黏化层，但它属于一种特殊的淀积黏化层，是碱化作用所引起的，不属淋溶土。在淋溶土分布区有的土壤无明显的黏化层，但有由于残积黏化作用形成的雏形层（Bw层），应属雏形土。

（3）诊断层和诊断特性

淋溶土的土体构型为 O-A-Bt-C 型，表层为一枯枝落叶层即 O 层，受成土的生物气候条件的影响，其有机物组成及其厚度差异较大；其下为暗棕色或淡色的腐殖质层，即 A 层；心土层为次生黏土矿物聚积的、质地黏重的棕色淀积层，即 Bt 层；剖面下部为母质层即 C 层。淋溶土表土层一般有机质质量分数较高，其腐殖质组成差异较大，胡敏酸与富里酸比值在 0.7～1.5；土壤剖面通体一般无石灰反映，土壤呈现微酸性至酸性，多数淋溶土表层土壤的 pH 为 6.0～7.0，土壤阳离子代换量和盐基饱和度均较高，且交换性阳离子以钙镁离子为主；淋溶土质地为黏质，次生黏土矿物以 2：1 型矿物为主，即以水云母、蛭石为主。淋溶土必须有以棕色为主的黏化层，表观阳离子交换量≥24 cmol/kg 黏粒。至于盐基饱和度大部分＞50%，但也有少数＜50%，故未把它作为划分土纲的指标。此外，它可以具有常湿润、湿润或半干润土壤水分状况和有寒性、冷性、温性或热性土壤温度状况。淋溶土的主要诊断层是黏化层。

6.1.4 寒温带针叶林——灰土

灰土是具有灰化淀积层的一类土壤。本土纲相当于美国土壤系统分类中的灰土土纲，WRB 中的灰壤、灰化淋溶土，土壤发生分类中的灰化土或者漂灰土。灰化淀积层是灰土纲独有的一个诊断层。灰化淀积层必须具有以下两个条件：厚度≥2.5 cm，一般位于漂白层之下；由≥85%的灰化淀积物质（spodic materials）组成。其指标为 pH≤5.5，有机碳质量分数≥12 g/kg，色调为 5YR，明度为 4，彩度为 6（或色调为 7.5YR，明度≤4，彩度为 3、4 或 6；或色调为 7.5YR，润态明度≤4，彩度为 3、4 或 6）。其形态为：单个土体被有机质和铁、铝胶结，胶结部分结持紧实。

（1）灰土形成的环境特征

灰土广泛分布于北半球中高纬度地区，在欧亚大陆的北部和北美洲北部呈现纬向地带性分布，包括北欧的挪威、瑞典、芬兰、波兰北部、俄罗斯的欧洲部分，亚洲北部的西伯利亚、北美洲的加拿大和美国北部地区，其中在俄罗斯和加拿大境内灰土分布面积最多。中国灰土分布的面积相对较小，主要位于大兴安岭北端。另外在世界各地高山垂直土壤带谱也有灰土分布，如在中国长白山北坡及青藏高原南缘和东南缘的山地垂直带中有灰土分布，中国台湾玉山山地也有部分灰土分布。灰土形成的气候属于寒温带湿润气候，其特点是冬季寒冷而漫长，暖季短促，气温年较差大，生长期一般只有 50～75 d。另外由于在暖季气温较高，如 7 月平均气温可达 15 ℃以上，再加白昼时间长，可以补偿其温度的不足，故可以生长茂密的针叶林。其林下地被层多为苔藓、地衣和藻类，并与针叶树的枯枝落叶形成了较厚的半分解状态的枯枝落叶层。藓类及枯枝落叶层大量吸水，在生长季节其含水量约为 150%，起着保持土壤冷湿的作用。

（2）主导成土作用

针叶林对土壤的物质循环、有机物累积过程具有重要的作用。森林每年将大量凋落物归还于土壤表层，形成了枯枝落叶层。在暖季温暖湿润的条件下，这些灰分质量分数很低的针叶林凋谢物被微生物不断分解，形成强的有机酸类化合物随水进入土体，导致土壤酸度升高，其土壤表层的活性酸度 pH＝3.3～4.5，并促进灰化作用的发展。在灰土的成土过程中，微生物分解枯枝落叶所产生的强有机酸类化合物，对原生矿物和次生矿

物的破坏起了很大的作用，使土壤上部 A1 和 E 层中的矿物遭受破坏，分解成各种氧化物，其部分氧化铁、氧化锰等有色矿物在强酸作用下从上部土层中淋失，而 SiO_2 和 Al_2O_3 相对积累，形成了灰白色灰化层。但应该指出在强酸条件下也有部分氧化铝发生移动，故 B 层内黏粒的硅铝率有变小的趋势。在灰化过程中，除了矿物中氧化物的迁移外，交换性阳离子也大部分被淋失。游离的盐基更易随水向底层淋溶。土壤中交换性盐基的组成可以反映土壤的灰化程度。

(3)诊断层和诊断特性

灰土是在特定的环境条件下所形成的一类森林土壤，土壤剖面分异明显，其典型的土壤剖面构型为 O-A-E-Bsh-C 型，表层为暗色的枯枝落叶层，即 O 层，其厚度在 3～10 cm 不等；其下部为暗灰色的腐殖质累积层，即 A 层，其厚度 20～25 cm；心土层为灰白色的淋溶层，即 E 层，其中富含白色硅质粉末，呈现薄片状结构，其厚度 25 cm 左右；土壤剖面下部为黄棕色的淀积层，即 Bsh 层，常有氧化铁和氧化锰的胶膜，其厚度不足 25 cm。淀积层向下逐渐过渡到由冰冻风化物组成的冻土层。

灰土表层有机质质量分数丰富，向下锐减具有明显的表聚性，其土壤腐殖质组成以富里酸为主，胡敏酸与富里酸比值在 0.5 左右。灰土呈现强酸性反应，一般活性酸度 pH＝4.5～5.5，最低 pH＝3.6 左右，并具有较强的代换酸量。由于灰土经历了强烈的酸性淋溶过程，其土壤金属阳离子基本淋失殆尽，如钙、镁、钾和钠离子已经大量流失，故阳离子代换量和盐基饱和度均很低。土壤的强酸性直接影响到根系和微生物的活动，进而影响有效养分的质量分数和根系的吸收。一般在 pH 小于 4.5 的土壤上，冷杉生长均较差。灰土中有效态养分元素以腐殖质层最高，而在漂白层相对较低，漂白层中磷素尤为缺乏(全磷质量分数＜0.1%)，但据实际观察，冷杉的粗细根系最多的是集中在漂白层和灰化淀积层(即 40 cm 以上)，灰化淀积层的下部很少有根系分布。

6.1.5　温带草原及草甸草原-均腐土

均腐土是具有暗沃表层和均腐殖质特性，腐殖质层 C/N 小于 17，或表层无厚度≥5 cm 的土壤有机物质，且在黏化层上界至 125 cm 范围内，或在矿质土表至 180 cm 范围内，或在矿质土表至石质，或准石质接触面之间，盐基饱和度≥50% 的土壤。均腐土相当于美国土壤系统分类中的软土；相当于 WRB 中的黑钙土、黑土、栗钙土；相当于土壤地理发生分类中的黑土、黑钙土、黑垆土、栗钙土、鸟粪土和部分石灰土等。

(1)均腐土的形成环境

均腐土主要分布在世界温带半干旱及半湿润气候区，如在欧亚大陆从西部的黑海沿岸向东延伸至巴尔喀什湖地区呈东-西向带状分布；在北美大陆落基山以东的大平原地区也有大面积分布，另外在南美洲的阿根廷、澳洲南部和非洲南部也有分布。在中国境内，均腐土集中分布在中国北方的温带、暖温带半干旱、半湿润地区，包括黑龙江、吉林、辽宁、内蒙古东部、山西、陕西等省区，在一些山地垂直带中也有均腐土分布。均腐土分布区的气候以温带大陆性半干旱半湿润气候为主，在中国则是温带大陆性季风气候、暖温带大陆性季风气候；其土壤形成发育的植被条件以温带森林草原、温度干草原和暖温带森林灌丛为主，在黄河中游地区长期的旱作农业活动也形成均腐土。均腐土分布区地形复杂多样，包括高平原、平原、丘陵、山地以及礁岛等。均腐土成土母质多种多样，

有花岗岩、片麻岩、粗面岩、辉长岩、闪长岩、安山岩、石英砂岩、辉绿岩、玄武岩、流纹岩、砂岩、泥岩、石灰岩、白云岩等风化物，也有黄土、黄土状沉积物，风成沙，珊瑚砂以及冰积物、洪积物、冲积物等。

（2）主导成土作用

腐殖质积累作用　均腐土中的 3 个土类，即干润均腐土、暗厚干润均腐土、钙积干润均腐土的气候特点是夏季温暖多雨，植物生长繁茂，每年进入土壤中的有机物较多，冬季严寒漫长，土壤冻结，微生物分解活动受到抑制，有机物质得不到充分分解而以腐殖质的形态积累于土壤中，形成较厚的、腐殖质质量分数由上向下逐渐减少的腐殖质层。由于这样的土壤水热状况，植被类型及其地下根系分布深度不同，其腐殖质积累状况也有各自的特点。一般来说，温带、暖温带地区的草原土壤腐殖质积累是通过草的根系积累，因此有机质剖面的分布集中于表层，向下渐减，这些腐殖质层都较深厚。在相似的热量条件下，影响腐殖质积累强度是随土壤水分的不断减少而减弱。

钙积作用　碳酸钙的淋溶与积累是干润均腐土、岩性均腐土区别于湿润均腐土的主要特征。处于干润气候条件下的干润均腐土，降水只能淋洗其易溶性的盐类，而钙镁的盐类只部分淋失，部分仍残留于土体中。因此，土壤胶体表面和土壤溶液多为钙（或镁）所饱和，而使土壤呈中性或碱性。土壤表层的部分钙离子，可与植物残体分解所产生的碳酸结合，而形成重碳酸钙向下移动，并以碳酸钙的形式淀积于土层中、下部，形成钙积层，或者只具有钙积现象。剖面中碳酸钙淋洗深度和钙积量随土类而异。此外，碳酸盐的聚积还与成土母质的类型有关，在残积物和洪积-坡积物上通常淀积部位高而数量大，在沙质母质上淀积较深而且数量较少。

（3）诊断层和诊断特性

均腐土的剖面层次十分清楚，其土壤剖面构型为 Ah-AB-Bk-C。腐殖质层呈黑灰色至黑色，具有团粒状结构，其土层厚度在 30～50 cm，且具有舌状腐殖质下渗的灰棕色过渡层；心土层多具有灰白色的菌丝状、斑块状的碳酸盐淀积物。均腐土的主要诊断层和诊断特性是暗沃表层和均腐殖质特性与盐基饱和度。涉及均腐土系统分类的诊断层还有钙积层、黏化层、磷磐、漂白层、舌状层等，并有堆垫现象、肥熟现象、舌状现象、碱积现象等。涉及均腐土系统分类的诊断特性还有半干润土壤水分状况、湿润土壤水分状况、滞水土壤水分状况、寒性土壤温度状况、冻融特征、富磷特性、珊瑚砂岩性特性、碳酸盐岩岩性特征、潜育特征、氧化还原特征等。均腐土有机质含量丰富，土体上部有机质质量分数可达 5％以上，腐殖质中胡敏酸与富里酸的比值可达 1.5，预示均腐土具有强烈的腐殖质化过程；均腐土呈现中性至微碱性，其土壤 pH 从土壤剖面上部的 7.0 向下逐渐增加到 8.0 左右，土壤盐基饱和度在 90％以上，其代换性盐基离子以钙、镁离子为主；均腐土质地以壤质为主，其次生黏土矿物以 2∶1 型的伊利石为主，在土体下部往往有微弱的黏化现象。

6.1.6　荒漠-干旱土

干旱土是发生在干旱水分条件下，具有干旱表层的土壤。干旱土形成的主要特征是气候干旱、降水少和渗透浅，土壤水分状况属于非淋溶型。干旱土是有下列条件的矿质土壤。①干旱表层；②无碱积层；③10 年中有 6 年或 6 年以上每年土表至 50 cm 范围内

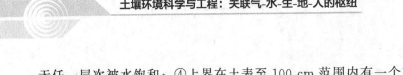

无任一层次被水饱和；④上界在土表至 100 cm 范围内有一个或更多土层，如黏化层、雏形层、钙积层、超钙积层、石灰磐、石膏层、超石膏层、盐积层、超盐积层或盐磐；⑤呈现碳酸盐在上，石膏居中，易溶盐在下的盐分剖面分异特征。干旱土相当于美国土壤系统分类中的干旱土；相当于 WRB 中的钙积土、石膏土；相当于土壤地理发生分类中的棕钙土、灰漠土、棕漠土、寒漠土和部分灰钙土。

（1）干旱土的形成环境

干旱土广泛分布于热带、亚热带和温带干旱区，即非洲的撒哈拉大荒漠、亚洲的中亚及西亚大荒漠、澳大利亚大荒漠、北美科迪勒拉荒漠半荒漠区、南美西岸热带荒漠区。干旱土在中国境内也有广泛的分布，集中分布在中国西部地区，即内蒙古苏尼特右旗-达尔罕茂明安旗-鄂托克旗-盐池-兰州一线以西地区，包括新疆、甘肃、宁夏、内蒙古西部、青海和西藏的部分地区。

干旱土形成环境的主要特点是：大陆性气候最为显著，气温日较差和年较差均很大，这有利于土壤矿物的物理风化；降水量稀少，多数干旱土区年均降水量不足 250 mm，且降水变率巨大，同时地表蒸发强烈，年均蒸发量比年均降水量高出数十倍甚至百倍，这样使得土壤矿物风化过程处于脱盐基阶段，且干旱土土体中常有易溶盐分聚积；太阳辐射强烈、多大风天气，极易造成干旱土表层细粒物质吹失，并形成砂砾质化、漆皮化或龟裂化的土壤景观。干旱土的植被常因水热状况不同而有明显的分布规律。干旱土区由于气候干旱或极端干旱，所以地表植被稀少，且以耐旱、深根和肉汁的灌木和小灌木为主，植被覆盖度一般只有 5% 左右，因此每年归还干旱土的有机物较为有限，故土壤形成的腐殖化过程极其微弱，土壤腐殖质少，土壤物质组成与母质非常近似。

（2）主导成土过程

干旱表层是指在干旱水分条件下形成的具有低腐殖质和特定形态特征的表层。首先，干旱土腐殖质质量分数低，这是有机质进入少和矿化作用强共同作用的结果；其次，孔泡结皮层是由低腐殖质、无结构和干透表土浸湿后引起的物理分散作用所产生。因为干透表土突然浸湿后，孔隙中的空气受到压缩：一方面，引起团聚体崩解，土壤消散、土壤垒结重新排列和解皮的形成；另一方面，当雨后结皮上部变干时，由于土体收缩使正在气泡的空气封闭起来，形成气泡状孔隙。由此可见，孔泡结皮的形成取决于干旱土表土的最初含水量。水分含量越低，则空气含量越高，浸湿时空气的压缩强度越大，形成的气泡状孔隙也越明显。

土体中钙积过程明显　钙积层、超钙积层和钙磐都是含大量碳酸盐的土层，但它们在 $CaCO_3$ 质量分数、垒结结构（fabric organization）和成土年龄上尚有较大差别。现从碳酸盐的来源、碳酸盐的溶解和移动两方面说明它们的形成作用。首先，干旱土碳酸盐的来源很多，一般有母质、大气降尘、含碳酸盐的地下水、植物残体等，其中成土母质和大气降尘是主要的来源。其次，土体中碳酸盐的溶解与移动。碳酸钙是一难溶性盐类（溶解度仅为 0.016 g/L），但当土壤溶液有碳酸存在时，碳酸钙可与碳酸作用形成重碳酸钙，其溶解度明显增加（当有大量 H_2CO_3 存在时，可达 0.4 g/L），迁移能力也相应提高。在干旱土中仅半荒漠土壤容易实现这一转化，因为在半荒漠条件下，年均降水量达 100～300 mm，植被覆盖度可达 40% 左右，夏季降水较多；而在荒漠土壤中，年均降水量低于 100 mm，植被覆盖度 <5%，土壤孔隙度经常被空气充满，碳酸钙的溶解和移动受到极大限制。

石膏化过程　石膏是干旱土中的常见矿物。石膏层的发育程度与干旱程度有关，也与成土母质类型和成土年龄有关。石膏按成因分为母质风化释放石膏、洪积石膏化和淀积石膏化。母质风化释放石膏是指沉积岩含有的硫化物在硫磺细菌参与下形成 H_2SO_4，再与成土过程中形成的 $CaCO_3$ 作用形成 $CaSO_4 \cdot 2H_2O$。另外如果成土母岩属于富含石膏的岩类，其经渗透水溶解风化就可形成石膏在土体中的积累。洪积石膏化是干旱土石膏层最普遍的形成方式。此种石膏化是指流经含盐含石膏地层的径流水，把盐、石膏和泥沙一起带至山前洪积扇，随着地表水分的蒸发，混合盐分的浓度增加，其中溶解度较小的石膏首先在洪积扇上部沉淀，而溶解度大的易溶盐可继续随洪水迁移，直至洪积扇下部或更远处才大量沉淀下来。前者可称为洪积石膏化，后者即通常所指的洪积盐化。

盐积过程　干旱土的盐积层、超盐积层和盐磐也是盐化过程的产物，但该过程不是由地下水，而是由地表水引发的。积盐层均形成在干旱表层以下。它和石膏化作用一样，亦可分为溶解风化盐化、洪积盐化、残余盐化和淀积盐化 4 种。

(3)主要诊断层和诊断特性

干旱表层是干旱土的主要诊断土层。干旱土表层是在干旱气候条件下形成的、具有特殊性态的表土层，一般由特征表土、孔泡结皮层和片状层 3 部分组成。特征表土包括砾幂、沙被、多边形裂隙或光板地等形态；孔泡结皮层是干旱表层的上部亚层，含有不同数量的气泡状孔隙；片状层是干旱表层的下部亚层，易含少量气泡状孔隙，多呈片状或鳞片状结构。干旱表层就其腐殖质积累特征来看，相当于腐殖质表层中的淡薄表层。但在干旱地区的生物气候条件下，这种腐殖质表层在下列因素影响下，发生了特有的形态分异。①有限的水分供给和强烈的水分蒸发，导致土壤水分的浅层下行和上行。②在浅层的水分条件下，土壤的冻融作用主要在土壤上部的浅层内进行；虽然干冻作用可涉及较深的部位，但对土层分异不产生影响。③无植被或植被稀疏，且主要是短命和类短命植物，在经常受大风吹刮的情况下，土壤表面不断遭受风蚀、风积作用的影响。干旱土表层有机质质量分数常不足 1‰，且腐殖质中胡敏酸与富里酸比值小于 1.0；土壤一般呈现碱性，土壤 pH 通常高于 8.0，土壤剖面通体具有石灰反应，土体中部常有易溶性盐分聚积，土壤阳离子代换量较低；土壤层中有大量原生矿物存在，土壤粗骨性强，其土壤质地及其矿物组成与母质类型有密切的联系。

6.1.7　寒漠-冻土

冻土是指土壤年均温度低于 0 ℃，并出现冻结现象，即具有表土呈现多边形土或石环等冻融蠕动形态特征的土壤，目前国际上已开始将冻土列为一个独立的土壤分类单元。如在 ST 中开始设立了冻土土纲；在 WRB 中的冻土也被分割到始成土、潜育土、粗骨土和有机土之中。冻土分布于高纬度地区和高海拔地区，北冰洋沿岸地区是世界上冻土最为集中的分布区，包括欧亚大陆北部(俄罗斯北部、挪威及芬兰部分地区)、北美大陆北部(美国阿拉斯加、加拿大北部)以及北冰洋的许多岛屿。据统计全球冻土总面积约 $5.9 \times 10^6 \text{ km}^2$，占陆地总面积的 5.5%，故有学者将冻土与冰雪合称为冰冻圈。在中国冻土主要分布在东北大小兴安岭山区、西部高山区及青藏高原地区，尤以西藏、青海、黑龙江、内蒙古和新疆面积最大。如此广泛分布的冻土在全球气候变化过程中必然也发生着变化。冻土是自然环境及其演化综合作用的产物，其中纬度位置和海拔高度，以及区域气候的

海洋性或大陆性对冻土的形成发育具有重要影响。冻土形成的气候条件多为寒冷常湿气候或冻原气候，主要分布在北纬60°~70°的亚洲及北美北部、北冰洋沿岸地区，其气候特征是冬季漫长而严寒，年均温不足0℃，绝对气温可达−60℃，年降水量250~300 mm，以降雪为主，故土壤下层终年冻结；由于冻土区日照少且气候严寒，其植被以藻类、地衣、苔藓等隐花植物为优势种群，草本植物和灌木等显花植物很少，只有少量石楠属、北极兰浆果、金凤花等显花植物，地表植物生长量有限，故给冻土提供的有机物也极为稀少；冻土发育的母质绝大多数与冰碛物有关，其中含有粉粒、砂粒、黏粒和砾石，由于冻土区过去曾经有过冰川远距离搬运、冻融泥石流作用，其区域冻土成土母质具有多源性。

在冻土形成发育过程中生物化学风化相对微弱，而物理风化强烈，故土壤颗粒表面有海绵状多孔结皮层的形成。但冻土土体中还含有大量原生矿物，且土体中化学元素迁移转化过程不明显，土壤矿物风化一般于脱盐基阶段的初期，如土体中镁、钾淋失微弱，但钙、钠则有不同程度的淋失，特别当冰碛物中含有碳酸钙类原生矿物时，碳酸钙可以发生特殊的淋溶淀积现象，并在土壤剖面中表现特殊钙化形态。由于风化作用和冰川研磨作用，土体中形成了大量的粉粒甚至黏粒，并且土体中粉粒、黏粒与砾石、砂粒发生相对位移，形成各种各样的石环、石河等。冻土区季节性冻融，以及融雪水及降水输入土壤活动层并被冻结层阻滞，使土体中下层形成暂时性滞水层，引起该土层氧化还原电位降低，土体中难溶性高价态铁、锰被还原成易溶性低价态铁、锰而迁移，常可形成一个锈纹锈斑层。冻土土体浅薄，其土层厚度一般不足50 cm。冻土具有永冻土壤温度状况，但其水分状况差异较大。具有潮湿水分状况的冻土，其土壤剖面构型为泥炭层（Oi 层）-滞水潴育母质层（Cg 层）；而具有干旱水分状况的冻土，其典型土壤剖面构型为薄的腐殖质层（Ah 层）-易溶盐分聚集层（Bz 层）-钙化的母质层（Ck 层）。冻土表层一般具有暗色或淡色表层，表土常呈现多边形土或石环状、条纹状等冻融蠕动形态特征。冻土表层有机质少，一般质量分数为5~20 g/kg，其腐殖质分子结构简单，胡敏酸比富里酸比值小于1，土壤酸碱性因成土母质的不同而有明显差异。

冻土在全球陆地表面分布较为广泛，国际土壤学界开始研究将冻土列为一个独立的土壤分类单元。赵其国等建议在中国土壤分类方案中将冻土列为一个独立的土纲，其下设正常冻土（高纬度冻土）亚纲、高寒冻土（高海拔冻土）亚纲。冻土由于热量条件差且冻土本身养分贫乏，故开发利用价值不大。但是以冻土为主体的冰冻圈在全球环境变化研究中具有重要的作用，近些年来国际学术界十分关注全球变化对冻土及冰冻圈的影响，以及冻土及冰冻圈对未来全球变化的反馈作用。已有的研究成果表明，1860—2000年全球范围出现了一个缓慢增温过程，全球温度升高了约0.5℃，增温幅度最显著的地区是高纬度冻土区，冻土温度已经升高了2~4℃。可见冻土及冰冻圈可灵敏地反映全球气候变化，故冻土及冰冻圈已经成为当今国际上一个非常活跃研究领域。

6.2　非地带性土壤类型剖析

6.2.1　干旱区湿地生态系统-盐成土

根据《湿地公约》的定义，湿地包括沼泽、泥炭地、湿草甸、湖泊、河流、滞蓄洪区、河口三角洲、滩涂、水库、池塘、水稻田以及低潮时水深浅于6 m的海域地带等，湿地

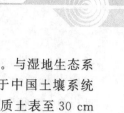

与森林、海洋并称全球3大生态系统，也是潜在利用价值较高的生态系统。与湿地生态系统密切相关的土壤一般称为水成型土壤或湿地土壤。水成型土壤系列属于中国土壤系统分类中的副系列，它包括盐成土、有机土、潜育土和冻土。盐成土是在矿质土表至30 cm范围内有盐积层，或上界在矿质土表至75 cm范围内有碱积层，而无干旱表层的土壤。相当于美国土壤系统分类中的部分干旱土；相当于WRB中的盐土和碱土；相当于地理发生分类中的盐土和碱土。盐成土主要分布在干旱、半干旱和半湿润区的河流低阶地、滨湖低地、洪积扇的中下部、滨海平原以及红树林区。在中国盐成土分布的范围大致沿淮河-秦岭-巴颜喀拉山-念青唐古拉山-冈底斯山一线以北的干旱、半干旱、半湿润地区，以及东部和南部沿海低平原，包括台湾在内的诸海岛沿岸也有零星分布。凡在地形比较低平，地面水流和地下径流较滞缓，且较易汇集的盆地和半封闭的浅平洼地，以及河流三角洲、干三角洲等地区，都有各种类型的盐成土存在。

（1）盐成土的形成环境

盐化过程是指土壤中易溶性盐分随毛管水运动向表土层运移、累积的过程。在干旱、半干旱或半湿润地区的低平洼地区域，原生矿物所释放的盐基离子进入地表和地下水体并向负地形区域积聚。由于负地形区域表土强烈蒸发作用，地下水会携带盐分（即土壤溶液）随土壤毛管孔隙上升，在土壤溶液上升的过程中部分水分汽化通过土壤大孔隙蒸发，故土壤溶液中盐分浓度逐渐增加。其中溶解度较小的硅酸盐类化合物首先达到饱和并沉淀在土壤剖面中下部；随着土壤溶液的进一步上升，土壤溶液被碳酸盐和石膏达到饱和，沉淀在土壤剖面的中上部；当土壤溶液顺着毛管孔隙达到土壤表层时，水分大量被蒸发，土壤溶液中的易溶性盐分残留于土壤表层。由于土壤中盐分的溶解度和土壤溶液中的迁移能力差异较大，土壤表层聚积的盐分成分会随小地形表现出现明显区域分异规律。

（2）主导成土过程

盐化过程是指土壤溶液或地下水中可溶性盐分向土壤表层迁移累积的过程，即土壤表层中易溶性盐分，如$Ca(HCO_3)_2$、$MgCO_3$、$Mg(HCO_3)_2$、$CaSO_4$、Na_2CO_3、$NaCl$聚积并形成土壤盐化层。

碱化过程是指土壤溶液中的Na^+进入土壤胶体，交换出一定量的Ca^{2+}或Mg^{2+}的过程。土壤碱化过程经常是通过苏打（Na_2CO_3）盐化、土壤积盐与脱盐交替过程的结果。当土壤溶液中含有大量苏打时，溶液中的Na^+进入土壤胶体的能力最强，其反应式为：

$$Ca—\boxed{土壤胶体}—Mg+2Na_2CO_3 \longrightarrow 2Na—\boxed{土壤胶体}—2Na+CaCO_3+MgCO_3$$

在上述反应式中的反应产物$CaCO_3$和$MgCO_3$均不易溶解于水，特别是当土壤溶液中有苏打存在时，它们的溶解度会更小，故根据化学平衡原理，土壤溶液中的Na^+几乎可以完全置换土壤胶体中的交换性Ca^{2+}和Mg^{2+}。由于季节性气候变化等原因，某些区域的土壤发生季节性盐化与脱盐的频繁交替，再加钙镁的碳酸盐溶解度及其迁移能力均小于钠的碳酸盐，在土壤盐化与脱盐交替过程中，Ca^{2+}和Mg^{2+}将被淋淀至土壤下层，土壤表层中Na^+逐渐占绝对优势，促使土壤碱化过程的发生。这样土壤盐化与脱盐过程引起的碱化过程，在小区域常与土壤盐化构成规律性的空间分布模式。

（3）主要诊断层和诊断特性

盐成土中的盐土一般没有明显的发生层次，其表土层常有白色或灰白色的盐结皮、

盐霜或盐壳薄层；而盐成土中的碱土则具有特殊的土壤剖面构型，即 E-Btn-Bz-C 型，E 层厚度 15～25 cm，为灰色或浅灰色、片状或鳞片状结构；Btn 厚度较大，一般呈现褐色或油黑色，为很紧实的柱状结构，其中结构体表层常有白色的二氧化硅粉末；其下部为盐化层，易溶性盐分质量分数高、呈块状或核状结构。鉴别盐成土的主要诊断层有盐积层和碱积层。盐积层（salic horizon）为在冷水中溶解度大于石膏的易溶性盐类富集的土层，它具有以下特征：①厚度至少为 15 cm。②含盐量为在干旱土或干旱地区盐成土中≥20 g/kg 或 1∶1 水土比提取液的电导率（EC）≥30 dS/m；其他地区盐成土中含盐量≥10 g/kg 或 1∶1 水土比提取液的电导率（EC）≥15 dS/m。③含盐量（g/kg）与厚度（cm）的乘积≥600，或电导率与厚度的乘积≥900。碱积层（Alkalic horizon）为一交换性钠质量分数高的特殊淀积黏化层。它具有以下主要特性：①呈柱状或棱柱状结构，若呈块状结构，则应有来自淋溶层的蛇状延伸物伸入该层，并达 2.5 cm 或更深；②在土体下部 40 cm 范围以内，某一亚层中交换性钠饱和度（ESP）≥30%，pH≥9.0，表层土壤含盐量＜5 g/kg。

6.2.2 寒冷湿地生态系统-有机土

（1）有机土的形成环境

有机土以泥炭化为主要成土过程，土壤形成过程中有机质累积大于分解，以富含有机质为主要特征，即具有有机表层的土壤。有机土相当于 ST 中的有机土；相当于 WRB 中的有机土；相当于土壤地理发生分类中的泥炭土。世界各地的有机土面积较小，但分布极为广泛；从寒带到热带、从沿海区到内陆区、从平原区到高山区都有分布，只要是气候湿润、因地表富集水分和养分而通气状况较差的地段，都有可能形成有机土。在世界范围内有机土集中分布于以下 4 个区域：加拿大哈德逊湾南岸向西延伸至马更些河上游区、俄罗斯叶尼塞河与鄂毕河中游区、芬兰北部沿海区、中国与俄罗斯交界的黑龙江下游地区。在中国境内有机土集中分布于东北三江平原、青藏高原东部和北部边缘，如青海南部黄河、长江水源区、川西北若尔盖高原，以及一些山地垂直带中，如大小兴安岭、长白山、祁连山、阿尔泰山。有机土形成发育的气候条件以寒冷而湿润为特征，即气温低、降水相对充沛、大气湿度较大；有机土多分布于负地形区，如在低洼平原和开阔缓丘状高原地区的地势低平的碟形洼地、古河道、牛轭湖、湖滨、沼泽边缘、河漫滩和支流沟谷等，这里常是地表水汇集的区域，因容易积水，水生或湿生植物大量繁生。以莎草科为主的湿生性植物，形成的大量有机物堆积于地表，在厌氧条件下日积月累逐渐形成有机表层。其成土母质则以第四纪堆积物为主，在山前冲积扇中下部则以质地较细的冲积物和冰碛物为主。

（2）主导成土过程

有机土形成首先是土壤沼泽化过程。沼泽化过程可因地貌分为草甸沼泽化、林地沼泽化、冻结沼泽化以及河流、湖泊沼泽化等。沼泽化区域特点是地势低洼、水分多，大气湿度大，土壤常年为水分饱和甚或地表季节性或终年积水，使土壤沼泽化。河流、湖泊沼泽化是有机土形成的主要沼泽化过程，分布较广，主要在平原、高原地区及一些山地谷盆。由河心、湖心向周边滩地依次带状生长着沉水植物、浮生植物和沼泽植物。这些植物残体夹带少量泥沙沉于底部，使水体变浅，水面缩小，沼泽植物向河心、湖心伸展，面积扩大而沼泽化。草甸沼泽化分布于低湿平原、湖滨和山间谷盆的低阶地。由于地势低平，原地下水位较高，土质黏重，茂密的草本根系和残体大量吸水饱和，加上部分有季节性冻层阻滞水分下渗，草甸植物逐渐演替为沼泽植被而使土壤沼泽化。冻结沼泽化指土壤具有永久冻层阻隔水分下渗导致沼泽化，主要分布于东北山地及祁连山、阿尔泰山等山地和青藏高原东北缘高海拔地区的局部平原或低洼地。有机土壤物质含水量很高，一般为体积的 80% 左右，土质黏重使上层滞水，加剧了沼泽化的发展。有机土形成的条件是有机物质的生成超过分解。沼泽植物生物量大、气温较低且土壤常年为水分饱和，通气性差，植物残体在厌氧环境下不能完全分解而不断积累，形成有机物质。有的土壤还会长时间处于冻结状态、微生物活动微弱，更有利于有机土物质的积累。草甸沼泽化所形成的有机土壤物质厚度较小，多在 50～100 cm；河流、湖泊沼泽化形成的多在 100 cm 以上。随着沼泽化的发展，植物群落更替，有机土壤物质层的上下组成不同。草甸沼泽化形成的有机土壤物质上部以苔草为主，下部以禾本科的草甸植物为主；河流、湖泊沼泽化形成的有机土壤物质上部为沼泽植物，下部为水生植物，土壤中有机碳质量分数在 220～400 g/kg。

（3）主要诊断层和诊断特性

有机土的剖面构型为 H-G 型，即由泥炭层和潜育层组成。H 层是由不同分解程度的纤维、半纤维状有机物组成，H 层中有机质质量分数在 500 g/kg 以上，土壤颜色以黑棕色或灰棕色为主；G 层因长期受还原过程控制，土壤颜色以灰绿色、浅蓝色为主，土壤有机质质量分数较低，氧化铁、氧化锰遭受还原而使土壤矿物分解加快，故土壤质地以壤质或黏土为主，土体紧实；土体层下部有时因永冻层或季节性冻层的阻隔，上部饱和的水分并不与地下水衔接，因而在潜育层的下部亚层常有锈纹斑生成。

6.2.3 洼地湿地生态系统-潜育土

（1）潜育土的形成环境

潜育土是在地下水或地表水影响下形成的，在矿质土表至 50 cm 范围内出现厚度至少 10 cm 具有潜育特征土层的土壤。潜育土相当于 ST 中的部分始成土；相当于 WRB 中的潜育土；相当于土壤地理发生分类中的潜育土。潜育土的形成发育总是和低洼地形相联系，在山区多见于分水岭上的碟形洼地、山间汇水盆地、山前洼地、沟谷地、冲积扇前或扇间洼地、河流泛滥地、河流汇合点、古河道及无尾河下游地带，此外，还有滨海洼地、泻湖地、湖滩地、熔岩盆地及风蚀洼地等。世界上潜育土集中分布在欧亚大陆北部的苔原带、北美大陆北部的阿拉斯加和加拿大中北部地区，以及中国东北地区。在中国潜育土以大小兴安岭、长白山山间谷地，以及三江平原、松辽平原的河漫滩及湖滨低洼地区为较多，在青藏高原及天山南北麓积水处，以及华北平原、长江中下游、珠江中下游及东南滨海地区也有分布。地形是控制潜育土形成发育的主要因素，如泻湖平原、冲积平原或洼地，因接受地表水汇集使得地下水位较高，从而导致土壤剖面中下部或整个土体滞水，潜育土的还原过程得以发生并形成潜育层。

（2）主导成土过程

还原过程是潜育特性形成的主要过程，在土壤水分饱和的条件下，由于土壤孔隙中的氧气被迅速消耗，土壤中的氧化还原体系如硝酸盐体系、锰体系、铁体系、硫体系、氢体系和有机物体系，相继经历还原反应过程，导致土体中高变价态（难溶态）铁、锰被

还原成易溶型的低价态铁、锰，随水淋失。渍水条件下，土壤有机物在厌氧微生物的作用下被缓慢分解，其分解产物包括气态分解产物，易挥发性有机酸、低分子酸类和残留纤维类物。气态产物有 CH_4、C_2H_4、NH_3、H_2S 等；易挥发性产物包括挥发性脂肪酸、醛类、酮类、挥发性硫化合物；不挥发性残留物指有机残体中的一些不能很快被微生物分解或者很快为非生物反应所氧化，而在土壤中长期残留的"相对稳定有机物质"，主要为一些酯化组织。有机质分解对于潜育作用形成的意义是，有机质的分解与铁锰的转化相耦合，即分解时伴随 Fe^{3+}、Mn^{4+} 被还原为可移动的 Fe^{2+}、Mn^{2+}；有机质提供微生物生长所需能量；有机质分解还对降低土壤氧化还原电位起到间接作用。可见有机质累积既是渍水条件的结果，同时又促进着淹水条件下土壤的还原及潜育层的形成。

（3）主要诊断层和诊断特性

潜育土的剖面一般为暗色腐殖质层和灰蓝色的潜育层，即土体构型为 A—G 型。由于土壤表层经常水分饱和，故土壤表层有机质累积明显而腐殖质过程相对较为微弱，土壤腐殖质常与矿质颗粒结合在一起，形成泥质腐殖质。潜育层土壤长期水分饱和，具有强烈还原过程，其土壤色调比 7.5Y 更绿或更蓝，或为无彩色（N），并有少量锈斑纹、铁锰凝团、结合或铁锰管状物；或湿态彩度小于 2，土壤结构体内或土壤基质中存在较高彩度的斑纹，土壤剖面中下部 Eh 可达负值。

6.2.4 季节性湿地生态系统-变性土

（1）变性土的形成环境

变性土是一种富含蒙皂石等膨胀性黏土矿物，具高膨胀性的黏质开裂土壤。其鉴别依据为：①在矿质土表至 100 cm 范围内有变性特征；②矿质土表至 50 cm 深度内无石质或准石质接触面。变性土相当于 ST 中的变性土；相当于 WRB 中的变性土；相当于土壤地理发生分类中黑黏土、艳黏土和浊黏土等。变性土主要分布于亚热带季节性干旱区，如澳大利亚、印度德干高原、非洲的苏丹等地，其他地区变性土分布面积较小。在中国境内变性土分布比较分散，变性土多零散地分布于安徽、河南、江苏、山东、湖北省部分地区，在福建、广东、海南的玄武岩台地、云南金沙江及其支流龙川河地带以及广西的部分地区也有小面积分布。

变性土集中分布于一些大河湖的平原、河谷平原或河谷阶地等低平地区，以及台地丘陵的坡麓或低洼。其成土母质主要为黏质河湖沉积物、基性火成岩（如玄武岩）和钙质沉积岩（如石灰岩、泥岩、黏土岩）等母质；变性土是在亚热带、热带或暖温带具有干湿交替的气候条件下，经由天然次生林、人工栽培作物作用下而形成的。一般认为变性土是一种较年轻的土壤，因为它发育的母质年龄一般较小，频繁的土壤扰动限制了土层的发育，即使在热带地区它与自成土相比常显示较低的风化程度和剖面发育。据刘良梧的研究，中国热带、亚热带地区玄武岩风化发育的变性土，其成土年龄为 3 000 余年；而发育于古老河湖相沉积物上的变性土则相对长得多。

（2）主导成土过程

变性土的主导成土过程有土壤扰动过程和土壤矿物蒙脱化过程。前者又叫自吞模型（self-swallowing model），是指具高胀缩性的黏质土壤干燥后土体收缩裂开，表层土壤和部分裂隙壁的土壤填充到裂隙中；当土壤重新湿润后，掉进裂隙的土壤和两侧土壤的膨胀产生了空间挤压，下层土壤向上或向两侧方向移动，以缓和膨胀压。土壤扰动作用使表层和下层土壤通过"自吞"、扰动、翻转而混合，从而减缓或阻止土壤发生层的形成和发育，并导致楔形结构体和滑擦面的形成，地表产生具有微高地和微低地的挤压微地形。也有学者认为变性土挤压微地形的形成是黏土从较高围压区域向低围压区域移动的结果，实质上是一个可塑挤压成型过程，即土体中蒙脱石的形成与聚集过程的总称，这是变性土的重要成土标志。变性土中蒙脱石的来源一是从成土母质中继承下来，如在许多湿润地区河流的冲积物、钙质母岩及荒山碎屑岩风化物中均含有较多的蒙脱石，变性土可以从这些母质中直接继承部分蒙脱石；二是新生成的蒙脱石，在温暖湿润与干旱交替的气候条件下，土壤中的铝硅酸盐类矿物在盐基离子、二氧化硅、碱性水溶液等综合作用下可直接形成蒙脱石。蒙脱石化的结果是使变性土具有较大的膨胀收缩性能。

（3）主要诊断层和诊断特性

变性土的土壤剖面通体相对均一，土壤剖面中层次分异模糊，其土体构型大致为耕作层（Ap层）-蒙脱石聚集及矿物风化层（Bw层）-钙化母质层（Ck层）。另外由于变性土遭受频繁的扰动与人为耕作，土壤矿物与腐殖质充分结合形成有机-无机复合体，故土壤剖面通体颜色灰暗，土壤结构发育良好，一般呈现团粒状或团块状结构。变性土表土层有机质质量分数不高，一般在 5～30 g/kg，土壤腐殖质中富里酸与胡敏酸比值约为 1；土壤多呈现中性至微碱性，pH 在 6.0～8.0，故土壤中盐基离子丰富，土壤盐基饱和度多在 60% 以上，其交换性盐基离子以 Ca^{2+}、Mg^{2+} 为主。另外由于变性土质地较为黏重且富含胀缩性矿物蒙脱石，故变性土耕性较差。

6.2.5　多种陆地生态系统-雏形土

雏形土是发育程度较弱的一个土纲，是指具有雏形层，或具备下列条件之一的土壤：①矿质土表至 100 cm 范围内有如下任意土层：漂白层、钙积层、超钙积层、钙磐、石膏层或超石膏层；②矿质土表下 20～50 cm 内至少有一个土层（≥10 cm）的 n 值<0.7，或细土部分黏粒质量分数<80 g/kg，并且具有有机表层、暗沃表土或暗贫瘠表层；③永冻层和 10 年中有 6 年或更多年份每年至少一个月在矿质土表至 50 cm 范围内有滞水土壤水分状况。它们无黏化层和黏磐，无低活性富铁层、铁铝层、干旱表层、盐积层、碱积层、灰化淀积层、水耕氧化还原层、肥熟表层和磷质耕作淀积层，灌淤表层和堆淀表层以及无诊断为有机土、火山灰土、变性土、潜育土、均腐土的特性。雏形土相当于 ST 中的部分始成土；相当于 WRB 中的雏形土；相当于地理发生分类中的砂姜黑土、潮土、部分褐土、石灰土、腐棕土、紫色土、毡土、部分棕壤、部分暗棕壤、部分黄绵土等。雏形土是土壤发育程度较低的未成熟土壤，它的分布十分广泛，从极地亚极地冰原带、寒温带、温带、亚热带到热带，从湿润气候区到干旱气候区均有分布。除了具有明显诊断特性的土纲和无诊断特性或仅有淡色表层或暗色表层的新成土之外，其余都归入雏形土土纲，故雏形土在分类系统中好似一个大口袋。在中国境内雏形土可以出现在多种陆地生态系统之中，即从东北的温带到华南的热带、亚热带，从西部的干旱、半干旱地区到东部沿海的湿润区，从低海拔的盆地到高海拔的山地或高原，均有雏形土分布。雏形土也是气候、生物、地形、母质、时间、人为因素等综合作用的产物，这些成土因素复杂多变，其中以时间因素最为重要。

(1)雏形土的形成环境

雏形土形成的特征是：①土壤矿物风化程度低、土壤物质风化程度弱是雏形土的一个重要特征，其亚表层或雏形层中的黏粒质量分数除少数受母质影响外，一般在 80～300 g/kg，细粉/黏粒的值大多在 0.5 以上，高者可接近 8.0，而发育程度高的土壤如富铁土和铁铝土，其细土部分黏粒质量分数一般在 300～600 g/kg，细粉/黏粒值一般低于 0.6。其质地一般较粗，砂粒、粉粒较多，土壤中常夹杂有碎屑。就矿物组成而言，雏形土含有较多的长石、蒙脱石、伊利石、水云母、蛭石等，黏土矿物以 2∶1 型为主，即使分布于热带、亚热带的一些雏形土如铝质湿润雏形土和铁质干润雏形土，其土壤矿物也是如此。由此可见，雏形土的矿物风化作用还较弱，尚处于较低的风化阶段。②盐基离子淋溶程度低。在风化成土过程中，雏形土物质淋溶程度很弱，基本上无物质淀积。这与铁铝土、富铁土以及淋溶土等土纲明显不同。就黏粒移动而言，雏形土中常常无黏粒淀积，通常不发生黏化现象，即使有，一般也都不明显，黏化率很低，无明显黏化层形成。其盐基的淋失一般也很少，表层之下的土层中水的 pH 在 5.0～8.0，具有较强潜在酸度，盐基饱和度在 40% 左右。在交换性阳离子组成中，交换性盐基离子一般占明显优势。这说明雏形土中物质的淋溶程度相对较低。

(2)主导成土过程与性状

由于雏形土发育程度较低，其土壤剖面分异程度也不明显，只具有所谓的雏形土层，雏形层是风化成土过程中无或基本上无物质淀积，未发生明显黏化，带棕、红棕、红、黄或紫色颜色，且有土壤结构发育 B 层的土层。它有以下一些特征：①除具干旱土壤水分状况或寒性、寒冻温度状况的土壤，其厚度至少 5 cm 外，其余应≥10 cm，且其底部至少在土表以下 25 cm 处；②具有极细砂，壤质极细砂或更细的质地；③有土壤结构发育并至少占土层体积的 50%，保持岩性构造的体积<50%；④与下层相比，彩度更高，色调更红或更黄；⑤若成土母质含有碳酸盐，则碳酸盐有下移迹象；⑥不符合黏化层、灰化淀积层、铁铝层和潜育层特征，但具有氧化还原特征的条件。此外，涉及雏形土的还有漂白层、钙积层、超钙积层、钙磐、石膏层、超石膏层、有机表层、暗沃表层、暗瘠表层、永冻层等。雏形土的有机质质量分数变异大，土壤酸碱性受成土母质影响明显。雏形土的风化程度较低，黏土矿物以 2∶1 型为主，土壤胶体上净负电荷量非常多，使得黏粒活性很强。B 层的表观阳离子交换量（CEC7）均>24 cmol/kg 黏粒，且多数在 40 cmol/kg 黏粒左右。

6.2.6 多种陆地生态系统-火山灰土

(1)火山灰土的形成环境

火山灰土专指发育在火山喷发物质和火山碎屑物上的土壤，包括弱风化含有大量火山玻璃质的土壤和较强风化的富含短序黏土矿物的土壤，在矿质土表下 60 cm 内或石质接触面内至少有 60% 的土层满足火山灰特性。火山灰土与 ST、WRB、土壤地理发生分类中的中的火山灰土类似。火山灰土是发育于火山喷出物上的一类土壤，其分布必然与活火山活动有关，火山灰土属于非地带性土壤。在世界上火山灰土主要是围绕活火山或休眠火山而分布的，如意大利维苏威和埃特纳火山区、印度尼西亚喀拉喀托和坦姆波拉火山区、非洲扎伊尔的尼拉贡戈火山区、美国圣海伦斯火山区、哥伦比亚内华多德尔罗兹火山区等。火山灰土在中国的分布面积不大，且分布零碎，其分布最为集中的区域是

黑龙江的五大连池、吉林的长白山、辽宁的宽甸盆地、云南腾冲、青藏高原及台湾北部地区等。

（2）主导成土过程与性状

火山灰母质具有很高的表面积，导致了火山灰土的形成过程十分迅速。主要的两个成土化学过程：一是水解作用，将火山灰风化成为无定形的铝硅酸盐；二是腐殖化作用，火山灰形成稳定的有机-无机络合物。同时，火山灰土中腐殖质的稳定和积累正是由铁-腐殖质络合物具有抗微生物侵袭的特性所致。火山灰土的形态特征相对比较简单。由于它的发育和风化程度较低，表现在土体构型上大多为 A-Bw-C 或 A-C 剖面，在同一地区不同期的火山喷发还能发现有不同期埋葬的火山灰土壤。火山灰土壤的 A 层的厚度一般大于 30 cm，呈黑色高腐殖化，并且含有丰富的有机质，而火山灰、火山渣和其他火山碎屑物占有很高的比例，可以形成有机表层、暗沃表层或暗瘠表层。而其下的 Bw 层颜色一般较上层浅略呈黄棕色，质地也较上层略为紧实，但并未显现黏粒下移的特征。火山灰土壤中包括大量的活性铝，pH 具有很强的碱性反应。在火山灰土壤中主导矿物是水铝英石，它由包含许多开裂的 35～50 Å 空心球粒状的分子结构组成并容许水分子出入。它决定了火山灰土壤的一些特定的物理特性，即具有较小的土壤体积密度，通常在田间持水量的状态下，它的体积密度小于 0.9 g/cm³。

6.2.7 多种陆地生态系统-新成土

（1）新成土的形成环境

新成土是具有弱度或没有土层分化的土壤，一般只有一个淡薄表层或人为扰动层次以及不同的岩性特征。这类土壤弱度发育的原因是年轻性、侵蚀性、间断沉积性母质的深刻影响以及人为扰动等。新成土相当于 ST 中的新成土；相当于 WRB 中的冲积土、薄层土、疏松岩性土；相当于土壤地理发生分类中的扰动土、风砂土、冲积土、部分黄绵土、部分紫色土、粗骨土、初育土等。新成土可形成于任何陆地环境之中，即新成土分布极为广泛，全球陆地表面任何地段都可能有新成土分布，包括近代河流冲积物上生产力很高的土壤，以及荒漠地带风力侵蚀或堆积形成的不毛裸地的土壤。在中国各地大小河流冲积物或洪积物上，特别是大江大河下游冲积泛滥平原、河口三角洲地段是新成土集中分布区；在干旱地区的风沙物质所在地是大面积砂质新成土集中分布区；在各山丘区由基岩风化物发育的土壤上，也有各种新成土的分布。在某些区域经人为扰动堆积或引洪放淤土体增厚，可形成人为新成土。

（2）成土过程与性状

新成土是处于土壤形成发育初始阶段的土壤，其主导成土过程是表土层有淡色薄层形成过程，并且土壤形成发育过程中的物理过程、化学过程和生物过程处于同等重要的地位。因此新成土的组成和性状基本上取决于成土母质，其土壤剖面构型一般为 AC-C 型或 C 型。新成土的成土过程一般有 3 类不同的形式：一是在一些水热条件优越的地区，因频繁的堆积过程经常中断土壤的形成与发育，即短暂的成土时间是新成土形成的重要原因；二是在一些自然环境恶劣的地区，尽管区域土壤形成发育历史较为长久，但因在土壤形成发育过程中，土壤同时还遭受强烈的土壤退化（如土壤加速侵蚀、地表快速堆积等），导致土壤发育微弱；三是在人类活动异常强烈的地域，因人为不合理的开发利用，

导致强烈的水土流失、土壤风蚀沙化，使原有的土壤物质不断流失，土壤从 A-B-C 型经过 AB-C 型变化为 AC-C 型。这种人为扰动破坏后的母土便丧失原有的发生层，使成土过程又重新开始。新成土的诊断层除了淡薄表层以外，并没有其他土纲的诊断层和诊断特性。它不具有供鉴别作为其他土纲的诊断层和诊断特性，如有机表层、人为表层、灰化淀积层、铁铝层、干旱表层、盐积层、暗沃表层和均腐殖质特性、低活性富铁层、黏化层、雏形层、火山灰特性、变性特征、潜育特征等。

6.2.8　农业生态系统-人为土

农业生态系统是在一定时间和地区内，人类从事农业生产，利用农业生物与非生物环境之间以及与生物种群之间的关系，在人工调节和控制下，建立起来的各种形式和不同发展水平的农业生产体系。在区域农业生态系统形成和演化的过程中，人类不断对农业生态系统的核心物质——土壤进行改良和利用，这就形成了与原自然土壤不同的人为土。人为土是为人类活动深刻影响或者由人工创造出来的，具有明显区别于起源土壤特性的一类土壤。在人类活动如耕作、灌溉和施肥的深刻影响下，形成了具有不同特征的人为层。人为层厚度≥50 cm，土壤肥力比起源土壤高，且多土壤动物，尤其是蚯蚓等，人为层中多砖、瓦屑、陶瓷碎片以及其他人为侵入体。中国土壤系统分类首次将人为土纲设立为独立土纲，其中有关人为土纲的划分原则和诊断指标已经被 WRB 所接受。近300 年来人类活动对土壤影响越来越广泛与深刻，世界各国对人类活动对土壤影响、人为土纲的研究也越来越重视。

（1）人为土的形成环境

人为土纲分布较为广泛，它集中分布于人类耕作活动频繁和农业历史悠久的地区。在世界上人为土纲集中分布于中国、印度、埃及尼罗河三角洲地区、伊拉克和伊朗交界的底格里斯河和幼发拉底河下游平原区、巴基斯坦印度河三角洲地区、孟加拉恒河三角洲地区，日本群岛沿海平原区以及东南亚红江、湄公河、伊洛瓦底江等三角洲地区。在中国境内，人为土纲分布面积与人口集中程度有一定关系，即人为土纲的分布状况是东部多于西部、南方多于北方；江河中下游多于上游，在黄土高原地区人为土则集中分布在汾渭平原及黄河河套地区。长江三角洲和珠江三角洲是世界上水耕人为土最为集中的分布区。水耕人为土在中国分布最广，凡生长期在 100 d 左右，有水可灌溉的地方均可种稻，但北方地区多为单季稻区，水耕人为土仅零星分布。

人为土主要起源于自成土、半水成土和水成土。人们年复一年的灌溉、耕作和施肥形成了水耕土特有的形态和理化特性。特别是水耕土的氧化还原交替过程对其元素迁移产生了深刻影响。①独特的水热情况：长期淹水和土壤温度趋于平稳、变化幅度小，使不同地区气候差异的影响大为减小；而土壤因淹水耕种，其发育脱离了原来的轨道，母土的影响随人为水耕时间的加长逐渐变小。因此，从水耕土的成土条件来看，在一定程度上它们超越或改变了自然成土因素的影响和控制，具有很强的人为特征。②深刻的人为影响：在农业工程因素中，修筑梯田、围垦海涂和沼泽是最为普遍的的方式。前者扰动了原有的土层，后者则包括人工排水和推垫。水耕土堆垫的另一个重要原因是灌溉水所带来的淤泥。在栽培管理的重要组成部分包括施肥、平田、翻耕、黏闭、移栽、间隔排水和复水等。水耕土中频繁的人为活动决定了土壤形成过程的特点。③变动的氧化还

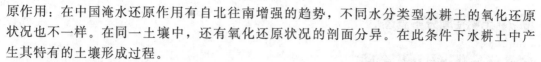

原作用；在中国淹水还原作用有自北往南增强的趋势，不同水分类型水耕土的氧化还原状况也不一样。在同一土壤中，还有氧化还原状况的剖面分异。在此条件下水耕土中产生其特有的土壤形成过程。

（2）主导成土过程

水耕熟化过程 水耕熟化过程是指在种植水稻或水旱轮作交替条件下的土壤熟化过程。半水成土和水成土在被耕作利用的过程中，经历灌溉淹水、灌溉水由耕层向下缓慢渗透，这样就发生了一系列淋溶作用，如机械淋溶、溶解淋溶、还原淋溶、络合淋溶和铁解淋溶等。其中机械淋溶是指土体中黏粒及细粉粒随下行水流的悬粒迁移，从而造成人为土纲剖面中黏粒下移，心土层比较黏重，并形成黏重紧实的犁底层；溶解淋溶是指土体内可溶性离子土壤渗漏水的迁移过程，其中主要离子有 Na^+、K^+、Ca^{2+}、Mg^{2+}、NH_4^+ 等阳离子和 Cl^-、SO_4^{2-}、CO_3^{2-}、HCO_3^-、NO_3^- 等阴离子；还原淋溶是指某些元素的氧化物如铁锰氧化物在高价态时的溶解度甚小，但被还原成低价态后其活动性大增，故在淹水还原的条件下，形成低价态铁和锰离子的数量有时甚至比盐基性离子的数量还多；络合淋溶是指土体内的金属离子以络（螯）合物形态迁移。在淹水条件下，土壤的物理、化学、生物学和矿物学性质都会发生显著的变化，并改变土壤组分的化学行为而最终影响元素的活化、迁移，进而在土壤渗漏液中得到反映。

旱耕熟化过程 旱耕熟化过程是指长期种植旱作农作物促使土壤熟化的过程，中国中原地区已经有数千年的人为旱耕熟化的历史。根据旱耕熟化过程中人们采取的措施及其对土壤的影响，可以将旱耕熟化过程细分为：①灌淤熟化过程，是指在人为控制下，长期交替进行灌溉淤积、淋溶和耕种培肥过程，形成一定厚度质地疏松、养分丰富的灌淤表层，由于流经不同环境的河流携带不同的泥沙，它们的灌溉淤积物的性质会有很大差异。②土垫熟化过程，是指在人们旱耕过程中，将黄土与人及家畜粪便、杂草或者草木灰相互混合进行沤肥，并将这些沤肥施加在旱地土壤表层，这样年复一年就逐渐形成了土壤耕性良好、肥力水平较高的土垫表层。这种土垫作用具有复钙、双重淋溶和土垫培肥等作用。如在陕西渭河平原数千年的土垫熟化过程，形成的塿土表层就有厚度超过 50 cm 的土垫层。③肥熟化过程，是在耕作熟化土壤基础上，因长期栽种蔬菜，持续大量施用有机肥的条件下形成深厚腐殖质且富含磷素的肥熟表层过程。

（3）主要诊断层和诊断特性

人为土纲的典型剖面构型为耕作熟化层（Ap 层）-犁底层（P 层）-耕作淀积层（B 层）-母质层（C 层）或潜育层（G 层）。其中耕作熟化层一般厚度大、颜色较暗、团块状结构、壤质、养分含量丰富，土壤一般呈现中性或酸性，耕作熟化层中含有木炭、砖瓦碎片等；犁底层厚度一般在 25 cm 左右，其土壤质地细腻、紧实呈片状结构，空隙度较小；耕作淀积层分为两类，即水耕淀积层和旱耕淀积层，水耕淀积层呈现棕色、黄棕色，黏粒含量相对较高，土壤盐基饱和度也较高，并有暗棕色、灰棕色的铁锰结核或板块，向下逐渐过渡至潜育层；旱耕淀积层土壤质地相对黏重，一般呈现块状结构，结构体表面常有腐殖质与黏粒复合淀积形成的胶膜，土壤 pH 及盐基饱和度均较高。人为土纲是人类在改造利用自然土壤的基础上形成的，它的理化性质必然受自然土壤和人类活动的双重影响，变异巨大。但总的特征是人为土纲土壤的有机质含量丰富，有效态养分质量分数相对较高。

6.3 土壤空间分布概述

6.3.1 土壤空间分布规律

作为成土母质、生物气候、地形水文、人类活动与时间综合作用的产物，土壤类型随着空间位置及成土环境的变化而变异，并表现出显著的空间分布规律，即土壤分布的地带性和地方性规律。地带性是指土壤类型在地表近于带状延伸分布、沿一定方向递变的规律性，它包括纬度地带性、经度地带性和垂直地带性；地方性则是指受母质、地形、水文、成土年龄以及人为活动支配的土壤分布状况。

（1）土壤的纬度地带性分布规律

土壤的纬度地带性分布规律是指在大的生物气候因素支配下，土壤类型及其组合沿纬线方向东西延伸、南北更替的分布规律。如在高纬度地区分布的冰沼土、灰化土/有机土、冻土、灰土，以及在低纬度地区分布的砖红壤、赤红壤/老成土、氧化土/铁铝土、富铁土以带状环绕全球各大陆分布，表现出明显的纬度地带性分布规律。在多数地区由于土壤形成发育受地方性成土因素如区域性气候、地形、母质、水文及人类活动的影响，土壤分布地带发生偏转、间断、尖灭且未能横贯整个大陆。中国东部受大陆性季风气候、地形等因素的影响，出现了区段性土壤纬度地带性，如从中国东部由北往南依次出现灰化土/灰土、暗棕壤与灰色森林土/淋溶土、棕壤与褐土/淋溶土与干润淋溶土、黄棕壤/淋溶土、红壤与黄壤/富铁土、赤红壤与砖红壤/铁铝土等地带。

（2）土壤的经度地带性分布规律

土壤的经度地带性分布规律是指在大的生物气候因素支配下，在中高纬度地区的土壤类型及其组合沿经线方向南北延伸、东西更替的分布规律。如在北美大陆中高纬度地区就有明显的土壤经度地带性分布规律，从太平洋沿岸到大陆中部再到大西洋沿岸依次分布有淋溶土、干旱土、软土、老成土等。中国北方地区因受大陆性季风气候与地形等的共同影响，分布有偏向东北-西南向的土壤经度地带性，即从东北向西依次分布土壤为暗棕壤与暗色森林土/淋溶土、黑土-黑钙土-栗钙土/均腐土、棕钙土-灰钙土-灰漠土-灰棕漠土/干旱土等。

（3）土壤的垂直地带性分布规律

土壤的垂直地带性分布规律一般是指在高山地区及山区气候因素支配下，土壤类型及其组合随着海拔高度递变的规律性。在山地区域内位于山基部且与当地地带性土壤相一致的土壤，称为山地垂直带的基带土壤。一般地，从基带土壤开始随山地海拔高度的升高，地表气温逐渐降低、降水量在一定幅度内增加、地表气温日较差与风力增大，这就引起了植被与土壤分布发生垂直分带和有规律更替的特性；由于山地基带土壤的不同，山地土壤垂直地带性分布也会有差异，图 6-1、图 6-2 为中国台湾省玉山和陕西省秦岭主峰太白山的土壤垂直地带性分布，其中太白山南坡基带土壤为黄棕壤/湿润淋溶土，而北坡基带则为塿土/土垫旱耕人为土，其南北坡土壤垂直地带性分布不同。

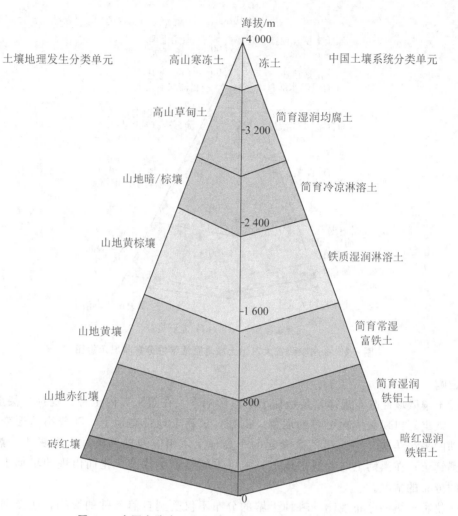

图6-1 中国台湾省玉山土壤垂直地带性分布状况示意图

（4）土壤的地方性分布规律

土壤地方性分布规律是指在宏观的土壤地带性分布规律的基础上，地方性的成土因素如成土母质、地形、地质水文、新构造运动、成土时间与人类活动等对土壤形成发育起着支配作用并形成不同的土壤，致使在中观、微观空间尺度上土壤分布状况的不同。土壤的地方性分布规律具有重要的实践应用价值，在进行区域性土壤资源调查、土壤环境质量诊断与评价等工作时，常遇到以下土壤地方性分布规律。

①土壤中域性分布规律，是指在中尺度地区范围内，主要在中地形条件影响下，地带性土类（亚类）和非地带性土类（亚类），按确定的方向有规律地依次更替的现象，如在褐土/干润淋溶土地带内，从太行山山麓到滨海平原呈现由褐土/干润淋溶土、草甸褐土/干润雏形土、草甸土（潮土）/冲积新成土、滨海盐土/正常盐成土等的土壤中域性分布规律。

②坡地地形的土壤分布模式——土链（catena）。土链是指在相同成土母质上发育并随地形起伏有规律性的重复出现的一组土壤，它构成一个土壤制图单元，主要反映地形部位、坡度、坡形等对土壤水分状况、排水性能、土壤表层过程、土壤形成发育和分布模

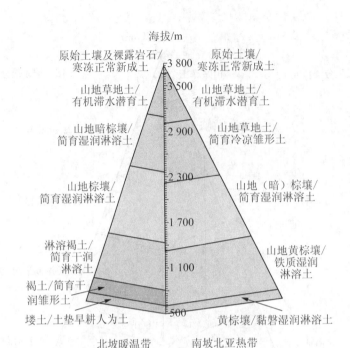

图 6-2 中国陕西省太白山土壤垂直地带性分布状况示意图

式的影响。

③土壤微域性分布规律，是指在小地形影响下，在短距离内土种、变种，甚至土类、亚类，既重复出现又依次更替的现象。例如，黑钙土地带高地上，随着小地形变化，可在相邻的平浅洼地、平地和稍微隆起的小高地上，相应地见到碳酸盐黑钙土、黑钙土、淋溶黑钙土；在黑钙土地带低平地上，常可看到随着小地形变化而出现的草甸土和盐渍土相间分布的情况。

④耕种土壤的分布规律。耕种土壤的分布不仅受到自然条件的影响，还受到人类活动的制约，其土壤分布有几种规律性。a. 同心圆式分布，即耕种土壤的分布与居民点的远近有关。一般以居民点为中心，越近居民点，受人为影响越强烈，土壤熟化度越高。b. 阶梯式分布，一般情况下，在山岭和丘陵地土壤上垦殖时都要修筑梯田，并在不同地形部位采取不同措施，从而形成不同的耕种土壤。c. 棋盘式分布，在平原地区农田基本建设、平整土地、开挖灌排沟渠，使土地逐步方整化与规格化，并呈现出棋盘式分布。

（5）土被结构

土被是指有规律地覆盖地球陆地表面土壤的总和，土被结构则是指区域内具有发生学联系土壤组合的空间构型。单元土区是组成土被结构的基层、不能再分割的部分，它相当于聚合土体或均一的土壤基层分类单元所占有的空间。B. M. 费里德兰德（Фридланд）认为单元土区是在其内部无任何土壤地理界限的土壤类型单元。土被结构研究的对象主要是区域内相互联系的多个单元土区的形状、面积大小和相对比例及其组合成因与类型。在不同地带或区域，成土因素的区域差异性，以及成土过程与土壤发育或退化过程的空间变异性，造成不同的土被结构类型，即土壤复区（soil complex）、土壤组合（soil association）。前者是指受微地形支配且呈小斑块更替的不同单元土区，这些单元土区的土壤均属于同一水热系列或水盐系列。如东北三江平原有白浆土、草甸土与沼泽土复区；松嫩平原有碱化草甸土、盐化草甸土和草甸碱土复区；华北平原有花碱土、沙土、两合土复区等。后者是指受中地形支配且呈大块状更替的不同水热系列或水盐系列的单元土区。土壤复合是指各土壤类型成分间的分布主要是由不同地层及母质造成的，这种结构类型只形成于母岩类型差异不大的地段，可称变异复合。这种土壤复合和变异在中国湿润地区及母岩较复杂地段经常出现。

土被结构的形状与其发生密切相关，土被结构的发生-几何形状或是土被结构的重要特征。以下是几种发生学-几何学的主要土被空间构型：①枝状土被结构，常与各种侵蚀地形相联系，多分布在河谷和大的峡谷，以及初级的径流中，即沿着水系的土被结构都属于这种形状，具有这种形状的土被结构在几何学上都是开放的。②扇形土被结构，该土被结构形式常见于洪积-冲积扇上，这种土被结构也是开放的。③环形土被结构，与各种低地地形（如陷穴、各类湖泊）相联系，一般来说在几何学上是相对封闭的。④线形土被结构，与堆积成因的各种线形地貌相联系，这种几何形状的土被结构都是开放的。与上述中地域地形相对应的还有阶梯形、马鞍形、条带形、条格状等土被结构型。综上所述，研究土被结构，不仅可以揭示土壤地理分布规律与地理发生的新内容，还对革新土壤制图和充实土壤区划的内容有重要意义。

6.3.2　世界土壤类型分布概况

（1）土壤地理发生类型的分布状况

世界各洲大陆所处的地理位置、面积的大小、大气环流和海洋环流、地质构造和地形的不同，在复杂多样及多变的成土因素作用下，形成了不同土壤类型及其分布状况，如图 6-3 所示。

欧亚大陆是亚洲大陆和欧洲大陆的合称，其面积达 5 000 多万 km²，最北点在北纬81°，最南点在南纬 10°45′，即欧亚大陆包含地球上所有的热量带，其土壤分布具有显著的代表性、完整性和复杂性。欧亚大陆西岸由北向南依次分布有冰沼土、灰化土、棕壤、褐土（发生分类）；欧亚大陆内部自北而南依次分布有冰沼土、灰化土、灰色森林土、黑钙土、栗钙土、棕钙土、灰钙土、荒漠土、高山（高原）土壤、红壤和砖红壤；欧亚大陆东岸由北向南依次分布有冰沼土、灰化土、暗棕壤、棕壤与褐土、黄棕壤、黄壤与红壤、赤红壤和砖红壤。受地方性成土因素的影响，欧亚大陆的局部还没有大面积的潮土、黄绵土、紫色土、风沙土、高山土壤、水稻土、娄土和黑垆土等。

美洲大陆包括北美洲、中美洲和南美洲，其面积约 4 207 万 km²，南北跨度由南纬60°至北纬80°，包含地球上所有的热量带，故其土壤类型及其分布状况近似于欧亚大陆，但因受美洲大陆地形等成土因素的影响，其土壤分布带呈现南北延伸、东西更替的状况。美洲大陆荒漠土、水稻土、娄土和黑垆土发育不典型或缺失。

非洲大陆面积约 3 029 万 km²，南北跨度由南纬 34°51′至北纬37°21′，因此称为"热带大陆"。由于赤道横贯非洲大陆中部，故以赤道带为中轴的气候、植被和土壤带向南、北两侧呈对称状态，即自赤道向南北极地方向，土壤依次为砖红壤、红壤、红棕土、红褐土、黑棉土、燥红土（红色栗钙土、红棕钙土）、热带荒漠土、褐土；其中燥红土、热带荒漠土分布面积巨大。

大洋洲陆地面积约 897 万 km²，其南北跨度由南纬 47°到北纬 30°，其土壤分布呈现环状结构，即澳大利亚中部、西部主要分布有荒漠土、燥红土、盐碱土；北部、东北部沿海区则分布有砖红壤、赤红壤；东部、东南部为黄棕壤、棕壤；西南部沿海地区有小面积褐土。

南极洲陆地总面积约 1 425 万 km²，包含南纬 60°以南的大陆、半岛和岛屿。南极大陆绝大部分地区终年被冰雪覆盖，只有在大陆外围局部地区及其部分岛屿的无冰区(其无冰区总面积不足南极大陆面积的 5%)，才有小面积冰沼土、粗骨土、寒漠土，在部分岛屿局部也有由海洋生物活动所形成的鸟粪土。

(2)ST 土纲的分布状况

美国土壤系统分类是依据土壤诊断层、诊断特性和特定土壤诊断层及其诊断特性的发生序列进行土壤类型的划分。由于土壤诊断层及诊断特性也是成土过程长期作用的产物，故美国土壤系统分类单元也具有一定地理分布规律，如 Bockheim 等 2014 年分析了成土因素与土壤系统分类的联系，表明美国土壤系统分类在所有分类级别上均使用了 5 大成土因素，如图 6-3 所示。

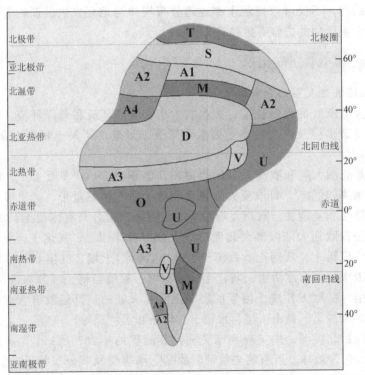

注：O—氧化土 (Oxisols)；A1—冷凉淋溶土 (Cryalfs)；M—软土 (Mollisols)；

U—老成土 (Ultisols)；A2—湿润淋溶土 (Aqualfs)；S—灰土 (Spodosols)；

V—变性土 (Vertisols)；A3—半湿润淋溶土 (Ustalfs)；T—冻土 (Gelisols)；

D—干旱土 (Aridisols)；A4—夏干淋溶土 (Xeralfs)。

图 6-3　理想大陆上美国土壤系统分类部分单元分布格局

（3）WRB土类的分布状况

WRB方案将土壤类型划分为32个一级单元和200多个二级单元，它主要以欧洲土壤学学派的学术思想为基础，并吸收借鉴了俄罗斯、英国、德国、法国和中国土壤分类的一些概念和术语；它将土壤看作为客观实体，是以土壤诊断层和诊断特性为基础的土壤分类；在土壤类型划分过程中重视对土壤形态、黏粒及其活性、土壤水分、人类活动对土壤的影响的观测与分析，其划分出的32个土类与土壤形成的生物气候条件也具有密切的关系，如澳大利亚学者格雷等（Gray et al.，2009）依据国际土壤参考资料和信息中心的土壤数据库，构建了WRB的32个土类与气候湿润程度、成土母质的相互关系图式，如图6-4所示。

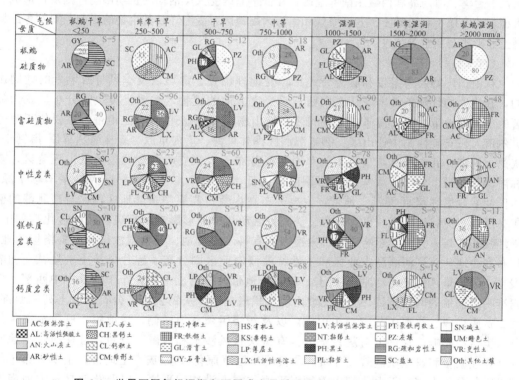

图6-4　世界不同气候湿润和不同成土母质区域内WRB土类的分布状况

6.3.3　中国土壤地理发生分类土类分布状况

中国地域辽阔，地势西高东低且地貌类型多样，地质新构造运动强烈复杂，气候类型多样且季风影响显著，再加人类农耕历史悠久，形成了复杂多样的土壤类型及其空间分布格局。

（1）土类的纬度地带性分布

在中国大兴安岭-太行山-巫山-武陵山-雪峰山一线以东地区，其主要土类空间分布呈现显著的纬度地带性分布规律。①寒温带针叶林-灰化土、漂灰土地带，主要分布于北纬49°以北的大兴安岭北部地区，这里属于中国寒冷区域，且有多年冻土分布。②中温带针叶阔叶混交林-暗棕壤、白浆土地带，地带性土壤主要分布在长白山与小兴安岭地区。广阔的东北平原地区受地形与河流的共同影响，发育形成了大面积的黑土、暗色草甸土和

173

沼泽土。③暖温带落叶阔叶林-棕壤、褐土地带，主要分布于辽东半岛、胶东半岛和华北的山地丘陵区。广阔的华北平原区受地形与河流的共同影响，则发育形成了大面积的潮土，以及小面积的盐碱土、砂姜黑土。④北亚热带落叶、常绿阔叶混交林-黄棕壤地带，主要分布于秦岭-淮河以南长江以北的低山丘陵区。低平原区受地形、河流和人类活动的共同影响，则发育形成了水稻土、灰潮土和砂姜黑土。⑤中亚热带常绿阔叶林-红壤、黄壤地带，主要分布于江南丘陵和云贵高原东部地区。低平原区受地形、河流和人类活动的共同影响，则发育形成了大面积的水稻土和沼泽土。⑥南亚热带季风常绿阔叶林-赤红壤地带，主要分布于云南、广西、广东、福建和台湾的局部地区，在低平原区受人类活动的长期影响，则发育形成了大面积的水稻土和沼泽土。⑦热带季雨林、雨林-砖红壤地带，主要分布在广东、广西、云南、台湾、海南岛和西藏东南部地区，在低平原区受人类活动的长期影响，则发育形成了大面积的水稻土和沼泽土。⑧滨海区和南海诸岛地区，受海洋及其生物的影响，则发育红树林土和磷质石灰土等。

（2）土类的干湿度地带性分布

在中国广阔的中温带和暖温带地区，受地理位置、地形以及季风与西风带的共同影响，致使生物气候条件出现从东向西近乎经度方向的更替，主要土类空间分布呈现为显著的干湿度地带性分布规律。①湿润区白桦山杨小叶林-灰色森林土地带，主要位于呼伦贝尔市大兴安岭西侧中低山区。②半湿润区桦林草甸、草甸草原、森林灌丛草原-黑钙土、灰黑土地带，其中桦林草甸、草甸草原主要分布于大兴安岭西侧北段的低山丘陵区，森林灌丛草原则上分布于大兴安岭西侧南段的低山丘陵区。③半干旱区大针茅羊草草原、本氏针茅百里香草原-栗钙土地带，主要分布在内蒙古高原中东部地区，在新疆北部的额尔齐斯、布克谷地等区域也有分布。受人为活动与中地形影响的有斑块状的盐化草甸土；受地貌条件与人类活动影响该地带内镶嵌的有科尔沁沙地、毛乌素沙地、小腾格里沙地、库布齐沙地；西辽河灌溉农业区和土默特灌溉农业区则分布了连片风沙土、盐碱土和灌淤土。④干旱区荒漠化草原-棕钙土、灰钙土地带，棕钙土主要分布于内蒙古中西部、新疆准噶尔盆地的两河流域，天山北坡山前洪积扇上部，灰钙土则多分布于黄土高原西部，河西走廊东段、祁连山与贺兰山山麓，以及新疆伊犁谷地两侧。受地貌、地质水文条件与人类活动影响，棕钙土与灰钙土区常有斑块状风沙土和盐碱土分布，且在河套平原有大面积灌淤土和斑点状盐碱土分布。⑤极干旱区草原化荒漠-灰漠土地带，主要分布于新疆准噶尔盆地南部、天山北麓山前倾斜平原与古老洪冲积平原，以及北部乌伦古河南岸的第三纪剥蚀高原，在甘肃、宁夏、内蒙古西部也有小面积分布。灰漠土属于温带荒漠边缘带的土壤，在灰漠土区常有斑块状风沙土、石质土、盐碱土、龟裂土分布；受地貌、地质水文条件与人类活动影响，银川平原、河西走廊等区域有大面积灌淤土和斑点状盐碱土分布。⑥超干旱区荒漠-灰棕漠土与棕漠土地带，主要分布于新疆、甘肃、宁夏、青海等地，灰棕漠土区植被以耐旱、深根和肉质灌木和小灌木为主，其覆盖度多不足10%，表土常有黑褐色漆皮砾幂或包状结皮，土壤质地粗骨性强；棕漠土区植被以稀疏、简单半灌木和灌木为主，其覆盖度多不足5%，表土具有黑色砾幂和有石灰表聚形成的孔状结皮，土壤多为砾质。⑦在一些山前低平原区域受人类活动影响，有大面积灌淤土（绿洲土壤）和斑点状盐碱土分布。

（3）土类的垂直地带性分布

土壤类型随地形高低自基带向上（或向下）依次更替的现象称为土壤分布垂直地带性。

土壤自基带随海拔高度向上依次更替的现象叫正向垂直地带性；反之，称为负向垂直地带性。正向垂直地带性具有普遍意义，负向垂直地带性只是在青藏高原等具体条件下所特有的现象。土壤（正向）垂直地带性主要是指山麓至山顶，在不同的海拔高度分布着不同类型的土壤。由于土壤分布的垂直地带性是在水平地带性的基础上发展起来的，故各个水平地带都有相应的垂直地带谱。在中国，土壤垂直地带谱具有以下特征。①一般说来，在相似的经度上自南而北，带谱组成趋于简单，同类土壤的分布高度逐渐降低。②在近似的纬度上自东（沿海）向西（内陆），带谱组成趋于复杂，同类土壤的分布高度逐渐增高。③在东部湿润区从热带到温带的土壤垂直地带谱组成皆属湿润型。④中国土壤垂直地带谱随经度的变化规律，以温带和暖温带比较明显，如在中国温带范围内可分出湿润型、半湿润型、半干旱型和干旱型 4 种垂直地带谱式。⑤山体越高，相对高差越大，土壤垂直地带谱越完整，如珠穆朗玛峰就具有完整的土壤垂直地带谱，由南侧基带的赤红壤起，经山地红黄壤、黄棕壤、棕壤、暗棕壤、灰化土、亚高山草甸土与高山草甸土，直达高山寒漠土与雪线。再如中国台湾省玉山也有典型土壤垂直地带谱：玉山南侧海拔 0～100 m 为热带季雨林-砖红壤；100～700 m 为南亚热带常绿阔叶林-赤红壤；700～1 500 m 为中-北亚热带常绿阔叶林-红壤、黄壤、黄棕壤；1 500～2 500 m 为温带针阔混交林-棕壤、暗棕壤；2 500～3 500 m 为寒温带针叶林-漂灰土；3 500～3 997 m 为寒带灌丛草甸-高山草甸土等。

（4）青藏高原土类的垂直-水平复合分布

青藏高原是中国最大、世界上海拔最高的高原，其平均海拔约 4 500 m，有"世界屋脊"和"第三极"之称。在奇特的自然环境与频繁的新构造运动的作用下，孕育了世界上特有土壤垂直-水平复合型地带性分布规律。郑度（1996）将青藏高原划分为高原亚寒带（高寒灌丛草甸地带、高寒草甸草原地带、高寒草原地带、高寒荒漠地带）、高原温带（山地针叶林地带、山地灌丛草原地带、山地草原地带、山地半荒漠-荒漠地带、山地荒漠地带、山地荒漠地带）和山地亚热带（山地常绿阔叶林地带）3 个温度带。在上述自然地域系统的基础上，依据中国科学院青藏高原综合科学考察队等的相关研究成果，总结了青藏高原土壤垂直-水平复合分布规律。

6.3.4 中国土壤系统分类土纲分布状况

中国土壤系统分类共设立 14 个土纲单元，它们之间具有明显的发生联系、形态特征以及空间分布联系，如图 6-5 所示，据此将 14 个土纲归并以下土壤类型系列，分别对其诊断土层与诊断特性、地理分布与成土因素、土壤改良利用进行简要描述，即土壤形成发育主系列是新成土-干旱土-均腐土-灰土-淋溶土-富铁土-铁铝土，也属于与地带性生物气候条件密切相关的土壤类型；过渡系列是新成土-雏形土-变性土；副系列包括水成型的盐成土-有机土-潜育土、岩成型的新成土和火山灰土，以及在上述土壤的基础上形成的人为土；上述 3 大系列土纲均表现出土壤与环境之间的密切关系，并形成了中国土壤系统分类土纲的空间分布格局，如图 6-6 所示。

（1）中国东部湿润土壤系列

位于大兴安岭-太行山-青藏高原东部边缘一线以东的广大地区，其地形以平原、低山丘陵、高原和盆地为主，包括东北平原、黄淮海平原、江南丘陵、四川盆地和云贵高原，以及台湾、海南岛等岛屿。这里临近海洋，气候湿润，自北而南依次出现的主要土壤组

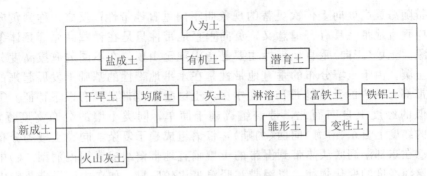

图 6-5 中国土壤系统分类单元土纲发生系列示意图

（据龚子同，1999 年资料）

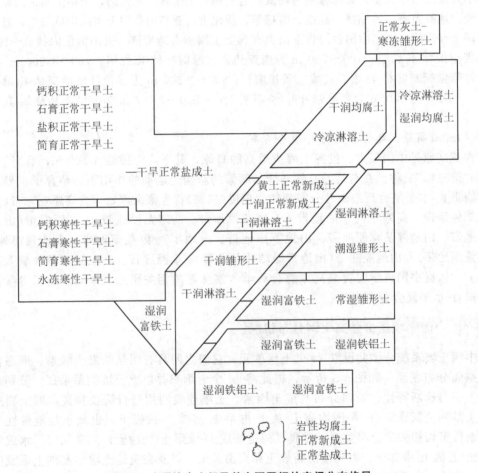

图 6-6 中国境内土纲及其主要亚纲的空间分布格局

合是：寒冻雏形土-正常灰土、冷冻淋溶土-湿润均腐土、湿润淋溶土-潮湿雏形土、湿润淋溶土-水耕人为土、湿润富铁土-常湿雏形土、湿润富铁土-湿润铁铝土、湿润铁铝土-湿润富铁土，以及中国南海诸岛上分布的岩性均腐土、正常新成土和正常盐成土。在这个土壤系列分布区内还夹杂大面积的水耕人为土（水稻土）。

（2）中国中部干润土壤系列

包括内蒙古高原东南部、黄土高原大部和青藏高原东部边缘部分地区，从东北向西南延伸，跨越接近 20 个纬度。这里属于温带半干旱、暖温带半湿润至半干旱气候类型。在夏季，东南季风可深入这里，形成集中的降雨，使土壤遭受短暂的淋溶过程，多年平均降水量在 250～500 mm，属于半湿润半干旱气候，其成土母质以黄土、沙黄土以及砂质风化残积物为主。这里分布有干润均腐土-冷凉淋溶土、干润正常新成土-干润淋溶土、干润淋溶土-干润雏形土，并夹杂旱耕人为土、灌淤人为土和部分盐成土。

（3）西北干旱土壤系列

位于内蒙古西部-贺兰山一线以西广大地区，包括内蒙古高原西部、宁夏、甘肃大部、新疆大部分地区。根据中国自然地理中的气候区划，该地区所涵盖的气候类型区有：中温带干旱极干旱气候、暖温带干旱极干旱气候、高原寒带干旱气候、高原温带干旱极干旱气候，平均年降水量一般不足 250 mm，年干燥度＞3.5。这里由北向南依次分布有正常干旱土-干旱正常盐成土、寒性干旱土-永冻寒冻雏形土，其中还夹杂灌淤人为土。

（4）青藏高原寒漠土壤系列

青藏高原由北向南包括祁连-柴达木、昆仑、巴颜喀拉、冈底斯、喜马拉雅、羌塘-昌都等地质构造带，这里高山大川密布、地势险峻多变、地貌复杂，其气候特征是辐射强烈、日照多、气温低、积温少、气温日较差和年较差巨大、干湿分明，冬季干冷漫长且大风多，夏季温凉多雨。这里分布有由干旱土、雏形土、新成土、盐成土、有机土等构成的干旱寒冻土壤系列。

【思考题】

1. 简述中国主要土纲的分布规律及原因。

2. 结合你所学的气候学、植物地理学基本理论及其空间分异规律，描述和解释全球土壤类型的分异规律。

3. 以小组为单位，集体讨论你们各自所熟悉地区的主要土纲类型，并分析影响该土纲形成发育的自然地理特征。

4. 利用世界土壤图、中国土壤图以及所学的知识，沿东经 90°、120°由高纬度向低纬度做一个土壤类型断面图，并依图说明土壤的分布规律；在中国温带地区沿纬度 42°由东向西做一个土壤类型断面图，并依图说明土壤的分布规律。

第 7 章　城市土壤及其管护工程

【学习目标】

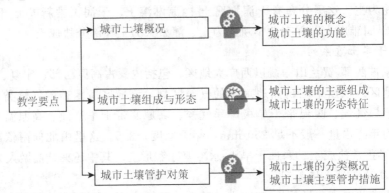

7.1　城市土壤概况

7.1.1　城市土壤的概念

城市生态系统是一个高度复杂的社会-经济-自然复合生态系统，由社会子系统、经济子系统和自然子系统复合而成，城市生态系统中的物质能量流的通量巨大且复杂多变，这极大地改变了原有自然土壤的物质组成和性状，形成城市土壤（urban soils）。城市土壤与农业土壤、森林土壤、草原土壤、湿地土壤、荒漠土壤一并为全球 6 大土壤景观单元。由于城市在世界范围内泛域性分布，再加上城市化、工业化对区域土壤影响的复杂多变性，人们对城市土壤组成和性状的认识还处于初期阶段，也使城市土壤至今尚游离于国际重要的土壤分类体系之外。近百年来，全球城市化持续快速发展，1950 年全球城市化率为 30%，2000 年已达 50%，2020 年全球城市人口占全球人口的比全为 56.2%，随着全球城市数量的增加、城市规模和城市地域空间的日益扩大，城市土壤已经成为城市生态系统可持续发展的重要制约因素之一。

在 19 世纪中期，随着土壤污染的日益加重，城市土壤受到现代土壤科学界的关注。德国学者费迪南德森夫特（Ferdinand Senft，1810—1893 年）1847 年首次在土壤教科书中阐述因遭受有毒废物沉积影响的城市、工业区和矿区环境中的贫瘠土壤；1951 年 Mückenhausen 和 Müller 编绘了德国鲁尔工业区西北部博特罗普市的土地利用及（城市）土壤类型图；1963 年苏联学者 Zemlyanitskiy 分析了莫斯科城市土壤的物理化学性状；美国学者 Bockheim 1974 年提出了城市土壤的概念，即位于城市或城郊地域内，人们通过混合填充形成的非农业使用且厚度超过 50 cm 的人为表层（manmade surface layer）或地表遭受污染的土壤物质；1982 年，在德国柏林举办首届国际城市土壤专题研讨会；1987 年，德国土壤学会成立了城市土壤工作组；布洛克（Bullock）和格雷戈里（Gregory）于 1991 年首次出版了《城市土壤》（*Soils in Urban Environment*）；1995 年，法国土壤学框架

在最高的土壤分类学级别上将人为发生的城市土壤划分为两个类型，同年国际人为土壤委员会提议，应该在美国土壤系统分类中适当地阐述人为土壤；1997年，德国土壤学会的城市土壤工作组提出了描述人为发生的城市土壤的手册，同年俄罗斯学者斯特罗加诺娃(Stroganova)等对城市土壤及土状物体(soil-like bodies)进行了观察与分析，并研究了俄罗斯泰加林地带的城市土壤分类特征。

1998年，在法国蒙别列尔市召开的第16届国际土壤科学大会成立了城市土壤工作组，并将"城市与城郊土壤"列为一个独立专题报告组，城市土壤及其管护受到了越来越多的关注；2004年，中国原环境保护部颁布相关文件，以指导城市土壤环境调查和城市土壤修复方案的制定；2005年，美国农业部自然资源保护局出版了《城市土壤初级读本》(Urban Soil Primer)；2006年，WRB出版新的议案将人为发生的城市土壤归并为技术土壤(technosols)；2008年，欧盟制定了保护有价值的城市土壤研究计划，以推进城市土壤的研究并向公众普及有关城市土壤的知识；2015年，乔尔·阿姆森(Joël Amossé)等剖析了城市土壤与城郊自然土壤的成土过程、物质组成与性状的差异；2017年，俄罗斯学者监测评价了城市土壤的功能：与当地自然土壤相比较，城市土壤剖面中物质输送系统严重退化，城市土壤与城市生态系统之间的水分、气体、养分传输过程受阻，在不同生物气候条件和不同程度的人为干扰条件下，城市土壤的独特功能如气体交换、碳固存、生产能力、生态服务则有显著的差异性，细菌多样性与城市土壤的扰动程度无关，但土壤和土壤剖面之间的群落组成变化可能是土壤发育和与人类活动有关的性质变化的结果，应在城市土壤中保持一致；美国学者2017年对纽约市的城市土壤剖面进行了诊断分析发现：人为添加物和大气沉降物对城市土壤的动态属性有影响，城市土壤中细菌多样性在某些自然沉积物母质区域有所降低，原自然土壤特性与人为活动则是影响土壤剖面中生物群落变化的重要因素。

由于城市土壤目前还游离于世界主要土壤分类体系之外，故城市土壤不是土壤分类学上的术语，它是人们从景观角度对位于城市地域的各种土壤的统称。俄罗斯学者Stroganova等2000年论述了城市土壤的概念，他们指出广义的城市土壤是指位于城市环境条件下的所有土壤，而狭义的城市土壤则是指具有由城镇建设及人类活动产生的物质混合、填充、埋藏和(或)污染而形成的厚度超过50 cm人为表层的土壤。与此同时，他们还提出了城市土壤物质(urbic material)和城市诊断土层(urbic diagnostic horizon)的概念，城市土壤物质是指由35％(体积)以上的土状物与建筑碎石瓦砾、人工制品混合而人工形成的土壤物质；城市诊断土层是指由人类混合、填充、堆埋或污染所形成的有机矿质表土层或者是由于城市及工业垃圾污染的土壤耕作层上部，城市诊断土层的厚度应该超过5 cm，它可能是杂草皮、富含腐殖质、潜育的、富含碳酸盐、被石油污染的土层等，如图7-1所示。

法国学者莫雷尔等(Morel et al.，2005)提出城市土壤是指位于城市地域但不限于此且受到人类活动强烈影响的土壤，城市土壤包含3种类群：①人类通过强度混合-输入-输出物质或污染所形成的厚度超过50 cm的表土层，而且与邻近农业或森林土壤具有显著差异的土壤；②公园和花园在性状上与农业土壤新近，但在物质组成、利用和管理上是与农业土壤不同的土壤；③城市地域内各种建设活动且经常被覆盖的土壤。城市土壤是指位于城市或城郊环境中受人类强烈影响的土壤，城市土壤也可以对人群健康、植物、

土壤生物和地表水分渗透产生显著的影响。城市土壤虽不同于农业土壤，也不同于远离城市的矿场、矿山、尾矿砂和机场的场地土壤，但给它们之间设定一个明晰的界限也是困难的。上述城市土壤均是从土壤发生学(成土因素及其过程)和土壤诊断学(特殊厚度超过 50 cm 的人为表层)两方面给予界定的。城市土壤是指位于城市或城郊环境中经历人类活动的持续强度影响，具有厚度超过 50 cm 的具有特定物质组成、理化性质且形态特殊的人为表层，且其物质迁移转化过程和功能发生重大变异的土壤。

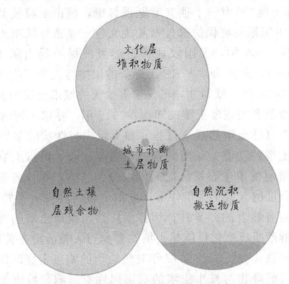

图 7-1 城市诊断土层的物质组成示意图

城市土壤零星地分布于城市中的各个角落，长期以来由于城市土壤面积狭小、利用的经济效益微薄或其他方面的因素，城市土壤一直处于被城市管理者和学术界遗忘的状态，故还未见对城市土壤物质组成和性状的系统性研究。城市土壤长期经历人类的干扰或直接"组装"，它与自然土壤和农业土壤相比，既继承了原有自然土壤的某些物质和性状，又有人工添加的各种有机物、无机物颗粒，并表现出特殊的物质组成、理化性质、养分循环过程以及土壤生物学特征，从而使城市土壤在物质组成和性状方面表现突出的时空异质性，如表 7-1 所示。

表 7-1 城市土壤与邻近的农业土壤或自然土壤的比较

项目	农业土壤/自然土壤	城市土壤
气候环境	当地基本气候特征，也有地膜覆盖；与大气之间物质交换少受人为影响	高温、低日照、少风、低湿干燥、多云、多污染、人工注入物多；与大气之间物质交换受人为影响而减弱
水文状况	土壤通透性良好，排灌设施齐全，有人工灌溉等	易形成地表径流，降水下渗量减少，但经历人工淋洗，土壤通透性差
植被-土壤生物	具有较为多样性的生物群落，土壤生物种类众多生理代谢活跃	植物种类单一且数量贫乏，土壤生物群落结构简单、生物量少、生理代谢微弱

续表

项目	农业土壤/自然土壤	城市土壤
成土过程	自然成土过程、人为培肥熟化过程	人为工程性影响如混合、填充、挤压等
土壤物质组成	物质组成多样，但较为均一，人为附加物少（如化学农药等）	物质组成复杂多样，自然土壤物质、碎石瓦砾、混凝土、$CaCO_3$、塑料等人工添加物
土壤养分特征	养分较为丰富，养分循环速率与效率相对较高	养分多且变异大，而有效态养分贫乏、养分循环速率与效率低
土壤剖面特征	具明显的土壤剖面分异特征，土壤结构发育较好	缺少正常或完整的自然土壤剖面，土壤剖面分异的突变性强，土壤物质呈现碎屑状

德国学者安德烈亚斯·莱曼等(Andreas Lehmann et al.，2007)按城市土壤利用状况以及城市人类活动对土壤的影响强度，将城市土壤划归为 3 个组别。①人为影响土壤(man-influenced soils)是指不含有人工侵入体或人工制品的城市土壤，这种本质上是被扰动的城市土壤层次经历了人工的挖掘、搬运、堆积等混合作用，该城市土壤现场发育微弱，其物质组成和部分性质主要是继承了原自然土壤，如图 7-2 所示。②人工改造土壤(man-changed soils)是指因人工添加各种外来物质使土壤中含有大量粗碎屑和有机物的土壤。其土壤剖面特征是被覆盖、土层呈现倾斜状或土层之间有不规则变化，土壤中含有一些源于临近土壤的沉积物或源于城市人类活动的排放物，如砖瓦碎片、混凝土残渣、塑料碎片、金属碎片、灰烬、煤渣、生活垃圾、动物骨骼残片等，在欧洲的许多城市土壤中常含有战争残留物，该土壤现场发育微弱，其多数土壤性状则是从原始土壤继承而来。③人工物组建土壤(man-made soils)是指由人工制品单独组成或主要由人造物质如橡胶制品、灰烬、金属碎片、玻璃碎片、陶瓷碎片、木头碎屑、泥状沉积物、废弃物和丢弃物等组成的土壤。该土壤常处于被埋压状态，土壤现场发育微弱，其土壤性状主要取决于人工物质的性状。

人为影响土壤剖面

图 7-2 城市土壤物质组成及其剖面形态比较　　扫码看彩图

人为改变土壤剖面

人工建造土壤剖面

图 7-2　城市土壤物质组成及其剖面形态比较(续)

(据 Andreas Lehmann 等，2007 年部分资料)

7.1.2　城市土壤的生态-环境功能

　　自然土壤在陆地生态系统中的生产潜力、生态服务与环境调节等功能，在时间上和空间上是有差异的，在不同的环境条件下，土壤所提供的具体生态环境功能的类型和数量也是不同。城市作为一种典型的人工生态系统，从土壤环境角度来看城市生态系统具有以下主要特征：具有以人为核心且对外部有强烈依赖性和密集的人流、物流、能流等；人工栽培植物的主要功能已经由为消费者和分解者提供食物转变为美化净化环境；系统内无法完成物质循环和能量转换；土壤生物的种类、数量及其生理代谢过程受到极大抑制，分解有机物的功能已丧失殆尽。

　　作为城市环境的重要组成部分和基础性资源，城市土壤利用潜能主要有：①城市土壤具有调节地表径流和溶质流动的能力，城市土壤及其性状对降水的入渗、蒸发、截留和存储具有重要的调节作用，与自然土壤相比城市土壤对地表径流的调节能力已退化，但与城区固化地表相比还具有一定的调节能力，如图 7-3 所示；城市土壤对地表径流的截留和存储对城市树木、绿地草坪生长具有一定的促进作用，对抑制城区地面扬尘的产生、缓解城区气温变化均具有重要的作用，但也可能对城市下游地表水水质产生不利的影响。②城市土壤对地表热量迁移转换具有调节功能，与城区混凝土、砖瓦、沥青等组成的硬质下垫面相比，城市土壤具有较大的热容量和比热，对于缓解城区气温的日较差和延缓城市热岛的形成具有重要作用。③城市土壤为城市基础设施提供基质与支持、为城市电

缆和管道系统提供遮掩保护的作用。④城市土壤是建设海绵城市的主要基质：城市土壤体积密度小、孔隙度高且土壤结构中大孔隙多，有利于地表径流的入渗；富含有机质的壤质土壤则具有较强的持水能力；土壤孔隙度大且土壤层次厚度大，则具有较强的土壤储蓄水量能力和净化水质的能力。

作为城市生态系统的重要组成部分，城市土壤具有多样的生态环境服务功能：①城市土壤为树木和绿地草坪提供生长的基质和营养元素；②城市土壤还是发展观光农业、工业生产活动和休闲健身产业（体育场、运动场）的基础；③城市土壤具有一定的环境污染物滞留与净化的功能，城市土壤中的有机物、黏土矿物具有一定的吸附截留重/类金属元素、持久性有机污染物、大气颗粒物的能力，同时这些污染物也可通过城市土壤中物理化学过程和生物化学过程得以净化，故有学者认为城市土壤是城市环境中污染物的汇集地和净化器，城市土壤是通过"牺牲"自己来保护城区水体和大气环境质量的。由于城市生态系统中绿色植物主要起着生态调节和景观美化的功能，已不是消费者食物的主要供给者，从生态系统食物链来看城市土壤已不是人类食物链的首端，故可合理适度地开发利用城市土壤对各种污染物的截留和净化功能。应当指出由于城市土壤遭受强烈的地表封闭和压实作用，城市土壤的许多功能均遭受不同程度的退化，管护城市土壤，恢复其应有的功能也是城市生态建设和城市美化的重要方面。

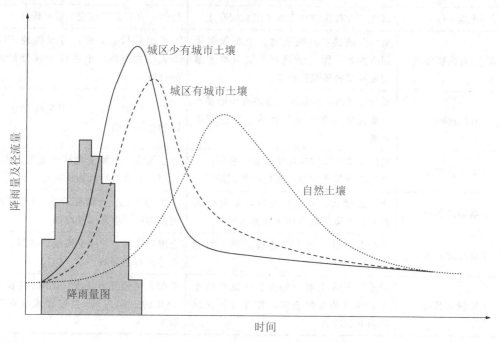

图7-3 城市土壤对地表径流过程曲线的调节能力示意图

7.2 城市土壤的性状特征

7.2.1 城市土壤物理特征

城市强烈、频繁的人为践踏和机械压实过程，使城市土壤物理性状发生了剧烈的变

化，主要表现为城市土壤体积密度和紧实度急剧增大，城市土壤的孔隙度、通透性、结构性和保水肥能力退化，土壤质地粗骨化及其土体构型变差（表7-2）。Scharenbroch 等2005 年对城市土壤的体积密度、质地以及砂粒、粉粒、黏粒质量分数进行了研究，发现美国爱达荷城市土壤的体积密度显著增加，特别是在新建城区的土壤体积密度高达1.73 g/cm³，在老的居住区土壤体积密度则为1.41 g/cm³，街道两侧土壤和公园绿地土壤的体积密度均为1.39 g/cm³；在老的街道两侧或公园绿地的土壤体积密度（1.59 g/cm³）则明显地高于新的街道和公园绿地土壤（1.55 g/cm³），如表7-3 所示。如在美国华盛顿中心的开放公园中 0～30 cm 的表土层的土壤体积密度为 1.4～2.3 g/cm³；在纽约中心公园的土壤心土层土壤体积密度高达 1.52～1.96 g/cm³，其平均值均超过 1.6 g/cm³；对城市土壤这个强烈的压实作用致使城市土壤的孔隙度急剧减小，如在一些紧实的城市土壤心土或底土层中孔隙度可降至 20%～30%，有的甚至不足 10%。

表 7-2　城市土壤的特征分析

土壤性状	城市土壤中常见特征	城市土壤中稀有特征
人工制品/碎屑物	质量分数高：土壤含有建筑残渣和其他大的人工制品使土壤具有高的水分通透性；土壤常被埋压	少见：在泥状沉积物和灰烬形成的土壤中
土壤 pH	碱性：含有建筑残渣如灰浆或混凝土	酸性：含有源于煤或工业品硫素
（人工）有机碳和氮	质量分数高：有机废物、尘埃和燃烧残渣累积；园艺土壤心土层由原土壤腐殖质层物质聚积而成	有机碳质量分数低：有规律地清除地表植物所致；土壤源于养分贫瘠的母质
污染物	质量分数高：在高度工业城市中的城市土壤含有燃烧残渣和其他生产过程的残渣	少见：土壤只受大气干沉降和湿沉降物质的影响
土壤体积密度	密度值高：土壤表层受机械力挤压；土壤心土层受建筑活动挤压和固结	密度值低：土壤受机械性松散过程；土壤含有大量有机物或灰烬
土壤温度状况	土壤温度高：土壤受城市热岛效应的影响；土壤受城市热污染的影响	土壤温度低：土壤受冷水-制冷活动的影响；土壤含水量增加
土壤湿度状况	土壤湿度低：土壤受建筑过程中的排水活动影响	土壤湿度高：土壤受灌溉、渗漏、排水等过程的影响
土壤发育状况	异地强发育土壤：土壤由强发育的土壤物质重新堆置而成，并有多种建筑活动的沉降物	多种现场强发育土壤：土壤（在长达50 年的时间内）未受堆置或沉积物影响

（据 Andreas Lehmann 等，2007 年资料）

表 7-3　美国爱达荷不同城市景观中的城市土壤物理性状比较

城市景观	土壤体积密度/（g/cm³）	质地类型	砂粒质量分数/（g/kg）	粉粒质量分数/（g/kg）	黏粒质量分数/（g/kg）
新近覆盖城市景观	1.55	粉壤质	185.0	583.0	232.0

续表

城市景观	土壤体积密度/ (g/cm³)	质地类型	砂粒质量分数/ (g/kg)	粉粒质量分数/ (g/kg)	黏粒质量分数/ (g/kg)
新的住宅区	1.73	粉壤质	172.0	618.0	210.0
老城市覆盖景观	1.59	粉壤质	183.0	625.0	192.0
老的住宅区	1.41	粉壤质	270.0	610.0	120.0
公园绿地	1.39	粉壤质	265.0	625.0	110.0
行道树栽植区	1.39	粉壤质	305.0	566.0	130.0

不同的城市土地利用方式要求有不同的土壤物理性状，就城市绿化植物生长而言，城市土壤所具有的不良物理结构和性状已经成为许多绿化植物生长发育的限制因素。城市土壤结构被破坏、土体紧实、排水与保水性能差、通气性差，使城市土壤中少有的某些有益微生物的活动受到抑制，土壤养分的有效性降低，植物根系发育受阻乃至死亡。如在城市街道两侧，因土壤紧实、底土缺水和根际的厌氧微环境，使某些深根性植物变为依靠少量浅根系维持生存的树木，这些树木躯体极易被大风所刮倒或被机械挤压所撞倒，危害城市人群安全；相反某些抗逆性强的树木虽然可以生长发育，但其生长发育也会危害道路的平坦性和稳固性。对城市游乐场地和运动场来说，其土壤要求为具有较好的排水性能、较大的承载力和维持（草本）植物生长的能力，这些均与土壤的结构、体积密度、孔隙度等因素有关。

7.2.2 城市土壤生物化学特征

由于绝大多数城市土壤受强烈压实与覆盖作用的影响，其物质性状已趋于恶化，城市土壤中还含有大量的建筑弃渣、煤渣、灰烬等固态废弃物，土壤缺乏有机质和必要的养分；城市土壤缺乏必要的成土生物条件，土壤的生物循环被阻断，即城市绿化植物的枯枝落叶被人为异地分解或烧毁，不能归还于城市土壤。其综合作用使城市土壤中的生物活动微弱，并导致城市土壤的 pH 增高和 Eh 降低，城市土壤的缓冲性能和离子交换性能退化，即城市土壤的生物化学性质恶化。

由于富含 $CaCO_3$ 的建筑材料在城市建设中广泛使用，$CaCO_3$ 成为各地域城市土壤中的常见物质之一，这使城市土壤 pH 一般高于同地带自然土壤或农业土壤，即城市土壤显著特征趋向中性或碱性。潘根兴等 2003 年测定了 56 个南京城市土壤样品，发现城市土壤 pH 小于 6.5 的只有 7 个占 13%，6.5～7.5 的 5 个占 9%，大于 7.5 的 43 个占 78%，城市土壤 pH 变幅为 5.13～8.22，其中值为 7.48；而南京市郊外的自然土壤或农业土壤中的 pH 多在 5.4～6.1，且无石灰性反应。Scharenbroch 等 2005 年对美国爱达荷的城市土壤的生物化学性质、营养元素质量分数及其动态变化进行比较研究，发现在不同城市功能区、不同时间的城市土壤的 pH 和 CEC 有明显的变化，即城市土壤 pH 易受城市人类活动影响，且随着人类活动影响的持续，土壤 CEC 有升高的趋势；随着人类活动影响的持续，在各种城市功能区的城市土壤中 K 质量分数有增加的趋势，即人类活动向城市土壤中注入了外源的钾元素；不同城市功能区的城市土壤中总有机碳质量分数差异较大，

即城市土壤中有机碳质量分数与人类活动类型密切相关，而相同功能区内城市土壤有机碳质量分数随时间变化不明显；土壤中细颗粒有机质的 C/N 差异明显，如表 7-4 所示。

表 7-4　美国爱达荷不同城市景观中的城市土壤生物化学性状及养分的动态比较

时间	城市景观	$pH_{1:1}$	CEC/ ($\mu mol/g$)	钾质量分数/ (mg/kg)	磷质量分数/ (mg/kg)	总有机碳质量分数/ (g/kg)	C/N (细粒)
2002	新近覆盖城市景观	6.91	11.4	254.5	96.3/143.3*	23.6	15.5
	新的住宅区	7.08	12.1	158.2	23.3/59.3	14.9	17.9
	老城市覆盖景观	6.64	13.0	251.1	49.8/114.3	20.0	20.5
	老的住宅区	6.93	13.6	328.3	36.7/132.4	29.3	16.3
	公园绿地	6.73	13.3	425.7	60.1/152.6	30.3	15.7
	行道树栽植区	6.61	11.1	443.6	65.6/152.6	26.6	20.5
2003	新近覆盖城市景观	6.81	14.7	338.9	95.3/147.9	23.8	15.9
	新的住宅区	7.32	17.2	243.9	31.8/64.0	16.2	19.8
	老城市覆盖景观	6.76	16.4	333.8	42.6/101.7	20.7	20.4
	老的住宅区	7.01	16.6	398.4	36.3/121.3	30.6	16.6
	公园绿地	6.87	16.0	523.9	59.6/144.4	31.0	16.1
	行道树栽植区	6.69	13.5	503.6	68.8/160.6	27.1	20.5

注：为盐酸-氟化铵法测定土壤有效磷的两种方法（弱洗脱和强洗脱）对应的有效磷质量分数。

　　从土壤养分的储存与植物营养的角度来看，多数城市土壤有机质和碳、磷质量分数及其有效性低，成为植物生长的限制因素。土壤中钾、钙、镁的质量分数对植物生长基本上不存在影响；硫和铁、锰、硼、铜、锌等元素在城市土壤中质量分数过高，会对植物产生毒害作用。但是也有学者认为养分富集是城市土壤的重要特征，即由于城市生活垃圾的持续进入城市土壤，城市土壤中全磷及速效磷质量分数升高，对城市地下水及下游地表水构成了威胁。可见，由于城市类型、产业结构、基础设施水平和人群生活习惯的不同，城市土壤物质组成及其养分状况也有巨大差异。

7.2.3　城市土壤的形态特征

　　城市土壤也是由固相、液相、气相和生物体组成的混合体，但受城市人类活动的影响它们之间的质量比例及存在状态已经发生显著的变化，即表现为土壤固相物质质量比例增加、土壤物质组成更加复杂多元化、土壤层次混乱。对于人为影响土壤（man-influenced soils）而言，在城市建设与绿地管护活动中频繁的挖掘、扰动、搬运、堆填过程，已经完全改变了原有自然土壤的发生层次或自然成土母质中的风化及沉积层次；对于人工改造土壤（man-changed soils）而言，城市人类活动不仅改变了原有自然土壤层次或成土母质的层序结构，还向其中添加了一定量的碎石、砖瓦、混凝土、沥青、玻璃、金属、煤渣、橡胶、塑料、陶瓷的碎片碎屑、灰烬，以及皮革、纸张、布匹、动物骨骼碎片等生活垃圾，形成了物质组成多样化、质地粗骨化、层次混乱化的土壤剖面形态；对于人工建造土壤（man-made soils）而言，其土壤剖面中具有整层的人工制品或者整个土壤剖面主要由人工添加组成，则土壤物质组成及形态主要取决于人工制品或人工添加物的组成和性状。Puskás 等 2009 年从城市土壤中各种人为添加物组成和数量、有毒污染物种类与数量、碳酸钙质量分数、土壤体积密度、土壤质地和粗骨性等方面对匈牙利塞格德市中不同功能区的城市土壤形成特征进行研究，如图 7-4 所示。

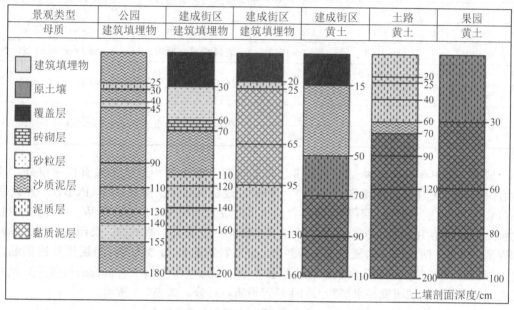

图 7-4 匈牙利塞格德市不同功能区的城市土壤剖面特征

7.3 城市土壤的物质组成

7.3.1 城市土壤中的有机物组成

随着人口、物质、能量的大量集结和快速流通，必然有人工物质输入城市土壤之中。城市土壤中有机物主要有 3 个来源：一是继承自然土壤中原有的腐殖质；二是人工直接添加的各种有机物，如对城市绿地土壤的施肥、城市径流携带的有机物（如橡胶微粒、塑胶颗粒、木屑等）注入，以及城市生活垃圾的注入等；三是人类活动通过大气干沉降和湿沉降间接输入的各种有机物。与自然土壤、农业土壤相比较，城市土壤中的生物过程严重退化，缺乏稳定的植物性有机物输入（城市土壤上植物产生的有机物多被人们清除即异地分解）和周期性人工的培肥作用；城市土壤的有机质和营养元素输出主要为淋溶流失、挥发、厌氧分解和少量的植物吸收，这种低输入与高输出的土壤有机质和养分循环模式，必然会导致绝大多数城市土壤有机质、有效氮素出现亏损；由于城市受人类活动影响强烈，城市土壤中有机质、有效氮素和其他养分质量分数的时空变异性巨大，特别是城市土壤有机质中 C/N 也更加复杂多变，如表 7-5 所示。

表 7-5　城市土壤中有机碳质量分数及有机物 C/N

土层深度/cm	有机碳质量分数/(g/kg)	C/N	国家及城市	资料来源
0～10	23.2	11.1	美国丹佛市	Golubiewski(2006)
10～20	8.0	9.3		
0～15	18.4	10.3	美国克林斯堡市	Kaye et al.（2005）
15～30	7.9	10.5		
0～30	5～207	11～124	德国哈利市	Machulla et al.（2001）
0～30	7.4～10.1	13.2～16.1	美国菲尼克斯市	Green and Oleksyszyn(2002)
0～25	3.0	62.1	德国罗斯托克市	Beyer et al.（2001）
25～70	114.9	18.3		
0～25	11.6	60.6	德国斯图加特市	Lorenz andKandeler(2005)
65～100	0.7	2.4		

城市土壤中有机物的种类更加繁多，除了含有自然土壤中绝大多数有机物以外，还含有六六六(HCHs)、滴滴涕(DDTs)、多环芳烃(PAHs)、多氯联苯(PCBs)、多氯联萘(PCNs)、橡胶、塑胶、石油类等，以及人类生活用品(药品、洗刷用品、消毒防虫剂、化妆品等)中所使用的各种抗生素类、油脂类、酚类、胶质类、溶剂类、表面活性剂、香料和香精、色素、防腐剂、抗氧化剂、着色剂(如二氨基酚类)、抑汗剂(如氯化羟锆铝配合物)、染发剂中的醋酸铅和防腐剂中的苯基汞盐等，可见城市土壤中有机物的质量分数及其组成与城市性质、城市发展水平和人们生活习惯密不可分，如表 7-6 所示。

表 7-6　城市土壤中有机物的种类及其来源

有机物种类	主要来源
有机农药(聚酯类)类	农药生产企业及其园林、绿化中的使用
酚类	石油化工、橡胶、农药等等排放的废水
氰化物	冶金、电镀、印染、医药等排放的废水
苯并芘	石油化工、炼焦、发电等排放的废水
石油类	石油化工、交通、发电等排放
抗生素类	医药、居民生活、养殖业等排放
多环芳烃(PAHs)	各种燃烧如交通、发电、居民生活等排放
乙氧基二醇醚、二甲亚砜、异丙醇等	日用精细化工和居民生活等排放

7.3.2　城市土壤中的碳酸钙

$CaCO_3$ 是干旱、半干旱、半湿润地区自然土壤和发育在富含 $CaCO_3$ 成土母质上自然土壤的重要组成物质，自然土壤中 $CaCO_3$ 含量具有一定的地域性分布规律。作为城市建设的重要建筑材料，CaO 和 $CaCO_3$ 已成为不同地域内城市土壤中常见的物质之一。Puskás 等 2009 年调查分析匈牙利塞格德(Szeged)市不同功能区城市土壤中 $CaCO_3$ 质量分数平均值在

扫码看彩图(图 7-5)

19.0～256.0 g/kg，且土壤剖面中 $CaCO_3$ 一般不具有水平成层的分布，其形态为不均匀的颗粒状，输入人工侵入体并受土壤中水分的溶蚀影响。对北京城市土壤中碳酸钙分析表明，在北京城市中心区存在南北两个土壤 $CaCO_3$ 质量分数的高值区。在东城区与西城区相接的老城区的居民区与街道边旁那些长期受人类活动强烈扰动、已强度板结的城市土壤中 $CaCO_3$ 质量分数在 80～103 g/kg；在西城区与东城区相接的以北二环路南侧为中心范围较大的高值区，其居民区与街道边旁绿地高度板结的城市土壤中 $CaCO_3$ 质量分数在 70～95 g/kg；在城市核心中山公园、劳动人民文化宫、北海公园等区域为城市土壤 $CaCO_3$ 质量分数的低值区，其值在 30～50 g/kg，这里属于园林绿地土壤，因长期的人为浇灌或客土栽植可能造成其土壤 $CaCO_3$ 质量分数较低，如图7-5和图7-6所示。

扫码看彩图(图 7-6)

图 7-5 北京城市土壤(100 目)样品数码显微图像

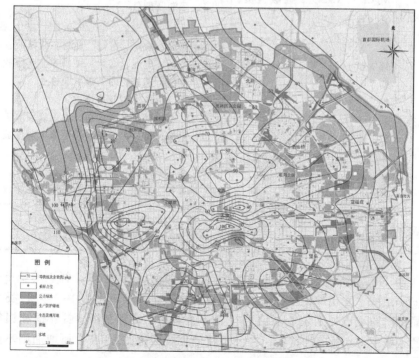

图 7-6 北京城市土壤 $CaCO_3$ 质量分数等值线图

（审图号：GS(2012)1950 号）

$CaCO_3$ 成为不同地域内城市土壤中常见的物质之一，它对城市土壤性状具有以下重要影响：一是 $CaCO_3$ 对土壤中磷的有效性、重/类金属元素活性有抑制作用，它们使城市土壤中磷转化为难容性的磷酸钙，使城市土壤中的重/类金属离子转化为碳酸盐结合态重/类金属；二是 $CaCO_3$ 作为强碱弱酸盐，随着城市土壤中 $CaCO_3$ 质量分数的增加，其土壤 pH 也显著升高，如潘根兴等 2003 年对南京城市土壤的研究表明，城市土壤 pH 明显高于同地带自然土壤，土壤趋向中性或碱性是城市土壤的显著特征；三是 $CaCO_3$ 对土壤矿质颗粒具有显著的固结作用。因此，研究城市土壤中 $CaCO_3$ 含量及其形态特征对改善城市土壤质量、维护城市植物正常生长发育具有重要意义。

7.3.3 城市土壤中的无机污染物

由于城市人类活动的多样性和广泛性，人类活动向城市土壤中输入的无机污染物种类极其丰富多样，如碎石、砖块、煤渣、混凝土碎屑、矿渣、塑料碎片、尼龙残渣、玻璃碎片、钢铁碎片、各种无机盐和重/类金属等，这是城市土壤的一个重要的诊断特征，这些无机污染物及其主要来源，如表 7-7 所示。特别是城市人类活动过程中向城市土壤排放的融雪剂和各种重/类金属元素，使城市土壤性状恶化并对城市绿化植物产生了危害，进而危及人群的健康。

表 7-7　城市土壤中无机污染物（或无机侵入体）种类及其来源

无机物类别	主要无机物	主要来源
无毒无机盐类	融雪剂（$NaCl$、KCl、$CaCl_2$、$MgCl_2$）、$CaSO_4$、硅酸盐类、氧化铁类	道路融雪剂 建筑、雕塑及染色
重/类金属类	砷	硫酸、化肥、农药、医药、建材工业排放
	镉	冶金、电镀、电池、塑料、染料等工业排放
	铬	冶金、电镀、制革、印染等工业排放
	铜	冶金、铜器、电子工业等排放
	汞	汞蒸气、制烧碱、含汞农药、含汞仪表等工业排放
	镍	冶金、电镀、印染、电池、炼油等工业排放
	铅	颜料、冶金、石化等工业排放
	硒	电子、电器、油漆、印染等工业排放
	锌	冶金、镀锌、电池、化肥、制药等工业排放
放射性物质	放射性铯 137 放射性锶 90	原子能、同位素生产及应用行业排放 原子能、同位素生产及应用行业排放

佩特森等(Paterson et al.，1996)分析了苏格兰奥伯丁市内 80 个样点的城市土壤表土层(0～20 cm)组成，发现即使是在缺少重工业的城市，其城市土壤中一些重/类金属质量分数较相同母质的城市外围农业土壤也有显著的增加，特别是铅、锌、铜和钡等在城市道路两侧的土壤中得到显著的富集，在公园绿地土壤中这些重/类金属增加则不显著，如表 7-8 所示。

表 7-8 苏格兰奥伯丁城市土壤中某些化学元素的质量分数比较(95%的置信区间)

项目	城市土壤		农业土壤
	城市道路两侧土壤	公园绿地土壤	
铝/(mg/kg)	12 931±827	13 897±1 097	21 843±2 907
铁/(mg/kg)	18 116±794	18 469±1 097	18 613±2 907
镁/(mg/kg)	2 802±139	2 651±229	3 781±638
钾/(mg/kg)	2 048±124	1 778±188	3 605±562
钙/(mg/kg)	2 949±179	1 880±287	3 579±1 082
钠/(mg/kg)	509±82	250±37	859±141
磷/(mg/kg)	861±70	957±170	840±90
锰/(mg/kg)	264±24	286±52	385±182
钛/(mg/kg)	707±27	717±46	290±40
钡/(mg/kg)	204±43	99±15	83±19
锌/(mg/kg)	113.2±14.6	58.4±7.6	39.2±4.7
铬/(mg/kg)	22.9±2.8	23.9±2.3	29.4±7.2
锶/(mg/kg)	23.1±2.2	15.6±2.4	21.9±3.6
铅/(mg/kg)	172.9±33.9	94.4±21.6	18.4±5.6
镍/(mg/kg)	15.9±1.7	14.9±1.6	11.5±3.2
钴/(mg/kg)	6.2±0.3	6.4±0.7	5.3±1.2
铜/(mg/kg)	44.6±11.0	27.0±6.4	4.8±2.6
pH	5.83±0.10	4.85±0.16	—
土壤样品数	47	29	7

注：—为无数据。(据 Paterson 等，1996 年资料)

城市土壤中重/类金属元素来源可以分为自然成土母质的释放和人为活动的外源输入，其中人类活动对城市土壤中重/类金属质量分数及分布具有重要影响，这包括城市污水排放的重/类金属、以工业废弃物形式排放的重/类金属、城市运行过程释放的重/类金属、城市径流输入的重/类金属、城市大气干、湿沉降输入的重/类金属等。由于这些人为过程具有复杂多变性，城市土壤中重/类金属的种类、质量分数及其分布也具有复杂多变性。例如，在纽约市从城区-郊区-农业区长 140 km 的复合生态样带内，土壤中铜、镍、铅的质量分数随着该区与市中心距离的增加而降低，即城市土壤中铜、镍、铅质量分数分别是农区土壤中质量分数的 4、2、2 倍。中国香港与广州城市土壤中的重/类金属质量

分数分布也具类似的规律，即城市土壤中所有的重/类金属平均质量分数最高，而城郊的农业土壤和公园土壤居中，林地土壤质量分数则最低。

汞是银白色的、液态的、可蒸发的重金属，城市土壤中汞的积累会为城市生态系统和人群健康带来多种健康风险。城市土壤中汞的主要来源有：含汞矿产开发，铜、锌、银和金的提取与冶炼过程可以向环境排放大量的汞；许多仪器仪表与照明器械的使用及损坏弃置也可以向环境排放一定量的汞；某些医疗与制药、核反应堆冷却剂和防辐射材料的生产与运用也能够排放少量的汞。如罗德里格斯等(Rodrigues et al.，2006)综合分析了城市土壤、农业土壤与森林土壤中的汞，发现城市土壤具有明显的汞积累，城市土壤中汞的质量分数变化幅度扩大，汞在土壤剖面层次中分布不规律，主要取决于人类活动对城市土壤的影响，如表 7-9 所示。

表 7-9　各种土壤中汞质量分数的比较

土壤类型/土地利用状况	中位值/平均值/(mg/kg)	变化范围/(mg/kg)
世界土壤	0.05/—	—
森林土壤腐殖质层/瑞典	—/0.25	—
森林土壤腐殖质层/挪威	—/0.190	—
森林土壤腐殖质层/美国	—/0.150	—
森林土壤腐殖质层/欧洲中部	—/—	0.300～0.400
加拿大农业土壤	0.04/—	0.005～0.13
比利时农业土壤	0.12/0.24	0.03～4.19
英国代表性正常土壤	—	0.008～0.19
英国重金属富集土壤/矿区		1～7
城市土壤/意大利巴勒莫市	0.68/—	0.04～6.96
城市土壤/挪威特隆赫姆市	0.13/—	<0.2～4.49
城市土壤/美国匹兹堡市	—/0.51	—
城市土壤/加拿大康沃尔市	—/0.698($n=33$)	0.04～5.1
城市土壤/俄罗斯哈巴罗夫斯克(伯力)工业中心	—/0.080($n=122$)	0.011～0.950
城市土壤/俄罗斯阿穆斯克工业中心	—/0.175($n=30$)	0.004～0.464
城市土壤/俄罗斯阿穆斯克重度污染区		0.712～16.65
城市土壤/中国长春市		0.139～0.479
城市土壤/挪威奥斯陆	—/0.06($n=300$)	<0.010～2.300
城市土壤/德国柏林	—/0.19($n=2182$)	—
城市土壤/芬兰雅各布斯塔德	—/0.093($n=32$)	0.011～0.093
城市土壤表土层(0～10 cm)/葡萄牙阿威罗	0.055/—	0.032～0.130

续表

土壤类型/土地利用状况	中位值/平均值/(mg/kg)	变化范围/(mg/kg)
城市土壤亚表层(10~20 cm)/葡萄牙阿威罗	0.054/—	0.023~0.130
城市土壤表土层(0~10 cm)/英国格拉斯哥	1.2/—	0.31~5.20
城市土壤亚表层(10~20 cm)/英国格拉斯哥	1.3/—	0.52~6.30
城市土壤表土层(0~10 cm)/斯洛文尼亚卢布尔雅那	0.38/—	0.15~0.86
城市土壤亚表层(10~20 cm)/斯洛文尼亚卢布尔雅那	0.42/—	0.16~0.77
城市土壤表土层(0~10 cm)/西班牙塞维利亚	0.30/—	0.11~1.30
城市土壤亚表层(10~20 cm)/西班牙塞维利亚	0.31/—	0.11~1.60
城市土壤表土层(0~10 cm)/意大利托里诺	0.47/—	0.21~0.90
城市土壤亚表层(10~20 cm)/意大利托里诺	0.56/—	0.26~2.50
城市土壤表土层(0~10 cm)/瑞典乌普萨拉	0.25/—	0.015~1.200
城市土壤亚表层(10~20 cm)/瑞典乌普萨拉	0.25/—	0.036~6.200

注：—表示无数据。（据 Rodrigues 等，2006 年资料）

7.4　城市土壤的分类与利用

7.4.1　城市土壤分类

城市土壤由于其形成因素、形成过程、土壤物质组成与性状特征的复杂性和多变性，再加过去城市土壤在土壤科学界未得到足够的重视，城市土壤的发生过程、物质组成、性状特征及其时空分异的规律还有待深入研究。因此，当前世界上主要的土壤分类系统均未包含对城市土壤的分类，城市土壤长期游离在土壤分类系统之外；城市土壤不是分类学上的概念，它只是从土壤外在景观上对位于城市地域范围内土壤的笼统概括。这里主要介绍一些有关城市土壤分类的初步研究成果，从不同方面反映学术界对城市土壤的认识与研究水平。

中国科学院南京土壤研究所龚子同、张甘霖等系统地研究了南京市的城市土壤分类，认为城市土壤由于频繁地受到人为作用的强烈影响，土壤形成发育的时间较短，将其归属为新成土土纲、人为新成土亚纲比较合理。但中国土壤系统分类中现有的诊断土层和诊断特性的规定，并不适用城市土壤分类，因此他们建议设立一个新的诊断表层——城镇表层(urbic epipedon)，其定义为：具有人为的、非农业作用形成的，由于人为对土壤的混合、填埋、堆积或污染而形成厚度≥50 cm 的表土层。他们建议在中国土壤系统分类的新成土纲中增添人为新成土亚纲，并将城市土壤划分在其中，即城市土壤为新成土中在矿质表土下有厚度≥50 cm 的人为扰动层次或人为淤积物质或具有城镇表层的土壤；并在其下增设城镇人为新成土土类，即具有城镇表层的土壤。在城镇人为新成土下设浅层城镇人为新成土、粗骨城镇人为新成土、还原城镇人为新成土、紧实城镇人为新成土、

普通城镇人为新成土亚类。分别检索如下。

在城镇表层内有不透水层（如过去水泥、沥青路面等）————浅层城镇人为新成土；

在城慎表层内至少有一厚度≥15 cm 的层次含粗骨物质（石块、砖块、煤渣、石砾等）≥35％（按体积计）————————————————————————粗骨城镇人为新成土；

在城镇表层内有机固体物质≥30％（按体积计）————还原城镇人为新成土；

在城镇表层内至少有厚度≥15 cm 的层次土壤体积密度≥1.65 g/cm³ ——————————————————————————————————紧实城镇人为新成土；

其他城镇人为新成土———————————————————————普通城镇人为新成土。

德国学者 Andreas Lehmann 和卡尔施塔尔（Karl Stahr）于 2007 年提出依据城市人类活动对土壤的影响及其土壤诊断特性的城市土壤分类体系，即人类扰动的活动对城市土壤的人为影响土壤、添加少量人工物的人工改造土壤和主要由人工物组建而成的土壤；在此基础上再按照土壤性质、形态及其物质组成进行细分，如表 7-10 所示。

表 7-10　城市土壤分类体系

一级	二级	三级（及内含土壤性状或物质组成）
城市土壤 urban soils	人为影响土壤（man-influenced soils）	内潜育雏形土（Endogleyic Cambisol） （间续石质＝ruptic，腐殖质＝humic，高盐基饱和＝eutric，粉壤质＝siltic）
		混合松岩性土（Aric Regosol） （钙质＝calcaric，腐殖质＝humic，黏质＝clayic）
		弱育雏形土（Haplic Cambisol） （高盐基饱和＝eutric，间续石质＝ruptic，腐殖质＝humic）
		弱育冲积土（Haplic Fluvisol） （高盐基饱和＝eutric）
		淋淀内滞水黑土（Luvic Endostagnic Phaeozem） （腐殖质表聚＝anthric）
		弱育松岩性土（Haplic Regosol） （钙质＝calcaric，腐殖质＝humic，迁移土壤物质＝transportic）
	人工改造土壤（man-changed soils）	人工物质雏形土（Technic Cambisol） （间续石质＝ruptic，腐殖质＝humic，钙质＝calcaric）
		园艺雏形土（Hortic Cambisol） （间续石质＝ruptic，腐殖质＝humic，钙质＝calcaric）
	人工物组建土壤（man-made soils）	城镇人工物组建土（Urbic Technosol） （钙质＝calcaric，间续石质＝ruptic，有毒＝toxic，腐殖质＝humic，嫌气还原＝reductic，压实＝densic，粗骨＝skeletic，砂粒＝arenic）

续表

一级	二级	三级（及内含土壤性状或物质组成）
城市 土壤 （urban soils）	人工物组建土壤 （man-made soils）	废品堆积人工物组建土（Spolic Technosol） （间续石质＝ruptic，有毒＝toxic，嫌气还原＝reductic，粗骨＝skeletic，表粉壤质＝episiltic，内黏质＝endoclayic，有毒＝toxic，粉质＝siltic，钙质＝calcaric，腐殖质＝humic）
		冲积废品堆积人工物组建土（Fluvic Spolic Technosol） （钙质＝calcaric，有毒＝toxic）
		城镇铺筑人工物组建土（Urbic Ekranic Technosol） （钙质calcaric，内间续石质＝endoruptic，压实＝densic，内粗骨＝endoskeletic）
		潜育人工物组建土（Gleyic Technosol） （嫌气还原＝reductic，腐殖质＝humic）
		松软垃圾人工物组建土（Mollic Garbic Technosol） （间续石质＝ruptic，腐殖质＝humic，钙质＝calcaric，粗骨＝skeletic，黏质＝clayic）
		松软城镇人工物组建土（Mollic Urbic Technosol） （钙质＝calcaric，有毒＝toxic，腐殖质＝humic，砂质＝arenic）

（据 Andreas Lehmann 等，2007 年资料）

7.4.2 城市土壤管护工程

作为城市生态系统的重要组成部分，城市土壤的主要生态环境服务功能可以归结为：一是作为维持城市绿化植物生长发育的基质和营养来源，城市土壤具有为城市人群营造美观生存场所的功能；二是作为城市地表由固体、液体、气体和微生物组成的多孔介质，城市土壤在地表水热迁移转化过程中发挥着过滤、滞留、缓冲与转化的作用，为城市人群维持着舒适的生活环境，并对城市基础设施具有一定保护作用；三是城市土壤对某些污染物具有汇集、储存和净化的功能。因此，城市土壤管护与持续利用也是构建人与自然和谐的宜居城市的重要内容。

在城市规划与建设过程中，城市土壤并未得到足够的重视。在城市绿化景观建设中，由于缺乏必要的城市土壤组成与性状方面的知识，人们只关注土壤质地、土层厚度、有机质质量分数等理化性状，而忽视了城市土壤的持水性能、体积密度、酸碱度、养分质量分数、盐分质量分数、排水状况等土壤性质，其结果也难以建成和谐低耗的城市自然景观及绿地生态系统。因此，在城市自然景观及绿地生态系统的规划设计的过程中，应该综合考虑区域环境条件、城市土壤的物质组成和性状，根据城市土壤的适宜性和可利用性来栽植城市园林植物和绿地植物，具体对策有以下两个方面。

（1）依据城市土壤状况选择适宜的绿化方式

城市土壤（地块面积）、土层厚度、体积密度、紧实度、碳酸钙质量分数及其养分状况，对植物生长发育均有重要影响，故在绿化方式选择及其实施过程中应该给予考虑。

据实地调查发现，许多城市多行道树是栽植在车行道和人行道之间或两向行车道之间宽度不足 2 m 的绿化隔离带之中，而在这种绿化隔离带中的城市土壤粗骨性强、体积密度大、紧实且底土层常有人工使用的碳酸钙固结现象，植物生境条件较差，树木营造及其养护费用高。即使栽植的树木能够维持生存，但由于树木生长的地下空间极为有限，再加上地表下土层紧实、通透性差、养分缺乏，树木根系就向地表层生长，其产生的压力致使沥青路面、砂石路面及其砖铺路面发生断裂或变形或路面受损，路面出现凹凸起伏，影响城市及其行人安全；另外由于树木根系下扎困难，速生树木的根系明显地向上层甚至向地面上伸展，这样造成了"树冠巨大、树根浮浅"的不稳定景观，如遇大风、雨或雪后大风等天气，会引起树木倒伏，危害交通和人身安全。对于宽度较窄的道路之间绿化带应该以灌木或草皮绿化为宜，对于道路一侧宽度较大超过 3.2 m 的绿化带，则可以按照图 7-7 所示的模式实施树木绿化；对于道路之间具有隔离作用的宽度较窄的绿化带，可以参照美国洛杉矶市的工程与人工组建土壤的绿化方式，如图 7-8 所示。

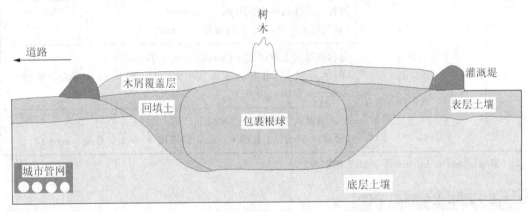

图 7-7　道路一侧宽度大于 3.2 m 绿化带中城市土壤建造与树木栽植图

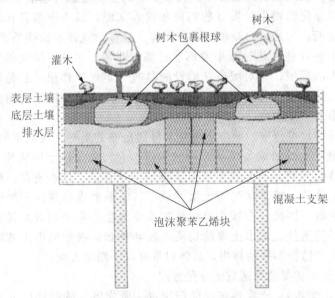

图 7-8　美国洛杉矶市的工程与人工组建土壤绿化模式图

（据 Phillip J. Craul，1999 年资料）

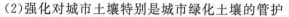

（2）强化对城市土壤特别是城市绿化土壤的管护

适度清除城市土壤中已有的粗骨性建筑废弃物，以维护城市土壤的生产性能，特别是在城市街区的规划与建设过程中，避免城市建筑垃圾如石块、砖块、混凝土、石砾、塑料残片等物质进入城市土壤，同时减少机械车辆对城市土壤的碾压，确保城市土壤的体积密度、孔隙度增大，通透性和持水能力不降低。在城市居民生活区，应该减少随意向其外围城市土壤中丢弃生活垃圾，确保城市绿化植被的正常生长发育。

作为人类活动强度影响下的土壤，在城市土壤的利用过程中也应该周期性地实施耕作、施肥、灌水等措施，不断优化城市土壤的性状为城市绿化植物提供必要的生长条件。

【思考题】

1. 什么是城市土壤？简述城市土壤的主要特征。
2. 简述城市土壤的主要功能及其在海绵城市建设中的作用。
3. 简述城市土壤中 $CaCO_3$ 的来源及其存在特征。
4. 比较自然土壤、耕作土壤与城市土壤的形态特征。
5. 简述城市土壤的生物化学特征。
6. 结合你的学习与观察，谈谈管护城市土壤的主要对策。
7. 根据你的观察试分析中国东部季风气候区城市内涝频发的原因及其防控对策。

第8章　土壤资源与土壤退化防治工程

【学习目标】

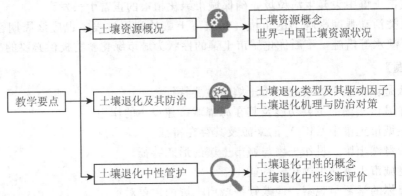

8.1　土壤资源及其特征

8.1.1　土壤资源的概念

　　土壤资源(soil resource)是指具有农业、林业、牧业生产力的各种土壤类型的总称，是人类生存与发展过程中最基本、最广泛、最重要的自然资源之一。从整个陆地生态系统来看，土壤资源是陆地生态系统的重要组成部分，土壤不断释放、富集矿质养分元素，为植物生长发育不断提供与协调养分、水分、空气和热量；生物代谢过程的产物在归还土壤之后，这些有机物又在土壤微生物的作用下被分解为简单养分并保持在土壤之中，从而使土壤中的养分处于不断循环的动态平衡状态。

　　土壤作为一项资源，具有质(土壤肥力)和量(面积)两方面的内容，对特定的区域而言，土壤的面积和分布区域是固定的，土壤不同于其他生产资料可根据生产生活的实际需要对其进行空间转移。故在土壤利用过程中需采取不同类别、程度的改良措施，管护土壤资源并对之加以持续性的利用，这是扩大农林牧业再生产、维护人类生态系统平衡的重要途径。作为自然资源土壤的功能表现在能够生长食物、饲料、木材和纤维等人类生产生活的重要原材料。作为自然环境要素的土壤还具有重要的生态服务与环境调节功能：①土壤支持和调节地表许多生物过程，维持、调节和控制着地表许多生物和非生物的物质循环过程；②土壤对大气圈水分、碳循环以及热量平衡等有重要影响；③土壤将大气降水重新分配为入渗、地表流失、下层土壤内流失和地下水流失，影响地表水资源的总量及其化学成分；④土壤作为地球的"皮肤"，使岩石圈遭受外营力破坏性的影响得以缓解；⑤土壤在分解人类生活垃圾、净化生态环境等方面也具有极其重要的作用。对特定区域而言，其土壤肥力及其面积在允许的可塑范围内能够保持相对的稳定，超出可塑范围则表现为不稳定，可能引起土壤肥力的衰竭或者土壤(某个土壤类型)面积的减小。所以土壤资源开发利用得当，土壤中物质迁移转化即可保持稳定的动态平衡，土壤资源不断地更新，也可以保证人类社会发展的需要，表现出可再生资源的特性；如果开发利用不合理，打破了土壤中物质迁移转化过程的动态平衡，便会导致土壤肥力衰竭或者土壤(某个土壤类型)面积的减小，并引起生态环境的恶化，便会限制区域社会经济的发展。由此可见，从自然地理过程的时间尺度来看，土壤资源属于可再生资源，但从区域社会经济发展的时间尺度来看，土壤资源则具有不可再生的特性。

土壤资源与土地资源，既有联系，又有区别，不能把它俩的概念混淆。土地资源的功能表现为两方面：一是土地为农业、林业和牧业提供最基本的生产资料，在这方面与土壤资源的功能完全相同；二是土地为人们生产和生活提供场所，而土壤资源不具备这一功能。联合国粮农组织对土地的定义："指地球陆地表和近地面层，包括气候、地貌、土壤、水文和植被及过去和现在人类活动影响在内的自然环境综合体"。土地具有明显地域特征和垂直分层结构，在水平方向上土地资源与海洋分界，并表现出地带性和非地带性的分异规律；在垂直方向上土地又具有分层剖面系统，即土地可分为底层、内层和表层，底层由岩石及其风化物构成，是土地资源的承载体；内层是土壤层，这是土地资源的核心和生产力源泉的所在；表层是指生物群落以及人类劳动所形成的构筑物。很显然，土地资源包含土壤资源，土壤资源是土地资源的核心组成部分，土壤性状是土地质量评价的重要定量指标之一。

8.1.2　世界土壤资源数量与质量状况

全球陆地无冰区面积 128.57×10^6 km²，其中有 25.93×10^6 km²(20.18%)的区域被裸岩、冰雪和水域、流沙等非土壤物质所覆盖。美国土壤系统分类中的 12 个土纲覆盖着 102.64×10^6 km²(79.82%)的区域。在这 12 个土纲之中因干旱、寒冻或低温难以利用的干旱土、冻土面积有 24.62×10^6 km²(19.15%)，如图 8-1 所示。由此可见，从人类社会经济发展的角度来看，土壤属于不可再生的自然资源，可供人类开发利用的土壤资源的数量是有限的，全球土壤资源空间分布与全球人口、产业空间分布的差异性，再加土壤肥力水平低、限制性因素多的土壤如灰土、始成土、新成土所占比重较大，土壤资源已成为制约全球可持续发展的重要因素。

美国农业部自然资源保护中心的土壤学专家 Eswaran 等 1999 年基于美国土壤系统分类中的 12 个土纲，建立了土壤弹性(恢复能力，soil resilience，SR)和土壤生产性能(soil performance，SP)两大指标：前者是指由于利用管理不善导致退化的土地恢复到其原有生产水平状态的能力，即低弹性的土地一旦受损将长久处于退化状态，SR 可分为强-中-弱三级；后者是指在中等的保护技术、肥料、病虫害、疾病控制等的水平下，土地所具有的生产能力，SP 可分为高-中-低三级。同时，依据土壤弹性和土壤生产性能的组合状况将全球土壤质量划分为Ⅰ等(高等)到Ⅸ等(低等)，如表 8-1 所示。将土壤质量为Ⅰ～Ⅲ等的归并为高等质量土壤，其面积仅占土壤圈总面积的 11.91%，这些高质量土壤集中分布于温带、热带；将土壤质量为Ⅳ～Ⅵ等的归并为中等质量土壤，其面积仅占土壤圈总面积的 33.78%，这些中等质量土壤集中分布于温带、热带、地中海带和泰加林带；将土壤质量为Ⅶ～Ⅸ等的归并为低等质量土壤，其面积占土壤圈总面积的 54.31%，这些低等质量土壤集中分布于荒漠带、苔原带，在热带、温带、地中海带和泰加林带也有零星分

布。由此可见，低等质量土壤面积超过全球土壤圈总面积的 54%，高等质量和中等质量土壤面积不足 46%。因此在强化土壤资源管护的基础上，探索土壤资源持续利用模式、研发提升土壤资源质量的技术方法，将是人类面临的重要课题。

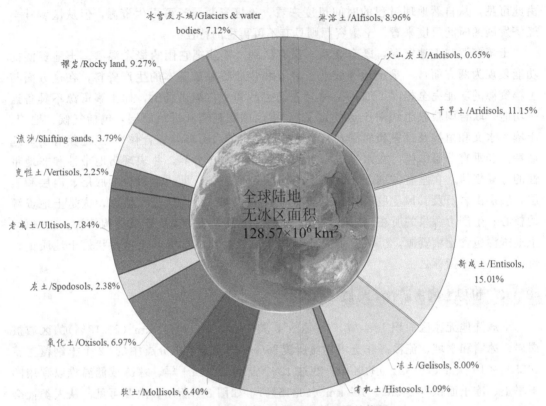

图 8-1　全球陆地无冰区土壤及其数量结构图

表 8-1　全球土壤/土地质量等级划分指标

等级	SP-SR	土地主要属性	面积比重	全球各自然地带分布*
I 等	SP1-SR1	土地肥沃、土壤生产力高且少有限制性因素；水分和温度条件完全满足一年生作物生长发育需求；土地利用与管理包括适当保护措施以减少侵蚀，适当施肥和使用可用植物材料。可持续粮食作物生产的风险通常小于 20%	2.38%	Tem=2.14%；Tro=0.25%
II 等	SP1-SR2	土地生产力较高，土壤较好但有少量持续生产的问题，在粗放的粮食生产过程中有较大的土壤侵蚀风险；免耕作、缓冲带和适当的施肥都是需要的。可持续粮食作物生产风险一般在 20%~40%，但适当的保护措施可以减少其风险	4.98%	Tem=2.55%；Tro=2.43%
III 等	SP2-SR1		4.55%	Bor=2.03%；Tem=0.70%；Med=0.30%；Tro=1.51%

续表

等级	SP-SR	土地主要属性	面积比重	全球各自然地带分布*
Ⅳ等	SP1-SR3	土地生产力中等，其土壤对粮食生产的适宜性较差且需要保护性措施；因土壤中养分不足需适当的施肥，土壤退化需连续的监测；这些土地可被规划放置在国家公园或生物多样性区外围。在半干旱区应退耕还牧，可持续粮食作物生产的风险一般在40%～60%	3.95%	Bor=0.67%；Tem=1.31%；Med=0.15%；Tro=1.83%
Ⅴ等	SP2-SR2		16.51%	Bor=0.50%；Tem=4.76%；Med=1.35%；Tro=9.90%
Ⅵ等	SP3-SR1		13.32%	Bor=3.05%；Tem=1.66%；Med=0.08%；Tro=8.53%
Ⅶ等	SP2-SR3	土地基本不适宜粗放农业，只有在特殊情况下其土壤可只用于粮食生产，且极易引起土地退化，应实施退耕还牧、还草，局部土地可用于生态旅游用途；应区划生物多样性管护；可持续粮食作物生产的风险一般在60%～80%	9.01%	Bor=2.63%；Tem=2.01%；Med=0.65%；Des=1.42%；Tro=2.31%
Ⅷ等	SP3-SR2	土地属于极脆弱的生态区的边际耕地，应尽量保持其自然状态；在具有严密控制措施的条件下，局部地区可用于生态旅游与观光可持续粮食作物生产的风险大于80%	16.69%	Tun=15.62%；Bor=1.08%
Ⅸ等	SP3-SR3		28.61%	Bor=0.09%；Tem=0.15%；Med=0.03%；Des=28.19%；Tro=0.16%

注：* Tun：苔原带（Tundra）；Bor：泰加林带（Boreal）；Tem：温带（Temperate）；Med：地中海带（Mediterranean）；Des：荒漠带（Desert）；Tro：热带（Tropical）。

8.1.3 中国土壤资源数量与质量状况

中国地域辽阔、自然地理环境复杂多变，再加农业生产历史悠久，故其土壤资源丰富、土壤类型多样。由于土壤是一个独立的历史自然体，深受自然环境条件和人类活动的影响，因此在不同地区内土壤类型、肥力水平及其特性均具有明显的差异，土壤改良与持续利用措施也随之而异。从土壤形成的自然环境和社会历史条件，以及土壤诊断特性等方面来看，中国土壤资源具有以下特点。

第一，中国土壤类型众多、土壤资源丰富。中国境内从北部的寒温带针叶林、温带落叶阔叶林、亚热带阔叶林过渡至南端的热带季雨林；从东部滨海湿润森林区、半湿润灌丛林区、半干旱草原区到西北部的干旱荒漠区；从东部以平原丘陵为主的三级阶梯、中部和西北部以高原盆地山地为主的二级阶梯到西南部以青藏高原和高山为主的一级阶梯。上述错综复杂的自然环境和多样的水热组合，形成了复杂多样的土壤类型。据调查，中国具有 14 个土纲、39 个亚纲、140 个土类。其中干旱土面积最大，其次为富铁土、淋溶土、均腐土和雏形土，如表 8-2 所示。除了少部分新成土、盐碱土、干旱土、建设用地和水体外，约有 75% 的土壤已利用或者可利用于农林牧业，这表明中国是世界上土壤类型繁多、土壤资源极其丰富的国家。

第二，中国山地土壤资源所占比重大。中国各类山地丘陵面积约占总土地面积的

65％，平原仅占 35％，同俄罗斯、加拿大、美国等地域大国相比，山区土壤资源所占比重较大，特别是海拔 3 000 m 以上的高山、亚高山土壤占 20％左右，使得中国土壤资源开发利用难度加大，但同时山区复杂多样的自然环境、丰富的生物资源和土壤资源，也为我们发展多种经营、创建山区农林牧业相互协调的立体农业结构提供了有利条件。

表 8-2　中国土壤资源概况

土壤区域及主要土壤类型	中国境内面积/万 km²	占总面积(％)
Ⅰ　东部湿润土壤区域	339.36	41.6
Ⅰ1　寒温带寒冻雏形土、正常灰土	11.52	1.2
Ⅰ2　中温带冷凉淋溶土、湿润均腐土	82.56	8.6
Ⅰ3　暖温带寒湿润淋溶土、湿润雏形土	49.92	5.2
Ⅰ4　北亚热带湿润淋溶土、水耕人为土	41.28	4.3
Ⅰ5　中亚热带湿润富铁土、常湿雏形土	163.20	17.0
Ⅰ6　南亚热带湿润富铁土、湿润铁铝土	41.28	4.3
Ⅰ7　热带湿润富铁土、湿润铁铝土	9.60	1.0
Ⅱ　中部干润土壤区域	217.92	22.7
Ⅱ1　中温带干润均腐土、干润砂质新成土	57.60	6.0
Ⅱ2　暖温带干润黄土正常新成土、干润淋溶土	59.52	6.2
Ⅱ3　高原温带干润均腐土、干润雏形土	100.80	10.5
Ⅲ　西部干旱土壤区域	342.72	35.7
Ⅲ1　中温带钙积正常干旱土、干旱砂质新成土	76.80	8.0
Ⅲ2　暖温带盐积、石膏正常干旱土、干旱正常盐成土	119.04	12.4
Ⅲ3　高原温带正常干旱土、寒冻雏形土	48.00	5.0
Ⅲ4　高原温带黏化寒性干旱土、灌域干润雏形土	19.20	2.0
Ⅲ5　高原亚寒带钙积、寒性干旱土	50.88	5.3
Ⅲ6　高原寒带钙积寒性干旱土、干旱正常盐成土	28.80	3.0

(据龚子同等，1999 年资料)

　　第三，我国人均耕地面积少，宜农后备土壤资源不多，至 2019 年年末，全国共有耕地 127.8619 Mha、园地 20.1716 Mha、林地 284.1259 Mha、草地 264.5301 Mha、湿地 23.4693 Mha、城镇村及工矿用地 35.3064 Mha、交通运输用地 9.5531 Mha、水域及水利设施用地 36.2879 MHa，全国人均耕地面积仅 0.0913 ha，不足世界人均耕地的一半。中国由于人口众多、农业开发历史悠久，绝大部分平原、沿河阶地、盆地和山间盆地、坝地和平缓坡地等条件优越的土壤资源均早被开垦耕种，开垦条件较好的土壤资源所剩

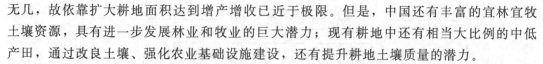

无几，故依靠扩大耕地面积达到增产增收已近于极限。但是，中国还有丰富的宜林宜牧土壤资源，具有进一步发展林业和牧业的巨大潜力；现有耕地中还有相当大比例的中低产田，通过改良土壤、强化农业基础设施建设，还有提升耕地土壤质量的潜力。

第四，中国土壤资源空间分布差异明显。由于自然环境空间分异显著，农业开垦强度及其历史开发程度不一，土壤资源及其开发利用状况存在东部、中部和西部的巨大差别。如东部季风区面积不足全国土地总面积的一半，却集中了全国约90%的耕地和林地、95%左右的人口，众多的人口及其快速发展的经济已对土壤资源构成了巨大压力，土壤生态环境问题如土壤污染、面源污染扩散较为突出；中部地区由于自然生态环境相对脆弱，再加上人类农业开垦历史长久，其土壤退化如水土流失、土壤风蚀沙化明显；西部地区虽然地域辽阔，但由于气候干旱或者寒冷干旱，其土壤以新成土（戈壁、沙漠、裸岩）、干旱土、盐碱土为主，目前尚难以利用，农业仅限于滨河、滨湖或山前的绿洲区域。

8.2　土壤退化概况

8.2.1　土壤退化的概念

全球人口持续增长、工业化与城市化进程的持续加速，人类生产与生活消耗的自然资源种类和数量与日俱增，所造成的自然资源短缺、环境质量恶化与生态破坏已成为人类生存发展的重要威胁。联合国粮农组织（FAO，1971）提出了土地退化（land degradation）概念，即人类干预造成的区域土地生产力下降或植物群落组成向不利方向的变化过程。土壤退化（soil degradation）是指因自然环境不利因素和人为利用不当引起的土壤肥力下降、植物生长条件恶化和土壤生产力减退的过程。土壤退化常致使土壤物质流失、性状恶化、生产能力丧失、土壤生态服务失衡、环境调节功能衰竭，并对全球气候变化、粮食安全、生物多样性、区域环境质量、人群健康等带来不利的影响，如图8-2所示。Oldeman等1991年指出当生态系统内的土地无法履行其接受、储存和循环水、能源和营养的环境调节功能，以及其与土地利用系统相关的潜在生产力变得不可持续时，就会发生土地退化。奥斯曼等（Osman et al.，2015）认为土壤退化是指土壤当前生产所需植物性产品的数量和质量与其原有潜在能力相比呈现可测量性损失或降低。多数学者认为土地退化比土壤退化更为广泛，但在大多数土壤学文献之中，土地退化和土壤退化这两个术语则属于同义用法，可见土地退化的实质、核心就是土壤退化。

与土壤形成发育过程相类似，土壤退化过程也是在自然因素和人为因素共同作用下的一个复杂过程，其中自然成土因素如气候（频繁洪涝或干旱、大风及风暴、高强度降水等）、地形（陡峭的地形、强烈的新构造运动）等的异常是引起土壤退化的基础，脆弱自然成土环境与低性能-低弹性的土壤之间的相互作用，构成了土壤退化的本质，即内因；人为因素（人类滥伐和过度开发植被、移栽耕作、表土被人为剥离、过度放牧、滥用农用化学品、粗放的耕作以及过度抽取地下水）则是触发土壤退化的条件，即外因。外因是土壤退化的条件，它通过内因起作用。在人迹罕至的荒漠或密集森林区域，自然成土环境与

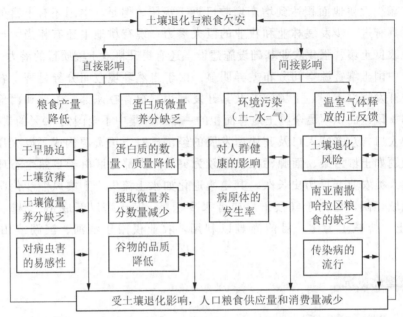

图 8-2　土壤退化对粮食欠安以及人类营养和健康的相互影响

（据 Lal，2009 年资料）

自然土壤之间维持着相对稳定的动态平衡，一般不会发生土壤退化；在陆地生态系统脆弱的干旱半干旱区域，即使短期较低强度的人类土地利用活动不当，也可触发土壤退化过程；在水热条件优越的温带、亚热带、热带森林、森林草原区域，长期高强度的人类土地利用活动不当，也可触发土壤退化过程。人为土壤退化的全球评估（global assessment of human-induced soil degradation，GLASOD)将全球性人为造成土壤退化的主要原因归结为：森林砍伐、过度放牧、农业用地管理不当、过度开发和生物工业活动。

8.2.2　土壤退化的类型

根据引起土壤物质组成及性状变化的物理过程、化学过程与生物学过程特点，可将土壤退化过程划分为两大类：一是土壤物质位移及流失产生的土壤退化，二是土壤性状恶化及外来物质侵入引起的退化。赵其国(1991)则把土壤退化分为 3 大类：土壤物理退化(土壤坚实硬化、铁质硬化、侵蚀、风蚀沙化)、土壤化学退化(土壤酸化、盐化碱化、化学污染及土壤肥力减退)、土壤生物退化(土壤有机质减少、土壤生物多样性减退)。劳尔(Lal，2012)和奥斯曼等(Osman et al.，2014)等从成土过程、土壤质量/健康、土壤功能、土壤持续利用方式等角度，将土壤退化过程分解为土壤物理退化、土壤化学退化和土壤生物退化或土壤生物多样性衰竭，并将引起土壤退化的原因归纳为砍伐森林、迁移农业、过度放牧、表土层被剥离、单一种植、管理不善的灌溉、含重/类金属农具的使用、矿业生产、战争与弹药、不加选择的废物处置、农业化学品的使用等。根据 GLASOD 及国际土壤退化研究的经验，土壤退化划分为土壤水蚀、土壤风蚀、土壤化学性状恶化、土壤物理性状恶化、土壤生物活性退化 5 大类及其 20 个亚类，如表 8-3 所示。

表 8-3 土壤退化类型

土壤退化类	土壤退化亚类
W：土壤水蚀（water erosion）	Wt：表土流失（loss topsoil）
	Wd：地形变形—土壤物质运动（terrain deformation-mass movement）
	Wo：非现场效应（off-site effects）
	Wr：水库淤积（reservoir sedimentation）
	Wf：洪涝（flooding）
	Wc：海藻及珊瑚礁受损（coral reef and seaweed destruction）
E：土壤风蚀（wind erosion）	Et：表土流失（loss topsoil）
	Ed：地形变形（terrain deformation）
	Eo：土壤物质被吹散（overblowing）
C：土壤化学性质恶化（chemical deterioration）	Cn：养分与有机质流失（loss of nutrients and/or organic matters）
	Cs：盐化及碱化（salinization and alkalization）
	Ca：土壤酸化（acidification）
	Cp：土壤污染（pollution）
	Ct：酸性硫酸盐化（acid sulphate soils）
P：土壤物理性状恶化（physical deterioration）	Pc：土壤被压实、密封和结壳化（compaction，sealing，and crusting）
	Pw：涝渍（water logging）
	Pa：地下水位下降（lowering of water table）
	Ps：有机土沉降（subsidence of organic soils）
	Po：采矿和城市化等（mining and urbanization）
B：土壤生物活性退化（degradation of biological activity）	

（据 Osman，2014 年资料）

　　全球耕地总面积 1 475 Mha，其中已有 38% 的呈现出不同程度的各种退化；全球永久草场总面积约 3 212 Mha，其中已有 21% 呈现出不同程度的各种退化；全球林地总面积约 4 041 Mha，其中已有 18% 呈现出不同程度的各种退化（Osman，2014）。由于世界各地自然环境条件、土壤类型、人类活动对土壤影响的方式与强度存在巨大的差异，世界各洲土壤退化状况存在巨大的差异性，如表 8-4 所示。土壤退化不仅造成大量土壤资源破坏、土地生产能力衰竭、陆地生态系统失衡和区域环境质量恶化，还会引起洪涝、干旱、沙尘暴等自然灾害频发，威胁区域社会经济发展和人群健康。

表 8-4　世界各地耕地、永久草场、林地土壤退化状况比较

区域	耕地土壤			永久草场土壤			林地土壤		
	总面积/Mha	退化面积/Mha	退化面积占比(%)	总面积/Mha	退化面积/Mha	退化面积占比(%)	总面积/Mha	退化面积/Mha	退化面积占比(%)
非洲	187	121	65	793	243	31	683	130	19
亚洲	536	206	38	978	197	20	1273	344	27
南美洲	142	64	45	478	68	14	896	112	13
中美洲	38	28	74	94	10	11	66	25	38
北美洲	236	63	26	274	29	11	621	4	1
欧洲	287	72	25	156	54	35	353	92	26
大洋洲	49	8	16	439	4	1	156	12	8
全球	1 475	562	38	3 212	685	21	4 041	719	18

（据 Osman，2014 年资料）

8.3　土壤水力侵蚀及其防治工程

8.3.1　土壤水力侵蚀概念

土壤水力侵蚀一般是指在外营力——水力、重力的作用下，土壤被剥离、搬运或沉积的过程，它是地球陆地表面最为普遍的自然地理过程之一，如图 8-3 所示。在自然状态下，纯粹由自然因素(如气候变化、新构造运动等)所引起的土壤侵蚀过程称为自然侵蚀，其速度非常缓慢，对确定的单个土体而言自然侵蚀常与自然成土过程处于动态平衡状态，故其对土壤健康/质量的影响不显著，土壤能保持相对稳定的土壤剖面构型。在实际调查观测中常用土壤容许流失量(soil loss tolerance，T)，即用 T 值来衡量土壤自然侵蚀速率，如美国各种土壤自然侵蚀速率为 2～11 t/(ha·a)。

人类活动如砍伐森林、过度放牧、过度开垦、烧垦种植等可加速土壤侵蚀过程，其加速侵蚀的侵蚀速率常常是自然侵蚀速率的数倍、数十倍甚至数百倍以上，这就是通常人们所讲的土壤侵蚀。常用土壤侵蚀强度来定量表示土壤侵蚀过程的强弱，即侵蚀强度是指单位面积上单位时间内地表物质因外力破坏所移动的土壤物质总量，用[t/(ha·a)]或[m³/(ha·a)]表示。在实际调查观测过程中常用区域土壤容许流失量即 T 值作为划分土壤非侵蚀区与侵蚀区的判别标准。土壤侵蚀是一个全球范围严重的生态环境问题，据美国世界观察研究所的调查资料，目前在全世界的耕地上每年平均流失肥沃土壤有 264 亿 t。中国是世界上土壤侵蚀十分严重的国家，其土壤侵蚀面积达 356 万 km²，占国土面积的37%，每年中国流失的土壤在 50 亿 t 以上，相当于从中国耕地上平均刮去 3 mm 厚的肥沃表土，流失的氮、磷、钾等养分相当于 4 000 万 t 标准化肥，超过中国每年化肥施用总量。土壤侵蚀不仅危害土壤健康/质量，还危害人类社会经济及其资源环境，这些影响可归结为现场与外部的双重影响(on-site and off-site effects)：①土壤侵蚀导致土壤肥力迅速下降、土壤健康恶化及土壤生态服务功能衰竭；②随着土壤养分及细粒物质的流失，土壤性状趋于恶化，土壤保水保肥及抗旱能力也显著降低；③在土壤侵蚀过程中，土壤表层大量养分、农药残留物等随水流进入地表水系统，导致水体富营养化等水体污染；土壤侵蚀使大量泥沙侵入河川，造成下游水库淤积、河道阻塞甚至泛滥成灾，淹没大面积农田以及城镇村落。

8.3.2　土壤水侵蚀的类型

奥斯曼(2014)根据土壤水蚀过程及其发展进程，提出了相应的土壤水蚀类型，依据国内外相关研究成果现将土壤水蚀划分为溶蚀、溅击侵蚀、片蚀、细沟侵蚀、冲沟侵蚀、耕作侵蚀6大类。

溶蚀　指土壤中的易溶性养分、土壤胶体随流水迁移出土体的现象，其结果导致土壤中植物所需养分元素和腐殖质质量分数降低，如土壤中的硝态氮、氨态氮、速效磷和钾素随水流流失，同时也使土壤结构随之破坏、土壤性状恶化以及土壤肥力减弱。溶蚀一般发生在水平梯田和坡度较小的坡耕地，遭受溶蚀的土壤经过施肥、耕作，其土壤肥力可得以恢复提高，如土壤长期遭受溶蚀，土壤肥力迅速降低，同时也会造成下游水体富营养化，其危害也是明显的。

溅击侵蚀　在降雨的时候，土壤表面的团聚体遭受降落雨滴的击打、破碎并肢解成为土壤细颗粒，这些土壤细颗粒阻塞土壤大孔隙，致使土壤对水的入渗速率降低，降水不能渗入土体中，这样土壤表面出现水薄膜，这时雨滴击打水薄膜并溅击起悬浮状土壤颗粒并致使其发生移动。通常被溅击的土壤颗粒可弹起60 cm的高度，并弹跳至距离溅击点150 cm的远处。实际上土壤溅击侵蚀过程包括雨滴击溅、土壤颗粒击溅、土壤表面微环形坑的形成，如图8-3所示。

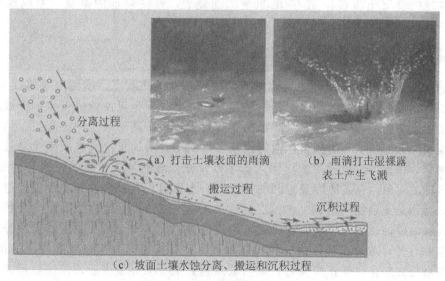

(a) 打击土壤表面的雨滴　　(b) 雨滴打击湿裸露表土产生飞溅

分离过程　搬运过程　沉积过程

(c) 坡面土壤水蚀分离、搬运和沉积过程

图8-3　土壤水力侵蚀过程图式

(据 Brady，2000 年资料)

片蚀　在雨滴撞击和整个坡面浅表面流的共同作用下使一个薄层土壤发生移动的过

程，片蚀常使地表富含营养元素、有机质、最细肥沃的表土物质流失。土壤颗粒初期受到雨滴、冻融、耕作、农机的作用下被分离，然后这些分离的土壤颗粒在径流作用下以坡面流方式迁移；随着土壤表面变得光滑，片蚀也更逐渐趋于均衡。然而在光滑的坡面上水流可持续聚积，其径流水聚积量则取决于水的高度、土壤表面的粗糙度、植被或作物分布状况。

细沟侵蚀　当降雨强度超过土壤的入渗速率时，降水就会积聚于土壤表面并顺坡向下流动；在平缓坡地上的作物植株或田间耕作的影响下，移动的水流便会向微小的凹槽即细沟(其深度不足 30 cm)汇集，流水的切割作用可分离土壤颗粒，径流可将这些土壤颗粒搬运带走，其土壤流失量较高，但那些小的凹槽通常对耕作影响不大，即细沟在耕作过程中会磨失变平。细沟侵蚀通常是冲沟侵蚀的初级阶段。

冲沟侵蚀　冲沟是地表深度超过 30 cm 的凹槽，在相对较陡的坡地上，随着大量水流汇聚凹槽并以较大流速冲击凹槽的过程形成的。在地表细沟被流水逐渐剥蚀深化的过程中，可以形成不同大小和形状的冲沟，包括临时性冲沟和永久性冲沟。那些深度在 30~300 cm 的冲沟具有典型的溯源侵蚀和垂直侵蚀特征；大型冲沟的形成发育复杂，除了溯源侵蚀和垂直侵蚀之外，同时还伴随有侧向侵蚀、滑坡和土壤缓滑等现象。在高海拔的陡坡坡地冲沟可进一步发展形成大小不同的峡谷。

耕作侵蚀　布兰科等(Blanco et al.，2008)提出耕作侵蚀是指由于耕作活动引起的土壤逐渐移位或位移下坡的现象。耕作过程可以在没有水力作用的情况下使土壤移位，其净移位土壤量可用单位耕作宽度内移位土壤的体积、质量或深度来表示。随着机械化农业的发展，耕作侵蚀已成为丘陵农田总体土壤侵蚀中的重要组分，耕作侵蚀量可占其土壤总侵蚀量的 70%，故耕作侵蚀已成为全球坡耕地土壤退化的重要原因，它通过不断地将凸面坡地的表层土壤移位-迁移-堆积至凹面地表，致使耕地的微观、中观地貌景观改变。

8.3.3 土壤水力侵蚀的影响因素

影响坡面土壤水力侵蚀的主要因素有降雨特征、植被状况、坡面土壤组成及性状、坡度、坡长、坡形及人类活动等。其中降雨量、降雨强度与侵蚀量成正比；植被具有重要的保水保土功能，即植被林冠对降雨的截留可以减缓雨滴对表土的击溅力、枯枝落叶层覆盖地表降低面状水流的流速、植物根系可以固土并增加土壤有机质质量分数使土壤抗蚀力增强、植被可以涵养水源增强入渗率以及减少坡面地表水流的流量和冲刷力等；土壤是侵蚀的对象，在其他因素相同的情况下，土壤组成及其特性是决定侵蚀过程的主要因素，特别是土壤物质组成、机械组成、渗透性、抗蚀性、抗冲性以及与之相关的其他理化性状对侵蚀过程有明显影响，如土壤抗蚀力的大小与土壤中黏粒的质量分数成正比；坡度和坡长对坡地面状侵蚀过程具有重要影响，据研究表明在坡度较小的情况下，侵蚀量与坡度之间存在幂指数关系，但当坡度达到某一临界坡度后，侵蚀量反而随坡度的增大而减少。魏斯曼等(Wischmeier et al.，1965)研究认为，在坡度较小的情况下，侵蚀量与坡长之间的关系不明显；在坡度较大的情况下，侵蚀量与坡长成正比，当坡长增加到一定长度之后，水流的含沙量增大，水流搬运泥沙所消耗的能量也增大，增加侵蚀力的能量与搬运泥沙而消耗的能量相互抵消，使单位侵蚀量从坡地上段到坡地下段的差

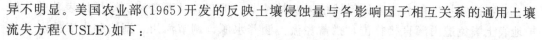

异不明显。美国农业部(1965)开发的反映土壤侵蚀量与各影响因子相互关系的通用土壤流失方程(USLE)如下：

$$A=R\times K\times LS\times C\times P \tag{8-1}$$

式中：A 是年平均土壤流失量[2.24 Mg/(ha·a)，其值依据区域土壤容许侵蚀量而确定]；R 是降雨与径流因子，即降雨强度越大且持续时间越长，其侵蚀潜能就越强；K 是土壤侵蚀因子，其值与土壤颗粒对降雨溅击及随径流迁移的敏感性有关，土壤质地、结构、有机质质量分数和渗透性是影响 K 值的重要因素；LS 是坡长与坡度复合因子，其代表在确定条件下土壤的流失率，地表坡度越陡、越长，其土壤面临被侵蚀的风险就越大，故 LS 是通用土壤流失方程中极为重要的因子；C 是作物管理因子，它是用来确定土壤-作物管理系统在抵御土壤侵蚀方面的相对效益，其值是持续轮休轮耕的耕地土壤流失量与特殊作物管理系统中土壤流失量的比率，其作物类型及其生长状况、冬季覆盖、施用固体有机肥等均对 C 有影响；P 是防治措施/耕作管理因子，其值是顺坡或纵坡种植条件下土壤流失量与采取防护措施如横坡种植、等高种植、带状种植条件下土壤流失量的比率。

8.3.4 土壤侵蚀防治工程

尽管人类活动导致了土壤(加速)侵蚀的发生与发展，但人们也在探索通过正确的方法来防治土壤侵蚀，即水土保持工作。所谓水土保持就是指人类使用一定技术方法体系，通过改变局部环境条件来减缓或者控制水土流失的总过程。防治土壤遭受水力侵蚀的 5 项基本原理。

(1)消减雨滴的冲击力及其对土壤的扰动。在雨季增加土壤表面覆盖如密集森林覆盖、茂密生长作物覆盖以及向裸地或收割作物后的土壤上添加作物秸秆覆盖层，均能有效缓解雨滴对土壤的冲击力；耕作常使土壤变得更易被侵蚀，保护耕作系统如免耕、少耕均是土壤保持的有效措施。

(2)增强土壤团聚体或团粒结构体的稳固性。向土壤施用足够的有机肥就可促使稳固的土壤聚集体或团粒结构体的形成，它们通过增大土壤孔隙度和渗透率以减少地表径流。

(3)增大入渗率-减小地表径流量及其流速。平整土地和增加地表覆盖可增大入渗率，如平坦土壤表面上有机物覆盖层的浸水吸水可延长水分的入渗时间，也可阻隔径流的形成；平整土地、修筑梯田或等高种植等措施，减小坡度与坡长，降低地表径流的流速，等高种植、带状种植以及等高带状种植均能有效地消减径流，随着径流流速的减小，地表入渗率在会显著增大。

(4)防止径流水在地表凹槽中聚积。平整地表前期形成的细沟、密集种植作物、保留作物残茬等均能防止地表径流水的聚积；在田间修筑适宜草皮水道就能有效且安全的排出径流水。

(5)定期整合维护土壤水蚀控制措施。通常单靠一种方法是不足以控制水土流失的，例如整合地表覆盖与免耕种植等措施就能有效地减少地表土壤侵蚀量；各种土壤侵蚀控制措施均需要定期或周期性维护，例如梯田定期补修以及梯田的篱笆栅栏定期重建。

基于上述基本原理，一般将水土保持措施分为生物措施、工程措施和耕作措施 3 大类。

生物措施是指在水土流失区域植树造林种草，提高森林覆盖率、增加地表覆盖，保护地表土壤免遭雨滴直接打击，拦蓄径流，涵养水源，调节河川、湖泊和水库的水文状况，防止土壤侵蚀，改良土壤，改善生态环境。生物林草措施也是人类最早使用的水土保持措施，如早在西周时期，中国古代劳动人民就已经开始采用封山育林的方法恢复山区植被；《论衡》一书中曾明确指出"地性生草，山性生木"，总结了合理利用土地的经验；南宋时期魏岘"森林抑流固沙"理论，揭示了森林在防治水土流失方面的重要作用。林草措施主要是通过林冠截流、林下草灌和枯枝落叶层的拦蓄以及植物根系对土壤的固结作用，保持水土、涵养水源、改善土壤肥力的。

耕作措施是以犁、锄、耙等为耕（整）地农具，以保水保土保肥、提高农业生产为主要目的的措施。例如《吕氏春秋·任地篇》将圳田法发展为高低畦种植法，称为畎亩法，它是以"湿者欲燥，燥者欲湿"为原则，将土地修成高、低相间的垄和沟，使得地势高燥之田和地势低湿之地皆能种植旱生作物的一种耕作方法。在黄土高原地区已使用数百年的掏钵法、坑田法、穴种法、窝种法等耕作方法均为控制区域土壤侵蚀的重要方法。现代水土保持的耕作措施主要有：①等高耕作：指沿等高线垂直于坡向进行的横向耕作。沿等高线进行横坡耕作，在犁沟平行于等高线方向形成许多蓄水沟，能有效拦蓄地表径流，提高水分入渗，减少水土流失，利于作物生长发育，从而达到保土增产之目的。②等高沟垄耕作：在等高耕作的基础上，沿坡面等高线开犁，形成沟和垄，在沟内或垄上种植作物，这种耕作方式称为等高沟垄耕作。因沟垄耕作改变了坡地微小地形，将地面耕成有沟有垄的形式，使地面受雨面积增大。一条垄等于一个小土坝，因而能有效地减少径流量和冲刷量，增加土壤含水率，减少土壤养分流失。③垄作区田：在坡耕地上犁成水平沟垄，作物种在垄的半坡上，在沟中每隔一定距离作一土挡，以蓄水保肥并防止横向径流的发生，区田拦截降雨，垄上种植作物。④套犁沟播（套二犁）：沿等高线自坡耕地的上方开始，逐步向下，每耕一犁，再在原犁沟内再套耕一犁，以加深犁沟，加大其拦蓄径流量。⑤等高带状间轮作：等高带状间作或轮作是沿着等高线将坡地划分成若干条带，在各条带上交互和轮换种植密生作物与疏生作物或牧草与农作物的一种坡地保持水土的种植方法。⑥水平沟：适用于 15°～25° 的西北陡坡耕地，沟口上宽 0.6～1.0 m，沟底宽 0.3～0.5 m，沟深 0.4～0.6 m，沟半挖半填，内侧挖出的生土用在外侧作埂，树苗栽在沟底外侧。水平沟一般用于治理荒坡的造林整地，可拦蓄一定的径流泥沙。

工程措施是指通过改变小地形（如坡地改梯田等平整土地的措施），拦蓄地表径流，增加土壤降雨入渗，改善农业生产条件，充分利用光、温、水土资源，建立良性生态环境，减少或防止土壤侵蚀的工程体系。中国历代劳动人民在水土保持实践中创造了许多行之有效的水土保持工程措施。早在西汉时期就已经出现了"梯田"雏形；黄河中游山区农民在 18 世纪就开始打坝淤地；引洪漫地在中国也有悠久的历史。欧洲文艺复兴之后，围绕山地荒废与山洪及泥石流灾害问题，阿尔卑斯山区开展了荒溪治理工作，奥地利的荒溪治理工作、日本的防沙工程均相当于中国的水土保持工程。将水土保持工程措施分为山坡防护工程、山沟治理工程、山洪排导工程、小型蓄水用水工程等。其中防止坡地土壤侵蚀的工程措施主要有：①水平梯田是中国年代久远的水土保持方法，是古代农业生产发展的产物，广泛传播到世界各地，如北非、法国、中美洲及东亚及东南亚等地。

"梯田"一词正式记载于南宋范成大的《骖鸾集》:"仰山,缘山腹乔松之磴甚危;岭阪上比皆禾田,层层而上至顶,名梯田。"梯田田面呈水平,各块梯田将坡面分割成整齐的台阶,为高标准的基本农田,适宜种植水稻和其他旱作果树等。②鱼鳞坑是半圆形,长径0.8～1.5 m,短径0.5～0.8 m,坑深0.3～0.5 m,沿等高线布设,上下两行坑口呈"品"字形错开排列。坑两端挖宽深各为0.2～0.3 m,"V"字形的截水沟,形状多为曲线形。③隔坡梯田是在一个坡面上将1/2～1/3面积修成水平梯田,上方留出1/2～2/3的原坡面,坡面产生径流汇集拦蓄于下方的水平田面上,这种坡梯相间的复式梯田布置形式即为隔坡梯田。修建隔坡梯田较水平梯田省工50%～75%,特别适用于土地多、劳力少的地区,可作为水平梯田的一种过渡形式。④反坡梯田适用于15°～25°的陡坡,阶面宽1.0～1.5 m,具有3°～5°的反坡。要求暴雨时各台水平阶间斜坡径流,在阶面上能全部或大部容纳入渗,树苗栽种在距阶边0.3～0.5 m处,适宜种植旱作和果树。⑤坡式梯田:顺坡向每隔一定间距沿等高线修筑地埂而成的梯田,依靠逐年翻耕、径流冲淤并加高地埂,使田面坡度逐渐减缓,最后成为水平梯田。它采用筑地埂,截短坡长,通过地埂的逐年加高,坡耕地在多次农事活动中定向深翻,同时土壤在重力作用下下移和坡面径流的冲刷,逐渐变为水平梯田,也称大埂梯田或长埂梯田。

8.4　土壤风蚀沙化及其防治对策

8.4.1　土壤风蚀沙化及其类型

受环境条件与土壤形成发育特征的制约,干旱区半干旱区干燥的、疏松的砂质土壤极易遭受风蚀的损毁。人类砍伐森林、过度放牧、开垦与过度采集薪材等活动致使区域水土资源过度消耗,加速土壤风蚀,即表土层中质量较轻或密度较小的土壤物质如有机质、营养元素、黏粒和粉粒被加速流失,其结果是土壤生产能力衰竭、土地被荒弃、土地荒漠化得以扩展,同时它还污染环境、影响区域社会经济的发展和人民生活的改善,是当今世界关注的一个全球性生态环境问题。土壤风蚀沙化是指当风速超过4～5 m/s,地表疏松干燥的细小的土壤颗粒、土壤有机质被风吹扬而起离开原地土壤表层的现象。据调查资料,全球受土壤风蚀沙化影响的区域面积3 800多万 km²,其中亚洲占32.5%,非洲占27.9%,澳大利亚占16.5%,北美和中美洲占11.6%,南美洲占8.9%,欧洲占2.6%。中国有土壤风蚀沙化面积约190万 km²,主要分布于内蒙古、新疆、甘肃、宁夏、青海北部、陕西北部、山西北部、河北北部、辽宁西部和吉林西部等。莱尔斯(Lyles)在1988年调查观测的基础上,将土壤风蚀沙化过程分解为土壤颗粒的启动、迁移(跳跃、土表蠕动、悬浮迁移)、磨损、分选、沉积等环节。Osman(2014)指出在土壤风蚀过程中有3个典型的子过程:土壤颗粒的跳跃、土表蠕动和悬浮迁移,这3个过程通常是同时同地的出现,即土壤颗粒的跳跃引起其他土壤颗粒的蠕动或悬浮迁移,没有土壤颗粒的跳跃也就没有土壤颗粒的悬浮迁移(图8-4)。

土壤颗粒跳跃迁移　有关土壤颗粒脱离地表即跳跃运动的物理机制归结起来有两种理论:一是以埃克斯纳(Exner)为代表的沙悬浮理论,其认为土壤颗粒跳跃是近地大气层中气流紊流扩散的结果;二是以巴格诺尔德(Bagnold)为代表的冲击起动理论,他认为土壤颗粒跳跃运动主要是受气流冲击作用的影响。土壤颗粒跳跃的过程中,在风力作用下,

土壤表面的细砂(粒径在 0.10～0.25 mm)和中砂(粒径在 0.25～0.50 mm)滚动一段距离之后，突然跳起至距离表土 20～30 cm 的高度，以一定的速度沿与地表平面成 5°～12°夹角的近乎直线下落，并降落至距离起跳点 80～150 cm 的远处；处于地表微凸起土壤面上的颗粒可回升至近地大气层中或降落至表土，并将其他土壤颗粒撞击至近地大气层中或撞击其在表土面上滚动，这种表土面的轰击会引起雪崩效应，致使更多的土壤颗粒以扇形的形式扩散并向下风向区域迁移。故土壤风蚀中的跳跃是土壤颗粒的一个连续跳转-前进的过程，如图 8-4 所示。

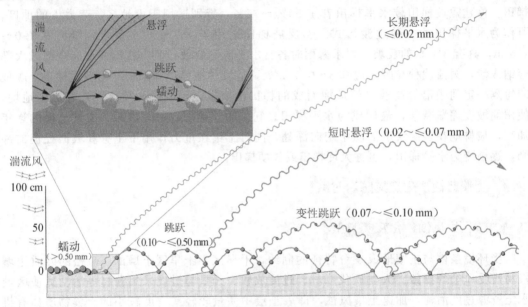

图 8-4　土壤风蚀颗粒搬运模式图

(据 Kennrth，1991 年和 Osman，2014 年资料)

土壤颗粒悬浮迁移　在风力作用和土壤颗粒撞击下，土壤表面干燥的细小颗粒被竖向掀起并被水平方向迁移至下风向地区的过程，这些细小土壤颗粒可以被水平迁移至数米至数百公里的下风向区域，它们的粒径一般在 2～100 μm，其中粒径小于 20 μm 的黏粒特别是富含有机质和营养物质的黏粒可被长距离迁移。故在强风作用下的大量土壤细颗粒发生悬浮迁移的现象也称为沙尘暴或沙尘天气，如 1993 年在甘肃省金昌市发生特强沙尘暴期间，室外近地空气中总悬浮颗粒物(total suspended particulate，TSP)浓度已超过 1 000 mg/m³。

土壤颗粒蠕动迁移　在风力作用和土壤颗粒撞击下，土壤表面粒径在 0.50～1.00 mm 的粗砂或团聚体因其质量过大不能被掀起离开表土，它们通常在跳跃-自旋颗粒撞击下，在表土被推挤-滑动-滚动即缓慢的蠕动，表土蠕动通常占土壤风蚀总流失量的 7%～25%。在强大风力作用下整个土壤表面似乎都在缓慢地向前移动，由于表土颗粒蠕动的不均匀性常使地表出现风吹砂的波纹，发生蠕动的粗砂也很少远离其原来的区域。

土壤颗粒磨损作用　土壤风蚀的风洞模拟实验表明，表土层中风蚀性颗粒(粒径小于 0.10 mm)的质量分数与土壤风蚀流失总量密切相关。实地调查亦表明在长期遭受风蚀的

区域，实际风蚀流失的土壤总量通常是初期估算的表土可风蚀物质的数倍，可见土壤风蚀过程中表土层中粗砂对植被及作物、土壤表面及相关地物的磨损性破坏亦应受到关注。

土壤颗粒被分选 在下风向区域内随着风力的逐渐减弱，土壤风蚀过程中以跳跃-变性跳跃-短时悬浮-悬浮迁移方式携带的粒径大小、形状、密度不同的土壤颗粒会依次沉降聚集至地表，引起顺风向地表土壤颗粒由大到小有规律性的分布。在遭受风蚀的耕地土壤中因频繁的耕作一般不会出现明显的土壤颗粒被分选的现象。

8.4.2 土壤风蚀沙化的影响因素

美国农业部学者伍德拉夫等（Woodruff et al.）在深入研究美国土壤风蚀机理的基础上，基于风洞实验与土壤风蚀野外观测资料，于1965年建立了著名的土壤风蚀方程，并运用土壤风蚀方程估算田间土壤年均风蚀量。该风蚀方程运用5组即气候因子、土壤可蚀性、土壤表面粗糙度、田块长度以及作物残留物的11个变量，来预测年土壤风蚀量，其方程式为：

$$E = f(I \times K \times C \times L \times V) \tag{8-2}$$

式中：E 为预测的年均土壤风蚀流失量[t/(ha·a)]；f 为函数关系式；I 为土壤可蚀性指数；K 为土壤粗糙度因子；C 为气候因子；L 为在风蚀方向上整个田间范围内的等效无遮挡距离；V 为等效植被覆盖指数。

土壤可蚀性指数指土壤被风力分离并搬运的程度，它受土壤质地、结构和土壤含水量的影响，其中土壤质地被认为是影响土壤可蚀性的主要因子，模拟实验与田间观测均表明土壤中粒径在0.08～0.25 mm的细砂和部分极细砂属于风蚀粒子，特别是在缺少土壤有机质与水分、表土粗糙度大的情况下，这些单粒的缺乏黏滞的风蚀粒子极易被风蚀流失。Fryrear等（2000）研究指出对大多数耕地土壤而言，砂粒、粉粒、黏粒、有机质和碳酸钙等对土壤可蚀性有重要影响，并依据0～20 cm干燥表土层中这些土壤性状参数，建立了估算土壤可蚀因子经验公式：

$$I = \{29.09 + 0.31Sa + 0.17Si + 0.33Sa/Cl - 2.59OM - 0.95CaCO_3\}/100 \tag{8-3}$$

式中：I 为土壤可蚀性指数；Sa 为砂粒（粒径为0.06～0.6 mm）质量分数（5.5～93.6）；Si 为粉粒（粒径为0.002～0.06 mm）质量分数（0.5～69.5）；Cl 为黏粒（粒径≤0.002 mm）质量分数（1.2～53.0）；OM 为有机质质量分数（0.18～4.79）；$CaCO_3$ 为碳酸钙质量分数（0.0～25.2）。

气候因子是土壤风蚀过程的驱动力，当风施加于土壤表面的剪切应力超过土壤物质的重力与黏结力时，土壤风蚀便会发生，特别是在寒冷干燥的大风作用下，土壤极易被风蚀；另外区域年均降水量、年均气温等通过影响土壤水分质量分数及其黏结力等对土壤风蚀过程也有间接的影响。在Chepil等1962—1965年通过调查观测研究土壤风蚀与气候条件的相互关系的基础上，FAO于1979年建立了测算土壤风蚀的气候因子方程式：

$$C = \sum U^3 \times \frac{ETP - P}{ETP} \times d/100 \tag{8-4}$$

式中：C 为土壤风蚀气候因子；U 为距地表2 m处的月平均风速（m/s）；ETP 为月平均潜在蒸发量（mm）；P 为月均降水量（mm）；d 为相关月份的天数。

除此之外遭受风蚀的田间状况、地表植被翻盖状况对土壤风蚀也有重要的影响。

8.4.3 土壤风蚀沙化防治工程

土壤风蚀沙化的原因包括内部因素和外部因素，内部因素是指土壤本身的物质组成和性状，外部因素则为干旱、风力、植被退化和人类不合理的土地利用方式。土壤风蚀强度主要取决于风速、表土干燥度、植被盖度等，因而防治土壤风蚀沙化首先应该从增加植被、减低风速、保蓄土壤水分入手，其防治土壤风蚀过程的措施及其机理如下。

增大表土层土壤含水量 随着土壤含水量的增加，土壤颗粒之间的黏结力会快速增加，同时土壤密度也会增加，这样会抑制土壤风蚀的发生；中国黄土高原地区古代就有扫地之前散水润湿地表，以防治扫地起尘的习惯。

增加土壤有机质质量分数 土壤有机质的增加将促使土壤颗粒与有机质之间的相互吸附黏结，形成有机-无机复合体，以减少地表单粒状存在的土壤颗粒并使其胶结形成良好的土壤结构体，以抵御土壤风蚀的发生。

提供必要的植被翻盖或保留作物秸秆或营造人工翻盖层 地表土壤上有植被翻盖或作物秸秆：一是可极大地减少冲击表土的风之风速，二是可阻隔风力对地表土壤的直接冲击，从而减缓土壤风蚀过程。

营造田间防风林带或优化田间耕作方式或改良土壤 其作用主要是通过减少田间风速、缩短风力与表层土壤相互作用的时间与距离，增强土壤抗蚀性能，以减缓土壤风蚀过程。

8.5 土壤盐化碱化及其防治对策

8.5.1 土壤盐化碱化及其危害

土壤盐化是指土壤及其地下水中的可溶性盐分随水向表土层（0～20 cm）运移而累积的过程，土壤盐化是干旱、半干旱和半湿润平原区的重要土壤退化方式，它对植物正常生长发育有巨大的危害。土壤过量的可溶性盐分通过渗透扰乱植物组织及其功能，某些过量的盐分可能对植物产生毒性作用，并危害植物种子萌发、植物生长导致作物大幅度降低减产或绝收。将土壤盐化划分为强度、中度、轻度，如表8-5所示。由于遭受盐化的土壤一般具有地形平坦、土层深厚、地下水相对丰富等特点，因而是发展农牧业与林业生产的潜在土壤资源。

表8-5 土壤盐化程度分级表

适用地区	土壤表层含盐量（%）				盐渍类型
	轻度	中度	强度	盐土	
滨海、半湿润、半干旱、干旱区	0.1～≤0.2	0.2～≤0.4	0.4～≤0.6	＞0.6	$HCO_3^- + CO_3^{2-}$，Cl^-，$Cl^- - SO_4^{2-}$，$SO_4^{2-} - Cl^-$
半荒漠及荒漠区	0.2～≤0.3	0.3～≤0.5	0.5～≤1.0	＞1.0	SO_4^{2-}，$Cl^- - SO_4^{2-}$，$Cl^- - SO_4^{2-}$

（据祝寿泉，1996年资料）

Osman 于2014年研究指出，如果土壤与水分饱和萃取液的电导率（E_{ce}）＞4 dS/m（单位是西门子每米）时，该土壤归属盐土的范畴，这时土壤特别是表土层中常含有过量的可溶性盐分，如氯化物、硫酸盐、碳酸钠、碳酸钾、碳酸氢钠、碳酸氢钾、碳酸氢钙和碳酸氢镁等，并危害农作物生长发育与繁殖。美国农业部土壤调查局 1954 年提出：$E_{Ce}\leqslant$ 2 dS/m 时，对多数作物生长无影响；$E_{Ce}=2\sim4$ dS/m 时，对盐分敏感作物可能产生影响；$E_{Ce}=4\sim8$ dS/m 时，多数作物减产；$E_{Ce}=8\sim16$ dS/m 时，只有耐盐作物不受影响；$E_{Ce}\geqslant16$ dS/m 时，一般情况下多数作物都不能生长，一些农作物对土壤电导率的响应状况如表 8-6 所示。

表 8-6　一些农作物对土壤盐化-土壤电导率的忍耐状况

农作物种类	临界值 $E_{Ce}/(dS/m)$	农作物减产对应的 $E_{Ce}/(dS/m)$		
		10%	25%	50%
小麦（wheat）	4.7	6.0	8.0	10.0
玉米（corn）	2.7	3.7	6.0	7.0
大麦（barley）	8.0	9.6	13.0	17.0
黑小麦（triticale）	6.1	8.1	12.0	14.2
高粱（sorghum）	4.0	5.1	7.1	10.0
黑麦（rye）	5.9	7.7	12.1	16.5
燕麦（oat）	5.2	6.7	9.0	12.8
大豆（beans）	1.0	1.5	2.3	3.6
豌豆（peas）	0.9	2.0	3.7	6.5
油菜（canola）	2.5	3.9	6.0	9.5
马铃薯（potato）	1.7	2.5	3.8	5.9
番茄（tomato）	2.5	3.5	5.0	7.6
甜菜（beets）	5.3	8.0	10.0	12.0
芹菜（celery）	1.8	3.5	5.8	10.1
洋葱（onion）	1.2	1.8	2.8	4.3
黄瓜（cucumber）	2.5	3.3	4.4	6.3
卷心菜（cabbage）	1.8	2.8	4.4	7.0
向日葵（sunflower）	2.3	3.2	4.7	6.3

土壤碱化是指土壤胶体吸附土壤溶液中钠离子的过程。一般采用土壤胶体吸附的交换性钠离子占阳离子交换量的百分数，即土壤碱化度（exchange sodium percentage，ESP）来表示土壤碱化过程的强弱。

$$\text{土壤碱化度}（\%）＝\text{交换性钠离子量}/\text{阳离子交换性}\times100 \tag{8-5}$$

在土壤中可溶性盐分质量分数较低的条件下，随着土壤碱化度的增大，土壤则呈现极强的碱性反应，其土壤 pH 可超过 10.0，这时土壤颗粒呈现高度分散、结构恶化的状态，土壤遇水呈现泥泞状态，脱水干燥时则变得硬结，土壤耕性恶化。因此，土壤碱化度常作为碱土分类及其改良利用的主要指标，由于各地碱土形成的成土环境的差异，故各国划分碱土的标准并不一致，如美国将 ESP＞15% 的土壤作为碱土；俄罗斯则以 ESP＞20% 作为碱土的划分标准；中国通常以土壤碱化层的 ESP＞30%、表土层盐分质量分数＜5 g/kg 且土壤 pH＞9.0 作为碱土的标准；将 ESP 在 5%～10% 的土壤定义为轻度

碱化土壤；将 ESP 在 10%~15% 的土壤定义为中度碱化土壤；将 ESP 在 15%~20% 的土壤定义为强度碱化土壤。

8.5.2　土壤盐化碱化的类型

按照土壤盐化碱化发生的特点，可以将其划分为原生盐化碱化、次生盐化碱化和潜在盐化碱化 3 大类。原生盐化碱化是指在自然成土因素(生物气候、地质水文、地形、母质等)的综合作用下，土壤、风化壳及地下水中的盐分向土壤表层汇滞聚积的过程；次生盐化碱化是指因人为利用不当，原来非盐化碱化的土壤发生了盐化碱化或增强了原土壤盐化碱化程度的过程；潜在性盐化碱化是指在半干旱、干旱区地下水埋藏较深而土壤表层未盐化碱化的情况下，土体中含有可溶性盐分(一般不超过 0.1%)或心土层中有含盐量大于 0.1% 的积盐层，当灌溉排水措施不配套的情况下，一旦大水漫灌则会引起地下水位迅速上升超过其临界深度，导致盐分向表土层富集使土壤盐化碱化。其中次生盐化碱化及潜在性盐化碱化已经成为全球灌溉农业生产持续发展的重要限制性因素。

灌溉农业区土壤次生或潜在性盐化碱化过程可细分为 3 类。①浅层地下水及其可溶性盐分随土壤毛细管上升至表土并被物理蒸发引起盐分在表土层聚集；②利用富含可溶性盐分的地下水持续灌溉所造成的土壤盐化碱化；③向土壤注入过量高矿化度废水或富含可溶性盐类固废所引起的土壤盐化碱化。

在人类不合理土地利用方式与灌溉影响下，土壤次生盐化碱化发生的内在原因是土体或浅层地下水富含可溶性盐分，其外在原因是气候干旱致使土壤表面物理蒸发强烈。具体表现为：①由于农田灌溉过程中采取大水漫灌，导致区域地下水位快速上升超过当地临界深度，使土体下层及地下水中可溶性盐分，随水通过土壤毛管孔隙上升至地表而蒸发，并将盐分聚积于表土层。②利用地表或地下的矿化水(尤其是矿化度大于 3.0 g/L)进行农田灌溉，而又缺乏调节土壤水盐运动的措施，导致灌溉水中的盐分积累于土壤耕作层，引起土壤盐化碱化。③在干旱区的洪积平原或洪积扇中下部，开发利用某些具有积盐层土壤的心土层过程中，不合理的灌溉也会增加土壤物理蒸发，可能导致心土层中的盐分在随水上升蒸发的过程中而聚积于土壤表层，形成土壤盐化碱化。

8.5.3　土壤盐化碱化的防治工程

在综合分析区域自然成土条件、土壤特性与土地利用方式的基础上，应以土壤表土层为核心，观察水分输入与输出的方式、数量和水质状况，掌握区域表土层中"盐随水来，水载盐去"的规律，制定有效防治土壤盐化碱化的对策。如：在中国北方半湿润半干旱地区，应该考虑其大陆性季风气候的特征及其对区域土壤盐化碱化发生演变的影响；在特定区域水文和水文地质条件下，大陆性季风气候具有明显的季节性，导致土壤盐化碱化过程也具有强烈的季节性表聚过程，特别是春末夏初时节土壤盐化碱化过程异常强烈，对农牧业生产的危害严重。故防治土壤盐化碱化应该因地制宜地采取以下工程措施。

完善农田排灌体系、提高农业生产中水资源利用效率、减少表土层水分的物理蒸发过程。在发展灌溉农业的过程中，要以满足农作物生长发育所需水量为基础，依据区域土壤特性(如土壤质地、土壤孔隙度、土壤有机质质量分数、土层厚度等)及其地下水性状(地下水位深度、地下水矿化度等)，适度适时地调节土壤水盐运行状况，进行标准设计、修建相应农田基础设施，如发展喷灌、滴灌、渗灌技术，防止因大水漫灌或输水渠渗漏而引起地下水

位抬高，导致土壤毛管水携带盐分上升至地表后物理蒸发，而致使盐分在表土层聚积。

因地制宜地发展现代科技农业，在某些潜在盐化碱化严重的土壤区特别是大陆性半湿润季风气候区，在采用地膜覆盖保水增温、调整产业结构、种植结构的同时，集中发展一些温室蔬菜、花卉、经济作物等高产值农业，这样不仅能够通过减少农田土壤无效物理蒸发过程而抑制土壤盐碱化的发生，还能在节约水资源的同时发展高效农业。

研发低值高效的农田排水洗盐工程系统，运用高新技术研发能够吸盐固盐的技术装置，从根本上防治土壤盐化碱化的发展。

8.6 土地退化中性及其维护工程

8.6.1 土地退化中性的概念

联合国防治荒漠化公约(the United Nations Convention to Combat Desertification，UNCCD)于2011年提出土地退化中性(land degradation neutrality，LDN)的概念，其源于零净土地退化(zero net land degradation，ZNLD)概念。土地退化中性包括以下两个机制：一是防止区域土地进一步退化的愿望，即以不会造成退化的方式适当管理当前未退化的土地，实现"尚未退化土地"和"已退化土地"之间的现有平衡，以达到退化土地的零净增加的愿望；二是采取适当的持续性措施恢复区域性退化的土地，以保持区域或全球肥沃土地的面积不减少、土地质量不降低(Ilan Stavi 等，2015；German Kust 等，2017)。正如 UNCCD 所倡导的通过"全球土地管理的转变"来实现土地退化中性，从而避免新地区的土地退化，并通过恢复等量已退化的土地来抵消不可避免的退化。LDN 具有两个相互联系的维度：降低未退化土地的退化率；提高退化土地的恢复率。另外全球土地退化中性不应被视为全球整体上的平衡，而应视为全球各地社区和国家实现的土地退化中性之和，即世界各国各地区均实现土地退化中性。LDN 是一项全球性紧急而全面地解决土地退化行动，也是一个重要的可持续发展目标，它要求通过自然恢复、土地整治等可持续土地管理措施，缓解现有的土地退化、防止土地退化的发生。LDN 旨在促进土地生态系统和生物多样性的可持续保护，并在2030年前保持甚至增加全球生产性土地的数量，从而提高粮食安全，减少因土地退化而致贫的人口数量(Okpara 等，2018)。

基于已有的土地退化防治与土地退化中性的相关研究，实现区域土地退化中性应坚持以下原则：①土地退化中性评估必须考虑两个相互关联的维度，一是可用土地数量和质量的变化，即退化的严重程度以及涉及的土地面积；二是土地退化中性提倡以生态系统为基础单元，解决当前和未来的土地退化问题，即避免/防止/最小化土地退化过程，同时修复过去已退化的土地，即恢复自然生态系统的景观及功能。②土地退化中性倡导从区域土地数量、质量的时空变化方面评估和减轻土地退化风险，而土地质量(自然和人为增强)包括土地生产力、功能、生态系统服务及其弹性、再生能力、土壤和生态系统健康、土地潜力等。③LDN 涉及土地的不同用途，并考虑到实现 LDN 目标的各种方法，故它需要多方面的协商权衡，并利用自然资源管理中的协同效应实现多种效益。④监测区域 LDN 变化需要一个基线/基准，每个区域都有其特定的环境、经济、社会、政治和文化特征，需要综合考虑并制定目标明确且易于监控的 LDN 监测指标体系。⑤土地退化中性还涉及生物多样性、全球气候变化、消除贫穷和粮食安全等问题，需要构建使所有利益攸关方参与，并接受责任和自愿承诺的有利环境。

　　土壤是土地的核心组成要素，防治土壤退化也是防治土地退化的基本内容。区域相对粗放的土地利用方式与片面短时的土地资源管理模式是造成土地退化的根本原因，构建持续性土地资源管理模式（sustainable land management，SLM），以防治或逆转区域土地退化过程，是当今国际社会关注的重要议题，联合国防治荒漠化公约（UNCCD）将采取SLM实现土地退化中性列为可持续发展目标之一，即联合国里约倡导在可持续发展的背景下努力实现土地退化中性，并采取必要措施以扭转土地退化（German Kust 等，2017）。在实践层面上 LDN 具有明确的含义，即土地利用与土地资源管理不应该破坏"尚未退化土地"与"已经退化土地"之间的现有平衡阀，不得导致退化土地面积的增加与退化程度的加重。从操作层面上来看 LDN 具有明确的含义：土地使用和管理应确保"尚未退化"和"已经退化"之间的现有平衡，防止退化土地面积或退化程度的增加。LDN 具有 3 个相互联系的维度：一是降低非退化土地发生退化的风险；二是采用必要的适当的土地整治措施加速退化土地的恢复速率；三是全球土地退化中性并非寻求全球平衡，而是倡导全球各个社区、世界各国实现土地退化中性之综合，针对难以避免的土地退化，则通过恢复等量的已退化土地而加以抵消，如图 8-5 所示。

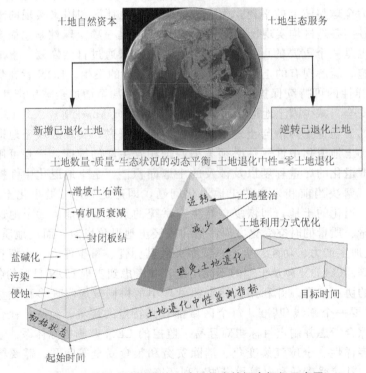

图 8-5　基于土地科学的土地退化中性概念框架示意图

8.6.2 土地退化中性评价指标体系

LDN 概念框架旨在帮助各国实施应对土地退化和实现 LDN，该框架是针对不同领域专家的集成性调查结果，并通过一个参与性的知识共创过程设计与达成以下共识：①LDN 的科学概念框架不仅要包括社会经济和生物物理方面，还要包括概念系统模型，并运用模型来监控土地退化中性及其实施状况。②运用土地退化中性理论指导框架的发展与完善。③由于实施与管理土地退化中性必须具有某些弹性措施，故 LDN 科学概念框架也应具有弹性的组件。基于上述认识提出实现 LDN 的指导性原则（Annette L. Cowie 等，2018）：维持或增加陆地自然资本，保护弱势和边际土地使用者的权利，倡导利益相关者特别是土地使用者在设计、监控土地退化中性实施过程中的作用，平衡土地自然资本预期损失，采取干预措施以逆转土地退化从而实现土地退化中性；依据国情制定与国家土地退化基线相适应的 LDN 指标即最低目标与愿景目标，倡导避免土地退化优先于减少土地退化优先于逆转土地退化的基本思路；将实施 LDN 纳入土地利用规划之中，坚持规划制定与规划实施同等重要，在相同/似的土地类型内，兼顾多变量评估进行土地使用决策；基于当地实际，从自然环境、社会经济特征、生活习惯等多途径优化土地利用模式，运用全球性指标即土地覆盖、土地生产力、土壤碳储量及其细化指标监测 LDN 的实施效果。

UNCCD 秘书处曾经建立了监测评价土地退化中性的一套全球生物物理指标集：土地覆盖/土地利用变化、土地生产力变化、土壤有机碳质量分数变化。其中土地覆盖/土地利用是一个"伞状指示器"，也是反映区域土地质量损失、土地退化状况的主要指标，通常可在其（类型单元）背景上进行土地生产力、土壤有机碳指标的分类分层分解；土地生产力是在周年内单位面积土地上的净植物初级生产力，它是定量反映土地退化程度、损失或土地退化逆转程度的主要指标；土壤有机碳质量分数不仅是衡量土地质量的重要指标，还是展示土地及其利用是调节全球气候变化、生态服务功能的重要指示器，如图 8-6 所示。

LDN 作为监测与平衡全球、区域、国家、地方等多个空间尺度上土地退化-逆转-土地整治等的政策工具，用以构建一个共同的框架，客观准确地评估土地退化，优化土地利用模式与土地资源管护措施。在概念层面上土地退化中性是非常简单的，但在实践层面上不同专家对土地退化则有不同的见解：①评价区域土地退化中性必须全面地考量可使用土地的数量、质量与生态状况，其中土地质量（自然和人为增强）是综合性指标，它包括生产力、功能、生态系统服务及其弹性、再生能力、土壤和生态系统健康、土地潜力等。②以陆地生态系统为基础，采取保护性措施促进土地退化中性目标的实现，即避免/防止/最小化当前和未来的土地退化构成；运用土地整治的有效措施纠正过去的土地退化，恢复自然生态系统。③土地退化中性倡导从时空尺度上，针对特定的土地利用类型格局，在综合分析国家/区域特定的环境、经济、社会、政治和文化特征的基础上，综合确定区域土地退化的基线/基准，来评估土地数量/质量/生态状况的实际变化趋势，从协调优化多种自然资源与人们生产生活的关系方面消除土地退化风险/威胁。④土地退化中性力求从空间整体性、时间持续性、阶层公平性角度管护和利用土地资源/自然资源，不仅要将 LDN 目标与顺应全球气候变化、保护生物多样性、消除贫困、保障粮食安全等联系起来，还要统筹考虑所有利益相关者/土地利用者的利益与意愿，以形成持续性土地

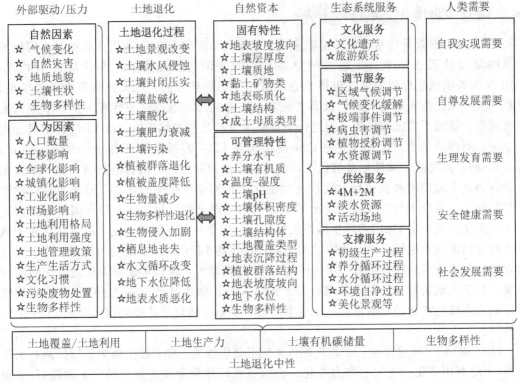

图 8-6　土地退化中性监测指标体系及其内涵示意图

管理模式。人类社会系统依靠土地为基础的自然资源来维持其生存与发展，但人为活动也在一定程度上驱使区域土地/土壤资源的退化，因此为了应对新时代土地管理的挑战，需从人与自然进化理论的角度重新审视土地系统与人类社会之间复杂的相互作用，在实践上如果不考虑社会生态系统背景下的 LDN，就无法实现世界土地系统的可持续性。土地/土壤退化发生在社会系统和自然生态系统的交界面上，这就需要跨社会科学、自然科学和人文生活习惯的观点来推动土地管理新文化，需要创新性方法将跨学科、系统世界观和适应性治理相结合，以缓解或消除驱使土地退化的自然生态和社会因素。

【思考题】

1. 什么是土壤资源？土壤资源具有哪些特点？

2. 简述区域土壤退化的类型、主要驱动力和主要危害。

3. 简述农民怎样评价土壤质量，土壤侵蚀对土壤质量有何种影响。

4. 列举 4 个能引起土壤退化的主要人为过程。

5. 据有关资料：中国政府实施的"三北"防护林体系建设工程累计造林已经超过 23 Mha，其中 20 Mha 农田实现林网化，5 Mha 的"不毛之地"变成了绿色林地，30% 的水土流失面积得到初步治理，森林覆被率已由 20 世纪 70 年代末的 5.05% 提高到近 10%。讨论分析"三北"防护林体系在防治土壤退化中的作用。

第9章 土壤环境污染

【学习目标】

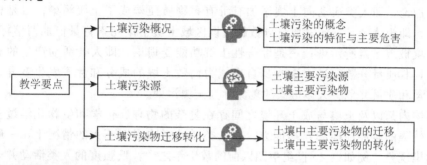

9.1 土壤污染及其特征

9.1.1 土壤污染概念

土壤具有资源与环境的双重特性，从资源科学来看作为人类劳动的对象和基本生产资料，人类依据自身生存和发展的需求来调节、改造和利用土壤资源。但由于人类认识的局限性和土壤资源的复杂性，人类对土壤的各种调节、改造和利用活动会引起土壤物质组成、性状及其功能的变化，其中有利变化提升了土壤肥力、缓冲性能和自净能力；而不利变化也会导致土壤退化的发生；从环境科学来看，土壤是地表环境中物质能量迁移转化的枢纽和人类社会活动的场所，故造成土壤污染的污染物种类复杂多样，如图 9-1 所示。

图 9-1　人类社会系统与土壤之间相互作用图

　　李天杰 1982 年指出土壤污染是指人类活动排放到土壤系统中一定数量的废气、废水、废渣，破坏了土壤系统原来的平衡，并引起土壤系统成分、结构和功能的恶化；《中国农业百科全书(土壤卷)》1996 年定义土壤污染为：人为活动将对人类本身和其他生命体有害的物质施加到土壤中，致使某种有害成分的含量明显高于土壤原有含量，从而引起土壤环境质量恶化的现象。可见土壤污染目前在学术界尚无统一概念，可归结为 3 类：一是外源物质添加论，即人类活动向土壤添加有毒有害物质便构成了土壤污染；二是相对性超背景值论，即土壤中某一元素质量分数超过该区域土壤中该元素背景值加两倍标准差时，则认为土壤被该元素所污染；三是综合性土壤功能受损论，即人类活动产生的有害物质进入土壤，其质量分数超过土壤本身自净能力而使土壤的成分和性质发生变异，降低农作物的产量和质量并危害人体健康的现象称为土壤污染。

　　土壤体内部以及土壤与成土环境之间存在复杂的物理、化学和生物化学过程，使得土壤具有较强的缓冲性能和自净能力。在人类活动影响强度不大的情况下，一般不会出现土壤污染现象，例如在 20 世纪中期以前的数千年之中，低强度的人类活动并未造成严重的土壤污染；但自 20 世纪中期以来，随着大量化工产品在农业生产中的应用以及全球工业化和城镇化的持续快速发展，土壤圈的局地出现了一系列的土壤污染事件。这些土壤污染已成为影响人群健康、社会经济持续发展的重要限制因素。土壤作为一个开放系统是地表各环境要素相互作用的枢纽，故造成土壤污染的污染物种类复杂多样且来源极为广泛，包括点源(工业污染源、意外事故污染、医院及科研院所废物)、线源(工业中交通运输污染源、城市河道下游)和面源(农业污染源、大气污染源和城市生活污染源)等，主要的土壤污染源如图 9-2 所示。

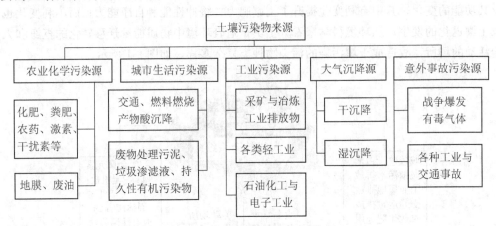

图 9-2　土壤污染物的来源示意图

9.1.2　土壤污染的特征

　　土壤污染是自然成土因素、土壤物质组成与各种污染物相互作用，即土壤污染过程与土壤自净过程相互作用的结果，土壤污染及其对人群的危害还与社会经济结构、人群生活习惯密切相关。与大气污染、水体污染相比较，土壤污染具有以下显著特征，如图 9-3 所示。

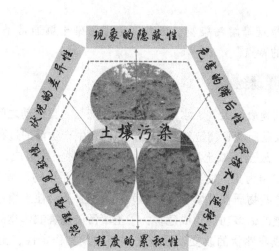

图 9-3　土壤污染特征图解

土壤污染现象的隐蔽性和危害的滞后性　土壤作为陆地表层一个物质组成复杂多变的开放系统，且人们日常生活并不直接进食土壤，故人们不能像直接感知大气污染、水体污染那样感知土壤污染。土壤污染通过食物给动物和人类健康造成危害，而人们往往要通过对土壤样品化验和农作物的残留检测才能察觉其存在，因此，从产生污染到问题出现通常会滞后很长时间。

土壤污染状况的异质性　土壤是由地球表面的各种矿物质、有机质、水分、空气和微生物组成的复杂综合体，人类对区域土壤的影响各异，土壤中污染物的迁移转化过程复杂多样，不同土壤组分对污染物吸附性的差异巨大，这就造成了土壤污染状况的异质性，具体表现为：在水平方向上土壤中污染物类型及其浓度的差异性；在垂直方向上即土壤剖面中各土层中污染物类型与浓度的差异性；在不同土壤组分即土壤黏粒、粉粒、砂粒、有机质中污染物类型与浓度也有明显的差异性。这就要求我们在进行土壤污染调查采样与化验分析的过程中必须依照相应的土壤环境标准，确保土壤污染调查的客观准确性。

土壤污染程度的累积性与受损的不可逆转性　污染物质在土壤中不容易迁移、扩散和稀释，因此容易在土壤中不断积累，造成质量分数超标。土壤污染具有不可逆转性，重/类金属对土壤的污染基本上是一个不可逆转的过程，许多有机化学物质的污染也需要较长的时间才能降解，某些持久性污染物(如有毒重金属元素污染物)则无法依靠自然稀释作用和自净化作用来消除，往往还会引起二次环境污染。

土壤污染治理难度大与见效慢特性　由于污染物质在土壤中不易迁移、扩散和稀释以及不同区域中污染源与污染因素的差别，土壤中污染物的浓度及其活性、毒性差异大。因此，在对区域土壤环境质量进行监测和评价时，需根据土壤污染物浓度及其特性的空间分布特点科学地制订监测计划，然后对监测数据进行统计分析，才能全面而客观地了解区域土壤污染状况。土壤是一个复杂的非流体性多孔隙环境介质，其中包含着复杂的生物、化学、物理过程，污染物在其中不仅存在价态、浓度变化，还存在吸附-解吸、固定-老化、溶解-扩散、氧化-还原以及生物降解等复杂过程。同时，人类活动对土壤环境的影响也是复杂的，越来越多的污染物排放到土壤中，导致多种污染物在土壤中的并存，即出现了土壤复合污染，它们表现出不同的环境和生态效应，使土壤污染很难治理，在

污染土壤中积累了大量难降解污染物。因此，治理污染土壤通常呈现出成本较高、治理周期较长、见效缓慢的特点。

9.1.3　土壤污染的主要危害

土壤不仅是地球陆地表面大气、水体、生物、地壳与人类活动之间相互作用的枢纽，还是陆地生态系统的重要基质和食物链的起源地，人们在生产生活的过程中会有意或无意地将各种逸散物与废弃物排放至区域土壤之中，根据污染物对土壤组成、性状、功能的影响状况，可将土壤污染物归结为重/类金属与酸碱盐类、有机污染物、放射性核素、纳米材料、固体废弃物五大类。这些物质在区域土壤中的大量聚积必然会使土壤遭受污染、土壤健康状况恶化，并对健康土壤的诸多功能构成危害：①土壤污染危害农作物品质及人群健康。土壤污染引起土壤物质组成与性状的改变，导致土壤结构及其稳定性、土壤有机质动态、土壤氮、磷、硫等元素循环、土壤微生物群落、植物初级生产力的恶化，直接危害土壤供给能力，土壤为人类社会提供食品-饲料-纤维-燃料-中草药-原材料-淡水资源数量的衰减与质量的恶化，危害人群健康。②土壤污染危害土壤生态系统结构与功能。土壤污染导致有毒污染物和某些纳米级废料进入土壤，由于土壤中各种微生物对不同污染物具有不同的敏感性或忍耐性，这样的污染物与微生物相互作用引起某些敏感微生物中毒死亡，导致土壤微生物丰度及群落结构的退化，并引起土壤诸多调节与支撑服务功能弱化甚至丧失。③土壤污染危害区域水生态系统与生物地球化学循环过程。土壤污染致使酸碱盐和固体废弃物进入土壤，破坏了土壤物理化学性质并增强了土壤的腐蚀性，危害并阻碍植物根系的生长发育、区域生态系统及其生物地球化学循环。④土壤污染危害区域生存环境质量。被污染土壤中的某些挥发性物质、放射性物质会对近距离暴露者产生持久性危害。

9.2　重/类金属污染物

9.2.1　土壤中重/类金属

重金属一般是指在标准状况下单质密度大于 4.5 g/cm^3 的金属元素，自然界中有 60 种金属元素，其中有 54 种元素为重金属元素，包括稀土金属、难熔金属或贵金属及常见的铜、铅、锌、锡、镍、钴、锑、汞、镉和铋等重金属。类金属是性质介于金属和非金属之间的元素，通常包括硼、硅、砷、碲、钋等元素。重金属元素在环境污染领域中其概念与范围并不是很严格，一般是指对生物有显著毒性的元素，这是称为重/类金属元素。在多数自然土壤中除了质量分数大于 1.0% 的氧、硅、铝、铁、碳、钙、钾、氢 8 种元素和质量分数为 1.00%～0.01% 的锆、钠、镁、钛、氮、锰、磷、硫、氟、氯、锌、溴 12 种元素之外，上述约 60 种重/类金属元素在土壤中质量分数合计不足 0.05%，它们属于土壤中的微量元素，在土壤中的含量常与土壤类型、成土母质等密切相关。在自然条件下土壤中所含有的这些重/类金属元素在土壤-植物生理过程起着重要的催化、激发、拮抗或协同等作用，一般不会对生态系统安全与人群健康构成威胁，但在某些地球化学循环异常的区域，土壤中这些重/类金属元素含量、形态及其比例可能出现异常，可能对人群健康构成某些危害，即导致区域人群患地方病。

　　酸碱盐类物质属于强电解质，其中酸是指电离时产生的阳离子全是氢离子的化合物；碱是指电离时产生的阴离子全是氢氧根离子的化合物；盐是指电解时产生酸根离子与金属离子的化合物。人类生产生活过程中排放废弃的酸碱盐类物质，通过地表径流、地下径流、污水灌溉、大气干湿沉降等过程进入土壤之中，会导致土壤理化性质恶化、土壤盐碱化或土壤酸化，直接危害土壤肥力及其生产力。由于酸碱盐类物质属于易溶性物质，土壤中的酸碱盐类物质可伴随淋溶过程，进入地表水或地下水，并造成区域水环境污染。

9.2.2　土壤中重/类金属的来源

　　在人类工业文明出现之前，地球表层系统中重/类金属元素循环过程与生物体新陈代谢通常是相互适应的，多数有害重/类金属元素被沉积于地层（geological strata）之中，极少有高浓度的重/类金属元素与生物作用。然而近 260 年来人类活动已将储存于地层中的重/类金属及其矿物挖掘出来（矿业），并投入冶金、化学工业、机械工业、电子工业等之中，制造出含有重/类金属的产品供人们使用消费。这样人类活动就打破了自然界原有的重/类金属循环过程，致使富含重/类金属的废弃物排放至局地土壤之中，即通过污水灌溉、化肥施用、水输入、大气沉降等途径进入土壤，导致局地土壤中重/类金属质量分数增加或比例失调，构成了重/类金属的土壤污染（Anton N. Dubois，2007 年），如表 9-1 所示。例如华南沿海区域某村过去曾经大力发展低端电子垃圾拆解业，在人工拆解、有机物焚烧、金属元器件酸洗等过程中，向村庄外围排放了大量富含重/类金属的废液和固废，据 2005 年实地调查发现，该村域内的农田土壤-水稻土及其地下水、地表渠水及其沉积物、农作物水稻、芋头等均遭受到不同程度的重/类金属污染，如图 9-4 所示。

表 9-1　重/类金属元素的人为排放源

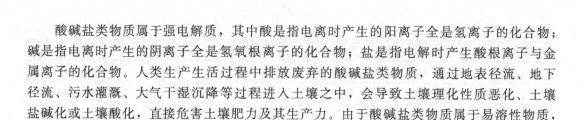

生产过程	砷	铍	镉	铬	铜	汞	镍	铅	锑	硒	钛	锌
合金冶炼	√	√	√	√	√	√	√	√	√	√		√
电池与电镀		√				√	√	√		√		√
杀虫剂	√				√					√		
水泥与玻璃	√					√		√	√		√	
化工/制药/牙科工艺	√		√	√	√							√
防腐涂料												√
电器设备及仪表		√			√							
化肥	√		√	√	√							√
化石能源发电等			√	√	√		√					
矿业-冶炼-机械制造	√	√	√	√	√		√	√	√		√	√
核反应堆		√										
绘画印染材料	√		√	√	√		√	√	√	√		√
石化工业	√				√		√	√				√
管线、板材机械					√		√					
塑料			√					√				√

续表

生产过程	砷	铍	镉	铬	铜	汞	镍	铅	锑	硒	钛	锌
纸浆造纸			✔	✔	✔	✔		✔				
合金冶炼	✔		✔	✔	✔		✔	✔	✔	✔		✔
合成橡胶								✔				✔
半导体与超导体	✔							✔		✔	✔	
制革与纺织	✔			✔	✔							
木材防护处理	✔			✔								

（据 Duarte 等，2018 年资料）

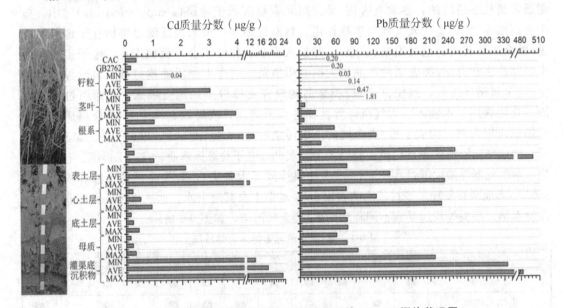

图 9-4　华南沿海某些村地域农田土壤-植物系统 Cd、Pb 污染状况图

土壤中人为重/类金属的来源主要有：工业区的大气沉降、垃圾处理及其倾倒、施用农用化学品、污水灌溉和各种材料降解的输入，其中有害重/类金属如镉、铬、铜、汞、铅、锌和砷已造成了严重的局部土壤污染，这些重/类金属具有持久性、生物积累性和食物链的生物活性，它们通过食物链或大气沉降从土壤中转移会导致典型的慢性效应，其中反应延迟的最严重毒性效应与致突变性、致癌性有关，致突变和致癌经常发生在一些重/类金属长期接触后。

9.2.3　土壤中重/类金属的形态

土壤中重/类金属形态是指重/类金属元素在土壤中以离子态、被吸附态、结合态与土壤物质的结合方式存在的物理-化学形态。Tessier 等（1979）将土壤及沉积物中重/类金属元素的形态划分为水溶态、可交换态、碳酸盐结合态、铁-锰氧化物结合态、有机物结合态和残渣态六种形态，如图 9-5 所示，并构建了五步连续提取法（Tessier 法）；欧共体标准司（European Community Bureau of Reference，BCR）1992 年建立了土壤中重/类金属形态的三步连续提取法(BCR法),将土壤中重/类金属形态划分为弱酸溶解态、铁锰氧化物结合态(可还原态)、有机结合态和残渣态四种形态。重/类金属的形态与化学价态不仅影响其在土壤中的转化与迁移行为(如溶解与沉淀、吸附与解吸、络合-脱缔合、氧化-还原过程和甲基化等),还影响着土壤中重/类金属元素的流动性、毒性与生物可利用性。另外土壤中重/类金属及其化合物的生物可利用性和毒性,还受土壤理化性状(如温度、湿度、孔隙度、酸碱度、氧化还原电位、络合动力学、阳离子交换量等)的影响。

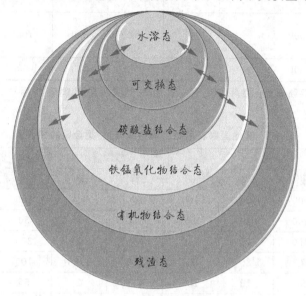

图 9-5　土壤中重/类金属形态图

由于土壤中重/类金属的快速增长及其积累,受污染土壤已无法适用于种植食源性作物,土壤健康及其在保持生物多样性、维持水循环、调节区域小气候等方面的功能恶化,导致整个生态系统的变异。为了防控土壤重/类金属污染及其危害,世界许多国家都制定了农用地土壤环境标准或农用地土壤污染风险管控标准,如表9-2、表9-3所示。

表 9-2　中国农用地土壤中部分重/类金属风险筛选值*　　　　　　单位:mg/kg

pH	风险筛选值							
	铬	镍	铜	锌	镉	铅	汞	砷
pH≤5.5	250$_{水田}$ 150$_{其他}$	60	150$_{果园}$ 50$_{其他}$	200	0.3	80$_{水田}$ 70$_{其他}$	0.5$_{水田}$ 1.3$_{其他}$	30$_{水田}$ 40$_{其他}$
5.5<pH≤6.5	250$_{水田}$ 150$_{其他}$	70	150$_{果园}$ 50$_{其他}$	200	0.4$_{水田}$ 0.3$_{其他}$	100$_{水田}$ 90$_{其他}$	0.5$_{水田}$ 1.8$_{其他}$	30$_{水田}$ 40$_{其他}$
6.5<pH≤7.5	300$_{水田}$ 200$_{其他}$	100	200$_{果园}$ 100$_{其他}$	250	0.6$_{水田}$ 0.3$_{其他}$	140$_{水田}$ 120$_{其他}$	0.6$_{水田}$ 2.4$_{其他}$	25$_{水田}$ 30$_{其他}$
pH>7.5	350$_{水田}$ 250$_{其他}$	190	200$_{果园}$ 100$_{其他}$	300	0.8$_{水田}$ 0.6$_{其他}$	240$_{水田}$ 170$_{其他}$	1.0$_{水田}$ 3.4$_{其他}$	20$_{水田}$ 25$_{其他}$

续表

pH	风险筛选值							
	铬	镍	铜	锌	镉	铅	汞	砷
pH≤5.5	800	—	—	—	1.5	400	2.0	200
5.5＜pH≤6.5	850	—	—	—	2.0	500	2.5	150
6.5＜pH≤7.5	1 000	—	—	—	3.0	700	4.0	120
pH＞7.5	1 300	—	—	—	4.0	1 000	6.0	100

注：* 中国 2018 年颁布《土壤环境质量—农用地土壤污染风险管控标准（试行）》（GB 15618—2018），—表示无数据。

表 9-3　其他国家农用地土壤中部分重/类金属的容许值　　　　单位：mg/kg

国家	容许值							
	铬	镍	铜	锌	镉	铅	汞	砷
澳大利亚	100	60	100	200	1	150	1	20
比利时（砂质土）	100	30	50	150	1	50	1	—
比利时（黏壤质）	150	75	140	300	3	300	1.5	—
荷兰	75	30	75	300	1.25	100	0.75	15
南非	80	15	100	185	2	56	0.5	2
英国	400(pH=6~7)	75	135(pH=6~7)	300(pH=5~5.5)	3(pH=5~5.5)	300	—	—
美国	1 200	420	500	2 800	39	300	—	—
瑞典	30	30	40	75	0.4	40	0.3	—
新西兰	—	35	140	300	—	—	—	—

注：—表示无数据。

9.3　有机污染物

9.3.1　有机污染物及其来源

土壤有机污染物包括持久性有机污染物（persistent organic pollutants，POPs）、石油烃类、酚类、氰化物、合成洗涤剂、表面活性剂、阻燃剂、抗生素（内分泌干扰物）等，这里主要讨论 POPs。POPs 是指持久存在于环境土壤之中，具有很长的半衰期，且能通过生态系统食物链逐级累积，并对人类健康及生态系统造成不利影响的人工合成有机化合物。从环境科学研究的角度来看 POPs 一般具有以下特征：①高毒性与高致癌性。多数 POPs 物质具有高毒性和高致癌性，微量的摄入也会对物体造成伤害。②持久性。环境中的 POPs 物质多具有抗光解性、化学分解和生物降解性，据测二噁英类物质在土壤及沉积物中可滞留 17~273a 之久。③积聚性与生物放大效应。多数 POPs 具有高亲油性和高憎水性，它们进入生物体之后既不能被分解也不能被排出，常常聚积到生物体的脂肪组织

之中，表现出显著地随着食物链逐级富集的现象。④易迁移性。POPs 物质常具有半挥发性，它们可以气流、水流的挥发与扩散、传输与沉降过程迁移至广阔的环境之中。常见的持久性有机污染物有化学农药、多氯联苯、多环芳烃、二噁英和呋喃等。

土壤中 POPs 一是有意生产的并通过农业生产过程与人们生活过程进入土壤，二是无意排放的且作为工业生产的副产品随废气扩散并以大气干湿沉降的方式进入土壤。其来源可归结为：①化学农药生产与使用是有机氯农药的重要排放源。②精细化工行业(如氯碱化工、有机氯化工、染料化工、农药化工、纸浆漂白、垃圾焚烧发电等工业)生产或燃烧过程产生的副产品，即无意排放的多氯代二苯并二噁英和多氯二苯并呋喃。③某些石化工业、电力电容器与油漆生产厂家、农田秸秆燃烧、居民生活燃烧等过程中会排放多氯联苯、多环芳烃等。2004 年正式生效的《关于持久性有机污染物的斯德哥尔摩公约》，已经将上述 POPs 列为受控名单，由于这些 POPs 的持久性和高毒性，它们还是局地土壤的重要污染物。

9.3.2 化学农药

化学农药又称为农用化学药剂，广义地说，凡用于农牧渔、环境卫生等方面的药剂，都可称为农药；狭义地说，农药是指用于防治危害农作物的害虫、病菌、鼠类、杂草及其他有害动植物和调节植物生物的药剂，也包括提高这些药剂效力的辅助剂、增效剂等。1874 年，欧特马·勒德勒首次合成 DDT(dichloro diphenyl trichloroethane)。DDT 又称为滴滴涕，其化学名为双对氯苯基三氯乙烷，化学式为$(ClC_6H_4)_2CH(CCl_3)$。1939 年，米勒发现 DDT 具有杀虫剂效果的特性，且几乎对所有的昆虫都非常有效。随后在第二次世界大战期间，DDT 的使用范围迅速得到了扩大，并在疟疾、痢疾等疾病的治疗方面大显身手，救治了很多生命，还带来了农作物的增产。

化学农药的品种繁多，尽管世界各国已注册农药商品有 2 000 多个，而化学农药骨干品种也只有 50~60 种。根据化学农药制备的原料、防治对象及用途、作用方式等可对化学农药进行归类。按制备化学农药的原料的不同，可将化学农药分为有机农药、无机农药、植物性农药、微生物农药等；按化学农药作用方式不同，可将化学农药分为胃毒剂、触杀剂、熏蒸剂、内吸剂、不育剂、拒食剂等；按化学农药防治对象和农林牧渔业上用途差异，可将化学农药分为杀虫剂(insecticides)(如杀螨剂、杀线虫剂、杀软体动物剂、杀鼠剂)、杀菌剂(fungicides)、除草剂(herbicides)等，如人工合成杀虫剂包括有机氯类杀虫剂、有机磷类杀虫剂、氨基甲酸酯类杀虫剂、除虫菊酯类杀虫剂等，它们过去曾经是一类用于防治农林牧业害虫、螨类害虫或城市卫生害虫的农药。

有机氯类杀虫剂(organochlorines) 用于防治植物病、虫害的组成成分中含有有机氯成分的有机杀虫剂。这类杀虫剂是第二次世界大战期间被发现的有效杀虫剂，它们分为以苯为原料和以环戊二烯为原料两大类。前者如使用最早、应用最广的杀虫剂(DDT、六六六)，杀螨剂(三氯杀螨砜、三氯杀螨醇等)，杀菌剂(五氯硝基苯、百菌清等)；后者有作为杀虫剂的氯丹、七氯、艾氏剂等。此外以松节油为原料合成的莰烯类杀虫剂、毒杀芬以及以萜烯为原料合成的冰片基氯也属于有机氯杀虫剂。多数有机氯杀虫剂具有以下特性：①在环境中的蒸气压低，有一定的挥发性，使用后消失缓慢；②脂溶性强；

229

③氯苯架构稳定不易为体内酶降解，其在生物体内消失缓慢；④土壤微生物对其作用的产物也像亲体一样存在着残留毒性，如 DDT 经土壤微生物还原便生成 DDD，再经脱氯化氢又生成 DDE；⑤有些有机氯农药，如 DDT 能悬浮于水面，也可随水蒸气一起蒸发；⑥土壤环境中有机氯农药通过生物富集和食物链作用再危害多种动物。有机氯杀虫剂对人群的急性毒性主要是刺激神经中枢，慢性中毒表现为食欲不振体重减轻，有时也可产生小脑失调、造血器官障碍等。多数有机氯杀虫剂属于对人群健康和生态系统均有严重危害的持久性有毒化合物，2001 年签署的《关于持久性有机污染物的斯德哥尔摩公约》，已严格禁止或限制使用了 9 种有机氯化合物。

氨基甲酸酯类杀虫剂(carbamates)　是一类广谱杀虫、杀螨的高效、残留期短的新型化学杀虫剂，它对人群的毒性比有机磷杀虫剂低。氨基甲酸酯类杀虫剂是以某些豆科植物中的剧毒物质——毒扁豆碱(physostigmine)为先导化合物合成的一系列杀虫剂。这类杀虫剂差异主要在其化学结构的酯基上，一般要求酯基的对应羟基化合物具有弱碱性，如烯醇、酚、羟肟等；其化学结构的另一个可变部分是酰胺基上的氮原子可被 1 个或 2 个甲基或被 1 个甲基和 1 个酰基取代。氨基甲酸酯类杀虫剂对人体的急性毒作用与有机磷杀虫剂相似，通过抑制人体内乙酰胆碱酯酶，使它失去分解乙酰胆碱的功能，造成组织内乙酰胆碱的蓄积而中毒。常见氨基甲酸酯类杀虫剂有西维因、呋喃丹、速灭威、叶蝉散、灭多威、残杀威、甲丙威、害扑威等，其中许多氨基甲酸酯类杀虫剂还兼有杀菌剂和除草剂的功能。

自然和人工合成拟除虫菊类杀虫剂(natural and synthetic pyrethroids)　是一类高效、广谱、低毒、低残留的有机杀虫剂。这类杀虫剂主要是从生长在波斯的银叶菊(*Chrysanthemum cinerariaefolium*)的花中萃取出来的植物杀虫剂。当前肯尼亚和坦桑尼亚是自然除虫菊的主要生产国，从干燥的银叶菊花朵中萃取出的自然除虫菊包含除虫菊酯Ⅰ、除虫菊酯Ⅱ、白花除虫菊素Ⅰ和白花除虫菊素Ⅱ等 4 种活性成分。通过分析自然除虫菊的分子结构，人们就比较容易地合成出了与自然除虫菊相类似的化合物——拟除虫菊，而且拟除虫菊具有相同或者更强的杀虫性能。人工合成的拟除虫菊类杀虫剂可以归为四大类，即丙烯除虫菊酯(allethrin)、生物苄呋菊酯(bioresmethrin)、二氯苯醚菊酯(Permethrin)和杀灭菊酯(fenvalerate)。这些杀虫剂具有低毒性、短残留期和高的日光稳定性，故对人畜和环境较为安全。

杀菌剂(fungicides)　是指用于防治由各种病原微生物引起的植物病害的药剂，凡是对病原微生物具有杀死作用或抑制生长作用，但又不妨碍植物正常生长的药剂，统称为杀菌剂。可以按杀菌剂的原料来源、作用方式及化学组成对其进行分类。按照原料来源可以将杀菌剂分为无机杀菌剂、有机合成杀菌剂、农用抗菌素剂、植物性杀菌素等；按杀菌剂的使用方式可以将杀菌剂分为保护剂、治疗剂或铲除剂；按杀菌剂在植物体内传导特性可以分为内吸性杀菌剂和非内吸性杀菌剂；也有按照杀菌剂的化学特性将其分为氧化性杀菌剂、非氧化性非离子型杀菌剂和非氧化性离子型杀菌剂。氧化性杀菌剂是利用它们所产生的次氯酸、原子态氧等氧化微生物体内一些与代谢有密切关系的酶而杀灭微生物，具有杀菌力强、应用广泛、药效维持时间短、稳定性不够等特点；非氧化性非离子型杀菌剂主要是靠渗透到细菌体内或者在水中水解后与细菌的某些组分形成络合物

沉淀来达到杀灭或抑制细菌的目的，如醛类（甲醛、戊二醛）、氯代酚类及其衍生物等；非氧化性离子型杀菌剂有聚季铵盐、有机锡化合物、异噻唑啉酮类等，其特点是药效持续时间长，杀菌效果好。

除草剂（herbicide） 是指可使杂草彻底地或选择地发生枯死的药剂，按照作用方式可以将除草剂分为选择性除草剂和灭生性除草剂：前者对不同种类绿色植物具有不同的杀伤性能，它在特定时段可以只杀死杂草而对农作物无害，如盖草能、氟乐灵、扑草净、西玛津、果尔等；后者则对所有植物都有毒性，只要绿色植物接触到不分苗木和杂草都会受害或被杀死，它主要在播种前、播种后出苗前、苗圃主副道上使用，如草甘膦等。按照除草剂在植物体内的移动状况可以分为：触杀型除草剂，药剂与杂草接触时，只杀死与药剂接触的部分，起到局部的杀伤作用，植物体内不能传导，如除草醚、百草枯等；内吸传导型除草剂，药剂被根系或叶片、芽鞘或茎部吸收后，传导到植物体内，使植物死亡；如草甘膦、扑草净等；内吸传导触杀综合型除草剂，具有内吸传导、触杀型双重功能，如杀草胺等。

自1998年以来联合国环境规划署、世界粮农组织等国际组织联合发起的《关于在国际贸易中对某些危险化学品及农药采用事先知情同意程序的鹿特丹公约》（PIC公约）和《关于对某些持久性有机污染物采取国际行动的具有法律约束力的国际文书》的颁布与实施，提出了化学农药生产与使用的限制清单，促进了世界化学农药向着高效、低毒、安全与环境友好的方向发展。化学农药在农业生产中具有以下重要的地位和作用：①有效控制农作物病虫草害，保障农业增产增收。自1950年起，世界各国通过提高农业生产技术和复种指数，加强优质高产农作物品种的培育和种植，使用化学农药防治农作物病虫草害，显著地提高了世界粮食产量。②有效地改善了农产品的外观品种和农业生产效率。由于化学农药能迅速有效地预防和控制有害生物对农作物的侵染和危害，如果正确、合理地使用，不仅能保障农产品产量和减轻农业生产劳动强度，还能有效避免或减轻病虫草的危害症状，大幅度提高作物各项经济性状指标，进而改善其外观品质，提高农产品产值。③保障粮食储存与保质的作用。通常粮食颗粒表面常附生有多种微生物，如稻谷表面就有曲霉、细链椎菌、短孢子菌、草生链双孢子菌、玫瑰头状孢子菌、新月湾孢子菌、镰刀菌、稻胡麻斑病菌、螺旋孢子菌、稻黑孢子菌、毛霉、青霉、黑点菌及贝氏有尾孢子菌等微生物，如果粮食储存不妥当，就会引起某些微生物异常活动而危害粮食品质或使粮食发生霉变，故常运用某些化学农药（如氯化苦）来控制这些微生物的活动以保管好粮食。④保障生活环境质量和人群健康的作用。城市绿色植被因为其生物群落结构简单且缺少天敌，极易发生各种病虫害而影响植被的正常生长发育，常需要通过喷洒某些广谱、低毒、绿色环保型的化学农药（如灭幼脲三号、溴氰菊酯、氯氰菊酯、戊氰菊酯等）控制有害生物，防止其蔓延成灾。化学农药还能有效预防和控制人类和养殖业中传染性疾病的发生和流行，从侧面维护公共卫生、保护人畜安全。从化学农药的生产和使用历程来看，化学农药已对世界农业及食物安全作出了巨大的贡献，但不可否认化学农药大量使用也已经对区域环境（土壤、水体、大气）质量、生态系统健康和生物多样性构成潜在性危害。

9.3.3　多氯联苯

多氯联苯(polychlorinated biphenyls，PCBs)是指联苯苯环上的氢被氯取代而人工合成的多氯化合物，是无色或淡黄色的黏稠液体。PCBs 已有 200 多种同系物，同族体的结构类似，但结构上微小的差别却能造成它们环境行为的巨大差异，联苯分子上氯代程度和位置不同，PCBs 同族体物理、化学、生物和毒物学的性质也可能会不同。PCBs 曾被广泛应用于阻燃剂、增塑剂、润滑剂、木材防腐剂、电容器和变压器中的热交换剂和绝缘油。1881 年由德国 H. 施米特等首次合成了 PCBs，1929 年在美国孟山都公司开始工业生产，随后美国、法国、德国、意大利和日本等工业化国家也开始规模化生产，至 20 世纪中期全世界 PCBs 的产量达到高峰，年产约为 10 万 t，据估计全世界已生产的和应用的 PCBs 远超过 100 万 t，其中已有 1/4～1/3 进入地球环境之中。

多氯联苯作为一种持久性有机污染物(POPs)，具有化学稳定性、低挥发性、高绝缘性、不可燃性以及对生物的积蓄性、致癌性和致突变性。环境中(大气、水体和土壤中)的 PCBs 极易通过食物链传递并富集到生物体之中，并危害生物及人群健康。世界著名的日本米糠油公害事件实质上就是 PCBs 造成的环境污染事件。1968 年在日本北九州市、四国和爱知县等地有几十万只鸡突然死亡，其症状是鸡张嘴喘，头和腹部肿胀，随后日本福岛县先后有 4 家 13 人患原因不明的皮肤病，症状表现为痤疮样皮疹伴有指甲发黑、皮肤色素沉着，眼结膜充血、眼脂过多等。通过环境流行病学的回顾性调查，查明在米糠油生产过程中的 PCBs 污染是米糠油事件发病的主因，从此 PCBs 的环境污染与健康危害引起了人们广泛的重视。

人工排放的 PCBs 通过地表径流、大气尘降、含 PCBs 固体废物的弃置、废物焚烧等途径进入土壤和地表水体，从而使土壤和地表水体成为 PCBs 的汇，在土壤中聚积的 PCBs 通过植物富积和生物放大作用进入食物链并危害人群健康。在土壤中的各类 PCBs 化合物由于其挥发性和水溶性的不同，进行着不同的迁移与分馏、吸附与微生物降解作用，使土壤中 PCBs 总量及其组成发生变化；同时，许多 PCBs 化合物容易被土壤有机胶体、无机胶体所吸附并保持于土壤中。全球不同纬度区域土壤表面的 PCBs 使用量和排放量的空间分布状况，如图 9-6 所示。

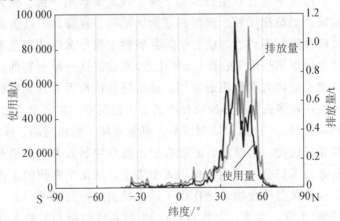

图 9-6　全球不同纬度 PCBs 使用量与排放量空间分异状况

(据 Knut Breivik 等，2002 年资料)

9.3.4　多环芳烃

多环芳烃是指一类具有两个或两个以上苯环结构的有机化合物，包括萘、蒽、菲、芘等150余种化合物。多环芳烃的英文全称为polycyclic aromatic hydrocarbon，简称PAHs。多环芳烃主要包括16种：萘、苊烯、苊、芴、菲、蒽、荧蒽、芘、苯并(a)蒽、䓛、苯并(b)荧蒽、苯并(k)荧蒽、苯并(a)芘、茚苯(1,2,3-cd)芘、二苯并(a,n)蒽、苯并(g,h,i)芘(二萘嵌苯)，其基本结构如图9-7所示。多环芳烃是在煤炭、石油、木材、烟草、农作物秸秆、有机高分子化合物等有机物不完全燃烧过程中所产生的挥发性碳氢化合物。作为重要的持久性有机污染物，PAHs的污染源分为自然污染源和人为污染源两种，其中自然污染源主要是火山爆发、森林火灾和生物合成等自然因素所产生的多环芳烃；人为污染源包括各种化石燃料、木材、纸以及其他含碳氢化合物的不完全燃烧或在还原状态下热解而形成的有毒物质。PAHs是一类具有较强致癌作用的污染物，国际癌研究中心(IARC，1976年)列出的94种对实验动物致癌的化合物，其中15种是多环芳烃类化合物，并且苯并(a)芘是首次被发现的环境化学致癌物。人们食品中多环芳烃的主要来源有：①食品在用煤、炭和植物燃料烘烤或熏制时直接受到污染；②食品组分在高温烹调加工时发生热解或热聚反应形成了多环芳烃；③植物性食品可吸收土壤、水和大气中的多环芳烃；④食品加工中由机油和食品包装材料等以及在沥青路面晒粮食引起的污染；⑤污染的水可使水产品受到污染。

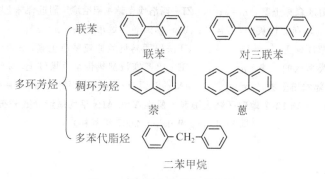

图9-7　多环芳烃基本结构图

土壤中的PAHs主要有4种主要来源：一是土壤中的生物化学过程所产生的微量PAHs；二是大气干沉降或湿沉降输入土壤的PAHs；三是随生活污水或工业废水输入土壤的PAHs；四是随固体废物(特别是燃烧过程中所产生的残渣)输入土壤的PAHs。人类排放的PAHs和大气传输的人工PAHs已经成为全球土壤中普遍存在的POPs，Wania等1996年的调查研究发现在远离人类工业活动的两极地区和热带雨林地区的土壤中均已检测到PAHs。Wolfgang Wilcke于2007年分析了全球12个地理区域的225个表土层中PAHs质量分数，其表土层中Σ20PAHs质量分数为4.8~186 000 μg/kg；全球12个不同类型地区土壤表土层中Σ20PAHs质量分数状况如图9-8所示，即城市土壤中Σ20PAHs质量分数高于森林土壤、草原土壤和农田土壤；寒冷地区城市土壤中Σ20PAHs质量分数也高于热带地区的城市土壤，这与区域性人类燃料排放强度密切相关。

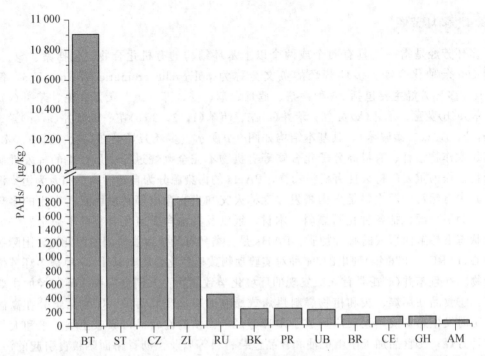

BT—德国拜罗伊特城市土壤，$n=48$；　　　　ST—德国斯特凡斯基城市土壤，$n=5$（n 为样本数，下同）；
CZ—捷克波西米亚山区森林土壤，$n=9$；　　ZI—斯洛伐克赫龙铝冶炼厂附近森林土壤，$n=3$；
RU—俄罗斯莫斯科南郊泰加林灰土，$n=35$；BK—泰国曼谷城市土壤，$n=30$；
PR—美国普列利大草原软土，$n=18$；　　　UB—巴西乌贝兰迪亚城市土壤，$n=18$；
BR—巴西不同生态类型区的土壤，$n=47$；　CE—巴西塞拉都热带草原燥红土，$n=3$；
GH—加纳阿克拉城郊农田土壤，$n=4$；　　 AM—巴西亚马孙热带雨林土壤，$n=4$。

图 9-8　全球 12 个地理区域土壤表土层中 Σ20PAHs 平均质量分数分布状况

（据 Wolfgang Wilcke，2007 年资料）

9.3.5　二噁英

　　二噁英（dioxin）是一类无色无味、剧毒的脂溶性的三环芳香族有机氯化合物。二噁英实际上是结构和性质都很相似的包含众多同类物或异构体的多氯代三环芳香化合物，由于其分子中氯原子的不同取代位置和数目，其约有 210 种异构的化合物。这类有机化合物在环境中极稳定、熔点较高、极难溶于水、可以溶于大部分有机溶剂，故常容易在生物体内积累，大部分有致癌、致畸、致突变的作用，其中 2、3、7、8-四氯代二苯并二噁英是目前世界上已知的致癌物中毒性最强的有毒化合物，世界卫生组织 1997 年把二噁英之中的 2、3、7、8-四氯代二苯并二噁英列为第一类致癌物质，其毒性当量（toxic equivalency factors，TEFs）为其他 POPs 的十倍至万倍以上。

　　二噁英是人类活动及工业化过程中的副产物，并没有工业生产的记载，其主要的污染源是化工、冶金工业、垃圾焚烧、造纸漂白以及生产杀虫剂等产业，特别是与氯代芳香族化合物和聚氯乙烯的燃烧过程有关，环境之中二噁英的来源可归并为四大类。人为排放的二噁英常以超微颗粒状存在于大气、土壤和水体之中，环境中的二噁英一旦被摄入生物体就很难将其分解或排出体外，它会随食物链不断传递和积累放大，最终危害人群健康。Prashant S. Kulkarni 等（2008）研究指出人群对环境中二噁英的暴露主要为海洋食品、肉奶食品、蔬菜水果、其他食品、吸入物和土壤，虽然土壤中二噁英对人群暴露的程度较小，如图 9-9 所示，但从环境中二噁英迁移的源头来看，土壤中二噁英对人群健康还是具有潜在性或间接性的危害。

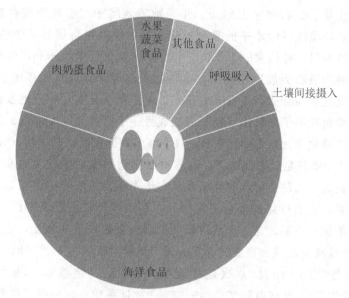

图 9-9 环境中二噁英对人群暴露途径示意图

（据 Prashant S. Kulkarni 等，2008 年资料）

9.3.6 呋喃

呋喃（furan）是一种无色液体并有特殊气味的简单含氧五节杂环化合物，又称为氧（杂）茂，分子式为 C_4H_4O，英文名称为 divinylene oxide。呋喃普遍存在于天然产物之中，它不仅是许多天然产物的核心结构单元，而且具有广泛的生物活性，在药物化学、化学生物学和天然产物化学中有重要的研究价值。呋喃具有高度的挥发性和亲脂性，容易通过生物膜并被肺或肠所吸收，可引起头痛、头晕、恶心、呕吐、血压下降、呼吸衰竭等症状，并损害肝脏和肾脏功能，甚至引起肝脏和肾脏出现肿瘤或癌变。135 种呋喃的毒性各不相同。国际癌症研究机构（International Agency for Research on Cancer，IARC）已经将呋喃归类列为可能使人类致癌物质的 2B 组；瑞典公共健康管理局和加拿大等的研究也证实呋喃具有潜在的致癌危险。

在多氯联苯类化合物燃烧过程中会有呋喃产生，呋喃类化合物结构上近似于二噁英，毒性也相似，并且呋喃与二噁英相伴出现在环境中。它们在垃圾焚烧和机动车排放的尾气中有发现。呋喃在环境中存留时间长，会聚积在食品特别是动物食品之中，母乳喂养的婴儿体内也发现有呋喃。

9.4 放射性核素

9.4.1 放射性污染物及特征

环境放射性水平是环境质量评价的重要指标，在自然条件下，区域环境放射性本底主要来源于地表土壤、岩石和宇宙射线。作为地表环境中放射性物质存在的稳定场所，土壤放射性是地表环境放射性水平的重要反应。放射性是指自然界某些核素的原子核具有能够自发地转变为另一种核素的原子核，并伴随着发出带电粒子和不带电粒子的性能，具有放射性现象的物质称为放射性物质，这种物质在地球形成时就存在了，也广泛地存在于土壤中。常见放射性衰变类型有 α 衰变、β 衰变和 γ 衰变，相应地发射出 α 粒子、β 射线和 γ 射线。放射性原子核放出 α 粒子后变成另一个核素的过程称为 α 衰变。

在已有的 107 种化学元素之中已发现有 1 900 多种同位素，其中约有 300 种是稳定核同位素，其余约 1 600 种是放射性核素，在这些放射性核素之中除大约 60 种的天然放射性核素，绝大多数是人工制造的放射性核素。在地壳或自然环境中存在 3 个天然放射系：钍系、铀系和锕系。它们母体的半衰期都很长，和地球年龄相近或更长，因而经过漫长的地质年代后还能保存下来。这 3 个放射系的核素大多数发生 α 衰变，它们从母体开始，至少经历 10 次连续衰变，最后衰变成稳定的铅同位素 ^{206}Pb、^{207}Pb、^{208}Pb。

钍系的母体是 ^{232}Th，经过 10 次连续衰变，最后到稳定核素 ^{208}Pb。^{232}Th 半衰期为 1.41×10^{10} a，子体 ^{228}Ra 半衰期是 $T_{1/2} = 5.75$ a。故钍系建立起长期平衡需 50～60 a。这个衰变系成员质量数 A 都是 4 的整数倍，即 $A = 4n$（其中整数 $n = 52 \sim 58$），所以钍系也叫 $4n$ 系。Th 在地壳中分布广泛，其丰度为 5.8～11 mg/kg，Th 质量分数在岩石中的变化趋势为：在火成岩中从超基性岩→基性岩→中性岩→酸性岩依次增高；沉积岩中以页岩、黏土岩等碎屑岩 Th 质量分数最高；随着岩石变质程度的增高 Th 质量分数降低。Th 为亲氧元素，在自然界中只有一种价态（Th^{4+}）。Th 化合物挥发性弱，溶解度小。地壳中 Th 常以两种形式存在：Th 独立矿物，如钍石、方钍石等；含 Th 矿物，如钛铀矿、钍氟碳铈矿、变生锆石等。

铀系（$4n+2$ 系，或称铀镭系）是指从 ^{238}U 开始，经过 14 次连续衰变，最后到稳定核素 ^{206}Pb。母体 ^{238}U 半衰期为 4.468×10^{9} a。^{238}U 之后子体半衰期最长的是 ^{234}U，$T_{1/2} = 2.455 \times 10^{5}$ a，故铀系建立起长期平衡需近 300 万 a。该系成员质量数 A 都是 4 的整数倍加 2，即 $A = 4n+2$（其中 $n = 51 \sim 59$），故铀系元素也称 $4n+2$ 系。铀系核素是主要的核原料，它广泛分布于地球硅铝层中，其丰度为 2.5～4.0 mg/kg。土壤中 U 质量分数通常为 10^{-9} 数量级，海水中 U 质量分数高于湖水和河水，为 3×10^{-6} g/L。U 在自然界中有四种赋存状态：U 独立矿物，如沥青铀矿、晶质铀矿、铀黑和铀石；含 U 矿物，如黑稀金矿、锆石等；吸附态，如含铀煤、含铀褐铁矿等；以铀酰（UO_2）$^{2+}$ 络阳离子形式溶解在水溶液中。

锕系（$4n+3$ 系，或称锕铀系）是指从 ^{235}U 开始，经过 11 次连续衰变，最后到稳定核素 ^{207}Pb。该系成员质量数 A 都是 4 的整数倍加 3，即 $A = 4n+3$（其中 $n = 51 \sim 58$），锕系

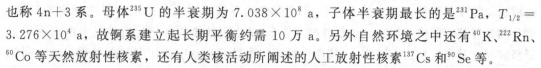

也称 4n+3 系。母体^{235}U 的半衰期为 7.038×10^8 a，子体半衰期最长的是^{231}Pa，$T_{1/2} = 3.276 \times 10^4$ a，故锕系建立起长期平衡约需 10 万 a。另外自然环境之中还有^{40}K、^{222}Rn、^{60}Co 等天然放射性核素，还有人类核活动所阐述的人工放射性核素^{137}Cs 和^{90}Se 等。

土壤中放射性核素的计量采用放射性活度与比活度这两个指标，其中放射性活度指放射性同位素的衰变率，用放射性活度衡量放射性物质的多少，其国际单位为"贝可勒尔"（简称贝可），为每秒一次衰变，用符号 Bq 表示。放射性比活度指单位质量放射性同位素样品的放射性活度，用 Bq/kg 表示。

9.4.2　土壤中放射性核素的来源

自 20 世纪中期以来，随着核物理学及核技术的发展，人类研发试验核武器、核工业和核技术应用过程中引起环境放射性污染，也受到了人们越来越多的关注。土壤环境中人工放射性核素的来源有：①核试验与核武器爆炸释放的放射性核素。在大气层进行核试验时，爆炸高温体使得放射性核素变为气态物质，随着与空气的不断混合、温度的逐渐降低，这些气态物凝聚成粒或附着在其他尘粒上，形成放射性尘埃（主要为^{137}Cs、^{90}Se 和^{131}I）。这些放射性尘埃随着气流扩散，通过大气干沉降和湿沉降过程进入土壤环境中，对土壤、水体、海洋及动植物的造成污染。细小的放射性颗粒甚至可到达平流层并随大气环流流动，经很长时间（甚至几年）才能回落到对流层，造成全球性污染。目前，大气层的核试验由于受到世界舆论的反对，地下核试验由于"冒顶"或其他事故，仍可造成类似的环境污染，为此，1996 年联合国大会通过了《全面禁止核试验条约》。②核原料的开采、冶炼、核燃料的制备、储存和使用，核废物的回收处理等整个核工业的多个环节都会向大气、水体和土壤中排放含有铀、镭、氡等放射性核素的粉尘和废气。对整个核工业来说，在放射性废物的处理设施不断完善的情况下，处理设施正常运行时，不会对环境造成严重核污染。但核事故往往会造成严重的核污染，如 1986 年苏联的切尔诺贝利核电站发生爆炸泄漏，爆炸释放的辐射量大约是日本广岛原子弹爆炸能量的 200 多倍。Ylipieti 等 2008 年对芬兰、俄罗斯西北部、波罗的海沿岸国家的土壤腐殖质层上部（0～3 cm）沉降的人工放射性核素活度监测表明，切尔诺贝利核爆炸泄漏释放的^{137}Cs 已经沉降并富集于广阔区域的土壤腐殖质中，如图 9-10 所示。2011 年 3 月日本大地震引发福岛核电站爆炸事故，导致大量的^{137}Cs 外泄排放；随后美国、日本学者在观测的基础上，监测了发现福岛核电站外围、日本东部大部分地区的土壤遭受^{137}Cs 污染状况，其中福岛核电站周围以及附近地区土壤中^{137}Cs 的积累浓度已超过 10 mBq/m^3，超过了日本法律规定的农业安全限制。

随着现代科学技术的发展，放射性同位素在医学、科研、检测等领域得到了广泛的应用，有些生活消费品中也使用了放射性物质，如夜光表、彩色电视机等；某些建筑材料如铀、镭质量分数较高的花岗岩和钢渣砖等，其使用均会增加室内的辐照强度。对这些含有放射源的设备和材料的使用不当和废弃也会造成放射性污染。根据中国《城市放射性废物管理办法》，城市放射性废物通常可分为 6 种形式：①各种污染材料（金属、非金属）和劳保用品；②各种污染的工具设备；③零星低放废液的固化物；④试验的动物尸体

或植株；⑤废放射源；⑥含放射性核素的有机闪烁液。对这些城市放射性废物的管理、储存和处理都有明确的规定。放射性核素^{137}Cs是人工核爆炸和核反应堆发生泄漏后的主要释放物，其半衰期为 30.17 a，其产生源地主要是北半球中高纬度和南半球的澳大利亚中部地区。^{137}Cs具有较长的半衰期，它可以通过大气环流进行长距离扩散，并以湿沉降和干沉降方式降落至地表，然后^{137}Cs又迅速而牢固地被生物、土壤细粒和水体所吸附。长期的核试验和人类核活动的影响形成了全球性人工核素^{137}Cs的地表污染，Mirsal 于 2004 年研究了 1958—1992 年德国柏林附近土壤中放射性活度的变化状况，如图 9-10 所示。

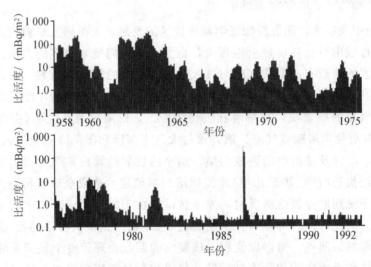

图 9-10 德国柏林 1958—1992 年土壤放射性活度变化趋势图

（据 Mirsal，2004 年资料）

土壤放射性污染会对陆地生态系统和人群健康带来多种危害：首先，土壤中放射性核素在自然衰败的过程中所释放的 α 粒子、β 射线和 γ 射线会对土壤微生物、土壤原生生物构成直接伤害，并间接地影响土壤中的物质转化过程；其次，土壤中放射性核素也对土壤经营者构成直接伤害；最后，土壤中放射性核素也会通过地表产流与径流过程、陆地生态系统食物链对人群健康带来多种危害。土壤放射性污染的生物效应主要是导致生命有机体分子产生电离和激发，并破坏生命有机体的正常机能，其危害机理：一是放射性核素释放的射线直接作用于生命有机体的蛋白质、碳水化合物、酶素等而引起电离和激发，并使这些物质的原子结构发生变化，引起生物体内生理代谢过程的变异；二是放射性核素释放的射线间接作用于生物体内的水分子并产生强氧化剂和强还原剂，破坏生物体的正常物质代谢，引起机体系列反应，造成生物效应。这两种作用的最终结果是诱发生物体细胞发生突变，使正常细胞向恶性细胞转变或有利于病毒的复制和病毒诱发恶性病变，另外还有可能引起人群出现寿命缩短和再生障碍性贫血、白内障、视网膜发育异常等病变。

9.5 纳米级颗粒物

9.5.1 纳米材料及其特征

纳米材料(nanomaterials)是指在三维空间中至少有一维处于纳米尺度范围($1\sim100$ nm)且比表面积超过 $60\ m^2/cm^3$ 的特殊物质(Duarte 等，2018)。按照空间形态可将纳米材料分为零维纳米材料即纳米颗粒，二维纳米材料如纳米膜，一维纳米材料如纳米线、丝、管和纤维，纳米空间材料如介孔材料(孔径为 $2\sim50$ nm)等。按照材质可将纳米材料分为纳米金属材料，纳米非金属(陶瓷、氧化物、矿物等)材料，纳米高分子材料和纳米复合材料。纳米材料通常具有以下物理化学特性：①体积效应，即纳米材料的空间体积微小，其周期性的边界条件将被破坏，磁性、内压、光吸收、热阻、活性及熔点等均发生了特殊的变化。②表面效应，即纳米材料表面原子与总原子数之比随粒径的变小而急剧增大并引起的性质上的变化。③量子尺寸效应，即纳米材料的电子能级由准连续变为离散能级或者能隙变宽的现象，导致其磁、光、热、电及超导性质发生特异变化。④光学性质，即纳米材料粉末颜色越深、粒径越小，其吸光能力就越强。⑤催化性质，即由于纳米材料表面效应和比表面积巨大，其表面活性中心数多，催化效率高。⑥化学反应活性强，即纳米粒子的粒径小、表面原子所占比例很大，具有吸附能力强与表面反应活性高的特点。在研制人造纳米材料(engineered nanomaterials，ENM)、将其添加于产品以及产品应用与报废的全生命周期内，均有 ENM 通过多种途径进入土壤之中，如图 9-11 所示。作为新材料，人们对 ENM 在生态系统中行为的认识还不完善；作为新兴的土壤污染物，需要对 ENM 在土壤中的行为、命运以及对生物群的潜在危害进行充分的研究，只有全面持续的调查研究，才有可能准确地制定土壤中 ENM 的风险评估路线图。

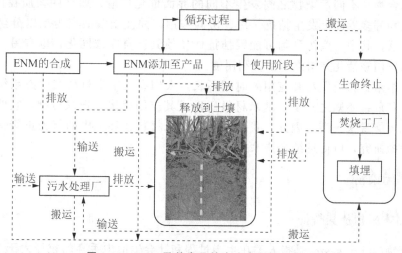

图 9-11 ENM 及其产品的全生命周期分析图

9.5.2 纳米材料的潜在危害

由于纳米材料的上述特性，一旦大量人造纳米材料进入土壤，其在土壤中的吸附与

团聚、催化与界面电子转移行为将会危害土壤中正常物理化学与生物化学过程，扰乱土壤矿物-有机质-溶液-空气-微生物等界面反应的分子机制，最终导致土壤健康状况恶化与诸多功能受损。但由于学术界少有纳米材料在土壤生态系统中迁移、聚积、转化过程的研究，缺乏纳米材料相关的环境标准，故难以阐释土壤中纳米材料的具体危害及其应对防范措施。依据现有的成果可将其危害大致归结为：

土壤中部分纳米材料可溶解释放重/类金属离子危害土壤健康　目前常用的纳米重/类金属单质（如纳米银、纳米铜、纳米锡等）和纳米金属氧化物（如纳米氧化铜、纳米氧化锌、纳米稀土等）进入土体后，随着土壤理化性状与生物学性状的改变，具有大比表面积的重/类金属单质或重/类金属化合物颗粒物，其表面的重/类金属元素极易被溶解释放进入土壤溶液及土壤生态系统，导致土壤健康状况恶化并危害土壤生物生长发育、植物及农产品品质、地表水质和人群健康。

土壤中部分纳米材料与土壤物质、持久性有机污染物的强烈结合作用　纳米材料一般具有显著的配位、极性、亲脂特性，再加其巨大的比表面积，使纳米材料与土壤某些微生物、黏土矿物、土壤胶体、腐殖质和部分持久性有机污染物之间产生强烈的吸附聚合作用，从表观上看纳米材料对于降低土壤某些污染物的活性有作用，但纳米材料干扰或破坏了土壤中原有的生物化学过程，有可能导致某些纳米级污染物侵入土壤生物体内或植物根系并在其中聚积，最终产生显著毒性效应。已有研究表明，纳米颗粒物容易穿过生物细胞膜进入细胞，损伤细胞膜及干扰细胞内的生理活性。美国环保局神经毒物学家研究发现，纳米二氧化钛颗粒可被白鼠小神经胶质细胞吸收，并在其细胞中快速释放大量的活性氧化分子，对白鼠的神经细胞造成损伤。

土壤中部分纳米材料的界面催化作用　土壤环境中具有多种天然化合物、人为施加物（含某些污染物）以各种形态同时存在，某些纳米材料侵入土壤，必将导致纳米材料与不同天然化合物、不同污染物之间发生不同的界面催化反应，如这些物质在固-液界面、固-气-液-生物等多界面上发生拮抗作用、协同作用，并使土壤演变为难以分辨与控制的复合污染体系，其中一些污染物可能因拮抗作用使其被自净或同化，也有另一些污染物可能因协同作用被活化并增强了生物利用度。

总之，纳米材料研发及其应用的时间不长，人们有关纳米材料在生态系统中的迁移转化规律及其危害还知之甚少。纳米材料研发及其应用就像一把双刃剑，它能给人们带来福祉，也可能带来灾害。因此，我们需要对纳米材料在环境中的行为进行深入调查观测与实验模拟研究，以促进纳米技术的发展。

9.6　固态污染物

9.6.1　固体废物及其特征

固体废物（solid waste）是指人类在生产过程和社会生活中丢弃的粒径大于 100 nm（或 450 nm）固体或半固体物质，又称之为垃圾。废物只是相对而言的概念，在某种条件下为废物的，在另一种条件下却可能成为宝贵的原材料或另一种产品，故固体废物是时间上错相、空间上错位的资源。国际上有关固体废物较为通用的定义是无直接用途的、可以永久丢弃的、可移动的物质，这其中的无直接用途也是有其时空条件的。在时间上固体废物是相对于特定科学技术水平、生产工艺、经济条件、运输成本和人们暂时观念来看，它暂时无法利用或缺乏利用价值，但随着科学技术的进步、生产工艺的改进、投入产出的变化，所谓的固体废物终究也会成为具有进一步利用价值的资源；在空间上固体废物仅仅是针对特定的生产过程和特定的人群而言是没有利用价值的废物，而针对其他地区别的生产过程而言，它仍然是具有利用价值的资源。固体废物的产生、弃置或重新利用取决于它在环境中所处地位、生产工艺、技术水平和人们的观念。

作为土壤环境的重要污染物，固体废物具有以下特点：①颗粒大小的差异性显著，固体废物的颗粒体积可以包括纳米级微粒子、黏粒级颗粒、粉粒级颗粒、砂粒级颗粒、土壤结构体级的巨颗粒和砾石级的巨颗粒，它们在土壤中的表面吸附性、通透性、机械阻滞性差异巨大；②化学组成的复杂多样性，固体废物特别是城市固体废物的化学组成十分复杂，不仅包括金属元素和非金属元素，还包括有机物和无机物、有毒物和无毒物等；③危害的多重性和持久性，土壤中的固体废物通过改变土壤物质组成、土壤理化性状、土壤与大气之间的物质交换过程等危害土壤质量，其危害的类型有使土壤养分失调、物理性状恶化、机械阻滞、酸或碱的侵蚀、重/类金属毒害、持久性有毒有机物的毒害等，其中许多危害对土壤环境而言是毁灭性的或者持久性的。

9.6.2　固体废物的种类及来源

由于科学技术水平、生产工艺、经济条件和人们生活习惯的限制，人们在利用自然资源生产某种产品时，只能利用其中的一部分，而另一部分就变成了废物。此外，任何产品都有一定的使用期限，最终必将成为废物排放，所以固体废物的产生是必然的。随着经济的发展、人口的增长和人民生活水平的提高，固体废物的种类和生产量均在不断增加。按其性质可分为有机物和无机物；按其形态可分为固体废物和泥状废物；按其来源可分为矿业废物、工业废物、城市生活垃圾和农业废物等。此外，固体废物还可分为有毒固体废物和无毒固体废物两大类，其中有毒固体废物是指具有毒性、易燃性、腐蚀性、反应性、放射性和传染性的固体、半固体废物。由此可见，固体废物的产生与人类生产和消费活动密切相关，为了从源头控制或减量固体废物、促进固体废物的资源化和无害化处理，通常按照固体废物来源分为城市生活固体废物、工业固体废物和农业固体废物3类，如表9-4所示。

表 9-4　固体废物的种类及来源

类型	主要组成物	来源
工业废物	废矿石、尾矿、砖瓦、炉渣、粉煤灰、烟尘	矿山、冶金、煤炭电力
	金属、沙石、陶瓷、边角料、涂料、废木、塑料、橡胶、烟尘	交通、机械、金属结构
	橡胶、皮革、塑料、布、纤维、染料、金属、化学药剂	橡胶、塑料、皮革、造纸、印刷、纺织服装
	化学药剂、金属、塑料、陶瓷、玻璃、沥青、油毡、石棉、涂料、绝缘材料	石化、仪器仪表、电器
	金属、水泥、陶瓷、石膏、石棉、沙石土、纸、纤维、玻璃	建筑

续表

类型	主要组成物	来源
城市垃圾	食物、纸屑、旧布料、破家具、金属、玻璃、塑料、陶瓷、灰渣、碎砖瓦、粪便、包装袋	居民生活
	废管道、碎瓷砖、废弃交通工具、废电器、易燃、易爆、腐蚀性、放射性废物、类似居民生活栏内的各种废物	市政维护
	砖瓦片、树叶、金属、灰渣、污泥、脏土、淤积物	农林园艺、农产品加工
农业废物	农作物秸秆、果皮菜叶、糠秕、树枝落叶、废塑料、人畜粪便、畜禽遗骸、地膜等	农林、农产品加工
	鱼虾残体及贝壳、水产品加工残渣、塘泥	水产

城市生活固体废物主要是指在城市居民日常生活中或者为城市日常生活提供服务的活动中产生的固体废物，也称之为城市生活垃圾。它主要包括居民生活垃圾、医院垃圾、商业垃圾、建筑垃圾。从固体废物减量化与资源化的角度来看，城市固体废物可以分为可回收垃圾、厨余垃圾、有害垃圾和其他垃圾 4 类。其中可回收垃圾主要包括纸类、金属、塑料、玻璃等，它们通过综合处理回收利用，是固体废物资源化处理的主体部分；厨余垃圾主要包括剩菜剩饭、骨头、菜根菜叶等食品类废物，经生物技术就地处理堆肥或者经过发酵生产可燃性气体，美国加州大学戴维斯分校在这方面已经进行有益探索，并取得了很好的经济效益和环境效益；有害垃圾主要包括废电池、废日光灯管、废水银温度计、过期药品等，这些垃圾需要特殊安全处理；其他垃圾主要包括除上述几类垃圾之外的砖瓦陶瓷、渣土、卫生间废纸等难以回收的废弃物，采取卫生填埋可有效减少对地下水、地表水、土壤及空气的污染。一般来说，城市每人每天产生的固体废物为 1～2 kg，其多寡及成分与居民物质生活水平、习惯、废旧物资回收利用程度、市政建筑情况等有关。梁广生等调查结果表明，2000 年北京市城乡接合部地区人均生活垃圾日产生量约为 2.2 kg，而城市人均生活垃圾日产生量约为 1.07 kg；2009 年北京市城市人均生活垃圾日产生量约为 1.096 kg。由于城市自然环境、基础设施建设水平、居民生活水平、生活习惯的差异，不同城市居民人均生活垃圾产生量也极为显著，如：在地处热带亚热带的印度加尔各答、卡拉奇和印度尼西亚的雅加达人均生活垃圾日产生量为 0.5～0.8 kg；在工业化国家的大城市人均生活垃圾日产生量约为 1.0 kg。另外据调查观察，近 20 年来随着城市建设和居民生活水平的提高，城市固体废物组成的变化趋势是有机成分增加、可燃成分增加，而煤渣、灰土等无机组分却明显减少。

工业固体废物是指在工矿业、交通等生产活动中产生的采矿废石、选矿尾矿、燃料废渣、化工生产及冶炼废渣等固体废物，又称工业废渣或工业垃圾。工业固体废物包括一般工业废物和工业有害固体废物。前者主要有高炉渣、钢渣、赤泥、有色金属渣、粉煤灰、尾矿、煤渣、硫酸渣、废石膏、盐泥、煤矸石及工业粉尘等；后者主要有易燃废物、易爆废物，以及具有腐蚀性、传染性、放射性的有毒有害废物。区域工业固体废物的物质组成及其总产生量取决于区域工矿业的结构、工业化程度、科学技术水平和生产工艺、自然资源品质等因素。对一个国家而言，随着其工业化进程的加快，其工业固体

废物组成及其总量将会持续增加，因此科学技术和生产工艺水平对工业固体废物减量化和资源化具有重要的作用。

农业固体废物是指在农林牧副渔各项生产过程中丢弃的固体废物，主要成分是农作物秸秆、枯枝落叶、木屑、动物尸体、大量家禽家畜粪便以及农业用资材废弃物（肥料袋、农用膜），也称为农业垃圾。按照农业固体废物的来源与组成特性可以将其归并为四大类：①农田和果园残留物，如秸秆、残株、杂草、落叶、果实外壳、藤蔓、树枝和其他废物；②牲畜和家禽粪便、栏圈铺垫物及其牲畜和家禽的残体；③农产品加工废弃物及其农业生产过程中的丢弃物；④人粪尿以及生活废弃物。中国作为世界农业大国，其农业固体废物的产生量也极为巨大。此外，在农产品加工业中还产生大量的饼粕、酒糟、甜菜渣、蔗渣、废糖蜜、食品工业下脚料以及植物废物（如草、树叶等）。农业固体废物中有机质质量分数高，蕴藏有巨大的生物能，同时其发酵 CH_4 所剩余的残渣还是优质的有机肥。因此，综合利用农业固体废物，既可缓解农村饲料、肥料、燃料和工业原料的紧张状况，又能保护农村生态环境，促进农业可持续协调发展。

9.6.3　固体废物对土壤的危害

环境中的固体废物随着其物理化学条件的变化也会发生一系列的物理转化、化学转化、物理化学转化及生物化学转化，并对其外围环境造成一定的影响，如果固体废物处置不当，固体废物本身及其所产生的各种有害物将通过水流和气流扩散，危害区域土壤健康及其生态系统健康，特别是工业固体废物中所含有的重/类金属元素会对区域土壤环境与生态系统造成持久性的污染。固体废物对土壤环境造成污染及其主要危害有以下几种：

固体废物埋压土壤并阻滞地表物质循环。固体废物堆置或丢弃一般会在土壤表土层之上形成一个厚度和负重大的层次，特别是工业固体废物中炉渣、尾矿、煤矸石和许多建筑垃圾堆积层，在其重力作用下使土壤孔隙减小、土壤紧实度增加从而降低通透性，造成土壤在陆地生态系统中的生产能力、环境自净能力、地表水分储存-分配-净化-供应能力、地表微生物栖息地的功能退化甚至丧失，并形成了固体废物、工农业生产与人们居住争地的矛盾。

固体废物进入土壤层并引发土壤粗骨化和耕性恶化。由于粗大坚硬的固体废物进入土壤层会引起土壤结构体被破坏甚至土壤层次被扰乱，并使植物或农作物根系生长发育受阻，如废弃的地膜和泡沫塑料对农作物出苗和根系生长均有显著的阻滞作用。随着土壤结构体被破坏，土壤的结构也由团块状、团粒状转变为碎屑状，土壤质地由壤质、砂壤质转变为砾砂质或者砾质，这些均使土壤耕性变差并成为机械化耕作的重要障碍。

固体废物向土壤中释放各种易溶盐类并引起土壤盐碱化或酸化。特别是一些含有大量易溶盐分的工业固体废物（尾矿、煤矸石、炉渣等）进入土壤，在土壤水溶液和大气降水的作用下，这些盐分离子会进入土壤并向表土层聚积，引起土壤盐碱化并危害植物或农作物生长发育，城市固体垃圾和工业固体废物弃在城郊引起土壤碱度增高的实例也常有报道；而那些富含硫化物的工业固体废物，其表面的硫化物被氧化成重金属的硫酸盐，引起土壤酸化并危害植物和农作物生长发育，如在英格兰西南部的康沃县受铜矿尾矿影响的土壤，其酸化已经达到 pH 小于 3.0 的程度。

固体废物向土壤中释放各种重/类金属元素并引起土壤重/类金属污染。工业固体废物和城市生活废物通常含有重/类金属化合物，如冶金工业的尾矿、炉渣，城市生活废物中的废电池一般都含有汞、铅、铬、锌、锰等重/类金属元素，这些固体废物进入土壤之中，在土壤溶液的作用下其中的重/类金属元素得以释放与活化，这些活性重/类金属元素进入土壤溶液、土壤胶体或者被土壤腐殖质所吸附，从而造成土壤重/类金属污染。例如：20 世纪 50 年代辽宁省锦州铁合金厂露天堆放铬渣超过 10 万 t，数年后发现周围超过 70 km² 的土壤被污染，在土壤被污染的区域内有 1 800 眼井的水也因遭受污染而不能饮用；有学者在南京市栖霞山铅锌矿区对受尾矿及扬尘影响的菜园土壤中重/类金属元素质量分数进行了测定，结果发现土壤表土层中重/类金属铅、砷、镉、铜和锌质量分数均超过了土壤环境质量三级标准，该土壤已经处于严重污染状态，个别土壤也有重金属铜轻度污染的情况。另外，向农用地土壤施用城市污泥，也有可能造成重/类金属元素在土壤中的聚积，从而引起土壤重/类金属污染，有学者在综合调查研究的基础上提出了农用污泥中重/类金属污染物的控制标准。

固体废物中夹杂的微生物、病原菌和抗生素也会造成土壤污染。在未经过无害化处理的城市生活废物及城郊大型养殖场排放的固体废物之中，通常含有多种大量病原菌、蠕虫、寄生虫和抗生素，这些有害生物体和抗生素在短时间内快速地聚积于土壤之中，造成土壤污染并危害农作物（特别是蔬菜、水果）及其相关工作人员的健康。

总之，由于固体废物具有来源广、种类多、数量大、成分复杂的特点，固体废物如不加妥善收集、利用和处理处置将会污染大气、水体和土壤，危害人体健康。防治工作的重点是在贯彻执行《中华人民共和国固体废物污染环境防治法》的基础上，按废物的不同特性分类收集、运输和储存，然后进行合理利用和处理处置，减少环境污染，尽量变废为宝。

【思考题】

1. 什么是土壤污染？简述土壤污染的主要特征。

2. 从土壤在陆地生态系统中的位置与功能方面入手，简述土壤的主要污染源和污染物。

3. 什么是土壤的农业化学污染源？从人类社会持续发展的角度试分析控制土壤农业化学污染的主要对策。

4. 什么是土壤背景值？简述研究区域土壤背景值的意义。

5. 简述土壤中重/类金属元素的存在形态及其对生命体的危害特征。

6. 什么是持久性有机污染物？简述土壤持久性有机污染的主要特征。

7. 简述土壤中放射性污染物的种类及来源。

第 10 章　土壤污染物转化及其风险评价

【学习目标】

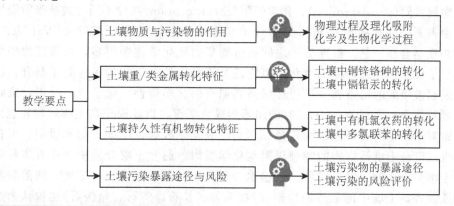

10.1　土壤物质与污染物作用机理

　　进入土壤之中的污染物与土壤溶液、空气、矿物质、有机质和微生物之间发生复杂的物理、化学和生物学变化，这些相互作用可以分为污染物在表土层和土体中的滞留、土壤溶液驱动下污染物的物理迁移、污染物的化学与生物化学转化三大类。土壤对污染物的滞留包括物理性吸附滞留、化学性吸附滞留、沉淀与俘获等；污染物的物理迁移是指污染物在土体中的转移、扩散和弥散；污染物的化学与生物化学转化包括溶解-沉淀、氧化还原、离子交换、光化学转化、络合螯合反应等，如图 10-1 所示。

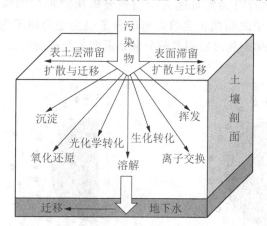

图 10-1　土壤物质与污染物相互作用的示意图

10.1.1　物理过程及理化吸附机理

　　与土壤颗粒物相遇的污染物不仅可以被这些土壤物质所吸附，还有可能在土壤颗粒物之间的孔隙中聚积。聚集在土壤表面或土壤孔隙之中的污染物可以是无机物、有机物

或两者的混合物，它们以溶质、与水不混溶液体和悬浮颗粒物的形式存在于不同物理状态的土壤之中。这些污染物与土壤物质相互作用的物理化学机理取决于土壤介质的物理属性和污染物自身的物理化学性质，如土壤温度、水分状况、盐分浓度、质地、孔隙度和土壤 pH-Eh 体系等。

污染物的吸附滞留　土壤颗粒物表面重要的物理化学机理是吸附滞留过程，污染物分子以物理吸附（physisorption）、化学吸附（chemisorption）两种不同方式被吸附滞留于土壤颗粒物表面。物理吸附是指污染物分子与土壤颗粒物通过范德华力（Van der Waals forces）相互结合在一起。极性分子之间的范德华力比化学键弱得多，虽然范德华力能使污染物分子发生拉伸或弯曲的变化，但它还是不足以使污染物的极性分子断开，故土壤颗粒物表面被吸附的污染物分子仍然保持其原有的化学特性。化学吸附是指污染物分子与土壤颗粒物表面裸露的—OH、官能团等形成化学键，以此固定在土壤颗粒物表面。这种化学键对污染物的吸附能远大于范德华力，故化学吸附也牢固于物理吸附，但在实际研究中难以区分土壤污染物的物理吸附与化学吸附。通常土壤介质中存在有多种吸附载体，如土壤黏土矿物、沸石矿物、铁锰水合氧化物、氢氧化铝、腐殖质、细菌黏液物质和植物残骸等，土壤中的某些原生矿物（如云母、长石、辉石、角闪石）也被认为是吸附污染物分子的载体。

扩散双电层理论　赫姆霍尔兹（Helmholz，1879）在研究固体表面对带电颗粒物吸附机理的过程中，指出在胶体颗粒与分散介质之间隔离表面上存在由正电荷与负电荷所构成的双电层，即胶核表面固定电位离子层，以及电位离子层通过库仑力吸附介质中电荷相反的离子到胶核周围所形成的反电位离子层。Guoy 等（1910）研究修正了上述理论并形成完备的扩散双电层理论，即扩散双电层的一部分 A 紧密地附着在胶核表面并与其形成一个整体，扩散双电层的另一部分 B 则处于 A 层外围的分散系之中，如图 10-2 所示。在化学吸附过程中共价键所附加能量远大于物理吸附所附加的能量，化学吸附能够改变一个分子与胶核表面原子之间的化合价，有时分子也会经历原子重新组合而丧失其某些化学特性。通常吸附载体的物理吸附量随分散系温度的升高而降低，而化学吸附则相反。

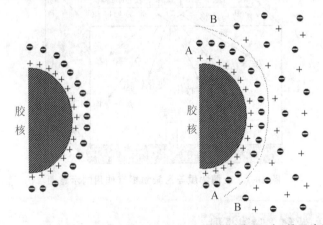

图 10-2　Helmholzs 的双电层（左）和 Guoy 扩散双电层（右）的示意图

吸附等温线（adsorption isotherms）是指在一定温度下溶质分子在两相界面上进行的

吸附过程达到平衡时它们在两相中浓度之间的关系曲线，吸附载体裸露表面性质、土壤溶液中被吸附物质浓度和介质温度是决定吸附量的重要因素。最简单的吸附等温线函数公式为：

$$S = K_d \cdot \rho \tag{10-1}$$

式中：S 为吸附量（mg/kg）；ρ 为土壤溶液中被吸附物质的密度（mg/L）；K_d 为分布系数。在土壤污染研究过程中则应用有机碳分配系数（K_{oc}），它是 K_d 与土壤溶液中有机碳质量分数（％）的比值。

$$K_{oc} = K_d / C_{oc} \tag{10-2}$$

朗格缪尔吸附等温线（Langmuir isotherms）是指在一定温度下固体颗粒吸附剂对介质中气体分子的微界面吸附过程达到平衡时它们在两相中浓度之间的关系曲线，是经典的吸附等温线模型。其主要假设有：固相颗粒表面为均质的理想表面，其吸附能力处处相等，吸附热不随吸附程度而变，各个吸附点位具有相同的能量；其吸附为单分子层吸附，且被吸附的分子间没有相互作用；吸附的机理均相同，吸附和脱附达到动态平衡。这样气体分子被黏附概率 q 为：

$$q = 表面吸附分子的速率/表面与分子碰撞的速率 \tag{10-3}$$

由于化学吸附只能发生于固体表面那些能与气体分子起反应的位置上，通常把这些位置称为活性位（活性中心，活性点），故固相表面已吸附充满的活性位密度 θ 是决定吸附过程的重要指标：

$$\theta = 已吸附充满的活性位数目/可能吸附活性位数目 \tag{10-4}$$

当吸附处于平衡状态时，气体 A 在活性位上的吸附可表示成，

$$A_{(g)} + M_{(surface)} \xrightarrow[K_d]{K_a} AM$$

式中：$A_{(g)}$ 为分散系中气体分子质量分数，其值也可用分散系中气体的分压 P_A 来表示；$M_{(surface)}$ 为固相表面特性；K_a 为吸附系数；K_f 为解吸系数；AM 是固相-气体吸附集合体。由此可见，在吸附与解析的过程中，其吸附速率（R_a）和解吸速率（R_d）分别为：

$$R_a = K_a \cdot P_A \cdot N(1-\theta) \tag{10-5}$$

$$R_d = K_f \cdot N\theta \tag{10-6}$$

当吸附与解析达到平衡时，则有：

$$R_a = K_a \cdot P_A \cdot N(1-\theta) = R_d = K_d \cdot N\theta \tag{10-7}$$

令 $K = K_a/K_d$，C_A 为液相溶质浓度，则得到朗格缪尔吸附等温线（Langmuir isotherms）：

$$\theta = K \cdot P_A/(1 + K \cdot P_A) \quad （固-气吸附） \tag{10-8}$$

$$\theta = K \cdot C_A/(1 + K \cdot C_A) \quad （固-液吸附） \tag{10-9}$$

在表面覆盖程度较低的情况下，θ 与溶液中被吸附物质的质量分数 C_A 呈现直线的关系，但随着固相颗粒表面的活性位被更多的溶质分子所占据，这时 θ 与 C_A 之间的直线关系开始逐渐变得弯曲，如图 10-3 所示。这种偏差主要是随着吸附过程的进行其吸附能则呈现对数形式的递减所造成的，于是学者们又提出了修改版朗格缪尔吸附等温线（Langmuir isotherms）-弗罗因德利克方程（Freundlich equation）：

$$\theta = K \cdot C^{1/n} \tag{10-10}$$

式中：K 和 n 均为实验常数。

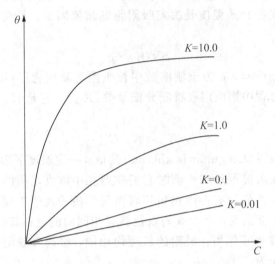

图 10-3 不同 K 值下的朗格缪尔吸附等温线(Langmuir isotherms)示意图

布鲁诺尔-恩麦特-特勒等温线[Brunauer-Emmet-Teller(BET) isotherm]，大量事实表明物理吸附多半是多分子层吸附。故布鲁诺尔(Brunauer)于 1938 年在分析单分子吸附理论基础上，认为固相物质表面已吸附了一层分子之后，由于气体本身的范德华力再吸附分子形成第二层、第三层至多层吸附层，且不一定要等到第一层吸附满了后再进行多层吸附；在各层之间存在着吸附和脱附的动态平衡。在理论基础上建立了布鲁诺尔-恩麦特-特勒等温线(BET isotherm)，其方程式为：

$$\frac{P}{V(P_0-P)}=\frac{1}{V_m C_h}+\frac{(C_h-1)P}{V_m C_h P_0} \tag{10-11}$$

式中：P 为体积 V 的气体被吸附之后的平衡气压；P_0 为该气体的饱和气压；V_m 为相对于一个单分子层的气体的体积；C_h 为与该固-气吸附过程中吸附热能相关的常数。

离子态污染物的吸附 根据扩散双电层模型(DDL)，处于气体或液体环境之中的土壤颗粒，其表面出现由一层或多层带相反电荷离子层的锋面，许多土壤物质(如黏土矿物)的显著趋向是利用其周围介质(气体或溶液)中的相似离子替代它们表面的部分离子-离子交换作用。在土壤环境之中阳离子交换作用占优势，一些土壤物质的阳离子交换量(cation exchange capacities，CEC)如表 10-1 所示；而阴离子交换作用则极为少见，这是因为作为酸根的阴离子在有氢出现时，会引起吸附载体(如黏土矿物)的解体。吸附载体 A 与周围土壤溶液之间的阳离子交换是一个可逆过程：

$$\boxed{A}-Ca^{2+}+2Na^+ \Leftrightarrow Na^+-\boxed{A}-Na^++Ca^{2+}$$

表 10-1 土壤物质的阳离子交换量(pH=7)

土壤物质组成	阳离子交换量/(cmol/kg)
高岭石	3～15
多水高岭土	5～10

续表

土壤物质组成	阳离子交换量/(cmol/kg)
多水高岭土(4H₂O)	40～50
伊利石(水云母)	10～40
绿泥石	10～40
海绿石	11～22
坡缕石	20～30
水铝英石	25～50
蒙脱石	80～150
硅胶	80～150
蛭石	100～150
沸石	100～130
土壤有机质	150～500

离子选择性　阳离子交换过程并非等量地吸引所有的离子，土壤溶液中阳离子浓度、粒径大小以及交换表面结构特征决定着阳离子交换的倾向性或选择性，常见的阳离子交换选择性序列如下：

$$H^+ > Rb^+ > Ba^{2+} > Sr^{2+} > Ca^{2+} > Mg^{2+} > K^+ > Na^+ > Li^+$$

强←←←附着强度→→→弱

一价阳离子的交换选择性序列为：$H^+ > Cs^+ > Rb^+ > K^+ > NH_4^+ > Na^+ > Li^+$。

在土壤有机质表面多种价态阳离子交换序列由强到弱依次是一价阳离子、过渡金属离子、强碱性金属离子。运用质量作用定律可定量地分析阳离子交换选择性，假设阳离子交换处于平衡状态：

$$A\text{-}X + B^+ \Leftrightarrow A\text{-}B + X^+$$

$$\frac{[X^+] \cdot [A\text{-}B]}{[B^+] \cdot [A\text{-}X]} = K_{XB} \tag{10-12}$$

式中：X^+ 和 B^+ 分别为溶液中两种相互交换离子的活度；(A-X)和(A-B)分别为单位质量吸附载体上 X^+ 和 B^+ 分离子的交换量；K_{XB} 为 X^+ 和 B^+ 阳离子交换的选择性常数。

影响吸附的主要因素　影响土壤中吸附强度变化的主要因素包括污染物的性质、土壤物质组成和性状等，这里主要分析土壤矿物组成、土壤质地、土壤有机质质量分数、土壤溶液理化性质、土壤有机物与矿物的阳离子交换量、污染物的组成和性状等因素对土壤吸附的影响：①土壤中黏土矿物质量分数及其物质组成是决定土壤吸附量的重要因素，这是由于土壤黏土矿物具有巨大的比表面积，特别是铝硅酸盐类黏土矿物的层片状结构为被吸附离子提供了众多的活性位和巨大的表面能。②土壤细颗粒(黏粒)的吸附性能强于粗颗粒(砂粒)，如肯尼迪(Kennedy)1965 年分析了不同粒径的砂质沉积物对 Ca^{2+} 和 Na^+ 的吸附量，发现其中细颗粒(粒径 0.12～0.20 mm)的吸附量占总吸附量的 90%，而粗颗粒(粒径 0.20～0.50 mm)的吸附量占总吸附量的 10%，这主要是土壤颗粒越细，其比表面积越大、表面能也越高，故其吸附性能也越强。③土壤有机质通常含有大量的羧基、酚式羟基等有机官能团，它们能够增加土壤的阳离子代换量，在一般情况下，土壤中的许多活性有机官能团(如羧基、羟基、碳酰基、甲氧基、氨基等)，均能不同程度地提高土壤阳离子代换量。④许多污染物以溶液或颗粒物形式进入土壤的渗流中或地下水饱和带中，在这个过程中遇到土壤黏粒的水分将被吸附形成黏粒外围的水膜，这也为污染物分子提供了被吸附的活性位。被吸附在黏粒表面的水分通常具有较高的电解率而使表面呈现酸性，这可增加土壤阳离子代换量。污染物被迁移至深层土壤中的机理通常称之为渗透(infiltration)。⑤污染物特性及其化学结构不仅决定着其在土壤中的溶解性和扩散过程，还决定着土壤颗粒对污染物的吸附过程，这是由于土壤中离子交换与水解反应对土壤 pH 和 Eh 的变化异常敏感。

污染物的非吸附性滞留　土壤污染物被滞留的主要机理是固相颗粒物或大型非可溶性分子被俘获于土壤孔隙之中，这种非吸附性滞留包括黏结(caking)、变形(straining)和物理化学诱捕(physical-chemical trapping)3 种主要方式，如图 10-4 所示。当污染物颗粒大于土壤孔隙时自然会发生黏结作用，这时便在土壤表面形成一个由被圈闭颗粒物层，生物活动所形成更大颗粒物团块也可阻塞土壤孔隙。当污染物颗粒粒径与土壤孔隙体积相近时便会发生变形作用，污染物颗粒将进入土壤孔隙并向下运动直至它们遇到更小的孔隙。由于污染物的物理化学转化会限制穿过土壤孔隙流的形成，这种物质通过化学反应形成了体积超过土壤孔隙的新物质，如由铁锰氧化物沉淀引起胶体物质所形成絮结产物，并阻塞某些土壤孔隙。

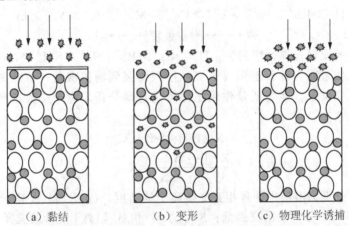

（a）黏结　　　　（b）变形　　　（c）物理化学诱捕

图 10-4　土壤中的黏结、变形和物理化学诱捕

在土壤孔隙中进行的地球化学反应过程中污染物由可溶态转化为难溶态，发生沉淀反应引起污染物在土壤中滞留，这种沉淀反应受控于土壤中的酸碱平衡状况和氧化还原状况。如果土壤条件发生改变，这种前期沉淀的物质也可能再次被溶解。渗透是土壤渗流以及地下水饱和层段区的土壤溶液污染的常见机理，流体随着重力作用的向下运动，溶解物质形成了含有无机和有机成分的淋出液。当这些淋出液到达地下水饱和带，污染物也随着地球化学反应流进行水平扩散和垂直扩散。Fortescue 等(1979)将地表景观中的物质流模式划归为三种主要类型：①主迁移循环(main migration cycle，MMC)。它类似于物质的生物地球化学循环，即化学物质在生物作用下，在垂直方向上由土壤向植物和动物的向上迁移过程，以及由动物和植物到土壤的向下迁移过程，如图 10-5 所示。MMC 的研究有助于了解区域土壤-植物系统中污染物的迁移转化及其危害特性。②景观地球化学流(landscape geochemical flow，LGF)。它是指一个地球化学景观之内土壤个体之间所进行的与土壤表面平行的物质迁移过程，包括土壤表面之上大气层中物质流、土壤表面及土体内部的物质流、土壤层之下的物质流，如那些能溶解于土壤溶液的化学活性物质(CO_2、NH_3、NH_4^+、NO_3^-、$H_2PO_4^-$、SO_4^{2-} 等)的迁移，常常也会引起土壤溶液及相关环境要素组分的改变。LGF 研究有助于掌握区域面源污染物扩散及其地表水体水质的影响特征。③超越景观流(extra landscape flow，ELF)。它是指达标地球化学景观与其外界环境之间的物质迁移过程，通常以某一类型土壤个体(土壤基层分类单元)为观察对象，研究外界化学物质的输入与输出过程，如沙尘天气过程中外源颗粒物向区域土壤的输入、气候变化导致土壤碳排放过程的变化，以及环境污染使某些污染物通过干沉降和湿沉降进入土壤等过程均属于 ELF 研究的范畴。ELF 研究属于当今全球环境变化以及全球气候变化的区域影响评价研究的核心内容。

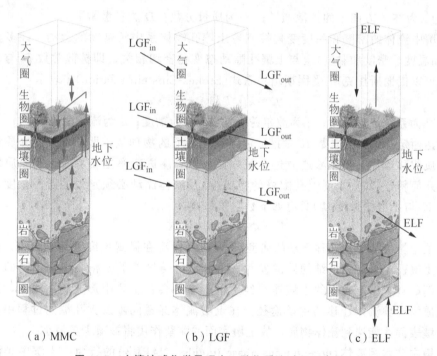

（a）MMC　　　　　　（b）LGF　　　　　（c）ELF

图 10-5　土壤地球化学景观中三种物质流过程示意图

10.1.2　土壤中污染物的迁移模式

土壤环境之中污染物扩散和迁移的主要机理包括地下水流驱动下污染物平流运动和由污染物浓度梯度驱动的扩散运动。土壤及其地下水饱和带中物质平流运动一般用达西定律(Darcy's Law)来描述：

$$Q = \frac{-K \cdot \rho \cdot A(h_2 - h_1)}{\eta \cdot l}$$

(10-13)

式中：Q 为单位时间内总流通量（cm^3/s）；A 为通量流横断面面积（cm^2）；l 为通量流的流程（cm）；ρ 为通量流的密度（g/cm^3）；η 为通量流动态黏度（$mPa \cdot s$）；$h_2 - h_1$ 为水力压（g/cm^2）；K 为达西定律中渗透常数。

土壤中的污染物除了进行平流运动外，它们在水动力分散作用下也可迁移，即微观扩散和宏观扩散，其中微观扩散包括由于浓度梯度引起的分子扩散、由于密度梯度或黏度梯度引起的迁移、由于土壤孔隙几何形变应力引起的迁移3种；宏观扩散主要是指由渗透系数变化释放的力所引起的迁移运动。

在微观程度上，由扩散引起的物质迁移可发生在土壤气相、液相、固相体系中。土壤溶液中溶解的污染物可在其浓度梯度作用下扩散，以维持特定区段或土壤孔隙中污染物浓度的一致性，这又可促成该区域与相邻区域之间地球化学梯度的形成。土壤中挥发性污染物（如燃料溢出物）可随土壤空气在孔隙系统进行扩散运动，其扩散速率与浓度梯度成正比，其数学关系式可用菲克扩散第一定律来表示：

$$J_z = -D \cdot (dN/dZ) \tag{10-14}$$

式中：J_z 为在 Z 方向上的扩散通量；N 为质量分数；D 为扩散常数。

土壤中流体的密度和黏度变化控制着土壤孔隙体系中污染物的运动，许多土壤物理参数（如温度、密度和黏度）也与土壤孔隙动态变化密切相关，即扩散常数 D 与黏度的相互关系可以借助斯托克斯-爱因斯坦关系式（Stokes-Einstein relation）来表示：

$$D = k \cdot T / 6 \cdot \pi \cdot \eta \cdot \alpha \tag{10-15}$$

式中：T 为系统绝对温度；k 为波尔兹曼常数；η 为黏度；a 为流体曲流半径。

在达西定律中渗透常数 K 是描述流体渗透特征的物理量，即在不改变介质结构和不发生介质位移条件下流体渗透通过介质的特征。故渗透速率主要取决于土壤质地和土壤孔隙的几何特征（如小尺度上孔隙壁的粗糙度）及流体流动必须穿过的路径长度。这里渗透常数 K 与土壤孔隙度（Φ）具有如下数学关系式：

$$\Phi = a + b \cdot \lg K \tag{10-16}$$

有关土壤中污染物迁移运动的典型渗透/扩散模型在微观尺度上是有效的，但由于土壤颗粒团聚、土壤物质板结间隙的发育、土壤液体传导率的变化会出现不同的土壤物理状态，例如富含黏土矿物的土壤连续经历干湿交替会在土体中形成皱缩间隙，这些间隙最终会成为土壤流体迁移的主要途径。在土壤流体穿透间隙及大孔隙的过程中，只有少部分土壤表面才能遇到流体物质，故土壤表面的滞留作用将被减少至最小。

土壤中非水相液体（non-aqueous phase liquids，NAPL's）的行为　土壤中难溶或微溶于水的许多污染物（如人造有机溶剂类）被称为非水相液体（NAPL），实际上 NAPL 就是指可造成土壤污染的不混合纯的化学物质之统称。土壤中这类物质的行为与多种因素有关，如土壤水分饱和程度、NAPL 本身的密度和黏度、在景观中泄露的体积和途径等。在液相条件下这类污染物可滞留于土壤表面，随着这类物质投入量的增加，会逐渐向渗透带扩散或穿透土壤进入地下水饱和带。当 NAPL 被泄露至水分饱和的土壤表面时，NAPL 和水分将竞争流入土壤孔隙系统，这时 NAPL 将驱使土壤孔隙水进入土壤中细小的毛管孔隙之中使其被毛管力吸持，土壤空气和其他气体将被挤出土壤孔隙，其结果是土壤孔隙中央部位将被 NAPL 充填，并被一个很薄的不能减少的孔隙水层补位，如

图 10-6 所示。

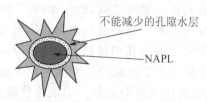

不能减少的孔隙水层

NAPL

图 10-6　土壤孔隙中 NAPL 取代水分的格局示意图

10.1.3　土壤中污染物的化学转化

与化学活性相关的过程　影响污染物化学活性的过程不仅包括化学变化过程，还包括那些影响环境物理状态的过程，如土壤渗透带中的扩散和挥发的分布过程会影响表生环境中物质的移动性。上述重要的过程有非混合相的分离、酸碱平衡和溶解-沉淀反应。流体或气体经过分离能否在多组分系统中形成一个独立的层取决于它们与水的溶混性，如某些 NAPL 经过分离就可在土壤地下水位面上形成一个漂浮层。

表生环境中的酸碱平衡不仅决定了其环境介质的 pH，还决定了环境中物质的稳定性和溶解性，这也是分析外源污染物在表生环境中的移动性、命运和毒性的关键因素，另外自然土壤具有显著酸碱缓冲性，少量外源酸碱物质进入土壤环境一般不易引起土壤酸碱平衡紊乱，但这种缓冲性也是有限的。溶解与沉淀控制土壤环境中固相物质分布的过程。土壤环境中物质溶解性不仅取决于物质本身性质，还取决于温度、压力、pH、Eh 等环境条件。就污染物的本质特性而论，一般情况下有机有毒污染物的溶解性低于无机盐类污染物；沉淀是物质在进行化学反应时转变为不溶于水的物质之过程，在土壤动态平衡系统中，随着环境介质的温度、压力、pH、Eh、分离分布过程界面的改变，都会引起物质沉淀过程的发生。在学术研究过程中一般运用物质的溶度积 K_{sp} 定量地反映物质的溶解-沉淀过程，即

$$A_n B_m (固体) = nA + mB$$

$$K_{sp} = [A]^n \cdot [B]^m \tag{10-17}$$

难溶电解质饱和溶液的离子浓度（或活度）的乘积在一定温度下是一个常数，温度改变时其溶度积也会改变，常温条件下一些常见的难溶重金属化合物的溶度积如表 10-2 所示。

表 10-2　常见重金属化合物的溶度积

化合物	溶度积 K_{sp}	化合物	溶度积 K_{sp}	化合物	溶度积 K_{sp}
$CdCO_3$	5.2×10^{-12}	$CuCl$	1.2×10^{-6}	Hg_2S	1.0×10^{-47}
$Cd(OH)_2$	2.5×10^{-14}	Cu_2S	2.5×10^{-48}	Hg_2SO_4	7.4×10^{-7}
CdS	8.05×10^{-27}	$CuCO_3$	1.4×10^{-10}	$PbCO_3$	7.4×10^{-14}
$CoCO_3$	1.4×10^{-13}	CdS	6.3×10^{-36}	PbS	8.0×10^{-28}
$Co(OH)_2$	1.6×10^{-15}	$Cu(OH)_2$	2.2×10^{-20}	$PbSO_4$	1.6×10^{-8}
CoS	4.0×10^{-21}	FeS	6.3×10^{-18}	$ZnCO_3$	1.4×10^{-11}

化学转化过程　实际上那些影响物质化学活性的化学转化过程和分布调整在本质上是互补的，它们通常是相伴进行的。佩雷尔曼（Perelman，1967）将自然界水体中金属化合物的沉淀过程分解为相互联系过程。这些过程包括：①氧化类型。如将还原性水环境中的铁、锰氧化为铁锰氧化物并形成沉淀的过程。②还原类型。如将氧化性水环境中高价态铀、钒、铜、硒和银还原成低价态氧化物并形成沉淀的过程，该过程的发生通常是由有机物质、还原性气体或水流注入而引起的。③还原性硫化物型。含有铜、银、锌、铅、汞、镍、钴、砷和钼的硫酸盐溶液被还原反应生成这些重/类金属硫化物并形成沉淀，该过程通常是由硫酸盐还原细菌活动或有机质注入引起的。④硫酸盐和碳酸盐型。在化学平衡转换过程中碱土金属（如钡、锶和钙）可以碳酸盐形式沉淀析出，格里菲思（Griffith）等早在 1976 年就在垃圾填埋区的淋出液中发现有 $PbCO_3$ 沉淀物。⑤碱化型。酸性溶液渗透浸入富含碳酸盐和硅酸盐的土层，它们与土层原有的碱性溶液相互作用可以引起这些金属（如钙、镁、锶、锰、铁、铜、铅和镉）沉淀物的形成。⑥吸附型。所有的过渡性金属元素都容易被吸附在黏土矿物或其他颗粒物表面。⑦氧化-还原型。尽管水溶液中的微量金属元素并不直接参与到环境的氧化还原反应过程，但它们的移动性主要受控于其环境的氧化还原状况。自然土壤中主要氧化剂有 O_2、NO_3^-、Fe^{3+}、Mn^{4+}、V^{5+}、Ti^{4+} 等；土壤中的主要还原剂有有机质、NH_3、H_2S、CH_4、Fe^{2+}、Mn^{2+} 等。一般旱地土壤 Eh 为 $400\sim700$ mV，水田土壤 Eh 为 $-200\sim300$ mV。当土壤 Eh>400 mV 时，土壤处于氧化条件下，土壤有机物质被快速分解，土壤中氮素以 NO_3^- 形式存在，土壤中铁锰均以 Fe^{3+}、Mn^{4+} 存在，如图 10-7 所示；当土壤 Eh 为 $-100\sim400$ mV 时，土壤中反硝化发生且土壤氮素开始由 NO_3^- 化为 NH_4^+ 和 N_2；当土壤渍水时，其 Eh 小于 -100 mV，这时土壤的 Fe^{3+} 转化为 Fe^{2+}，SO_4^{2-} 也开始转化为 H_2S，土壤中重/类金属元素也开始转化为重/类金属硫化物沉淀物。⑧聚合物的形成与螯合作用型。由于水分子是极性分子，

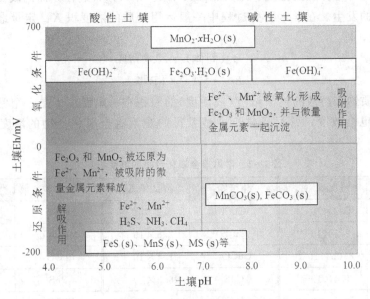

图 10-7　土壤 pH-Eh 状况及其铁锰等物质转化过程示意图（MS 为微量金属硫化物）

土壤中还含有多种配位体如羟基、氯离子、氨基、亚氨基、酮基、羟基及硫醚等基团，当土壤溶液中重/类金属离子浓度低时，重/类金属离子与这些配位体发生络合-螯合作用形成多种重/类金属的络合物或螯合物，并引起土壤中重/类金属元素活性和毒性的改变。例如土壤中的一个 Cu^{2+} 与四个水分子络合形成一个外圈络合物——四水配位络合铜离子，一个 Cu^{2+} 与 4 个氨分子络合形成一个四氨络合铜离子，如图 10-8 所示。

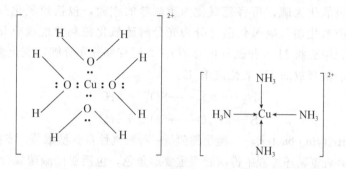

图 10-8 土壤中的四水络合铜离子和四氨络合铜离子示意图

10.1.4 土壤中污染物的生物化学转化

作为土壤的重要组成部分，土壤微生物在各种污染物被降解和转化过程中发挥着决定性作用，它们通常对外来的宾主共栖生物表现出两种主动性的作用：一是原始新陈代谢反应，通过添加或暴露官能团作用于外来物质，并将其转化为易溶于水的物质；二是次生新陈代谢反应，通过将原始新陈代谢的产物与内生的官能团相互共轭使之成为易于被排泄的物质。土壤微生物对外来污染物的主要作用及其过程如图 10-9 所示。

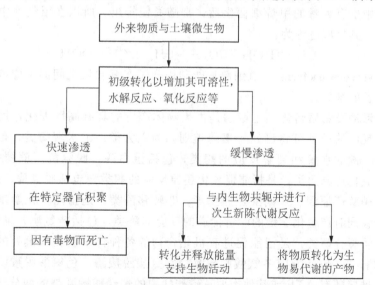

图 10-9 土壤微生物对外来物质转化的图解

土壤细菌活动及物质转化 硫细菌土壤细菌在土壤微生物中数量多、分布广泛，包括土壤自养细菌（soil autotrophic bacteria）和土壤异养细菌（soil heterotrophic bacteria）。

其中自养细菌能直接利用光能或无机物氧化时所释放的能量，能同化 CO_2 并获得营养，如硝化细菌、硫细菌、铁细菌、氢细菌；异养细菌从有机物中获取能源和碳源。它们在土壤中各种污染物降解或转化过程中发挥着重要的作用，本节仅从土壤环境学角度分析硫细菌、铁氧化细菌、硝化细菌、氢细菌和甲烷细菌在污染物转化方面的主要作用。

硫细菌(sulphur bacteria)　硫细菌是指在生长过程中能利用溶解的硫化合物获得能量，且能把硫化氢氧化为硫，再将硫氧化为硫酸盐的细菌，包括硫氧化菌和硫酸盐还原菌，但通常仅指硫氧化菌。硫氧化菌又分为光分解硫氧化菌和化能硫氧化菌。硫氧化菌在光合作用的过程中能将 H_2S 和硫氧化为 SO_4^{2-}，还有部分光分解硫氧化菌在光合作用的过程中能够将脂肪酸释放的 H_2 氧化成 H_2O：

$$H_2S+2O_2 \longrightarrow SO_4^{2-}+2H^+ \tag{10-18}$$

$$S^0+2H_2O \longrightarrow SO_4^{2-}+4H^+ \tag{10-19}$$

硝化细菌(nitrifying bacteria)　硝化细菌是一种好气性自养型细菌，能在有氧的水中或土壤中生长，在地表氮循环过程中扮演着很重要的角色，包括亚硝酸菌属(*Nitrosomonas*)及硝酸菌属(*Nitrobacter*)，其参与的物质转化为：

$$NH_4^++3O_2 \longrightarrow 2NO_2^-+4H^++2H_2O \tag{10-20}$$

$$2NH_3+3O_2 \longrightarrow 2HNO_2+2H_2O$$

$$2NO_2^-+O_2 \longrightarrow 2NO_3^-$$

铁氧化细菌(iron oxidizing bacteria)　铁氧化细菌是能将二价铁盐氧化成三价铁化合物、并能利用氧化铁及其氧化能来同化二氧化碳进行生长的细菌的总称。

甲烷氧化细菌(methane bacteria)　甲烷氧化细菌是能经过发酵产生可燃性气体甲烷的厌氧性细菌。已知的甲烷细菌有 10 多种，它们常见于沼泽、池塘污泥中，在食草动物的盲肠、瘤胃中也有大量的甲烷细菌生活，常随粪便排出，所以在沼气池中可用塘泥和牲畜粪便接种，其反应过程为：

$$2CH_3CH_2OH+CO_2 \longrightarrow CH_4+2CH_3COOH \tag{10-21}$$

氢细菌(hydrogen bacteria)　氢细菌是能利用分子态氢和氧之间的反应能并以碳酸作唯一碳源而生长的细菌。

土壤酶类活动及物质转化　土壤酶是由生物体产生的具有高度催化作用的一类蛋白质。根据酶促反应的类型可将已知土壤酶类划归为六大类：①水解酶类，是指能促进各种化合物中分子键的水解和裂解反应的酶类，包括蛋白酶、脱氨酶、蔗糖酶、淀粉酶、磷酸酶等。②氧化还原酶类，是指能促氧化还原反应的酶类，包括脱氢酶、过氧化氢酶、过氧化物酶、硝酸还原酶、亚硝酸还原酶等。③转移酶类，是指能促化学基团的分子间或分子内的转移同时产生化学键的能量传递的反应的酶类，包括转氨酶、果聚糖蔗糖酶、转糖苷酶等。④裂合酶类，是指能促进有机化合物的各种化学基在双键处的非水解裂解或加成反应的酶类，包括天门冬氨酸脱羧酶、谷氨酸脱羧酶、色氨酸脱羧酶。⑤合成酶类，是指能促进伴随有 ATP 或其他类似三磷酸盐中的焦磷酸键断裂的两分子的化合反应的酶类。⑥异构酶类，是指能促有机化合物转化成它的异构体反应的酶类。

水解酶(hydrolases)　水解酶主要作用的物质对象是多肽、酯、葡糖苷、酰胺及有类似键的有机化合物，按照水解酶催化水解物质化学键的类型可以将其分为 C-N 键水解酶

和 C-O 键水解酶。C-N 键水解酶包括蛋白酶（proteases）和脱氨酶（deaminases）。蛋白酶主要通过水解蛋白质分子中单个氨基酸链上多肽之间的化学键以分解蛋白质。蛋白酶首先将高分子量的蛋白质分解为较为简单的化合物——多肽，然后再将多肽进一步分解为简单化合物。脱氨酶主要是催化水解特定类型的 C-N 键，脱氨酶中重要的是脲酶和精氨酸酶。脲酶主要是酶促尿素水解为氨和 CO_2 的过程，脲酶常存在于大豆、西瓜、黑霉病和细菌体之中；而精氨酸酶则多见于动物肝脏组织中，精氨酸酶主要是酶促精氨酸分裂为鸟氨酸和尿素，鸟类肝脏中鸟氨酸能够将有毒苯甲酸以联苄基衍生物的形式排除出体外。C-O 键水解酶主要是催化自然酯类水解过程，包括以下类型：脂肪分解霉素，其主要功能是催化脂肪的水解过程；磷酸酶，其主要功能是催化磷酸酯类物质的水解过程，常见于所有活的生物细胞，其催化活性与介质的 pH 有关；硫酸酯酶，其主要功能是催化硫酸酯类物质的水解过程；糖类分解酶，其主要功能是催化多糖类水解为单糖类以及单糖被分解的过程，如催化纤维素脂分解的纤维素酶，已经在细菌、真菌以及蜗牛、蠕虫的消化液中发现有纤维素酶。水解酶对于降解许多含有酯类、酰胺或磷酸盐键的化学农药也具有重要的作用，这些化学农药包括有机磷农药、氨基甲酸盐类杀虫剂、尿素和氨基甲酸盐除草剂等。C-O 键水解酶的酶促活动对有机氯农药——氯化苯氧乙酸类除草剂（2，4-D）中酯类的降解也有效，将该除草剂渗透入杂草体内时，其含有的酯类被水解并释放具有生物活性的二氯苯氧乙酸。研究发现，在水稻体中的 C-N 键水解酶活动，能酶促由苯胺制成的有机氯除草剂敌稗的水解过程并形成二氯苯胺。

转移酶（transferases） 转移酶包括磷酰基转移酶、转氨酶、酰基转移酶和甲基化酶等。在转移酶的活动过程中是借助辅因子将一种物质转化为另一种物质，这些辅因子通常是糖类中的磷酸酯或是介于糖类与含氮基质之间的化合物，如三磷酸腺苷（ATP）、核糖和磷酸盐等。转氨酶是催化氨基酸与酮酸之间氨基转移的一类酶，它们普遍存在于动物组织（如心肌、脑、肝、肾等）、植物组织和微生物体中。酰基转移酶主要功能是催化酰基转移形成酯或酰胺。转移酶中的谷胱甘肽巯基转移酶（GST）在催化内生物质（GSH）与异生物质上辛电子位结合过程及环境污染物的解毒过程中发挥着重要的作用。谷胱甘肽巯基环氧化物转移酶能够催化内生物质与烯丙基苯基醚中间环氧化物的化合过程，在这个反应过程中，基质中内生物质的化合作用会引起环氧化物中环的分解，并形成具有解毒作用的内生化合物。如环状物含有氯原子，这种苯基环状物的反应将优先进行，这也是这种转移酶能较那些作为杀虫剂的有机氯环氧化物［如狄氏（杀虫）剂和环氧七氯］优先降解的主要原因。谷胱甘肽巯基芳香转移酶主要功能是催化有机化合物中卤化氢类物质的消失，并使有机氯杀虫剂解毒。谷胱甘肽化合过程中一些化学反应也可以降解多种有机磷杀虫剂，如被土壤强烈吸附的二嗪农杀虫剂，二嗪农杀虫剂在 GST 作用下被裂解为带有二嗪农残留物的谷胱甘肽化合物和二乙基硫代磷酸盐。谷胱甘肽巯基烷烃转移酶能够与卤化烷烃类化合物反应，它们能够将含有 $CH_3—O—P$ 官能团的有机磷杀虫剂之中的甲基去除，但对去除乙烷基和大的烷烃官能团的作用不大，例如对硫磷被裂解为脱甲基对硫磷和具有可移动性甲基的谷胱甘肽化合物。

氧化还原酶（oxidoreductases） 氧化还原酶是指能在不同物质之间进行氢或电子转移

的酶类，主要包括脱氢酶类、氧化酶类和过氧化氢酶类 3 个类群。

脱氢酶类的催化作用主要是将供体有机物中的两个氢原子转移给受体有机物，其作用机理为：

$$\text{Organic-Donor-H}_2 + \text{D}_{脱氢酶} \longrightarrow \text{Organic-Donor-X} + \text{H}_2 - \text{D}_{脱氢酶}$$
$$\text{Organic-Acceptor} + \text{H}_2 - \text{D}_{脱氢酶} \longrightarrow \text{Organic-Acceptor} - \text{H}_2 + \text{D}_{脱氢酶} \tag{10-22}$$

氧化酶类的催化作用主要是在好氧条件下转移电子、并促进氧气被还原成为水，故其作用与脱氢酶类完全不同，它们通常是含有金属元素的金属蛋白化合物，如细胞色素氧化酶（铁蛋白化合物）和铜蛋白化合物。过氧化氢酶类是指促进过氧化氢形成的酶类，它主要由铁卟啉化合物构成，在自然环境中它们多存在于动物组织和多数植物体中。所有动物器官、细胞、组织液体和植物组织中存在的接触酵素也具有类似的催化作用，它们对细胞毒素（cell toxin）和过氧化氢的分解过程有重要影响。过氧化氢酶在过氧化氢与其他物质反应中的催化作用为：

$$\text{R}-\text{H}_2 + \text{H}_2\text{O}_2 \xrightarrow{\text{过氧化氢酶}} \text{R}- + 2\text{H}_2\text{O}$$

R 为金属蛋白化合物，氧化还原酶在土壤形成发育与污染物降解过程中也具有重要的作用。植物残体和其他自然有机物的腐烂也是形成土壤腐殖质的重要途径，其中木质素的生物降解是核心过程，白腐真菌分泌的几种氧化还原酶对上述生物降解有促进作用，这些氧化还原酶有血红素-抑制过氧化氢酶、木质素过氧化氢酶、锰依赖过氧化氢酶、铜抑制苯酚氧化物酶和虫漆酶等。研究证实白腐真菌分泌的木质素降解酶类，还有助于氧化高分子量的 PAHs，这直接使木质素降解酶类成为生物修复被污染土壤的潜在作用剂。许多氧化酶将烟酰胺腺嘌呤二核苷酸（nicotinamide adenine dinucleotide，NAD）或者它的磷酸盐衍生物——烟酰胺腺嘌呤二核苷酸磷酸盐（NADP）作为其辅酶（coenzyme），而 NAD 和 NADP 在许多杀虫剂的生物降解过程具有重要的作用。①西维因的羟基化作用。西维因是一种接触性的氨基甲酸酯类杀虫剂，常用于防治玉米和大豆的病虫害，在某些氧化还原酶的作用下西维因（carbaryl）会被羟基化，即西维因在氧化还原酶的辅酶——NADP 作用下被羟基化生成 4-羟基-西维因和 5-羟基-西维因。②甲氧滴滴涕的氧端脱烃基作用。甲氧滴滴涕是一种与 DDT 相似的次要有机氯杀虫剂。在 NADP 依赖酶反应的作用下，甲氧滴滴涕极易被氧端脱烃基化形成极性化合物——脱烃基的滴滴涕，经过进一步的结合反应会促进这类杀虫剂从动物体内的去除过程。为此哈索尔（Hassall）于 1982 年指出，如果使用甲氧滴滴涕取代相对廉价的 DDT，那么有机氯杀虫剂的持久性将不会威胁到重要的生态系统。

裂解酶类（lyases） 裂解酶类是指能裂解有机物中 C-C 键的酶类，包括碳酸霉素和脱水酶。α-碳酸霉素（即丙酮酸盐脱羧基酶）是一种重要碳酸霉素，它能将丙酮酸裂解为乙醛和 CO_2。氨基酸脱羧基酶也是一种重要的碳酸霉素，它常见于微生物、高等动物和许多植物的组织之中，由于它能够催促进氨基酸裂解为胺类化合物和 CO_2 的厌氧性脱羧基过程，故氨基酸脱羧基酶对蛋白质腐败起着关键性作用。脱水酶是一种能够催化有机物脱水过程的酶类，其在柠檬酸循环（克雷普斯循环）过程中起着重要的作用，作用机理是通过乌头酸酶（柠檬酸-异柠檬酸的异构酶）的活动，促进柠檬酸转化为顺乌头酸和水。

链接酶类（ligases） 链接酶类是指能够促进两个分子相互链接的酶类，包括 C-S 键链接酶、C-O 键链接酶和 C-C 键链接酶等。

异构酶类（isomerases）　异构酶类是指能促进分子内部某些原子或官能团重新排列的酶类，例如 D-阿拉伯糖异构酶，其主要功能就是催促 D-阿拉伯糖分子内部重新排列并释放 D-核酮糖。

10.1.5　影响土壤中污染物转化的因素

土壤是一个物质组成、性状结构极为复杂的动态系统，成土母质、地貌部位、生物气候条件是影响土壤物质组成与理化性质变异的重要因素，土壤物质组成与性状不仅是划分土壤类型的重要依据，还是监测与评价土壤健康状况、土壤污染程度的重要指标。土壤理化性状不仅决定着土壤污染物形态，还影响土壤中污染物的迁移转化特征，如某些污染物可能被溶解于土壤溶液之中，某些污染物有可能被土壤腐殖质、黏土矿物及部分污染物通过化学固定（共沉淀）于土壤组分表面。土壤物理性质在促进污染物与土壤颗粒/水之间的相互作用、污染物在土壤中迁移直至到达其他环境分隔区方面起主导作用。土壤物理性质在促进污染物与土壤固相、液相、气相物质之间相互作用，污染物在土壤中挥发、扩散、迁移过程等方面起主导作用。虽然物理性质为土壤过程提供了空间和动力学条件，但土壤化学性质则参与、促进、催化土壤中污染物的各种反应过程（化学反应、生物化学反应、物理化学反应、光化学反应、络合配合反应等），这是决定土壤中污染物存在形态、毒性、生物活性的重要因素，如图 10-10 所示。

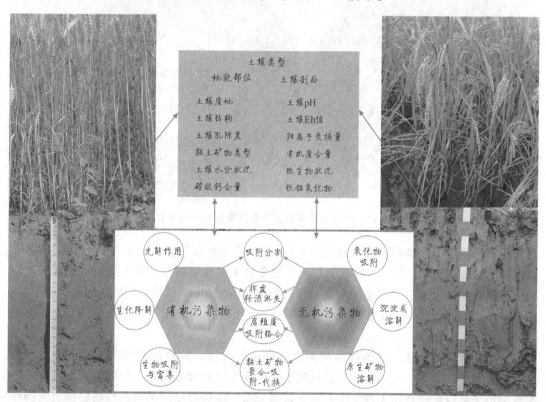

图 10-10　土壤中污染物反应及其主要影响因素图解

10.2 土壤中重/类金属污染物的转化特征

10.2.1 土壤中铜锌铬砷的转化

铜 人类发现最早且现代工业应用广泛的重金属元素之一，也是自然环境中广泛存在的重金属元素。在自然环境中铜主要以氧化铜矿、硫化铜矿和自然铜形式存在。据 WMSY(World Metal Statistics Yearbook)统计，2011 年全球精铜产量约为 19.79 Mt，在电器、电力、电子工业、轻工、机械制造、建筑工业、交通设备、金融货币、装饰等领域均有广泛的应用。在不同土壤之中重金属铜的赋存形态差异巨大，如依据 Tessier 法测定发现在污灌区钙质潮土中残余态铜占总铜量的 51.88％、有机结合态铜占 31.60％、铁锰氧化物结合态铜占 15.96％；而在铜矿区黄棕壤中残余态铜占总铜量的 82.90％，铁锰氧化物结合态铜占 6.74％，碳酸盐结合态铜占 6.37％、而有机结合态铜仅占 2.12％，如图 10-11 所示。不同土壤中铜赋存形态的巨大差异不仅与土壤物质组成、性质有关，还与土壤中铜的来源密切相关。

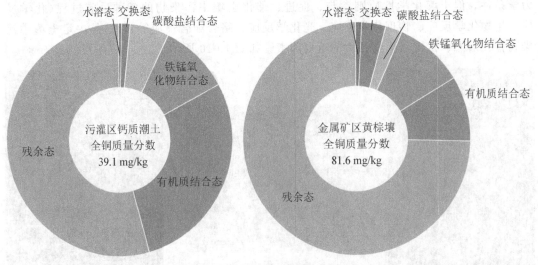

图 10-11 不同土壤中铜的不同赋存形态结构示意图

地表环境中可移动态铜通常被认为是以 Cu^{2+} 形式存在的，而土壤中还存在几种含有铜的离子，如图 10-12 所示。这些铜的离子通常被牢固地吸附在土壤无机胶体或有机胶体表面，影响铜被土壤物质固定的主要机理有吸附(adsorption)、胶合与协同沉淀(occlusion and coprecipitation)、有机螯合与配合(organic chelation and complexing)和微生物固定(microbial fixation)等。

土壤矿物都具有从土壤溶液中吸附含铜离子的性能，其吸附性能与土壤矿物表面所带的电荷及特性有关，土壤 pH 又是影响土壤矿物表面所带电荷的关键因素。因此，土壤中含铜离子被吸附过程与土壤 pH 具有密切的关系，这种类型的吸附过程在那些表面拥有大量可变电荷矿物的土壤中尤为重要，如图 10-13 所示。大量的实验观测表明，土壤矿物对铜离子的吸附量为 30~1 000 $\mu mol/g$，土壤中的铁锰氧化物(如赤铁矿，针铁矿，水钠

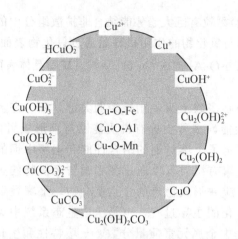

图10-12 土壤中存在的主要含铜离子和化合物

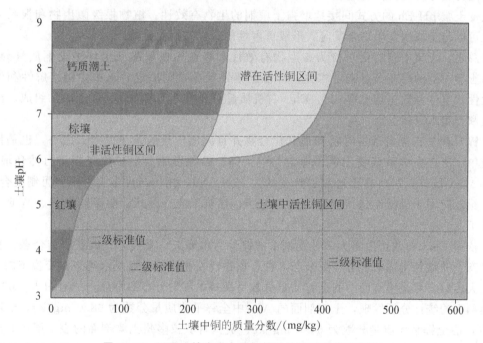

图10-13 不同土壤中重金属铜的活性及其变化示意图

锰矿)、无定形铁铝氢氧化物和黏土矿物(如蒙脱石,蛭石,铝英石)对铜的吸附量较大,土壤矿物对铜的吸附一般可以采用 Langmuir 或 Freundlich 吸附等温线来描述。从 Langmuir 吸附等温线来看,蒙脱石吸附铜有三种吸附位:一是土壤中 Cu^{2+} 通过离子交换反应被吸附,约占总吸附量的 70% 以上;二是 Cu^{2+} 以 $CuOH^+$ 的形式被蒙脱石所吸附;三是土壤溶液中 Cu^{2+} 以 $Cu(OH)_2$ 形式沉淀于蒙脱石表面。另外,土壤矿物对铜的吸附能力与土壤中阳离子交换量(CEC)有关,其吸附能力系列为:蛭石>膨润土>硅镁土>高岭石>伊利石>三水铝石。

胶合、协同沉淀和取代作用通常被包含在土壤对铜的非专性吸附之中,土壤铜的非扩散组分极有可能被合并到各种矿物晶架之中,一些土壤矿物(如铁铝氢氧化物、碳酸

盐、磷酸盐和某些硅酸盐)黏粒有巨大趋势能结合非扩散组分中的铜，这部分铜通常在土壤中极为稳定。土壤中铜与氧化物的作用机理是通过氧化物表面的水合基($-OH_2$)、配位羟基($-OH$)与 Cu^{2+} 形成 Cu-O-Al 键或 Cu-O-Fe 键，矿物晶体表面的羟基数决定着这种吸附过程。

有机螯合与配合是控制多数土壤中铜行为的关键过程。许多观察研究已经证实，土壤有机质具有结合铜的性能，多种土壤有机质能够与铜形成可溶性或非可溶性化合物，这样有机质质量分数就决定了土壤对铜的结合性能和土壤中铜的溶解度。在土壤中铜质量分数较低的情况下，土壤有机质可以通过缓和铜与无机物的多种反应，使铜与土壤胡敏酸、富利酸发生螯合反应并形成稳定的含铜螯合物。土壤微生物固定表土层中铜并合成微生物组织是铜形态转化的主导过程，也是土壤生态系统中铜循环的主要环节，土壤微生物固定铜的量与土壤中金属元素质量分数、土壤特性和生长季密切相关。另外，土壤微生物在分解有机质的过程中也能将有机物结合态铜释放出来，这种生物化学过程通过改变土壤 pH-Eh 的方式间接地增强土壤铜的生物有效性。植物根级微生物和根系分泌物也可以与土壤铜发生络合反应，形成可溶性的有机态铜化合物。

总之，土壤中铜的化学行为、生物有效性和毒性不仅取决于土壤中全铜质量分数，更与土壤中铜的存在形态密切相关，许多土壤性状参数则决定着土壤中铜溶解性和生物有效性，这些参数包括土壤 pH、Eh、有机质质量分数、土壤质地、黏土矿物组成、土壤温度和土壤水分状况。

锌　锌是人类自远古时就知道其化合物并且应用广泛的重金属元素之一，也是自然环境中广泛存在的重金属元素，锌常与铜、镉、铅等形成共生矿物存在于自然环境中。据 WMSY 统计，2011 年全球精锌产量约为 13.14 Mt，用锌与许多有色金属可制造合金，并广泛地应用于机械制造、油漆、电力电器、建筑工业、医药、制革与纺织、造纸与陶瓷等工业。

依据 Tessier 法可以将大多数土壤中的锌分为水溶态、交换态、碳酸盐结合态、有机结合态、铁锰氧化物结合态和残余态 6 种，植物吸收利用的主要是水溶态和交换态的 Zn。在绝大多数自然土壤剖面中的全锌质量分数呈现基本均匀分布的特征，如对中国 4 092 个土壤剖面的统计分析发现，土壤剖面的 A 层中全锌平均质量分数为 68.0 mg/kg，土壤剖面的 C 层全锌平均质量分数为 64.6 mg/kg；美国科罗拉多州土壤剖面的表土层、心土层和底土层全锌质量分数分别是 62、60、52 mg/kg，即土壤剖面的表土层锌质量分数略微偏高，这可能与植物对环境中锌的富集和土壤有机质对锌的吸附保持有关。

土壤中可移动性的锌通常被认为是 Zn^{2+}，但土壤中还有其他类型的离子，如 $ZnCl^+$、$ZnOH^+$、$ZnHCO_3^+$、ZnO_2^-、ZnO_2^{2-}、$Zn(OH)_3^-$、$[ZnCl_3]^-$、$[ZnCl_4]^{2-}$ 等。影响土壤中锌移动性的因素也主要是土壤 pH、Eh、有机质、质地、黏土矿物组成、土壤温度状况和水分状况。与铜相比土壤中锌的移动性更强。有关土壤中锌的吸附与阻滞研究表明，土壤黏土矿物和有机质具有极强容纳锌的能力，如土壤中的铁锰氧化物微颗粒表面具有较多的活性电位和官能团，它们易与土壤溶液中的 Zn^{2+} 发生多种化学吸附，这也使土壤中锌的移动性弱于实验系统中 $Zn(OH)_2$、$ZnCO_3$ 和 $ZnPO_4$ 的移动性。土壤中锌的吸附过程有两种不同的机理：一是在酸性土壤条件下锌的吸附与阳离子交换有关；二是在碱性土壤条件下锌吸附被认为是有机配位体控制下的化学吸附作用。黏土矿物颗粒表面 $Zn(OH)_2$ 晶核形成作用可降低与土壤 pH 密切相关的锌阻滞过程，即在土壤 pH 小于 7.0 的条件下，由于阳离子与 Zn^{2+} 之间的竞争作用，使土壤吸附 Zn^{2+} 的量显著减少，并引起锌从酸性土壤中的移动和淋失作用的发生；相反，在碱性条件下，土壤溶液中有机化合物增加显著，与此同时有机态 Zn 的比例也相应增加。

铬　铬是自然环境中广泛存在的生命体必需的微量营养元素，也是现代工业广泛应用的重金属元素之一。据美国地质调查局资料，2014 年全球铬总产量约为 29.00 Mt。被广泛应用于电镀、冶金、化工、制革、塑料等工业部门。自然环境中无单质铬的存在，它常与硅酸盐、氧化铁、氧化镁、硫等结合。在土壤环境中铬通常以 4 种化合形态存在，即 Cr^{3+}、CrO_2^-、$Cr_2O_7^{2-}$、CrO_2^{3-}，在土壤 pH、Eh 和有机质等的作用下，这四种离子态铬可以在土壤中迁移和转化。土壤中高价态铬的移动性要强于低价态铬，特别是在强酸性土壤或强碱性土壤中它们的差异更大。土壤环境中可移动性的含铬化合物主要有 $CrOH^{2+}$、CrO_4^{2-}、HrO_4^-、$HCrO_3^{2-}$、$Cr(OH)_4^-$ 和 $Cr(CO_3)_3^{3-}$，相反，$Cr(H_2O)_6^{3+}$ 则由于缓慢的水合交换作用被认为是惰性的。另外，土壤中铬还具有形成各种有机化合物的巨大潜能，因此，各种含有离子态铬的化合物对土壤中的氧化还原反应极为敏感，该反应也控制着土壤中铬的化学行为。

巴萨姆（Bassam）等 1977 年指出，在土壤 Eh<500 mV 的情况下，在 pH<5.0 土壤中铬则以 Cr^{3+} 为主；在 pH 为 5.0～7.0 时，土壤中则有 $Cr(OH)_3$ 形成；在 pH>7.0 时，土壤则有 CrO_4^{2-} 出现。土壤中氧化状态铬快速转化过程通常与土壤中铁锰的氧化还原过程密切相关，Cr^{6+} 通常被还原成两种产物：一是含 Cr^{3+} 的可溶性有机化合物；二是氢氧化铬的沉淀物和 $Cr_{1-x}Fe_x(OH)_3$。然而，生物性的还原过程或有机分子引起的还原过程则更有利于含 Cr^{3+} 的可溶性有机化合物的形成。格里芬（Griffin）等 1977 年研究发现，土壤 pH 也对黏土矿物吸附铬有重要的影响，即黏土矿物对 Cr^{6+} 的吸附能力随土壤 pH 的增高而降低，黏土矿物对 Cr^{3+} 的吸附能力随土壤 pH 的增高而增高。铬的有机化合物可以改变土壤中铬的化学行为，土壤有机质的显性效应就是促进 Cr^{6+} 被还原为 Cr^{3+}，在一些水稻田、潮土、沼泽土中，厌氧微生物、Fe^{2+}、Mn^{2+} 和可溶性硫化物也可以将 Cr^{6+} 被还原为 Cr^{3+}，故在多数土壤中一般难以检测到可溶性 Cr^{6+} 的存在。这是因为土壤中可溶性 Cr^{6+} 存在必须具备 Eh>1 200 mV 强氧化状态，而这样高的 Eh 在土壤中是不存在的。

土壤中铬的吸附作用通常与土壤黏土矿物质量分数密切相关，在较小程度上也与氢氧化铁、有机质相关，土壤有机质对铬转化特别是对铬被还原过程（即 Cr^{6+} 被还原为 Cr^{3+}）的影响具有重要的环境意义。詹姆斯（James）等 2001 年将土壤中 Cr^{3+}/Cr^{6+} 交换平衡作为土壤有效性锰与有机质之间的"振荡跷跷板（oscillating seesaw）"，其中土壤 pH 则作为可控制性的主变量，并协助建立氧化锰的氧化反应性以对抗有机物质和其他化合物（FeS、$FeSO_4$）的还原特性。许多学者还探讨了富含有机质的废弃物通过改变土壤 Eh 对铬离子变化的影响：在氧化条件下土壤中 Cr^{6+} 主要以 CrO_4^{2-} 和 $HCrO_4^-$ 存在；在自然土壤条件下，铬的氧化潜能似乎与土壤中氧化锰质量分数直接相关；在还原条件下，泥炭土壤则对铬具有较高的吸附性能，其吸附量为 24 250～52 800 mg/kg，即泥炭结合铬形成了难溶性的含铬有机化合物。

　　土壤中铬的形态及其转化具有重要的环境和健康意义，学术界已深入研究了重金属铬污染的土壤中铬形态转化及其溶解度，已经证实土壤中铬形态转化过程是快速有效的。杜卡(Duka)等1993年运用Tessier法将有机物质以污水软泥的方式加到砂壤质土壤之中(土壤pH＝6.1)，引起了土壤中铬存在类型发生显著变化，即可交换铬的比例由原来的8％增加到52％，有机结合态铬的比例由原来的9％增加到31％，这种可移动性铬的浓度已对农作物构成了毒害。Bartlett等将牛粪加入不含有机质的土壤之中，发现在24 h后土壤中Cr^{6+}几乎全部被牛粪还原为Cr^{3+}。在墨西哥铬严重污染土壤中，其表土层全铬质量分数为807～12 960 mg/kg，这些铬主要集中在可被还原的含水铁锰氧化物、可被氧化的硫化物和有机物微颗粒表面。

　　在碱性土壤之中大部分的铬处于难以被溶解的状态，在自然植被条件下土壤溶液中铬质量浓度为2.7～10.0 μg/L，而在农作物植被条件下，由于受人工向耕地土壤中施用磷肥的影响，其土壤溶液中铬质量浓度则高达700 μg/L。土壤在渍水的还原条件下，土壤中水溶性和交换性铬有增加的趋势，同时也有利于有机结合态铬的形成。土壤中水溶性的Cr^{6+}对植物和动物均有毒害作用，而且，土壤性质(特别是土壤质地和pH)对其毒性有重要影响，随着土壤中铬质量分数的增加，土壤中微生物酶的活性则降低，土壤中脱氢酶的活性和硝化过程对此也特别敏感。含有Cr^{6+}的化合物对土壤中枯草芽孢杆菌(*Bacillus Subtilis*)具有强烈的致突变性作用，而含Cr^{3+}的化合物对上述微生物仅具有轻微的致突变性作用。

　　砷　砷(As)是一种灰白色、具有金属光泽的类金属元素，也是生命体必需的微量元素，但土壤砷污染引起人体摄入过量的砷，导致人体出现不良症状或发生多种病变。砷是现代工业广泛应用的类金属元素，据美国地质调查局资料，2014年全球三氧化二砷产量约为46.00 kt，砷被广泛应用于医药、化工、农药、制革、电子等工业部门。砷在自然环境中常以三种晶格结构的类金属形式存在，包括自然砷、砷化物、砷酸盐、辉砷矿等。

　　在自然环境的含砷矿物或化合物一般多属于易被水溶解的物质，但由于土壤中黏土矿物、氢氧化物和有机质对砷的强烈吸附作用极大地限制了砷的迁移。相对于成土母砷岩，砷在泥质沉积物和土壤表土层的富集，表明有火山喷发释放和人类污染排放等外源砷进入土壤之中。土壤中砷的存在状态有As^{3-}、As^0、As^{3+}和As^{5+}，其中As^0和As^{3-}是还原环境的标志性特征。土壤中常见可溶性砷则以复杂的阴离子(如AsO_2^-、AsO_4^{3-}、$HAsO_4^{2-}$和$H_2AsO_3^-$)形态存在，其中砷酸盐(AsO_4^{3-})化学行为与磷酸盐、钒酸盐类极为相似。

　　砷在土壤中可形成许多无机-有机复合化合态，如土壤中有机砷常见的有甲基砷(MMA)、二甲基砷(DMA)、三甲基砷(TMA)；无机砷则有As_2O_3、亚砷酸盐和As_2O_5、砷酸、砷酸盐等；其价态有3价和5价。土壤中砷及砷化物的毒性因价态、化合物构成不同而不同。单质砷不溶于水和强酸，不易被生物所吸收，故其毒性极低，而化合物中砷化氢的毒性最大；无机砷的毒性大于有机砷、3价砷的毒性大于5价砷的毒性，如无机3价砷的毒性是无机5价砷毒性的60倍。

　　土壤性状特别是土壤的pH-Eh状况对砷的被吸附过程中有重要影响，在酸性土壤中砷主要以$H_3As_3O_3^0$形态存在，但在强碱性(pH>9.0)土壤中则以$H_2AsO_3^-$形态存在。在好氧的(氧化)环境之中,酸性土壤(pH<7.0)中的 As^{5+} 主要以 $H_2AsO_4^-$ 形态存在,而碱性土壤(pH>7.0)中的 As^{5+} 主要以 $H_2AsO_4^-$ 形态存在,另外土壤中 As^{3+} 的毒性和可移动性均强于 As^{5+} 。氢氧化铁是调控土壤中砷质量分数和土壤溶液中砷质量分数的重要物质,砷质量分数的阴离子形式(如 AsO_2^- 、 $HAsO_4^{2-}$ 和 $H_2AsO_3^{2-}$)主要存在于土壤溶液之中,砷的阳离子形式(特别是 As^{3+} 和 As^{5+})极易被黏土矿物、铁锰氧化物-氢氧化物和有机质所吸附,在土壤 pH=7.0 时 As^{5+} 的吸附量最大,而在土壤 pH=4.0 时 As^{3+} 的吸附量则最大。另外,土壤中砷与磷、铁、铝、钙和锰组成的化合物对土壤中砷化学行为有重要影响,在酸性土壤中铝-砷、铁-砷化合物占优势,而在碱性土壤中钙-砷化合物则居多。

10.2.2 土壤中镉铅汞的转化

重金属元素镉、铅、汞是目前公认的有害元素,它们在土壤中处于低质量分数时则无明显的危害,但当它们在土壤中浓度超过一定值时,其毒性大大增强。因此,重金属镉、铅、汞造成的土壤污染,也是对生物和人群危害性最大的环境污染之一。

镉 镉是具有银白色光泽的重金属元素和分散元素,在自然环境中它主要以硫镉矿(CdS)赋存于锌矿、铅锌矿和铜铅锌矿石之中。镉也是现代工业广泛应用的化学元素之一,据美国地质调查局资料,2014 年全球镉产量约为 22.2 kt,被广泛应用于冶金、电镀、化工、电子和核工业等领域。镉作为毒性最强的土壤重金属污染物之一,人类排放的镉在表生环境中具有一定的化学活性,极易造成土壤或水体镉污染,日本 20 世纪中期出现的"骨痛病"就是镉污染的例证。

在多数土壤中约 99% 的镉与土壤胶体相结合,而土壤溶液中镉质量分数极少,质量浓度为 0.2~300 $\mu g/L$。土壤中的镉可以形成多种化合物和络合物,其中以阳离子状态存在的有 $CdCl^+$ 、 $CdOH^+$ 、 $CdHCO_3^+$ 、 $CdHS^+$ 等,以阴离子状态存在的有 $CdCl_3^-$ 、 $Cd(OH)_3^-$ 、 $Cd(OH)_4^{2-}$ 、 $Cd(HS)_4^{2-}$ (Kabata-Pendias 等,2007 年)。在旱地土壤中镉多以难溶性碳酸镉(CdCO$_3$)、磷酸镉[Cd$_3$(PO$_4$)$_2$]和氢氧化镉[Cd(OH)$_2$]的形态存在,而在水田土壤中镉则多以难溶性硫化镉(CdS)的形态存在。

重金属镉进入土壤后经过一系列物理化学变化,并形成不同的化学形态。按吸持基质的不同可将土壤中镉划分为水溶态、交换态、络合态(与土壤中的 Cl^- 、 HS^- 、 OH^- 、 NH_4^+ 和其他有机官能团之间的络合与螯合)、矿物态(如 CdS)。由于受土壤类型(物质组成和性状特征)以及重金属镉进入土壤的形式和途径之影响,不同地域的不同类型土壤中重金属镉的形态构成也有很大的差异,如图 10-14 所示。特别是土壤 pH、Eh、阳离子交换量(CEC)、质地、黏土矿物类型、腐殖质质量分数等都会影响镉在土壤中的存在形态、溶解度和移动性。例如土壤偏酸性时,镉溶解度增高,在土壤中易于迁移;土壤处于氧化条件下(稻田排水期及旱田),镉则易转变成可溶态而被植物吸收。

人类排放的重金属污染物镉进入土壤之后,首先被土壤中的黏土矿物和有机胶体吸附,进而可转变为其他形态。通常土壤对镉的吸附能力越强,镉的迁移活性就越弱。一部分被吸附的镉也可从土壤表面解吸下来,溶解到土壤溶液中。土壤溶液中的镉质量分数升高,将增加镉迁移进入食物链的风险,同时还可通过地表径流或沿土壤剖面向下

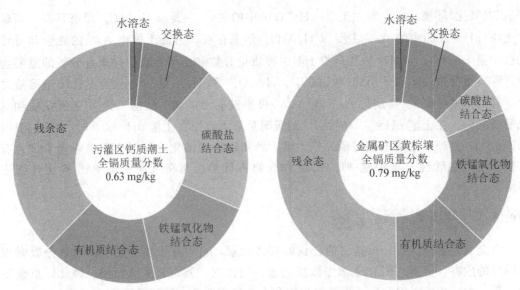

图 10-14　不同土壤中镉形态构成的比较

迁移而污染水体。土壤中的黏土矿物、有机质、铁-锰-铝的水合氧化物、碳酸盐、磷酸盐等对人为排放镉的吸附固定起着主要作用，而且各组分之间存在复杂的相互影响，使不同类型的土壤表现出不同的吸附能力。

土壤的酸碱度也是影响土壤镉吸附过程的主要因素，随着土壤 pH 升高，土壤对镉的吸附能力将会增加。已有研究成果表明，土壤对镉的吸附量随土壤 pH 由低增高呈现以下特征：低吸附量区段、中等吸附区段、强吸附和沉淀区段，其中在中等吸附区，土壤对镉吸附量与 pH 呈正相关性；在土壤 pH 小于 6 时，土壤中生物有效态镉量随 pH 的升高有增加的趋势；当土壤 pH＞7.5 时 94％以上的水溶态镉进入土壤中，并主要以黏土矿物和氧化物结合态及残留态形式存在，这也是酸性土壤施用适量石灰会导致镉毒性降低的主要原因。

为了消除土壤镉污染确保土壤健康与食品安全，人们已经建立了镉污染土壤修复的客土法、化学冲洗法、化学物固化钝化法、电化学法，这些方法大多费用高、效果差、易造成二次污染、易引起营养元素流失和易破坏土壤理化性质，在实际应用中存在较大的局限性。1983 年切尼（Chaney）等提出了利用植物萃取技术修复被重金属污染土壤的新途径并开展了进一步研究，随后贝克（Baker）等通过盆栽实验证实了十字花科的遏蓝菜（*Thlaspi caerulescens*）对土壤中镉具有超常的富集作用，可以用来修复被镉污染的土壤；还有学者研究发现印度芥菜（*Brassica juncea* L. Czern.）、萝卜（*Raphanus sativus*）、油菜（*Brassica napu*）等作物也对土壤镉有一定程度的富集作用。虽然这些植物具有较高的镉富集能力，但因其生长缓慢、地上生物量较小、部分属于食源性作物易引起二次污染或使土壤中镉向食物链中迁移等问题，在修复镉污染土壤方面还具有一定的局限性。从土壤发生学角度来看，农业土壤被重金属镉污染过程及其修复过程均是人为参与下的相对缓慢的成土过程，因此，通过种植非食源性经济农作物（如棉花、花卉、橡胶、造纸树木等）吸收、富集并萃取土壤耕作层中重金属镉，将土壤-植物系统局部集中的镉通过适

当的途径扩散到广阔的环境之中(重金属质量分数均在高端阈值之下),确保土壤耕作层中镉质量分数不再增加或逐渐减少,将是具有经济、社会和环境效益的土壤重金属污染修复技术。

铅　铅(Pb)是具有蓝色-银白色光泽、较为柔软的重金属元素和分散元素,在自然界中常与锌共生形成多金属矿床。铅也是现代工业广泛应用的化学元素之一。据 WMSY 统计,2011 年全球精铅产量为 10.04 Mt,铅被广泛应用于冶金、电镀、化工、电力和核工业等领域。由于铅化学性质稳定,在自然环境中铅移动性和活性均较低,而人类活动排放造成土壤铅污染及带来的健康风险更应该受到学术界的关注。

多数土壤中有两种类型的铅:无机铅化合物和有机铅化合物,主要以 Pb^{2+} 存在,极少数有 Pb^{4+} 存在。自然环境土壤中的铅则以无机铅为主,是源于成土母岩风化的产物,常以方铅矿(PbS)、红铅矿(PbO_2)、白铅矿($PbCO_3$)、硫酸铅矿($PbSO_4$)及铁锰氧化物吸附态铅为主,土壤溶液中 Pb 质量浓度为极低,一般为 $1\sim60\ \mu g/L$,土壤溶液中微量铅多以 Pb^{2+}、$PbCl^+$、$PbOH^+$、$PbCl_3^-$、$Pb(CO_3)_2^{2-}$ 为主。在被污染土壤中则还含有相当数量有机铅化合物——烷基铅,其分子通式为 R_nPbH_{4-n}(R 为烷基,$n=1\sim4$),如二烷基铅(R_2PbH_2)、三烷基铅(R_3PbH)和四烷基铅(R_4Pb),这些有机铅多来自于汽车尾气排放和石化工业排放。

土壤中含铅化合物的溶解度极低,也使土壤铅的迁移能力有限,究其原因主要有4个:①在土壤环境中铅的化学性质比较稳定;②土壤中的阴离子对铅的固定作用,如 CO_3^{2-}、PO_4^{3-}、OH^- 等均可与 Pb^{2+} 形成难溶性化合物;③土壤中众多的配位体和有机官能团能够与 Pb^{2+} 发生络合螯合反应并形成稳定的含铅配合物;④是土壤黏土矿物(特别是铁锰氧化物颗粒物)对 Pb^{2+} 具有较强的吸附能力,被黏土矿物吸附的铅植物也难以吸收。上述综合作用的结果是铅难以在土壤剖面中迁移,故在铅污染土壤之中,这些外源铅主要聚集并停滞在土壤表土层,且铅质量分数常常与土壤黏土矿物质量分数、有机质质量分数具有同步分布的特征。

汞　汞是一种有毒的、银白色的、液态且具有挥发性的重金属元素,在自然界中以辰砂、甘汞及其他几种矿的形式存在。汞是人类发现并利用较早的重金属元素,也是现代工业广泛应用的化学元素之一。据美国地质调查局资料,2014 年全球汞产量约为 1.88 kt,汞被广泛应用于冶金、电镀、仪表、化工与染料制作等工业领域。人类工业活动及其相对大规模集中排放造成的汞污染,特别是由甲基汞污染引起的水俣病的爆发,已经在世界范围内引起了人们对汞污染的重视。由于汞及其某些化合物是在常温环境中具有挥发性,汞在地球表层系统中具有显著的移动性,已有调查观测表明,大气汞的长距离传输-干沉降-湿沉降已向远离人类工业活动的自然水体、土壤与植物系统中输入了外源 Hg。

人类活动排放的汞通过大气汞干沉降、湿沉降或灌溉水源进入土壤之中,在土壤中汞经过复杂的物理过程、化学过程和生物学过程不断进行迁移和转化,并以单质汞、有机态汞和无机态汞(水溶态、交换态、碳酸盐结合态、铁锰氧化物结合态、有机结合态和残渣态)存在于土壤中,这些汞大部分滞留于土壤之中,部分被植物吸收或随地表径流、地下径流进入水体之中,还有一小部分以气态汞形式经过挥发进入大气层,故土壤既是

汞的汇，又是汞的源。

土壤中无机态汞化合物主要有 HgS、$HgCl_2$、$HgCl_4^{2-}$、$HgCO_3^+$、$HgHCO_3^+$、$HgNO_3^+$、$Hg(NO_3)_2$、$HgSO_4$、HgO 和 $HgHPO_4$ 等，其组成的相对份额因土壤类型不同而变化。如在盐碱土中无机态汞化合物主要是 $HgCl_2$、HgS、$HgSO_4$ 和 $HgCO_3$；在水稻土中则主要为 $HgNO_3^+$、$Hg(NO_3)_2$、$HgHPO_4$ 等。土壤无机态汞及其化合物（如 $HgCl_2$、$HgCl_4^{2-}$）是植物易吸收利用的汞；而 HgS 则是难以被植物吸收利用的无机化合物。土壤中汞的有机态化合物主要有 CH_3HgS^-、CH_3HgCN、$CH_3HgSO_3^-$、$CH_3HgNH_3^+$ 和腐殖质结合汞等，其中以腐殖质结合汞最为重要。土壤中有机化合态汞通常只占总汞的 2%。在各种有机化合态汞中，以甲基形式存在的汞的生物有效性较高，毒性较大，易被植物吸收并通过食物链在生物体内逐级富集，易对生物和人体健康造成危害；而腐殖质结合汞的生物有效性较低，不易被作物吸收，而且毒性也较低。土壤汞参与的生物化学转化过程主要包括还原过程、氧化过程、水合过程和络合螯合过程等，这些过程及其转化特征通常与土壤质地、土壤 pH、Eh、有机质质量分数、微生物活动状况等因素有关。

10.3 持久性有机污染物的转化特征

10.3.1 土壤中有机氯农药的转化

土壤中有机氯农药的残留状况，不仅取决于外源输入（人为输入与大气沉降）状况，还取决于有机氯农药在土壤中保持作用（吸附-解吸）、转化作用（化学转化、微生物转化与植物吸收）、挥发作用和输送作用（地表径流与地下径流）状况。土壤中有机氯农药降解过程包括光化学降解、化学降解和微生物降解等。

土壤中有机氯农药的光化学降解，是指在太阳辐射能的作用下土壤表土层中有机氯农业的分解过程。在太阳光能（特别是紫外线）作用下，表土层中有机氯农药分子发生光化学反应（如光分解、光氧化、光水解或光异构化），致使有机氯农药分子中的 C—C 键、C—H 键断裂，引起其分子结构的转化以及原有的毒性降低或消失。由于太阳光线难以穿越土层，故光化学降解仅对表土层中落到土壤表面与土壤结合的农药起作用。由于有机氯农药属于化学性质相对稳定的持久性有机污染物，故化学降解对土壤中有机氯农药降解的作用有限，仅有水解和氧化可促进其降解，而且土壤中的许多化学过程均有土壤微生物参与，故土壤微生物参与到生物化学降解过程中。土壤中有机氯农药的微生物降解过程或土壤微生物对有机氯农药的新陈代谢作用具体包括脱氯作用、氧化还原作用、脱烷基作用、水解作用、环裂解作用等，这些过程均是土壤中有机氯农药降解的主要途径。

贝克等 1965 年研究发现，普通变形杆菌（*Proteus vulgaris*）能够将土壤中的 DDT 还原脱氯生成 DDD，由于 DDD 不如 DDT 或 DDE（DDE 为 DDT 脱去氯化氢生成的毒性较低的产物）稳定，DDD 在微生物作用下再脱去氯化氢生成 DDMU，DDMU 被还原就生成 DDMS，DDMS 再脱去氯化氢就生成 DDNU，其被氧化就生成 DDA。DDA 在水中溶解度比 DDT 大，是高等动物和人体摄入及储存的 DDT 的最终排泄产物。另外，当土壤中的 DDA 再被脱去羟基将生成 DDM，而 DDM 在厌氧条件下被氧化生成不能被进一步代谢的 DPB。土壤中上述 DDT 微生物降解过程也存在好氧与厌氧条件的交替，这对于 DDT 的彻底降解有促进作用。

在微生物的作用下土壤环境中的有机氯污染物六氯环己烷（HCH）会被降解，一般认为在厌氧条件下 HCH 的生物降解较快，参与降解有机氯污染物六氯环己烷（HCH）的微生物有梭状芽孢杆菌、假单孢菌等。在厌氧条件下，微生物的厌氧脱氯过程使 HCH 降解为低氯代苯类，低氯代苯类还可再次被微生物好氧降解，如 HCH 在厌氧沉积物中脱氯后主要转化为二氯苯，在有专性降解有机氯污染物六氯环己烷（HCH）微生物的条件下，HCH 能够被完全脱氯形成苯。HCB 还原脱氯过程为：HCB（六氯苯）→PCB（五氯苯）→1，2，3，5-TeCB（四氯苯）→1，3，5-TCB（三氯苯）→1，3-DCB（二氯苯）→苯，其中 1，3，5-TCB（三氯苯）是六氯苯脱氯过程的主要产物。

在好氧条件下土壤中的 γ-HCH 具有较强的稳定性，但在土壤微生物（特别是特种酶）的作用下，γ-HCH 被转化成 2，5-二氯氢醌；2，5-二氯氢醌脱氯形成氯氢醌，氯氢醌再被转化为马来酰乙酸，马来酰乙酸是酚类化合物降解途径中的一个主要中间代谢物，它能被转化为 β-酮己二酸，β-酮己二酸能被广泛分布于土壤中的细菌和真菌代谢降解，最终导致 γ-HCH 的矿化。Nagata 等 1999 年研究发现，在 *Sphingomonas paucimobilis* 催化的 γ-HCH 降解过程中有六个结构基因，在它们的作用下 γ-HCH 及其降解中间产物得到持续的降解，其降解过程可以分为以下阶段：①在 γ-HCH 脱氯化氢酶（γ-HCH dehydrochlorinase）催促的脱氯化氢反应，即 γ-HCH 脱氯化氢酶将 γ-HCH 经过 γ-五氯环己烯转化为不稳定的代谢物——1，4-四氯环己二烯，该物质能自发脱氯形成 1，2，4-三氯苯。②在 1，4-四氯环己二烯卤化物水解酶（1，4-TCDN halidohydrolase）催化的水解脱卤反应，即 1，4-四氯环己二烯经过 2，4，5-三氯环己二烯醇再转化为 2，5-二氯环己二烯二醇，同时 2，4，5-三氯环己二烯醇也能自发脱氯形成 2，5-二氯酚；1，2，4-三氯苯和 2，5-二氯酚是两个致死终端产物，分别是从不稳定的二烯中间物 1，4-四氯环己二烯和 2，4，5-三氯环己二烯醇自发形成的稳定产物。③在 2，5-二氯环己二烯二醇脱氢酶（2，5-DDOL dehydrogenase）催化的脱氢反应中，2，5-二氯环己二烯二醇转化为 2，5-二氯氢醌。④在 2，5-二氯氢醌还原脱卤酶（2，5-DCHQ reductive dehalogenase）催化的脱卤反应中，2，5-二氯氢醌经过氯氢醌转化为氢醌，在一般情况下该反应缓慢，但在胱甘肽的诱导下其反应可以得到显著的加快，可见 2，5-二氯氢醌还原脱卤酶是一个谷胱甘肽依赖的还原脱卤酶。⑤在氯氢醌 1，2-双加氧酶（CHQ 1，2-dioxygenase）催化的裂解反应中，氯氢醌 1，2-双加氧酶对氢醌的活性较低，它裂解氯氢醌产生酰氯，酰氯自发地与水发生反应，脱去一个氯化氢形成马来酰乙酸，但是氯氢醌 1，2-双加氧酶对氯氢醌的活性较高，氯氢醌很可能主要被它所降解。⑥在马来酰乙酸还原酶（MA reductase）催化的还原降解反应中，马来酰乙酸还原酶能将马来酰乙酸转化为 β-酮己二酸，另外在氯酚化合物的降解中，该酶不仅能转化马来酰乙酸，也能转化马来酰氯乙酸为 β-酮己二酸。

总之，许多土壤及其环境因素对土壤中有机氯农药污染物的降解过程及其速率有影响，其中重要的影响因素有土壤类型、水分含量、pH、温度、黏土矿物含量、有机质含量、微生物组成-多度-活动状况、土壤质地、孔隙度及通气状况。

10.3.2　土壤中多氯联苯的转化

土壤中多氯联苯(PCBs)特别是那些已经过微生物高强度脱氯的 PCBs 极易挥发进入大气。Haque 等早在 1974 年就报道了在土壤颗粒或砂粒表面薄膜上有 PCBs 挥发作用，并发现在干燥的室温条件下，4 h 内通过挥发作用沉积物表面可流失 45%～60% 的 PCBs。高的环境温度、通畅的气流、粗的土壤质地、高的水分含量和富含低邻位氯代同系物等因素均能够加速 PCBs 的挥发过程。

疏水有机化合物在水体环境溶解态和吸附态之间的分配决定着其环境行为。当 PCBs 污染物吸附在溶解性有机物(dissolved organic matter，DOM)表面之后，PCBs 将不易被生物体利用吸收，其生物可利用性降低。尽管 PCBs 被吸附在有机物表面且限制了生物对其的直接吸收，但这些经过脱氯的 PCBs 污染物仍然可以在碎屑食物网中被摄入，这也是 PCBs 水体中被利用的一个重要途径。碎屑系统中 PCBs 的行为与 PCBs 同系物的结构和起源有关。Baker 等(1991)研究发现，在深的水体中，生物代谢的微粒状有机物(pellets organic matter，POM)可吸附二氯联苯、三氯联苯和四氯联苯，并快速下沉形成新的沉积物，但在水-沉积物界面这些 PCBs 还会被释放并混合进入水体之中；伯泽(Boese)等(1995)研究指出，被 POM 强烈吸附的高氯代 PCBs 同系物并不容易被水体中食碎屑类动物所吸收。总之，PCBs 在环境中的键合(吸附)过程与物质迁移(扩散)过程的综合，对于 PCBs 在水相和固相之间的分配及其迁移具有重要的影响，这些过程也是环境中 PCBs 行为的主要组成部分。

土壤是地表 PCBs 的接纳和储存器。通过多种途径进入土壤中的 PCBs，部分通过挥发进入大气、植物吸收或随水土流失过程从土体中流失，而残留在土壤中的 PCBs 则与土壤腐殖质、黏土矿物等通过吸附作用紧密结合。研究表明，PCBs 在土壤中吸附过程迅速，会在数小时之内达到吸附-解析平衡。PCBs 在土壤中吸附量与土壤中有机质含量呈现明显正相关性，与土壤颗粒质地(黏土矿物含量)也呈正相关性，而与土壤 pH 无明显的相关性。由于受土壤腐殖质和黏土矿物颗粒的吸附，PCBs 在土壤中的移动性降低。塔克(Tucker)等 1996 年在实验室进行了 4 个月模拟实验，发现某些 PCBs 很难随淋洗水从土壤中渗漏出去，特别是那些富含黏土矿物的土壤，还发现 PCBs 在不同土壤中的渗滤序列为砂壤土＞粉砂壤土＞粉砂黏壤土。有学者调查研究了污染地区不同深度土壤中 PCBs 含量，发现随着土壤深度的增加，土壤中 PCBs 含量迅速降低，这证明了土壤中 PCBs 的迁移性很弱。

PCBs 是一类稳定化合物，一般不易被生物降解转化，尤其是高氯取代的异构体。但在适宜的土壤条件并有优势菌种微生物的作用下，土壤中不但可以发生 PCBs 的生物降解，而且降解速率也会大幅度提高。已经有研究证明，Cl 原子数小于 5 的 PCBs 可以被几种微生物氧化降解成无机物，这被认为是土壤和水环境中 PCBs 的重要的降解过程，包括厌氧小于还原-脱氯过程、好氧氧化。脱氯过程和水解卤化过程。从理论上看，PCBs 生物降解的产物应该是 CO_2、H_2O 和氯化物，实际上这个过程还包含有氯原子从联苯环上的脱离、苯环的裂解及其产物的被氧化过程。

厌氧还原脱氯过程主要在高氯代 PCBs 中发生。此过程可能是由于微生物的选择性，其反应速率主要受对位上脱氯的速率限制，如某些甲烷菌优先从 PCBs 的对位上去除氯原

子，其结果也提高了一氯代、二氯代和三氯代 PCBs 的邻位取代反应，PCBs 的所有氯原子都在同一个环上的生物降解速度要比两个环上都有氯的快。在厌氧环境中高氯代 PCBs 通过厌氧还原脱氯作用被降解为低氯代 PCBs，单一氯代联苯和邻位取代的二氯代联苯都以这种方式降解，这种类型降解的实质是氢原子取代联苯环上的氯原子。PCBs 的厌氧还原脱氯过程是其生物降解过程的前期过程，厌氧还原脱氯的反应时间一般都比较长，土壤中 PCBs 浓度、营养物质浓度以及其他物质（如表面活性剂等）都对 PCBs 的脱氯速率有影响。总之，土壤微生物对 PCBs 的脱氯降解在厌氧沉积物中和水稻土中非常普遍。厌氧还原脱氯过程明显降低了土壤 PCBs 污染所造成的风险：一方面它将高氯代 PCBs 转化为低氯代 PCBs，这为土壤微生物在好氧条件下氧化 PCBs 创造了有利条件；另一方面是由于土壤中的低氯代 PCBs 不易被生物吸收和富集，故降低了土壤中 PCBs 的生物富集力，也降低了其致癌性和毒性。

尽管低氯代 PCBs 的化学性质相当稳定，但在好氧条件下它们能被微生物降解或转化。如在假单孢好氧细菌（*Pseudomonas*）作用下，PCBs 通过氧化脱氯作用（联苯环上添加氧原子而脱去氯原子）而被降解。在好氧微生物降解 PCBs 的过程中，联苯双加氧酶首先催化联苯产生联苯二氢二醇，一般在 2，3 位加氧，有时也在 3，4 位加氧；其次联苯二氢二醇被联苯二氢二醇脱氢酶催化为 2，3-二羟基联苯，2，3-二羟基联苯又被相关双加氧酶催化为 2-羟基-6-氧 6-苯基己二烯酸，该产物再次被相关水解酶通过间位开环方式催化为氯苯甲酸。相关研究表明土壤微生物对 PCBs 好氧氧化脱氯降解具有以下特征：随着联苯环上氯原子取代位点数量的增加，PCBs 降解速率将降低；联苯环上两个相邻氯原子取代位点对 PCBs 的脱氯降解有抑制作用；如果在两个苯环上都有氯取代，携带氯原子少的苯环优先被开环，并且开环反应更易发生在没有取代基的苯环上；2，3 位有氯原子被取代的 PCBs 如（2，2-3，3-四氯联苯、2，2-3，5-四氯联苯、2，4，5，2-3-五氯联苯）比其他的四氯、五氯联苯更容易被降解。

总之，土壤中 PCBs 的降解过程（厌氧还原脱氯过程、好氧氧化脱氯过程和水解卤化过程）属于开放系统中复杂的生物化学与物理化学过程，其影响土壤中 PCBs 降解的因素众多，主要包括：土壤中 PCBs 的物质组成（氯化程度）、氯原子在联苯环上的位置、土壤中 PCBs 的含量、土壤微生物的组成及其生物量、其他营养物质含量、土壤 pH-Eh 及其温度状况等。

生物体能够积累 PCBs，是生物体内 PCBs 的浓度（$^{PCBs}C_{bio}$）高于生物生活的无机环境中 PCBs 的浓度（$^{PCBs}C_{envir.}$）。生物积累（bioaccumulation）实质上是一个选择吸收过程，即生物个体在其整个代谢活跃期内都在通过吸收、吸附、吞食等各种过程，从周围环境中蓄积某些元素或难分解的化合物，以致随生物的生长发育，浓缩系数不断增大的现象，又称之为生物学积累。生物体对某种环境污染物的积累程度常用生物积累系数（bioaccumulation factor，BAF）来表示，它与生物特性、营养等级、食物类型、发育阶段、接触时间、污染物性质与浓度等有关。

$$BAF = {}^{PCBs}C_{bio} / {}^{PCBs}C_{envir.} \tag{10-24}$$

生物浓缩（bioconcentration）是指生物有机态通过体表、肠管或鳃将其生存环境中污染物吸收并蓄积在体内，使体内污染物浓度超过环境中相应物质浓度的现象。生物浓缩

作用常用生物浓缩系数（bioconcentration factor，BCF）来表示，BCF 是某种化学物质在生物体内积累达到平衡时的浓度与所处环境介质中该物质浓度的比值：

$$BCF = 生物体内残留浓度/环境介质中的浓度 \qquad (10\text{-}25)$$

由于某些持久性化学物质（如 DDT、PCBs）在生物体内达到积累平衡需要持续很长时间，故在实际研究工作中，常用特定时段内生物摄入某种化学物质的速率（$^xK_{in}$）与其排除该物质的速率（$^xK_{out}$）来估算该生物对这类化学物质的生物浓缩系数（^xBCF）：

$$^xBCF = {^xK_{in}}/{^xK_{out}} \qquad (10\text{-}26)$$

生物放大（biomagnification）是指生物有机体内污染物质的浓度随食物链的延长和营养等级的增高而增加的现象。生物放大作用常用生物放大系数（biomagnification factor，BMF）来表示，^xBMF 是指生物有机体内污染物浓度（$^xC_{bio}$）与其食物有机体内（$^xC_{bfood}$）的比值：

$$^xBMF = {^xC_{bio}}/{^xC_{food}} \qquad (10\text{-}27)$$

10.4　土壤污染暴露途径及风险评价

10.4.1　土壤污染物的暴露途径

作为关联地表大气-地壳-水体-生物-人类的枢纽，土壤不仅是人类排放各种污染物的重要汇聚场所，还是人类生态系统食物链的首端基质，因此，土壤中的污染物可通过植物吸收进入食物链，并对动物和人群健康造成各种危害。土壤是安全和高质量饲料、食品供应链中的一个重要因素，其在维护食品安全中的关键作用已受到国际社会的广泛关注。土壤中的污染物在迁移转化过程中可通过农作物-养殖动物食物链、地表水体-水生生物食物链、饮用水体及其空气扩散吸入、人体接触渗吸等途径进入人体，构成了人体对土壤污染物的 3 个主要暴露途径，即进食摄入、呼吸饮水吸入、人体接触渗吸，如图 10-15 所示，这就对人体健康构成多种潜在性危害。客观准确地诊断土壤污染类型及其程度、跟踪污染物多界面过程、监测人群暴露总量及其持续时间、分析其吸收的综合影响因子等，则是评价土壤污染物对生态系统及人群的生态毒性、风险的基础，也是修复土壤污染的重要参数。土壤污染物对人体暴露途径监测通常采用以下 3 种方法。

土壤-食物链-人体跟踪监测法。这是指综合监测研究区土壤类型及其性状、土壤中目标污染物的质量分数、形态及其迁移转化特征、农作物（根系-茎叶-籽粒）目标污染物的质量分数，监测研究区地表水-沉积物-水生生物、地下水及其近地大气中目标污染物的质量分数，运用相关环境质量标准、食品及其水质标准估算人体对污染物的暴露状况。一般情况下人群通过作物消费暴露于土壤污染物取决于 3 个关键因素，这 3 个因素通过不同模型计算得出人类暴露量：①农作物从土壤中吸收积累的污染物浓度；②人群作物食品总消费量和区域作物食品消费总额的比例；③被人体从蔬菜水果中吸收积累的污染物量；④综合上述各途径得出每周、每日人体吸收的目标污染物的总量，并依据表 10-3 标准综合评定对人群的健康风险。该方法的优点是能够阐释目标污染物对人体的影响途径，对于防控污染物对人群健康的风险有指导作用，但由于自然环境季节、生物生长发育节律的差异，这就需耗费大量的时间与精力来监测不同时段内土壤-生物-水体-近地大气中目标污染物的质量分数。

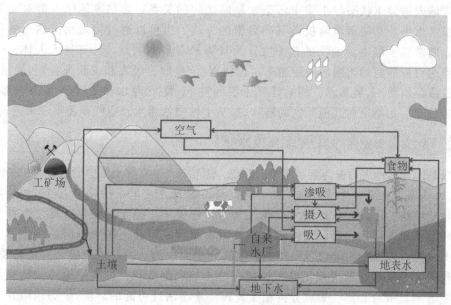

图 10-15　土壤污染物的主要暴露途径示意图

（据 Duarte 等，2018 年资料）

表 10-3　部分微量元素容许的上限摄取量　　　　　　　　　单位：mg/kg

微量元素	每周允许上限摄入量	每日允许上限摄入量
砷	0.015	—
镉	0.007	—
铜	—	0.50
铁	—	0.80
铅	0.025	—
汞	0.005	—
甲基汞	0.001 6	—
锌	—	1.00

（据 Stankovic 等，2013 年资料；—表示无数据）

　　人体中污染物的溯源监测法。这是利用生物监测方法来测定人体头发、指甲、尿液等代谢物中目标污染物的质量分数，并借助相关动物培养实验结果，阐释目标污染物对人体健康的影响，即使用土壤与植物之间 BCF 的简单经验关系式，或者使用观察到的实验或田间数据将污染物浓度、土壤性质和植物类型与一个或多个回归方程关联的复杂经验关系，或者使用从基本科学原理描述土壤地球化学和植物生物化学的复杂模型——一种半经验与机械的方法。该方法能揭示人体针对相关污染物的整体暴露结果，结合相关环境调查数据可阐释人体对污染物的新陈代谢的特征。

　　土壤中污染物监测的综合分析法。这是运用荟萃分析法综合阐释土壤中污染物质量分数、形态与区域人体健康的相关性，并通过流行性病学调查与生物培养实验结果，综

合分析区域人群健康状态与土壤中污染物暴露之间的关系，为估算区域人群对土壤中污染物的暴露水平及其健康风险提供基础数据的方法。也可以通过构建相应的土壤污染暴露模型，通常以土壤中污染物的总浓度作为计算暴露量的起点，计算进入人体、被吸入血液或到达目标器官的土壤污染物速率，包括直接（摄取、吸入和皮肤吸收）和间接（通过饮用水或蔬菜消费）人类暴露，同时计算土壤隔室（土壤-孔隙水和土壤-土壤空气部分）内的污染物分布、污染物向其他隔室的转移（如从土壤向饮用水、空气或蔬菜水果的转移）。

10.4.2 土壤污染物的环境/生态风险评价

土壤是地球陆地表面极为复杂的生态系统，据估计 1 g 森林土壤中栖息有约 40 000 个细菌、7 000 个真菌和数千个无脊椎动物，它们与植物-土壤之间维持着结构与过程复杂多样的营养物质网络。因此，从毒理学的角度来看，评价一个特定污染物对每个生物个体的化学毒性是相对简单的，而评估土壤污染物对食物网或营养网络中不同生态位的生物群体的生态风险，以及对土壤过程及功能的危害则是复杂的。故区域土壤污染的环境/生态风险评价需要考量广泛的决策情景，如适应性土地利用变化、调整宗地补救措施及土壤污染修复方案，唯有收集、集成分析相关资料，才能估计可能的环境/生态风险并制定有效的风险控制管理对策，其中风险评估的核心过程是危害识别、剂量反应评估、暴露评估和风险表征等。这里简要介绍土壤污染生态风险的现场评价 ERA［site-specific（ecological risk assessment）］和累积性生态风险评价（cumulative ERA）的主要流程。

土壤污染现场暴露评价 土壤污染现场暴露评价是土壤污染 ERA 及土壤污染修复治理的基础性工作，其主要流程包括：

（1）收集并系统化被污染土壤的位置、外围土地利用现状、土壤污染可能起源的调查与辨认、区域土壤类型、土壤属性及其空间分布状况。

（2）调查-诊断分析土壤中污染物的类型、性状及其土壤剖面中分布状况，污染物与关键土壤性质（如 pH、有机碳、黏土矿物、氧化物）的相互关系，土壤中污染物被吸附聚集特征、化学活性与生物有效性状况，土壤中污染的迁移转化状况。

（3）通过监测与采样分析，掌握污染物从土壤向其他环境介质的迁移和归宿，即通过现场监测并采集植物、粮食作物、饲料、牲畜部分器官以及地表水、沉积物与地下水样品，化验分析其中污染物质量分数，构建土壤-植物系统中污染物迁移函数及其生物对土壤摄取富集特征，如图 10-16 所示。

（4）其他相关暴露途径的评估，即调查观测可能与现场人体暴露有关（如呼吸吸入或皮肤渗入等）途径以及局部环境背景暴露途径。

（5）通过广泛调查，了解现场土地利用者及其家属的生活习惯、特定食物消费模式、饮用水、暴露途径与时长，以及其生产的食品、饲料和动物产品自家消费与作为商品外销的比例等。

（6）对代表性土地利用者及其家属的代谢物（如头发、指甲、尿液）中污染物质量分数及其健康状况进行检测，以获得特定地点土壤污染暴露状况以及环境因子和人体健康的相关性；再集成系统化上述数据，综合评估出现场土壤污染的生态风险状况以及土壤污染修复、防控生态风险与保障人群健康的有效对策。

土壤污染累积性风险评价 由于土壤污染的隐蔽性、滞后性、异质性、累积性、不

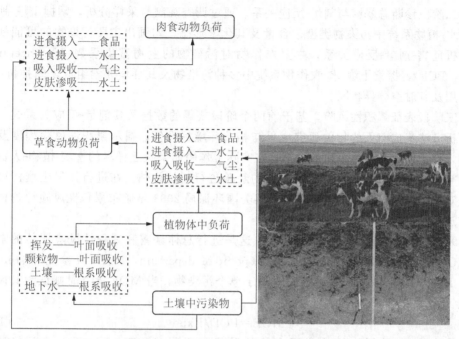

图 10-16 土壤污染现场暴露评价部分内容图解(未考虑污染物在植物体内的分布差异性)

可逆转性、治理难度大与见效慢等特性,且土壤中污染物常以多种污染物构成的混合物存在,这就驱使人们对土壤污染的危害及人群健康风险的评价从单一污染物评价扩展为更全面的监测与评价,以检查暴露于多种应激源(包括化学、物理、生物和心理社会性应激源)所带来的风险。传统的环境风险评估方法侧重于化学毒性或微生物危害,对其他相关要素恶化及其引起生命体伤害关注不够。累积性风险评估(cumulative risk assessment,CRA)试图分析"真实世界"暴露,并提高风险表征的准确性,从多种压力源的角度来研究多途径持续性暴露对人类健康和环境风险。2003 年美国环保局颁布了累积性风险评估框架,该框架将累积性风险定义为"从人口脆弱性、多种因素或压力源总暴露所评估的综合风险",即累积性风险包括两个方面:一是运用总暴露(aggregate exposure)、化学混合物(chemical mixtures)、联合毒性交互作用(joint toxicity/interaction)的概念,意味着所有暴露源和途径都针对特定危险或相同药剂;二是现实生活中的暴露不限于单一危险,而是多种类型的危险和压力同时存在(gallagher 等,2015;Mary 等,2018)。

土壤污染累积性风险评价具有以下特征:涉及的污染物种类、风险源、风险受体、影响因素众多;多种污染物之间、污染物与环境要素成分之间存在拮抗-协同-交互的作用;调查评价土壤及生态系统具有显著的时空差异性。故累积性风险评价还处于不断发展完善之中,尚未有固定的方法步骤,其调查评价工作应充分调查分析实际土壤-植物-人群系统状况,并遵循以下框架开展工作。

第一阶段界定土壤污染问题。风险评估专家及其参与人员依据项目确定评估的范围及目标,收集相关基础资料,进行土壤环境特征(土壤类型、理化性质、土地利用现状、主要污染源与污染物)调查分析,在此基础上提出问题描述、分析规划并对可能的结果进行讨论。

第二阶段诊断总暴露与剂量-反应关系。通过调查观测与采样分析，掌握土壤-地表水或地下水-植物系统中污染物类型、含量及其化学形态，勾画出主要污染物的可能暴露途径，分析危害-剂量-反应关系，主要农作物对污染物的生物富集系数（bioconcentration factors，BCF），探索土壤-水-农作物系统中多种污染物及其环境要素组成之间拮抗-协同-交互作用及其时空分异状况。

第三阶段表征累积性风险。基于前两个阶段获得的数据及其剂量-反应关系式，借助荟萃分析方法集成前人的相关研究成果与相关环境标准值，揭示累积性风险程度及其目标人群，提出防控累积性风险的对策。在实际工作中如果缺乏详尽的土壤-植物-人群的调查观测与化验分析数据，只能借鉴相关的经验进行定性评估。在进行详尽土壤污染物状况调查观测与化验分析的基础上，可借鉴美国环保局 2003 年颁布累积性风险评价框架及其参数进行。

（1）暴露界限（margin of exposure） 这是进行总体暴露和累积性风险评估的常用方法，MOE 是指健康风险评估的起始点（point of departure，POD）或参比点（reference point，RP）与暴露剂量（Exp）的比值，对于单个污染物，当 MOE≥10 时则认为其风险可以接受。

$$MOE = POD/Exp \tag{10-28}$$

土壤中由 N 种污染物构成混合物的总暴露界限（MOE_T），对于 n 个污染物，当 $MOE_T \geq 100$ 时，则认为这些混合物的暴露风险可以接受。

$$MOE_T = 1/\sum_{i=1}^{n}(1/MOE_i) \tag{10-29}$$

（2）累积性风险指数（cumulative risk index，CRI） 这是指对于非致癌性污染物的食入途径参考剂量（Reference Dose，RfD）与暴露剂量（Exp）的比值。例如，世界卫生组织（WHO）相关文件给出重金属元素汞的 RfD 为 1×10^{-4} mg/(kg·d)、铜的 RfD 为 5×10^{-3} mg/(kg·d)。在食品安全研究领域采用化学物危害熵（hazard quotient，HQ）的概念，即 HQ 为有害物质暴露量（Exp）与食入途径参考剂量（RfD）的比值。

单个污染物风险指数（RI）计算公式：

$$RI = RfD/Exp = 1/HQ \tag{10-30}$$

土壤中由 N 种污染物构成混合物的累积性风险指数（CRI）：

$$CRI = \sum_{i=1}^{n} 1/(Exp_i/RfD_i) \tag{10-31}$$

当 CRI≥1 时，则认为是可以接受的。

污染物的危害指数（hazard index，HI）。其计算方法与风险指数具有共同点，只是在表述上有所不同，即当 HI<1 时表示尚未有危害，可以接受；当 HI≥1 时则风险不可接受。HI 和 HQ 均与参考剂量、暴露量相关，其含义清晰且易懂。

$$HI = \sum_{i=1}^{n} Exp_i/RfD_i = \sum_{i=1}^{n} HQ_i \tag{10-32}$$

（3）多种污染物共同作用的风险指数 土壤中污染物常以多种污染物构成的混合物存在，故多种污染物一般具有危害的交相作用，污染物两两交互作用的危害指数（interaction hazard index，HI_{Int}）：

$$HI_{Int} = \sum_{i=1}^{n} HQ_i \times \sum_{j \neq i}^{n} f_{ij} \times R_{ij}^{\beta_{ij} \times \theta_{ij}} \qquad (10\text{-}33)$$

式中：f_{ij} 为消除污染物 i 和 j 之间重复计算的修正系数，其估算公式为：

$$f_{ij} = HQ_j / (HI_{add} - HQ_i) \qquad \text{（当两两有相互作用时）} \qquad (10\text{-}34)$$

$$f_{ij} = 1 \qquad \text{（当两两无相互作用时）} \qquad (10\text{-}35)$$

式中：HI_{add} 为基于剂量相加的危害指数；R_{ij} 表示污染物 j 与污染物 i 之间交互作用 (reciprocal action) 最大值，美国环保局推荐值为 5.0；β_{ij} 为污染物 j 对污染物 i 有交互作用证据的权重系数(大于加合时其值为 $0 \sim 1.0$，小于加合时其值为 $-1.0 \sim 0$)；θ_{ij} 为当两种污染物的毒性相等或相近时的修正系数，两者交互作用影响最大时取值为 1.0，当其毒性差异越大、交互作用影响越小时取值近于 0.0，一般情况下 θ_{ij} 的计算公式为：

$$\theta_{ij} = [HQ_i \times HQ_j]^{0.5} / [(HQ_i + HQ_j) \times 0.5] \qquad (10\text{-}36)$$

基于多种污染物交互作用危害指数评估虽然考虑了污染物之间的相互作用，但尚未考虑多种污染物作用于生物体时可能出现的限制性作用(李比希定律)等情况，而且该方法中的多个参数或系数确定均需要大量的监测实验或生物培养实验数据支撑，故该方法的适用性还有待探索。

【思考题】

1. 土壤是由土壤矿物、有机质、生物体、溶液和空气组成的历史自然体，简述土壤中物质迁移运动的主要形式有哪些。简述污染物在土壤环境中的迁移方式和转化途径。

2. 土壤 pH 是影响土壤中重/类金属迁移转化的重要因素。土壤的 pH 一般为 $4.0 \sim 10.0$。通过查阅资料分析在 pH<6 的土壤中铜、锌、镍、铬、镉等的活性以及在 pH$\geqslant$7 的土壤中钒、砷、Cr^{6+} 等的活性。

3. 土壤对化学农药吸附作用的机理有物理吸附和物理化学吸附，其中主要是物理化学吸附(或离子交换吸附)。比较分析土壤中有机胶体和蛭石、蒙脱石、伊利石、绿泥石、高岭石等无机胶体对化学农药的吸附状况。

4. 通过实际观察，观测比较分析不同土壤污染状况的可能风险。

第11章 土壤重/类金属污染修复工程

【学习目标】

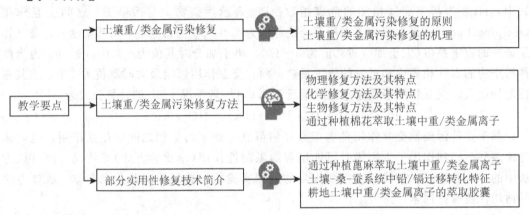

11.1 土壤重/类金属污染修复原理

自20世纪中期以来，土壤污染对人群健康的潜在危害已促使学术界、各国政府关注研发能合理利用和有效管理被污染土壤（土地）的技术与方法，促进了土壤污染修复技术及其产业的兴起与发展。

11.1.1 土壤重/类金属污染修复概况

修复（remediation）在汉语中有两种解释：一是修理器物使恢复完整，这属于被动修复；二是有机体组织发生缺损时由新生组织来补充使其恢复原形，这属于主动恢复。土壤污染修复（polluted soils remediation）则是采用适当的化学、物理、生物等方法降低土壤中污染物浓度、毒性、活性，以及阻断污染物在生态系统中的转移途径，从而减轻土壤污染物对人群和生物群落危害的总称。土壤污染修复的含义：一是采取各种直接物理措施（如处理、去除、破坏污染物）或是采取就地风险管理方法（如污染物覆盖隔离控制）以减轻或去除土壤污染物的危害；二是通过化学、生物化学等技术方法以降低土壤污染物浓度和毒性，使土壤达到可接受的水平并减少土壤污染对受体的损害，以恢复土壤应有的生产功能和生态环境服务功能。以上为土壤污染修复中被动修复之意。土壤的主动恢复是指在土壤环境中复杂的物理、化学和生物学过程及其对污染物的自净能力在土壤污染修复过程中发挥的重要作用。

以消除污染毒害和恢复土壤功能为宗旨的土壤污染修复研究起步于20世纪中期，至今已经发展成为土壤环境科学中的一个新兴分支学科——土壤污染修复技术，其发展历程可划分为3个阶段：①20世纪80年代之前的土壤重/类金属污染防治法建立与污染土壤工程修复阶段。如20世纪中期日本采用翻土与客土法缓解农业土壤镉污染；美国学者1972年在处理宾夕法尼亚州沿海石油管线泄漏事故中提出了土壤污染修复技术；1980年

美国国会确定了《综合环境反应、赔偿和责任法（CERCLA）》即《超级基金法案》，它划分了危险物质泄漏的治理责任。②1980年至2000年土壤重/类金属污染生物修复技术探索研究阶段。切尼等1983年提出了土壤重/类金属污染的植物萃取技术修复法；Baker等1989年探讨了运用农作物修复重/类金属污染土壤的可行性。厄恩斯特（Ernst）等1996年提出了运用植物净化土壤重/类金属污染的途径。③2000年以来土壤重/类金属污染的生物修复技术的集成化应用研究阶段。重视土壤污染生物修复的有效性和实用性，如Lasat等2000年提出运用生物萃取被污染土壤中重/类金属元素的农业经济可行性。Marchiol等2004年提出了用于生物萃取土壤中重/类金属元素的理想植物标准：一是能吸附土壤中重/类金属并能将其迁移至植物地上部分；二是对土壤中金属污染具有较强的忍耐性；三是生长速度快且生物量大；四是适应性较强且易收割的农作物。魏树和等（2005）总结的超富集植物衡量标准有：临界含量标准，即将植物地上部分组织中镉质量分数达到或超过100 mg/kg的植物称为镉超富集植物；富集系数标准，即超富集植物标准为BCF大于1.0；转移系数（transportation index，TI）标准，即TI大于1.0的植物属于超富集植物。

20世纪中期，美国人口密集区域的多个检疫垃圾填埋场遭受侵蚀，使含有多种化学废弃物的地表水或渗透液扩散至住宅区，爆发轰动全球的"美国拉弗运河事件"，公众健康和环境安全的威胁成为全美社会关注的焦点。在此背景下1980年美国国会通过了"超级基金法案"。该法案授权美国环保局（USEPA）对全美国境内的污染场地进行管理，并责令责任者对污染（特别是严重污染）场地进行修复；对找不到责任者或责任者没有修复能力的，由超级基金来支付污染场地修复费用；对不愿支付修复费用或当时尚未找到责任者的场地，可由超级基金先支付污染场地修复费用，再由USEPA向责任者追讨相关费用。该法案及其相关的污染场地管理制度已成为欧盟国家、澳大利亚等国构建场地土壤污染管理制度的范本。美国《超级基金法案》包括编制简要报告书、初检报告书、危险等级评价、列入国家优先名录（national priority list，NPL）4个步骤，其基本程序如图11-1所示。

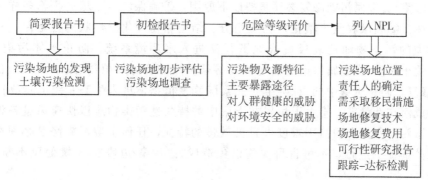

图11-1　美国CERCLA污染场地管理-修复的基本步骤示意图

为了客观地评价不同重/类金属污染场地土壤的风险，需确定相应的土壤中不同重/类金属元素阈值，通常以土壤中重/类金属元素的全量值为基础，按土壤淋溶实验来确定土壤滤液毒性特征（toxicity characteristic leaching procedure，TCLP）。表11-1列出了不同重/类金属的土壤滤液毒性特征（TCLP）、饮用水中容许的污染物最高质量分数（MCL）、

对人群健康未见影响情况下的饮用水中污染物质量分数临界值（MCLG）、土壤中的参考剂量筛选质量分数（reference dose screening concentration in soils，RDSC），这就为评价不同重/类金属污染场地土壤风险等级提供了一个参考标准。

表 11-1　污染场地土壤各种重/类金属元素 TCLP、MCL、MCLG 和 RDSC 的比较

重/类金属元素	TCLP/ （mg/L）	MCL/ （μg/L）	MCLG/ （μg/L）	RDSC/ （mg/kg）
银	5	100	NA	39
砷	5	10	0	23
钡	100	20	2 000	5 500
铍	NA	4	4	160
镉	1	5	5	39
铬	1	100	100	230
铜	NA	1 300	100	NA
汞	0.2	0.2	2.0	23.0
铅	5.0	16.0	0.6	NA
锑	N.A	6	50	31
硒	1.0	50.0	0.5	39.0
铊	NA	2.0	0.5	NA

（据 Grafe 等，2008 年资料；NA 为未检出）

11.1.2　土壤污染修复的原理

从土壤发生学角度来看，农业土壤的重/类金属污染过程及被污染土壤的修复过程均是人为参与下相对缓慢的成土过程。土壤不仅是生物赖以生存的基础、人类生存发展的重要环境要素和自然资源，还是地球表层系统中物质循环和能量转化的一个重要枢纽。故农业土壤重/类金属污染修复必须坚持以下原则：①确保农业土壤的生物多样性及其活性不受损坏。②确保农业土壤正常物质组分、结构和物理化学性状的稳定性，有效控制农业土壤中的污染物随地表径流或地下径流进入水环境系统，防止水体污染的发生。③对于农业土壤重/类金属污染的植物修复必须采用非食源性植物（或永不作为食源性物质使用）修复，防止土壤中的重/类金属元素随修复植物体进入生态系统的食物链并对人群健康构成潜在性危害。④由于积累在土壤中的持久性污染物难以快速通过各种方法去除，即土壤污染所具有的治理难度大且见效慢的特征，任何土壤污染修复必须在切断土壤污染源的前提下进行，不可盲目实施以免造成"边污染-边修复-土壤健康不断恶化"的窘境。

土壤污染修复的机理：一是将局部过度聚集的污染物通过适当的途径扩散到广阔的环境之中（环境要素中污染物质量分数均在其高端阈值之下）；二是通过各种物理化学手段固化-钝化或净化土壤中的污染物，或者使土壤中重/类金属元素的生物有效性-毒性-移动性降低以减轻其对农作物的危害。土壤污染修复的核心是筛选和培育重/类金属元素超富集型植物。

针对不同土壤重/类金属污染规模、风险等级、环境特征及其社会经济条件，在原地较少扰动土壤剖面的情况下对被重/类金属污染土壤实施修复，即原位土壤修复（in-situ remediation）；也可将被重/类金属污染土壤物质搬运至特定场所或者装置之中对其实施修复，即异位土壤修复（ex-situ remediation）。土壤重/类金属污染的修复技术主要有物理修复技术、物理化学修复技术、生物化学修复技术三大类，如图11-2所示。

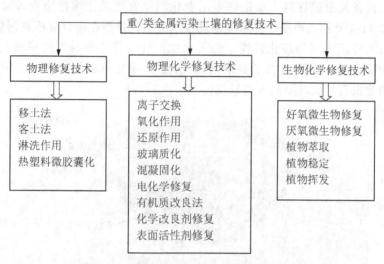

图 11-2　土壤重/类金属污染修复技术图式

11.2 土壤重/类金属污染的物理修复技术

土壤重/类金属污染的物理修复技术包含两个方面：一是指运用机械搬运方法将被重/类金属污染之土壤搬运至他处或引入清洁土壤（客土），使治理区域土壤中重/类金属元素质量分数急剧降低，以恢复土壤正常的生产功能和生态功能；二是运用物理分离方法、物理固化技术等，通过对土壤物理性状和物理过程的调节或控制，使污染物在土壤中分离并转化为低毒或无毒物质，以恢复土壤的正常功能。常见的土壤重/类金属污染物理修复技术有：①针对污染物多集中分布在表土层这一特征，采用土壤翻耕或添加清洁客土以降低表土层中污染物的浓度；②通过冲刷与淋洗过程原位剔除土壤中可溶性污染物，通过加热或蒸气促使某些挥发性污染物通过挥发扩散到更广阔的环境之中（使污染物的浓度降低到高端阈值以下）；③电化学法，即通过对土壤溶液施加电压使某些离子污染物定向移动并富集在局地土壤溶液中，再吸取土壤溶液以剔除该类污染物的办法，该方法适应于去除水分含量高、通透性好的土壤中的重/类金属离子污染物。土壤重/类金属污染的物理修复多属于被动修复，其实施过程需要借助大型的设备，且具有见效快和治理彻底等优点，适合用来治理小范围的场地土壤污染，可以实施污染土壤的原位（in-situ）修复或异位（ex-situ）修复。但是土壤污染的物理修复技术也具有工程量大、投资大、易引起土壤结构与土壤生物活性恶化、客土法还可能引起二次环境污染等不足，农业土壤重/类金属污染的修复方面难以得到应用。

11.2.1　现场原位填埋修复法

现场原位填埋修复是指运用黏土层、砂砾层、清洁土壤-绿化草被层覆盖被重/类金属污染的场地土壤，防止被污染土壤遭受水力或风力侵蚀并防止动植物直接与被污染土壤接触的综合方法。该方法是治理小范围重/类金属重度污染平地土壤的重要工程方法，需要相关的运输设备及覆盖材料，也是许多工业化国家常用的土壤污染物理修复方法，其工艺结构如图 11-3 所示。现场原位填埋修复技术的关键是要在综合分析被污染场地地形、被污染土壤及其外围土壤的理化特性、地下水位、气候特征等因素的基础上，确定适当厚度、坡度的黏土层、砂砾层（或粉砂层）、清洁土壤-绿化草被层以阻滞污染物的向外扩散或迁移，构建没有二次污染的人造景观。

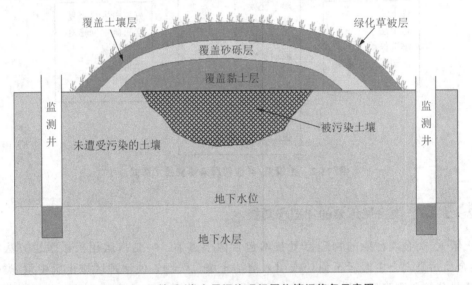

图 11-3　土壤重/类金属污染现场原位填埋修复示意图

11.2.2　挖掘-异位修复法

挖掘搬运-异位修复是指将那些小范围被重/类金属严重污染的场地土壤挖掘搬运至填埋场或进行净化处理再次回填的过程。以异地填埋被污染的土壤物质为特征的挖掘-异位修复技术在澳大利亚较为普遍，如在澳大利亚维多利亚州被修复的场地土壤中有 40% 是采用该方法修复的；但在美国超级基金项目中仅有 7% 的场地采用挖掘搬运-异位修复。这样的差异与自然环境特征、社会经济条件、环境政策和土壤污染修复技术水平有关。另外，在人口密集区域对这种重/类金属污染土壤的填埋场的选址及其后期监测尤为重要，如果能将某些重/类金属污染土壤（如无放射性污染、无挥发性污染物和低有机质含量的黏质土壤）作为修筑公路或街道的路基填充物，在修建道路的过程中将这些黏质土壤与水泥混合，经过碾实形成无通透性的固结层，再覆盖沥青或混凝土层，或将这种被污染黏质土壤作为制作黏土砖的原料或者制作水泥的辅料，这样不仅可节省一定面积的填埋场，还可以使废物资源化。

11.2.3 添加清洁土壤混合修复法

添加清洁土壤混合修复是指向被污染土壤中添加适量的清洁土壤并充分混合,使土壤中重/类金属质量分数经过稀释降至无害水平的综合过程。添加清洁土壤混合修复有两种不同方式:一是添加适量的清洁客土与被污染的土壤进行混合;二是通过适当的翻耕或深耕将清洁的心土层或底土层土壤与被污染的表土层土壤进行充分混合。二者的结果都使混合土层中重/类金属元素质量分数降至土壤重/类金属污染风险限值之下。如在华北平原城郊某些带有深厚壤质次生黄土堆积层上发育潮土或污灌土壤,其土壤剖面下部 60~80 cm 深处还具有一个厚度 25 cm 左右的残余土壤腐殖质层,该土层有机质质量分数较高,其肥力水平也较高且未见有污染物累积。不同土层的铜质量分数、有机质质量分数、土壤密度分别为 0~10 cm 202.6 mg/kg, 24.6 g/kg, 1.29 g/cm³;10~20 cm:113.3 mg/kg, 18.5 g/kg, 1.32/cm³,即 0~20 cm 土层均超过《土壤环境质量—农用地土壤污染风险管控标准(试行)》(GB 15618—2018);20~40 cm:23.8 mg/kg, 13.4 g/kg, 1.34 g/cm³;40~60 cm:19.6 mg/kg, 5.2 g/kg, 1.42 g/cm³;60~80 cm:18.4 mg/kg, 13.4 g/kg, 1.41 g/cm³;80~100 cm:19.8 mg/kg, 22.8 g/kg, 1.38 g/cm³,即 20~100 cm 土层均低于风险筛选值。借助机械工程对整体土壤层次进行深度混合,最终使土壤整体土层 Cu 质量分数为46.9 mg/kg,有机质质量分数为 14.5 g/kg,密度为 1.37 mg/kg,其土壤中 Cu 质量分数低于土壤环境质量风险筛选值,这样就使污灌区土壤恢复至健康状态,如图 11-4 所示。在进行土壤混合的过程中,根据土壤理化性状添加适量的水泥等重/类金属固化剂,其修复效果会更好。在添加清洁土壤混合修复过程中,还需要综合考虑地形、地下水位、土壤性状、植物吸收等因素,并依此确定适当的混合比例,以避免二次污染的发生。

11.3 土壤重/类金属污染的物理化学修复技术

物理化学修复技术是指运用化学制剂使土壤中污染物发生酸碱反应、氧化、还原、裂解、中和、沉淀、聚合、固化、玻璃质化等反应,使污染物从土壤中分离、降解转化成低毒或无毒物。土壤污染的物理化学修复属于被动修复,其实施具有见效快和治理彻底等优点,但也具有工程量大、投资大、易引起土壤性状恶化及二次环境污染等不足,故仅适宜于修复小面积场地土壤污染,常用的物理化学修复方法包括以下几种。

11.3.1 土壤重/类金属离子吸附固定修复法

土壤重/类金属离子吸附固定修复法是指向重/类金属污染土壤中施加各类适量的吸附固定剂,适度地改变土壤理化性状,促进吸附固定剂对重/类金属离子的吸附、沉淀(共沉淀)、配合固定等作用,以降低土壤中水溶态、可交换态重/类金属元素的质量分数,即降低土壤中重/类金属元素的化学活性和生物可利用性,从而保障重/类金属污染土壤的生态安全与人群健康。该方法用于应急性治理或修复较大面积的轻度或中度重/类金属污染土壤,具有经济投入少、实施操作方便、见效较快等优点,其实施应立足于对待修复区进行必要的土地利用性状、土壤类型与性状、土壤污染特征的调查与诊断,防止可能造成的二次环境污染。从物质循环过程的角度来看,该方法实际并未消减土壤中重/类金属的总量,随着成土过程进行,该方法所吸附固定的重/类金属元素也可重新活化释放出来,危害农业

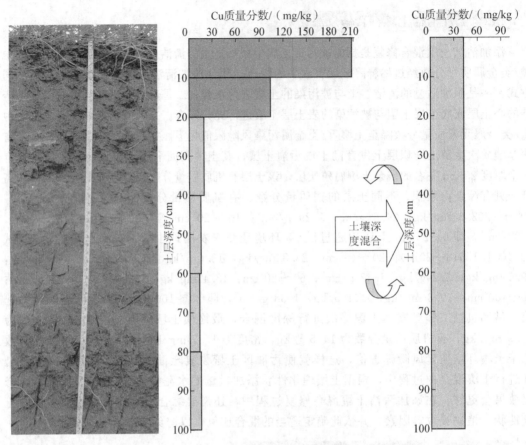

图 11-4　华北平原北部城郊污灌区土壤深度翻耕修复示意图

生态系统安全和人群健康。

目前常用的土壤重/类金属离子吸附固定剂有以下类型：①铝硅酸盐类矿物粉末。如蒙脱石、蛭石、膨润土、沸石、海泡石、浮石等，这些矿物一般是由硅氧四面体与铝（铁镁）氧八面体组成多层状结构，自然界具有丰富的此类矿物，人工也可加工制造这类物质，其来源广泛且价格低廉；这些矿物本身就是自然土壤的主要组分，故向重/类金属污染土壤施加适量铝硅酸盐类矿物粉末，一般不会引起二次环境污染。铝硅酸盐类矿物粉末具有比表面积大、晶格层间空隙多、表面常带有电荷或电性等特点，故其粉末对重/类金属离子具有较强的吸附固定性能。②铁铝氧-氢氧化物粉末。如铝土矿、三水铝石、赤铁矿、针铁矿等，这些物质的晶体结构常有同质异构或多种变体，它们常通过物理化学专性吸附的方式将重/类金属离子固定在其氧化物晶格层间；也有研究表明，采用纳米级铁-铝氧化物、纳米级二氧化钛作为土壤重/类金属离子吸附固定剂，亦有显著的效果。③石灰粉末-磷酸盐-硫化钾/钙溶剂。如石灰，富含石灰的粉煤灰，磷酸-氢盐和二氢盐等，以及富含磷灰石的骨粉等。石灰类粉末主要是通过增大土壤 pH 以促进重/类金属离子的沉淀反应；磷酸盐类粉末或溶剂则是通过与重/类金属离子发生化合反应生成难溶性的重/类金属磷酸盐；硫化钾钙则是通过与重/类金属离子反应生成难溶或不溶性的重/类金属硫化物沉淀，以消减土壤中水溶态、可交换态重/类金属元素质量分数。④有机化合物粉末。如腐殖质土、农作物秸秆粉末、牲畜粪便、厨余垃圾、生物质炭等，这些物质不仅具有强大的表面吸附能力，还含有多种自由基或有机官能团(如 NH_3、$COO-$、$-NH_2$、$=PO_4$、$-SH$ 等)，容易与土壤中重/类金属离子发生络合、螯合反应生成较为稳定的重/类金属配合物，即在增加土壤有机质质量分数的同时降低了重/类金属元素的化学活性与生物有效性。⑤人工合成类物质。如土壤有机-无机复合物、有机螯合树脂、巯基胺盐、EDTA 聚合体、月桂醇单质磷酸盐和壳聚糖衍生物等。这些物质主要是通过化学吸附、物理化学吸附、络合反应与螯合反应将土壤中水溶态、可交换态重/类金属元素转化为有机结合态重/类金属，从而达到吸附固定土壤中重/类金属之目的。

玻璃质化修复法，是指在高温(1 400～2 000 ℃)条件下加热土壤以分解或挥发有机物并形成玻璃状物质(如氧化物固体)。该技术可应用于针对小面积场地土壤重度污染进行原位或异位修复。在异位玻璃质化处理过程中，挖掘土壤并进行预处理(如筛选、脱水和混合)，再将其送入反应器进行熔融。在这一过程中挥发性重/类金属物质如汞的收集是非常重要的。熔化的土壤冷却产生的玻璃材料甚至比混凝土还要坚固。对于原位玻璃质化处理，电极被垂直地插入污染区域以加热土壤，土壤需要稍微湿润以提供必要的电导，电阻加热融化土壤并向外或向下垂直方向移动。故土壤性质在玻璃化处理过程中起着不可忽视的作用，该方法不仅消耗大量能源，还会造成土壤物质性状的毁坏及可能的二次环境污染。

11.3.2 土壤重/类金属元素淋洗修复法

土壤重/类金属淋洗修复法是指运用水或含有提取剂的水对被重/类金属污染的土壤进行异位或原位淋洗，以快速地去除土壤中水溶态、交换态和部分结合态重/类金属离子的方法，其修复的工艺流程如图 11-5 所示。其关键技术是如何通过适度地调节土壤 pH-Eh，促进重/类金属元素的溶解并增加其在土壤中的移动性，促使土壤中的重/类金属元素能够快速地随淋洗水流出土体；其核心是提取剂的选择及其添加量-淋洗速率的确定，常用的提取剂包括有机或无机酸、碱、盐和螯合剂，如稀硝酸、稀盐酸、稀磷酸、稀硫酸、草酸、柠檬酸、EDTA 和 DTPA 等。应当指出，这些提取剂虽能提取土壤中各种重/类金属元素，但也会破坏土壤结构和土壤活性，引起土壤有效养分的流失，如调控不当还会引起土壤二次污染。

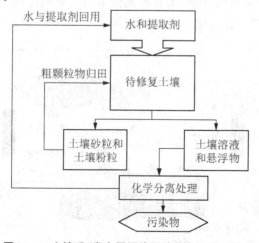

图 11-5 土壤重/类金属污染淋洗修复工艺示意图

　　土壤冲洗法是指运用水流或含有提取剂的水对被重/类金属污染的土壤进行原位冲洗，以快速地去除土壤中水溶态、交换态和部分结合态重/类金属离子的方法。土壤冲洗运用的水流流速、水量、提取剂及其关键技术均与土壤淋洗相类似，只是土壤冲洗适用于对小范围缓坡地上砂下黏的被污染土壤实施原位快速修复。其修复的工艺流程如图 11-6 所示。

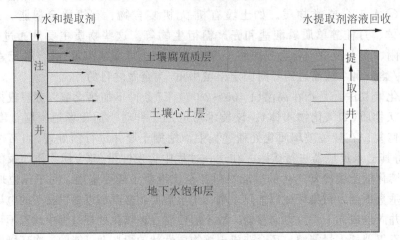

图 11-6　土壤重/类金属污染冲洗修复工艺示意图

11.3.3　土壤电化学修复法

　　电化学修复法是由美国路易斯安那州立大学研发的一种净化土壤污染原位修复技术，即施加电场驱动力使土壤中带有电荷的离子态污染物发生电渗透、电迁移、聚集和沉淀的总称。土壤电化学修复技术是近年来发展很快并已经在欧美等工业化国家进入产业化的土壤污染修复技术，它适用于原位修复那些低渗透的黏质或淤泥质土壤的重/类金属污染，其环境效益和经济效益较好且无二次污染，是修复场地污染土壤的"绿色修复技术"。

　　土壤重/类金属污染电化学修复技术的基本原理是将电极插入受污染土壤或地下水区域，通过施加微弱电流形成电场，利用电场产生的各种电化学效应（如电渗析、电迁移和电泳等）驱动土壤溶液中带有电荷重/类金属元素沿电场方向定向迁移如图 11-7 所示，将污染物富集至电极区，然后进行集中处理或分离。

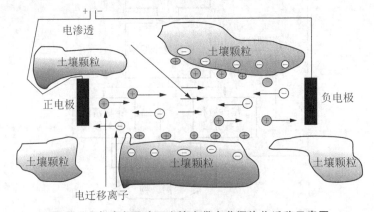

图 11-7　电动力驱动下土壤中带电荷污染物迁移示意图

土壤电化学修复技术的基本构架如图 11-8 所示。土壤电化学修复技术中也设计有专门控制土壤 pH 和 Eh 变化以提高其修复效益的技术：①电渗析法，即在两电极区和土壤之间分别用离子交换膜隔开，运用离子交换膜缓解土壤溶液中 H^+ 和 OH^- 的快速运动以维持土壤 pH 的相对稳定；②氧化还原法，通过向土壤中添加适量的氧化剂和还原剂，维持适当的土壤 pH 和 Eh，促使聚集的离子态重/类金属元素沉淀或转化；③多渗透反应区法即 Lasagna™ 法，通过电极作用在原位土壤中构建不同处理区，在电动力的驱动下使带电荷的污染物微粒迁移至特定的处理区，并促使土壤溶液中的污染物被吸附、固化、降解的综合过程；④酸碱中和法，即通过人为向待修复土壤中施加适量的酸性盐溶液或碱性盐溶液以改变土壤的 pH，促使土壤溶液中重/类金属化合物的溶解-沉淀可逆反应向沉淀方向转化的过程；⑤电动-氧化还原联合处理法，即通过改变待修复土壤的水分及其通气状况、施加适量氧化还原剂改变土壤的 Eh，促使土壤溶液中可变价态重/类金属离子向低毒价态或固态转化的过程。

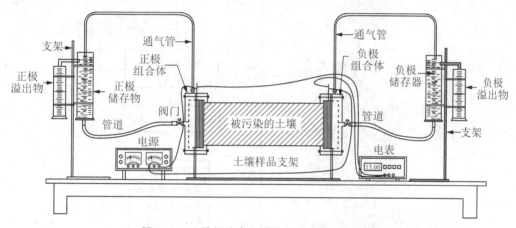

图 11-8　土壤污染电化学修复技术装置示意图

11.4　土壤重/类金属污染的生物修复技术

采用传统的常规物理或化学方法净化污染土壤不仅工程量巨大、费用昂贵、难以大规模改良，还会导致土壤结构破坏、土壤生物活性下降和土壤肥力退化。土壤重/类金属污染生物修复（bioremediation）是指利用微生物、真菌、绿色植物及其酶类等生物吸收、富集、萃取、转化固化土壤中的重/类金属元素，使土壤中重/类金属元素的浓度降低、毒性减小或消失的过程。现代生物技术的发展，分子生物学和基因工程技术应用于超富集、高耐性生物的培育、筛选和鉴定，以及对重/类金属元素忍耐性极强的基因培育与移植，促进了生物修复技术的发展。目前生物修复主要包括植物修复、微生物修复和动物修复三种类型，其中植物修复成为当今国际学术界关注的重点。本节重点介绍土壤重/类金属污染植物修复的方式以及运用萃取土壤中不同重/类金属元素的超富集植物。

11.4.1　土壤重/类金属污染植物修复的方式

土壤重/类金属污染的植物修复（phytoremediation）是指利用特定植物对重/类金属元

素的忍耐性、富集性和去除性能，使土壤中重/类金属元素被去除或被固定的过程。人们利用某些耐盐植物萃取土壤中易溶性盐分、治理盐化土壤已有上百年的记载。但直到1983年美国科学家 Chaney 等才提出了利用植物萃取技术修复被重/类金属污染土壤的新途径，经过众多专家的调查研究与模拟实验研究，已经形成较为成熟的重/类金属污染土壤之植物修复方式，即植物萃取、植物挥发、植物钝化、根际过滤等。

植物萃取(phytoextraction)是指利用某些植物对土壤中重/类金属元素具有的强忍耐性和高富集性，通过植物吸收土壤中重/类金属元素并将其传输至植物秸秆之中，通过收获植物秸秆以减少土壤中重/类金属质量分数，如图 11-9 所示。一般认为植物萃取是借助太阳辐射能和植物光合作用驱动下的绿色有效的土壤重/类金属污染修复技术，用于植物修复的植物主要分为两类：超富集植物和诱导的积累植物。

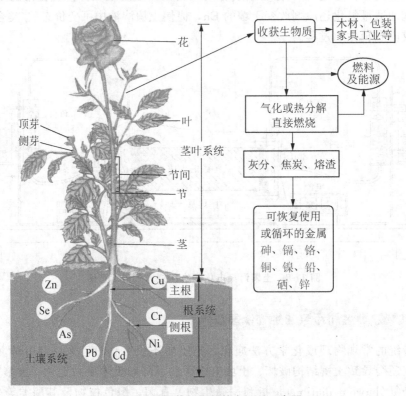

图 11-9　植物萃取修复基本机理示意图

(据 Purakayastha 等，2010 年资料)

超富集植物是指对土壤重/类金属具有强忍耐性且能超量吸收土壤中的重/类金属元素并能将其运移到地上部植物体的植物，实验研究已经发现的主要超富集植物及土壤重/类金属元素有：商陆(*Radix phytolaccae*)富集锰；油菜(*Brassica campestris* L.)、宝山堇菜(*Viola baoshanensis*)和龙葵(*Solanum nigrum* L.)富集镉；蜈蚣草(*Pteris vittata* L.)、大叶井口边草(*Pteris nervosa* Thunb.)、井栏边草(*Pieris multifida*)、金钗凤尾蕨(*Pteris fauriei* Heirom)和斜羽凤尾蕨(*Pteris oshimensis* Hieron.)富集砷；羽叶鬼针草(*Bidens maximovicziana* Oett)、紫穗槐(*Amorpha fruticosa* L.)、绿叶苋菜(*Amaranthustricolor*

L.）和土荆芥（*Chenopodium ambrosioides* L.）富集铅；续断菊（*Sonchus asper*（L.）Hill）富集铅和锌；翅瓣黄堇（*Corydalis pterygopetala* Hand.-Mazz）和东南景天（*Sedum alfredii*）富集镉和锌；苎麻（*Boehmeria*）和圆锥南芥（*Arabis paniculata* Franch）富集镉、铜和锌。诱导的积累植物是指某些在自然条件下对土壤中重/类金属元素不具有超积累的特性，但通过特殊生物化学过程可诱导出超量积累重/类金属能力的植物。常见诱导积累植物有印度芥菜（*Brassica juncea*）、玉米（*Zea mays* L.）和向日葵（*Helianthus annuus*）等，常用的诱导螯合剂有 EDTA、HEDTA、NTA、DTPA、EGTA 和 EDDAH 等，它们能促进土壤中重/类金属元素的释放，提高植物萃取修复的效率。其效益常用 BCF、TI、植物年萃取速率（VQ_{ext}）来定量表示：

$$BCF_p^m = C_p^m / S_p^m \tag{11-1}$$

$$TI_p^m = C_p^m / R_p^m \tag{11-2}$$

$$VQ_{ext}^m = C_p^m \cdot Q_p \tag{11-3}$$

式中：BCF_p^m 为植物 P 对土壤中重/类金属元素 m 的富集系数（无量纲）；C_p^m 为植物 P 地上植株中重/类金属元素 m 的质量分数（mg/kg）；S_p^m 为生长植物 P 的土壤中重/类金属元素 m 的质量分数（mg/kg）；TI_p^m 为植物 P 对重/类金属元素 m 的转移系数（无量纲）；R_p^m 为植物 P 根系中重/类金属元素 m 的质量分数（mg/kg）；Q_p 为植物 P 年收获的地上生物量。

植物挥发（phytovolatilization）是指利用植物的吸收、积累、转化、分泌和挥发等来减少土壤中某些特殊污染物的过程，即植物将污染物吸收到体内后将其转化为气态物质释放到大气中。植物挥发是修复重金属汞、类金属硒和砷污染土壤的重要方法。Banuelos 等 1993 年研究发现印度芥菜有较强的吸收和积累土壤中硒的能力，种植印度芥菜的第 1 年和第 2 年可使土壤中全硒减少 48% 和 13%。一些农作物［如水稻（*Oryza sativa* L.）、花椰菜（*Brassica oleracea botrytis* L.）、卷心菜（*Braossica oleracea capitata* L.）、胡萝卜（*Daucus carota* L.）等］也有较强的吸收并挥发土壤中硒的能力。进一步的研究表明植物吸收并挥发土壤中硒的机理主要将土壤中的无机硒吸收并转化为低毒态的二甲基硒［$(CH_3)_2Se$］并释放至大气之中。植物挥发通过植物及其根际微生物的作用，将土壤中挥发性污染物迁移至大气，不需收获和处理含污染物的植物体，是一种有潜力的植物修复技术，但通过该方法进入大气中的污染物也有可能通过大气干沉降和湿沉降重新返回至土壤表面，另外如果密集的植物挥发也有可能产生二次污染问题，危害人群健康。

植物钝化（phytostabilization）是指利用对土壤中重/类金属元素具有较强忍耐性的植物及其分泌物促进重/类金属元素由活性高毒态向惰性低毒态转变的过程。在这个过程中土壤中重/类金属元素的质量分数并不减少，只是重/类金属元素的形态、移动性和生物活性发生了改变。植物在这个过程中发挥着以下主要功能：通过植物根际吸收及其根系分泌物积累并沉淀金属元素，促进重/类金属元素在土壤中的固定；减缓污染土壤遭受风力或水力侵蚀，防止土壤中的重/类金属污染物向水体环境迁移。此外，植物还可通过改变根际环境介质的 pH 和 Eh 来改变污染物的化学形态，在这个过程中根系分泌物、根际微生物也可能发挥着重要的作用。与其他植物修复技术不同，一是植物钝化修复并不去

除污染场地土壤中重/类金属元素。二是通过吸收、富集、转化将重/类金属元素沉淀或固定于植物根系带，以减少其对人群健康和环境安全的风险。植物钝化修复只是暂时将土壤中的重/类金属元素固定，一旦环境条件发生变化，这些重/类金属元素的可利用性就会随之发生变化，因而该修复技术并没有彻底地解决土壤重/类金属污染的问题。

11.4.2　土壤重/类金属超富集植物

为了消除土壤重/类金属污染，确保土壤健康与食品安全，人们已经探索出重/类金属污染土壤修复的客土法、化学冲洗法、化学物固化钝化法、电化学法等方法，但这些方法费用高、工程量大、易造成二次污染，还易引起营养元素流失和土壤理化性质恶化，在实际应用中有较大的局限。Chaney 等 1983 年提出了利用植物萃取技术修复重/类金属污染土壤的新途径，随后众多的研究证实十字花科的遏蓝菜（*Thlaspi caerulescens*）、印度芥菜（*Brassica juncea* L. Czern.）、萝卜（*Raphanus sativus*）、油菜（*Brassica napu*）等作物对土壤镉具有一定程度的富集作用，但因这些作物生长缓慢、地上生物量较小且多属于食源性作物，易引起二次污染或使土壤中镉向食物链迁移等原因，在修复镉污染土壤方面具有一定的局限性。从土壤发生学角度来看，农业土壤被重/类金属污染过程以及污染土壤的修复过程均是人为参与下的相对缓慢的成土过程。种植非食源性经济农作物（如陆地棉、花卉、橡胶、亚麻、造纸树木等），吸收、富集土壤耕作层中重/类金属，将土壤植物系统局部集中的重/类金属通过适当的途径扩散到广阔的环境中，确保土壤耕作层中重/类金属质量分数不再增加或逐渐减少，是具有经济、社会和环境效益的土壤重/类金属污染修复技术。

Purakayastha 等（2010）指出，植物萃取土壤中的重/类金属元素属于环境友好型新技术，其效益取决于运用的超富集型植物的种类。只有那些能够抵抗土壤溶液与植物根系细胞之间重/类金属浓度梯度而吸收重/类金属元素、使其组织中重/类金属元素浓度保持在很高水平且并未影响植物的正常生长和代谢功能的植物，被划分为超富集植物。这种超富集植物具有以下特征：植物茎叶（干重）中重/类金属元素锰和锌的质量分数应该超过 1%，或重金属元素铜、镍和铅质量分数超过 0.1%，或重金属元素镉和类金属元素砷质量分数超过 0.01%；植物生长速度快且生物量大；植物能够从浓度较低的土壤中吸收重/类金属元素；植物能够有效地将其体内的重/类金属元素从根系转移至茎叶之中。里夫斯（Reeves，2003）指出，已经发现鉴定出 45 科约 450 种重/类金属超富集植物，它们仅占已知植物种类的 0.2%，Purakayastha 等（2010）列举的部分超富集植物如表 11-2 所示。美国学者 Roy Chowdhury 等（2018）研究指出，在综合诊断土壤特性、土壤中重金属质量分数及其形态的基础上，针对性地选择超富集植物，这些植物可以主动地从土壤中大量吸收重金属离子而不表现出任何重金属中毒的特征，这些植物将土壤中重金属累积到其地上植物体中，其干生物量中可积累多达（超过）0.1% 的重金属（如铜、铅、镉、铬、镍或钴），或 1% 的重金属（如锌和锰），故这些植物灰分中重金属质量分数已达到可回收利用的程度，从而促进土壤重金属污染植物修复与植物金属矿业的形成。通常用于土壤重/类金属植物修复的 10 种植物，如表 11-3 所示。

表 11-2 一些重/类金属元素超富集植物名目及其植物体富集浓度

元素	超富集植物	植物体中质量分数/ (mg/kg)	参考文献
砷	蜈蚣草(*Pteris vittata*)	23 000	Ma et al.，2011
	粉叶蕨(*Pityrogramma calomelanos*)	8 350	Francesconi et al.，2002
	井栏边草(*Pteris multifida*)	1 977	Wang et al.，2006
	大叶凤尾蕨(*Pteris cretica*)	694	韦朝阳等，2002
镉	宝山堇菜(*Viola baoshanensis*)	2 410	刘威，2003
	天蓝遏蓝菜(*Thlaspi caerulescens*)	1 800	Baker，Walker，1990
	苜蓿草(*Alfa alfa*)	1 079	Videa-Peralta，2002
	白芥(*Sinapis alba*)	133	Evangelou et al.，2007
	龙葵(*Solanum nigrum*)	114	Wei 等，2004
	烟草(*Nicotiana tabacum*)	40	Evangelou et al.，2004
钴	星香草(*Haumaniastrum robertii*)	10 200	Cunningham，1995
铬	扫帚叶澳洲茶(*Leptospermum scoparium*)	20 000	Baker，Walker，1989
	大叶芥菜(*Brassica juncea*)	1 400	Shahandeh，2000
	向日葵(*Helianthus annus*)	—	Shahandeh，2000
铯	反枝苋(*Amaranthus rtroflexus*)	对^{137}Cs 有潜在萃取能力	Negri，2000； Lasat，1998
	大叶芥菜(*Brassica juncea*)		
	鹬草(*Phalaris arundinacea*)		
铜	高山甘薯(*Ipomoea alpine*)	13 300	Baker，Walker，1990
	近无茎柔花(*Aeollanthus subacaulis*)	13 700	Eapen，2007
	紫花苜蓿(*Medicago sativa*)	85	Videa-Peralta，2002
	大叶芥菜(*Brassica juncea*)	22	Purakayastha，2008
镍	庭花菜(*Bornmuellera tymphacea*)	31 200	Reeves，1995
	九节木属(*Psychotha douarrei*)	47 500	Cunningham，1996
	山榄科植物(*Sebertia acumunata*)	250 000	Jaffre，1976
	十字花科(*Alyssum lesbiacum*)	47 500	Kupper，2001
	紫花苜蓿(*Medicago sativa*)	437	Videa-Peralta，2002
	具苞庭芥(*Alyssum bracteatum*)	2 300	Ghaderian，2007

续表

元素	超富集植物	植物体中质量分数/ （mg/kg）	参考文献
铅	圆叶遏蓝菜（*Thlaspi rotundifolium*）	8 200	Baker，Walker，1990
	天蓝遏蓝菜（*Thlaspi caerulescens*）	844	Robinson，1998
	豌豆（*Pisum sativum*）	8 960	Huang，1997
	大叶芥菜（*rassica juncea*）	15 000	Blaylock，1997
	高山漆姑草（*Minuaritia verna*）	11 400	Reeves，1995
	香根草岩兰草（*Vetiveria zizanioides*）	1 450	Wilde，2005
	苣荬菜（*Sonchus arvensis*）	3 664	Surat，2008
硒	总序黄芪（*Astragalus racemosus*）	149 200	Eapen，2007
	黄芪属为窄叶叶黄芪（*Astragalus P. S.*）	4 000	Shrift，1969
	长药芥（*Stanleya pinnata*）	330	Shrift，1969
	辐射蕨（*Actiniopteris radiata*）	1 028	Srivastava，2005
锌	天蓝遏蓝菜（*Thlaspi caerulescens*）	52 000	Brown，1994
	东南景天（*Sedum alfredii*）	19 674	杨肖娥等，2002
	芦苇堇菜（*vida calaminaria*）	10 000	Reeves，1995
	远志状长喙提琴芥（*Streptanthus Streptantialla polygaloides*）	6 000	Boyd and Davis，2001
	柔毛萎陵菜（*Potentilla griffithii*）	6 250	Qiu，2006

注：—表示无数据。

表 11-3　常用于土壤重/类金属污染植物修复的植物种类

超富集植物	土壤中重/类金属元素	参考文献
滨藜属（*Atriplex halimus* L.）	镉、锌	Van Ginneken L 等，2007
芸薹属（*Brassica* SPP.）	镉、铬、铜、镍、铅、锌	Archer M J G 等，2004
菊苣（*Cichorium intybus*）	铅	Shu W 等，2003
狗牙根（*Cynodon dactylon*）	镉、铜、铅、锌	Knight B 等，1997
旱伞草（*Cyperus alternifolius*）	镉、铜、锰、铜、锌	Salido A L 等，2003
蜈蚣草（*Pteris vittata*）	砷、铅	Hammer D 等，2003
柳属（蒿柳）（*Salix Viminalis* E. L.）	镉、锌	Lutts S 等，2004
天蓝遏蓝菜（*Thlaspi caerulescens*）	镉、锌	Chandra R 等，2009
小麦（*Triticum aestivum* L.）	铜、镉、铬、锌、铁、镍、锰、铅	Yang Z Y 等，1997
香根草（*Chrysopogon zizanioides*）	铝、砷、镉、铜、铁、汞、锰、铅、锌	Tangahu B V 等，2011

（据 Roy Chowdhury 等，2018 年资料）

11.5 通过种植棉花萃取土壤中重金属离子[①]

11.5.1 棉花的生产状况

1994 年美国创建了"全球土壤修复网络(golbal soil remediation net，GSRN)"，标志着污染土壤的修复技术已成为国际环境科学和土壤科学研究的热点。学术界将污染土壤修复技术分为 3 类：物理修复、化学修复和生物修复技术，其中生物萃取土壤中有毒重/类金属是可行的修复技术。因此，寻找或培育具有经济价值、无二次污染、可大面积种植、能积累有毒重/类金属的植物，是实施污染土壤修复的关键所在。棉花(*Gossypium* spp.)是离瓣双子叶植物，具有喜热、好光、耐旱、耐盐等特点，适宜于在疏松深厚土壤上种植，是世界上广泛种植的非食源性经济作物。

根据国际棉花咨询委员会报告，2000—2010 年全世界棉花种植面积年均为 3 010 万～3 400 万 ha，棉花的主要种植区位于印度、美国、中国、巴基斯坦、土耳其、巴西、中亚各国、非洲法郎区和澳大利亚等；全世界棉花年总产量为 2 000 万～2 350 万 t。按照朱宇恩等 2010 年调查观测的棉花纤维占棉花地上收获部分(未含叶片)的 17.5％估计，全世界每年收获的棉花生物量为 11 428.6 万～13 428.5 万 t，如此巨大的生物量使棉花成为修复重/类金属污染的农业土壤的潜在植物。棉花是中国境内广泛种植的非食源性经济作物，在中国棉花主要有陆地棉、海岛棉、亚洲棉和非洲棉四个栽培种，其中陆地棉种植面积最大。2010—2020 年中国大陆棉花种植面积一般每年维持在 317 万～452 万 ha，棉花总产量一般为 515 万～640 万 t。在中国棉花多被种植于黄河流域、长江流域、西北内陆、华南和东北南部局部分地区。这些地区是我国人口相对密集、土壤重/类金属污染较为集中分布的区域。因此，通过种植棉花修复重/类金属污染农业土壤具有巨大优势。

11.5.2 棉花对土壤重金属的忍耐性

棉花是耐盐性较强的农作物之一，当土壤含盐量在 0.2％以下时有利于棉花出苗、生长、产量和品质的提升。如陈德明等(1996)通过盆栽实验对小麦、大豆、棉花、玉米等作物的苗期耐盐性进行了比较研究，发现棉花的耐盐性最强。微量的重金属离子对于植物的正常生长发育是有利或必需的，许多重金属离子是一些酶的辅助因子，但过量重金属离子会对植物造成严重的毒害。克莱门斯等(Clemens et al.，2001)研究指出，植物主要通过螯合肽(PC)和金属硫蛋白(MT)螯合重金属离子，以降低胞质中重金属离子的浓度，达到解毒的作用。Angelova 等(2004)在保加利亚普罗夫迪夫的一个金属冶炼厂外围，对距离金属冶炼厂 500 m 和 15 000 m 等不同程度重金属污染土壤及其生长棉花进行了比较研究，结果表明在土壤表土层中重金属镉、铜、铅、锌质量分数分别高达 13.2、95.7、200.3、536.1 mg/kg 的情况下，棉花仍然能够正常生长发育，如表 11-4 所示。

---

① Chen Z F, Zhao Y, Fan L D, et al., Cadmium (Cd) Localization in Tissues of Cotton (*Gossypium hirsutum* L.), and Its Phytoremediation Potential for Cd-Contaminated Soils[J]. Bulletin of environmental contamination and toxicology, 2015，95(6)：784-789.

表 11-4　保加利亚普罗夫迪夫金属冶炼厂外围土壤及棉花各组织中重金属元素质量分数

项目	距厂距离/m	Cd/(mg/kg)	Cu/(mg/kg)	Pb/(mg/kg)	Zn/(mg/kg)
棉花纤维	500	0.154±0.030	1.50±0.03	5.80±0.20	15.5±0.2
	15 000	0.069±0.006	1.10±0.01	2.50±0.10	11.5±0.2
棉花籽粒	500	0.100±0.002	3.50±0.05	1.10±0.10	20.7±0.4
	15 000	0.050±0.002	3.30±0.05	0.50±0.02	17.3±0.2
棉花花蕾	500	0.070±0.001	1.30±0.10	2.10±0.10	6.6±0.1
	15 000	0.030±0.001	1.10±0.03	0.80±0.03	2.9±0.1
棉花叶片	500	0.620±0.001	8.70±0.10	29.60±0.80	45.4±0.7
	15 000	0.020±0.001	6.10±0.10	2.60±0.10	10.7±0.1
棉花茎秆	500	0.050±0.002	1.80±0.03	1.00±0.10	3.5±0.1
	15 000	0.030±0.001	1.20±0.03	0.80±0.03	2.3±0.1
棉花根系	500	0.155±0.003	2.70±0.05	3.90±0.10	13.9±0.2
	15 000	0.045±0.001	1.40±0.03	0.90±0.05	2.9±0.1
深度 0~20 cm 土壤	500	13.200±0.240	95.70±1.80	200.30±6.00	536.1±4.0
	15 000	2.700±0.180	16.00±0.30	24.60±0.70	33.9±0.3
深度 20~40 cm 土壤	500	10.000±0.180	89.90±1.80	181.80±5.10	434.0±3.2
	15 000	2.500±0.020	13.90±0.20	22.70±0.70	31.9±0.3

　　赵烨等(2009)在对华北平原北部城郊污灌区的土壤-棉花系统进行调查观测的同时，还进行了棉花盆栽实验，结果表明，当通过添加重金属盐溶液使土壤中镉、铜、锌、银质量分数达到10、400、500、10 mg/kg且土壤中六六六(HCHs)质量分数为10 mg/kg的复合污染条件下，棉花仍然能够正常生长发育；只有当土壤中镉、铜、锌、银质量分数达到20、500、600、20 mg/kg且土壤中六六六(HCHs)质量分数为20 mg/kg的复合污染条件下，棉花在发芽及幼苗期生长状况受到抑制，但随后也能够完成其生长发育过程。综上所述，棉花对土壤重金属污染具有较强的忍耐性。

11.5.3　棉花对土壤重金属的吸收富集性能

　　植物可以通过根系直接吸收土壤溶液中的重金属离子，其吸收的生理过程主要是植物根系表面细胞壁对重金属离子吸收，植物根际的重金属离子通过渗透进入根系细胞之中。Wierzibika研究指出，植物从土壤溶液中吸收的铅首先沉积在根系表面，然后以非共质体方式进入根冠细胞层中。随着根系对根际外围土壤溶液中重金属离子的吸收，土壤中的重金属离子以两种方式向植物根际迁移：一是质体流作用，即在植物根系吸收水分的过程中，重金属离子随土壤溶液向根际流动；二是扩散作用，即植物根系的吸收使根际溶液中重金属离子浓度降低，这样浓度梯度力可使重金属离子向植物根际迁移。植物对土壤中重金属离子的吸收及传输能力与土壤理化性状、土壤微生物活动状况、酶活性、植物种类、土壤污染物中相互作用等条件密切相关。表 11-5 为土壤、普通植物和超富集植物体中几种重金属元素的质量分数及临界标准，其结果表明棉花对土壤中重金属元素的吸收富集能力略微强于普通植物，但尚未达到超富集植物体的标准，但棉花作为适应性强、种植广泛、生物量巨大的非食源性经济作物，探索其萃取土壤中重金属元素的有效性仍然具有重大意义。

表 11-5 土壤、普通植物和超富集植物体中几种重金属元素的质量分数及临界标准 单位：mg/kg

元素	土壤	普通植物体	超富集植物临界标准	污灌区土壤	棉花体*
镉	0.50	0.05～0.32	100	0.25	0.05～0.20
钴	10	1	1 000	17.8	—
铬	60	1	10 000	72.9	2.0～18.5
铜	20	10	1 000	29.4	0.8～10.5
锰	850	80	10 000	663.8	3.7～115.3
镍	40	2	1 000	31.6	—
铅	10	5	1 000	38.4	0.4～6.1
锌	50	100	1 000	84.7	11.3～107.0

注：* 其低值为棉花纤维中的质量分数、高值为棉花茎秆中的质量分数，—表示无数据。

11.5.4 棉花萃取土壤中重金属镉的效果分析

在进行污灌区土壤-棉花实地调查采样、同步盆栽实验研究的基础上，运用 ICP-MS 测定土壤及棉花各组织中重金属镉的质量分数，结果表明：棉花各组织中镉质量分数的序列为：果壳＞茎秆＞根系＞籽粒＞纤维，其中棉花根系中镉质量分数要显著小于其地上组织[果壳（$p=0.03<0.05$）和茎秆（$p=0.02<0.05$）]的质量分数，也小于地上部分镉质量分数的均值（150.2 $\mu g/kg$，$p=0.04<0.05$）；回归分析亦表明棉花植株（$p<0.05$）、纤维（$p<0.01$）、籽粒（$p<0.01$）、果壳（$p<0.05$）中镉质量分数与表土层中镉质量分数具有显著的正相关性，如图 11-10 所示。Kabata-Pendias 等 2000 年的研究亦证实谷物、豆类和马铃薯体中镉质量分数与对应土壤中镉质量分数具有显著的正相关性；而棉花根系、茎秆的 R^2 分别为 0.627 4 和 0.709 3，在 0.05 水平上未呈现显著相关性，出现这一差异的原因，可能是在城市郊区含有重金属镉的大气气溶胶，经过陆地棉叶片、茎秆及果壳表面密布的冠毛和分泌油脂的色素腺体（又称为油腺）的阻挡、吸附和黏附粉尘，使含有镉的城郊大气悬浮颗粒直接进入棉株体内，从而造成陆地棉茎秆、果壳中镉质量分数异常增加。

棉花盆栽实验结果表明，随着盆栽实验土壤中镉质量分数的增加，陆地棉各组织对土壤中镉的 BCF 具有以下三个特征：①土壤中镉质量分数＜1.0 mg/kg，即 C31、C41、C32、C42 盆中陆地棉各组织对土壤镉的 BCF 序列为：叶片（1.02）＞茎秆（0.65）＞果壳（0.56）＞根系（0.51）＞籽粒（0.35）＞纤维（0.23）；②土壤中镉质量分数为：1.258～10.258 mg/kg，即 C43、C34、C44、C35、C45 盆中陆地棉各组织对镉的 BCF 序列为：叶片（0.37）＞根系（0.22）＞茎秆（0.20）＞果壳（0.19）＞籽粒（0.13）＞纤维（0.05）；③当土壤中镉质量分数为 20.258 mg/kg 时，即 C36、C46 盆中陆地棉各组织对土壤镉的 BCF

序列为：叶片（0.23）＞根系（0.19）＞茎秆（0.18）＞果壳（0.10）＞籽粒（0.08）＞纤维（0.03）。这表明陆地棉叶片对土壤中镉的富集能力最强。米尔斯等（Meers et al.，2007）和 Klang 等（2003）亦研究证实柳树叶片对土壤中镉具有很强的富集能力。陆地棉叶片对土壤中镉富集能力强，但由于在收获时节田间陆地棉的叶片绝大多数已脱落至土壤表面，叶片腐烂分解之后又将镉归还于表土层，故陆地棉叶片对于从土壤中萃取镉的作用甚小，但这对持续性萃取土壤中的镉还是具有间接的促进作用。

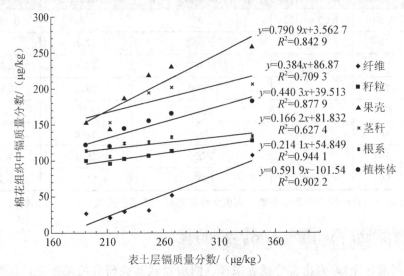

图 11-10　土壤、陆地棉组织中镉质量分数线性回归图

对田间和各盆栽实验中陆地棉各组织对土壤中镉的 BCF（Y）与土壤中镉质量分数（X）运用 Origin7.5 软件进行拟合，发现 Y 随 X 的增加呈现指数递减（ExpDec1），其拟合关系式为 $Y=Y_0+ae^{-bX}$。其具体参数表现为，纤维：其平均剩余残差平方和（Chi^2/Dof）＝0.001 59，相关系数的平方（R^2）＝0.858 6；籽粒：Chi^2/Dof＝0.001 39，R^2＝0.929 18；果壳：Chi^2/Dof＝0.021 98，R^2＝0.765 09；叶片：Chi^2/Dof＝0.003 44，R^2＝0.981 68；茎秆：Chi^2/Dof＝0.011 87，R^2＝0.851 35；根系：Chi^2/Dof＝0.003 94，R^2＝0.881 62。这表明陆地棉各组织对土壤中镉的 BCF（Y）的差异中有 76.5%～98.2% 是由土壤中镉质量分数（X）的差异引起的。从拟合曲线图 11-11 来看，随着土壤中镉质量分数由 0.258 mg/kg 增加到约 1.00 mg/kg，陆地棉各组织对镉的 BCF 急剧递减；当土壤中镉质量分数由 1.00 mg/kg 继续增加时，陆地棉各组织对镉的 BCF 趋于平缓的低值区间，即这时陆地棉对土壤镉污染只具有忍耐性，其吸附机能可能已经退化，这方面涉及土壤中镉存在形态对陆地棉吸附机理的影响，有待进一步的实验研究（Huynh T. T. et al.，2008；Liang H. M. et al.，2009）。

观测结果还表明，棉花各组织对镉的 BCF 序列为：果壳（0.805）＞茎秆（0.746）＞根系（0.516）＞籽粒（0.444）＞纤维（0.168），棉花地上部分整体对土壤中镉的富集系数为 0.613；镉在棉花体内的 TI 序列为：果壳（1.604）＞茎秆（1.475）＞籽粒（0.877）＞纤维（0.168），棉花地上部分整体对根部的转移系数为 1.22；棉花地上部分镉质量分数为 0.131～0.186 mg/kg。在研究区陆地棉植株地上组织中镉质量分数、BCF、TI 三个标准之

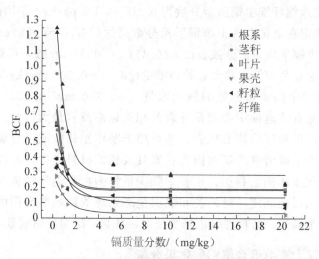

图 11-11　盆栽实验土壤中镉质量分数与对于棉花组织 BCF 相关性

中，只有 TI 满足镉超富集植物的标准。可见，陆地棉还不属于镉超富集植物。但是 Lombi 等（2000）和 Deng 等（2007）的研究表明：一些镉超富集植物相对于陆地棉虽然 BCF 与 TI 较高，但其生物量普遍较小，提取的镉总量也有限。Marchiol 等（2004）和 Li 等（2003）的研究也指出，自然界还未见有生物量高且超富集镉的野生植物和农作物。可见，仅将积累量、BCF、TI 作为重金属污染土壤修复植物选择标准还需改进，即将植物生物量指标纳入实用性萃取土壤中重金属的植物标准更为合理。Marchiol 等提出了用于生物萃取的理想植物标准：一是能吸附土壤中重金属并能将其迁移至植物地上部分；二是对土壤中金属污染具有较强的忍耐性；三是生长速度快且生物量大；四是适应性较强和易收割的农作物。

实地调查发现棉花的年收获生物量（干重）在 33 000～38 000 kg/ha，平均为 36 000 kg/ha，按照陆地棉纤维、籽粒、果壳、茎秆、根系质量比重 17.5％、10.6％、13.8％、52.6％、6.5％与陆地棉各组织中平均镉质量分数进行加权平均，得出陆地棉（可采集）植株体平均镉质量分数为 148.4 μg/kg，那么每季陆地棉收割后从土壤中萃取镉可达 5 342.13 mg/ha。按土壤体积密度 1.32 g/cm³ 和耕作层厚度 20 cm 计算，可以使土壤耕作层镉质量分数每季降低 2.02 μg/kg，即提取比例为 0.82％。Felix 等 1997 年研究发现，镉超富集植物庭荠属植物（*Alyssum murale*）、遏蓝菜（*Thaspi caerulescens*）、烟草（*Nicotiana tabacum*）、玉蜀黍（*Zea mays*）、芥菜（*Brassica juncea*）、青岗柳（*Salix viminalis*）每季植物镉提取量占土壤中镉质量分数的比例分别为 0.14％、0.97％、0.45％、0.41％、0.32％、1.11％，对照发现，陆地棉作为一种非超富集非食源性植物，有与超富集植物相当的提取比例。可见，陆地棉虽然 BCF 不高，但它对土壤镉污染的耐性较强，再加陆地棉属灌木状草本和非食源性作物，具有适宜性强、生长快、生物量大、从土壤中提取的总镉比例高等特点，陆地棉在净化土壤镉污染方面具有一定的应用潜力。

棉花作为一种经济作物，利用途径多样。目前棉絮多为纺织业原料；棉秆除少部分作为农村燃料外，大多被回收用于造纸、生产人造纤维和纤维胶合板；棉籽则成为榨油原料，榨油后的棉仁饼早先作为家畜饲料，因所含棉酚具有毒性，现多与棉叶作为堆肥返田。从以上使用

途径分析，污灌区陆地棉纤维中镉质量分数为 $0.021 \sim 0.108 \ \mu g/kg$，平均值为 $0.045 \ \mu g/kg$。Angelova 等(2004)测定在金属矿区土壤镉质量分数高达$(13.20 \pm 0.24) \ mg/kg$ 的钙质土壤上生长的棉花纤维中镉平均质量分数也仅为$(0.154 \pm 0.030) \ mg/kg$，可见陆地棉纤维中镉质量分数均低于国家食品中大米和大豆的镉限量标准——$0.200 \ mg/kg$(GB 2762—2005)，也低于欧盟规定大豆中镉质量分数的最大限量——$0.200 \ mg/kg$(EC：No.1881/2006)，目前世界各国也未见有陆地棉中镉质量分数的相关标准或者最大限量。因此，陆地棉纤维中少量镉不会给居民和环境造成危害。茎秆用于制作刨花板或三合板等建材，可以使棉花从土壤耕作层中萃取出来的镉被固化在家具及建筑材料之中，将镉脱离陆地生态系统食物链，实现净化土壤镉的目的；棉籽中除少量作为堆肥返还的镉外，只要严格执行禁止棉籽油用作食用油的规定，对人类和农田生态系统的影响是有限的。种植棉花萃取土壤耕作层镉是一个高效、低耗的绿色修复技术，具有广泛的应用前景。

11.3.5 棉花萃取土壤中重金属铊的效果分析

铊(Thallium，Tl)是一种环境中分布广泛的稀有剧毒微量金属元素，其毒性与重金属元素铜、汞、镉相当，水体中质量分数为 $1.00 \ mg/L$ 的铊就会使植物中毒。中国境内土壤中铊的 95% 置信度质量分数为 $0.292 \sim 1.172 \ mg/kg$，其中位值为 $0.58 \ mg/kg$，略高于世界土壤中铊的平均质量分数。植物体中铊质量分数通常低于 $0.1 \ mg/kg$，也有研究发现在污灌区及施用钾肥的园地植物体中铊质量分数有增加的趋势。世界卫生组织(WHO)1996 年制定的铊环境健康标准为正常人饮食摄入铊量应低于 $5 \ \mu g/d$，正常人体中铊质量分数极低，一般不足 $0.07 \ mg/kg$，铊的成人致死量仅为 $6.0 \sim 40 \ mg/kg$。

2007—2008 年对华北平原北部的棉田样地进行了调查与采样，选取 6 个面积为 $334 \ m^2$ 的棉田样区，每个样区采集 5 个土壤样品和一份含 13 株的棉花样品，随机抽取六个棉花植株，手工分解并在 80 ℃烘箱中烘烤至恒重，按照土壤环境监测技术规范和土壤农业化学分析方法进行样品处理，测定棉花纤维、籽粒、果壳、茎秆和根系的平均质量分数，分别为 17.5%、10.6%、13.8%、52.6% 和 6.5%。运用 Tessier 法和 ICP-MS 测定土壤中不同形态的铊和棉花各组织中铊质量分数，结果表明土壤中残余态、有机结合态、碳酸盐结合态、铁锰氧化物结合态、交换态和水溶态铊占全铊的比例分别为 89.67%、9.58%、0.06%、<0.01%、<0.01%、<0.01%；土壤及棉花各组织中铊质量分数如表 11-6 所示。

表 11-6 采样区土壤样品及棉花不同组织中铊质量分数

田间样区编号	土壤样品	铊质量分数/(mg/kg)	棉花样品	铊质量分数/(μg/kg)
MH-1	S1	0.293	纤维	5.2
	S2	0.308	籽粒	5.2
	S3	0.301	果壳	30.1
	S4	0.279	茎秆	27.4
	S5	0.317	根系	77.5

续表

田间样区编号	土壤样品	铊质量分数/(mg/kg)	棉花样品	铊质量分数/(μg/kg)
MH-2	S6	0.343	纤维	5.3
	S7	0.411	籽粒	8.4
	S8	0.278	果壳	31.8
	S9	0.275	茎秆	23.3
	S10	0.315	根系	78.6
MH-3	S11	0.357	纤维	5.0
	S13	0.405	籽粒	3.9
	S13	0.366	果壳	30.1
	S14	0.420	茎秆	32.3
	S15	0.347	根系	76.5
MH-4	S16	0.320	纤维	5.0
	S17	0.257	籽粒	5.4
	S18	0.260	果壳	31.6
	S19	0.388	茎秆	27.9
	S20	0.314	根系	66.2
MH-5	S21	0.265	纤维	3.5
	S22	0.294	籽粒	4.0
	S23	0.266	果壳	31.0
	S24	0.264	茎秆	16.6
	S25	0.293	根系	61.2
MH-6	S26	0.318	纤维	7.4
	S27	0.343	籽粒	5.3
	S28	0.342	果壳	30.3
	S29	0.364	茎秆	25.6
	S30	0.270	根系	77.3

　　华北平原北部六个研究样区中各土壤剖面铊平均质量分数：表土层（0～20 cm）为0.328～0.364 mg/kg；心土层（20～40 cm）为0.270～0.275 mg/kg；底土层（40～60 cm）为0.216～0.268 mg/kg。这表明人类污灌活动已向土壤表土层排入了一定量的铊，且表土层中有机质结合态铊质量分数比重较大，在表土层中铊的形态特征为残余态＞有机结合态＞碳酸盐结合态＞交换态≥水溶态＞铁锰结合态，即黄土质旱地表土层中铁锰结合态铊极少。这些均表明20多年来进行的污水灌溉已对农田土壤产生了影响。表11-6显示，研究区表土层中铊质量分数在0.257～0.420 mg/kg，与研究区土壤中铊背景值（0.330 mg/kg）相当，个别样点表土层中铊质量分数有明显增高的趋势，但总体上研

究区污灌土壤中铊质量分数都低于中国土壤铊的中位值为 0.58 mg/kg；与世界土壤中铊的中位值(0.20 mg/kg)相比较，土壤中 Tl 质量分数明显偏高；根据加拿大土壤中铊质量分数标准值 1 mg/kg，研究区土壤中 Tl 质量分数水平尚处于安全状态。研究区土壤中铊的分布具有不均一性，其质量分数主要与土壤有机质质量分数、质地、pH、Eh 和人类活动等因素有关。

由于土壤中的铊有两种氧化状态，即 Tl^+ 和 Tl^{3+}，且 Tl^+ 半径与 K^+ 半径接近(Tl^+ = 0.147 nm，K^+ = 0.133 nm)，Tl^+ 可以通过类质同象置换长石、水云母等黏土矿物晶层中的 K^+。由于 Tl^+ 比 K^+ 具有更强的电负性和更高的水合能，故土壤中的铊易被土壤黏土矿物和腐殖质选择性地保持并固定于土壤有机-无机胶体之中。研究区土壤成土母质为黄土状河流沉积物，其黏土矿物以水云母和蛭石等 2∶1 型矿物为主，且因污灌而富含有机质，亦有研究表明长期污灌使研究区表土层中有机质质量分数由 20 世纪 80 年代的平均 8.8 g/kg 提高到 6.85～32.14 g/kg。故对进入土壤中的 Tl^+ 具有较强吸附能力并使其保持于表土层。

棉花植株各组织中铊质量分数为 3.5～78.6 μg/kg，其中棉花纤维中铊质量分数为 3.5～7.4 μg/kg，平均为 5.2 μg/kg；棉花籽粒中铊质量分数在 3.9～8.4 μg/kg，平均质量分数为 5.4 μg/kg；棉花果壳中铊质量分数在 30.1～31.8 μg/kg，平均为 30.8 μg/kg；棉花茎秆中铊质量分数在 16.6～32.3 μg/kg，平均为 25.5 μg/kg；棉花根系中铊质量分数在 61.2～78.6 μg/kg，平均为 72.9 μg/kg，棉花植株中铊质量分数具有显著的分布规律，即根系＞果壳＞茎秆＞籽粒＞纤维。Kabata-Pendias 等 2007 年综合研究了植物体中 Tl 的平均质量分数约为 50 μg/kg，其中蔬菜体中铊质量分数为 20～130 μg/kg，苜蓿体中铊质量分数为 8～10 μg/kg，牧草体中铊质量分数为 20～25 μg/kg，瑞典谷物籽粒中铊质量分数仅为 0.2～1.1 μg/kg，但在某些蘑菇体中铊质量分数可高达 5 500 μg/kg；也有研究表明乔木体中铊质量分数最高，可达 140～435 μg/kg，灌木体中铊质量分数为 135～183 μg/kg，野生草本植物体中铊质量分数最低，仅为 28.7～43.6 μg/kg。由此可见，植株为灌木状的棉花，其根系和秸秆具有较强吸附和萃取土壤中铊的能力。

根据调查分析获得的棉花各组织灰分的铊平均质量分数如表 11-6，运用福蒂斯丘(Fortescue，1980)和别乌斯(1982)定义的生物吸收系数，即某元素在有机体(通常是植物)灰分中的质量分数与该元素在生长这种植物的土壤中质量分数比例，可计算得出棉花各组织对土壤中铊的生物吸收系数 A：$A_{纤维-Tl}$ = 0.935，$A_{籽粒-Tl}$ = 0.368，$A_{果壳-Tl}$ = 1.176，$A_{茎秆-Tl}$ = 1.450，$A_{根系-Tl}$ = 6.186。这表明生物非必需元素铊被棉花吸收之后主要集中于棉花根系之中，按照棉花纤维、籽粒、果壳、茎秆和根系的平均质量分数进行加权平均，得出棉花植株对土壤中铊的平均吸收系数为 2.477。按别乌斯 1982 年划分的生物吸收序列，土壤中铊属于棉花中等摄取元素或棉花强烈聚集元素。Angelova 等 2004 年比较分析了土壤重金属污染区棉花组织中铅和镉质量分数，其中棉花各组织中铅平均质量分数：根系中 3.9 mg/kg、茎秆中 1.0 mg/kg、籽粒中 1.1 mg/kg、纤维中 5.8 mg/kg；棉花各组织中镉平均质量分数：根系中 0.155 mg/kg、茎秆中 0.05 mg/kg、籽粒中 0.10 mg/kg、纤维中 0.154 mg/kg。研究结果证实土壤中的生物非必需元素铅和镉被棉花吸收之后亦主要集中于棉花根系之中，棉花纤维中重金属存在较高质量分数，其主要原因可能是棉花体可以从空气及降尘中直接吸附重金属元素，这还需要进一步的观测与实验分析加以证实。笔者的相关研究也表明棉花对土壤中铜、银和金具有一定吸收富集能力。

华北平原北部的污灌——淡色潮湿雏形土表土层中铊质量分数(0.257～0.420 mg/kg)与研究区土壤中铊背景值(0.33 mg/kg)相当，个别样点土壤表土层中铊质量分数有增高的趋势；土壤剖面各土层中铊质量分数分布特征为：表土层＞心土层≥底土层，这表明以污灌为主的人类活动已经向土壤表土层排入了一定量的铊，且进入土壤中的铊多被表土层中的有机-无机胶体吸收。铊作为一种稀有剧毒微量金属和生物非必需的元素，其环境地球化学特性与植物营养元素钾相近，常被植物吸收和富集，棉花植株对土壤中铊的平均吸收系数为2.477，其中棉花根系对土壤中铊的平均吸收系数可达6.186，即进入棉花植株体中的铊主要集中在根系、茎秆和果壳等类木质部分，而棉花籽粒和纤维中较少。在华北平原北部地区，棉花作为农民广泛种植的非食源性经济作物，除棉花纤维作为生活用品和工业原料外，棉花植株(包括茎秆、根系和果壳)大都作为制作刨花板的原料，因此，除棉花叶片在收获时脱落外，其余各部分组织都转移离开土壤，并且棉花的根系、茎秆、果壳对土壤中铊具有较强的吸附能力，种植棉花能降低土壤中有毒重金属元素铊的污染风险，具有显著经济效益、环境效益和社会效益。

当前学术界已研发了土壤重/类金属污染的原位修复和异位修复技术，以及20世纪80年代，物理修复方法、90年代的物理化学修复方法和21世纪初期生物化学修复方法。土壤重/类金属污染的物理修复方法和物理化学修复方法均属于被动修复，其实施一般具有见效快和治理彻底等优点，但还具有修复工程量大、投资大、易损害土壤结构和生物活性、易引起土壤二次污染等不足，故物理修复方法和物理化学修复方法仅适应于修复小面积城市或场地土壤污染。生物修复属于原位型的被动与主动相互结合的修复技术，它具有不破坏土壤的理化性状和生物活性、不会引起土壤的二次污染、修复过程操作简单、工作量小、处理成本低、处理方式多样等优点，但也具有修复过程漫长、见效慢等不足。当今国际土壤重/类金属污染修复向着植物-土壤微生物联合修复技术或以生物修复技术为核心的多技术集成化方向发展，其主要趋势有3个方面：一是采取生物工程技术和基因工程技术培育新型广谱超富集性植物，特别是研发非食源性树木修复方法、非食源性经济作物修复方法及其实用技术；二是集成相关物理化学方法采取添加适量络合剂或螯合剂固化土壤中的重/类金属元素，或增强土壤中重/类金属元素的生物活性加速植物对其吸收与富集；三是研发土壤微生物与植物的联合修复技术。例如国内外学术界在开展上述研究工作的基础上，通过田间实验模拟、盆栽实验或水培实验研发了以非食源性且地上生物量大的植物如柳树(*Salix babylonica*)、蓖麻(*Ricinus communis* L.)、亚麻(*Linum usitatissimum* L.)、桑树(*Morus alba* L.)等萃取土壤中重/类金属元素的技术方法，使重/类金属污染土壤的修复向着高效、安全、绿色节能、经济、持久的方向发展，为确保土壤健康-食品安全-人群健康作出重要贡献。

11.6 土壤重/类金属污染修复的实用技术

许多研究致力于筛选和选择痕量耐金属植物品种，或通过品种杂交、基因改良或转基因等技术培育超富集植物，但以实验室或温室水平上研究为主，少见有推广到田间实际应用的技术方法。众多的学者强调将土地利用方式优化、农业实践应用从温室模拟迁

移到田间应用实践研究的重要性，如推广非食源性经济作物种植、农作物轮-间作、种植密度、施肥、灌溉方案、生物强化、杂草和草食管理等，均可促进土壤重/类金属污染修复的有效性（Duarde 等，2018；赵烨，2018）。土壤污染的植物修复技术被认为是太阳能驱动下的环境治理新技术，该技术不仅能够消减土壤中重/类金属元素的质量分数与活性，还能加速恢复土壤结构、健康状况及其他诸多功能，同时可以促进土壤生态服务与环境调节功能（如固碳、水过滤和排水管理、植物、微生物和动物群落的恢复）的提升。近 20 年来欧洲把高产的作物品种如烟草（*Nicotiana tabacum*）、向日葵（*Helianthus annuus*）、柳属（*Salix*）植物等应用于土壤重/类金属污染修复，发现将植物修复研究从室温大棚或实验室转移到田间条件下，运用某些农业措施如农作物轮作、间作、高密种植、施肥、灌溉方案、生物强化、杂草管理等，不仅能提升植物修复的整体效果，还可获得一定的收益。普拉萨德（Prasad，2015）将可用于土壤污染修复的非食源性植物归结为：纤维类、木材类、制药类、香精类、园艺花卉、生物能源类、原料类、染料类。与此同时，从多学科角度研发的基因改良或转基因技术与土壤螯合剂，增强了非食源作物对土壤中重/类金属元素的吸收富集能力，使非食源作物成为土壤污染修复师或生物质能源、纤维的生产者，这均已成为土壤污染修复研究的新方向，如图 11-12 和图 11-13 所示。自2008 年以来王水峰博士系统地研究了非食源经济作物蓖麻（*Ricinus communis* L.）对土壤中重金属的吸收富集特征，周凌云博士研究了土壤-桑（*Morus alba* L.）-蚕（*Bombyx mori*）系统中重金属镉与铅迁移转化特征，朱宇恩博士通过水培实验研究了旱柳（*Salix matsudana* Koidz）对土壤中重金属的修复特征。

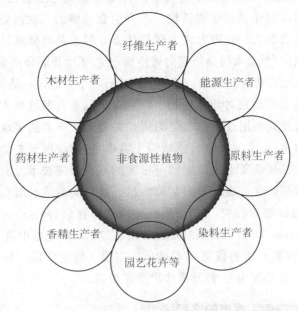

图 11-12　重/类金属污染土壤修复的主要非食源性植物

（据 Prasad，2015 年资料）

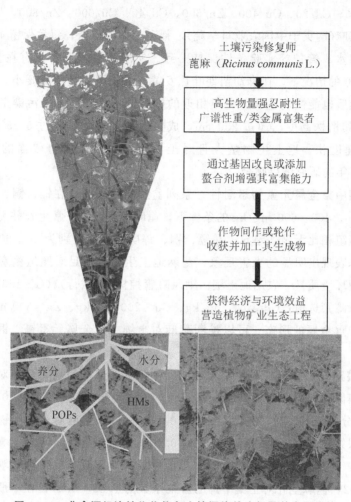

图 11-13 非食源经济性作物修复土壤污染的途径及其发展趋势

11.6.1 通过种植蓖麻萃取土壤中重金属离子[①]

蓖麻（*Ricinus communis* L.）属于大戟科、蓖麻属一年生或多年生草本植物，在热带或亚热带地区可长成多年生灌木或小乔木；蓖麻喜高温且酸碱适应性强，生长发育快、地上生物量大，且其籽粒含油高达 50%，其榨出的蓖麻油黏度高、凝固点低，是化工、轻工、印刷和医药等工业的重要原料，在全世界有超过 30 个国家已实现了蓖麻的规模化种植生产。我们采集了华北平原壤质潮土进行蓖麻盆栽实验，土壤中镉、铜、锌的环境背景值分别为 0.063 mg/kg、17.8 mg/kg、59.2 mg/kg。通过多次向土壤中添加 $Cd(NO_3)_2$、$Cu(NO_3)_2$、$Zn(NO_3)_2$ 溶液的方式，向土壤中添加 Cd/1、Cu/50、Zn/100（质量分数单位均为 mg/kg，下同），Cd/5、Cu/100、Zn/200，Cd/5、Cu/100、Zn/200；Cd/10、

① Wang S. F，Zhao Y. Effects of Cd，Cu and Zn on *Ricinus communis* L. Growth in single element or co-contaminated soils：Pot experiments. Ecological Engineering，2016(90)：347-351.

Cu/200、Zn/400，Cd/20、Cu/400、Zn/600，Cd/40、Cu/600、Zn/800，构成实验系列，分别种植绿宝蓖麻（购买于中国农业科学院），播种后两周出苗，每盆保留 4 棵蓖麻苗。所有盆栽种植、灌水、管护等实验条件保持一致。实验观察表明：只有在土壤中 Cd/40、Cu/600、Zn/800 的情况下，蓖麻幼苗期叶片发黄、生长缓慢且植株矮小，表现出轻度中毒的迹象，但随后也能恢复生长，完成相近的生命周期；在小区未污染土壤中种植的绿宝蓖麻 90 天后其植株高度已超过 250 cm，成熟后地上生物量超过 5.75 kg/m^2。可见，蓖麻不仅生长速度快、地上生物量大且对土壤重金属污染具有较强的忍耐性，这与 Bauddh 等 2012 年的研究结果吻合。

蓖麻对土壤中重金属元素的忍耐性 系列盆栽实验表明，在镉、铜、锌质量分数分别低于或等于 20、400、600 mg/kg 的条件下，蓖麻仍然能够正常生长并完成结果，其地上生物量与对照组相比无显著差异；在镉、铜、锌质量分数分别为 40、600、800 mg/kg 的条件下，蓖麻表现出明显的毒害现象，蓖麻地上生物量不足对照组蓖麻地上生物量的 1/3。依据《土壤环境质量 农用地土壤污染风险管控标准（试行）》（GB 15618—2018），农用地土壤污染风险筛选值：Cd≤0.8 mg/kg、Cu≤200 mg/kg、Zn≤300 mg/kg；再考虑盆栽实验土壤中重金属的形态，可以推断蓖麻对土壤中重金属元素镉、铜、锌具有显著的忍耐性。

蓖麻对土壤重金属元素的吸收富集性能 系列盆栽实验表明，蓖麻对土壤中镉具有一定的吸收富集能力，即蓖麻根系（地下部分）对土壤中镉的富集系数为 0.56～1.00，蓖麻茎叶（地上部分）对土壤中镉的富集系数为 0.24～0.60；蓖麻对土壤中镉吸收富集能力较弱，即蓖麻根系对土壤中镉的富集系数为 0.10～0.41，蓖麻茎叶对土壤中镉的富集系数为 0.03～0.40；蓖麻对土壤中锌吸收富集能力较弱，即蓖麻根系对土壤中锌的富集系数为 0.25～0.82，蓖麻茎叶对土壤中锌的富集系数为 0.23～0.47；在一般情况下蓖麻对土壤中镉、铜、锌的富集系数随着土壤重金属的质量分数的增大而呈现减小的趋势。

由此可见，蓖麻对土壤中镉、铜、锌虽然具有一定的吸收富集能力，如图 11-14 所示，但蓖麻特别是其地上部分对镉、铜、锌的富集系数均小于 1.00，故蓖麻不属于土壤重金属超富集植物。对蓖麻根系、茎秆、叶片的切片进行扫描电镜-能谱分析亦表明，蓖麻组织中有重金属元素锌、铜存在，如图 11-14 所示。但由于蓖麻属于高大一年生草本植物，其在热带或亚热带地区常成多年生灌木或小乔木，其植株高 2～3 m，具有巨大的地上生物量，故在被重金属污染的土壤上植株蓖麻仍然能够从土壤中萃取出一定量的重金属离子，起到修复重金属污染的土壤之目的，同时作为非食源性经济植物，蓖麻种植及其适当的加工，可做到在安全利用被重金属污染土壤资源的同时，还会有一定的经济收益。

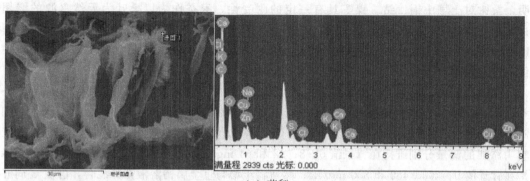

（a）茎秆

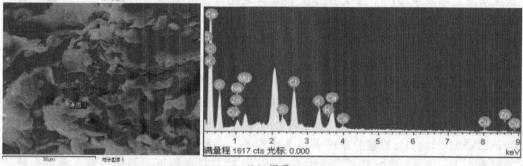

（b）根系

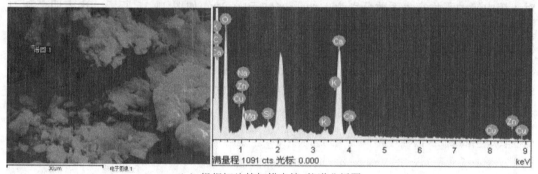

（c）组织切片的扫描电镜-能谱分析图

图 11-14　蓖麻叶片

11.6.2　土壤-桑-蚕系统中铅/镉的迁移转化[①]

桑基鱼塘是我国热带亚热带平原或大河三角洲区域种桑养蚕同池塘养鱼相结合的一种生产经营模式，它具有经济效益高和生态效益好的优势。近 30 年来上述区域内工业化与城镇化的发展，致使这种传统生产模式受到不同程度的冲击。近些年的调查研究表

①　Zhou L Y. Zhao Y. Wang S F.：Cadmium transfer and detoxification mechanisms in a soil-mulberry-silkworm system：phytoremediation potential. Environ Sci Pollut Res，2015，22（22）：18031-18039；Lead in the soil-mulberry（*Morus alba* L.）-silkworm（*Bombyx mori*）food chain：Translocation and detoxification. Chemosphere，2015（128）：171-177.

明，桑树对土壤中铜、钴、镍等具有一定的耐受性，家蚕作为以桑叶为天然食源的鳞翅目节肢动物，对含有重金属元素的桑叶具有较强的忍耐性（Ashfaq et al.，2009；Katayama et al.，2013），这些为开展土壤-桑-蚕系统中重金属元素迁移转化特征研究提供一定启示。

桑树(*Morus alba* L.)对土壤中重金属元素的忍耐性　通过构建人工可调控的盆栽红壤-桑树-家蚕的微宇宙实验模拟系统，其中红壤中镉、铅的环境背景值分别为 0.04 mg/kg 和 21.30 mg/kg，多批次向盆栽红壤中添加 $Cd(NO_3)_2$、$Pb(NO_3)_2$ 的稀溶液，并向盆栽红壤中添加的镉量分别维持在背景值 0、8、32 和 64 mg/kg，盆栽红壤中添加的 Pb 量分别维持在背景值 0、200、400 和 800 mg/kg；然后将土壤与重金属稀溶液充分混合，静置 8 周并多次浇水使土壤发生多次干湿交替并使其充分老化。在适当施肥的条件下，在每个盆栽红壤中栽植两棵树龄为一年的桑树幼苗，定期适度浇水观察，发现所有盆栽桑树幼苗生长发育均正常。依据《土壤环境质量　农用地土壤污染风险管控标准(试行)》(GB 15618—2018)，农用地土壤污染风险管控值为：Cd≤2 mg/kg 和 Pb≤500 mg/kg，则可推断桑树对土壤中镉具有显著的忍耐性，对土壤中铅亦具有一定的忍耐性。

桑树(*Morus alba* L.)对土壤中镉的吸收富集性能　在盆栽红壤中镉背景值(0.04 mg/kg)的生长条件下，桑树根系、茎秆、叶片对土壤中镉的平均富集系数分别为 3.23、1.58 和 0.56；在添加 8 mg/kg 的盆栽条件下，桑树根系、茎秆、叶片对土壤中镉的平均富集系数分别为 2.75、0.96 和 0.29；在添加 64 mg/kg 的盆栽条件下，桑树根系、茎秆、叶片对土壤中镉的平均富集系数分别为 1.29、0.65 和 0.10，如图 11-15 所示。这表明桑树对土壤中镉的吸收富集能力为根系＞茎秆＞叶片。随着土壤中镉质量分数的增加，桑树对镉的吸收富集能力呈现以下特征：当土壤中镉质量分数由背景值 0.04 mg/kg 增加到约 8 mg/kg 时，桑树对土壤镉的吸收富集系数呈现指数递减；当土壤中 Cd 质量分数由约 8 mg/kg 增加到约 64 mg/kg 时，桑树对土壤镉的吸收富集系数呈现缓慢递减现象。

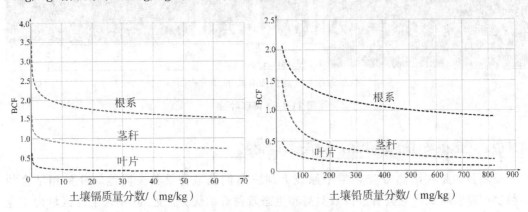

图 11-15　桑树对土壤中镉和铅的吸收富集特征图

桑树(*Morus alba* L.)对土壤中铅的吸收富集性能　在盆栽红壤中铅背景值(21.30 mg/kg)的生长条件下，桑树根系、茎秆、叶片对土壤中铅的平均富集系数分别为 1.90、1.50 和 0.45；在添加 200 mg/kg 的盆栽条件下，桑树根系、茎秆、叶片对土壤中铅的平均富集系数分别为 1.49、0.40 和 0.19；在添加 800 mg/kg 的盆栽条件下，桑树根系、茎秆、叶

片对土壤中铅的平均富集系数分别为 0.74、0.19 和 0.07，如图 11-15 所示。这表明桑树对土壤中铅的吸收富集能力为根系＞茎秆＞叶片。随着土壤中铅质量分数的增加，桑树对铅的吸收富集能力呈现以下特征：当土壤中铅质量分数由背景值 21.4 mg/kg 增加到约 200 mg/kg 时，桑树对土壤铅的吸收富集系数呈现指数递减；当土壤中铅质量分数由约 200 mg/kg 增加到约 800 mg/kg 时，桑树对土壤铅的吸收富集系数呈现缓慢递减现象。同时桑树对土壤中镉的吸收富集能力大于对土壤中铅的吸收富集能力。

模拟实验还表明：五龄家蚕持续进食上述含有重金属镉和铅的桑叶之后，并未呈现中毒受害的现象，与空白组的家蚕相比，只有在持续进食土壤铅质量分数 800 mg/kg、镉质量分数 64 mg/kg 及桑叶中铅质量分数达 60.26 mg/kg、镉质量分数达 6.5 mg/kg 家蚕，其同时期生长速度显著减慢。依据《土壤环境质量 农用地土壤污染风险管控标准（试行）》（GB 15618—2018），农用地土壤污染风险筛选值为 Cd≤0.8 mg/kg 和 Pb≤240 mg/kg；依据《饲料卫生标准》（GB 13078—2017），饲料即米糠中 Cd≤1.00 mg/kg、饲料中 Pb≤5.00 mg/kg；由此可见桑蚕对桑叶中的镉和铅具有显著的忍耐性。

五龄家蚕的虫体、粪球、脱皮及其蚕丝中镉质量分数表现为粪球＞脱皮＞虫体＞蚕丝，如图 11-16 所示。这表明桑蚕在进食含有镉的桑叶之后，经过桑蚕吞嚼消化吸收等生理代谢作用，其吞噬桑叶中镉主要通过粪便排出体外，即桑蚕粪球中镉质量分数是桑叶中镉质量分数的 1.8～2.3 倍；桑蚕幼体中镉质量分数是桑叶中镉质量分数的 0.40～0.85 倍；桑蚕脱皮中镉质量分数是桑叶中镉质量分数的 0.48～2.01 倍；桑蚕丝中镉质量分数是桑叶中镉质量分数的 0.03～0.20 倍，即桑蚕丝体中镉质量分数≤0.21 mg/kg。依据德国等国际机构制定并于 2021 年实施的《生态纺织品技术标准（Oeko-Tex Standard100）》标准，即婴幼儿皮肤用品（A）和直接接触皮肤用品（B）中消解样品中镉质量分数≤20 mg/kg，桑蚕丝中镉质量分数远远低于 40 mg/kg。由此可见，在受重金属污染的土壤区域营造土壤-桑-蚕系统，一方面可逐渐消减土壤中离子态重金属元素，另一方面可在安置就业的同时获得一定的经济收益。

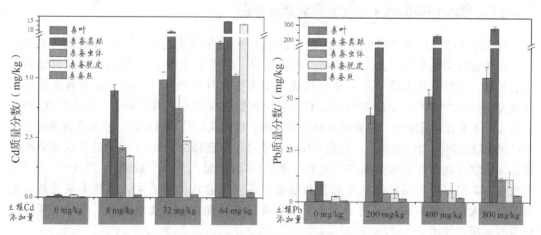

图 11-16 桑叶-家蚕体中重金属镉和铅的分布特征

五龄家蚕的虫体、粪球、脱皮及其蚕丝中铅质量分数表现为粪球＞脱皮＞虫体＞蚕丝，如图 11-16 所示。这表明桑蚕在进食含有铅的桑叶之后，经过桑蚕吞嚼消化吸收等生

理代谢作用，其吞噬桑叶中铅主要通过粪便排出体外，即桑蚕粪球中铅质量分数是桑叶中铅质量分数的 1.8～4.64 倍；桑蚕脱皮中铅质量分数是桑叶中铅质量分数的 0.46～74 倍；桑蚕幼体中铅质量分数是桑叶中铅质量分数的 0.10～0.18 倍；桑蚕丝中铅质量分数是桑叶中铅质量分数的 0.04～0.10 倍，即桑蚕丝体中铅质量分数≤3.28 mg/kg。依据德国等国际机构制定并于 2021 年实施的《生态纺织品技术标准（Oeko-Tex Standard100）》标准，即婴幼儿皮肤用品(A)和直接接触皮肤用品(B)中消解样品中铅质量分数≤75 mg/kg，桑蚕丝中铅质量分数远远低于 75 mg/kg。由此可见，在受重金属污染的土壤区域营造土壤-桑-蚕系统，一方面可逐渐消减土壤中离子态重金属元素，另一方面可在安置就业的同时获得一定的经济收益；即构建重金属污染土壤区域的桑树-家蚕系统则具有土壤污染修复效益、生态效益和经济效益的低耗绿色工程。

表 11-7 显示，家蚕的五龄虫体、粪球、蚕丝、脱下的皮积累了不同质量分数的铅。这几种材料的铅质量分数在每一个处理组中均有一致性趋势：粪球＞脱皮＞蚕体＞丝。家蚕食下 0、200、400、800 mg/kg 铅处理土壤中生长的桑叶后，排泄出的粪球中铅对应质量分数依次为 9.85、187.96、230.44、279.80 mg/kg。除了脱下的皮外，不同组间的这些材料中铅质量分数差异明显，且随着桑叶中 Pb 质量分数的增加而增加。

表 11-7　土壤-桑-蚕系统中各组分中重金属铅的分布状态

处理中铅质量分数 /(mg/kg)	桑叶中铅质量分数 /(mg/kg)	不同部分铅的质量分数/(mg/kg)			
		幼虫体	粪球	蚕丝	脱皮
0	5.54±0.35a	0.63±0.08a	9.85±0.11a	0.56±0.01a	2.76
200	41.79±3.95b	4.08±0.13b	187.96±15.87b	1.63±0.09b	30.84
400	51.21±3.48bd	5.74±0.22c	230.44±1.82c	2.04±0.28b	31.22
800	60.26±5.40cd	11.16±0.65d	279.80±15.45d	3.28±0.29c	28.10

11.6.3　耕地土壤中重/类金属离子的萃取胶囊

对京津冀接壤区和华南低平原区部分耕地土壤-农作物系统进行了调查观测与采样分析，并在野外调查观测和室内盆栽实验的基础上，研究了土壤-植物系统中重金属迁移转化的规律，研发了从土壤中萃取重金属离子的方法及其装置——土壤中重金属离子的萃取胶囊(国家发明专利，ZL200910223493.4)。该胶囊由硬质聚丙烯胶管、微孔尼龙网膜、有机高分子聚合物吸附剂、复合纳米材料固化剂、腐殖质酸盐类等组成。在农作物播种过程中可将该胶囊随同农作物种子一起埋置耕地土壤耕作层底部(20～40 cm)，这样胶囊就可吸收并固化农作物根际土壤中的多种重金属离子(每亩埋置约 700 个胶囊)。经 3～6 季可回收胶囊在实验室进行无害化处理和重新装配。系列化盆栽实验表明，该技术装置能有效地萃取并固化土壤中重金属离子，属于重金属污染耕地土壤修复的廉价、有效、环境友好型的实用性技术。

潮土-大豆盆栽实验：从北京市通州区采集农田壤质潮土耕作层土壤，将土样自然风干过 10 目土壤筛，分别称量 12 kg 装入 8 个清洁塑料盆。取 Cd(NO₃)₂·4H₂O、Cu(NO₃)₂·3H₂O、Pb(NO₃)₂、Zn(NO₃)₂·6H₂O 溶液适量分别注入 6 个塑料盆，并拌匀使 3 个盆中镉、铜、铅、锌的质量分数分别保持在 2.0、200、700、600 mg/kg，使另 3 个盆中镉、铜、铅、锌的质量分数分别保持在 3.0、300、1 050、900 mg/kg，然后将塑料盆同步静置浇灌适量自来水保持平衡老化 8 周。向 3 个高值重金属塑料盆中分别埋置 2 个胶囊，并在 8 个塑料盆中种植大豆(*Glycine max*)并浇灌适量自来水，维持大豆生长发育，至 14 周大豆成熟时，收割大豆并进行样品处理，同时用 ICP-AES 测定其中重金属质量分数，如图 11-17 和表 11-8 所示。

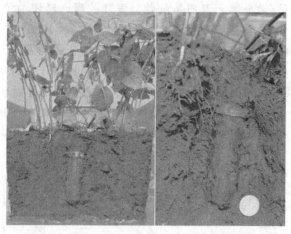

图 11-17　潮土-大豆盆栽试验

表 11-8　潮土耕作层-大豆籽粒中重金属质量分数化验分析表　　　单位：mg/kg

土壤样品	环境要素	镉	铜	铅	锌
国家标准	土壤(pH>7.5)*	0.6	100	170	300
	大豆籽粒#	0.2	20	0.8	100
自然土壤	土壤	0.097±0.034	25.48±3.86	25.42±4.47	98.96±12.46
	大豆籽粒	0.087±0.013	9.84±1.06	0.024±0.008	45.68±9.67
污染土壤	污染土壤 土壤	2.000	200.00	700.00	
	大豆籽粒	0.215±0.089	16.54±3.08	0.32±0.24	86.06±19.83
加胶囊的污染土壤	土壤	3.000	300.00	1050.00	900.00
	大豆籽粒	0.135±0.051	12.54±2.86	0.22±0.12	67.28±14.74

注：《土壤环境质量　农用地土壤污染风险管控标准(试行)》(GB 15618—2018)中的风险筛选值。
　　#《粮食(含谷物、豆类、薯类)及制品中铅、镉、铜、锌等元素限量》(NY 861—2004)。

　　盆栽实验结果表明：胶囊能有效地萃取并固化土壤中重金属离子，可阻止农作物(大豆)对土壤中重金属离子的吸收，确保农作物品质达标；该胶囊还可为农作物根际释放适量或微量的腐殖质、钾、磷、硒、硼等养分，促进农作物生长发育；未见该胶囊对土壤-作物系统、地表水和地下水有危害性或潜在危害性影响，该胶囊也不影响正常的农田耕作活动。

　　实验区选取在华南低平原区域的优等耕地区——某村庄，低端电子垃圾拆解业的发展已造成了局部农田严重重金属污染，采取田间小区实验研究，布设的田间实验实验样

区：长 32 m×宽 5 m，其面积约 160 m²。实验采用可重复随机区组实验设计，每组作物设置四次重复，分两部分，三分之一的油菜作物根际土壤中不填埋胶囊，处于自然生长状态，三分之二的油菜根际土壤中填重金属萃取胶囊，共计填埋约 200 个胶囊。在野外田间相近的条件下，在土壤耕作层中未加胶囊与添加胶囊(2 个/m²)情况下，油菜均在实验农田中生长 135~145 d，油菜成熟后分别采集其地上部分——茎叶和籽粒、地下根系，运用 ICP-MS 测定油菜样品中重/类金属元素质量分数。通过比较分析未加胶囊与添加胶囊的油菜籽粒中六种重/类金属元素质量分数，发现胶囊已经使油菜籽粒中砷、镉、铬、铜、铅、锌的质量分数分别下降了 39.5%、26.3%、12.9%、38.8%、44.8% 和 28.88%，这表明土壤耕作层中的胶囊对油菜吸附重/类金属元素有一定的阻断作用，如图 11-18 所示。依据《食品安全国家标准 食品中污染物限量》(GB 2762—2017)的标准，在添加胶囊的情况下油菜籽粒中的砷、镉、铅、铬质量分数仍然超过标准值(As=0.5 mg/kg、Cd=0.2 mg/kg、Pb=0.2 mg/kg、Cr=1.0 mg/kg)，这样被污染的土壤-油菜系统对人群健康还有较大的风险，故还需进一步延长时间或强化胶囊来阻隔油菜吸收土壤中的污染元素。

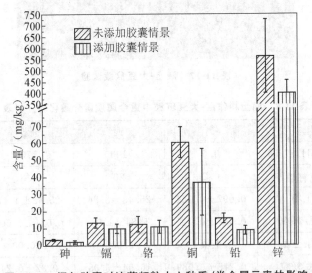

图 11-18　添加胶囊对油菜籽粒中六种重/类金属元素的影响

在土壤耕作层中未加胶囊的情况下，油菜对 6 种重/类金属元素的 BCF 顺序为：根系＞茎叶＞籽粒；油菜根系和茎叶对镉、铬、铜、铅、锌的 BCF＞1，油菜籽粒仅对镉、锌的 BCF＞1，这表明油菜对土壤中重/类金属元素具有较强的富集能力。在土壤耕作层中添加胶囊的情况下，油菜对 6 种重/类金属的 BCF 顺序仍为：根系＞茎叶＞籽粒；油菜根系对镉、铬、铜、铅、锌的 BCF＞1，茎叶对铬、镉、锌的 BCF＞1，籽粒对镉和锌的 BCF＞1。可见，在加胶囊(2 个/m²)的条件下，油菜对重/类金属元素依然有较强的吸收能力，特别是对锌和铬的吸收富集能力更强，但油菜籽粒、茎叶、根系对 6 种重/类金属元素的 BCF 均有所降低，富集系数小于 1，但是有 55.56% 的样品茎叶对铜的 BCF 都超过 1，有 16.67% 的样品茎叶对铅的 BCF 超过 1。籽粒对 6 种元素的 BCF 大小排序为：砷＜铅＜铜＜铬＜镉＜锌。其中籽粒对镉和锌的 BCF 仍大于 1。

　　总体来讲，胶囊对油菜吸收富集其根际土壤中重/类金属元素具有一定的阻隔-竞争吸附的作用，并能抑制油菜体中重/类金属元素从根系向茎叶和籽粒转移，对保障食品安全具有一定的作用。当然土壤耕作层中胶囊埋置位置与密度以及持续时间、土壤理化性状等对油菜品质的影响，还有待进一步的研究与探索。

　　【思考题】

　　1. 结合地球环境系统中物质迁移转化过程，分析土壤中重/类金属污染物的主要来源。

　　2. 修复重/类金属污染土壤(农用地)的主要途径有哪些？

　　3. 从社会、经济、环境效益三方面，分析修复重/类金属污染土壤主要方法的特征。

　　4. 从陆地生态系统物质流角度，分析运用某些食源性重/类金属元素超富集植物修复重/类金属污染土壤的潜在风险。

第 12 章　土壤持久性有机物污染修复工程

【学习目标】

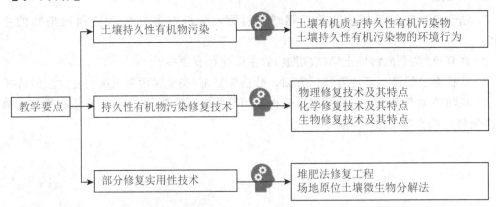

12.1　土壤持久性有机物污染的形成

12.1.1　土壤有机质与持久性有机污染

　　在自然条件下，土壤中的有机物均是生物生理代谢过程的产物，包括土壤微生物与动物及其分泌物，土体中植物残体和植物分泌物；从自然生物体代谢并输入土壤有机物的种类、数量、聚集状况来看，自然生物代谢过程是土壤中物质循环过程的核心环节，这对土壤形成和发育具有重要的促进作用。作为土壤的基本组成部分，天然土壤有机质具有以下重要的功能：一是有机质在土壤中的迁移转化与集聚是土壤形成发育的重要标志，也是土壤剖面分异的重要机制；二是有机质的转化与分解是植物养分的重要源泉，通过改善土壤空气与水分促进植物生长，为植物生长和土壤生物生活提供氮素、磷素、硫素等养分，通过提高土壤阴阳离子交换量保持土壤养分；三是土壤有机质与黏土矿物结合形成了稳定性土壤团聚体，来减少土壤被侵蚀的风险，改善了土壤的结构、通透性和抗蚀能力，降低土壤体积密度并使土壤处于非固结压实状态；四是提高了土壤的吸附性能、缓冲性能和保肥性能，使土壤处于更松散、非黏结和易耕作的状态，能储存来自于大气圈和其他途径的碳素，能够缓解土壤中化学农药、重/类金属和其他污染物对环境的危害性；五是有机质也是土壤微生物活动的重要能量来源。另外土壤有机质还具有改善土壤耕作性能、抑制表土硬壳形成、增加土壤入渗率、减少地表径流和促进植物根系穿透能力等众多功能。

　　随着现代石油化学工业和高分子化学工业的发展，人类生产生活过程中已将大量人工合成的有机化合物直接或间接地排入土壤，当输入土壤中有机化合物数量和速度超过了土壤自净能力时，就会破坏土壤的自然动态平衡，导致土壤理化性质变劣、肥力下降，从而影响作物的生长发育，影响农产品的产量和质量，再通过食物链影响人体健康，这

种现象被称为土壤有机物污染。土壤有机污染物主要包括有机农药类（杀虫剂、杀菌剂、除草剂等）、石油类、酚类化合物、氰化物、多环芳烃类、有机洗涤剂类、抗生素类、内分泌干扰物类等，其中绝大多数属于持久性有机污染物（persistent organic pollutants，POPs），即那些具有毒性、生物蓄积性和半挥发性，在环境中持久存在且能在大气中长距离迁移并返回地表，对人类健康和环境造成严重危害的有机污染物。《斯德哥尔摩公约》要求对以下3类共12种持久性有机污染物采取国际行动：一是农药类，包括艾氏剂、氯丹、滴滴涕、狄氏剂、异狄氏剂、七氯、灭蚁灵和毒杀芬；二是工业化学品，包括六氯苯（HCB）、多氯联苯（PCBs）；三是非故意生产的持久性有机污染物，包括二噁英和呋喃。随后还将商用的9类化学物质纳入《斯德哥尔摩公约》附件中，它们是 α-六氯环己烷、β-六氯环己烷、六溴联苯醚和七溴联苯醚、四溴联苯醚和五溴联苯醚、十氯酮、六溴联苯、林丹、五氯苯、全氟辛烷磺酸及其盐类和全氟辛基磺酰氟。

12.1.2　持久性有机污染物的环境行为特征

土壤属于多相物质组成的自然综合体，输入土壤的有机污染物隐蔽性强且难以被消除，故土壤有机物污染常被人们忽视，往往造成更大更持久的危害，如阻滞作用、毒害土壤生物、分解过程产生有毒有害物、部分有害物进入农作物体中或被吸附在农作物表面并通过食物链危害人群健康等。POPs具有半挥发性或者可以液体形式存在或被吸附在土壤颗粒物表面，随着温度变化而发生界面交换，并可长距离迁移导致POPs的全球性迁移和污染。POPs具有较稳定的化学结构及理化特性，通过大气、土壤、水、生物等介质难以被降解，可在大气、水体、土壤、底泥和生物体等环境中长久存在，具有较长的半衰期。如七氯在土壤中的半衰期为2a；二噁英系列物质在土壤和沉积物中的半衰期为17~273a；多氯联苯系列化合物在土壤和沉积物中的半衰期为3~38a。

POPs具有亲脂、疏水性质，一般难溶于水，不易发生化学反应和代谢降解。这就意味着它们易进入生物体的脂肪组织或蛋白质中并积累下来，通过食物链的生物富集作用，随着食物链营养级的延长，积累的质量分数逐渐升高，产生生物放大效应，这种效应可使最高营养级捕食者体内的POPs质量分数比环境中的质量分数高多个数量级。POPs的生物蓄积性以靶组织中的质量分数与环境中的质量分数之比表示。

POPs通过多种途径进入生物体或人体，可以在脂肪、胚胎和肝脏等器官中积累，到一定程度就会对人体、动物体健康产生毒害作用。几乎所有的POPs都直接或间接地具有环境激素作用，这些物质长期与人类和动物接触，会渐渐引起内分泌系统、免疫系统、神经系统出现多种异常，并诱发癌症和神经性疾病。很多POPs具有致癌、致畸与致突变作用，还能干扰内分泌系统及荷尔蒙的合成与运输，影响人类生殖功能，从而造成生物的生殖、生长障碍和遗传缺陷。由于进入环境的POPs可在水体、大气、土壤和底泥等环境介质中存留数年甚至数十年或更长时间，故对人的影响会持续几代，对人类生存繁衍和可持续发展将构成重大威胁。消除土壤POPs污染及其危害：一是严格控制POPs的源排放；二是寻求POPs污染土壤的可行有效修复技术和方法，当前常用的方法有物理化学修复方法和生物学修复方法。

12.2　持久性有机污染物污染土壤的物理化学修复技术

12.2.1　化学淋洗-浸提技术

化学淋洗技术（soil leaching and flushing/washing）　该技术是指将能促进土壤中POPs溶解或迁移作用的淋洗液，通过水压推动，注到被污染土层中，使包含有污染物的液体从土层中抽提出来，进行分离和污水处理的技术，主要用于处理化学吸附在土壤微粒空隙及周围的POPs。在淋洗过程中，淋洗液和污染土壤充分混合，使土壤中吸附的POPs通过溶解、乳化等作用进入淋洗液中，并随淋洗液从土壤中一起吸出而去除。一般需要用清洁的提取液反复多次淋洗以去除残余的POPs，然后对含有POPs的淋洗液进行处理与回用。

常见的土壤淋洗通过两种方式去除污染物：一是用淋洗液溶解液相、吸附相或气相有机污染物；二是利用冲淋水力带走土壤孔隙中或吸附于土壤颗粒表面的有机污染物。其中前者由污染物的溶解性以及Henry定律常数控制；后者则取决于冲淋水的压力梯度、土壤黏度及污染物浓度，它更适用于高渗透性土壤，如砂质土壤。土壤中淤泥和黏土成分过高，将会阻碍淋洗溶液在土壤中的渗透。研究工作表明，使用多种表面活性剂进行连续的土壤淋洗，对挥发性有机物的去除效果往往要优于使用单一表面活性剂。化学淋洗技术主要围绕着用表面活性剂处理有机污染物，化学淋洗技术既可以在原位进行修复，也可以进行异位修复。

原位化学淋洗技术是指通过向土壤施加适量的淋洗剂，淋洗剂向下渗透、穿过土壤孔隙并与POPs相互作用，即淋洗剂与有机污染物发生溶解、聚合、螯合等反应，形成可迁移态化合物并随淋洗剂一起流出土壤，再经过收集、储藏、无害处理的综合技术。该技术主要用于处理地下水位线以上、非饱和区土壤中的吸附态有机污染物，该技术具有长效性、易操作性、高渗透性、费用合理性，并适宜于那些水力传导系数大于10^{-3} cm/s的土壤中的多种污染物。美国国家环保局、石油产业常采用土壤淋洗技术清除土壤中的POPs，其去除率可达90%以上。异位化学淋洗技术将被污染土壤挖掘出来并置于特殊的清洗台上，运用蒸馏水或者淋洗液进行清洗、去除POPs，并收集处理或处理回用清洗液的过程，其淋洗过程如图12-1所示。在异位土壤淋洗修复过程中，需要对土壤按其层位或粒径进行分离，并对有机污染物较为富集的土壤组分进行重点清洗。

化学溶剂浸提技术（chemical solvent extraction technology）　该技术是指运用特制化学溶剂提取或者去除土壤中POPs技术的统称。该技术属于土壤异位处理技术，将被污染土壤挖掘出来并分层放置于浸提箱槽中，加入特制化学浸提液使其与土壤中有机污染物发生充分化学作用，随后分离土壤与化学浸提剂及与其相互作用的POPs，并提取收集再处理化学浸提剂及POPs。土壤中许多POPs如PCBs、石油类碳氢化合物、氯代碳氢化合物、PAHs、多氯二苯-p-二噁英、多氯二苯、呋喃等均不溶于水，再加上这些污染物在土壤中常被黏土矿物、有机-无机复合胶体所吸附，故研发能快速溶解土壤中POPs的浸提液是化学溶剂浸提技术的关键所在。Amid等1998年运用乙醇水溶液作为化学浸提液与

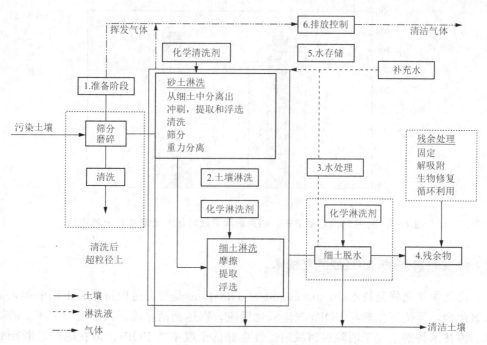

图 12-1　异位淋洗技术流程图

待修复土壤相互作用，可快速浸提出土壤中的五氯酚（PCP），其土壤修复效果显著。Khodadoust 等 1998 年对美国两处常年受五氯酚污染的木材厂场地进行修复研究，分别采用水-乙醇混合物、超声波以及两者连续提取，去除 PCP 的效果如图 12-2 所示，对于两个场地土壤，当乙醇质量分数低于 50％时，去除的 PCP 随着乙醇质量分数的升高而升高；高于 50％的乙醇溶剂与 50％的乙醇溶剂的效果相差不大；将 50％的乙醇溶剂和超声波提取、索氏提取效果相比较，结果如图 12-3 所示，用 50％乙醇溶剂批量提取 PCP 的效果与超声、索氏提取效果相似。实验表明，在批量提取实验中，50％的乙醇溶液可提取 PCP 的量较高，当乙醇质量分数升高时，提取率没有明显增加。而且，50％的乙醇溶液的提取率与超声、索氏提取相差不大。因此，修复受 PCP 污染的土壤，使用 50％的乙醇溶液即可达到修复目标。

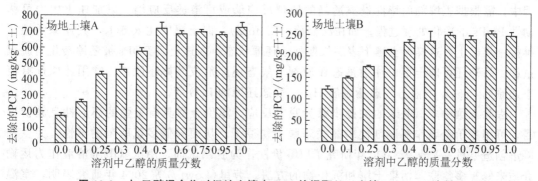

图 12-2　水-乙醇混合物对场地土壤中 PCP 的提取（1 g 土壤∶100 mL 溶剂）

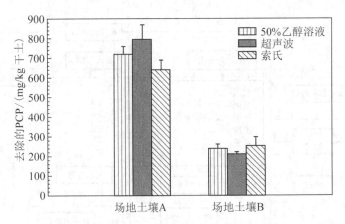

图 12-3　利用 50％乙醇溶剂、超声波和索氏对场地土壤中 PCP 的提取

12.2.2　原位化学氧化-还原修复技术

原位化学氧化修复技术（in-situ chemical oxidation）是指通过向待修复土壤中掺入适量化学氧化剂，促使氧化剂与 POPs 发生氧化反应，以达到消除或消减土壤中 POPs 的综合技术。该技术特别适应于消除或消减通透性良好的土壤中的 POPs，即在综合诊断待修复土壤剖面特征、通透性、POPs 组成及其分布的基础上，挖掘适当的氧化剂注入口及其引导出口，运用动力将氧化剂通过注入口注入土壤之中，使其与土壤中的 POPs 发生氧化反应，同时对待修复土壤表面进行必要的覆盖，然后通过引导出口抽取其反应产物，再对抽取的气态产物进行无害化或资源化处理。利用该方法消除或消减土壤中 POPs 具有简便易行、修复效果显著、修复成本低等优点，特别适应于场地土壤的快速修复，并且土壤的修复工作完成后，一般只在原污染区留下了水、二氧化碳等无害的化学反应产物，不会引起二次环境污染。该技术主要用来修复被油类、有机溶剂、多环芳烃（如萘）、PCP、农药以及非水溶态氯化物如三氯乙烯 TCE 等污染的土壤，常用的化学氧化剂有 K_2MnO_4、H_2O_2 和 O_3 等。

原位化学还原修复技术是通过向土壤中投加化学还原剂（SO_2、Fe^0、气态 H_2S 等），使其与土壤中有机污染物发生还原反应来实现净化土壤的技术。通常化学还原修复技术适用于修复被有机物污染的土壤和地下水。在原位化学还原与还原脱氯修复技术实施过程中，需根据土壤剖面特性设立适当的原位反应墙或可渗透反应墙，以加速土壤中可移动性 POPs 的净化处理过程。如在汉福德（Hanford），向土壤中注入 SO_2，其还原活性可维持一年以上，这样使土壤下表层长期处于还原状态，加速土壤 POPs 被还原转化与脱氯过程。另外还可向土壤中注射液态还原剂、气态还原剂或胶体还原剂。常用还原剂有液态还原剂 $FeSO_4$ 溶液、气态还原剂 H_2S、固态还原剂 FeO 等。

去除土壤中多氯联苯的关键步骤为脱氯反应，零价金属具有很强的还原性且廉价易得，可用零价金属作还原剂使多氯联苯脱去氯原子，从而降低多氯联苯的毒性，为生物降解创造条件。Yak 等 2000 年研究了以零价铁作为脱氯试剂，用次氯酸水溶液作为运输介质来修复多氯联苯污染土壤和沉积物的方法。劳里（Lowry）等 2004 年研究表明，室温条件下，零价纳米铁在水/甲醇溶液中对 PCBs 脱氯有促进作用。零价铁墙已被应用于土壤及地下水的重排水相液体(DNAPL)污染防治过程中，零价铁墙防治技术处理土壤及其地下水中POPs，即污染物穿过反应墙时可获得墙体内零价铁释放的电子而被还原脱氯，从而达到防治地下水 DNAPL 污染的目的，如图 12-4 所示。

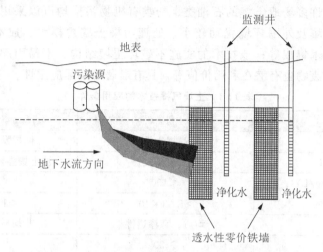

图 12-4　零价铁墙防治技术在地下环境中的应用

12.2.3　土壤气提技术

土壤气提技术(soil gas stripping technique)是指利用减压作用驱使土壤中气体物质的加速流动或者加速土壤某些挥发性有机污染物的原位挥发，以消减土壤中 POPs 的综合技术，如图 12-5 所示。土壤气提技术利用污染物的挥发性，使吸附相、溶解相和自由相的污染物转化为气态，然后将其抽出并进行地面处理，去除不饱和土壤中挥发性有机污染

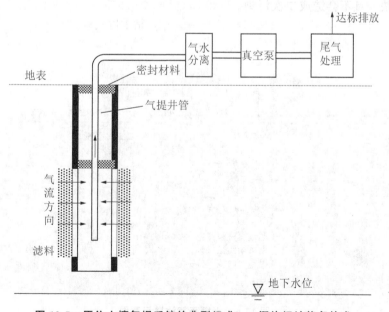

图 12-5　原位土壤气提系统的典型组成——污染场地修复技术

物。典型原位土壤气提系统是利用镶嵌到排气井的吹风机或真空泵来吸取空气渗透带中的污染气体。影响土壤气提技术性能的因素包括非饱和区的气流特征、污染物组成及特性、影响和限制污染物进入气相分配系数等，如表 12-1 所示。土壤气提技术具有以下优点：适用范围广，许多场地土壤的石油类、酚类有机物污染均可以采用该技术加以快速修复；该技术对土壤及外围环境扰动较小，处理污染土壤规模大、成本低、安装迅速、易于与其他处理技术集成等；该技术的实施不破坏土壤结构、不易引起二次环境污染问题，并且回收利用废物也有潜在利用价值等，具有显著的实际应用性。

表 12-1　土壤气提技术的应用条件

项目	有利条件	不利条件
污染物	高挥发性	低挥发或不挥发性
存在形态	气态或蒸发态	被土壤强烈吸附或呈固态
水溶解度/(mg/L)	<100	>100
蒸气压/Pa	$>1.33\times10^{4}$	$<1.33\times10^{4}$
土壤	均质、高渗透性	非均质、低渗透性
温度/℃	>20	<10
湿度	$<10\%$	$>10\%$
组成	均一	不均一
空气传导率/(cm/s)	$>10^{-4}$	$<10^{-4}$
地下水位/m	>20	<1

土壤蒸气抽提技术(soil vapor extraction，SVE)　在 20 世纪 80 年代德克萨斯研究院通过实地调查与实践应用(图 12-6)，发现该技术去除土壤中污染物的效益虽然不高，但其去除速度快，且不会造成二次污染。

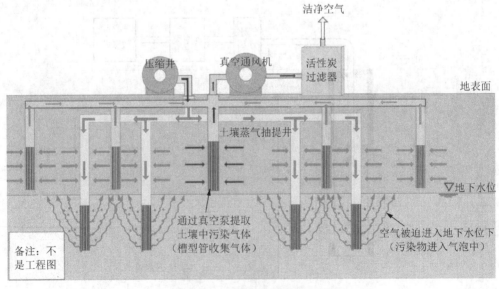

图 12-6　土壤蒸气抽提示意图

SVE 是指通过降低土壤孔隙的蒸气压，把土壤中的挥发性有机污染物转化为蒸气形式加以去除的技术。为提高有机组分挥发性，扩大 SVE 的使用范围，热量增强式土壤蒸气浸提技术，包括热空气注射和蒸气注射等也正在研究和开发中。

生物通风技术是土壤蒸气抽提技术与生物修复相集成的技术，实际应用表明，SVE 是通过地下提供氧气来增加生物降解的一种有效的方式。生物通风技术是向污染介质以设计流速注入空气，使原位生物降解速率最大化并减少或消除挥发性污染物向大气中排放的技术，如图 12-7 所示。该技术适宜于去除不饱和土壤中的中等分子量的石油类污染物。其主要优点：设备容易提供，便于安装；处理时间短，6 个月到 2 年，无须处理尾气。但是缺点是污染物质量分数高可能对生物有毒害，在低渗透性，高黏土组分条件下或水分饱和土壤中不能应用。

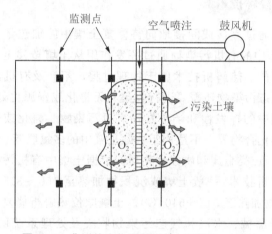

图 12-7　典型的生物通风系统（AFCEE，1994）

12.2.4　固定稳定化技术

固定稳定化技术（solidification/stabilization）是指运用物理化学方法促使土壤中持久性有机污染物转向固态或稳定化的综合技术。根据土壤类型、土壤理化特性以及土壤中有机污染物的组成，可添加不同的土壤固化剂于待修复土壤之中，促使土壤中有机污染物与土壤正常组分、固化剂发生物理化学反应并形成颗粒状或块状物，进而使污染物处于相对稳定的状态。土壤固化剂一般由水泥、生石灰、硅土、硬石膏、硫酸钠、硫酸铝混合粉、磷酸二氢铝、羟甲基酚钛酸酯、聚磺化羟甲基酚钛酸酯等多种物质按照特定的比例混合而成。土壤中有机污染物固定稳定化处理一般不涉及不同污染物之间的化学反应，只是机械地将污染物固定并约束在结构完整的固态物质中。通过密封隔离含有污染物的土壤或降低污染物暴露的易泄露、释放的表面积，达到控制污染物迁移的目的。稳定化是指将污染物转化为不易溶解、迁移能力或毒性变小的形态和形式，即通过降低污染物的生物有效性，实现其无害化或者降低其对生态系统危害性的风险。

玻璃化技术（vitrification）是指通过高温熔融待修复土壤，使土壤及其中的有机污染物形成玻璃体或固结成团块的技术，从实际效果上看也属于固定稳定化处理技术范畴。玻璃化技术包括原位和异位玻璃化两个方式。前者是通过向待修复土壤区域施加电能，将土壤加热至 1 600～2 000 ℃的熔融状态，使土壤中的各种重/类金属污染物与土壤矿物结合形成整块坚硬玻璃体，使土壤中的有害无机离子得到固定化，同时使土壤中的大量持久性有机污染物挥发、焚烧而得以去除。原位玻璃化技术适用于含水量较低、污染物深度不超过 6 m 的土壤及其成土母质层，其主要处理挥发性有机物、半挥发性有机物，如二噁英/呋喃、多氯联苯、重/类金属甲基化物、重/类金属螯合物和放射性污染物等。后者是将待修复的土壤物质挖掘出来并放置于玻璃化反应器之中，采用传统的玻璃制造工艺热解和氧化或熔化土壤污染物，使污染物与土壤矿物质形成熔融态物质，经过冷却处理便形成了化学惰性的、非扩散的整块坚硬玻璃体。固定稳定化技术仅适用于处理局地场地土壤中的非挥发性持久性有机污染物。

12.2.5　热处理和光降解技术

热解析修复技术是通过直接或间接地向待修复土壤中施加热量，使土壤温度保持在150～540 ℃，促使土壤中的有机污染物通过挥发作用从土壤转移至蒸气中，以达到去除土壤中有机污染物的目的。热解析技术属于物理过程，不涉及有机污染物的焚烧或氧化过程，故分离处理的气态污染物还需要进行收集和无害化或资源化处理，如图12-8所示。该技术适用于去除土壤中的挥发性和半挥发性有机污染物、卤化或非卤化有机物、多环芳烃、氰化物、石油类化合物等，不适用于去除土壤中的多氯联苯、二噁英、呋喃、除草剂、化学农药、石棉、重/类金属和腐蚀性物质。根据土壤中有机污染物的组成及其热学特性，可选用低温热解析技术(一般土壤或沉积物加热至 150～315 ℃)和高温热解析技术(一般将土壤或沉积物加热至 315～540 ℃)。土壤原位热解析修复技术所运用的设备组件包括加热毯或热传导器械、水汽和气态污染物收集及处理系统两部分，其设备简单、操作方便易用来修复非饱和状态、通透性较好的土壤。

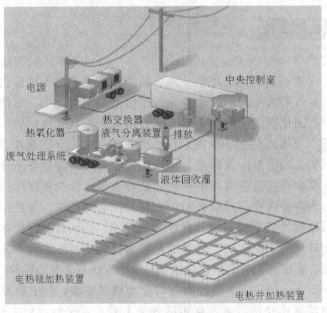

图 12-8　热解析修复技术图

　　以热解析为基础的异位热处理技术则包括土壤预处理、旋转炉热处理及出口气体处理等。近年来有不少研究者使用微波加热或射频加热技术，运用热解析技术去除土壤和沉积物中的挥发性有机污染物，已经取得了显著的效果。例如鲁滨逊等（Robinson et al.，2005）比较实验研究表明，针对含有高质量分数、低质量分数 PAHs 的土壤，运用原位微波热解析技术可以去除土壤中 90% 以上的 PAHs。

　　焚烧技术（incineration）是指将待修复土壤置于高温（800~2 500 ℃）的反应器之中，通过高温氧化作用以消除或彻底分解土壤中有机污染物的异位热处理技术。典型的土壤有机污染物焚烧处理系统包括：土壤预处理室、传送子系统、燃烧器（初燃烧室和二次燃烧室）、气体回收处理子系统、固体后处理子系统，其中修复土壤的燃烧器主要有科林燃烧器、液化床式燃烧器、远红外燃烧器，它们的燃烧区域温度一般维持在 1 200~2 500 ℃，待修复土壤在燃烧器内的动态滞留混合时间为 30~90 min，这样就可以将土壤中绝大多数有机污染物去除。焚烧技术可以快速有效地去除土壤中的挥发性和半挥发性有机污染物、卤化及非卤化有机污染物、多环芳烃、多氯联苯、二噁英、呋喃、化学农药、除草剂、氰化物、腐蚀性物质等。

　　土壤中有机污染物的光降解过程（photodegradation）包括直接光降解和光催化氧化方式。其中直接光降解技术适用于去除土壤中的水溶性低、具强光降解活性的有机污染物，这些化学物质通常具有共轭烃基支链或不饱和的杂原子功能团结构，但它不能直接光降解饱和脂肪族化合物、醇类、醚类和胺类物质等。土壤中挥发性有机物的光降解效率很大程度上取决于它们在土壤系统中气、水、土三相间的分配比例。通常可通过促进光感物质的挥发来提高光降解率，这包括提高土壤的疏松度或干燥土壤以提高土壤孔径，也可通过土壤耕作、设置排水系统来提高有机物的蒸发率，以利于光降解过程的发生。光催化氧化技术是另一项有效处理挥发性有机物的光降解技术。光催化氧化法在正常土壤环境条件下，能将挥发性有机物分解为 CO_2、H_2O 和无机物质，其反应过程快速高效，且无二次污染问题，因而具有非常大的潜在应用价值，已成为土壤中挥发性有机物治理技术中一个活跃的研究方向。IT Corporation 公司早在 20 世纪 80 年代就使用 H_2O_2 或 O_3 等作氧化剂，结合紫外光催化技术有效地降解并去除地下水中的挥发性有机物。H_2O_2 或 O_3 先在紫外光催化作用下转化为强氧化性羟基，再与有机污染物发生反应，这种光催化氧化的反应速率受紫外光强度、氧化剂投加剂量、pH、温度、化学催化剂、混合效率、污水透光度和污染物浓度的影响。在紫外光/H_2O_2 或紫外光/O_3 氧化反应过程中无气体排放，出水量少，运行成本低于活性炭处理法。

　　纳米级 TiO_2 光催化氧化是近些年发展起来的新型光催化氧化技术。此技术利用半导体粒子上的电子在一定光照下被激发跃迁产生空穴的原理，光致空穴因具有极强的得电子能力，从而具有很强的氧化能力，能将其表面吸附的 OH^- 和 H_2O 分子氧化成-OH 自由基，而-OH 自由基几乎完全将有机物氧化，最终降解为 CO_2 和 H_2O。也有研究表明，有机物可以不通过羟基而直接和光致空穴发生反应。实验结果表明，土壤中许多挥发性有机物（包括脂肪烃、醇、醛、卤代烃、芳烃及杂原子有机物等）均可在常温常压下光催化分解，因此，光催化氧化技术有着良好的优点和应用前景。

12.2.6 电动力学修复技术

电动力学修复技术（electrokinetic remediation technologies）是指通过向反应槽中待修复土壤施加直流电源形成定向电场梯度，以促使土壤中的污染物发生电解、电迁移、电扩散、电渗透、电泳等作用形成带电颗粒物或离子，在电场作用下土壤溶液中的带电颗粒物或离子将向特定的电极附近富集，并通过沉淀、泵出、离子交换等方式将其从土壤中去除的过程，如图 12-9 所示。

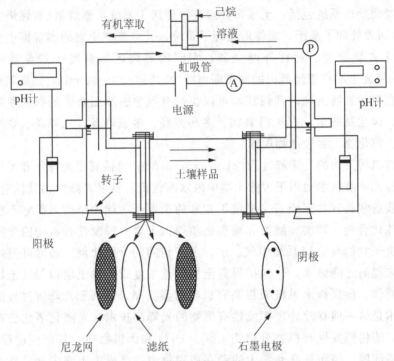

图 12-9　电动力学修复技术示意图

电动力学修复技术可以修复被重/类金属、放射性核素、有毒阴离子、氰化物、石油烃、卤代烃、螯合物、非卤化物、多环芳烃等造成的土壤污染。但其更适合于处理重/类金属盐类造成的土壤污染。另外还有其他的土壤物理化学修复技术，如客土法、换土法、翻土混合法等。

12.3　持久性有机污染物污染土壤的生物修复技术

12.3.1 简介

生物修复（bioremediation）是指利用生物新陈代谢，将存在于土壤、地下水和海洋中的有毒、有害的有机污染物降解为二氧化碳和水或转化为无害物质，从而将污染生态环境修复为正常生态环境的工程技术体系。生物修复的思路可追溯到 100 多年前的人工处理废水方法，即利用微生物来转化或矿化废水中的有机污染物。与物理修复、化学修复相

比，生物修复有以下优点：生物修复成本低；可在污染点现场进行，对环境的扰动性小；修复技术本身对环境友好，不易造成二次污染；可以适用于大范围的污染场所。但生物修复也具有时间长不适用于突发事故引起的小范围严重污染的场地，而且修复效益不高等不足。

由于POPs为难降解污染物，自然降解所需时间长或根本无法被降解，因而外加修复手段是必需的，外加修复手段之间、外加修复手段与污染土壤自净能力如何结合以发挥最佳效率是技术的核心内容，同时在修复过程中应当确保人类和生态系统的安全。对POPs污染土壤进行修复，应考虑如下原则：①污染土壤生态系统的自净功能是生态修复的基础；②生物代谢过程、理化技术和环境因素的耦合是生态修复得以发挥作用的关键所在；③修复过程和效果必须是生态安全的；④以恢复污染土壤生态系统的原有服务功能为宗旨。作为生物群体净化土壤环境的技术，生物修复一般分为植物修复、植物-微生物联合修复、动物-微生物修复3种类型。

植物修复技术是指利用植物及其根际微生物去除、转化和固持土壤中有毒化合物的一种新兴技术。在修复土壤的同时还能净化空气和水体、美化环境、防止水土流失，无二次污染，特别适用于大面积污染区域的治理。植物修复因生态效益显著而易被公众接受，被认为是污染治理领域内的绿色革命。在植物修复过程中由于污染物的理化特性和环境行为各有不同，再加植物新陈代谢的差异，植物修复的作用机理不尽相同，但总体上可分为5种：植物挥发，即利用植物将一些挥发性污染物吸收到植物体内，然后将其转化为气态物质释放到大气中；植物提取，即植物直接吸收一种或几种污染物并在植物体内蓄积，之后将植物进行收集处理；植物降解，即植物利用本身产生的各种酶的作用，将吸收到植物体内的污染物进行转化和降解的一种方式；植物根际作用，即利用植物根际微生物及根释放的各种酶的降解作用来转化有机污染物；植物稳定，又称植物钝化，即通过植物与土壤的共同作用，将污染物吸附于根系及土壤表面，从而降低污染物的有效形态。在植物修复过程中，作用机理主要表现为植物提取、植物降解和植物根际作用，且这些作用机理往往不是单一的方式，而是多种方式综合作用。

植物-微生物修复是指利用微生物将环境中的污染物降解或转化为其他无害物质的过程。植物对有机污染土壤的修复从来都是和微生物紧密联系的，许多植物和微生物有共生关系，使得根际微生物的密度和活性高于非根际环境中的微生物。植物-微生物联合修复可能的机制主要有：植物根系的渗透作用，改善了土壤的通气状况，有利于好氧微生物对POPs的降解，同时根系的渗透作用有助于微生物在土壤中的扩散；植物根的分泌物和脱落物等为根系微生物提供营养，增强了微生物的活性；有些植物分泌物或腐烂物可以作为微生物共代谢底物，如植物体内石炭酸等物质，可能刺激POPs降解菌的生长；微生物的活动改善了植物的生长状态，促进了植物对土壤中POPs的吸收和降解。

动物-微生物修复是指通过土壤动物群的直接(吸收、转化和分解)或间接作用(改善土壤理化性质，提高土壤肥力，促进植物和微生物的生长)而修复土壤污染的过程。具有降解功能的微生物是土壤有机污染物消除的主要承担者，但由于各种因素和条件的制约，微生物修复技术的处理效果并不理想。微生物借助于动物的运动达到在土壤中扩散、调节土壤微生物生态的作用，从而达到对土壤中POPs降解的目的。同时，通过动物的运动改善了土壤的通气状况和理化性质。另外，动物排泄物可能会给微生物带来丰富的营养，

促进微生物的活性。蚯蚓作为广泛存在的大型土壤动物，能够增强土壤微生物的活性，增加生物量，改善微生物的群落结构，在自然界的物质循环和生态平衡中起着巨大的作用。现实环境中土壤微生物对有机污染物的降解净化作用是在蚯蚓的共同参与下完成的。故在微生物-动物联合修复方面研究较多的动物就是蚯蚓。

12.3.2 微生物修复技术

土壤微生物修复技术是在适宜条件下利用土著微生物或外源微生物的生理代谢活动，对土壤中污染物进行转化、降解与去除的方法。微生物对有机污染物的降解需要酶的参与。根据参与降解酶的种类不同，微生物降解有机污染物分为两种方式：一是在微生物分泌的细胞外酶的作用下，细胞外降解有机污染物；二是有机污染物被微生物吸收到细胞内，在胞内酶的作用下降解。微生物从细胞外环境中吸收摄取物质的方式主要有主动运输、被动扩散、促进扩散、胞饮作用等。

自 20 世纪中期以来，有机氯农药的广泛应用，已造成了氯丹、七氯、毒杀芬、滴滴涕和六氯代苯等在土壤中的残留，故消除或降解农业土壤中有机氯农药以保护农业生态系统健康已成为国际环境科学研究的热点。有机氯农药 DDT 属于 POPs，在土壤环境中难以被降解，其原因有 3 个：一是 DDT 有致钝的氯原子取代基；二是 DDT 低水溶性导致生物可利用率低；三是微生物代谢 DDT 没有能量方面的益处。尽管如此，众多研究者还是从不同生境中寻找并分离出一些能以共代谢方式降解 DDT 的微生物，如变形杆菌（*Proteus vulgaris*）能够将 DDT 还原成 DDD，另外在一定条件下芽孢杆菌（*Bacillus* sp.）、假单胞菌（*Pseudomonas* sp.）等能加速 DDT 及其衍生物的分解。有些真菌通过类似于还原脱氯方式降解 DDT 或通过羟基化作用降解 DDT，而值得关注的是木质素降解真菌对 DDT 的降解能力，如黄孢原毛平革菌（*Phanerochate chrysosporium*）降解 DDT 的途径：将 DDT 氧化为 Dicofol（三氯杀螨醇），然后使其脱氯成为 DPB，最终使其开环被降解为 CO_2 和 H_2O。

微生物降解有机磷农药的主要作用：①矿化作用，即微生物将有机磷农药作为生长基质加以利用，并将有机磷农药分解成为 PO_4^{3-}、NH_3、CO_2 和 H_2O 等无机物的过程。尽管矿化作用是清除农药残毒的理想方式，但自然界中参与此过程的微生物稀少。②共代谢作用，即微生物在有可利用的生长基质时，对其原来不能利用的有机磷农药也可分解代谢的现象，共代谢反应中产生既能代谢转化生长基质又能代谢转化有机磷农药的非专一性酶。③种间协同代谢，即在同一环境中几种微生物联合代谢某种有机磷农药。

土壤微生物对有机磷农药的降解作用是由其细胞内的酶引起的，微生物降解过程可分为 3 个步骤：一是有机磷被微生物细胞膜表面吸附。二是吸附在细胞膜表面的有机磷农药进入细胞膜内。三是进入细胞膜内的有机磷与降解酶结合发生快速的酶促反应，这些酶促生化反应有氧化反应如醇醛被氧化成酸、甲基氧化成羧基、氨氧化成亚硝酸或硝酸基、硫铁被氧化、脂酯类被氧化、氧化去烷基化、硫醚氧化、过氧化、苯环羟基化苯环裂解、杂环裂解、环氧化等；另外，还有基团转移如脱羧作用、脱氨基作用、脱卤作用、脱烃作用、脱氢卤代作用和脱水作用，以及水解作用如酯类水解、胺类水解、磷酸酯水解、腈水解和卤代烃水解去卤。

在土壤中 PAHs 等的诱导下，微生物可分泌单加氧酶和双加氧酶，在这些酶的催化

作用下氧原子被加到苯环上形成 C—O 键，再经过加氢、脱水等作用致使苯环中某些 C—C 键断裂及苯环数目减少。如真菌产生单加氧酶加一个氧原子到苯环上便形成了环氧化物；再加入 H_2O 产生反式二醇和酚。细菌产生双加氧酶加两个氧原子到苯环上便形成了过氧化物，再将其氧化为顺式二醇，脱氢产生酚。在不同途径中则有不同的中间产物，常见的中间产物有：邻苯二酚、2，5-二羟基苯甲酸、3，4-二羟基苯甲酸等。这些代谢物经过相似的途径降解围丁二酸、反丁烯二酸、丙酮酸、乙酸或乙醛，这些物质都能被微生物利用合成细胞蛋白或代谢，其最终产物是 CO_2 和 H_2O。

土壤中高分子量多环芳烃的生物降解一般为共代谢方式，共代谢作用不仅可提高微生物降解多环芳烃的效率，还可改变微生物碳源与能源底物结构，达到促进多环芳烃被微生物利用、降解的目的。在共代谢降解过程中，微生物通过酶来降解某些能维持自身生长的物质，同时也降解了某些微生物生长非必需的物质。多环芳烃中苯环的断开主要靠加氧酶的作用，即加氧酶能把氧原子添加到 C—C 键上形成 C—O 键，再经过加氢、脱水等作用使 C—C 键断裂和苯环数减少。

土壤中石油烃类物质的微生物降解机理包括烷烃类物质被降解机理和芳香烃类物质被降解机理，即末端氧化模式有：

单末端氧化 $RCH_2CH_3 \longrightarrow RCH_2CHOH \longrightarrow RCH_2CHO \longrightarrow RCH_2COOH$

双末端氧化 $CH_3CH_2RCH_2CH_3 \longrightarrow CH_2OHCH_2RCH_2CH_2OH \longrightarrow CHOCH_2RCH_2CHO$

亚末端氧化 $RCH_2CH_3 \longrightarrow RCHOHCH_3 \longrightarrow RCHOCH_3 \longrightarrow RCOOHCH_3$

在不同的反应体系中，这 3 种末端氧化模式各自起着不同的作用。除了上述 3 种机理外，烷烃还有可能存在的降解途径有：

$RCH_2CH_3 \longrightarrow RCH_2COOHCH_3 \longrightarrow RCH_2CH_2OH \longrightarrow RCH_2COOH$

$RCH_2CH \longrightarrow RC(OOH)HCH \longrightarrow RCHOHCH_3 \longrightarrow RCOCH_3$

相对于烷烃而言芳香烃难于被微生物降解利用。已有研究表明芳香烃在微生物体内先生成中间体顺式结构的二氢二醇，然后在过氧化物酶的催化下转化为邻苯二酚，邻苯二酚再通过苯环的邻间位部分裂解，然后再进一步被氧化。微生物不仅能在好氧条件下降解石油烃，在厌氧条件下同样也可对其进行降解，但降解速率和能被降解烃的种类都有所不同。近年来国内外的研究表明，以硝酸盐或硫酸盐作为电子受体降解石油烃类物质的起始反应主要有：一是延胡索酸盐结合反应，延胡索酸盐结合反应是烃厌氧代谢的主要途径，是由烃的碳原子攻击延胡索酸盐的双键，生成烷基或芳香基琥珀酸盐；二是羧化反应，即由外源碳原子添加到烷烃链上或芳香烃苯环上生成烷基或芳香基脂肪酸；三是羟基化反应和甲基化反应，主要是芳香烃的代谢方式，是由羟基或甲基结合于芳香烃烷基链或苯环上。

微生物修复理论及技术是当今环境科学研究的热点领域，土壤微生物修复技术大致包括两大类：①原位微生物修复(in-situ bioremediation)，即对原地原位被污染的土壤或水体介质进行生物修复处理，其修复过程主要是创建合适的降解条件，以促进土著微生物或接种外源微生物的降解能力，常用的方法有土壤接种法、土耕法、投菌法、生物培养法、生物通气法等。②异位微生物修复(ex-situ bioremediation)，即将被污染的土壤或水体沉积物搬动或输送到人工控制的反应槽中进行的生物降解与修复处理，常用的方法有堆肥处理法、预制床法、生物反应器法等。影响土壤微生物修复过程因素众多，如有

机污染物组成及其性状，被污染土壤的理化特性，以及微生物种群及其活性等。

12.3.3　植物修复技术

根据土壤中有机污染物的归去方式，将植物修复土壤有机污染的机制概括为：植物对有机污染物的直接吸收；植物根系释放分泌物和酶促进有机污染物降解；植物强化根际微生物的降解作用。

植物从土壤中直接吸收有机污染物，这是植物去除土壤和水体中亲水性有机污染物的重要机制，自20世纪中期以来，运用植物吸收土壤有机污染物一直受到学者们的关注，Simonich等1995年概括了植物从土壤中吸收有机污染物的过程和机制，如图12-10所示。植物可被动或主动地吸收土壤中有机污染物，它们从土壤体进入植物体主要有两种途径：一是植物根系直接从土壤中吸收、随蒸腾流沿木质部向茎叶传输污染物；二是植物地上部吸收从土壤挥发到空气中的有机污染物。不同植物对不同有机污染物的吸收方式差别巨大；植物茎叶中六氯代苯和八氯二苯并[p]二噁烯主要来自根的吸收及传输；茎叶中三氯乙缩醛酸则来源于根系和叶面吸收；茎叶中三氯乙烯、氯苯和甲基丁基醚则来自茎叶，从空气中吸收，且吸收后有微量向根部传输。

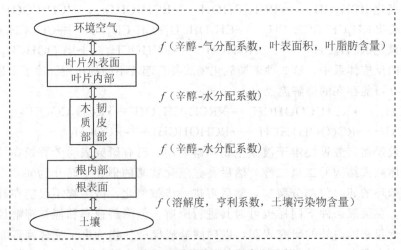

图 12-10　植物吸收有机污染物机制

植物根系分泌物是植物生长过程中根系向外界环境分泌的各种有机化合物。按照物质形态可将根系分泌物划归为：渗出物，即细胞中主动扩散出来的一类低分子量化合物；分泌物，即细胞在代谢过程中被动释放出来的物质；黏胶质，包括根冠细胞、未形成次生壁的表皮细胞和根毛分泌的黏胶状物质；裂解物质，即成熟根表皮细胞的分解产物、脱落的根冠细胞、根毛和细胞碎片等。按照物质组成可将根系分泌物细分为：糖类（如葡萄糖、果糖、蔗糖、麦芽糖、乳糖、核糖等）、氨基酸类（如亮氨酸、谷氨酸、谷氨酰胺、天冬酰胺、甘氨酸、脯氨酸等）、有机酸类（如乙酸、草酸、酒石酸、苹果酸、柠檬酸、羟基乙酸等）、脂肪酸类（如油酸、花生酸棕榈酸、胆固醇、亚麻酸等）、外酶类（如淀粉酶、蛋白酶、脱卤酶、硝酸还原酶、过氧化氢酶、DNA 酶、RNA 酶等）、生长因子和其他（如生物素、硫胺素、胆碱、黄酮类化合物、皂角苷等）。通常根系向环境释放的有机

碳量占植物固定总有机碳量的 1%～40%，其中只有 4%～7%通过分泌作用进入土壤。

植物根系分泌物可通过两种途径去除土壤有机污染物：一是分泌物中酶类对有机污染物的直接催化降解；二是通过增加土著微生物的数量、改善其活性以促进微生物降解土壤有机污染物。例如植物根系分泌物中的硝酸还原酶、漆酶均能有效降解炸药 TNT 及其废物；脱卤酶可降解含氯化合物；根系分泌物中酸性磷酸酶、真菌产生酸性或碱性磷酸酶以及细菌产生碱性磷酸酶均可加速有机磷农药的分解。

植物根际是指植物根系与土壤微生物间相互作用所形成的独特微环境带，是受植物根系影响的根-土界面的一个微区，也是植物-土壤-微生物相互作用的关键场所。植物修复过程中有机污染物在根际中被降解的过程极为活跃，这与根际特殊的微环境条件密切相关。根际和非根际土壤中微生物的种群与数量差别巨大，分泌物的种类与数量也有巨大差异。随着植物根际微生物种群与数量、分泌物种类与数量的增加，根际中的有机污染物被矿化的作用增强，即植物根系分泌物输入根际土壤能刺激微生物对有机污染物的矿化能力。

12.3.4 土壤动物修复技术

土壤动物是指在生活史中的一个时期接触土壤表面或在土壤中生活动物的统称。土壤动物是土壤生态系统中物质与能量迁移转化的重要推动者，它们能从生态位角度加速或强化土壤环境中有机污染物的迁移转化过程，土壤动物数量众多，体形和大小差别很大，其食性、功能也不相同，常见土壤动物有蚯蚓、蚂蚁、鼹鼠、变形虫、轮虫、线虫、壁虱、蜘蛛、潮虫、千足虫等。按照土壤动物体长的不同，可将其划归为小型土壤动物(体长<200 μm)、中型土壤动物(体长 200 μm～2 mm)和大型土壤动物(体长>2 mm)。

拉韦尔等(Lavelle et al.，1994)依据土壤动物与土壤微生物的相互关系以及土壤动物排泄物的类型，将土壤动物划分为 3 种功能类型：一是微食物网组成者(microfood webs)，即联系微生物及其捕食者之间食物链的重要组成部分，主要包括进食细菌、真菌的土壤动物及其捕食者；二是植物枯落物分解者(litter decornposer)，由中型土壤动物和大型节肢动物组成，它们经常直接采食有机物质，对土壤中枯落物具有机械粉碎作用；三是生态系统工程师(ecosystem engineers)，主要包括蚯蚓和白蚁等，这些大型土壤动物与其肠道内的微生物相互作用，经常摄食有机物混合物和矿物质，其排泄物相对较多且含有复杂的矿物质和部分未分解有机物质；这些大型土壤动物具有较强的挖掘能力，是土壤结构形成的主要塑造者。

土壤动物修复技术是指在人工调控条件下，土壤动物种群及其肠道微生物对土壤有机污染物的搬运、搅拌、咀嚼、分解、消化、吸收转化过程，使土壤有机污染物总量和毒性减少或消失的统称。土壤动物净化土壤中有机污染物的机理可归并为 3 个方式：一是土壤动物特别是大型土壤动物通过吞食大量的土壤有机物(含部分有机污染物)，加速土壤中部分有机污染物被分解、被矿质化和其中营养元素的释放，并促进了土壤腐殖质及团聚体结构的形成；二是土壤动物及其肠道微生物、活性酶可以对部分碎屑状有机污染物进行碱水解、发酵、氧化降解与土壤进行同化(增强腐殖化过程)，同时土壤动物体也会吸收富集部分有机氯农药，发挥着暂时性滞留束缚有机氯农药的作用；三是土壤动物在土壤中迁移运动可改善土壤理化性状，对土壤中有机污染物自然降解过程亦有重要的

促进作用。在实际土壤环境之中上述过程是紧密联系在一起，也是难以分开的。在土壤环境修复研究过程中，一些土食性大型动物如食土蚯蚓、食土白蚁、腐食性甲虫等对土壤有机物的吞食量巨大，可消除或消减土壤中的持久性有机污染物，如表 12-2 所示。

表 12-2　土壤中部分食土大型动物的食土量

土壤动物种类	日均吞食土壤干重/[mg/(d·g biomass)]	资料来源
蚯蚓(*Aporrectodea trapezoides*)	2 630~4 190	Martin，1982 年
蚯蚓(*Metaphire guillelmi*)	2 500	张宝贵等，2000 年
蚯蚓(*Octolasion lacteum*)	1 880	Scheu，1987 年
蚯蚓(*Lumbricus terrestris*)	713	Curry 等，1995 年
食土白蚁(*Cubitermes exiguous*)	2 760	Wood，1978 年
蚯甲虫幼虫(*Pachnoda ephippiata*)	85	Lemke 等，2003 年

　　在温带、亚热带和热带陆地生态系统中广泛分布有大型土壤无脊椎动物，它们在修复被持久性有机物污染的土壤中发挥着重要的作用。蚯蚓在土壤中活动的同时会排出富含营养成分的蚯蚓粪，还会以黏蛋白、氨和尿素等形式分泌一些黏性物质，这些排泄物和分泌物不仅可增强微生物的活性，还可增加它们的生物量，如图 12-11 所示。蚯蚓活动及其穿孔作用还可增加土壤的透气性，有利于氧气进入土壤之中，这就为提供更多降解过程所必需的终端电子受体成为可能。从土壤结构及性状方面分析，有研究表明：蚯蚓在土壤中通过生物扰动作用，可使土壤不断混合，这样有助于土壤微生物群的扩散和在土壤颗粒表面的均匀分布；蚯蚓也可将土壤有机质裂解为细小的颗粒，进而增加微生物与吸附在土壤固相上的有机污染物的接触机会；在土壤经过蚯蚓的肠道时，蚯蚓会消化土壤有机质，使土壤理化性质发生改变，而这些改变可能会使吸附在有机质上的结合态残留物释放出来，从而减少了吸附作用对微生物降解的不利影响；利用蚯蚓等土壤动物辅助微生物修复有机污染物技术是一种新型原位生态修复技术。

图 12-11　农田土壤中的蚯蚓粪便示意图

12.3.5 堆肥法修复工程

堆肥法修复工程是将被污染的土壤与适量的有机物如稻草、麦秸、碎木片和树皮、粪便等混合起来，依靠堆肥过程中土著微生物的生理代谢作用来降解土壤中持久性有机污染物的方法。传统的堆肥法是在特定条件下，利用土著微生物对生活垃圾或农作物秸秆进行分解、氧化、吸收、合成腐殖质并生产有机肥的基本方法，也是传统农业生产中重要的沤肥方法，其基本步骤是：①选择一个平整不积水且具有一定防渗的场地；②在地面上铺约 10 cm 厚的富含土著微生物的腐殖质层土壤；③在土壤层上松散地覆盖 15 cm 厚的农作物秸秆、枯草、果皮、菜叶等"绿色肥料"；④再铺 5 cm 厚的畜粪、禽粪、棉籽、豆渣等富含氮素的"棕色肥料"；⑤再铺撒一薄层的腐殖土或草木灰。这样一层一层的堆置至约 1.5 米高为止，经过 3～6 周就可制成优质的有机肥。堆肥法实质上是利用微生物对生活垃圾及农作物秸秆等废弃有机物进行代谢分解，使其转化为有机肥的过程。

借用堆肥法去除土壤中某些持久性有机污染物 土壤微生物降解被认为是去除土壤中多环芳烃的有效方法，大多数多环芳烃均能被土壤中细菌、真菌或藻类所降解，主要降解微生物有：丛毛单胞菌属(*Comamonas* sp.)、巴氏杆菌属(*Pasteurella* sp.)、氧化节杆菌(*Arthrobacter oxydans*)、伯克氏菌属(*Burkholderia* sp.)、分枝杆菌属(*Mycobacterium* sp.)、假单胞菌属(*Psuedomonas* sp.)和解环菌属(*Cycloclasticus* sp.)等。由于受多环芳烃憎水亲脂性和环境条件的影响，实际土壤中这些微生物对多环芳烃的降解速率较为缓慢。为了加速土壤微生物原地堆肥降解多环芳烃的过程，可采取以下措施：在待修复土壤堆沤层中添加适量的表面活性剂——十二烷基磺酸钠以增加土壤中多环芳烃的水溶性；添加适量农作物秸秆及有机肥调节控制堆沤层中养分的比例(如 C∶N∶P 为 100∶10∶1)、营养盐质量分数并使堆沤土壤的 pH 维持在 7.0～7.8、水分质量分数维持在 45%～65%；在堆沤土壤层中下部穿插适当通气管网，通过调节输送气体使堆沤土壤层的温度维持在 22～32 ℃、氧气体积分数维持在 10%～40%。创造富含营养物质、湿度与 pH 适宜、好氧的条件，以促进多种微生物对多环芳烃的生物降解与酶促降解过程。

借用堆肥法去除土壤中石油类污染物 石油是由烃类化合物组成的一种复杂混合物，含有少量的氧、氮、硫等元素。石油中的芳香类物质对土壤、动植物和人体的毒性较大，特别是双环及三环以上的多环芳烃毒性更大。土壤中次生黏土矿物、腐殖质、微生物、土壤微结构体会对进入土壤的石油类污染不断地进行吸附、滞留、迁移、降解与转化，再加石油类污染物在土壤中的迁移能力较弱，故石油类污染物通常聚集在土壤表土层。因此，在进行被石油类污染的场地土壤修复时，首先必须对待修复场地土壤及其外围条件进行必要的土壤环境调查，根据石油类污染物排放特点及场地环境条件(如地形、水系、交通线与气候特征等)，从宏观上将场地细分成重污染区即Ⅰ区、中污染区即Ⅱ区、轻污染区即Ⅲ区；其次分别在Ⅰ区、Ⅱ区、Ⅲ区布设 8、10、12 个土壤样区，每个土壤样区按照梅花布点法布设 5 个土壤样品采集点，在 5 个点分别挖掘土壤剖面或用土钻取 0～100 cm 原状土壤样品(也可根据场地土壤形状、石油类污染状况及修复目标，调整具体采样深度及划分土层方案)；然后分别在各土壤剖面或土钻柱样取等量的表土层、亚表层、心土层、底土层样品；最后分别将表土层、亚表层、心土层、底土层样品充分混合，运用四分法获取该土壤样区的表土层、亚表层、心土层、底土层混合样品，并分别装袋标

记，带回实验室及时进行冷冻干燥等预处理，并对土壤中石油类污染物的成分、进行检测，综合分析场地土壤石油类污染的特征，为堆肥法修复提供基础资料。

土壤微生物在适宜的环境条件下，可将石油类物质中的部分组分作为有机碳和能量的来源加以利用，同时将它们同化或降解，其主要作用方式有好氧呼吸、厌氧呼吸和发酵作用；土壤中石油类污染物之中的烷烃及芳香烃中的 $C_{10}\sim C_{22}$ 烃类极易被微生物降解；而 $C_1\sim C_4$ 短链烃类只有少量微生物对其有降解作用；C_{22} 以上烃类因其水溶性差，一般情况下呈固态，微生物对其降解作用缓慢。已有的调查研究发现能降解土壤中石油类污染物的微生物有百余个种属，如假单胞菌属（*Pseudomonas*）、节杆菌属（*Arthrobacter*）、产碱杆菌属（*Alcaligenes*）、微球菌属（*Micrococcus*）、棒状杆菌属（*Corynebacterium*）、黄杆菌属（*Flavobacterium*）、芽孢杆菌属（*Bacillus*）、链霉菌属（*Streptomyces*）、青霉属（*Penicillium*）、曲霉属（*Aspergillus*）、镰刀菌属（*Fusarium*）等等。

由于土壤中石油类污染物的组成及其分布状况不同，再加上没有任何一种微生物能降解石油中的所有组分，因此在运用堆肥法去除土壤中石油类污染物时，必须依据上述土壤环境调查与采样化验分析结果，选用具有降解不同组分的多种微生物或往土壤中接入外源污染物降解菌并组合制成修复剂；定期向待修复的堆置土壤层中投加适量营养物质如新鲜多汁的豆科秸秆碎屑物以促进微生物的再生繁殖，同时加入适量氧气或 H_2O_2 作为好氧微生物氧化的电子受体，或者在待原位修复的石油烃类污染土壤上打多个斜井，并采用鼓风机向斜井中吹入空气，这样不仅能够促进好氧微生物的繁殖与代谢过程，还能使土壤中少量挥发性有机物随之去除，最终促进微生物代谢并将石油烃类污染物彻底降解为 CO_2 和 H_2O。

12.3.6 场地原位土壤微生物分解法

在工业化或石油化工企业集中的区域因地下输油管线破损、运油车辆事故或石化企业排放等，常导致石油类物质渗入局地土壤及地下水，造成严重的场地土壤污染。中国台湾省工程专家郑人豪等 2017 年进行了某工厂因输油管线破裂造成的土壤及地下水被石油类物质污染的治理，他们在被污染土壤修复的过程中，研发了场地原位土壤微生物分解与浮油回收集成法，并经过实践证实其具有显著的修复效果。

被污染场地坐落于滨海平原区，附近渔民在近海捕鱼作业时发现海面有油花漂浮，并通报环境保护机关，环境保护机关即刻查找污染源，发现输油管线破损导致油品外渗并污染土壤及其地下水，并修缮输油管线。然后采用拦油索、抽油泵将油污围堵、回收及去除。再经环境调查与采样分析发现，已受污染的场地面积达 1 360 m^2，被污染的土壤体积约为 460 m^3，其中土壤中 TPH $C_{10}\sim C_{40}$ 质量分数最高可达 4 450 mg/kg，简易井中测得地下水中 TPH $C_{10}\sim C_{40}$ 质量分数最高可达 37.8 mg/L。该场地土壤及其沉积层的质地构型为：$0\sim 3$ m 为黏土夹杂砾石、$3\sim 6$ m 为细沙夹杂砾石、$6\sim 7$ m 为滨海沉积物，其下为岩盘阻水层。该场地地下水位埋深 4.35 m，地下水由北向南流动，如图 12-12 所示。

地下水中污染物的去除 根据场地外围基础设施与建筑物地基对地下水流的影响，布设抽水井，现场抽水试验表明该场地土壤及其沉积物的水力传导系数或渗透系数为

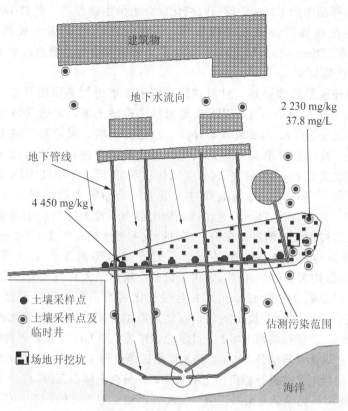

图 12-12 输油管线破损造成的场地土壤及其地下水污染状况图示

5.86×10^{-3} cm/s，地下水饱和层厚度约 3 m；运用地下水位泄降-重叠法构建水力控制系统，并设定抽水井的影响半径为 88 m，理论抽水流量维持在 12.8 m³/d 或 9 L/min，达到将地下水中的污染物从回收井中抽除的目的；抽出水则汇集到厂内已有的废水处理系统经过处理达标后排放。按照上述方案在场地污染区域的东侧挖掘一个长 9.5 m、宽 3.5 m、深 6 m 的截流坑，坑内地下水静水位距地面约 4.3 m，由抽水泵以 12.8 m³/d 的速度抽水使地下水位下降约 1 m；在抽水的同时向原来输油管线泄漏点附近土壤及其沉积物中注入 0.02% 的非离子表面活性剂，以促使土壤及其沉积物中残留的油品被加速抽出，并借助抽水造成的地下水位泄降进行污染物的围堵与浮油回收，回收浮油约 855 L。

土著微生物对污染物的降解　在场地污染区外围设置灌注井，以便向土壤及其沉积物中灌注必要溶解氧（如过氧化氢溶液）和营养盐（磷酸盐、铁盐、铵盐、钾盐的中和液）。灌注井包括土壤灌注井和地下水灌注井，前者设置深度为 2.5 m；后者设置深度为 5 m，并设置于污染源上游区域。借助场地水力控制系统作业即抽水，将溶解氧和营养盐引流至污染物区域，以培养土著微生物生长繁殖，加速微生物对污染物的生物降解作用。在实施土著微生物降解污染物的过程中，对地下水样品进行了微生物计量及菌种鉴定分析：其中地下水中菌落数于实施半年后由 7.5×10^4 CFU/mL 增加到 1.3×10^5 CFU/mL（colony-forming units，CFU 是指单位体积中细菌群落总数）；再运用聚合酶链反应-变性梯度凝胶电泳（polymerase chain reaction denaturing gradient gel electrophoresis，PCR-

DGGE)对地下水样品中的DNA进行回收纯化以分析微生物种群，经过DNA定序分析发现，地下水中存在高效石油或重油降解菌——放线菌门的类诺卡氏菌（*Nocardioides* sp.）和迪茨氏细菌（*Dietzia* sp. MJ624），也证实土著微生物对土壤及其地下水中石油类污染物进行了有效的降解。

被污染土壤开挖及回填处理　针对该污染场地土壤进行必要的开挖，运用影像电离检测器（photo ionization detector，PID）或专家目视检测土壤，将遭受污染土壤中石油类污染物质量分数超过100 mg/kg或具有异味、变色的土壤，搬运至厂内空地堆置进行现场化学氧化处理。被污染土壤实施化学氧化处理之前，应进行必要对比试验，即运用过硫酸盐氧化法与改良型Fenton氧化法（深度氧化技术）处理土壤中TPH $C_{10}\sim C_{40}$，结果表明在氧化剂与活化剂条件下，过硫酸盐对土壤中污染物的去除率高达90%，而改良型Fenton氧化法的去除率仅为41%。据此该场地土壤中石油类污染物去除采用过硫酸盐氧化法，将挖掘出的被污染土壤堆置在两个底衬铺设不透水帆布的2 m×1 m矩形处理池（A和B）中，每个处理池堆置土壤高度约0.5 m且土壤体积约1 m^3，土壤中TPH $C_{10}\sim C_{40}$的初始质量分数均为2 090 mg/kg；由于试验土壤体量大且石油类污染物质量分数高，故过硫酸钠的质量分数设定为43 mmol/L且过氧化氢的质量分数设定为6%；试验设定为4周且每周进行2次共计7批次的化学氧化剂添加处理；向A处理池的土壤中共添加过硫酸钠溶液500 L、亚铁溶液500 L、过氧化氢溶液500 L；向B处理池的土壤中共添加过硫酸钠溶液、过氧化氢溶液各500 L；场地模拟试验进行1个月，期间进行了7次土壤采样分析，每次添加药剂之前进行随机性土壤采样，并分析土壤中TPH $C_{10}\sim C_{40}$的质量分数，结果如图12-13所示。比较试验结果表明：①A处理池土壤中TPH $C_{10}\sim C_{40}$质量分数在第一次添加药剂之后迅速从2 090 mg/kg降至1 070 mg/kg；在第二次添加药剂之后土壤中TPH $C_{10}\sim C_{40}$浓度已经降至100 mg/kg以下，其最终去除率为96.6%。②B处理池土壤中TPH $C_{10}\sim C_{40}$质量分数在第一次添加药剂之后迅速从2 090 mg/kg降至100 mg/kg以

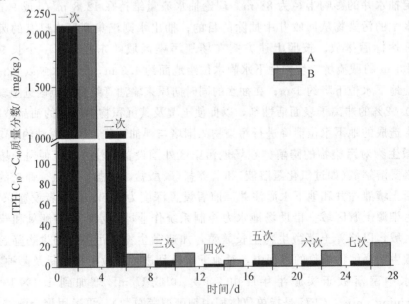

图12-13　场地模拟试验结果

下，其最终去除率为 99.7%。③不论是亚铁溶液、过氧化氢溶液或仅过氧化氢溶液作为活化剂，过硫酸钠氧化法对土壤中 TPH $C_{10} \sim C_{40}$ 的去除率均具有显著的效果。

【思考题】

1. 比较分析土壤淋洗技术、土壤蒸气提取技术的原理、关键技术和适用范围的异同。

2. 从地表生物小循环角度，试说明土壤及其微生物对某些有机污染物的同化作用。

3. 分析土壤孔隙度、质地、水分含量等对被 POPs 污染土壤的物理化学修复的影响。

4. 简述被 POPs 污染土壤的生物修复技术的主要机理。

5. 英国德比尔郡的一栋平房在一起爆炸事故中炸成碎片，科学家调查后发现该爆炸是由平房附近的一个旧垃圾堆置场排放的甲烷气体引起的，剖析其原因。

第 13 章　物质循环与土壤健康诊断评价

【学习目标】

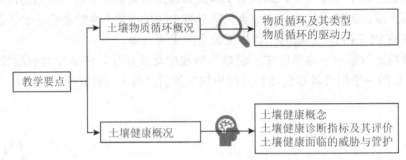

13.1　土壤物质循环

13.1.1　物质循环的概念

物质循环(mater cycles)是指物质周而复始地运动或变化，环境地球系统中的物质都时刻不停地迁移转化着，这一物质循环过程是当今环境地学的重要研究内容。根据物质状态及其功能的差异可以将环境地球系统中物质迁移转化的过程分解为物质循环和能量流动。从物质循环角度来看，环境地球系统属于相对密闭的系统，即环境地球系统与外围宇宙系统没有显著的物质交换过程；从能量流动角度来看，环境地球系统属于开放系统，它时刻不停地与外围宇宙系统进行着能量交换。能量是驱动物质循环运动的动力，而物质又是能量的载体，所以环境地球系统中的物质循环与能量流动是相伴发生的。

大气圈、水圈、岩石圈、土壤圈、生物圈和智慧圈是一个相互联系、相互作用、相互制约的统一整体，即环境地球系统，其中的各圈层之间虽然没有严格的界限，但每一个圈层又都可被看成一个相对独立的子系统，每一个子系统的内部都存在着各自的物质循环。例如大气圈中的大气环流、水圈中的水分循环和大洋环流、岩石圈中的地壳运动和岩石循环以及土壤圈、生物圈与智慧圈之间的地球化学元素循环与污染物循环等。从环境地球形成演化的角度来看，环境地球系统中物质循环可划归为物质的地质循环、物理循环、生物地球化学循环 3 大类型。物质的地质循环过程包括地质学中板块构造运动如大陆漂移、多旋回构造运动、岩石循环、地形侵蚀循环如戴维斯地貌演化循环模型，这些循环过程一般都具有物质运动的时间尺度和空间尺度巨大的特点，它们控制着地球环境的总体格局，也是形成许多矿产资源和土地资源的重要过程，人类造成的重/类金属污染也只能依靠物质的地质循环过程来净化，但由于地质循环的时间尺度巨大，故人类不可能去利用地质循环过程来达到净化重/类金属元素造成的环境污染的目的。物质的物理循环包括地球表层中的大气环流、大洋环流和水分循环，在物理循环过程中参与循环的物质运动快(时间尺度较小)、空间尺度巨大(全球尺度)，参与循环的物质化学组成变化较小，而物质的存在状态及物理性状变化显著。地表淡水资源、水力资源和许多能

量(风力、潮汐能、洋流能)的形成均有赖于物质的物理循环过程。物质的生物循环是指生物从大气圈、水圈、土壤圈和岩石圈获得营养物质，且部分营养物质再通过食物链在生物之间被重复利用，最终均通过生物代谢和微生物的分解作用归还于非生物环境的过程，这一过程包括碳循环、氮循环、磷循环、硫循环、微量营养元素循环和污染物循环等。在生物循环过程中，物质性状变化的时间尺度和空间尺度都比较小，人类的食物、纤维及许多天然药品的形成均有赖于物质的生物循环过程。生物地球化学循环是消除许多生活废弃物造成环境污染的重要过程，但由于生物地球化学循环的方式和通量存在着巨大的时空差异性，所以人们在利用该循环净化环境污染时必须考虑这种差异。

13.1.2 物质循环类型及其驱动力

环境地球系统中物质的地质循环、物理循环和生物循环三者之间具有密切的联系，其中地质循环及其结果在宏观上控制着物理循环和生物循环，而物理循环(如水循环、大气环流)与生物循环又交织在一起是驱动生物循环的重要动力之一。环境地球系统是由运动的物质组成，运动既是物质的存在方式又是物质本质的表现。在环境地球系统中物质的运动形式多种多样并在不断地相互转化，驱使着环境地球系统的发展与演化。能量是刻画系统中物质及其运动的物理量，一个系统的能量可定义为从一个被定义为零能量状态转换为该系统现状所需做功的总和。在环境地球系统中能量的存在形式有：动能、势能、热能、辐射能、化学能、原子能、电能、声能等。驱使环境地球系统中物质循环的能量主要有：地球内能如地球物质运动动能、势能、地热、岩石圈中的原子能等以及太阳辐射能、日-月-地系统的势能。

尽管环境地球系统中物质运动方式和途径是千变万化的，但这种变化绝不是没有约束的，最基本的约束就是物质不灭定律、能量守恒定律和热力学定律。物质不灭定律：在环境地球系统的物质变化过程中，物质既不能创造，也不能毁灭，只能由一种物质形态转变为另一种物质形态。能量守恒定律：在环境地球系统中，驱动物质变化的能量既不能消灭，也不能创造，但可以从一种能量形式转化为另一种能量形式，也可以从一种物质传递到另一种物质，在转化和传递过程中能量的总值保持不变。热力学第一定律：外界对系统所传递的热量，一部分使系统的内能增加，一部分用于系统对外所做的功。热力学第二定律：不可能制成一种循环动作的热机，只从一个热源吸取热量，使之完全变为有用的功，而其他物体不发生任何变化。基于上述基本定律，每个人都要消费物质资源和能源，同时每个人都要向环境排放废弃的物质和能源，针对每个人而言这些废弃物和废弃能量的数量是微小的，其对环境的影响也是不显著的。但是根据物质不灭定律和能量守恒定律，如果区域(如特大都市群)众多而密集的人口所排放的废弃物和废弃能量必然会对环境造成各种各样的影响，这种环境影响一方面伴随着工业化的发展而产生，另一方面它要求每个社会成员在物质与能源消费上都要为全人类的生存与发展而保护环境；企业生产者不仅要优化生产工艺减少资源消耗和提高能源使用效率，还要承担产品消费以及废弃过程中的环境保护义务。

13.2 土壤圈及其成土环境中物质循环

土壤圈及其成土环境中物质循环主要是指土壤圈内部的物质迁移转化过程以及土壤

圈与地球其他圈层之间的物质交换过程。其中土壤营养元素循环是当今研究的重点，土壤中的营养元素是维持生物体生理代谢过程所必需的化学元素。在土壤环境中，营养元素可以反复循环利用，即生物体从土壤中吸收养分，生物残体归还土壤，土壤微生物分解生物残体并使其中的营养元素释放进入土壤，被植物再次吸收利用。土壤中营养元素如碳(C)和氮(N)循环与水分循环是密切相关的，土壤水是营养元素循环过程的运输载体。

13.2.1 碳素循环

碳在地壳中的丰度是 $2\,000\times10^{-6}$，从数量上看碳比氧、硅、铝、铁、钙等元素的丰度低得多，碳是一个比较次要的化学元素。但碳素是一切生命体的基本成分，碳素在生命过程中占有特殊地位，其重要性仅次于水。碳分子的特性是可以形成一个长长的碳链，为各种复杂的有机物(蛋白质、磷脂、碳水化合物和核酸等)提供骨架；碳素也是植物在光合作用过程中，将大量太阳辐射能转化为化学能的重要载体之一，这些化学能也是推动土壤形成发育的重要驱动力。在土壤及其成土环境中碳元素有两种稳定同位素(^{12}C和^{13}C)和一种放射性同位素(^{14}C)，其中^{12}C的相对丰度为 98.89%，^{13}C 为 1.11%，一般认为$^{12}C/^{13}C$的变化与碳元素的来源及化合物形成的物理化学条件有关，如在石油和天然气的形成过程中，同位素分馏的趋势是比较轻的^{12}C相对比较重的^{13}C集中一些，在金刚石中却有^{13}C集中的现象，在植物体内也有^{12}C集中的趋势。放射性同位素^{14}C的半衰期为 5 730 年，它多形成于大气圈上部距地面 4 500 m 以上的高空，其反应式是$^{14}N+n\longrightarrow^{14}C+p$。由于大气圈对流层中通过对流与风暴的混合作用，$^{14}C$很快就可达到地表土壤。大气圈中$CO_2$大多数都是$^{12}C$和$^{13}C$形成的，其中$CO_2$的$^{14}C/^{12}C$为$10^{-12}$(人类核活动即 1957 年以前的状况)。植物通过光合作用可从大气圈中吸收少量的^{14}C，动物以这些植物为食物也会摄入^{14}C，溶解在海水中的^{14}C通过与重碳酸盐和碳酸盐的交换作用，使海洋动物的甲壳将其吸收，因此，所有在地表生活的活生命体都会含有一定量的^{14}C。当这些生命体死亡后，它们与大气圈的交换作用也就停止了，由于^{14}C衰变作用，在死亡生命体中的^{14}C质量分数将随时间的增长而不断减少。在^{14}C衰变过程中碳原子释放一个电子(β 质点)再次转变为稳定的氮，这个过程对于人们鉴定^{14}C来说是非常重要的，通过测量^{14}C衰变过程中所释放出的 β 质点数就可以测算出有机物中^{14}C的活度，从而推算有机物的^{14}C年代，目前利用加速器质谱测年技术能测到的^{14}C年代在距今 0.10 万～10.0 万年。

在环境地球系统中碳元素的存在状态有碳酸盐(如 $CaCO_3$、$MgCO_3$、Na_2CO_3、$NaHCO_3$ 等)、CO_2、有机化合物(如土壤腐殖质、生物躯体、石油、天然气、煤炭和油页岩等)、单质的碳(如石墨和金刚石)等。在自然条件下，环境地球系统各碳库中碳元素的总量也是处于相对动态平衡之中。环境地球系统中碳素循环过程主要包括：生物的同化和异化作用，主要是植物的光合作用和生物的呼吸作用；大气圈与水圈(特别是海洋)之间的 CO_2 交换过程；大气圈与土壤圈及陆地生物圈之间的 CO_2 交换过程、土壤腐殖质化与矿化、淋溶与钙化过程等；水圈之中的碳酸盐沉积过程；人类活动对岩石圈中碳的加速释放和对陆地生物圈碳储量的影响等。如图 13-1 所示。

全球土壤有机物质(腐殖质及土壤生物量)所包含的碳素多于陆地植物体内所含碳量，干旱和半干旱地区土壤中也储存无机态的碳素(即碳酸盐类矿物)，土壤圈中的这些碳元

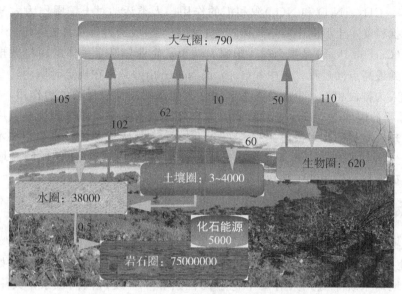

图 13-1 环境地球系统中碳储量与年均流通量示意图

素都是全球碳循环的重要组成，这些碳素在陆地表面易遭侵蚀和分解损失，土壤有机物质通过矿化过程会释放出 CO_2，据估计每年全球土壤圈中大约有总碳量的 5％ 以 CO_2、CH_4 等形式进入大气圈，这比人类活动所产生的化石燃料燃烧所释放出的 CO_2 多十余倍。据估算资料全球陆地每年由植物光合作用产生的有机碳约为 $6.0×10^{16}$ g，这些有机碳主要集中在土壤剖面的中上部（即 $0~50$ cm 层段），并逐渐被分解成为 CO_2 和 H_2O。由于土壤储存的有机碳总量为 $8.5×10^{17}$ g，进而估计土壤与植物之间的周转时间约为 13 a，但不同地区、不同土层深度、不同形式有机物的差异是巨大的。土壤有机物质以多种形式存在，包括陆地表面新鲜的不能完全分解的有机物质（枯枝落叶或其他残体）和分布在土壤剖面中上部的腐殖质，这些碳元素极易受人类活动的影响而变化。如在温带地区 50 年农业活动已经导致土壤有机质质量分数降低了 20％～40％，这其中的绝大部分是以 CO_2 形式进入大气圈，也有少部分碳素随土壤侵蚀沉积于水圈之中。

人类挖掘并使用了大量化石能源促进了岩石圈中固化的碳元素向大气圈的释放，人类大规律开垦沼泽湿地加速了土壤圈有机碳向大气圈的释放，人类大规模地砍伐森林、破坏植被也导致植物性有机质向土壤圈输入速率的降低。根据相关研究资料，人类化石燃料燃烧以及生物质燃烧每年可以向大气圈排放的碳元素总量在 $0.62×10^{15}$ g 以上，相当于 $2.27×10^{15}$ g 的 CO_2。过度农业生产活动在某种程度上破坏了生物圈与土壤圈之间碳素循环过程，据估计每年这种失衡引起全球农田土壤中 CO_2 净释放量大约相当于每年石油燃烧释放 CO_2 总量的 20％。根据法国科学家对南极冰芯的研究，在过去 250 年期间，全球大气中 CO_2 体积分数发生了明显的变化，由工业革命前的 $2.8×10^{-4}$ 增加到目前的 $3.2×10^{-4}$。大气圈中 CO_2 体积分数的不断增加会导致全球气候变暖，从而可进一步加速寒温带、亚极地带广泛的冰沼土和泥炭土中有机质的矿质化过程，同时向大气圈释放更多的 CO_2 加速全球气候的变化。当前国际地球科学界和环境科学界共同关注的热点问题主要有：土壤圈与大气圈之间物质交换过程机理的研究，客观评价土壤圈作为大气中温室气体（CO_2、CH_4、N_2O 和 NO_2）源和汇的作用，人类活动对土壤圈作为大气温室气体源和汇的干扰程度，土壤圈中温室气体产生、排放与吸收的过程及其机制等。

碳达峰（Carbon Peak）是指全球、国家、城市、企业等某个主体的周年碳排放量由上升转下降达到最高点的过程；碳中和（Carbon Neutrality）是指在规定时期内，二氧化碳的人为移除与人为排放相抵，也就是人为利用化石能源的碳排放量被人为作用、海洋吸收、侵蚀-沉积过程的碳埋藏、碱性土壤的固碳等自然过程所吸收，即净零排放。从环境地学角度来看实现碳减排的技术措施：一是研发清洁-低碳-零碳能源的开发利用技术；二是优化人类生产生活方式以节约能源消费提升能源使用效益，在培肥土壤的同时增加土壤碳储量；三是研发储热储能的工程技术；四是研发碳捕集利用与封存的技术。

13.2.2 氮素循环

氮是环境地球系统中常见的化学元素，氮在大气圈中的质量分数高达 75.51%（N_2 质量），而在地壳中的质量分数仅为 0.002%（质量），环境地球系统中氮的分布状况如表 13-1 所示。在环境地球系统中氮元素有两个稳定同位素和一个放射性同位素，其中稳定同位素 ^{14}N 的相对质量分数为 99.63%，稳定同位素 ^{15}N 相对比较稀有，放射性同位素 ^{13}N 也是比较稀有的，其半衰期为 10.1 百万年。在岩石中 ^{15}N 的质量分数随着岩石地质年龄的增长而有增加的趋势。因为氮元素的化学性质稍有惰性，它一般不参与发生在地表的化学作用，多半停留在大气圈中，只有在雷电作用下，N_2 才能被氧化成 NO_3^- 并形成 HNO_3 或硝酸盐。在生物因素的作用下，氮元素在环境地球系统中的存在形式还是多种多样的，如它能以 N_2、NH_3、$-NH_2$、N_2O、NO、NO_2、NO_3^-、NO_2^- 等形态存在。

表 13-1 环境地球系统中氮素的分布

环境要素	氮储存量/g
大气圈	3.9×10^{21}
生物圈	$9.5 \times 10^{15} \sim 1.4 \times 10^{16}$
土壤圈	3.5×10^{15}
水圈	8.0×10^{15}
岩石圈	1.8×10^{22}

（据 Delwiche，1970 年；孙儒泳，2002 年资料）

氮元素是所有活有机体的主要营养元素之一，氮素的生物学效应表现在：氮素是构成植物叶绿素的成分之一；是构成生物体内各种氨基酸的基本成分，也是合成蛋白质的基本元素；植物通过光合作用合成碳水化合物时需要利用氮素；氮素是形成生物体内酵酶素的基本成分；土壤中的氮素能刺激植物根系的生长、促进根系对其他营养元素的吸收和利用。由于氮元素在不同的环境条件下会以不同形态存在，故氮素的生物地球化学循环过程非常复杂，如在好氧条件和硝化细菌的作用下，土壤中氮素就向着形成 NO_3^- 的方向转化，而在厌氧条件和反硝化细菌的作用下，土壤中氮素则向着形成 N_2 的方向转化。由于氮素对作物增产所起的重要作用，每年都有大量的氮元素被投入农业生态系统中，但其中也有大量的氮素从农田土壤中流失并引发了诸多的生态环境问题，如内陆水体和沿海水域的富营养化，以及农产品和饮用水中 NO_3^- 质量分数增高都会危害人群的健康，如果含氮化合物扩散到平流层中也会导致臭氧层被破坏。环境地球系统中的氮素循环过程主要包括以下 5 个环节：氮素输入、氮素存留与转化、生物吸收、生物归还、氮素失散，如图 13-2 所示。

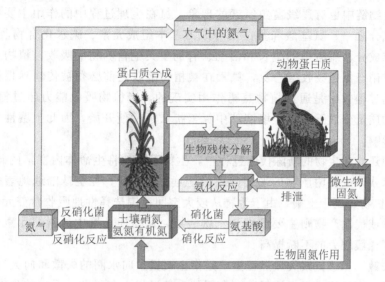

图 13-2　环境地球系统中氮素循环过程图式

（据 Miller Tyler，1996 年资料）

土壤氮素的输入　进入土壤中氮素的天然来源是大气圈，通过 3 个主要途径进入土壤，一是大气圈中雷电作用、光化学作用、火山活动、森林火灾所形成的 NO_3^- 通过干沉降和湿沉降过程进入土壤圈；二是固氮微生物（如根瘤菌）吸收并固定大气圈中的 N_2，合成有机物并以有机氮素或 NH_4^+ 态氮素方式输入土壤圈中；三是在现代农业生产过程中人们将大气中 N_2 合成为氨，并将其转化为各种氮肥施用于农田土壤之中，这也构成了农业土壤中氮素的主要来源，随着社会经济技术的不断发展，合成氨及生产氮肥变得越来越重要，据估计人为固氮量约占全球总固氮量的 25％，这一比例今后还会继续上升。

氮素的存留与转化　土壤微生物分解有机态氮而释放出无机态氮素，即氮素的矿化过程（活化），及与其相反的将无机态氮素转变为有机态氮素即同化过程（固定），构成了土壤氮素循环中的重要部分。氮素的矿化与固定在土壤中同时进行，具体哪个过程为主导则随土壤物理化学条件而异，一般的在土壤水分适中、有机质丰富、通气良好的土壤中氮素矿化过程占优势；而在厌氧条件下土壤有机质分解比好氧条件下需要氮素的量要少，氮素的矿质化较弱，将有机氮素或硝态氮转化为 N_2O、N_2 向大气散失，从而导致土壤中氮素存留量减少。在一般情况下土壤中氮素的活化会增加作物对氮素的吸收利用过程，同时也会造成土壤中部分无机氮素随地表径流或地下径流进入水体而导致水环境的不断恶化。

生物的吸收　氮素是合成生物原生质和细胞其他结构的原料，一般不为生命过程提供能量，氮素经过植物根系吸收进入生物体后参与多种生理过程，并在生物体内以氮气、

铵盐、硝酸盐、尿素、氨基酸和蛋白质等形式存在。植物对氢、氧、氮、碳等的选择性吸收累积使它们在生物体内得到显著富集。据此，波雷诺夫在1948年就将氧、氢、碳、氮、镁、钾、磷、硫称为绝对的生物必需元素，没有它们生物的生存是完全不可能的。进一步的研究还发现，在动物体内氮、磷、硫、氟、钙的累积明显高于植物，这表明在生态系统的食物链中也有逐级富集氮素的现象。氮在生理过程中的作用主要有：作为叶绿素的组成成分之一、氨基酸和蛋白质合成的基本组成元素、碳水化合物利用的媒介、酵酶素的组成成分、刺激根的生长和活动、有助于其他营养物的吸收。植物不仅能从土壤溶液中吸收硝态氮还吸收氨态氮，氮素在被植物吸收之前必须被传输到根际才能被吸收，这个传输过程常常是通过植物蒸腾作用实现的，当植物吸收能力超过氮的供应时，根际附近氮的质量分数下降，土壤溶液中氮素扩散运动便开始，因此土壤性状对氮素吸收具有重要影响。

生物的归还　在生物的新陈代谢过程中，生物不断地将生命体内富集的碳、氮、磷、硫、氯、钙以残体或代谢产物的形式归还给土壤。据估计，在全球陆地地表每年大约有550亿t的有机物归还于土壤，由于生物从较大空间范围选择性地吸收营养元素，而归还给土壤的残体或代谢产物则主要集中于土壤表层，从而使土壤中的营养元素得到不断的富集，促进了土壤肥力的不断提高。

氮素的失散　土壤氮素失散过程主要是指土壤氮素向水圈的失散和向大气圈的失散。土壤氮素通过地表径流或者土壤侵蚀向水圈的失散过程，会引发一系列的生态环境问题，如过量氮素进入地表水体会引发水体富营养化导致水生生态系统崩溃，过量氮素进入地下水或生活饮用水中会严重危害人群健康；土壤氮素向大气圈失散一是通过氨的挥发，二是土壤中的反硝化过程。氨的挥发是一个复杂的理化与生物学综合过程，动物排泄物中 NH_3 的挥发和堆积粪肥过程中 NH_3 的挥发为主要的挥发途径。由于挥发进入大气的 NH_3 极易溶于水，故它又会通过降雨等湿沉降过程返回土壤。反硝化作用是土壤氮素向大气失散的一个重要途径，在这个过程中 NO_3^- 和 NO_2^- 被转化成 NO、N_2O 和 N_2 等气体，已有研究表明在过去的几十年中，氮肥施用量的提高已经造成大气 N_2O 浓度的提高，并使温室效应加剧。因此寻求合理高效的施肥方法、有效防止土壤氮素失散已成为当代环境地学研究的热点之一。

总之，日益增强的人类活动对环境地球系统中氮循环过程的扰动，已经带来了许多环境问题，过量地使用化肥不仅污染了土壤和水体环境（水体富营养化），还将 N_2O 排放到大气圈之中，N_2O 在大气圈的等温层中与 O_3 相互作用使 O_3 被消耗，增加达到地表的紫外辐射，同时 N_2O 还属于温室气体有可能促进气候持续变暖。另外人类活动中的石油燃烧与化学工业排放的大量氮氧化合物，可以在大气中发生多种光化学反应，造成严重的光化学烟雾型大气污染危害人群健康，同时氮氧化合物在大气圈中经过光化学氧化还可以形成硝酸微粒遇雨滴结合形成酸雨，给区域陆地生态系统（如森林、农田）、水体生态系统（水体养殖业）、城市建筑物及其人群健康造成严重的危害。

13.2.3　磷素循环

土壤及其成土环境中的磷元素几乎全部以化合物形式存在，无游离态磷存在。含磷化合物包括无机磷化合物和有机磷化合物两大类。无机磷化合物以磷酸盐、磷酸一氢盐、磷酸二氢盐类等物质为主，这些无机磷化合物主要存在于岩石圈上部、土壤圈和水圈之中；有机磷化合物多属于蛋白质类物质，主要存在于生物圈、土壤圈和水圈中生物代谢产物中的含磷化合物之中，例如，动物的骨骼、牙齿和神经中枢组织，植物的果实和幼芽，生物的细胞里都含有磷元素。在环境地球系统中磷元素多集中分布在岩石圈上部、生物圈、土壤圈和水圈中，大气圈中磷的质量分数较低，生物圈中磷的绝对丰度为7 100 mg/kg，岩石圈上部磷的绝对丰度为1 120 mg/kg，而水圈的淡水中磷的绝对丰度仅为0.005 mg/L，海水中磷的绝对丰度为0.07 mg/L，土壤圈中磷的绝对丰度在200~50 000 mg/kg，平均为600 mg/kg。生命有机体中磷的质量分数仅占1%左右，但是它又是生命体所必需的营养元素，磷是生物细胞内生化作用的能量（高能磷酸键）所不可缺少的元素，高能磷酸键存在于腺苷二磷酸（ADP）和腺苷三磷酸（ATP）的分子内。植物光合作用产生的糖类只有经过磷酸化才能使碳素有效地固定。

　　土壤及其成土环境中磷素循环属于典型的沉积循环，其基本过程包括：岩石圈表层及土壤中的磷酸盐被风化、迁移转化、淋溶流失就会进入水圈然后再沉积形成磷酸盐。在土壤生态系统中的磷素大多数来自于成土母质，有少部分磷素来自于大气干沉降和湿沉降，也有人类开采磷矿并合成磷肥再投入土壤中，在土壤生态系统中磷素没有气相化合物，故磷元素的挥发淋失常可忽略不计。在农业生态系统中人们种植农作物或者牧草都要吸收土壤中的磷元素；人类又将生活废弃物、排泄物或磷肥施入土壤之中，从而维持了土壤圈中磷素的平衡。在土壤生态系统中磷素在各类生物的作用下，在无机态磷与有机态磷间不断地发生转化与循环，以保持土壤生态系统中磷素的平衡，如图13-3所示。

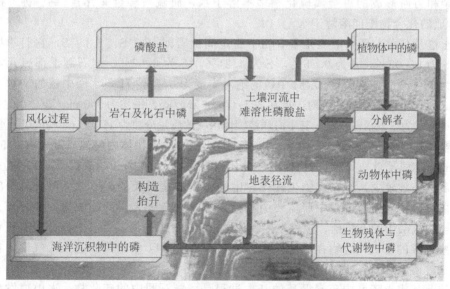

图13-3　环境地球系统中磷素循环过程图式

（据 Miller Tyler，1996 年资料）

　　土壤圈内磷元素的损失和其他植物营养元素相比较少，只有少部分磷素在土壤侵蚀过程中随土壤颗粒而损失。由于地理环境条件、土壤组成和性状的不同，磷素在土壤生

态系统中的迁移性能及其对植物吸收利用的有效性差异较大，土壤中大多数的磷酸二氢盐都易溶于水，而磷酸氢盐和磷酸盐（除钠、钾及铵盐外）却难溶于水，如在中国北方地区黄土母质上发育的富钙弱碱性土壤中，磷素常会形成难溶性的 $Ca_3(PO_4)_2$、$CaHPO_4$ 存留于土壤中；在中国江南广大强酸性土壤中，磷素则形成难溶性的 $FePO_4$、$Fe_2(HPO_4)_3$ 存留于土壤中，这就要求在农业施肥过程中要采取科学的施肥方式，发挥土壤微生物在磷素转化中的作用，以提高土壤中磷素对作物的有效性。随着生产力的发展，近代人类活动已经改变了局部地区磷素的循环过程，表现在农业生产中就是为了提高农作物产量，人们向土壤中施用磷肥，这些磷肥主要来自于磷矿石、鱼粉和海鸟粪，由于土壤中含有大量钙、镁、铁离子，磷素极易形成难溶性的磷酸盐或磷酸氢盐而被固结在土壤中。人类活动对磷素循环的另一影响是磷素随农田退水、生活污水及部分工业废水进入天然水体中，使水体中营养元素浓度增加引起藻类及其他浮游生物的迅速繁殖，由此引起水体溶解氧量下降，水质恶化，鱼类及其他生物大量死亡，这种现象被称之为水体富营养化。

13.2.4　硫素循环

在土壤及其成土环境中硫元素的分布十分广泛，如在地壳中硫化物的数量仅次于氧化物占第二位。能与硫化合形成各种化合物的化学元素有 40 多种，据维尔纳茨基估算，含硫化合物的总质量约占地壳总质量的 0.15%，这些化合物中以金属元素铁和硫的化合物最为重要，另外与硫易形成硫化物的金属元素还有锌、铜、铜、银、锑、铋、镍、钴、钼、汞、镉等。氢和磷化合对金属硫化物的形成起着重要的作用，硫与重金属元素具有显著的亲和力所形成的重金属硫化物多不溶于水，而硫与轻金属元素（钙、钾、镁、钠等）所形成的化合物则能溶解于水。

在土壤及其成土环境中硫元素有四个稳定同位素即 ^{32}S、^{33}S、^{34}S 和 ^{36}S，它们的相对丰度是：^{32}S 为 95.02%，^{33}S 为 0.75%，^{34}S 为 4.21%，^{36}S 为 0.02%。岩石圈上部硫元素的绝对丰度为 340 mg/kg，水圈（淡水）中硫的绝对丰度为 3.7 mg/L，水圈中硫的绝对丰度为 885.0 mg/L，土壤圈中硫的绝对丰度在 30～10 000 mg/kg，平均为 700 mg/kg，在生物圈中硫的绝对丰度为 5 100 mg/kg，其中海洋植物体内硫的质量分数为 12 000 mg/kg(烘干重)，陆地植物体内硫的质量分数为 3 400 mg/kg(烘干重)，海洋动物体内硫的质量分数在 5 000～19 000 mg/kg(烘干重)，陆地动物体内硫的质量分数为 5 000 mg/kg(烘干重)。硫素在生物体中质量分数较少，但在生物生理代谢中的作用却是巨大的，可以说没有硫素就不能形成蛋白质。生物生理过程中所需要的硫元素主要来自于无机的硫酸盐，部分来自于氨基酸和半胱氨酸中的有机硫，硫素在生物体内常以—SH 的形式存在于高分子有机化合物中，一些含 S 的有机化合物在细菌作用下分解、矿质化以 SO_2 形式进入大气圈，在厌氧条件下又被还原成 H_2S 进入大气圈。

土壤及其成土环境中硫素循环的基本过程是：岩石圈中的硫化物、火山喷发出的硫化物及海洋挥发的含硫化合物被氧化成 SO_2 进入大气圈，SO_2 在大气圈中又经光化学氧化、催化氧化形成硫酸或硫酸盐气溶胶，再通过干沉降和湿沉降过程进入生物圈、土壤圈和水圈之中，土壤中的硫素再被植物根系吸收同化并经过食物链在生物之间传递，最后又返回到土壤圈或大气圈中，如图 13-4 所示。

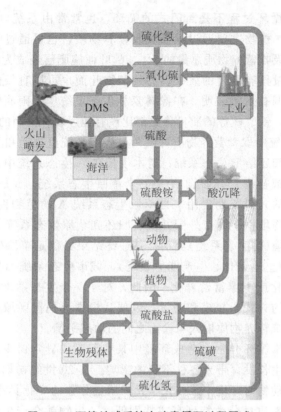

图 13-4　环境地球系统中硫素循环过程图式

（据 Miller Tyler，1996 年资料）

硫素循环属于沉积与气体复合型。由于硫元素具有相对活泼的化学特性，所以硫素在各种无机态和有机态之间的迁移转化过程复杂多样且速率较快。如土壤硫素缺乏会制约农业和森林生态系统的生产力，目前缺硫土壤仅分布于那些远离人为投入硫素的偏僻地区。在北美、西欧、东南亚等工业发达或人口密集地区，大量富硫煤的使用导致大量 SO_2 气体的排放，引发了大范围的酸雨，这些酸沉降（酸雨）对区域农业生态系统、森林生态系统、水生生态系统及其人类社会系统带来了严重的危害。

13.2.5　微量营养元素循环

在自然因素或人为因素的作用下，环境地球系统中的微量营养物质如铁、碘、锌、锰、钴、钼、硒不断地循环和流动，使全球各种生态系统得以生存和发展。土壤圈、水圈、大气圈或岩石圈表层的微量营养物质首先是供给初级生产者，而消费者和分解者生长发育所需要的微量营养物质，一是通过食用初级生产者获得，二是通过饮水获得。几乎所有生命有机体生理代谢活动的产物最终都会流入生物地球化学循环过程之中，生态系统的微量营养物质交换主要是在水圈、大气圈、土壤圈（含岩石圈表层）和生命有机体之间进行。例如森林、灌丛和草原生态系统中微量营养物质，首先被植物吸收利用，然后再输送给动物利用，同时生物又不断地以枯枝落叶、残落根系和动物代谢物的形式归还给土壤，并由分解者释放其中的微量营养物质，供植物再次吸收利用和循环。生态系

统中的微量营养物质循环过程不是封闭式的循环，也常常由系统以外经过雨滴、雪片、大气降尘等形式输入。植物主要通过根系吸收营养物质，也可通过叶片吸收少量营养物质，一般不超过植物吸收营养物质总量的 5%，故叶面施肥已经成为农业生产中的实用技术，对于提高作物产量具有显著的效果。另外植物叶面也可以直接向外界排放一些微量营养物质，例如野外调查观测表明，在橡树森林生态系统中，雨滴经过树冠之后其中所含的钾、钠、钙、磷、铁、硫等的质量分数都比没有经过森林雨滴的高。

动物在 A 生态系统中取食营养物质可以在 B 生态系统里排泄和死亡，并将 A 生态系统中的部分营养物质归还给 B 生态系统；树木生长在 A 生态系统中，也可以在 B 生态系统里被使用、被废弃或被燃烧。假设 A 是一个草原生态系统，B 是一个城市生态系统，城市生态系统中众多的人口长期食用来自草原生态系统 A 的植物性食物和动物性食物，城市众多人口的代谢物堆积于城市外围并没有归还到草原生态系统 A 中，这种营养物质的长期大量地单向跨境（跨生态系统）流动，其最终结果必然是草原生态系统 A 因长期营养物质亏损而退化（即土地退化、生产能力衰竭），城市生态系统 B 则因长期营养物质堆积而发生水体富营养化或土壤富营养化。因此，对于一个生态系统物质流动的研究，应该着重分析物质流动的方式、规模和通量，以便从根本上把握区域生态系统中的物质循环过程，确保生态系统营养物质输入与输出之间的动态平衡。

区域微量营养元素循环异常会造成环境中某些元素的异常偏少或异常偏高，这必然会对区域生物的正常生长发育带来各种不利的影响。在 20 世纪初期苏联科学家维诺格拉多夫就指出，植物和动物对环境中某些化学元素质量分数的变化具有一定的生物学反应，当环境中某种化学元素质量分数特别高或特别低时，生物就会产生强烈的生理反应，据此提出了著名的"生物地球化学省"学说。生物地球化学省是指由于地球表层不同区域环境中化学元素的不同而引起地方植物和动物群出现不同生物反应的地区。在极端情况下某一化学元素或某几种化学元素含量显著不足或过剩，在一定的生物地球化学省境内，就会产生生物地球化学地方病。如在寒温带泰加林灰化土地带，由于成土过程中各类元素的大量淋失致使该地带内土壤中许多对生命有益的化学元素质量分数过低，从而引起植物和动物广泛的生物学反应，产生了多种生物地球化学地方病如地方性甲状腺肿、植物缺钴病、动物脆骨病及贫血病等。W. G. Hoekstra 于 1972 年指出，对于任何一种化学元素，生命有机体的适应范围是较狭窄的，家畜生长所必需的化学元素如锌、锰、铜的需要量与最小中毒量之间的比值为 50 左右，如表 13-2 所示，摄取过量或不足都会破坏生命体内的生理平衡，从而发生生理异常引起病变。

表 13-2 引起植物病害的土壤中微量元素的临界质量分数　　　　　单位：mg/kg

化学元素	临界下限值（$\times 10^{-6}$）	临界上限值（$\times 10^{-6}$）	正常调节范围（$\times 10^{-6}$）
硼	3～6	30	3～30
铜	6～15	60	15～60
钴	2～7	30	7～30
碘	2～5	40	2～40
锰	400	3 000	400～3 000

续表

化学元素	临界下限值($\times 10^{-6}$)	临界上限值($\times 10^{-6}$)	正常调节范围($\times 10^{-6}$)
钼	1.5	4	1.5~4
锶	—	6~10	0~10
锌	30	70	30~70

碘循环异常与地方性甲状腺肿 这是一种世界性的地方病,据世界卫生组织(WHO)统计,全世界此病患者曾经有约2亿。地方性甲状腺肿病患者分布很广,严重的发病地区有:亚洲的喜马拉雅山区、非洲的刚果河流域、南美洲的安第斯山区、欧洲的阿尔卑斯山区、北美洲的五大湖周围地区,中国不少山区也是较严重的地方性甲状腺肿病区。早在100年前学术界就确立了地方性甲状腺肿的缺碘病因学说,后来1965年科学研究还发现因食用高碘食物也能引起高碘性地方性甲状腺肿。碘是动物和人体的必需营养元素,人体中的碘主要集中在甲状腺内。甲状腺的主要生理功能是产生甲状腺激素,甲状腺激素具有促进新陈代谢、神经、骨骼生长发育的功能。作为一种生命必需元素,碘对人的生理作用服从于伯特兰(G. Bertrand)的生物最适浓度定律,即碘具有双侧阈质量分数,碘的缺乏或过剩都会导致人体甲状腺代谢功能障碍发生甲状腺肿。如王远明等于1983年收集了中国201个地区(包括碘正常、缺乏和过剩的地区)饮用水中碘的质量分数,以及各地的地方性甲状腺肿患病率的资料,其结果为抛物线型的相关关系,进一步的研究表明饮用水中碘的最适质量分数为10~300 μg/L。

中国地方性甲状腺肿病区分布很广,造成环境中碘循环异常的原因是多种多样的,一般来说,土壤中的碘主要来源于母岩和降水补给,碘在土壤中易被土壤黏粒和有机质所吸附,在泥炭沼泽土中碘被有机质所吸附固定而难以参加生物循环。王远明根据调查资料归纳出中国碘的地理分布和地方性甲状腺肿病分布的一般规律为:从湿润地带到干旱地带、从内陆到沿海、从山岳到平原、从河流上游到下游,地表环境中的碘元素由淋溶到积累使得缺碘性地方性甲状腺肿病的流行强度逐渐递减以致最后消失。相反,在干旱和半干旱气候区的油田区或沿海地区,人们往往由于摄入过量的碘而可能引起高碘性地方性甲状腺肿病。王远明同时将中国的地方性甲状腺肿病区划分为5种地球化学成因类型:①山区碘淋溶类型。中国地方性甲状腺肿主要分布在山区,这里土层浅薄、淋溶作用较强、土壤保持碘的性能差,故其水土均缺乏碘,而在古近纪、新近纪红色黏土和第四纪黄土覆盖的山区,由于土层厚且土壤中黏粒质量分数高,使土壤保持碘的能力增强,通常地方性甲状腺肿病比较轻,甚至为非病区。②砂土碘淋溶类型。砂土的吸附能力微弱,故碘元素易淋失,尤其在土层薄且下伏流沙层或砾石层地区,水、土缺碘尤为严重,如在西北地区山前洪积扇上部和沙漠边缘地区。③沼泽泥炭固碘类型:在大小兴安岭、长白山、东北三江平原、黄河河源地区,因气候寒冷而湿润地表常积水并发育了沼泽泥炭土,这里水土中有机质质量分数高且分解缓慢,土壤中碘质量分数虽然高但多被有机质所固定,难以被生物利用。④油田区地下水高碘类型:通常油田区地下水是富碘的(质量分数300~11 000 μg/L),深层地下水碘质量分数也高于浅层地下水。在东北、西北和华北的一些大油田区,就是多发水源性高碘地方性甲状腺肿病区,但是只要改饮浅层地下

水，该病就会自然消失。⑤沿海食源性高碘类型：自从1965年日本发现北海道渔民因食用含碘丰富的海藻而引起高碘性地方性甲状腺肿病以来，在中国山东日照、广西北海也发现有此类型的地方性甲状腺肿病患者。研究表明：海产品富含碘，海鱼中碘质量分数为1~30 mg/kg，海带中碘质量分数为440~1 080 mg/kg，用海盐腌制的咸菜中碘质量分数为210~1 380 mg/kg。渔民每天从海产品中摄取的碘量为1.2~2.0 mg，相当于最适宜摄取量的7~240倍。在本区只要控制富碘海产品的食用量，高碘性地方性甲状腺肿病就会自然消失。

氟循环异常与地方性氟病　这是一种世界性的地方病，在各大洲均有分布。地方性氟病是由于长期饮食当地高氟水和食物所引起的一种慢性氟中毒，是全身性疾病。适量的氟有利于骨骼的稳定性和坚固性，但过量氟在人体内会代替骨骼中羟基磷灰石上的羟基，生成氟磷灰石沉积在骨骼及与其相接的软组织内破坏正常功能。另外过量氟也使人体内钙、磷的代谢平衡被破坏，血液中钙质量分数下降，使骨溶细胞活性增高促进骨溶作用。氟中毒最明显的早期症状是氟斑牙，这是牙齿吸收过量氟而引起的一种牙齿钙化障碍现象，牙釉质发育受阻，使牙齿失去釉质特有的光泽，且容易为色素沉着染色使牙齿质地松脆发生缺损。过量氟主要伤害釉质发育期牙胚的造釉细胞，这时牙齿尚未萌出。已经发生氟斑釉的牙齿不能再改变。此外，儿童一般在8岁以后造釉细胞就停止活动，因此在低氟地区成长到牙齿发育完全的人再到高氟区一般就不会再继续发生氟斑牙。

人体中氟主要来自饮用水，氟的化学性质活泼，它在自然环境中的迁移转化过程强烈，且在环境中的分布也很不均匀，这就形成了以氟不足为特征的龋齿高发区和以氟过量为特征的地方性氟病区，故氟具有双侧阈质量分数，对人体来说饮用水中氟的适宜质量分数在0.5~1.0 mg/L。一般认为当饮用水中氟的质量分数为1.0 mg/L时，具有防龋齿的作用，低氟区饮用水的氟化标准多采用0.5~1.0 mg/L。刘东生院士指出中国地方性氟病大致分布在4个较集中的地区：①从黑龙江的三肇（肇州、肇东、肇源），经吉林白城、内蒙古赤峰、河北阳原、山西大同和山阴、陕西的三边（定边、靖边和安边）、宁夏盐池、灵武等大致自东向西呈一条带状分布。②北方沿海局部高氟地区如渤海湾（天津附近）、山东沿海及潍坊地区。③在南方主要分布在四川南部、湖北西北部、贵州北部和云南东北部大致呈东北-西南方向分布。④在一些零星的局部高氟区，如与地热和温泉活动有关的地区，另外还有使用高氟煤而引起的氟病。

中国的主要地方性氟病区位于大小兴安岭、燕山、大青山、狼山山脉的南侧。这里在地质历史上火山活动频繁；大小兴安岭区侏罗纪、白垩纪中酸性火山岩及侵入岩十分发育，在燕山地区东部，中酸性岩浆岩及基性火山岩也相当发育。在长期的风化剥蚀过程中，含氟的岩石为其南部平原第四纪沉积物提供了氟的来源，使区内的地下水特别是浅层地下水在一定的条件下富含氟。这一地区干旱、半干旱的气候使这里的地下水以碳酸氢钠型水为主，土壤盐碱化类型属于苏打盐化类型，碳酸氢钠型水与苏打盐化类型的土壤有利于氟离子在水和土壤中的积累。

硒循环异常与克山病和大骨节病　克山病是一种以心肌坏死为主要症状的地方病，因1935年最早在中国黑龙江省克山县发现而得名，患者发病急、死亡率高，是中国重点防治的地方病之一。其病因有多种假设，如水土病因说或环境地球化学病因说，此学说认为克山病是由环境中对心肌代谢有重要作用的某种或某些化学元素的缺乏或过量或比

例失调所致。环境调查结果表明：克山病区的地质、地貌、土壤、水文和气候条件有
一定特点：病区多分布在山地、丘陵等剥蚀地区，而在盆地和河谷等堆积地区则较少发
病，病区化学元素淋溶过程强于非病区。

　　大骨节病是一种世界性地方病，患者在发病初期不易觉察，后来出现关节疼痛、增
粗等症状，晚期发生关节畸形和功能障碍，重患者臂弯腿短、关节粗大、步态蹒跚，不
仅丧失劳动能力甚至连生活都不能自理，此病是中国重点防治的地方病之一。大骨节病
与克山病在某些地区是相伴随的，有人把大骨节病称为克山病的姐妹病，如在东北地区
克山病和大骨节病是平行分布的，有些村庄不仅是克山病村，还是大骨节病村，有些人
同患两病；在西北地区，大骨节病比较严重，克山病相对较轻；在西南地区，一般只有
克山病，而无大骨节病。李日邦等1995年研究发现：环境低硒是克山病和大骨节病的主
要致病因素，然而同是环境低硒，致病因子却危害着两种不同的器官，一是心脏、二是
软骨，由此产生两种不同的地方病——克山病和大骨节病。他们针对此现象选择了两处
不同地区，即陕北榆林的一个单纯大骨节病村和云南牟定的一个单纯克山病村进行综合
对比研究，其分析结果如表13-3所示。

表13-3　克山病区、大骨节病区和非病区生态系物质中硒的质量分数比较　单位：mg/kg

物质种类	云南克山病区	榆林大骨节病区	非病区（楚雄）
人发	0.116±0.038	0.111±0.038	0.225±0.047
大米	0.006±0.003	—	0.030±0.017
小麦	0.017±0.014	0.008±0.002	0.023±0.013
土壤	0.107±0.032	0.037±0.012	0.313±0.032

（据李日邦等，1995年资料）

　　上述结果表明：①云南克山病区和榆林大骨节病区的环境中硒质量分数均低于非病
区；②榆林大骨节病区的缺硒程度比云南克山病区更为严重；③云南克山病区的土壤、
大米、小麦和人发中砷质量分数明显高于榆林单纯大骨节病区。砷和硒具有拮抗作用，
可能会降低人体内营养元素硒的有效性，从而导致人体因缺硒而诱发克山病。中国科学
院地理研究所环境与地方病研究室1981年为查明粮食中硒质量分数与克山病的关系，曾
经对中国24个省市区的202个县（包括病区和非病区）的20多种粮食及油料作物，共计
1 600份标本的硒质量分数进行了分析，得出粮食中硒质量分数有明显的地域分异规律：
①中国自东北向西南整个克山病带与以西的西北非病带及以东的东南非病带相比，粮食
中硒质量分数有显著差异，病带内3种主要粮食（小麦、玉米和水稻）中硒的质量分数大多
低于0.025 mg/kg，少有超过0.04 mg/kg，而两侧非病带主要粮食中硒质量分数多数高
于0.04 mg/kg，其他粮食和油料作物中硒质量分数也有类似的变化规律。②在病带内，
有病区和无病区主要粮食平均硒质量分数也有差异，但都处于低硒水平，大都在
0.025 mg/kg以下，只有水稻接近此值。③在此病带西北和东南的两个非病带内部，粮
食中硒质量分数也都表现出地域差异，但都是高质量分数之间的差异且总趋势是：离病
带越远硒质量分数有增高的趋势。

　　全世界报道发现有硒反应症的有20多个国家，郑达贤等将硒反应症的概念由动物扩
大到人群，把各国报道的硒反应症分布区标在世界自然地带图上，可以看出：①硒反应

症在南北半球大致各呈纬向的分布带，其分布的范围基本上在 30°以上的中高纬度地区；②在北半球，硒反应症分布基本上与北温带湿润、半湿润森林、森林草原和草甸草原地带及地中海型气候区的硬叶林和灌丛带相一致；在南半球，主要分布在各大陆南端地中海型气候区的硬叶林和灌丛带；③这些地带大部分地区的降水量为 400～1 000 mm，主要土壤类型为淋溶土、均腐土等。另外与硒反应症的分布带相适宜，也存在着世界性的植物低硒带，在低硒自然带内的人群和动物也处于低硒营养状态。

总之，土壤及其成土环境化学组成是不均匀的，地域差异就是其表现的主要形式之一。地域差异在某种程度上也势必反映到生命体中，人体也不例外；土壤及其成土环境之中化学元素循环的异常，常导致土壤健康状况恶化，并危害生态系统安全和人群健康。

13.3　土壤健康及其评价

13.3.1　土壤健康相关概念的剖析

土壤作为具有自然资源功能与自然环境要素功能的历史自然综合体，在土壤科学与相关管理文献中常有阐释土壤健康或土壤质量的多种术语，如土壤适宜性、土壤肥力、土壤生产能力、土壤质量、土壤健康等，为了避免混淆，在此有必要对这些相关概念进行剖析，这不仅有利于土壤科学的交流，还对目前及未来的土壤资源管理和土壤环境影响评价具有重要的意义。

土壤适宜性（soil suitability）　土壤及其成土条件对特定栽培植物的生长发育和经济性状的适宜状况，它实质上是监测气候、作物、土壤、地形、水文状况、人类土地利用之间动态联系及协调性的重要指标。土壤适宜性评价主要是以土壤分类基层单元如土属、土种为评价单元，综合评价各个单元的地形、土层厚度、质地、剖面构型、有机质及养分质量分数、pH 及盐分质量分数等，综合评价确定各个土壤类型的利用方向和途径，如宜农、宜牧、宜林等，也可按照双宜或多宜归并土壤类型，在土地科学界则常用土地适宜性这个概念，两种具有类似的含义。

土壤肥力（soil fertility）　土壤在适当平衡和没有任何毒性物侵入的情况下，能供应与协调植物正常生长发育所需养分和水、气、热的能力。植物生长发育需从土壤中吸收多种离子态的营养素，如氮、磷、钾、钙、镁、硫、铁、锰、钼、锌、硼、氯、镍、硒等，只有当土壤在适当的湿度、温度、pH 与 Eh 条件下，土壤中上述养分的植物有效性高，土壤才能够满足植物生长发育之需求。根据李比希最小因子定律（Liebig's law of minimum），如果土壤中任何一种或多种营养素含量不足，植物的生长和繁殖都会受到影响；如果土壤足够肥沃且土壤水、气、热条件也适宜于植物生长发育，该土壤则具有较高的肥力；如果土壤足够肥沃，但土壤利用不当导致土壤养分比例失调或物理化学条件恶化，则会导致土壤肥力受损。

土壤生产能力（soil productivity）　土壤在标准的管理措施、保障土壤物质平衡和区域环境质量稳定的条件下所能提供最佳生物产量的能力，生物产量常用单位土壤面积周年的生物产量表示如总生物量或经济产量（如谷物、蔬菜、木材、食品、树脂、糖和油等），其单位为 kg/（ha·a）。针对相对贫瘠的土壤，人们通过可持续措施适当施肥可提升其生产能力，如半荒漠-荒漠区的某些干旱土，人们通过适当的引水灌溉与施肥也可生产出大量的农产品；自然界渍水或浸水土壤可自然地生产出大量稻谷，而不能生产马铃薯，但这种土壤经过排水耕作也可生产出大量谷物和马铃薯。由此可见，土壤生产能力的高低不仅与土壤所适宜的农作物种类有关，还与人类利用方式密切相关。

土壤质量(soil quality)　　土壤在陆地生态系统中保持生物的生产力、维持环境质量、促进动植物健康的能力。在20世纪后期随着人口增加，人类对土壤资源的过度开发利用导致了土壤退化加剧，并对农业可持续发展以及生态环境、全球变化造成严重威胁，在这种情况下学术界提出来了土壤质量的概念，以唤起国际社会与学术界对土壤质量状况的关注。多兰等(Doran et al.，1994)指出土壤质量是指土壤在生态系统界面内维持生产，保障环境质量，促进动物和人类健康行为的能力；美国土壤学会(1995)指出，土壤质量是指某种土壤在自然或人工管理条件下，维持生物生产能力、保持与提高水体质量、大气质量，以及维持人群和动物健康生存的能力；奥斯曼(Osman，2014)将土壤质量的定义拓展为参考土壤在自然资源管理的生态系统边界内发挥作用的能力，以维持植物和动物生产力，维持或提高水和空气质量，并支持人类健康和居住。由此可见，作为陆地生态系统的重要基质与物质迁移转化的枢纽，土壤在维持其自身物质平衡与生物生产力、改善环境质量、保障生态系统安全与人群健康的能力，称之为土壤质量。

土壤健康(soil health)　　土壤是地球陆地表层一个动态的历史自然体，也是陆地生态系统食物链的起源地与归宿场所，还是人类食品生产的重要基地，故土壤健康不仅要关注农业生产力和土壤资源的持续性，还要关注食品品质、区域环境质量与人群健康。美国学者布伦斯(Bruns，2014)定义土壤健康：在确保土壤物质免遭流失、区域环境质量稳定的条件下，土壤能够满足植物旺盛生长需求之能力；健康的土壤具有完整的生物多样性、适当的弹性以及能够为多种生物提供自我调节、低压力的栖息地。2015年国际土壤年报告给出的土壤健康定义是"在生态系统和土地利用边界内，土壤作为一个重要的生命系统持续发挥作用的能力，以维持生物生产力，促进空气和水环境的质量，并维持植物、动物和人类健康的性能"。土壤健康与土壤质量这两个词在科技文献中常是同义词，一般来讲，农学家、生产者和大众媒体多用土壤健康概念，以强调土壤在保持水分和养分以支持植物健壮生长方面的动态功能，即健康的土壤能持续生产出品质优良、数量丰富的农产品；科学家则常用土壤质量概念以突出土壤固有的相对稳定性功能，土壤的这种稳定性功能受土壤化学、物理和生物成分及其相互作用的控制。土壤质量不仅涵盖了土壤肥力、土壤生产能力和土壤生态环境功能，还涉及土壤在陆地生态系统的稳定性和多样性、地球表层环境系统物质与能量的良性循环，强调运用特定的方法观察或测量土壤性质以表明土壤质量状况。

通常需从以下5个土壤功能来评价土壤质量状况：①土壤维持生物活性、多样性和生产力的性能；②土壤具有分配和调节地表水分、溶质流动与循环的能力；③土壤具有过滤、缓冲、分解、固定和解毒有机物和无机物的能力；④土壤具有存储和循环利用生物圈中养分和其他成分的能力；⑤土壤具有支持社会经济系统、保护人类居住环境及有关历史文化遗迹的性能。美国学者威恩霍尔德等(2004)构建了评价土壤质量状况的土壤最小数据集(soil minimum data set，SMD)，其中包括与土壤功能密切相关的土壤物理属性、化学属性和生物学属性。他们还将土壤质量指标分解为固有指标和动态指标，前者是由气候、成土母质、时间、地形和生物群等自然成土因素决定的土壤性状，也是土壤地理调查与分类的基本数据；后者是由描述了近期（＜10 年）土地利用或管理决策导致的土壤状况，即近期人类活动所导致的土壤组成与性状的变化状况。综合剖析各个土壤性状与土壤功能的关系函数，并进行相应地赋值综合计算，就可得出土壤质量指数，如图 13-5 所示。另外德拉罗萨等（2008）在综合分析的基础上，将土壤质量综合为固有的土壤质量（inherent soil quality）和动态的土壤质量（dynamic soil quality），前者着重描述土壤长期、稳定的内在机能，后者则侧重当前人类活动影响下的土壤动态机能。

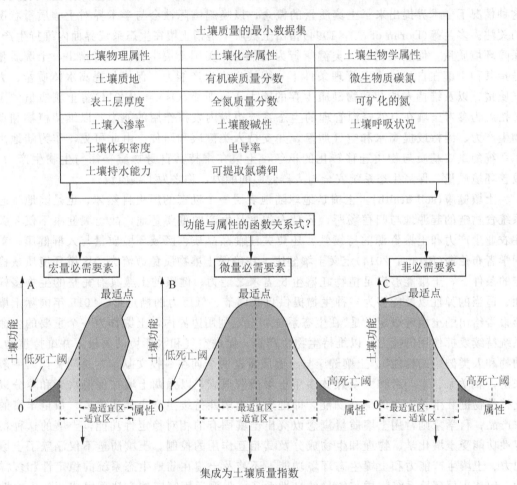

图 13-5　用于评估土壤质量的最小数据集及土壤质量评价图

13.3.2　土壤健康的概念及其发展

早在 1916 年京师大学堂的教科书中就涉及恢复土地健康之论述。随后 1943 年新西兰土壤与健康学会就创建了《土壤与健康》（*Soil and Health*）期刊，倡导"健康的土壤-健康的食品-健康的人群（healthy soil-healthy food-healthy people）"的有机农业与持续生活的理念。但直到 20 世纪末期，随着地球表层系统的兴起，人们对土壤认识不再局限于农业生产方面，人们已开始重视土壤作为人类生存环境系统的重要组成部分，土壤健康不仅对农作物生产有影响，还对水体质量、大气质量、环境质量以及人类食品安全有重要影响。

进入新世纪，国际学术界已经认识到："土壤已被我们忽视的太久，以往我们未能将土壤与我们的食品、淡水、气候、生物多样性和生命体联系以来；我们必须反转这一倾向，并采取一些保护和恢复行动(Soils have been neglected for too long. We fail to connect soil with our food, water, climate, biodiversity and life; We must invert this tendency and take up some preserving and restoring actions)"。人们不仅关注土壤在大农业生产中的核心作用，还更加关注土壤在全球变化、环境自净与物质循环、生态服务和水资源调节中的重要机能，土壤健康成为国际学术界和社会公众关注的焦点。于是 2013 年第 68 届联合国大会将 2015 年定为"国际土壤年(International Year of Soils 2015)"，其核心议题就是"健康土壤带来健康生活"；并将每年 12 月 5 日定为世界土壤日(World Soil Day)。

土壤健康(soil health)，即土壤作为一个重要生命系统能够维持土壤的生物生产力、维持周围空气和水环境的质量，以及促进植物、动物和人类健康的持续能力，土壤健康也就是指土壤满足与其环境相适应的生态系统功能范围的能力。土壤健康术语用于评估土壤维持动植物生产力和多样性、维持或提高水和空气质量以支持人类健康和居住的能力，其本质可以理解为土壤不仅是一种生物生长的介质，还是一种具有活性、动态性、不断微妙变化的环境。健康的土壤应具有生物完整性、显著的缓冲性能与弹性，能为生物提供自我调节、低压力的栖息地(Bruns, 2014；Ferris 等，2015)。2015 年奥利弗等从多学科角度探讨了土壤健康与人群健康之关系，如图 13-6 所示，并指出有关土壤物质组成与性状、土壤物质进入人体的途径、土壤成分进入人体后对人体健康的危害机理还知之甚少。一般健康的农田土壤应该具有如下特征：①易于农业耕作；②具有足够的土层厚度以支撑植物生长；③足够但不过量的养分；④病原菌和害虫较少；⑤排水优良；⑥有益土壤生物数量较多；⑦杂草较少；⑧无有害和有毒物质；⑨可减小和防止土壤退化；⑩对不利环境具有一定的抵抗性。如果农田土壤不具备健康土壤的以上特征，则必须通过一些农田管理措施(如深耕、施肥、喷洒农药等)来恢复和提高土壤的耕作性能和生产能力，而这必然增加农业生产的投入，也将污染和破坏农田生态系统和环境。

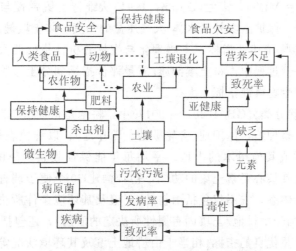

图 13-6　土壤健康-农业-人群健康关系图解

13.3.3 土壤健康评价指标体系

一般情况下健康的土壤具有以下主要特征：①土壤生态系统的完整性及其物质循环的动态平衡性；②土壤具有足够的土层厚度和适宜的土壤质地及土壤结构，即易于持续性耕作利用；③土壤具有丰富且适量的养分元素且无有毒有害的活性物质，即具有持续性支撑农作物或植物健康生长发育的性能；④土壤具有过滤、缓冲、分解、固定、解毒有机物和无机物的能力，即调节区域环境质量和环境自净的能力的性能；⑤土壤具有适宜的水分含量与温度幅度、酸碱度及其缓冲性能，即土壤具有广泛的适宜性和支撑社会经济系统、保护人类居住环境及有关历史文化遗迹的性能。由于土壤的上述特性与地理位置、土地利用方式、成土因素、生态系统类型、土壤类型之间存在复杂多样的相互作用，常造成一些土壤属性具有时空异质性。

2015年美国、荷兰和俄罗斯专家在综合研究的基础上，把以土壤持水量（waterholding capacity）为核心的物理属性、以土壤养分及其有效性为核心的化学属性、以土壤生物活性与多样性为核心的生物学属性作为土壤健康评价指标体系，以预测土壤健康/质量状况。

土壤健康是土壤本身所固有的属性，其调查观测与评价指标是从土壤生产潜力、生态服务、环境调控与管理的角度，选择那些与土壤健康/质量状况密切相关的土壤物理性状、化学组成和性质、生物群落组成及其结构，以及这些性状之间及其与成土环境之间的相互作用；选择的这些评价指标不仅要有代表性、敏感性、通用性、可操作性和相对独立性，还要建立各个指标可量化的阈值及适宜幅度，这样才能便于区域土壤健康/质量状况研究成果的收集、综合、计算与交流。由于土壤功能的多样性、土壤组成与性状的时空差异性、不同学科领域关注土壤健康/质量的角度各异，故在具体的区域土壤健康/质量调查与评价过程中，常常会出现多种多样的评价指标，这就需要运用数理方法对这些属性进行标准化与定量化处理，构建一个能够准确显示土壤健康/质量状况的简明数据集（minimum dataset＝MDS）。多兰（Doran，1994）从维持土壤弹性与多样性、保障生物群落的持续生产能力、保护土壤外围水体-大气质量的角度，将土壤健康/质量调查与评价指标划归为土壤的宏观-描述性指标、土壤理化与生物分析性指标两大类。随后美国农业部专家在具体调查评价过程中，将土壤健康/质量评价指标划分土壤物理属性指标、土壤化学属性指标和土壤生物属性指标3大类。

在《土地利用现状分类》（GB/T 2010—2017）中，耕地是指种植农作物的土地，包括熟地，新开发、复垦、整理地，休闲地（含轮歇地、轮作地）；以种植农作物（含蔬菜）为主，间有零星果树，桑树或其他树木的土地；平均每年能保证收获一季的已垦滩地和海涂。根据上述耕地概念及其核心要素土壤的功能，初步构建30个便于调查观测的实用性耕地土壤健康评价的指标体系，它不仅包括由耕地/土壤及其环境条件所决定的生产能力及其耕地利用的指标（相当于由耕地/土壤固有属性所决定的质量），还包括反应耕地-农产品品质与耕地土壤环境质量优良的指标（相当于由耕地土壤及其环境状况等动态属性所决定的健康状况）。其具体指标如表13-4所示。

表 13-4 基于产量与品质、生态服务的耕地土壤健康指标列表

耕地质量指标		调查诊断方法	耕地/土壤健康状况
耕地环境状况	所在区位	查阅地籍资料/GPS观测	耕地自然等 耕地利用等 耕地经济等 （耕地/土壤生产能力）
	耕地类型	查阅地籍资料	
	土壤类型	查阅专业资料/专家诊断	
	地貌类型	查阅专业资料/专家诊断	
	标准耕作制度分区	查阅专业资料/专家诊断	
	粮食综合生产能力	查阅农调或统计资料	
物理性状	土层厚度	专家现场观测	
	土壤质地	专家现场观测/器测	
	土壤孔隙度/紧实度	专家现场观测/器测	
	土壤蒙氏颜色	专家现场调查观测	
化学性状	耕作层有机质质量分数	实验室化验分析	
	土壤 pH	专家现场观测/器测	
	阳离子代换量（CEC）	实验室化验分析	±/－/干*
	全氮质量分数	实验室化验分析	±/－/干
	速效磷质量分数	实验室化验分析	±/－/干
	速效钾质量分数	实验室化验分析	±/－/干
生物学性状	耕作层细菌生物量	实验室培养观测	±/－/干
	耕作层 C/N 比值	实验室化验分析	±/－/干
	蚯蚓活动状况	专家现场调查观测	±/－/干
	作物根系状况	专家现场调查观测	±/－/干
	作物生长状况	专家现场调查观测	±/－/干
耕地健康状况	耕地土壤中污染物质量分数/超标或超背景值程度	专家采样实验室化验分析	±/－/干
	农作物品质	专家采样实验室化验分析	±/－/干
	地表水-地下水水质	专家采样实验室化验分析	±/－/干
	受水蚀或风蚀状况	专家调查观测	±/－/干
	盐碱化或酸化状况	专家调查观测/器测	±/－/干

注：*（±表示低于适宜范围的低端阈值；干表示高于适宜范围的高端阈值）

由于动态性的土壤属性及土壤中污染物质量分数的调查化验分析数据的量纲不同，以及耕地/土壤健康状况的适宜范围差异巨大，因此需要依据生态学中的生态幅及阈值、环境毒理学与环境质量标准，对各个指标的观测值通过相应的转换函数图式将其转化为对应指标的分值（score），并设定各个指标评分的转换函数图式即耕地/土壤健康指标评分函数图式（scoring function models），评分函数的最大值设定为1，表示该指标所展现的耕地/土壤的健康状况最优；评分函数的最小值设定为0，表示该指标所展现的耕地/土壤的健康状况最差，然后借鉴医学中人体健康指标表，将各个指标对土壤健康/质量状况的贡

献或影响程度划分为 5 级；各种土壤健康/质量指标的转换函数图式大致可划归为三大类：罗杰斯递增型、罗杰斯递减性、最优适宜型。

在一般情况下土壤全氮、速效磷、速效钾质量分数、阳离子代换量对土壤健康贡献的转换函数图式表现为罗杰斯递增型，即随着土壤全氮、速效磷、速效钾质量分数、阳离子代换量的增加，土壤健康状况也将逐渐-快速提升，如图 13-7 所示。土壤中重/类金属元素如镉、汞、铅、锑等生物非必需元素质量分数对土壤健康贡献的转换函数图式表现为罗杰斯递减型，即随着土壤中镉、汞、铅、锑质量分数的增加，土壤健康状况也将逐渐-快速降低甚至恶化，如图 13-8 所示。在对这些指标赋值过程中不仅要依据其土壤环境质量标准，还要考虑土壤中镉、汞、铅、锑的存在形态、土壤理化性状和土地利用特征。土壤中微量营养元素如硼、铜、铁、锰、钼、镍、硒、锌等生物必需元素的质量分数及土壤 pH 对土壤健康贡献的转换函数图式表现为最优适宜型，如土壤 pH 在 6.5～7.5 时对多数农作物而言土壤健康状况最优；随着土壤 pH 由 6.5 逐渐减小或由 7.5 逐渐增大时，土壤健康状况也将逐渐降低甚至恶化，如图 13-9 所示。

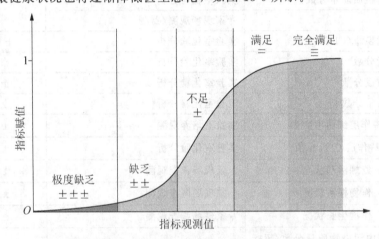

图 13-7　土壤健康/质量指标(营养型)评分的转换函数图式

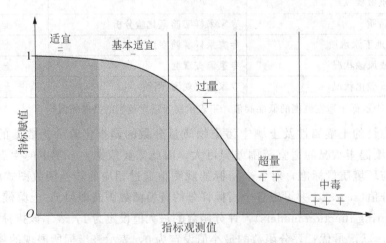

图 13-8　土壤健康/质量指标(生物非必需元素型)评分的转换函数图式

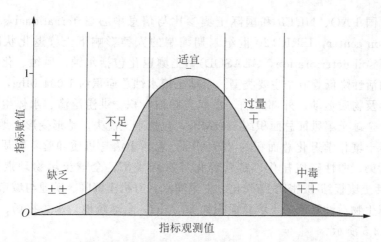

图 13-9 土壤健康/质量指标(生物必需元素型)评分的转换函数图式

13.4 土壤健康面临威胁及其管护准则

13.4.1 土壤健康面临的威胁

近 600 多年来,人类对耕地土壤资源先后进行了原始性开发、掠夺性开发和高强度开发,全球陆地大面积耕地土壤及其营养物质遭受流失,巨量工业三废和农业化学品浸入耕地土壤,成片肥沃耕地被侵占毁灭,导致区域性耕地土壤肥力及生产能力、生态环境服务能力不断衰减,并对全球粮食安全、生态安全、人群健康构成了现实的威胁。汇集国内外相关研究成果,发现全球耕地土壤健康/质量面临的十大威胁有:非农建设占用、水土流失、风蚀沙化、盐碱化、重/类金属污染、持久性有机物污染、固废污染、土壤酸化、地下水枯竭、土壤板结与适宜性恶化等,如图 13-10 所示。

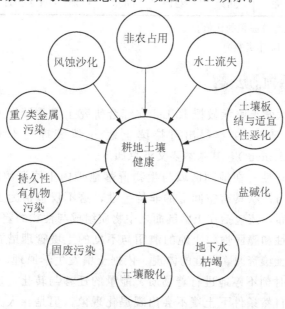

图 13-10 全球耕地土壤健康面临的十大威胁

根据联合国 FAO、NUEP 和国际土壤参比与信息中心（international soil reference and information center，ISRIC）20 世纪末期编制的人类影响下土壤退化状况图（global assessment of soil deterioration，GLASOD），土壤退化包括水蚀、风蚀、化学退化、物理退化和生物活性降低等五个主要类型。全球土壤水蚀总面积约 1 094 Mha，包括表土流失、地形变形及物质运动、外部影响、水库与湖泊淤积、洪涝泛滥、水体生态系统破坏等次级类型；全球土壤风蚀总面积约 549 Mha，包括表土流失、地形变形、地表扬尘等次级类型；全球土壤化学退化总面积约 239 Mha，包括土壤有机质和营养物质流失、盐碱化、酸化、污染、酸性硫酸盐化、富营养化等次级类型；全球土壤物理退化总面积约 83 Mha，包括土壤板结-被密闭-结壳化、土壤渍水、有机土沉降、矿业与城市化侵占等次级类型；全球生物活性降低的土壤总面积约 20 Mha。全球耕地、永久牧场、林地土壤退化状况如表 13-5 所示。

表 13-5　世界各洲土地退化状况比较

大洲	耕地			永久牧场			林地		
	总面积/Mha	已退化面积/Mha	占比*	总面积/Mha	已退化面积/Mha	占比	总面积/Mha	已退化面积/Mha	占比
非洲	187	121	65%	793	243	31%	683	130	19%
亚洲	536	206	38%	978	197	20%	1273	344	27%
南美洲	142	64	45%	478	68	14%	896	112	13%
中美洲	38	28	74%	94	10	11%	66	25	38%
北美洲	236	63	26%	274	29	11%	621	4	1%
欧洲	287	72	25%	156	54	35%	353	92	26%
大洋洲	49	8	16%	439	4	9%	156	12	8%
世界	1475	562	38%	3212	685	21%	4041	719	18%

注：* 为已退化面积与总面积的比值。

（据 K. T. Osman，2014 年资料）

13.4.2　土壤持续管理的法则

美国俄亥俄州立大学土壤学教授 R. Lal 在综合研究土壤质量与土壤侵蚀、持续农业相互关系的基础上，于 2009 年提出可持续土地/土壤管理的十大定律（ten laws of sustainable soil management），其基本要义汇总如下。

土壤资源的非均一性　在地理区域与生物群落地带内土壤资源的分布是不均匀的，即土壤资源及其组成与性状具有空间上的非均一性，这不仅包括为土壤空间分布的地带性分布和非地带性分布，还包括在土壤剖面之中物质组成与性状的差异性。

土壤的有限缓冲性和脆弱性　土地的滥用与不良的土壤管理措施极易导致大多数土壤资源的退化，这是土壤资源脆弱性的体现。依据土壤发生学原理，土壤属于开放系统，土壤与成土环境之间时刻不停地进行着物质、能量的迁移与转化，这使土壤具有一定的缓冲性能，在稳定的自然条件下土壤不会出现退化现象，但是在人类的直接与间接作用下，土壤与成土环境、人类社会系统之间的物质能量过程发生变异，导致土壤缓冲性能衰竭，并使土壤物质过度流失与性状恶化，这不仅加速了土壤的退化过程，还引起了区域生态破坏和环境的污染。

土壤管理措施的精确性 精确的土壤管理方式（如原位或异位）通过消除或抑制其他退化过程，以提升土壤质量，保持土壤生产潜力的长久不衰；而粗放的土壤利用方式则常通过激发其他退化过程，导致土壤加速侵蚀和土壤质量加速降低，例如不加区分和过度的耕作、灌溉、施用化肥与农药会加剧土壤退化与区域环境质量的恶化。

土壤退化的敏感性 土壤对退化速率的敏感性在一般情况下随着年平均气温的升高而增强，随着年平均降水量的减少而增强，故所有其他因素保持不变的情况下，在炎热、干旱气候区的土壤比在凉爽、潮湿气候区的土壤更容易退化和荒漠化。

土壤对温室气体的调控性 精确的土地利用与土壤管理措施，可加速土壤腐殖质化并使土壤成为大气中温室气体如 CO_2、CH_4 和 N_2O 的汇，增加土壤碳储量；而粗放的土地利用措施，可导致土壤水侵蚀、风蚀沙化的加剧，使土壤成为温室气体的释放源，减少土壤碳储量。

土壤资源的不可再生性 从地球表层系统中物质能量迁移转化过程和土壤发生学角度来看，土壤属于地球陆地表面可以再生的自然资源，但这种再生的速率是较为缓慢的，在暖温带湿润条件下依靠自然成土过程形成一个典型棕壤（淋溶土）剖面，需持续的时间在 10^3 年以上，故人类经济社会的发展不能依靠这种缓慢的自然成土过程再造新的土壤，故从人类利用角度来看，土壤属于不可再生的自然资源。

土壤资源的有限自我恢复性能 土壤对外域自然过程和人为扰动影响具有一定的恢复能力，土壤的这种恢复能力一方面取决于土壤之中的物理、化学与生物学过程，这是土壤恢复能力的内因，只有在最佳土壤物理性质及其动态变化存在时，良好的化学过程和生物过程才能增强土壤的应变能力与恢复能力；另一方面外域自然过程与人为扰动的方式、强度与持续的时间也对土壤恢复能力具有重要影响。

土壤有机质/腐殖质的相对稳定性 土壤有机质/腐殖质的恢复速率极为缓慢，但其在粗放利用措施作用下其被消耗的速度往往很快的。在一般情况下，土壤中有机质/腐殖质恢复过程及其效果在百年时间尺度才可显现；而土壤中有机质/腐殖质流失或被消耗的效果在几年至十几年间就可显现。

土壤的结构性 土壤颗粒（包括团聚体）的排列与组合形式即土壤结构，它与土体中大孔隙、中孔隙和微孔隙的稳定性与延续性密切相关，这些多样的土壤孔隙之中存在复杂的物理过程、化学过程和生物学过程，这是土壤生命支持功能的本质所在，精确或持续性的土地利用措施能够增强土壤孔隙及其土壤过程的稳定性和延续性。

土壤资源的持续有效性 土壤资源具有农、林、牧业生产性能的土壤类型，即土壤资源是人类生活和生产最基本、最广泛、最重要、不可替代的自然资源。人类通过持续性的土壤管理措施优化土壤质量，促进周年内单位面积土壤中无机物与有机质之间相互良性转化的通量，是维持农业生态系统净初级生产能力提升的关键，也是提升土壤生态系统服务功能的措施，如调控与优化地表水资源数量与水质、缓解区域地表温度与湿度变化的幅度、增加生物多样性的基础性保障措施。

基于上述基本定律，应该从防治区域土壤退化、被污染土壤的修复、优化土壤资源利用方式等入手管护土壤健康。

【思考题】

1. 回顾你日常生活消费清单，试简述人们日常生活对碳循环过程的影响。
2. 简单阐释土壤质量的相关术语及其差异性。
3. 什么是土壤健康？试从陆地生态系统食物链角度剖析土壤与人群健康的联系。
4. 阐释土壤质量与土壤健康诊断评价的指标体系。

第14章　土壤环境调查及其信息技术

【学习目标】

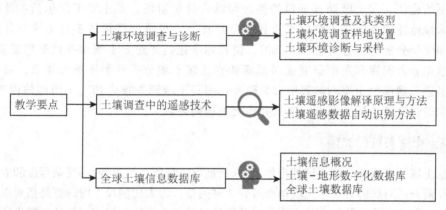

14.1　土壤环境调查

14.1.1　土壤调查概况

土壤作为人类社会基本的生产资料和劳动对象，人类对土壤调查、观察和记录的历史久远，特别是在新石器时代末期开始的农业生产实践中，古人就观察、记录、积累了大量的区域土壤地理知识，例如在中国古代的文献中就有不少对土壤的颜色、质地、类别、分布及其与作物生长关系的记述。至19世纪末期俄国学者 B. B. 多库恰耶夫在广泛的土壤调查实践过程中，倡导运用地理综合比较方法开展土壤调查，并基于土壤地理发生学原理建立了土壤调查的理论和方法，即土壤调查(soil survey)是以土壤地理学理论为指导，通过观察、描述、记载和综合分析比较土壤剖面形态及其周围环境，对土壤的发生演变、类型分布、肥力变化和利用改良状况进行研究、判断。这些土壤调查的理论和方法随后传入西欧和北美并得到广泛的应用。在20世纪中期随着遥感技术和信息技术的应用，形成了具有对区域土壤或全球土壤信息进行观测、收集、筛选、排序、归并、制图、存储、检索以及综合分析、模拟、预测、传递等多功能的土壤信息处理系统，从而使土壤调查技术进入了崭新阶段。通过土壤调查所获得的区域土壤图、调查报告、土壤样品及其资料，构成了开展土壤科学研究、利用土壤、管护土壤资源和保护土壤环境的基础资料。

土壤调查的全过程可以划分为3个阶段。①土壤调查准备工作阶段，其主要工作包括：明确土壤调查的任务、目标和经费，组织专业调查队伍，制定工作计划；进行路线踏查，统一调查技术，确定土壤调查单元及空间精度；收集并综合分析调查区相关资料、图件和多时相遥感影像；结合大比例尺地形图、地貌图、植被类型图、土地利用类型图等编绘供调查填图时用的工作底图；准备土壤调查用的装备、工具和化学分析设备等。②土壤野外调查工作阶段，其主要工作包括：按照土壤调查技术规程和任务要求，在规定区内按预定的路线勘查、预定观察采样点外围观察成土环境条件并选择具有代表性的

样点，挖掘土壤剖面、进行土壤剖面的诊断分析、描述、记载(含拍照)，按照相应的技术规范划分土壤发生层次或诊断土层、采集供各种用途的土壤标本和样品；根据土壤剖面形态特征或诊断土层、诊断特性确定土壤类型变异的界线并勾绘土壤草图；运用土壤地理学综合比较法分析调查区内土壤组成、性状与成土环境、人为活动之间的关系，以揭示土壤类型的空间分布规律；根据成土环境和土壤组成、性状及其变化规律提出土壤合理利用的途径。③土壤调查资料的整理与综合分析阶段，其主要工作包括：及时按照相关技术规范处理并保存土壤标本及化验分析样品；将野外获得的多种土壤及其成土环境资料和化学分析资料进行整理、归纳，使其标准化，并建立土壤调查数据库或资料集；根据土壤调查数据库和先期研究成果拟定调查区域土壤分类和制图单元体系；结合调查草图和遥感影像编绘土壤图和其他有关图件；编写土壤调查报告和有关图件的说明书等，组织专家研讨完善上述土壤调查成果并提交土壤调查成果。

14.1.2　土壤调查的类型

根据土壤调查目的、调查区域自然条件(指地形、母质、植被等)的复杂程度和农业生产特点以及调查区面积的大小，土壤调查可分3种类型：①大比例尺土壤调查是指对以小面积范围内的土种或土壤变种为主的土壤基层单元所进行的土壤物质组成、性状、肥力状况和微域分布规律的调查，其成图比例尺一般大于 1∶50 000，通常为 1∶10 000 或 1∶25 000；②中比例尺土壤调查是指对较大面积范围内的土属或土种的类型变化及其中域分布规律进行的区域性土壤概查，其图比例尺一般为(1∶50 000)～(1∶500 000)；③小比例尺土壤调查是指对省级、大自然区、国家、洲以至全球陆地的土类和亚类的土壤资源分布进行的调查，其成图比例尺多为小于(1∶500 000)～(1∶1 000 000)或更小。根据土壤调查的任务和应用部门的不同，也可将上述土壤调查再细分为综合性土壤调查和专题性土壤调查，其中前者是对一定区域内成土因素、土壤常规性状及其空间分异规性的整体调查；后者则是为特定目标而对一定区域内特定土壤类型、物质组成(如营养元素和污染物等)、性状、肥力及其健康状况进行的专门性调查，如荒地土壤调查、工程土壤调查、低产土壤调查、侵蚀土壤调查、污染土壤调查、自然保护区土壤调查，其目的和服务对象更为明确，应用性更强，它们多属于大比例尺或中比例尺的土壤调查。

按土壤调查目的和要求分为详查与概查，前者是指在较小区域内以(1∶2 000)～(1∶25 000)大比例尺地形图为底图开展的土壤调查，其特点是调查区域面积小、调查观测密度高、成图精度高，通常采用大比例尺遥感影像与地形图的方法进行；后者是在区县以上区域或中小河流域范围内，以比例尺等于或小于1∶50 000地形图为底图开展的土壤调查，其具有调查区域面积大、空间规律性和综合性强等特点，多采用多季相遥感影像结合地形图的方法进行。在实际科学研究与管理工作中一般根据土壤调查目的、调查区域面积、自然条件复杂程度与农业生产特点，可将土壤调查细分为4种类型。

大比例尺土壤调查　这是针对乡镇、村庄、农场或特殊宗地等小面积区域内的土壤组成与性状、土壤适宜性、土壤肥力状况或土壤健康状况及其微域分布规律等所开展的土壤调查。需要对调查区域主要土壤类型——土种、变种或土壤系统分类中的土系及其成土环境、土地利用状况进行详细的调查观测，并采集相应的土壤样品。在大比例尺土壤调查过程中需要待调查区域(1∶2 000)～(1∶10 000)的地形图/DEM、土壤图、土地利用图件及其相应的文献资料，以及大比例尺多时/多季相遥感影像图，并结合调查成果编绘大比例尺土壤图。

中比例尺土壤调查 这是针对区县市、中等流域及自然保护区等面积较大区域内的土壤类型——土属、土种/土壤系统分类中土类的中域分布规律，以及土壤类型及其性状与成土环境条件、土地利用方式的相互关系进行路线调查与典型样区详测，掌握区域土壤种类、性状、肥力及其健康状况，以及空间分布和面积，为实现因土制宜地发展农业生产、实施土壤改良与土地整治提供基础资料。在土壤调查过程中需要待调查区域$(1:10\ 000)\sim(1:500\ 000)$的地形图/DEM、土壤图、土地利用图件及其相应的文献资料，以及多时/多季相遥感影像图，并结合调查成果编绘中比例尺土壤类型分布图。

小比例尺土壤调查 这是针对全球、大洲、国家、省市自治区、大自然地理区等面积巨大区域内的土壤类型——土类/土壤系统分类中土纲、亚纲的地带性分布规律，以及土壤类型与成土环境条件、土地利用格局的相关性进行路线调查与典型样区详测，掌握区域土壤类型的空间分布格局，为区域发展规划与产业布局提供科学基础。在土壤调查过程中需待调查区域$(1:50\ 万)\sim(1:1\ 000\ 万)$的地形图/DEM、土壤图、土地利用图件及其相应的文献资料，以及多时/多季相高分辨率的遥感影像图，并结合调查成果编绘小比例尺土壤类型分布图。

场地土壤污染调查 这是针对场地被污染土壤修复实施之前进行的专题性土壤调查。需要进行以下3方面的调查：确定土壤污染程度、主要污染源与污染物、污染物在土壤及成土环境中的分布特征，以便制定切实可行的土壤修复技术措施，如图14-1所示。

14.1.3 土壤环境调查样地设置

土壤环境调查是以土壤环境科学理论为指导，在综合分析区域土壤类型及其分布规律的基础上，通过对土壤及其农作物进行观察与采样化验分析，以掌握区域土壤物质（含污染物）组成、性状、土壤环境质量状况及其时空分异规律，为土壤环境科学研究、土壤环境管理、土壤环境质量或土壤健康评价、土壤污染防治与修复提供科学依据。土壤环境调查是土壤环境科学研究和土壤环境管理的基本方法。根据土壤环境调查任务的具体要求、调查区域面积大小，以及区域内土壤类型、成土环境条件、土地利用状况和人力活动影响的差异性，综合确定土壤环境调查的基本空间单元、调查观察与采样点的密度。

为了确保土壤环境调查准确性和代表性，需要采用正确的采样点位和处理方法。常用的土壤环境调查样点的布设方法有随机布点法、分区随机布点法、系统布点法（如蛇形法、对角线法和梅花形法等）、密度递减（沿污染物迁移扩散方向）采样布点法等；通常采集的土壤环境样品类型主要有单个土体表土层样品、土壤（相邻采样点表土层土壤）混合样品、土壤分层样品、土壤剖面背景值样品、土壤-农作物系统样品等。其中单个土体样品（包括扰动型样品和原状土壤样品）是指在调查采样地段内（50 m×50 m）选择代表性样地挖掘一个 200 cm×100 cm×200 cm 的土壤剖面，并进行分层观察拍照记载后，均匀地采集 0～20 cm 的土壤表土层样品，装袋并记录；混合样品是指将小范围内 4 个或 5 个相邻的单个土体表土层样品在田间等量混合均匀所得到的土壤表土层样品，野外记录（可集成化记录）装袋并标记；土壤分层样品是指在确定的调查观察点位处，选择代表性样地挖掘一个 200 cm×100 cm×200 cm 或至母岩或至地下水的土壤剖面，对土壤剖面进行修饰

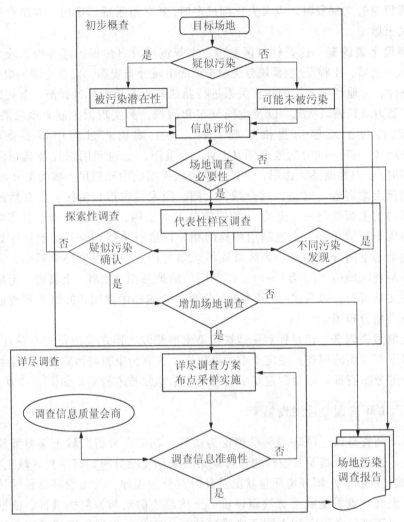

图 14-1 场地土壤调查的基本流程

（据 Frank A. Swartjes，2015 年资料）

然后按照土壤地理发生学原理划分土壤发生层次，或按照土壤诊断学原理划分诊断土层，经过观察、测量、标记、记录和拍照，自下而上地采集土壤剖面各土层的土壤并分别装袋标记，每个土层采集中部位置土壤；土壤剖面背景值样品在已确定的土壤环境背景点位上采集，一般用土壤发生土层的采样方法，根据已划分的层次，由下而上逐层采集土壤剖面各发生土层的土壤样品；土壤-农作物系统样品是指在农作物成熟时期系统地采集各调查点位上的土壤及其农作物等，一般按照土壤底土层-心土层-表土层与农作物根-茎-叶-壳-籽样品一一对应的原则采集，以便研究特定污染物在土壤-农作物系统中的迁移转化规律，以及土壤污染对农作物危害状况及潜在的健康风险。土壤环境调查的基本空间单元及调查采样密度与调查区域面积大小、土壤环境的复杂多样性以及调查的目标、要求、经费和时间密切相关，如表 14-1 所示。按土壤环境调查任务与目标的不同，可以将其划归为土壤环境背景值调查、土壤污染调查或土壤环境质量状况调查两大类。

表 14-1　澳大利亚土壤调查基本单元及采样密度表

比例尺	图面 1 cm² ＝实际土壤面积/km²	推荐的采样密度/(个/km²)
1∶5 000	0.25	100
1∶10 000	1.00	25
1∶25 000	6.25	4
1∶50 000	25.00	1
1∶100 000	100.00	0.25
1∶250 000	625.00	0.04
1∶1 000 000	10 000.00	0.003

（据 P. Brocklehurst 等，2008 年资料）

土壤环境背景值调查　土壤环境背景值是指在未受或少受人类活动影响下，尚未受或少受污染和破坏的土壤中元素的含量，又称之土壤本底值。人类活动的长期积累和现代工农业的高速发展，使全球土壤的化学组成和含量发生了不同程度的变化，也难以找到绝对未受污染的土壤，故土壤环境背景值实际上是一个相对概念。土壤环境背景值调查是在土壤环境科学和土壤地球化学理论指导下，在远离已知的污染源、具有代表性的主要土壤类型和主要成土母质类型区，通过适度密集布设调查观察样点，挖掘代表性土壤剖面并采集各土层土壤，进行化验分析和数据综合处理获得调查区域土壤环境背景值的活动。土壤环境背景值调查是土壤环境科学理论研究、土壤环境影响评价与环境管理等方面的基础性研究工作。美国于 1984 年发表了"美国大陆土壤及其他地表物质中的元素浓度"的专项报告，1988 年完成了全美国土壤背景值的研究。中国在开展广泛土壤环境背景值调查研究的基础上，于 1990 年出版了《中国土壤元素背景值》，其中包含了除台湾省以外的省、市、自治区的所有土壤类型中约 60 种元素的背景值。中国土壤环境背景值调查采用了 3 种不同的调查采样密度：在中国东部地区在 1∶10 万图幅内布设 1 个调查采样点，即约 1 个点/（40 km×40 km）；在中部地区的相邻四个图幅内布设 2～3 个调查采样点，即约 1 个点/（50 km×50 km）；在西部地区的相邻四个图幅内布设 1 个调查采样点，即约 1 个点/（80 km×80 km）；全国共计布设了约 4 095 个调查样点。土壤元素背景值的常用土壤样品平均值表示法或区域平均值法，即用平均值（A）加减一个或两个标准偏差（δ）来表示区域土壤环境背景值，$A\pm\delta$ 或 $A\pm2\delta$；也有采用几何平均值（M）加减一个标准偏差（∂）表示（$M\pm\partial$）。在其他相关研究过程中也有采用通过土壤剖面比较分析法、土壤-植物富集系数分析法、相关系数分析法等确定区域土壤环境背景值。

土壤污染调查　土壤污染调查是为了掌握区域土壤污染状况而进行的调查活动。通过调查可以掌握土壤及其农作物中所含有害物质的种类、数量和存在状态，为强化土壤环境管理和土壤健康评价、制定控制污染源排放、制定土壤污染修复技术提供科学依据，也称之为土壤环境质量状况调查。其调查的主要对象是可能受到有害物质污染地区的土壤及其主要农作物，其调查采样密度按 4 个调查样点/10 公顷进行。中国实施的《全国土壤环境质量状况调查与评价》中土壤环境质量状况调查的范围为除香港、澳门特别行政区和台湾省以外的全部陆地国土；其调查的主要内容是在全国范围内系统地开展土壤现状

调查，分析重/类金属、农药残留、有机污染物等项目及土壤理化性质，结合土地利用类型和土壤类型评价土壤环境质量状况，建立全国土壤环境质量数据库和土壤样品库，绘制全国土壤环境质量图集；其调查布点与采样方法是以省为单位，根据不同土地利用类型和土壤类型，按照《全国土壤污染状况调查技术规定》的布点要求和编码规则进行网格法布点，并将采样点位标注在国家基础地理信息系统1：25万数字地图的底图上，各省可根据实际情况适当增加土地利用类型，对点位密度进行适当调整，对基本农田保护区和粮食主产区开展加密布点调查。不同土地利用类型布点一般网格密度及采样要求如表14-2所示。

表14-2　不同土地利用类型布点一般网格密度及采样要求

土地利用类型	一般网格密度/km²	样品采集
耕地	8×8	采集0~20 cm表层土壤，其他具体要求详见《全国土壤污染状况调查技术规定》
林地（原始林除外）、草地	16×16	
未利用地	40×40	

14.2　土壤环境诊断与采样

14.2.1　土壤环境调查样点的布设

　　土壤是各种自然环境因素和人们活动综合影响下形成的历史自然体，也是地球陆地表层一个组成复杂多变开放的动态系统。因此，在进行土壤环境野外调查过程中，在按照预定的调查路线和样点布设方案的基础上，必须通过访问、观察和对已有资料的分析，掌握该区域土壤类型及土地利用的空间状况，了解调查样地及土壤采样点外围微域自然环境条件、土地利用和人类活动对土壤环境的可能影响，具体内容有：①地貌与地质环境背景，采样点所在区域大地貌与中等地貌的类型，微地貌特征及其所控制地表物质迁移转化过程对土壤环境的影响；采样点所在区域的地层类型、岩石类型及其风化状况、地质构造和断层等对土壤环境的影响。②气候与水文环境背景，即年均气温、年均降水量、年均风速及主导风向、能见度、日射量及气象灾害对土壤环境的影响；采样点所在流域的河流水量、水位、流速、水质、泥沙质量分数、水化学特征，地下水位、水质以及农田灌溉对土壤环境的影响。③农业与生物环境背景，即农作物种植方式、主要农作物、化学农药与化肥施用状况、地膜及农业机械使用状况以及其他农田经验管理对土壤环境的影响；采样点所在区域生物群落组成、形态特征、生态习性等对土壤环境的影响。④土地利用特征，采样点所在区域农用地、建设用地和未利用土地数量结构与空间格局，特别是工矿企业与乡镇企业、交通、大型养殖场、大型住宅区用地等对土壤环境的影响。⑤污染源特征，采样点所在区域生产性污染源、生活污染源、自然污染源以及某些跨境污染过程，以及主要污染物及其排放方式对土壤环境的影响。土壤环境调查常用的布点法如图14-2所示，以确保土壤环境调查样地及土壤的代表。农用地特别是农田土壤环境调查一般在农作物成熟及收割时期进行，按照国家相关环境质量标准其调查样地及土壤采样点的布设方法主要有3种。

①简单随机布点法。根据调查方案及调查采样点位密度，将土壤类型、成土母质类型和土地利用状况相对一致的调查区域划分成网格并给每个网格单元编码，然后从总体网格单元随机抽取一定比例的网格单元即为调查样地及采样点；每个样地的土壤采样还可采用对角线法、梅花法采集土壤混合样品。

②分区片随机布点法。根据收集的资料将土壤环境调查区域按其土壤类型、成土母质、土地利用状况或人类活动影响状况的不同，划分为几个不同的调查区片；再根据调查任务及调查采样密度，将每个区片划分为若干个网格并编码，然后从每个区片的网格单元随机抽取一定比例的网格单元作为调查样地及采样点；每个样地的土壤采样还可采用对角线法、梅花法采集土壤混合样品。该方法适宜于在空间差异较为显著的区域开展土壤环境调查。

③系统随机布点法。将土壤环境调查区域分成面积相等的几部分（网格划分），每网格内部设一采样点，这种布点称为系统随机布点；如果区域内土壤污染物质量分数变化较大，系统随机布点比简单随机布点所采样品的代表性更好。在实际的土壤环境调查过程中，预定的调查路线及其确定调查样地往往难以找到或难以开展土壤环境调查，这就需要根据控制点布设的基本思路进行微调，以选取更为合适的调查与采样点，并运用GPS仪确定调查及采样点的具体位置。

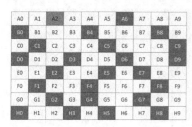　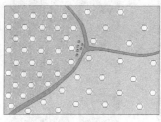　

简单随机布点法　　　　　　分区片随机布点法　　　　　　系统随机布点法

图 14-2　土壤环境调查常用的布点法

14.2.2　土壤剖面观察

　　土壤环境调查及采样点土壤剖面的设置、挖掘、观察与记录、样品采集是土壤环境学研究的基本方法之一，近年来随着土壤科学研究日益趋向以诊断层和诊断特性为基础，学科发展走向定量化、标准化和统一化，对以土壤剖面观察和样品采集为核心的土壤调查提出了新的要求。土壤剖面点的设置应具有广泛的代表性，原则上每个土壤类型至少有一个剖面点。如在地形、水文、植被、母质、污染源影响有变异的地段，就要按中等地形或微地形的不同部位分别设置土壤剖面点；在盐渍化和沼泽化地区，就要按中等地形不同部分分别设置土壤剖面点；在山区应按海拔、坡向、坡度、坡形、植被类型分别设置土壤剖面点；在农耕区应按不同作物及其耕作方式分别设置土壤剖面点；在农、林、牧交错区，应按土地利用类型分别设置土壤剖面点。土壤剖面点的具体位置，还应避开公路、铁路、坟地、村镇、水利工程等受人为干扰活动影响较大的地段，以确保土壤剖面能代表较大区域的土壤类型及其环境状况。选好的土壤剖面应编号并标记在地形图上。土壤剖面应按长 200 cm×宽 100 cm×深 200 cm 或至母岩或至地下水的规格挖掘，如图 14-3 所示，

但对不同的土壤应有所调整，如在山区挖掘到母质或母岩即可，对草甸土或盐渍土则是挖掘到地下水位为限。同时在挖掘剖面时应将观察面留在山坡上方的向阳面，且不踩踏观察面上方土壤。按照图 14-4 中的指标精修待观察的土壤剖面，并拍摄土壤剖面照片。

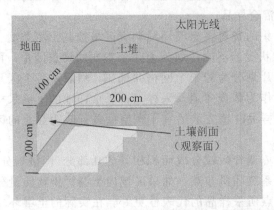

图 14-3　土壤剖面挖掘布设及黑钙土剖面示意图

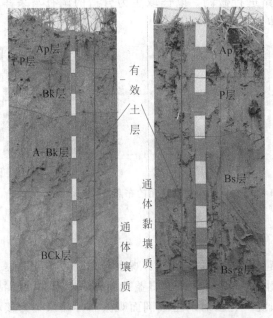

图 14-4　土壤剖面照片拍摄要求示意图　　　扫码看彩图

土壤剖面观察与描述记载　根据土壤剖面在垂直方向上土壤组成和性状的差异（土壤诊断特性）及其变化划分土壤发生层次即诊断土层，如下。

O 枯枝落叶层。土壤表面未分解或半分解植物残体堆积层，相当于中国土壤系统分类中的有机表层（histic epipedon）中的泥炭质表层、枯枝落叶表层和草毡表层。

K 矿质结皮层。土壤表层矿物质相对聚集而形成的土层，相当于中国土壤系统分类中的干旱表层（aridic epipedon）、盐结壳（salic crust）。

A 腐殖质土层。土壤腐殖质聚集形成的暗色土层，相当于中国土壤系统分类中的暗

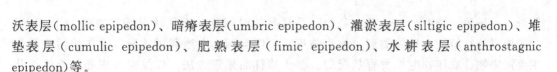

沃表层（mollic epipedon）、暗瘠表层（umbric epipedon）、灌淤表层（siltigic epipedon）、堆垫表层（cumulic epipedon）、肥熟表层（fimic epipedon）、水耕表层（anthrostagnic epipedon）等。

E 淋溶土层。因黏粒、游离铁锰氧化物淋失而粉粒砂粒聚集形成的漂白层（albic horizon）、舌状层（glossic horizon）或灰化层（spodic horizon）。

B 淀积土层。表层土壤物质向下淋溶淀积而形成的心土层，因聚集土壤物质不同可细分为：黏粒聚集而形成的黏化层（argic horizon）；腐殖质与铁铝氧化物聚积形成的灰化淀积层（spodic horizon）、铁铝氧化物聚集形成的铁铝层（ferralic horizon）等；次生碳酸钙聚集而形成的钙积层（calcic horizon）等；次生石膏聚集而形成的石膏层（gypsic horizon）等；由铁锰氧化物聚集形成的聚铁网纹层（plinthic horizon）。

P 犁底土层。位于水稻土或旱耕地土壤耕作层之下相对紧实致密的土层。

G 潜育土层。长期被水饱和并在有机质存在的条件下，铁锰氧化物被还原、分离或聚集而形成的灰蓝色土层。

C 母质层和 R 基岩层。

土层划分之后采用连续读数，用钢卷尺从地表向下测量各土层深度，并记入土壤剖面记载表中。然后逐层观察和记录土壤颜色、质地、结构、孔隙度、紧实度、干湿度、根系、有机质状况、动物活动遗迹、新生体、侵入体以及土层界线的形状和过渡特征，并根据需要速测并记录土壤 pH、盐酸反应状况、酚酞反应状况。

14.2.3 土壤样品采集与处理

在土壤剖面观察记录之后，可根据土壤环境调查的需要，按发生土层由下而上逐层采集土壤剖面标本样品和土壤分析样品，以便用来研究土壤环境质量及其主要影响因素，为调控土壤环境质量提供科学数据，为某些法律或法规仲裁提供资料。由于不可能对整个调查区域的全部土壤进行采样分析，通常必须从调查区域采取具有代表性的土壤样品，以最大限度地反映区域土壤的实际状况，这是决定土壤分析数据科学性的关键所在；不宜在城镇、住宅、道路、沟渠、粪坑、坟墓附近等人为干扰大的地方布设采样点，采样点距离铁路、公路至少 300 m 以上。需要的器械主要有土壤筛、土钻、牛皮纸、木板、广口瓶、米尺、铁锹或木铲、土壤袋、标签、铅笔、pH 试纸、稀盐酸、蒙氏土壤颜色卡等。

土盒观察比对与整段土壤标本样品 土壤剖面盒样品采集主要用于土壤剖面的比对分析，将土壤剖面中不同发生土层的样品按原状采集装入盒中的相应层次，并进行详细的标记，用于拼图比土、教学过程中展示土壤性状等。整段土壤标本样品是为了进行详细研究和作为展览陈列、教学示范，可从典型土壤剖面上采集整段标本带回实验室进一步加工制作，标本尺寸通常为 120 cm×25 cm×6 cm 或 100 cm×20 cm×5 cm。

土壤化验分析样品 为了进行土壤性状分析、组成、污染物及微量元素分析，需要从典型土壤剖面自下而上、分别在各发生土层中部采集大约 1 000 g 土壤样品，再分别装入布袋或塑料袋中或将样品置于玻璃瓶内并进行标记。一般土壤环境检测采集表层土（0～20 cm），特殊要求的监测必要时选择部分采样点采集剖面样品。每个土壤样品必须有详细的记录，其包括：①采样地点地理位置与时间信息；结合大比例尺地形图或土壤图，并运用 GPS 准确地测定采样点的经纬度和海拔；同时对样品进行编号，其标签一式

两份，一份放入袋中，一份系在袋口，采样具体时间及其天气状况等，如表 14-3 所示。②采样点地物特征、地貌类型、地表坡度、土壤类型、土地利用状况、潜在的污染源与主要污染物、农作物生长发育状况等。③土壤样品采集方法，以及野外观测的土壤性状信息、地表景观及土壤剖面照片等，如表 14-4 所示。土壤样品（扰动型）从田间采集带回之后，常常需要马上进行必要的处理以确保土壤不发生质变，主要处理过程包括干燥和去杂、磨细、过筛、称量、分装和记录等。

表 14-3　土壤样品标签样式

土壤环境调查目标			
样品编号		采用地点	___°___′___″N, ___°___′___″E, ___m
土壤类型及特征描述			
采样层次	___cm	监测项目	
采样人员		采样日期	20___年___月___日，天气状况___

表 14-4　土壤环境调查记载标

调查目标			编号	
调查日期	20___年___月___日，天气状况___		调查人员	
样地位置	___°___′___″N, ___°___′___″E, ___m		地形图图号	
气候特征	年均气温___℃，降水量___mm，主导风向___，无霜期___d, 特殊气候___			
水文特征	地下水位___cm，水质___，灌溉水源与方式___，灌溉水质___			
地貌特征	地貌类型___，地表坡度及坡向___，地表侵蚀及母质___			
植被特征	植物群落特征___；主要农作物___，耕作方式___			
采样深度	___cm	土壤颜色		
土壤质地		土壤结构		
土壤湿度		土壤 pH		
孔隙状况		石质状况		
松紧度		裂隙状况		
新生体		侵入体		
根系状况		动物分布		
土壤环境质量概况		土壤剖面概图	采样点所在地平面图及断面图	

干燥和去杂　从田间采回的土样，一般要及时去除其中的砾石或植物根系，再对土壤样品进行干燥处理，对于分析土壤无机污染物的样品一般采用风干法，即将土壤样品放在阴凉干燥通风、又无特殊的气体（如氯化氢、氯气、氨气、二氧化硫等）、无灰尘污

染的室内,把样品弄碎后平铺在干净的牛皮纸上,摊成薄薄的一层,经常翻动,加速干燥;烘干法是将土壤样品放置在温度低于105 ℃的烘箱中烘干,切忌阳光直接曝晒或烘烤。对于分析土壤有机污染物的样品一般采用冷冻干燥机进行冷冻干燥,即在高真空条件下将其中的冰升华为水蒸气从而达到干燥的方法。土样稍干后,要将大土块捏碎(尤其是黏性土壤),以免结成硬块后难以磨细。样品风干后,应拣出枯枝落叶、植物根、残茬、虫体以及土壤中铁锰结核、石灰结核或石子等,若石子过多,将其拣出并称重,记下所占百分数。处理过程如图14-5所示。

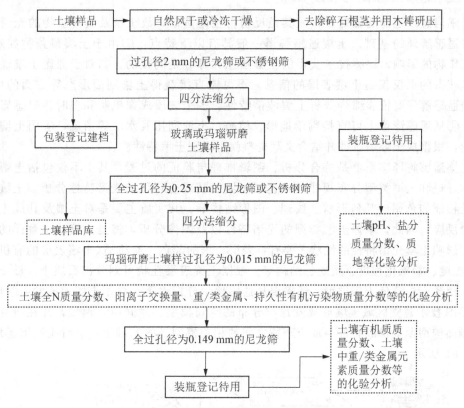

图 14-5　土壤环境样品处理流程示意图

磨细、过筛和保存　运用四分法取干燥土壤样品约 500 g,放在干洁的牛皮纸或木板上,用干洁的木杖碾碎,放在孔径为 2 mm 的土壤筛过筛(分析土壤无机污染物的土样应该用尼龙筛;分析土壤有机污染物的土样应该用不锈钢筛)。如此反复多次,直到全部通过为止,但石砾切勿压碎。筛子上的石砾应该拣出,称重并保存。同时将过筛的土样称重,以计算石砾质量分数,然后将过筛后的土壤样品充分混合均匀后盛于广口瓶中,作为土壤化验分析之用。土壤样品装入广口瓶后,应贴上标签,并注明其样号、土类名称、采样地点、采样深度、采样日期、筛孔径、采集人等。一般样品在广口瓶内可保存半年至一年。瓶内的样品应保存在样品架上,尽量避免光照、高温、受潮或酸碱气体等对分析结果准确性的影响。

14.3 遥感和地理信息系统技术在土壤环境调查中的应用

遥感技术——GIS是现代土壤科学研究的基本方法，在大面积土壤资源或土壤环境质量调查与制图、土壤利用变化监测、土壤生产潜力评估、土壤退化过程监测与防治以及区域土地利用规划与管理等方面具有巨大的应用价值，并已成为区域土壤调查制图必不可少的手段。

14.3.1 土壤遥感目视解译原理与方法

遥感信息以地物的辐射量，尤其是反射特性为基础，故土壤及其覆盖物的光谱特性是土壤遥感解译的基础。土壤遥感解译一般具有以下特点：①由于土壤覆盖物如森林、牧草或作物的影响，遥感技术获得的土壤信息大部分是间接的。②对于裸露土壤通过遥感技术获得的也仅仅是土壤表层的信息，不可能直接获得土壤剖面形态等方面的信息。③土壤遥感解译要依靠综合分析土壤波谱特性、多个波段成像机制和多时相遥感影像来进行。④从遥感影像上可直接判读地形、植被、土地利用及水文等信息，应用土壤发生学理论，根据成土环境条件并结合文献资料就可识别土壤特性。

土壤遥感解译实质上是综合分析、逻辑推理与验证的过程，其中不仅包括土壤地理发生学理论和土壤类型分布规律，还包括土壤及其成土环境的光谱特性分析。土壤遥感影像的特征如色调、几何形状、纹理、图形结构等，其实质主要是对土壤及其成土环境的综合反应。因此，掌握土壤类型的光谱特性以及图像分析，将是土壤遥感解译的关键所在。影响土壤光谱特性的性状主要有：表层土壤的颜色、有机质（土壤表层的有机污染物）、湿度、盐碱化程度、质地、结构等。根据土壤表层性状可划分出石质土、砂土、盐碱土、沼泽土、草甸土等类型。还需要从遥感地学分析入手，根据土壤地理发生学原理，采用GIS技术建立区域土壤形成发育与分布的空间模型、时间演化模型，并在研究区域土壤剖面构型及其诊断特性与成土环境之间的相关模型等的基础上，进行土壤遥感解译，如图14-6所示。

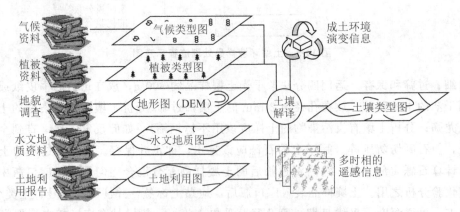

图14-6　基于土壤发生学理论的土壤遥感解译模式

土壤遥感影像目视解译是指直接利用经过校正的遥感影像所反映的土壤景观的光谱特性（色调、几何形状、阴影、纹理和图形结构等），或间接地应用地学相关分析、信息复合、综合分析等方法对土壤类型和土壤性状的定位、定性分析和鉴别的过程。对于裸露土壤而言，遥感影像也只能提供表土层水分含量、有机质含量、表土盐分含量、表土质地与物质组成等方面的信息；对于被植被覆盖的土壤而言，遥感影像只能提供造成土壤空间分异的因素如植被（森林、灌丛、农作物、草地等）、地形、岩石、水文、土地利用等综合景观方面的信息，由此可见，土壤类型及其性状与遥感影像信息之间的关系是间接的。

　　土壤遥感影像目视解译的基础是土壤地理发生学理论，它认为土壤是气候、生物、母质、地形、时间等成土因素综合作用的产物，成土因素的时空变化制约土壤的空间分布模式和时间演化过程。因此，在参阅研究区域文献资料（如气候资料、区域环境演变历史等）的基础上，利用多时相、多光谱遥感影像所提供的有关植被、岩石、地形、水文、土地利用等综合景观信息和地形图、地质水文图等，依据土壤地理发生学理论，就可揭示研究区域土壤类型及其一般性状的空间分布规律。图 14-7 为新疆塔里木河沿岸部分地区 1987 年 9 月与 2000 年 6 月的遥感影像（TM）比较，清晰地展示了地表植被、土地利用及土壤性状的变化状况。

1987年9月　　　　　　　　　　　　　2000年6月

图 14-7　不同时期新疆塔里木河沿岸部分地区遥感影像及土地利用变化的比较

（据国家环境保护总局，2002 年资料）

　　土壤遥感影像目视解译的方法和步骤与传统土壤调查有明显的不同，它不仅包括对传统的土壤地理发生规律和地理分布特点的研究，还包括对土壤及其成土环境（即地物）的光谱特性分析。在土壤遥感影像目视解译进行之前需要做以下工作。对研究区进行土壤遥感路线调查，以确定遥感影像中各种土壤类型的解译标志（其中包括土壤地理资料分析、光谱特性分析、地物影像特征分析、多时相分析和土壤景观分析）；进行成土环境判读或土壤类型间接判读（水热状况判读、自然植被、地貌判读、成土母质判读和土壤利用方式判读）；选择对土壤物质造成和性状较为敏感的波段（如 TM_3、MSS_5、SPOT 的 XS_2）；对于某些裸露土壤可采取直接判读法，裸土的影像特征（光谱反射率）是土壤表面物质对光谱反射的综合反映，可建立光谱反射特征与土壤物质组成和性状的判读模型，包括土壤颜色判读、土壤水分质量分数判读、土壤质地判读、土壤有机质质量分数判读、土壤氧化铁质量分数判读、土壤表层盐分质量分数判读、土壤表层砂砾质量分数判读和土壤表面侵蚀特征判读等，并结合主成分分析以提高土壤类型判读水平；解译土壤图的验证，即选择土壤解译样区，进行实地调查，对结果与土壤类型判读结果进行核对，并运用数理统计方法进行可信度检验，如有必要还需要重新优化土壤遥感解译过程，以提高其可信度。因此，在土壤遥感解译过程中，必须坚持遥感成像机理与地学分析相结合的原则，坚持全面分析影像所反映的丰富信息，充分利用各种直接、间接土壤判读标志相互补充、相互引证，以提高土壤判读水平。

14.3.2 土壤遥感数据自动识别方法

土壤遥感数据自动识别是指以遥感数据为主要依据，借助地理信息系统和计算机技术，采取人机对话方式输入遥感数据与特征地物间的相互关系，然后经计算机按照特定的法则进行自动分类，即依据遥感像元点的数据特征识别其类型，并与实地类别联系起来，再对各个像元进行聚类分析，编制土壤类型图的过程。学者采用现代遥感信息源和计算机自动制图技术识别所有成土环境因素，如植被、地温、湿度、水系、地形和母质，以及土壤表面信息如土地利用方式、土壤质地及其光谱特性，然后给这些数据再补充环境信息如气候、地质地貌演化特征，就能够预测其土壤类型或土壤性状，其基本过程如图 14-8 所示。建立上述土壤自动识别与分类的技术体系应该包括：建立一组能单独地或组合地用于描绘地表形态几何特征的数量因子；建立从数字地形资料计算出这些地形因子所适合的计算技术；确定不同土壤类型的数量地形因子；建立基于土壤数量地形因子和从遥感收集的数据，对土壤加以识别和分类的统计方法。

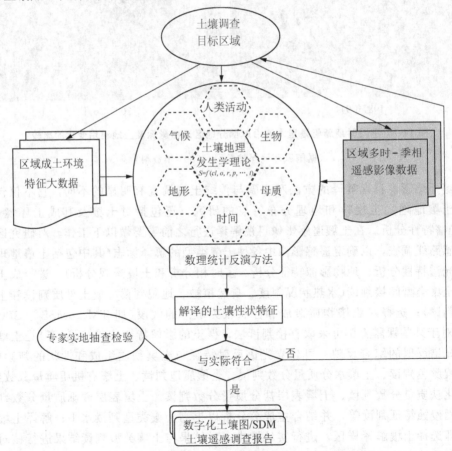

图 14-8　基于土壤地理发生学理论的土壤遥感解译模式

对于遥感影像的每个像元点，根据其光谱特征来识别其所代表的类别，并建立与地面实际对应的土壤类型的联系，就是遥感数据的分类过程。非监督分类则是在对研究区土壤没有先验知识的情况下，直接依据遥感影像像元点的光谱特征的内在联系进行的分类。在实际土壤自动解译过程中，常采用像元比较阈值法和集群分类法两种方法。像元比较阈值法是通过对逐个像元光谱特征值进行比较，以阈值控制像元的分类，如当两个相邻像元数值之差在某个阈值之内时，则归为一类，并形成类中心均值（每个波段有其均值），否则就形成新的类中心。而后，未知像元与形成的各类中心比较，小于阈值的那类未知像元也归入此类。集群分类则是根据不同地物（成土环境因素和土壤性状）的概率密度函数在波段空间中各有一中数区域存在的事实（在该区域比近域有更多观测向量出现的倾向）进行分类的。群体分类涉及像元相似性量测和各集群的关系。像元相似性量测方法有欧氏距离、绝对距离、相关系数，在实际土壤遥感解译的非监督分类中常采用欧氏距离、绝对距离作为相似性量测，以距离大小进行像元的土壤类型归并，并用不同颜色符号标记土壤类型。

监督分类是一种具有先验类别标准的分类法，对于待研究的对象或者区域，先用已知类别或者训练样本建立分类标准，而后对研究区所有像元特征值或样本的观测数据进行分类，它是一种受控遥感信息类别识别的过程。在监督分类中有最小距离法、最大似然法、线性判别法和平行六面体法等。最小距离分类法。是指通过训练样区和统计分析，得知某个土壤类型在波段空间中的位置参数后，运用待分类像元与各土壤类别所对应各波段特征值的均值之距离，建立分类判别函数，选择距离最小的类为该未知像元的所属土壤类别。最小距离分类法精度取决于已知地物类数多少及训练样区统计精度。在一般情况下，运用这种方法进行中小区域土壤分类制图的效果较好且计算方法简便，可以对像元按行列序逐点分类。最大似然分类法。是指利用土壤遥感数据的统计特征，假定各土壤类型的分布函数均为正态，按照正态分布规律用最大似然判别规则（或 Bayes 准则）进行判别，得到正确率较高的分类结果。其主要步骤有：①确定需要分类的土壤区域及遥感影像所使用的波段特征，检查所用波段特征分量的空间位置是否已经配准。②根据已知典型土壤样区的状况，在遥感影像中选择必要的训练样区，并计算所需要的参数和判决函数。③将土壤分类训练样区以外的影像像元逐个逐类地判决，进行分类得出研究区土壤类型图。

随着遥感技术、GIS 技术和信息技术的快速发展，数学分类方法也在不断发展，并促使非监督分类与监督分类的相互结合，变换原始数据在有效提取土壤信息的基础上再分类。其特征是依据多波段遥感影像组合数据，进行计算机自动分类形成基础影像数据库，然后借助 GIS 技术，利用各种辅助资料如航片、土地利用现状图等，完成区域土壤类型自动分类数据库的检查、错误类别的纠正、类别归并或类别的细分等，最后形成土壤类型图及其附加的土壤信息数据库。可见，影像应用分析与图像处理系统的基本流程包括：首先对原始影像信息进行校正等预处理；其次根据影像特征和解译土壤类型或性状的目标要求，对影像信息所代表的成土因素进行边缘检测与分割，并通过细化跟踪与性状逼近处理，形成能够表征地表基本景观特征的基元图像，得到基元的特征描述参数；最后基于地物的先验模型、知识系统，对影像进行解译，进一步输出土壤类型结果。

14.4　全球土壤信息数据库与土壤和地表体数字化数据库

14.4.1　土壤信息概况

　　土壤信息包括土壤发生层（或诊断层）的资料、单个土体的资料、田间聚合土体以及世界所有聚合土体的资料，这些土壤信息被汇编成各种土壤图和土壤调查报告。土壤图主要提供有关土壤地理信息，而土壤调查报告则提供有关单个土体、聚合土体的物质组成和性状信息（Michael，2002）。在全球变化研究和世界农业发展的过程中需要越来越多的土壤信息，这些信息在模拟作物的生长、计算预期产量、水量平衡，或对不同土地利用方式进行生态建设、环境影响评价等的模型中，起着关键的作用，如表 14-5 所示。在 20 世纪中期世界上只有两个全球尺度的土壤图可以提供上述部分信息，一是由著名土壤学家柯夫达领导编绘的 1∶1 000 万世界土壤图，另一个是联合国粮农组织（FAO）编制的 1∶500 万世界土壤图。

表 14-5　土壤信息在实际研究过程中的应用

研究范例模型	所应用的关键土壤信息
生物地球化学模型	C、N、P、水分保持、土层厚度、土壤酸度、质地等
全球变化的植物响应模型	C、N、P、水分保持、土层厚度、土壤酸度、质地等
农业估产模型	C、N、P、水分保持、土层厚度、土壤酸度、质地等
土壤侵蚀预报模型	质地、水分保持与传递、土层厚度、C、可蚀性等
水量平衡模型	水分保持与传递、土层厚度等
痕量气体模型	C、N、质地、pH、氧化还原潜能等
地形演化历史	土壤类型、土壤中同位素活度
CO_2、CH_4 和 N_2O 储量	C、体积密度、土层厚度、土壤水分状况
气候模型	水分含量、热容量、表土辐射率
环境影响模型	土壤肥力、土壤可蚀性
农业生态分区	土类、土种、质地、坡度等

　　自 20 世纪 80 年代以来，随着计算机技术和地理信息系统技术的快速发展，美国环境系统研究所公司于 1984 年首次以 1°×1° 为空间单元将编制的世界土壤图数字化，并在其中增添了土地资源相关信息（植被、地质）的图层。尽管这个数字化的世界土壤图所包含的信息不完全、精度也不高，但它搭载在 Arc-Info 地理信息系统平台上并得到了充分利用；1993 年 FAO 等机构开发的以 30′×30′ 为空间单元的全球土壤数据库，包含了 10 种土壤数据单元及其在每个单元中的百分比；1996 年 FAO 又开发了具有最小空间分辨率即 5′×5′ 空间单元（在赤道上为 9 km×9 km）的全球数字化土壤图，同时拥有了一个完全与此图相对应的数据库。该数据库可在 CD-ROM 上使用，它不仅包含许多矢量地图信息，还包括土壤性质信息如 pH、有机质质量分数、C/N、土壤含水量、土层厚度等。世界土壤图包含以下两类土壤地理信息，一类是直接信息，另一类是间接信息。其中直接信息

是每个制图单元中主要土壤类型或土壤类型组合、表土层土壤质地(划分为 3 个级别即粗、中和细)、制图单元所占据的地表坡度(坡度等级按 0%～8%、8%～30%和大于 30%的标准,而国际地理学会地貌调查与制图委员会对坡地的分级标准为:0°～2°为平原至微倾斜平原、2°～5°为缓坡地、5°～15°为斜坡地、15°～25°为陡坡地、25°～35°为急坡、35°～55°为急陡坡、55°以上为垂直坡)以及特别土相的现状如盐质相、钠质相、石化钙质相等。

　　土壤转化方程是一种存在两个或多个具有高水平统计置信度的土壤性状参数之间的数学关系式,此关系式有助于从一个或多个被测量的土壤性状参数来估计非测量的土壤性状参数。土壤转化方程及一些相关性已被广泛应用,如土壤 pH 与盐基饱和度的相关性、土壤阳离子交换量(CEC)与黏粒和有机质质量分数之间的相关性、土壤盐分质量分数与 pH、碱化度(ESP)之间的相关性。当土壤剖面信息可利用之前,人们对土壤转化方程在解释世界土壤图方面缺乏兴趣,但随着与土壤剖面相联系的土壤和地表体数字化数据库(SOTER,World Soils and Terrain Digital Data Base)的产生,这些土壤性状之间的相关性变得更为重要。根据专家的知识与经验规则、大量的具有相同土壤系统单元的土壤剖面统计分析,从土壤单元模型化的特性和土壤分类单元组合入手,运用土壤系统转化方程估计土壤性状参数。应当看到世界土壤图是基于 20 世纪中期土壤调查资料和技术编制的。之后随着土壤调查技术如遥感、地球定位系统(GPS)、数字化土壤剖面数据库的储存与更新以及 GIS 的飞速发展,许多国家研究开发了大量的有价值的土壤信息,但这些信息并未被包含在世界土壤图中。可见世界土壤图所包含的信息可靠程度在空间上是不均匀的,有些土壤图斑的信息是过时的甚至是完全错误的。

表 14-6　世界土壤图与博茨瓦纳土壤图的比较分析结果

比较项目		世界土壤图(1:5M)	博茨瓦纳土壤图(1:5M)
土类	淋溶土(Luvisols)	44%	38%
	砂土(Arenosols)	21%	20%
	雏形土(Cambisols)	12%	9%
	变性土(Vertisols)	5%	1%
	潜育土(Gleysols)	5%	0%
	石质土(Lithosols/Rock)	11%	3%
	松岩性土(Regosols)	1%	18%
	黏绨土(Nitosols)	1%	1%
	其他土类	—	10%
地表坡度	a:0%～8%	96%	78%
	b:8%～30%	4%	21%
	c:>30%	0%	1%
表土质地等级	1:粗质	79%	49%
	2:中等	18%	41%
	3:细质	2%	10%
	无腐殖质	1%	—

在模型专家和地统计学家看来，普通土壤图的最大不足是根据土壤学家的观察并运用土壤分类体系而划定的。从理论上讲，非土壤学的专家更趋向于获得遥感信息和随机采样信息，这些信息能存储在地理信息系统中并借助某些地统计(krigging)技术生成一系列的专题地图。虽然上述建议是有价值的，但在全球尺度上却是难以实现的。这种纯机械论的步骤显然也是不健全的，因为它在考察土壤时并不考虑影响土壤形成发育的因素，这就需要大量的(不经济的)采样密度来迎合土壤变异性。这种基于土壤剖面分析趋势的另一个不足是经常忽视土壤结构与形态特性，并且变得愈加依靠实验室分析。对分析技术进行基准综合实验的结果表明，多数实验测量结果(除了 pH 和电导率)在不同实验室之间存在 20%或更大的变异，这似乎表明极精确的土壤分析信息也可能存在可疑之处。但这并不意味着土壤剖面信息没有收集的必要，土壤本身信息与土壤景观相联系更为重要，这正是建立 SOTER 的意图所在：将经典土壤调查方法与精密现代技术相结合。

14.4.2 土壤和地表体数字化数据库

1986 年国际土壤科学联合会(international union of soil science，IUSS)提出了建设 1∶100 万 SOTER 项目，随后在联合国粮农组织、联合国环境署(UNEP)、国际土壤信息参比中心(ISRIC)的支持下，在阿根廷、巴西、乌拉圭、美国、加拿大等国家进行首次测试，其结果得到了国际土壤学会有关世界土壤与地形数字数据库工作组的认可，并经过众多学术机构与专家的多次修改、完善，形成了 SOTER 程序手册，创建了全球或区域性的各种比例尺的 SOTER。SOTER 在不同比例尺条件下，每个 SOTER 单元面积大小有所不同，但每个 SOTER 单元均包含地形单元(TU)、地形组成(TC)、土壤组成(SC)三个部分，其中的空间数据由 GIS 管理，属性数据由关联型数据库存储和处理，属性数据库包含了尽可能多且上百个字段的土壤和土地属性。可见，SOTER 具有为决策者传递精确、及时有效土壤与土地资源信息的能力，它将这些土壤属性信息与全球地理信息系统中地形、植被、坡度、水文、土地利用、气候、人口密度信息相互叠加并连接成为一个整体，每一种信息类型或者属性的结合都可以分层、覆盖或表格的形式显示其空间特征，这就为进行全球性或区域性自然资源数据系统管理提供了有效方法，即能够从潜在利用与生产力、食物与纤维需求、环境影响与保护的角度进行评价、综合分析。

1995 年 ISRIC、UNEP 和 FAO 三个组织决定联合它们的所有财力资源和研究力量，力争在 2002 年完成一个比例尺为 1∶500 万涵盖全球的、通用的 SOTER。这个全球 SOTER 中包括了主要地形、坡度等级、附加地形信息、海拔等多个信息图层，而这些不同图层中的信息被储存在一个相互链接的数据库中；另外从全球变化研究的角度，集成相关区域信息如气候变化、水资源变化、土地利用变化、环境质量特征等信息图层和相关点状信息，以提升全球或区域自然资源、土地利用与环境质量的管理水平，如图 14-9 和表 14-7 所示。

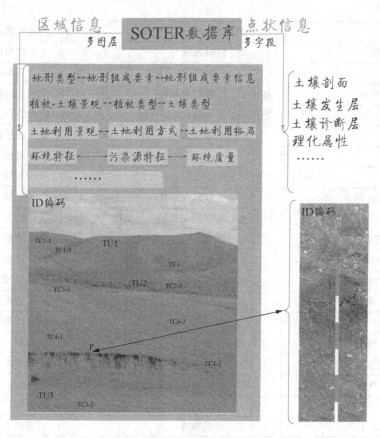

图 14-9 SOTER 提供的区域信息和点状信息数据库结构图

表 14-7 SOTER 的主要土地及土壤性状指标

常规信息		土壤要素		土层信息	
	1. SOTER 单元—ID		33. SOTER 单元—ID		63. 土壤剖面—ID
	2. 数据收集年份		34. 地形要素个数		64. 土层个数
	3. 地图—ID		35. 土壤要素个数		65. 诊断层
	4. 最低海拔		36. SOTER 单元比例		66. 诊断特性
	5. 最高海拔		37. 剖面—ID		67. 土层指标
	6. 坡面坡度		38. 参考剖面个数		68. 土层下界深度
	7. 地势起伏程度		39. 地貌部位		69. 土层之间差异
	8. 主要地形		40. 地表裸岩		70. 湿态颜色
	9. 区域坡度		41. 表面粗骨性		71. 干态颜色

续表

常规信息		土壤要素		土层信息	
	10. 测高		42. 侵蚀/沉积类型		72. 土壤结构级别
	11. 断面图		43. 影响区域		73. 土壤结构体大小
	12. 岩性		44. 侵蚀程度		74. 土壤结构类型
	13. 永久水面		45. 覆盖层灵敏度		75. 粗骨性颗粒丰度
			46. 根系深度		76. 粗骨性颗粒大小
			47. 土壤要素相关性		77. 极粗砂质量分数
					78. 粗砂质量分数
					79. 中砂质量分数
地形要素	14. SOTER 单元—ID	土壤剖面信息	48. 土壤剖面—ID		80. 细砂质量分数
	15. 地形要素数		49. 土壤剖面数据库—ID		81. 极细砂质量分数
	16. SOTER 单元比例		50. 纬度		82. 粉粒质量分数
	17. 地形要素—ID		51. 经度		83. 黏粒质量分数
	18. 土壤要素—ID		52. 海拔		84. 土壤颗粒分级
	19. 主要坡面		53. 采样数据		85. 容积密度
	20. 坡长		54. 实验室—ID		86. 水分质量分数
	21. 坡面形态		55. 排水状况		87. 渗透率
	22. 地表形态		56. 渗透率		88. $pH_{(水)}$
	23. 平均高度		57. 表土有机物质质量分数		89. $pH_{(KCl)}$
	24. 覆盖		58. FAO 分类		90. 电导率
	25. 表面岩性		59. 分类版本		91. 可溶性 Na^+ 质量分数
	26. 松散物质地		60. 国家分类		92. 可溶性 Ca^{2+} 质量分数
	27. 松散层厚度		61. 美国土壤系统分类		93. 可溶性 Mg^{2+} 质量分数
	28. 地表排水状况		62. 土相		94. 可溶性 K^+ 质量分数
	29. 地下水深度				95. 可溶性 Cl^- 质量分数
	30. 洪水频率				96. 可溶性 SO_4^{2-} 质量分数
	31. 洪水持续时间				97. 可溶性 HCO_3^- 质量分数
	32. 洪水开始时间				98. 可溶性 CO_3^{2-} 质量分数
					99. 交换性 Na^+ 质量分数
					100. 土壤 CEC
					101. 碳酸盐等价物质量分数
					102. 总有机碳质量分数
					103. 总氮素质量分数
					104. P_2O_5 质量分数
					105. 黏土矿物类型

14.4.3 全球土壤数据库

土壤是关联大气-淡水-生物-土地-人类健康的枢纽，如果人类活动导致土壤退化或土壤污染，以人类为核心的食物链和淡水资源必将受到不利影响。因此，在建立土壤数据库的基础上，监测调控土壤变化及其环境效应将是现代土壤科学的重要内容之一。随着现代计算机技术、遥感技术和地理信息系统的快速发展，为处理海量的、定量的土壤信息和地形属性提供了可能，并能以更高的时空分辨率、多图层的方式展现全球的土壤及其环境特征。近些年来许多国家和区域的土壤数据库内容不断丰富，在全球尺度上随着联合国粮农组织发行了世界数字土壤图，国际土壤参比信息中心、世界土壤潜能辐射总量（world inventory of soil emission potentials，WISE）也建立了相应的土壤数据库。这些均为土壤科学家采用高新技术创建全球土壤数据库提供了基本条件。

一个完整的土壤数据库由两个主要部分构成：一是详细说明每个 $30'\times30'$ 陆地网格单元的空间数据，包含土壤类型、每个网格单元不同土壤类型的面积比例的数字文件数据；二是显示在数字栅格地图上的属性数据，它包括与106个土壤单元相关的土壤剖面数据，还包括获取土壤信息的实验室、分析方法和原始数据的来源等，如图14-10所示。

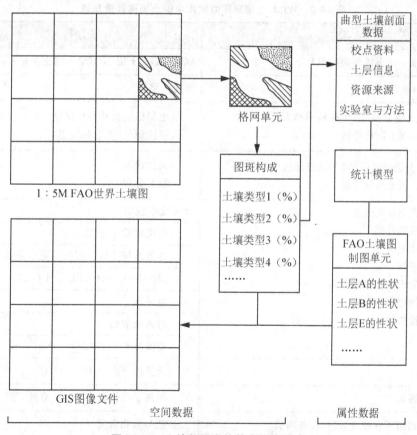

图 14-10 土壤数据库的基本结构图式

小比例尺地图包含了数据综合的显著度，即制图综合，其目的是将土壤地理分布简化为一个有区域代表性的空间优势土壤，这在 WISE 的研究项目中应用 1：500 万世界土壤图方面有重要意义。尽管这幅土壤图是在 20 世纪 60 年代至 70 年代（FAO-Unesco，1974—1981）编绘的且其中有部分内容已过时，但数字版本（FAO，1995）土壤图仍然保留了全球土壤分布方面的有效资料，而 1：500 万 SOTER 还未包含这些资料。世界数字化土壤图 $5' \times 5'$ 版本上所编绘的土壤单元区域是 WISE 编绘 $30' \times 30'$ 分辨率土壤数据库的基础资料，其中土壤类型及其在土壤制图单元中所占的面积比重，就是按照 FAO（1995）的土壤制图规则，由每个 $5' \times 5'$ 网格单元中央出现的土壤类型及其相对面积而定；然后，对 $30' \times 30'$ 网格单元所包含的 36 个 $5' \times 5'$ 网格单元信息进行分析，确定优势土壤单元及其相对比重。

在开发设计 WISE 数据库结构之前，为了广泛开展全球环境研究，需要回顾并评述主要的土壤因素。主要土壤属性大致可分为 3 类：综合信息、物理性状信息和土壤化学特性信息，如表 14-8 所示。这些土壤属性都是欧洲土壤数据库（Madsen，1995）和国际地圈-生物圈计划数据信息系统（IGBP-DIS）中的全球土壤数据库（Scholes，1995）的常规信息，并已经得到国际科学界的广泛支持。

表 14-8　WISE 土壤剖面数据库中的土壤属性信息表

点状信息	土层信息
WISE-ID（唯一的土壤剖面编码）	WISE-ID＋土层-NO（唯一的土层编号）
土壤分类和来源	常规土壤属性
FAO 土壤分类（1974 年制图单元）： 　土相、表土质地等级	土层标记及其各层深度 　蒙氏颜色（干态和湿态）
FAO 土壤分类（1990 年制图单元）： 　土相、表土质地等级	斑纹状况 　根系分布
美国农部亚类分类 　土壤系统分类 　区域性土壤分类 　资料来源 　化验分析的实验室名称 　土壤剖面状况描述 　描述性资料	土壤化学性状 　　有机碳质量分数 　　总氮质量分数、有效磷质量分数 　　pH-H_2O、pH-KCl、pH-$CaCl_2$ 　　电导率 　　游离碳酸钙 　　交换性 Ca^{2+}、Mg^{2+}、Na^+、K^+
地理位置：	交换性 Al^{3+}、H^+、NH_4^+
所在国家	阳离子代换量（CEC）、有效 CEC
土壤剖面所在位置（经纬度与海拔）	盐基饱和状况
常规样点资料	土壤物理特性

点状信息	土层信息
主要地形类型	结构类型
所在景观部位、方位、坡度	颗粒组成（砂粒、粉粒、黏粒所占比重）
排水状况、地下水位	石块和石砾质量分数
有效土壤层厚度、母质	体积密度
柯本气候分类之类型	在特定吸力下的体积持水量
土地利用状况、自然植被状况	在特定吸力下的导水率

基于经典土壤调查方法与精密现代技术相结合，美国学者 Hartemink 和俄罗斯学者克拉西尔尼科夫(Krasilnikov)等 2013 年指出：近些年来世界土壤图显示所描述的土壤格局的复杂性日益增加，但多数土壤图编制仍然是基于土壤分类系统而非土壤数据，当前需开发一个基于土壤关键属性而非土壤类别的土壤制图项目——Global Soil Map，在不久的未来世界土壤地图中不仅包含土壤类，还包含土壤性质及其相应的解释工具。

法国学者 Sébastien Vincent 等 2018 年通过决策树方法将有关土壤景观关系的专家经验镶嵌到土壤数据库中，通过对土壤制图单元(soil map units，SMUs)的空间解析来预测土壤类型单元(soil type units，STUs)；运用区域土壤-景观关系的经验模式将土壤类型单元 STU 分配给校准样本，并编绘出具有清晰空间结构的土壤图及其土壤组合的预期空间模式，再依据 STU 预测得出多个维度的土壤属性信息，如图 14-11 和图 14-12 所示。

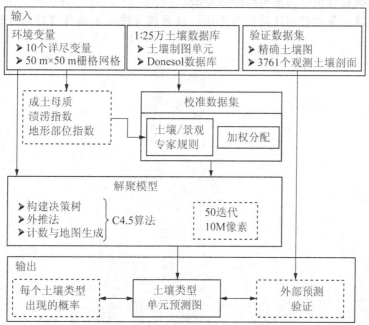

图 14-11　基于 SMU 空间解析预测 STU 的流程（Donesol 数据库是指基于国家科研构建的土壤属性集）

（据 Sébastien Vincent 等，2018 年资料）

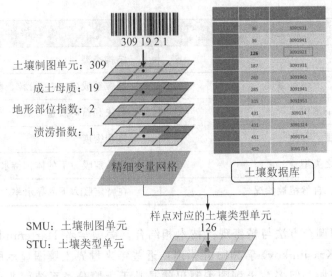

土壤制图单元：309
成土母质：19
地形部位指数：2
渍涝指数：1

精细变量网格

土壤数据库

SMU：土壤制图单元
STU：土壤类型单元

样点对应的土壤类型单元
126

图 14-12　基于土壤-景观模式将 STU 分配到全范围变量及数据库栅格校准采样点的方法

（据 Sébastien Vincent 等，2018 年资料）

【思考题】

1. 查阅土壤调查或土壤环境质量标准的相关内容，简述土壤环境调查及其规范性在土壤环境科学研究中的重要作用。

2. 观察校园附近的绿地土壤与农田土壤，比较分析它们的异同及土壤的空间异质性。

3. 简述土壤野外调查的基本程序与方法。

4. 简述土壤样品初处理的流程与方法，以及该方法对土壤环境样品分析结果的可能影响。

附录 1 中国土壤发生分类系统(1992)和
中国土壤系统分类(CST)的近似参比

中国土壤分类系统	主要 CST 类型	中国土壤分类系统	主要 CST 类型
砖红壤	暗红湿润铁铝土	灰漠土	钙积正常干旱土
	简育湿润铁铝土		石膏正常干旱土
	富铝湿润富铁土	灰棕漠土	简育正常干旱土
	黏化湿润富铁土		灌淤干润雏形土
	铝质湿润雏形土	棕漠土	石膏正常干旱土
	铁质湿润雏形土		盐积正常干旱土
赤红壤	强育湿润富铁土	盐土	盐积正常干旱土
	富铝湿润富铁土		干旱正常盐成土
	简育湿润铁铝土		潮湿正常盐成土
红壤	富铝湿润富铁土	碱土	潮湿碱积盐成土
	黏化湿润富铁土		简育碱积盐成土
	铝质湿润淋溶土		龟裂碱积盐成土
	铝质湿润雏形土	紫色土	紫色湿润雏形土
	简育湿润雏形土		紫色正常新成土
黄壤	铝质常湿淋溶土	火山灰土	简育湿润火山灰土
	铝质常湿雏形土		火山渣湿润正常新成土
	富铝常湿富铁土	黑色石灰土	黑色岩性均腐土
燥红土	铁质干润淋溶土		腐殖钙质湿润淋溶土
	铁质干润雏形土	红色石灰土	钙质湿润淋溶土
	简育干润富铁土		钙质湿润雏形土
	简育干润变性土		钙质湿润富铁土
黄棕壤	铁质湿润淋溶土	磷质石灰土	富磷岩性均腐土
	铁质湿润雏形土		磷质钙质湿润雏形土
黄褐土	铝质常湿雏形土	黄绵土	黄土正常新成土
	黏磐湿润淋溶土		简育干润雏形土
	铁质湿润淋溶土	风砂土	干旱砂质新成土
	简育湿润淋溶土		干润砂质新成土
棕壤	简育正常干旱土	粗骨土	石质湿润正常新成土
	灌淤干润雏形土		石质干润正常新成土

续表

中国土壤分类系统	主要 CST 类型	中国土壤分类系统	主要 CST 类型
褐土	简育干润淋溶土	草甸土	弱盐干旱正常新成土
	简育干润雏形土		暗色潮湿雏形土
暗棕壤	冷凉湿润雏形土		潮湿寒冻雏形土
	暗沃冷凉淋溶土		简育湿润雏形土
白浆土	漂白滞水湿润均腐土	沼泽土	有机正常潜育土
	漂白冷凉淋溶土		暗沃正常潜育土
灰棕壤	冷凉常湿雏形土		简育正常潜育土
	简育冷凉淋溶土	泥炭土	正常有机土
棕色针叶林土	暗瘠寒冻雏形土	潮土	淡色潮湿雏形土
	暗瘠寒冻雏形土		底锈干润雏形土
漂灰土	漂白冷凉淋溶土	砂姜黑土	砂姜钙积潮湿变性土
	正常灰土		砂姜潮湿雏形土
灰化土	腐殖灰土	亚高山草甸土和高山草甸土	草毡寒冻雏形土
	正常灰土		暗沃寒冻雏形土
灰黑土	正常灰土	亚高山草原土和高山草原土	钙积寒性干旱土
	黏化暗厚干润均腐土		黏化寒性干旱土
	暗厚黏化湿润均腐土		简育寒性干旱土
	暗沃冷凉淋溶土	高山漠土	石膏寒性干旱土
灰褐土	简育干润淋溶土		简育寒性干旱土
	钙积干润淋溶土	高山寒漠土	寒冻正常新成土
	黏化简育干润均腐土		潜育水耕人为土
黑土	简育湿润均腐土	水稻土	铁渗水耕人为土
	黏化湿润均腐土		铁聚水耕人为土
黑钙土	暗厚干润均腐土		简育水耕人为土
	钙积干润均腐土		除水耕人为土以外其他类别
栗钙土	简育干润雏形土	塿土	土垫旱耕人为土
	钙积干润均腐土		寒性灌淤旱耕人为土
	简育干润雏形土	灌淤土	灌淤干润雏形土
黑垆土	堆垫干润均腐土		灌淤湿润砂质新成土
	简育干润均腐土		淤积人为新成土
棕钙土	钙积正常干旱土		肥熟旱耕人为土
	简育正常干旱土	菜园土	肥熟灌淤旱耕人为土
灰钙土	钙积正常干旱土		肥熟土垫旱耕人为土
	黏化正常干旱土		肥熟富磷岩性均腐土

附录 2　WRB 土类与 ST 土纲、CST 土纲的参比表

WRB 中参比土类（RSG）	ST 中的单元	CST 中的单元
有机土（Histosols）	有机土（Histosols）	有机土
人为土（Anthrosols）	始成土（Inceptisols）	人为土
技术土（Technosols）	始成土（Inceptisols）	人为土、雏形土
寒冻土（Cryosols）	冻土（Gelisols）	寒冻寒性干旱土、寒冻雏形土
薄层土（Leptosols）	冷冻潮湿新成土（Cryaquents）	新成土及其石质土亚类
变性土（Vertisols）	变性土（Vertisols）	变性土
冲积土（Fluvisols）	冲积新成土（Fluvents in Entisols）	冲积新成土
潜育土（Gleysols）	潮湿始成土（Aquepts in Inceptisols）/潮湿新成土（Aquents in Entisols）/潮湿软土（Aquolls in Mollisols）	潜育土
盐土（Solonchak）	典型干旱土（Orthids in Aridisols）及部分新成土之低级单元（Entisols）	正常盐成土
碱土（Solonetz）	富含钠干旱土（sodium-rich Aridisols）/软土（Mollisols）	碱积盐成土
火山灰土（Andosols）	火山灰土（Andisols）	火山灰土
灰壤（Podzols）	灰土（Spodosols）	灰土
聚铁网纹土（Plinthosols）	氧化土（Oxisols）	富铁土/铁铝土部分网纹亚类
黏绨土（Nitisols）	部分老成土（Ultisols）/淋溶土（Alfisols）	黏质铁铝土/富铁土
铁铝土（Ferralsols）	氧化土（Oxisols）	铁铝土
黏磐土（Planosols）	漂白潮湿淋溶土（Albaqualfs）/漂白潮湿老成土（Albaquults）/黏淀漂白软土（Argiabolls）	漂白冷凉/漂白湿润淋溶土
滞水表潜土（Stagnosols）	潮湿软土（Aquolls）/潮湿淋溶土（Aqualfs）/潮湿新成土（Aquents）等	滞水潜育土、潮湿变性土
黑钙土（Chernozems）	软土（Mollisols）	干润-湿润均腐土
栗钙土（Kastanozems）	冷凉（Borolls）/夏干（Xerolls）/半干润（Ustolls）软土（Mollisols）	干润均腐土
黑土（Phaeozems）	软土（Mollisols）	湿润均腐土

续表

WRB 中参比土类（RSG）	ST 中的单元	CST 中的单元
石膏土（Gypsisols）	石膏干旱土（Gypsic Aridisols）	石膏干旱土
硅胶结土（Durisols）	硬磐干旱土（Durids in Aridisols）	部分干旱土
钙积土（Calcisols）	钙积正常干旱土（Calciorthids）	钙积干旱土
漂白淋溶土（Albeluvisols）	舌状潮湿淋溶土（Glossaqualfs）/舌状冷冻淋溶土（Glossocryalfs）/舌状湿润淋溶土（Glossudalfs）	部分冷凉淋溶土/湿润淋溶土中的漂白亚类
高活性强酸土（Alisols）	老成土（Ultisols）/淋溶土（Alfisols）	淋溶土
低活性强酸土（Acrisols）	淋溶土（Alfisols）/老成土（Ultisols）	部分富铁土
高活性淋溶土（Luvisols）	淋溶土（Alfisols）	淋溶土
低活性淋溶土（Lixisols）	强发育淋溶土（Alfisols）	黏化干润富铁土
暗色土（Umbrisols）	新成土（Entisols）/始成土（Inceptisols）	部分雏形土
砂性土（Arenosols）	砂质新成土（Psamments）	砂质新成土
雏形土（Cambisols）	始成土（Inceptisols）	雏形土
疏松岩性土（Regosols）	新成土（Entisols）	新成土

附录3 全球地壳、土壤和各地土壤中微量元素平均质量分数

单位：mg/kg

微量元素		地壳	土壤圈	B	C	D	E	F	SEF$_{crust}$
Antimony	锑	0.20	0.62	0.25	0.78	—	0.66	1.21	2.89
Arsenic	砷	1.80	4.70	3.80	—	—	7.20	11.20	2.91
Barium	钡	400	362	608	350	—	580	469	1.19
Beryllium	铍	3.00	1.90	1.30	1.40	—	0.92	1.95	0.46
Bismuth	铋	0.20	0.70	0.16	0.33	—	—	0.37	1.98
Boron	硼	15.00	—	5.10	—	—	33.00	47.80	1.27
Bromine	溴	2.00	—	—	—	10.50	0.85	5.40	2.84
Cadmium	镉	0.10	1.1	0.17	0.33	0.18	<0.01−41	0.10	4.40
Cerium	铈	60	49	60	52	89	75	68	1.08
Cesium	铯	3.00	8.00	1.70	5.40	4.60	—	8.24	1.64
Chlorine	氯	130	380	—	—	—	—	—	2.92
Chromium	铬	100	42	22	58	86	54	61	0.52
Cobalt	钴	10.00	6.90	7.10	18.00	17.00	9.10	12.70	1.16
Copper	铜	55	14	17	48	109	25	23	0.77
Dysprosium	镝	3.00	0.70	4.10	3.90	5.60	—	4.13	1.19
Erbium	铒	2.80	1.60	2.20	2.20	3.10	—	2.54	0.81
Europium	铕	1.20	1.20	0.79	1.20	1.50	—	1.03	0.98
Fluorine	氟	625	264	—	—	269	430	478	0.51
Gadolinium	钆	5.40	2.20	3.40	4.20	5.50	—	4.60	0.71
Gallium	镓	15.00	1.20	8.90	20.00	31.00	17.00	17.50	1.04
Germanium	锗	1.50	1.20	1.90	—	1.90	1.20	1.70	3.88
Gold	金	0.004	0.002	<0.01	—	0.002	—	—	0.75
Hafnium	铪	3.00	3.00	7.60	2.50	12.70	—	7.72	2.15
Holmium	钬	0.80	1.10	0.87	0.73	1.00	—	0.87	1.16
Indium	铟	0.06	—	<0.04	0.09	0.11	—	0.07	1.33
Iodine	碘	0.50	2.40	—	—	13.00	1.20	3.76	11.10
Iridium	铱	<0.001	—	<0.04	—	—	—	—	—
Lanthanum	镧	30	26	33	23	34	37	40	1.02
Lead	铅	14	25	18	24	22	19	26	1.54
Lithium	锂	20	28	17	13	24	24	33	1.06
Lutetium	镥	0.30	0.34	0.39	0.31	0.52	—	0.36	1.30

续表

微量元素		地壳	土壤圈	B	C	D	E	F	SEF$_{crust}$
Manganese	锰	900	418	411	—	535	550	583	0.53
Mercury	汞	0.07	0.10	0.04	—	0.05	0.09	0.07	1.02
Molybedenum	钼	1.50	1.80	0.58	1.30	1.60	0.97	2.00	0.83
Neodymium	钕	28	19	29	22	32	46	26	1.06
Nickel	镍	20	18	13	26	25	19	27	1.01
Niobium	铌	20	12	12	10	25	11	—	0.70
Osmium	锇	0.0005	—	—	—	—	—	—	—
Palladium	钯	0.004	—	0.004	—	0.003	—	—	5.38
Platinum	铂	0.004	—	<0.04	—	0.002	—	—	5.25
Praseodymium	镨	8.20	7.60	7.70	5.30	8.40	—	7.17	0.88
Rhenium	铼	<0.01	—	<0.04	—	—	—	—	—
Rhodium	铑	<0.01	—	<0.04	—	—	—	—	—
Rubidium	铷	90	50	116	70	18	67	111	0.71
Ruthenium	钌	<0.01	—	<0.04	—	—	—	—	—
Samarium	钐	4.70	3.10	4.50	4.40	6.70	—	5.22	0.99
Scandium	钪	11.00	9.50	10.00	21.00	—	8.90	11.10	1.12
Selenium	硒	0.05	0.70	0.23	—	0.47	0.39	0.29	8.95
Silver	银	0.06	0.10	0.11	0.10	0.05	—	0.13	1.50
Strontium	锶	375	147	163	190	—	240	167	0.49
Tantalum	钽	2.00	1.10	1.10	1.70	2.30	—	1.15	0.78
Tellurium	碲	<0.01	—	<0.08	—	—	—	0.04	16.00
Terbium	铽	0.60	0.40	0.48	0.74	0.90	—	0.63	1.05
Thallium	铊	0.50	0.60	0.23	0.49	0.36	—	0.62	0.84
Thorium	钍	7.20	8.20	8.10	9.00	11.00	9.40	13.75	1.27
Thulium	铥	0.50	0.46	0.32	0.30	0.50	—	0.37	0.79
Tin	锡	2.50	—	1.80	2.40	—	1.30	2.60	0.73
Titanium	钛	4 400	—	3 700	—	15 480	2 900	3 800	1.67
Tungsten	钨	1.50	1.20	1.30	1.30	1.40	0.16	2.48	0.71
Uranium	铀	2.00	3.70	4.40	1.90	2.90	2.70	3.03	1.56
Vanadium	钒	135	60	69	180	320	80	82	1.05
Ytterbium	镱	2.20	2.10	2.90	2.10	3.20	3.10	2.44	1.22
Yttrium	钇	33	12	27	21	27	25	23	0.68
Zinc	锌	70	62	65	89	73	60	74	1.00
Zirconium	锆	165	300	308	92	421	230	256	1.64

注：B-瑞典农业土壤的平均值；C-日本农业土壤的平均值；D-巴西巴拉那州土壤的中位数；
E-美国土壤平均值；F-中国土壤的算术平均值；SEF$_{crust}$-土壤富集因子（土壤质量分数/地壳质量分数）。
（据 Alina Kabata-Pendias 等 2007 年资料；中国环境监测总站，1990 年资料）

参考文献

[1]Strawn D G, Bohn H L, Connor G A O. Soil Chemistry[M]. 5th ed. Hoboken: John Wiley & Sons, Inc., 2020.

[2]Hartemink A E, Zhang Y, Bockheim J G. Advances in Agronomy: Soil horizon variation: A review[M]. Amsterdam: Elsevier Inc., 2020.

[3]Rachael E A, Xavier A H, Michael J. Microbiomes of soils, plants and animals: an integrated approach[M]. New York: Cambridge University Press, 2020.

[4]Laurent V D, Secchi M, Bos U, et al. Soil quality index: Exploring options for a comprehensive assessment of land use impacts in LCA [J]. Journal of Cleaner Production, 2019(215): 63-74.

[5]Karlen D L, Veum K S, Sudduth K A. Soil health assessment: Past accomplishments, current activities, and future opportunities[J]. Soil & Tillage Research, 2019(195): 104365.

[6]Duarte A C, Cachada A, Santos T R. Soil pollution: from monitoring to remediation[M]. Amsterdam: Academic Press, 2018.

[7]Bleam W. Soil and environmental chemistry [M]. Amsterdam: Elsevier, 2017.

[8]Carré F, Caudeville J, Bonnard R, et al. Soil Contamination and Human Health: A Major Challenge for Global Soil Security [M]. New York: Springer, 2017.

[9]Drohan P J. Future Challenges for Soil Science Research, Education, and Soil Survey in the USA[M]. Cham: World Soils Book Series & Springer, 2017.

[10]Greiner L, Keller A, Grêt A. Soil function assessment: review of methods for quantifying the contributions of soils to ecosystem services [J]. Land Use Policy, 2017(69): 224-237.

[11]Cerretelli S, Poggio L, Gimona A, et al. Spatial assessment of land degradation through key ecosystem services: The role of globally available data[J]. Science of the Total Environment, 2018, 628-629: 539-555.

[12]Nkonya E, Mirzabaev A, Braun J V. Economics of Land Degradation and Improvement—A Global Assessment for Sustainable Development [M]. New York: Springer, 2016.

[13]Oliver M A, Gregory P J. Soil, food security and human health: a review[J]. European Journal of Soil Science, 2015, 66, 257-276.

[14]Taylor M P, Mackay A K, Hudson-Edwards K A, et al. Soil Cd, Cu, Pb, and Zn contaminants around Mount Isa city, Queensland, Australia: potential sources and risks to human health[J]. Applied Geochemistry, 2010, 25, 841-855.

[15]Brevik E C, Burgess L C. Soils and Human Health[M]. Boca Raton, FL: CRC Press, 2013.

[16]Kohnke H, Bertrand A R. Soil conservation[M]. New York: McGraw Hill, 1959.

［17］Blanco H，Lal R. Principles of soil conservation and management［M］. New York：Springer，2008.

［18］Kutílek M，Nielsen D R. Soil is the Skin of the Planet Earth［M］. Netherlands：Springer，2015.

［19］Banwart S A，Bernasconi S M，Blum W E，et al. Soil Functions in Earth's Critical Zone：Key Results and Conclusions［J］. Advances in Agronomy，2017（142）：1-27.

［20］Osman K T. Soil Degradation，Conservation and Remediation［M］. Dordrecht：Springer Science，2014.

［21］Lyles L. Basic wind erosion processes［J］. Agric Ecosyst Environ，1988，22/23：91-101.

［22］Osman K T. Soils：Principles，Properties and Management［M］. Dordrecht：Springer Science Media，2013.

［23］Bockheim J. Soil Geography of the USA：A Diagnostic-Horizon Approach［J］. New York：Springer，2014.

［24］Lucà F，Buttafuoco G，Terranova O. GIS and Soil［M］//Huang B. Comprehensive Geographic Information Systems. Oxford：Elserier，2018.

［25］Arrouays D，Lagacherie P，Hartemink A E. Digital soil mapping across the globe［J］. Geoderma Regional，2017（9）：1-4.

［26］Lal R. Climate Change and Soil Degradation Mitigation by Sustainable Management of Soils and Other Natural Resources［J］. Agric Res，2012（3）：199-212.

［27］Nico E，Antunes P M，Bennett A E. Priorities for research in soil ecology［J］. Pedobiologia—Journal of Soil Ecology，2017（63）：1-7

［28］Gardiner D T，Miller R W. Soils in our environment［M］. 11th Ed. New York：Pearson，2007.

［29］Hartemink A E，Nortcliff S，Dent D L. Soil：The living skin of planet earth［M］. Wageningen：ISRIC-World Soil Information/IUSS，2008.

［30］Mcbratney A，Field D J，Koch A. The dimensions of soil security［J］. Geoderma，2014，213（1）：203-213.

［31］Field D J，Morgan C L S，McBratney A B. Global Soil Security［M］. Switzerland：Springer International Publishing，2017.

［32］Grunwald S，Vasques G M，Rivero R G. Fusion of Soil and Remote Sensing Data to Model Soil Properties［J］. Advances in Agronomy，2015，131：1-109.

［33］Office of Solid Waste and Emergency Response. Treatment Technologies for Site Cleanup Annual Status Report［R］. Washington DC：US Environmental Protection Agency，2007.

［34］Brady N C，Weil R R. Elements of the nature and properties of soils［J］. New Jersey，USA：Prentice-Hall Inc.，2001.

［35］Gerrard J. Fundamentals of soils［M］. London：Routledge，2000.

［36］Sumner M E. Handbook of soil science［M］. Boca Raton，USA：CRC Press，1999.

[37]Lal R. Soil quality and soil erosion[M]. Boca Raton, USA: CRC Press, 1999.

[38]Eswaran H, Rice T, Ahrens R. Soil classification: A global desk reference[M]. Boca Raton, USA: CRC Press, 2003.

[39]Soil and Plant Analysis Council Inc. Soil analysis: handbook of Reference methods[M]. Boca Raton, USA: CRC Press, 2000.

[40]Scott H D. Soil physics: Agricultural and environmental applications[M]. Iowa, USA: Iowa State University Press, 2000.

[41]Miller R W, Gardiner D T. Soils in our environment[M]. New Jersey: Prntice Hall, 2001.

[42] Miller G T. Living in the environment [M]. Belmont, USA: Wadsworth Publishing Company, 1996.

[43]Australian Soil and Plant Analysis Council Inc. Soil analysis: an interpretation manual[M]. Australia: CSIRO Publishing, 1999.

[44]Pansu M, Gautheyrou J, Loyer J Y. Soil analysis: Sampling, instrumentation and quality control[M]. Lisse, AA: Balkema Publishers, 2001.

[45]Ross S. Soil processes: a systematic approach[M]. London: Routledge, 1989.

[46]Charman P E V, Murphy B W. Soils: their properties and management[M]. London: Oxford University Press, 2000.

[47]Pierzynski G M, Sims T G, Vance G F. Soils and environmental quality[M]. Boca Raton, USA: Lewis Publishers, 2000.

[48] Singer M J, Munnes D N. Soils: an introduction [M]. New Jersey, USA: Macmillan Publishing Company, 2002.

[49] Richards K S, Arnett R R, Ellis S. Geomorphology and soils [M]. London: George Allen & Unwin, 1985.

[50]Dixon J B, Weed S B, Kittrick J A. Minerals in soil environments[M]. Madison, USA: Soil Science Society of America, Inc, 1979.

[51]Hamblin W K, Christiansen E H. Earth's Dynamic systems[M]. 8th ed. New Jersey: Perntice Hall, 1998.

[52]Thomas D G S. Arid zone geomorphology: Process, form and change in drylands[M]. New York: John Wiley & Sons, 1997.

[53]Soil Survey Staff. 土壤系统分类检索[M]. 新疆: 新疆大学出版社, 1994.

[54] Wolfgang Zech, Peter Schad, Gerd Hintermair. Soils of the World [M]. GmbH Germany: Springer, 2022.

[55]Ray R Weil, Nyle C Brady. The Nature and ProPerties of soils [M]. 15th ed. New York: Pearson Education Limited, 2017.

[56]赵其国, 龚子同. 土壤地理研究法[M]. 北京: 科学出版社, 1989.

[57]龚子同. 中国土壤系统分类: 理论、方法、实践[M]. 北京: 科学出版社, 1999.

[58]龚子同. 中国土壤地理[M]. 北京: 科学出版社, 2014.

[59]龚子同. 土壤环境变化[M]. 北京：中国科学技术出版社，1992.

[60]于天仁，陈志诚. 土壤发生中的化学过程[M]. 北京：科学出版社，1990.

[61]中国科学院南京土壤研究所. 中国土壤系统分类[M]. 北京：中国农业科技出版社，1995.

[62]刘东生. 黄土与环境[M]. 北京：科学出版社，1985.

[63]B. A. 柯夫达. 土壤学原理[M]. 北京：科学出版社，1983.

[64]熊毅，李庆逵. 中国土壤[M]. 北京：科学出版社，1990.

[65]李天杰. 土壤环境学[M]. 北京：高等教育出版社，1995.

[66]赵烨. 环境地学[M]. 2版. 北京：高等教育出版社，2015.

[67]赵烨. 耕地质量与土壤健康：诊断评价[M]. 北京：科学出版社，2020.

[68]赵烨. 南极乔治王岛菲尔德斯半岛土壤与环境[M]. 北京：海洋出版社，1999.

[69]中国土壤学会. 土壤农业化学分析方法[M]. 北京：中国农业科技出版社，1999.

[70]黄昌勇. 土壤学[M]. 北京：中国农业出版社，2001.

[71]S. T. 特鲁吉尔. 土壤与植物系统[M]. 北京：科学出版社，1985.

[72]张从，夏立江. 污染土壤生物修复技术[M]. 北京：中国环境科学出版社，2000.